国家出版基金项目
NATIONAL PUBLICATION FOUNDATION

《中国分省（区、市）气候图集》丛书
丛书主编：丁一汇

陕西省气候图集

Climatological Atlas of Shaanxi Province

■ 陕西省气象局 编

气象出版社
China Meteorological Press

内容提要

本图集是在陕西省多年气象观测资料基础上经过科学计算整编而成，其以地图的形式直观地展示了陕西省气候要素、气象灾害的时空分布规律，客观地揭示了陕西省气候的基本特征。其内容包括序图、基本气候图、灾害性天气气候图、应用气候图和气候变化图五个图组共计535幅图。读者可以从本图集系统地了解陕西省的基本气候概况、气象灾害特征、气候资源分布以及气候变化事实等。为了便于读者使用其中资料，本图集在序图中提供了陕西省行政区划图、陕西省地势图和陕西省气象观测站分布图，供读者阅读时参考。

本图集是一部基础性的工具书，可为气象、农林、交通、水利、能源、环保、建筑、工程设计和各级防灾减灾指挥部门在进行科研、管理与决策时提供最基本的科学依据，也可供其他与气候关系密切的部门参考使用。

图书在版编目（CIP）数据

陕西省气候图集 / 陕西省气象局编. -- 北京 : 气象出版社, 2023.12
ISBN 978-7-5029-8138-9

Ⅰ. ①陕… Ⅱ. ①陕… Ⅲ. ①气候图－陕西－图集 Ⅳ. ①P469.2

中国国家版本馆CIP数据核字(2023)第245475号

审图号：陕S(2024)036号

陕西省气候图集
Shaanxi Sheng Qihou Tuji

出版发行：气象出版社
地　　址：北京市海淀区中关村南大街46号　　　邮政编码：100081
电　　话：010-68407112（总编室）　010-68408042（发行部）
网　　址：http://www.qxcbs.com　　　E-mail：qxcbs@cma.gov.cn
责任编辑：陈　红　　　终　　审：张　斌
责任校对：张硕杰　　　责任技编：赵相宁
封面设计：杨　柳
印　　刷：中煤地西安地图制印有限公司
开　　本：889 mm×1194 mm　1/16　　　印　　张：17.75
版　　次：2023年12月第1版　　　印　　次：2023年12月第1次印刷
定　　价：800.00元

《中国分省（区、市）气候图集》丛书

主　　编　丁一汇

《陕西省气候图集》编审委员会

主　　任　丁传群

副 主 任　薛春芳　赵奎锋

委　　员　李　明　王景红　张雅斌　李　茜　夏巧利　邓凤东

《陕西省气候图集》编图组

组　　长　王景红

副 组 长　李　茜　胡　琳

成　　员　王　娜　雷杨娜　赵　灿　余　鹏　张　侠　张丽君

梁茹雪　王　延　常　乐　高亮书

《陕西省气候图集》设计制作

制印工艺　马君睿　植忠红

制图编辑　张理学　董米茹　马英平　林敏敏　杨　笑　刘洪涛

万　波

《陕西省气候图集》参加单位

主编单位　陕西省气象局

制图单位　中煤地西安地图制印有限公司

序

气候系统是一个能够决定气候形成、气候分布和气候变化的统一的物理系统，气候作为极其宝贵的自然资源，提供的光、热、水、气等是地球自然生态系统和经济社会系统赖以生存和维持的基本条件，也是人类生存和发展的基本支撑。在漫长的历史进程中，气候对自然生态系统和人类社会的发展演替起着至关重要的作用，自然生态系统和经济社会系统不仅孕育于适宜的气候条件之中，而且随着气候变迁经历着不断的兴衰和演替。

陕西是中华民族的重要发祥地之一。2020 年 4 月，习近平总书记在陕西考察时强调，“秦岭和合南北、泽被天下，是我国的中央水塔，是中华民族的祖脉和中华文化的重要象征。保护好秦岭生态环境，对确保中华民族长盛不衰、实现‘两个一百年’奋斗目标、实现可持续发展具有十分重大而深远的意义”。秦岭山脉东西横贯陕西，是中国气候的分界线。陕西属大陆性季风气候，南北狭长，跨越北亚热带、暖温带、中温带三个气候带。四季气候特点明显，春暖多风，夏热多雨间有伏旱，秋多阴雨，冬冷干燥。全年日照时间长，积温较高，无霜期长，降水适中，是人类生息的有利之地。

同时，陕西也是我国气象灾害和自然灾害较为严重的省份之一，干旱、暴雨（雪）、寒潮、霜冻、冰雹、大风（沙尘暴）、高温、雷电和雾等季节性、突发性、区域性灾害时有发生。在全球气候变暖的背景下，陕西的洪涝、干旱等气候灾害和极端气候事件发生更加频繁，先后出现了 2016 年 7 月短时强降水、2018 年 1 月暴雪冰冻、2020 年 5—6月全省大范围持续干旱等极端气候事件等，造成的社会经济损失日趋严重，成为影响陕西经济发展、社会进步和人民安康的重要因素之一。

习近平总书记指出，“气象工作关系生命安全、生产发展、生活富裕、生态良好”。科学认识气候、适应气候、利用气候、保护气候，促进人与自然和谐发展已成为社会各界的共识。《陕西省气候图集》是陕西省气候中心在搜集研究截至 2020 年、时间跨度半个多世纪的气候数据基础上编制而成，系统直观地展示了陕西气候要素、气象灾害时空分布，客观揭示了陕西气候基本特征、气候资源分布和气候变化趋势，是目前陕西最完整、最权威的气候图集。它不仅能为农业、林业、交通、水利和防灾减灾等部门提供基本气象参考和决策依据，也能为科研、科普、教学和气象业务部门提供基础数据资料，对进一步加强气候资源的保护利用，应对气候变化，提升气象防灾减灾能力和保障生态文明建设等具有十分重要的意义。

希望社会各界了解气候规律、认识气候变化、关注气候安全、用好气候资源，协力将陕西打造成为应对气候变化的排头兵，共同为建设中国式现代化的陕西新篇章贡献智慧与力量。

陕西省气象局局长

2023年10月

前　言

气候系统是由大气圈、水圈、冰雪圈、岩石圈（陆地表面）和生物圈五个圈层及其之间相互作用组成的高度复杂的系统。广义上，气候就是气候系统的状态，包括统计上的描述；狭义上，气候通常被定义为一段较长时期（月、季、年及以上时间尺度）天气的平均状况，一般以冷、暖、干、湿等特征来衡量描述。气候系统提供的光、热、水、空气等气候资源是自然资源的重要组成部分，也是人类及一切生物赖以生存的基础，更是经济社会发展的必需条件。

陕西省气候类型多样，从南到北纵跨 8 个纬度，跨越长江、黄河两大流域及中温带、暖温带、北亚热带三个气候带与干旱、半干旱、半湿润、湿润气候区，总体上天气气候复杂多变，春季多风少雨，夏季炎热多雨，秋季湿润凉爽，冬季寒冷干燥，气象灾害类多次频，干旱、暴雨（雪）、寒潮、霜冻、冰雹、大风（沙尘暴）、高温、雷电和雾等灾害发生频次高、分布地域广、灾情损失重。最近几十年，在全球气候变暖的背景下，陕西省气候也发生明显变化，气温升高、降水异常、极端天气气候事件频繁发生且强度加剧，对陕西省自然生态系统和经济社会发展产生了不利影响。

气候图集是一个地区基本气候状况、气候资源分布以及气候变化事实的直观表达形式，也是科学认识气候及气候变化规律的重要途径，对于减轻气象灾害影响、合理开发利用气候资源、指导农业生产、应对气候变化均具有应用价值。

《陕西省气候图集》包括序图、基本气候图、灾害性天气气候图、应用气候图和气候变化图。图集汇总了陕西省所有气象台站的观测资料，并经过标准化、规范化处理和严格的质量控制，基于陕西省最新整编的气候资料（1991—2020 年），使用科学的数理统计方法，结合现代信息技术编制而成。图集内容丰富、形式多样，集中了许多科学家长期的科学积累和最新的研究成果，系统地呈现了陕西省基本气候状况、气候资源分布和气候变化事实，对深刻认识陕西省气候，探索气候变化规律，合理开发利用气候资源，减轻气象灾害影响，从而科学指导生产和决策具有重大意义。

这部气候图集由陕西省气候中心牵头编制而成，陕西省气象信息中心提供资料和相关内容，国家气候中心、中国气象局公共气象服务中心和陕西省气象局有关专家对图集进行了审核论证，中煤地西安地图制印有限公司制图，气象出版社出版。在此，向参与编印这本图集的单位及科技人员表示衷心的感谢。

期望《陕西省气候图集》的编制出版，能为读者提供科学参考。同时，图集编制中的不足和疏漏之处，望读者批评指正。

作　者

2023 年 10 月

编制说明

《陕西省气候图集》依据中华人民共和国国家标准、中华人民共和国气象行业标准、陕西省地方标准等，采用陕西省气象台站的实测资料（部分要素为计算量）进行绘制，以等值线形式表示为主，兼用曲线图、直方图等多种表现形式。图集内容主要反映各要素的累年平均状态，其累年平均值是按照世界气象组织（WMO）制定的国际统一标准计算的1991—2020 年（30 年）的平均值，极值是指 1961—2020 年中的极值，图集中各要素的历年变化采用 1961—2020 年资料，西安近百年年降水量、年平均气温、年平均最高气温、年平均最低气温数据时段为 1932—2020 年。

本图集包括序图、基本气候图、灾害性天气气候图、应用气候图和气候变化图五个部分，其中，序图（陕西省行政区划、陕西省地势和陕西省气象观测站分布）3 幅，基本气候图（气温、降水、湿度、水汽压、日照、风、地温、云、蒸发和气候要素综合图）276 幅，灾害性天气气候图（干旱、雨涝、连阴雨、高温、低温冻害、寒潮、大风、沙尘暴、雷暴、雾、霾、雪、冰雹、霜和典型灾害个例）95 幅，应用气候图（农业气候和工程气候）75 幅，气候变化图（气温变化、降水变化、日照变化、灾害性天气变化、四季变化、西安近百年气象要素变化、代表站要素历年变化和极端气候事件变化）86 幅。

本图集所用地理底图采用兰勃特等角圆锥投影，中央经线 109°E，标准纬线 33°N 和 38°N。根据各专题图的设计需求，比例尺分别为 1∶3 700 000、1∶4 000 000 和 1∶5 700 000。图集中陕西省县级以上行政区划界线参考《中华人民共和国行政区划图集》和《陕西省地图集》，行政区划界线不作为划界依据。图集采用全数字地图编辑出版技术，由中煤地西安地图制印有限公司制图，气象出版社编辑出版。

一、基本气候图

1. 气温

气温：气象观测场中离地面 1.5 m 高的百叶箱内测得的空气温度，单位为摄氏度（℃）。

平均气温：一定时期内（年、季、月）各次定时观测的平均值。四季按天文季节划分，春季（3—5 月）、夏季（6—8 月）、秋季（9—11 月）、冬季（12 月至次年 2 月）。

平均最高（最低）气温：一定时期内（年、月）最高（最低）气温的平均值。

平均年极端最高（最低）气温：历年年极端最高（最低）值的多年累计平均值。

各月极端最高（最低）气温：各月观测记录中出现的极端最高（最低）值。

气温年较差：一年内最热月与最冷月平均气温差值。

气温日较差：一定时期内（年、月）累年平均最高与累年平均最低气温之差值。

2. 降水

降水量：自天空下降的液态、固态降水（融化后）积聚在水平器皿（雨量筒）中的深度，单位为毫米（mm）。

年、季、月降水量：一定时期内（年、季、月）各日降水量的总和。

降水量距平百分率：一定时期内降水量与同期气候平均降水量之差除以同期气候平均降水量再乘以100 %。

各季降水量占年降水量百分率：各季降水量除以年降水量再乘以 100 %。

年、月降水日数：一定时期内（年、月）日降水量≥0.1 mm 的天数总和，单位为天（d）。

最长连续降水日数：历年观测记录中连续降水日数的最大值。

最长连续无降水日数：历年观测记录中连续无降水日数的最大值。

3. 湿度

相对湿度：空气中实际水汽压与当时气温下的饱和水汽压百分比。

4. 水汽压

水汽压：空气中水汽的分压力，单位为百帕（hPa）。

极端最大（最小）水汽压：历年观测记录中水汽压的最大（最小）值。

5. 日照

年、月日照时数：一定时期内（年、月）太阳实际照射时数的总和，单位为小时（h）。

年、月日照百分率：一定时期内（年、月）实际日照时数占可照时数的百分比。

6. 风

平均风速：两分钟（min）定时观测的风速平均值，单位为米/秒（m/s）。

年、月各风向频率：一定时期内（年、月）各风向出现次数占观测总次数的百分比。

各风向平均风速和最大风速：各风向平均风速指该风向下实际风速的平均值。最大风速指实测记录中该风向的最大风速值，单位为米/秒（m/s）。*C*指静风频率。

7. 地温

地面温度：地面与空气交界处的温度，单位为摄氏度（℃）。

平均地面温度：一定时期内（年、月）各次定时观测的地面温度的平均值。

平均最高（最低）地面温度：一定时期内（年、月）最高（最低）地面温度的平均值。

极端最高（最低）地面温度：历年观测记录中日最高（最低）地温的极大（极小）值。

5 cm（10 cm、15 cm、20 cm）地温：离地面以下 5 cm（10 cm、15 cm、20 cm）深度的地中温度。

8. 云

总云量：天空被所有云遮蔽的总成数（1～10 成）。

低云量：天空被低云族的云所遮蔽的成数（1～10 成）。

晴天日数：日平均总云量小于2成的日数总和。

阴天日数：日平均总云量大于8成的日数总和。

9. 蒸发

蒸发量：气象站测定的蒸发量是水面（含结冰时）蒸发量，指一定口径的蒸发器中，在一定时间间隔内因蒸发而失去的水层深度，单位为毫米（mm）。本图集所统计的蒸发量为小型蒸发皿观测的蒸发资料。

二、灾害性天气气候图

1. 干旱

根据中华人民共和国国家标准《气象干旱等级》（GB/T 20481—2017），采用降水量距平百分率来评价年、季的干旱程度，年降水量距平百分率≤－15%为一般干旱，年降水量距平百分率≤－40%为严重干旱，季降水量距平百分率≤–25%为一般干旱，季降水量距平百分率≤－50%为严重干旱。

干旱日数：按照中华人民共和国国家标准《气象干旱等级》（GB/T 20481—2017）中的气象干旱综合指数（MCI）计算陕西省逐日气象干旱指数，依据指数值划分气象干旱等级。MCI＞–0.5为无旱，–1.0＜MCI≤–0.5为轻旱，–1.5＜MCI≤–1.0为中旱，–2.0＜MCI≤–1.5为重旱，MCI≤–2.0为特旱。干旱日数为轻旱以上出现的日数。

各月干旱日数占全年干旱日数百分比：各月干旱日数除以年干旱日数再乘以100%。

2. 雨涝

采用降水量距平百分率来评价年、季的雨涝程度，年降水量距平百分率≥15%为一般洪涝，年降水量距平百分率≥40%为严重洪涝，季降水量距平百分率≥25%为一般洪涝，季降水量距平百分率≥50%为严重洪涝。

3. 连阴雨

根据陕西省地方标准《灾害性天气气候　第2部分：连阴雨等级》（DB61/T 442.2—2008），连续4 d及以上日降水量≥0.1 mm，且过程降水量＞20 mm的降水天气为连阴雨，连续2 d日降水量＜0.1 mm，则认为连阴雨结束。

4. 高温

中华人民共和国气象行业标准《区域性高温天气过程等级划分》（QX/T 228—2014），日最高气温≥35 ℃称为高温日。

5. 低温冻害

结冰日数：观测到结冰的日数总和，结冰是指露天水面（包括蒸发器的水面）冻结成冰。

6. 寒潮

根据中华人民共和国国家标准《寒潮等级》（GB/T 21987—2017），寒潮是使某地的日最低气温24小时内降温幅度≥8 ℃，或48小时内降温幅度≥10 ℃，或72小时内降温幅度≥12 ℃，而且使该地日最低气温≤4℃的冷空气活动。

7. 大风

大风日数：一天中出现瞬间风速 ≥17.2 m/s 或风力≥8 级的日数。

8. 沙尘暴

沙尘暴：强风将地面尘沙吹起，使空气很混浊，水平能见度<1.0 km。

9. 雷暴

雷暴日：凡有闪电兼有雷声，或有雷声而无闪电均为雷暴日。

10. 雾

雾日：凡是贴地层空气悬浮着大量水滴或冰晶微粒，常呈乳白色，水平能见度<1 km 为雾日。

11. 霾

霾日：一天中有大量极细微的干尘粒等均匀地浮游在空中，水平能见度<10 km 为霾日。

12. 雪

降雪日数：一天中雪经融化后，水量≥0.1 mm 的日数。

积雪日数：一天中雪覆盖地面达到测站四周可见范围内一半以上面积时的日数。

13. 冰雹

冰雹日数：凡有冰雹出现的日子为冰雹日数。

14. 霜

霜日：贴近地面的空气受地面辐射冷却的影响而降温到霜点以下，在地面或物体上凝华而成白色冰晶的为霜日。

初霜日，终霜日：在以当年 7 月 1 日起，次年 6 月 30 日止为一年的年度内，最早出现霜日的日期为初霜日，最晚出现霜日的日期为终霜日。

15. 典型灾害个例

1981 年 8 月 14 日至 9 月 13 日宝鸡、汉中持续暴雨，秦岭山洪；1991 年 12 月 23—31 日强寒潮过程；1997 年 5—10 月降水量距平百分率干旱等级；2003 年 8 月 24 日至 10 月 13 日渭河流域强秋雨（降水量、降雨日数）；2006 年 6 月 11—20 日极端高温过程；2008 年 1 月 10 日至 2 月 2 日低温雨雪冻害；2013 年 7 月延安区域性暴雨。

三、应用气候图

1. 农业气候

日平均气温稳定通过 0℃（5℃、10℃、15℃、20℃）的初终日：一年中任意连续 5 d 日平均气温的平均值（5 d 滑动平均）≥0 ℃（5 ℃、10 ℃、15 ℃、20 ℃）的最长一段时间内，于第一个 5 d 中挑取最先（最末）一个日平均气温大于或等于该界限温度的日期为初（终）日。

初终间日数：某界限温度稳定通过的初日到终日之间的日数。

积温：初终期之间各日平均气温的总和，单位为摄氏度·日（℃·d）。

保证率为 80% 的降水量：采用指定概率条件下界限值的统计求得，稳定通过使用日平均气温 5 d 滑动平均值为依据，将历年（1961—2010 年）日平均气温稳定通过各界限温度初终日的降水量作由大到小的排列，按指定概率条件下界限值的计算式：

$$x=(1-a)x_j+ax_{j+1}$$

式中，j 为序号，$a=p(n+1)-j$，$j=[p(n+1)]$，j 取整数，n 为记录个数，p 为指定概率又称保证率。

2. 工程气候

10 分钟、1 小时、3 小时、6 小时、24 小时最大降水量：历年观测记录中 10 分钟、1 小时、3 小时、6 小时、24 小时的雨量滑动极大值。

年最大风速≥5.0 m/s日数：一年中日最大风速≥5.0 m/s日数的总和。

年日最低气温≤−10 ℃（−20 ℃）日数：一年中日最低气温≤−10 ℃（−20 ℃）日数的总和。

年日最高气温≥35 ℃（38 ℃、40 ℃）日数：一年中日最高气温≥35 ℃（38 ℃、40 ℃）日数的总和。

最大冻土深度：从历年最大冻土深度记录中挑取最大值，单位为厘米（cm）。

年降雪初日，年降雪终日：在以当年 7 月 1 日起，次年 6 月 30 日止为一年的年度内，最早出现降雪的日期为初日，最晚出现的日期为终日。

年积雪初日，年积雪终日：在以当年 7 月 1 日起，次年 6 月 30 日止为一年的年度内，最早出现积雪的日期为初日，最晚出现的日期为终日。

最大积雪深度：从历年最大积雪深度记录中挑取其最大值，单位为毫米（mm），取整数。

年积雪深度≥1 cm（5 cm、10 cm、20 cm）日数：一年中积雪深度超过 1 cm（5 cm、10 cm、20 cm）日数的总和。

浮尘日：凡有尘土、细沙均匀地浮游在空中，水平能见度＜10 km 为浮尘日。

扬沙日：凡是风将地面尘沙吹起，水平能见度在 1～10 km 为扬沙日。

重现期（*n* 年一遇）：大于或等于一定数值（$X \geqslant X_m$）的变量在很长时间内平均多少年出现一次的概率，是频率的另一种表示方法。重现期一般用 T 表示，重现期 T 与频率 P 的关系为 $T=1/P$（年）。本图集中采用 1961—2014 年的年最大风速、年极端最高气温、年极端最低气温、年最大积雪深度的观测数据，计算方法采用耿贝尔法计算所需重现期对应的数值；降水重现期的计算采用皮尔逊 Ⅲ 法计算所需重现期对应的数值。

四、气候变化图

1. 气温变化

平均气温历年变化：以折线图形式反映陕西省 1961—2020 年历年平均气温变化，本图集提供了年、1

月、4 月、7 月和10 月的平均气温历年变化。

平均气温变率：采用平均差（绝对变率）。

$$\bar{d}=\frac{1}{n}\sum_{i=1}^{n}|x_i-\bar{x}|$$

式中，n 为资料年份，$\bar{x}$为累年平均值，x_i为第 i 年的气温资料。本图集利用 1991—2020 年（30 年）资料，计算了年、1 月、4 月、7 月和 10 月的平均气温变率。

2. 降水变化

降水量历年变化：以折线图形式反映陕西省 1961—2015 年历年降水量变化，本图集提供了年、1 月、4 月、7 月和 10 月的降水量历年变化。

降水量相对变率：采用相对平均差。

$$\bar{d}=\frac{\frac{1}{n}\sum_{i=1}^{n}|x_i-\bar{x}|}{\bar{x}}\times 100\%$$

式中，n 为资料年份，$\bar{x}$为累年平均值，x_i为第 i 年的降水量资料。本图利用 1991—2020 年（30 年）资料，计算了年、1 月、4 月、7 月和 10 月的降水量相对变率。

夏季降水距平百分率年代际变化：1961—1970 年、1971—1980 年、1981—1990 年、1991—2000 年、2000—2010 年、2011—2020 年的夏季平均（6—8 月）降水量距平百分率，反映了陕西省夏季降水量的年代际变化特征。

汛期降水距平百分率年代际变化：1961—1970 年、1971—1980 年、1981—1990 年、1991—2000 年、2000—2010 年、2011—2020 年的汛期（5—9 月）平均降水量距平百分率，反映了陕西省汛期降水量的年代际变化特征。

3. 日照变化

日照时数历年变化：以折线图形式反映陕西省 1961—2020 年历年日照时数变化，本图集提供了年和四季的日照时数历年变化图。

4. 灾害性天气变化

主要气象灾害的历年变化：以折线图形式反映陕西省 1961—2020 年历年干旱、雨涝、连阴雨、高温、低温冻害、寒潮、大风、沙尘暴、雷暴、雾、霾、雪、冰雹和霜日数变化。

5. 四季变化

四季起止日期及长度的年代际变化：代表站榆林、延安、西安、安康 6 个年代（1961—1970 年、1971—1980 年、1981—1990 年、1991—2000 年、2001—2010 年、2011—2020 年）四季起始日期、终止日期和季节长度年代际变化。

6. 西安近百年气象要素变化

西安近百年气象要素变化：西安自1932年开始有降水量、气温观测记录，本图集给出了西安近百年年降水量、年平均气温、年平均最高气温和年平均最低气温历年变化。

7. 代表站要素历年变化

选取代表站榆林、延安、宝鸡、渭南、汉中、安康，以折线和柱状图形式反映各站1961—2020年历年年降水量、平均气温、平均最高气温、平均最低气温、日照时数变化。

8. 极端气候事件变化

主要极端气候事件历年变化：以折线图形式反映陕西省1961年以来的历年平均极端最高气温、平均极端最低气温、平均最大日降水量、平均最长连续无降水日数、平均最长连续降水日数。

气候概况

陕西，简称陕或秦，位于中国中部黄河中游地区，地处东经 105°29′～111°15′，北纬 31°42′～39°35′之间。南部兼跨长江支流汉江流域和嘉陵江上游的秦巴山地区，东邻山西、河南，西连宁夏、甘肃，南抵四川、重庆、湖北，北接内蒙古，总面积 20.58 万 km^2。地域南北狭长，地形地貌复杂，区域气候差异显著。其主要气象灾害有干旱、暴雨（雪）、寒潮、霜冻、冰雹、大风（沙尘暴）、高温、雷电和大雾等，气象灾害发生频次高、分布地域广、灾情损失重。

一、气候类型多样

陕西从北到南跨越8个纬度及中温带、暖温带、北亚热带三个气候带，秦岭以南属于北亚热带气候，冬季寒冷少雨，春暖湿润，夏季多雨，多有伏旱，秋凉湿润，多连阴雨，暴雨洪涝灾害频繁；秦岭以北、陕北长城沿线以南属暖温带气候，冬季寒冷少雨雪，春季温暖多风，降水少，春旱严重，夏季炎热多雨，伏旱突出，多雷雨大风，秋季凉爽湿润，多阴雨；陕北长城沿线为中温带气候，四季冷暖分明，冬季严寒雨雪稀少，春季气温多变，多春寒霜冻和大风沙尘天气，夏季降水集中，多雷阵雨，秋季偏凉，降雨稍多，大陆性季风气候特征显著。

二、降水集中，春旱突出

陕西平均年降水量为 628.7 mm（1991—2020年），全省区域降水由北向南递增，降水量空间分布不均，陕北、关中、陕南平均年降水量分别为 480.8 mm、576.3 mm、847 mm，其中，最大值位于陕南的镇巴（1251.1 mm），最小值位于陕北的定边（346.9 mm）。全省季节降水不均匀，降水主要集中在夏、秋两季，降水量分别占全年总降水的 49%、28%。6—9 月为全省暴雨、大暴雨的多发期，暴雨洪涝灾害频繁。全省冬季、春季少雨，冬季降水占年降水量的 3.3%，春季降水量占年降水量的 19.6%，且春季降水年际变率大，易发春旱，以陕北、关中春旱最为严重。1994—1997 年，全省连续 4 年出现春季干旱。

三、冬冷夏热，南北气候差异显著

1991—2020 年，陕西年平均气温 12.5 ℃，南北气候差异显著。陕北、关中、陕南年平均气温分别为 10 ℃、12.8 ℃、14.2 ℃，总体呈现南高北低、东高西低，由盆地、河谷向高原、高山逐渐递减的分布特点。其中，陕北年平均气温 8.4～11.5 ℃，冬季平均气温 −5.7～−1.4 ℃，极端最低气温 −32.7～−21.1 ℃，夏季平均气温 11.0～14.4 ℃，极端最高气温 36.9～42.8 ℃。关中年平均气温 9.4～15.0 ℃，冬季平均气温 −4.1～2.3 ℃，极端最低气温 −29.8～−11.5 ℃，夏季平均气温 11.8～17.2 ℃，极端最高气温 35.7～43.4 ℃。

陕南年平均气温 11.5～16.6 ℃，冬季平均气温 0.0～5.6 ℃，极端最低气温 −22.6～−8.9 ℃，夏季汉江河谷多高温，平均气温 13.7～18.4 ℃，极端最高气温 37.6～44.7 ℃。

四、雨热同季，农业气候资源丰富

陕西雨热同季，农业气候资源丰富，发展农业生产的自然气候条件比较优越。1991—2020 年，陕西农作物生长期（4—10 月）的降水量 565.4 mm，占全年降水量的 89.9%。其中，陕北 442.7 mm，占全年降水量 92.1%；关中 513.2 mm，占全年降水量 89.1%；陕南 756.2 mm，占全年降水量 89.3%。陕西农作物生长期丰富的降水、充足的光照和热量，为小麦、水稻、玉米、马铃薯等粮食作物和棉花、油菜、烤烟、茶叶、药材、蔬菜、豆类等经济作物生产，以及苹果、梨、核桃、樱桃、桃、猕猴桃、大枣、橘柑等林果生产提供了适宜气候条件。

五、秋雨明显，洪涝灾害多发

1991—2020 年关中地区秋季降水量 140～210 mm，占全年总降水量的 27%～34%，陕南秋季降水量 190～370 mm，占全年总降水量的 24%～31%。秦岭以南的秦巴山区秋季降雨日数 26～30 d，秦岭以北渭河平原 20～24 d，且多为持续时间超过 4 d 的连阴雨天气。关中和秦巴山区秋季连阴雨天气多伴有暴雨、大暴雨。秋雨量最多的是 2021 年，陕西秋雨开始时间显著偏早，强度显著偏强，秋雨累计平均降水量达 489.9 mm，是常年华西秋雨降水量 138.9 mm 的 3.5 倍。

六、气象灾害种类多，损失占自然灾害总损失的 70% 以上

陕西气象灾害具有种类多、突发性强、范围广、频率高、灾情重等特点，主要包括干旱、暴雨（雪）、寒潮、霜冻、冰雹、大风（沙尘暴）、高温、雷电和大雾等造成的直接灾害及其引发的衍生、次生灾害，包括城市气象灾害、农业气象灾害、林业气象灾害、水文气象灾害、交通气象灾害、地质气象灾害、航空气象灾害、电力气象灾害等。灾害发生频次高、分布地域广、灾情损失重，其损失占自然灾害总损失的 70% 以上。干旱、暴雨（雪）是陕西影响范围广、灾害损失重的气象灾害，尤其是强度大的短时暴雨和连阴雨中的突发暴雨危害最为严重。

目 录

湿度

水汽压

日照

风

地温

云

129 7月晴天日数，10月晴天日数
130 1月阴天日数，4月阴天日数
131 7月阴天日数，10月阴天日数

蒸发

132 年平均蒸发量
133 1月平均蒸发量，4月平均蒸发量
134 7月平均蒸发量，10月平均蒸发量

气候要素综合图

135 气候要素综合图

灾害性天气气候图

干旱

138 年降水量距平百分率≤-15%频数，年降水量距平百分率≤-40%的频数
139 春季降水量距平百分率≤-25%频数，春季降水量距平百分率≤-50%频数
140 夏季降水量距平百分率≤-25%频数，夏季降水量距平百分率≤-50%频数
141 秋季降水量距平百分率≤-25%频数，秋季降水量距平百分率≤-50%频数
142 冬季降水量距平百分率≤-25%频数，冬季降水量距平百分率≤-50%频数
143 年干旱日数
144 代表站各月干旱日数及占全年干旱日数百分比

雨涝

145 年降水量距平百分率≥15%频数，年降水量距平百分率≥40%频数
146 春季降水量距平百分率≥25%频数，春季降水量距平百分率≥50%频数
147 夏季降水量距平百分率≥25%频数，夏季降水量距平百分率≥50%频数
148 秋季降水量距平百分率≥25%频数，秋季降水量距平百分率≥50%频数

连阴雨

149 年连阴雨出现频数，最长连阴雨持续天数
150 春季连阴雨日数，夏季连阴雨日数
151 秋季连阴雨日数

高温

152 年日最高气温≥35℃日数，年日最高气温≥35℃日数极大值
153 最长连续高温日数
154 年日最高气温≥38℃日数，年日最高气温≥40℃日数

低温冻害

155 年日最低气温≤0℃初期，年日最低气温≤0℃终期
156 年日最低气温≤0℃日数，年日最低气温≤-5℃日数
157 年日最低气温≤-10℃日数，年日最低气温≤-20℃日数
158 年日最低气温≤0℃累计日数极大值，年日平均气温≤0℃累计日数
159 年日平均气温≤0℃累计日数极大值，年结冰日数

寒潮

160 年寒潮出现频数
161 寒潮最强24小时降温幅度

大风

162 年大风日数，年大风日数极大值
163 春季大风日数，夏季大风日数
164 秋季大风日数，冬季大风日数

沙尘暴

165 年沙尘暴日数，年沙尘暴日数极大值
166 春季沙尘暴日数，夏季沙尘暴日数
167 秋季沙尘暴日数，冬季沙尘暴日数

雷暴

168 年雷暴日数，年雷暴日数极大值
169 春季雷暴日数，夏季雷暴日数
170 秋季雷暴日数，冬季雷暴日数

雾

171 年雾日数，年雾日数极大值
172 春季雾日数，夏季雾日数
173 秋季雾日数，冬季雾日数

霾

174 年霾日数，年霾日数极大值
175 春季霾日数，夏季霾日数
176 秋季霾日数，冬季霾日数

雪

冰雹

霜

典型灾害个例

应用气候图

农业气候

工程气候

气候变化图

气温变化

降水变化

日照变化

灾害性天气变化

四季变化

西安近百年气象要素变化

代表站要素历年变化

极端气候事件变化

地理底图图例

◎ 西安	省政府驻地
⊙ 咸阳	地级市政府驻地
○ 长安	县（市、区）政府驻地
	省级界
	地级界
	长城
	水系、湖泊
	沙漠

序 图

- 陕西省行政区划
- 陕西省地势
- 陕西省气象观测站分布

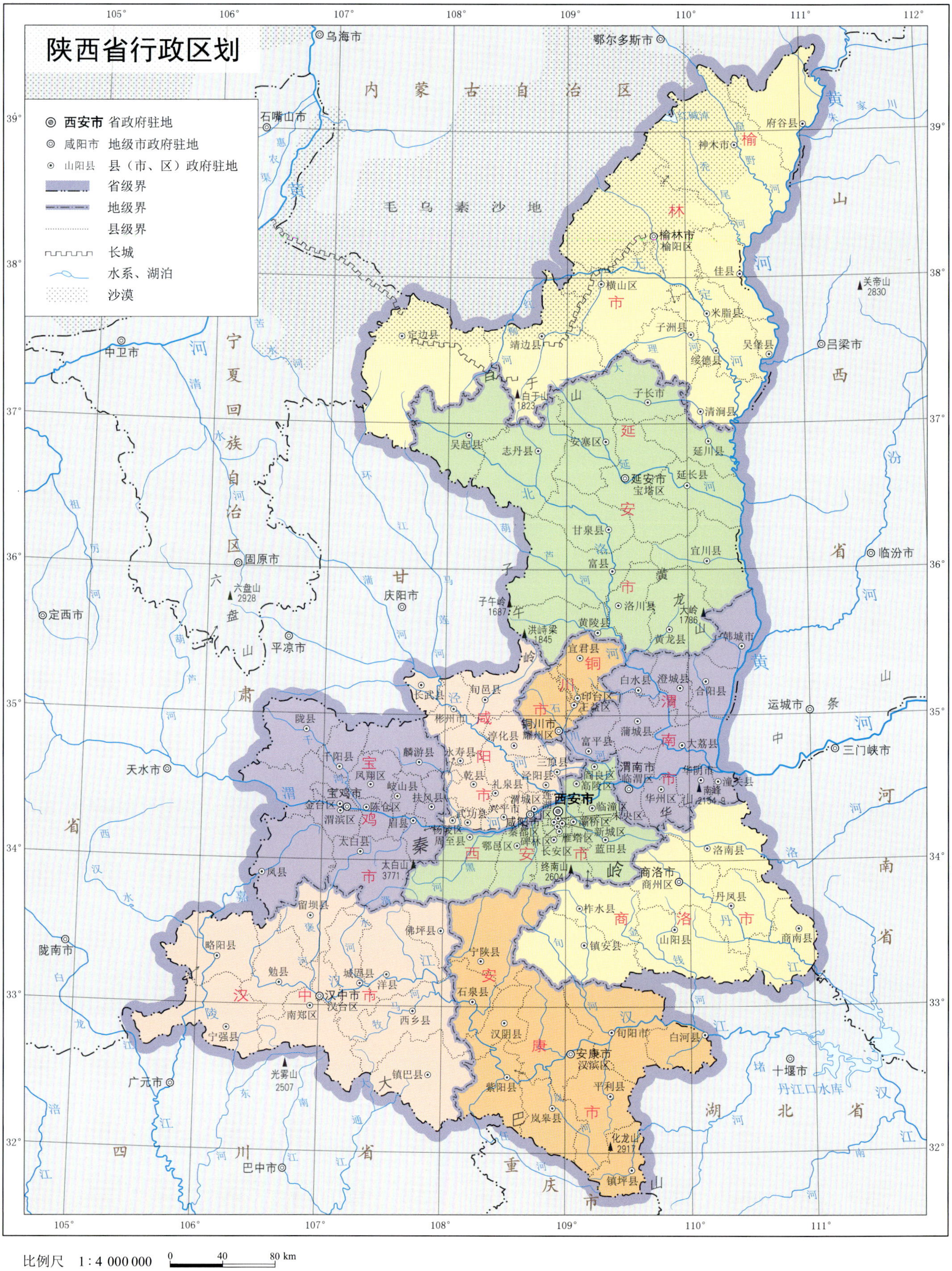
陕西省行政区划
西安市 省政府驻地
咸阳市 地级市政府驻地
山阳县 县（市、区）政府驻地
省级界
地级界
县级界
长城
水系、湖泊
沙漠
内蒙古自治区
毛乌素沙地
宁夏回族自治区
甘肃省
山西省
河南省
湖北省
四川省
重庆市
榆林市
延安市
铜川市
渭南市
咸阳市
宝鸡市
西安市
商洛市
汉中市
安康市
乌海市
鄂尔多斯市
石嘴山市
中卫市
固原市
定西市
平凉市
庆阳市
天水市
陇南市
广元市
巴中市
十堰市
三门峡市
运城市
临汾市
吕梁市
府谷县
神木市
榆林市
榆阳区
横山区
佳县
米脂县
子洲县
吴堡县
绥德县
清涧县
子长市
定边县
靖边县
吴起县
志丹县
安塞区
延川县
延安市
宝塔区
延长县
甘泉县
宜川县
富县
洛川县
黄龙县
黄陵县
宜君县
韩城市
白水县
澄城县
合阳县
印台区
王益区
铜川市
耀州区
富平县
蒲城县
大荔县
渭南市
临渭区
华阴市
潼关县
华州区
长武县
旬邑县
彬州市
淳化县
永寿县
麟游县
千阳县
陇县
凤翔区
岐山县
扶风县
乾县
礼泉县
泾阳县
三原县
高陵区
阎良区
宝鸡市
金台区
陈仓区
渭滨区
眉县
太白县
凤县
武功县
兴平市
咸阳市
杨陵区
周至县
鄠邑区
长安区
西安市
临潼区
蓝田县
商洛市
商州区
洛南县
丹凤县
商南县
山阳县
镇安县
柞水县
留坝县
佛坪县
略阳县
勉县
城固县
洋县
汉中市
汉台区
南郑区
西乡县
宁强县
镇巴县
宁陕县
石泉县
汉阴县
安康市
汉滨区
旬阳市
白河县
紫阳县
平利县
岚皋县
镇坪县
白于山 1823
子午岭 1687
洪峙梁 1845
大岭 1786
六盘山 2928
关帝山 2830
太白山 3771
终南山 2604
南峰 2154.9
光雾山 2507
化龙山 2917
黄河
渭河
汉江
秦岭
大巴山
丹江口水库
105° 106° 107° 108° 109° 110° 111° 112°
32° 33° 34° 35° 36° 37° 38° 39°
比例尺 1∶4 000 000
0 40 80 km

陕西省地势

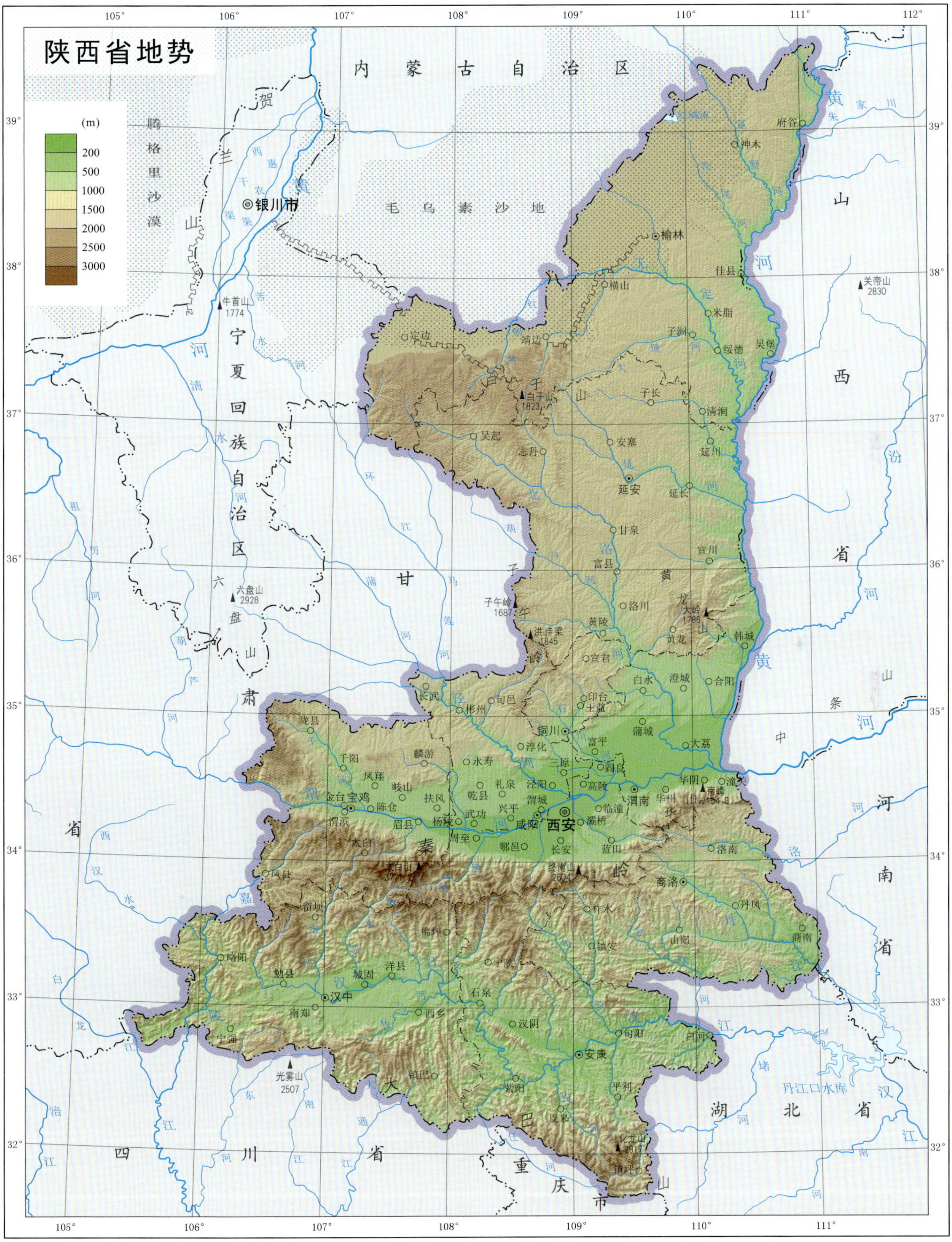

比例尺 1∶4 000 000

0 40 80 km

陕西省气象观测站分布

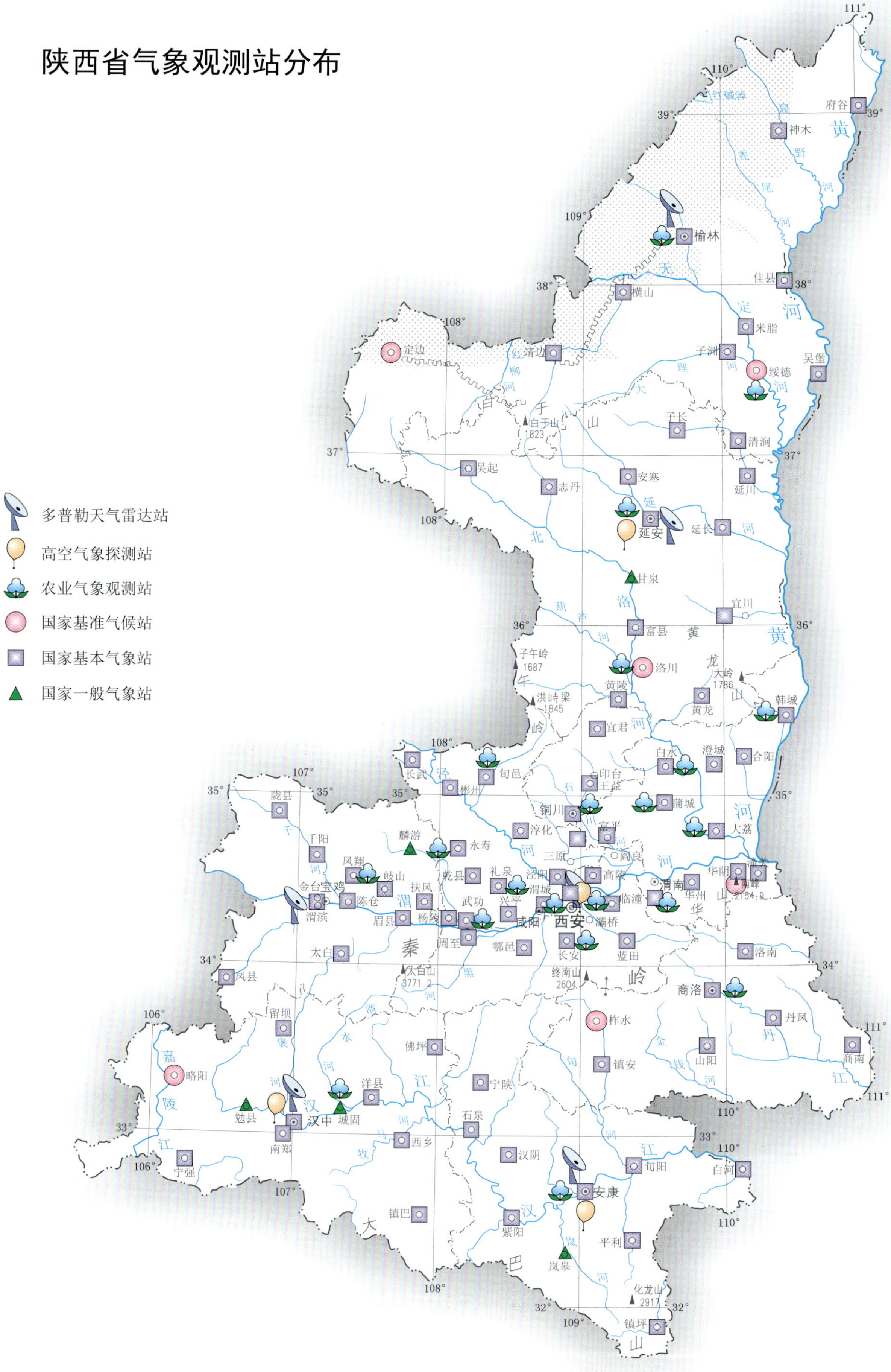

比例尺 1 : 3 700 000 0 37 74 km

基本气候图

- 气温
- 湿度
- 日照
- 地温
- 蒸发
- 降水
- 水汽压
- 风
- 云
- 气候要素综合图

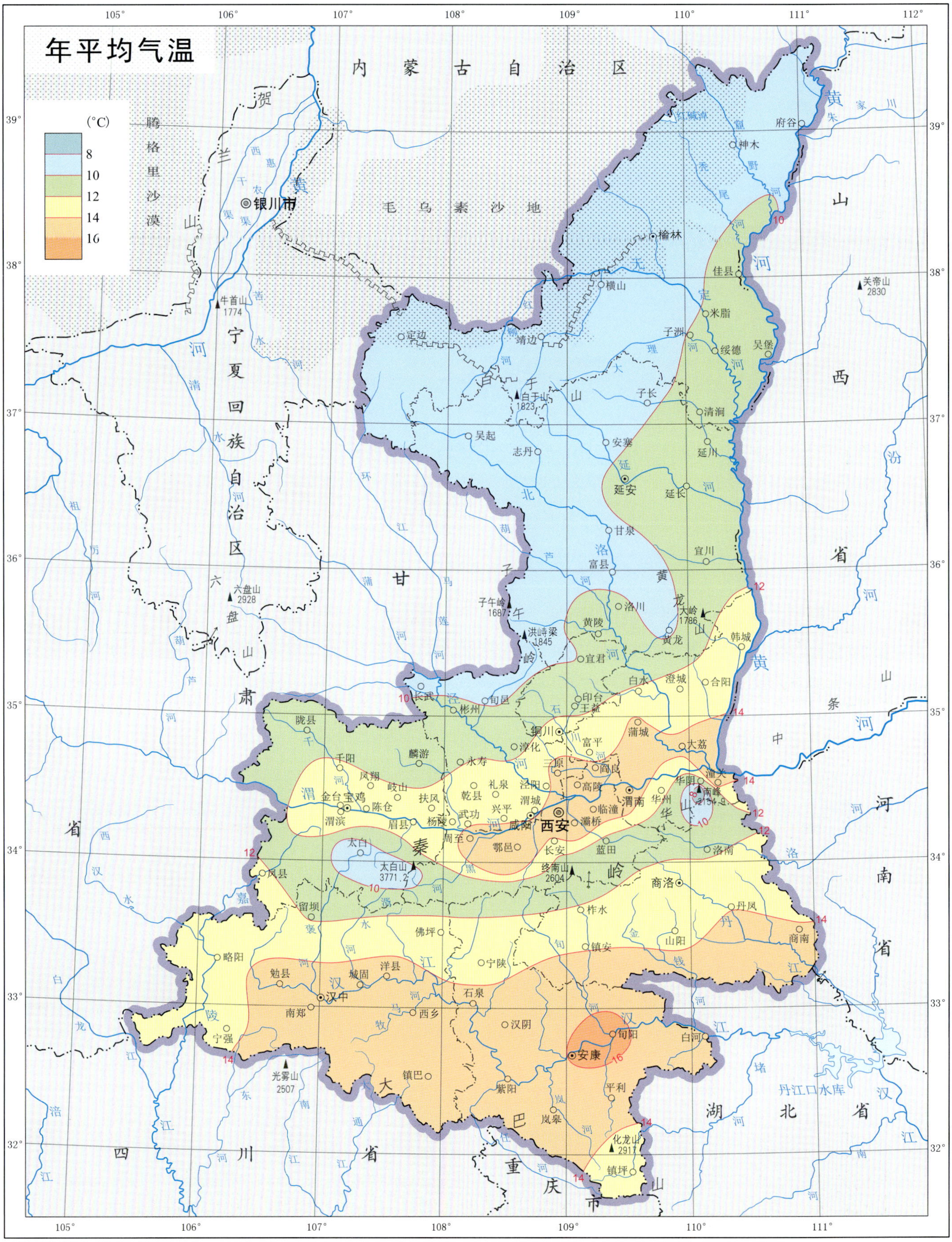

比例尺 1 : 4 000 000　0　40　80 km

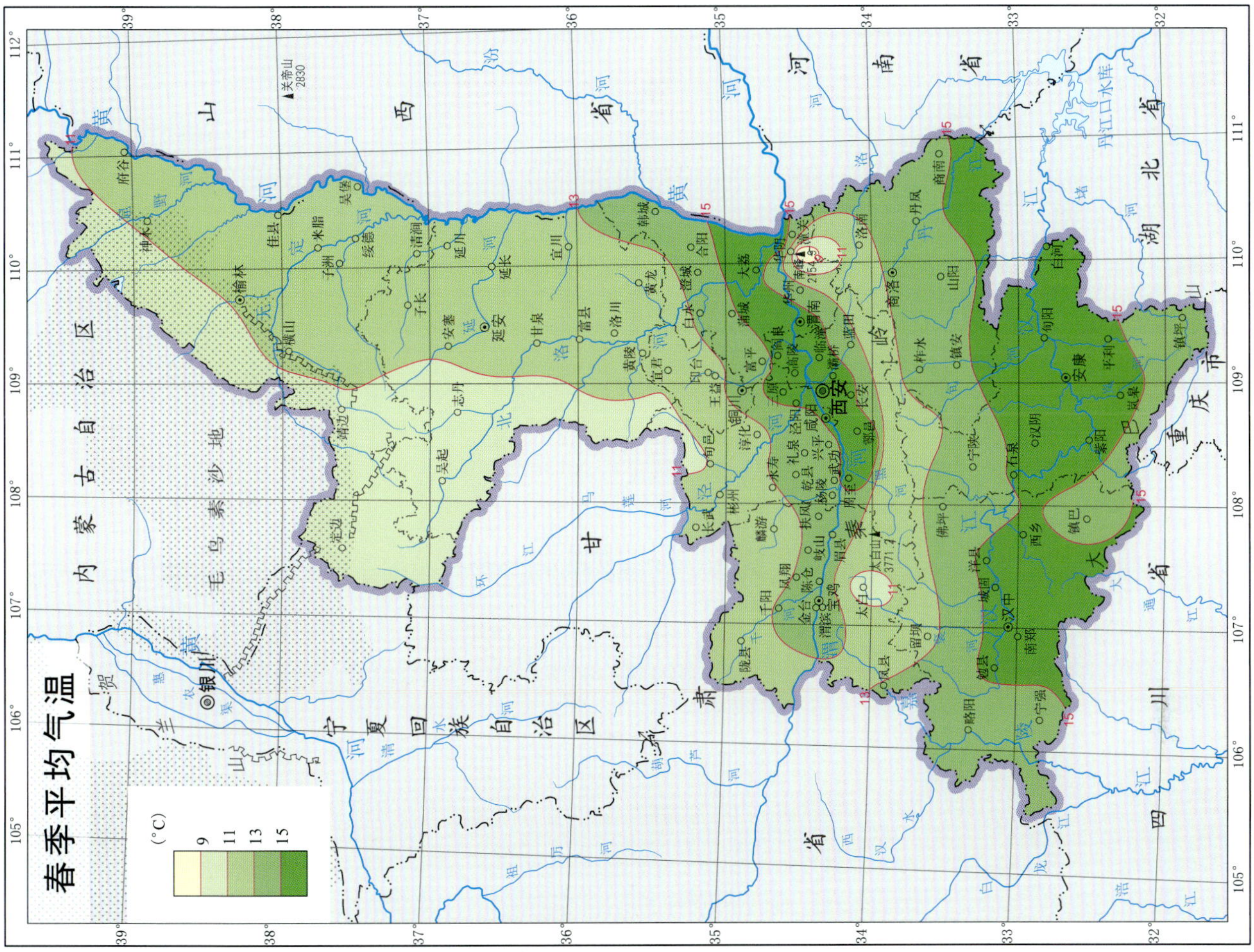

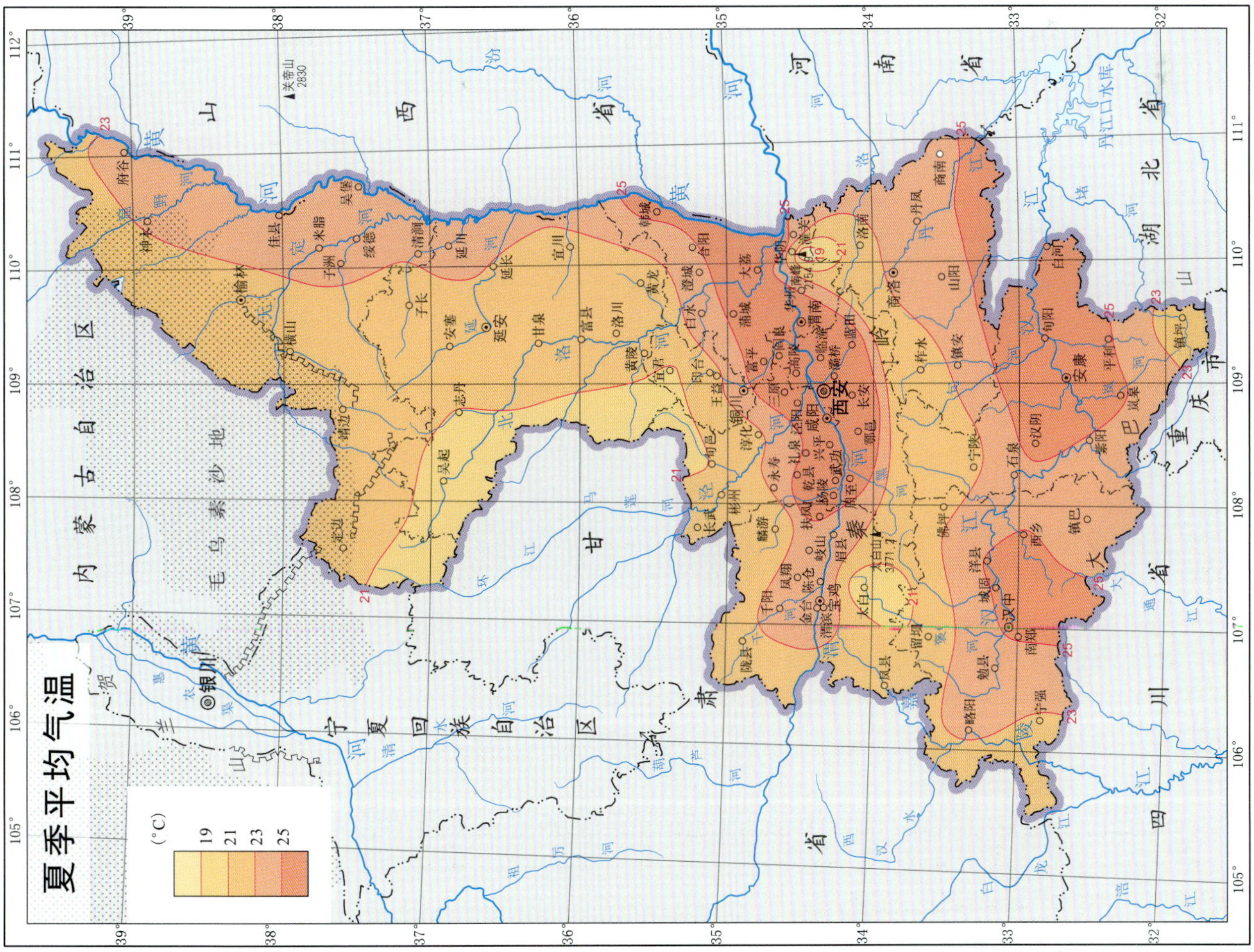

比例尺 1:5 700 000　0　57　114 km

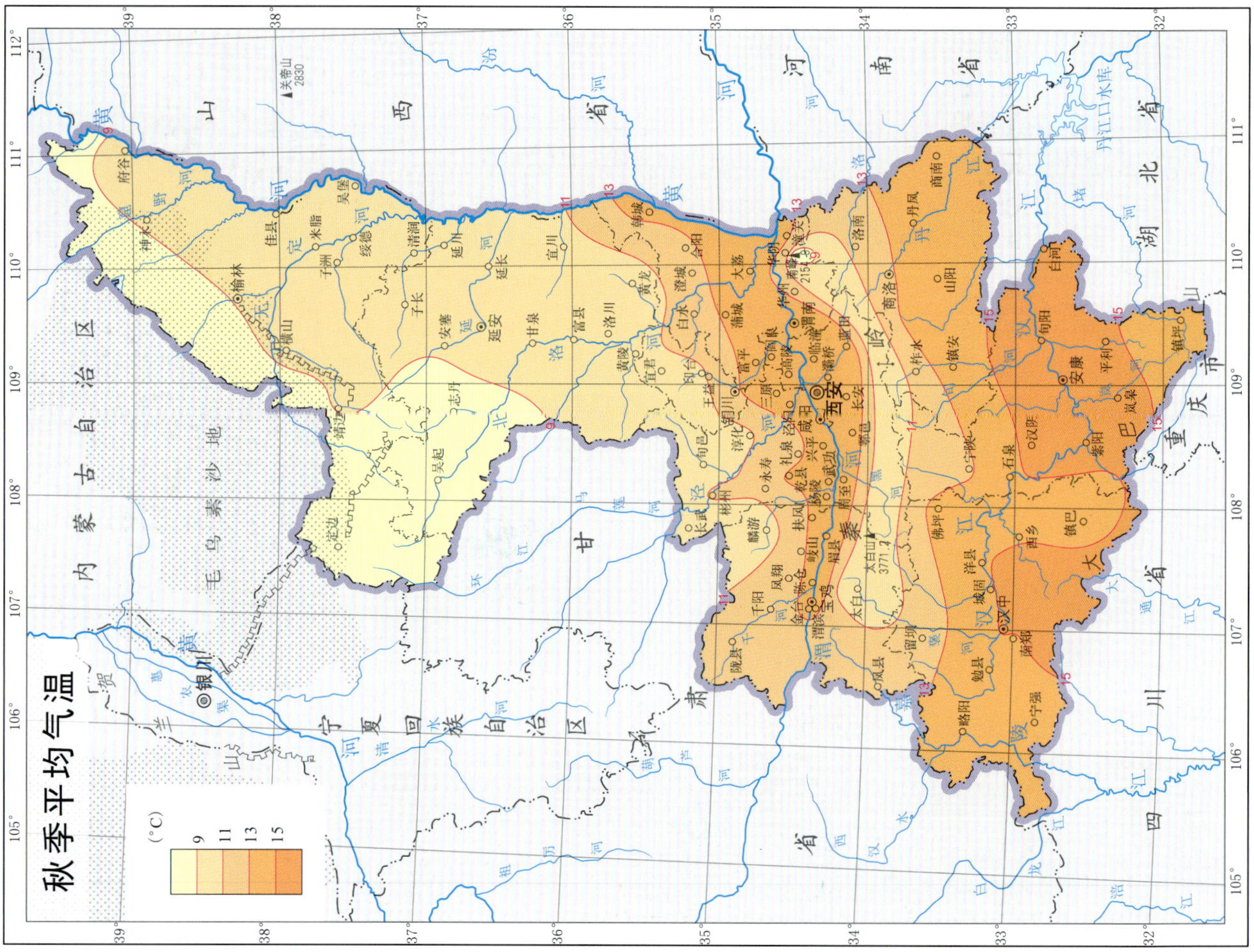

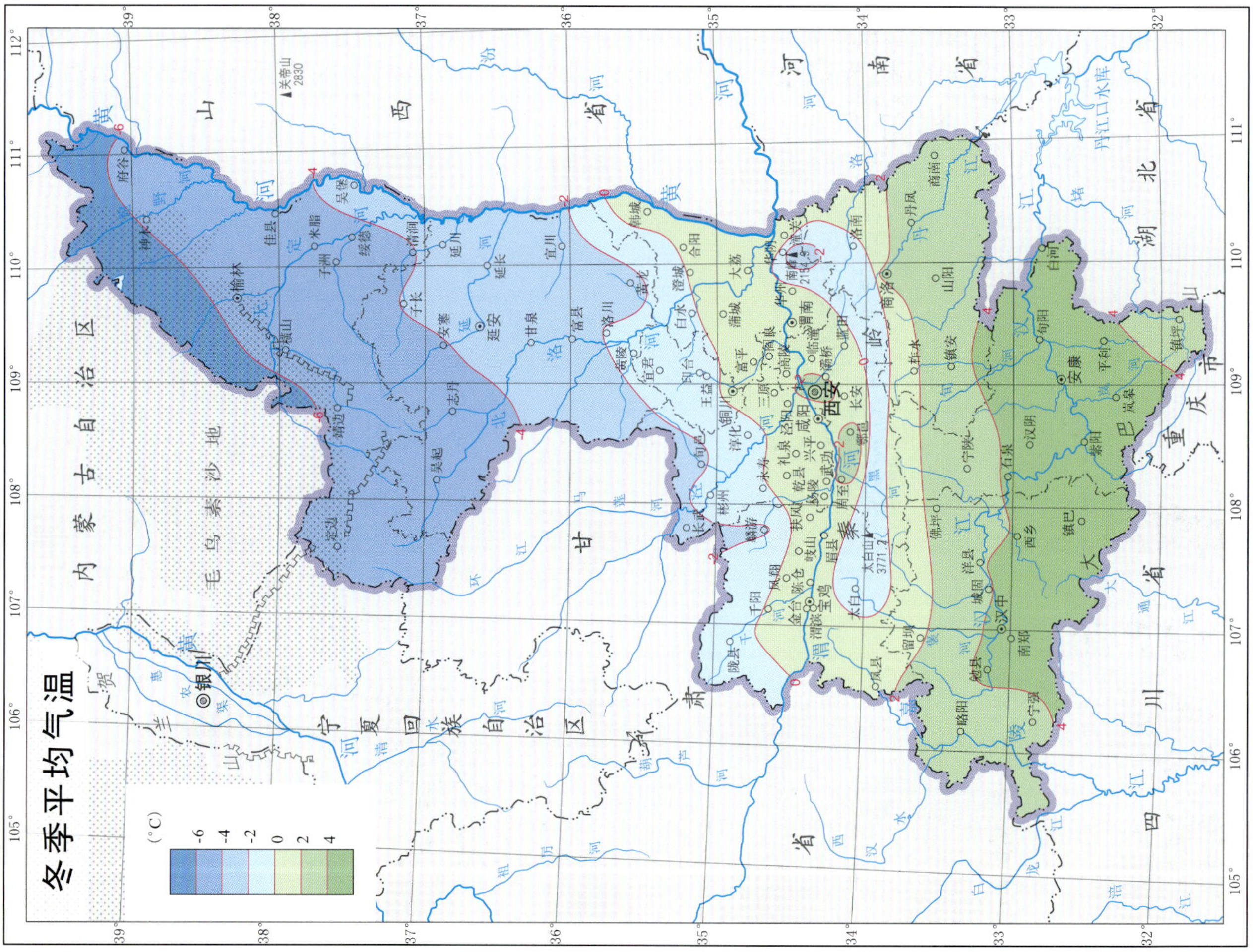

比例尺 1:5 700 000 0 57 114 km

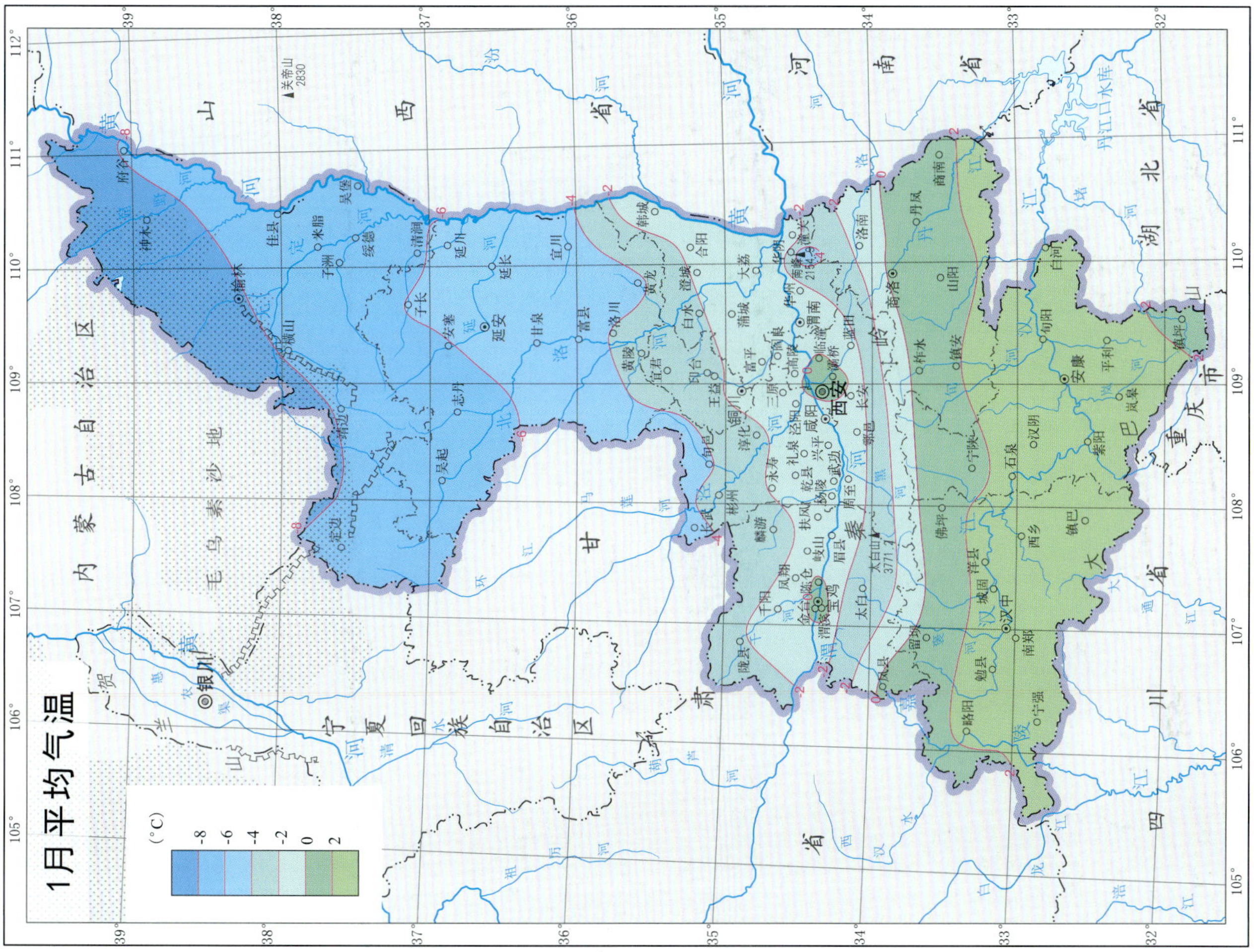

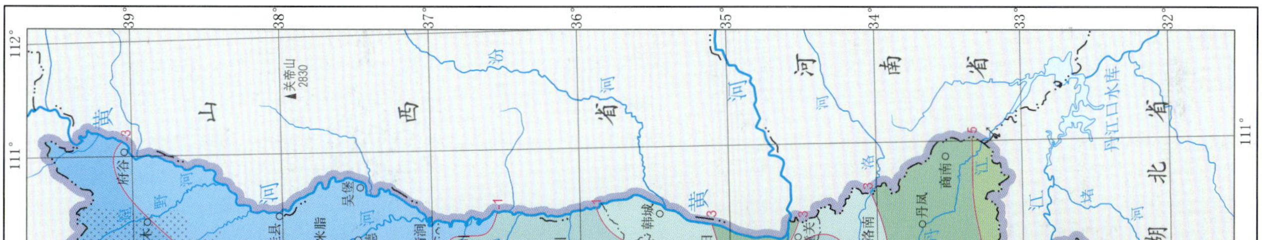

比例尺 1 : 5 700 000　0　57　114 km

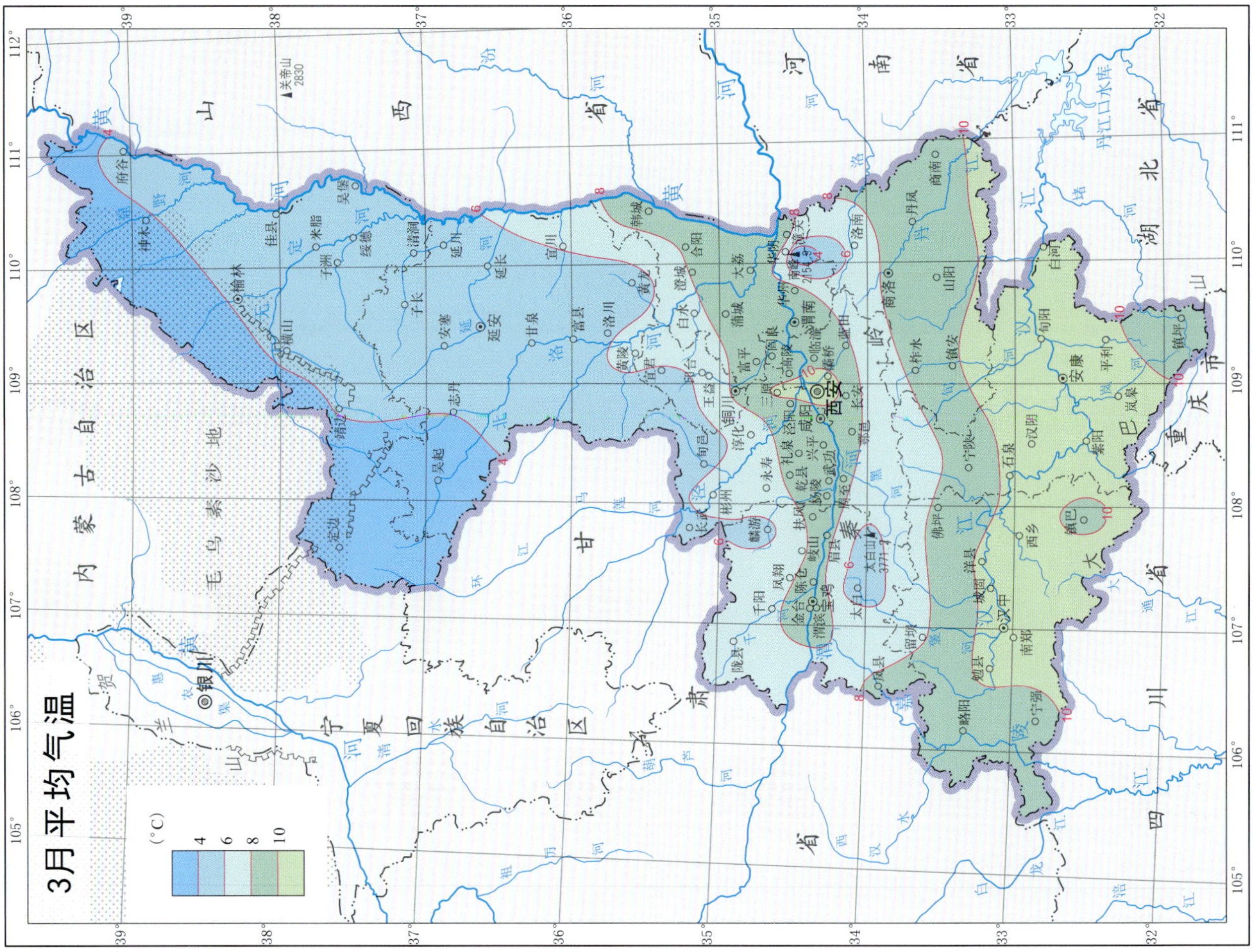

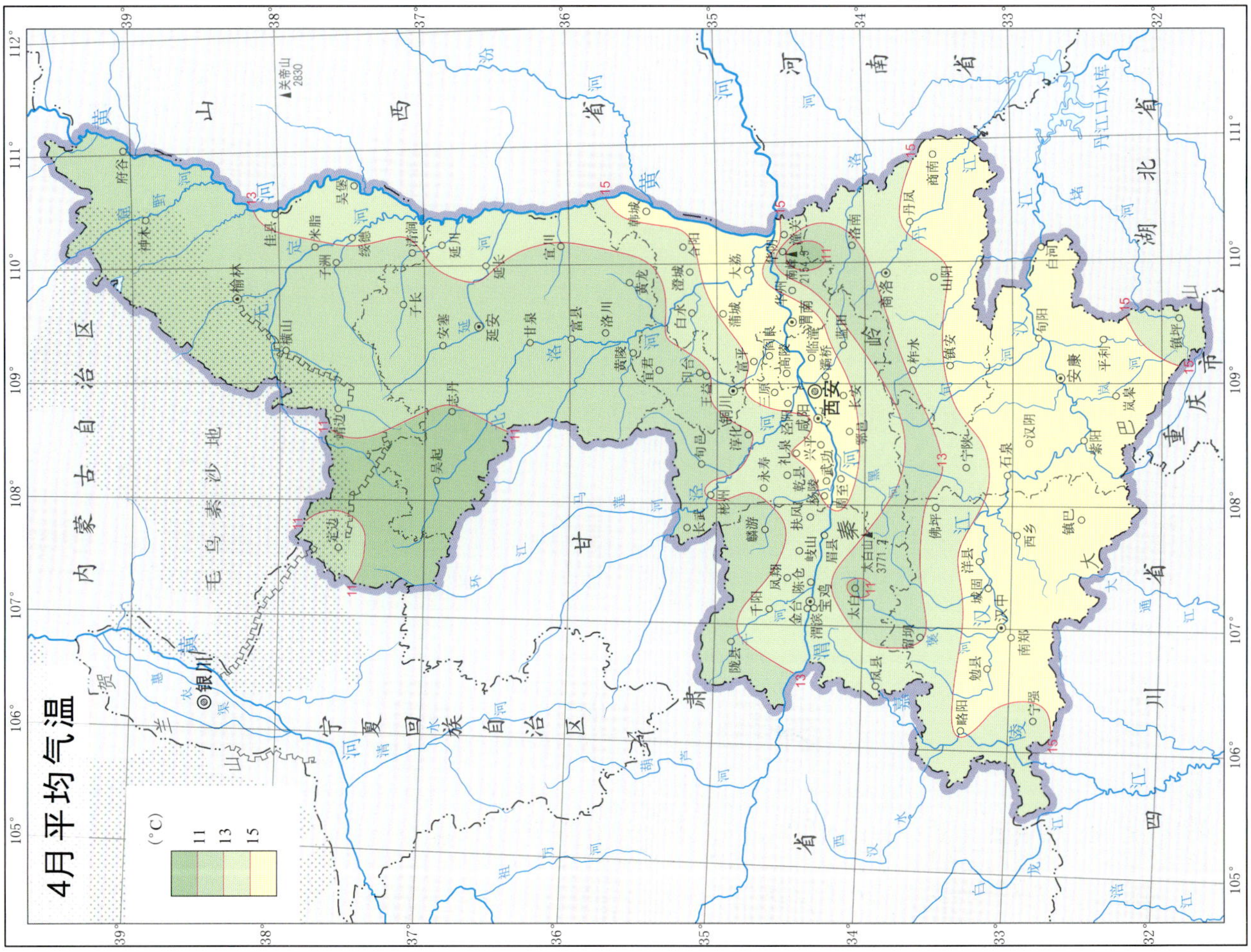

比例尺　1∶5 700 000　0　57　114 km

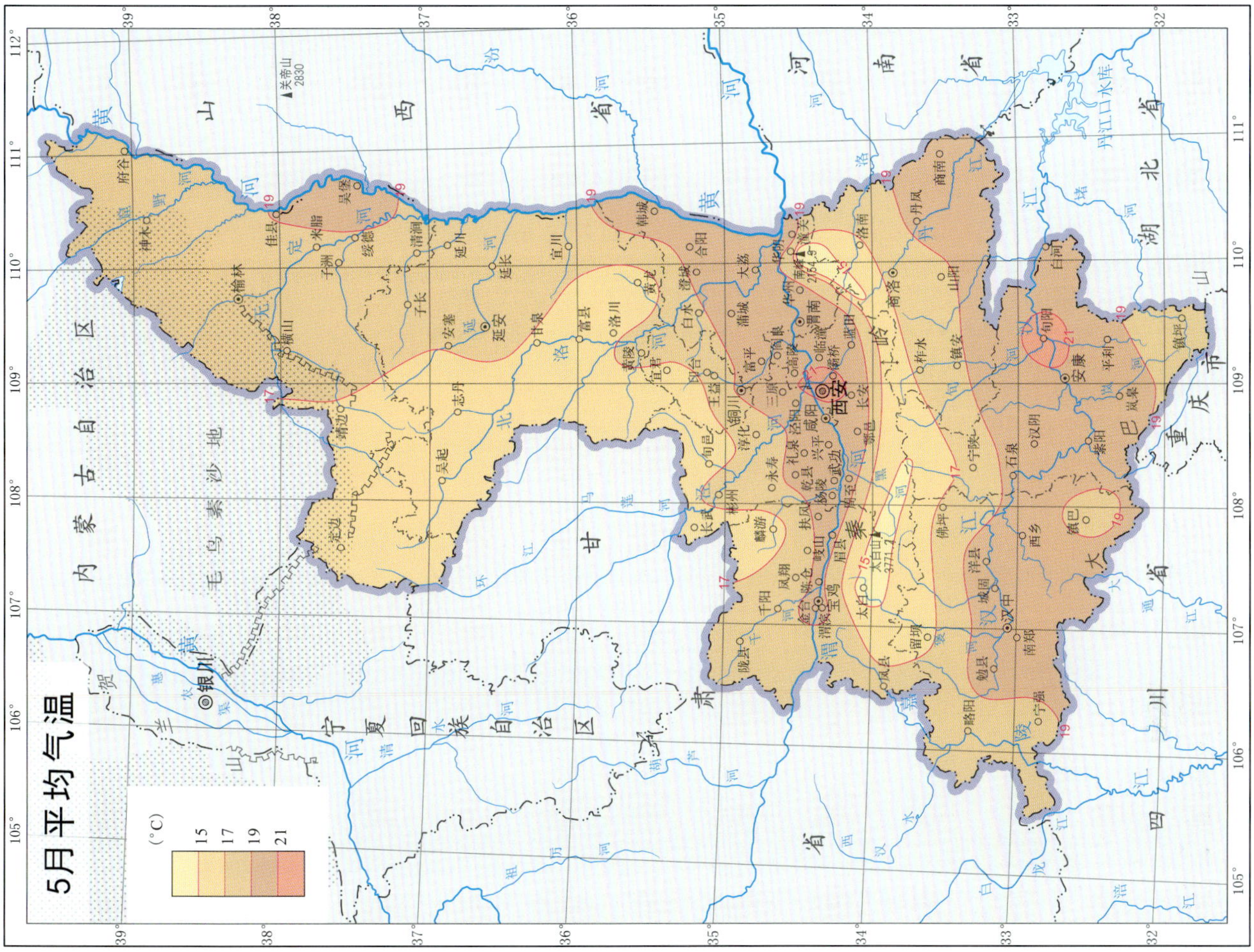
5月平均气温
(°C)
15
17
19
21
内蒙古自治区
山西省
河南省
湖北省
重庆市
四川省
甘肃省
宁夏回族自治区
毛乌素沙地
西安
银川

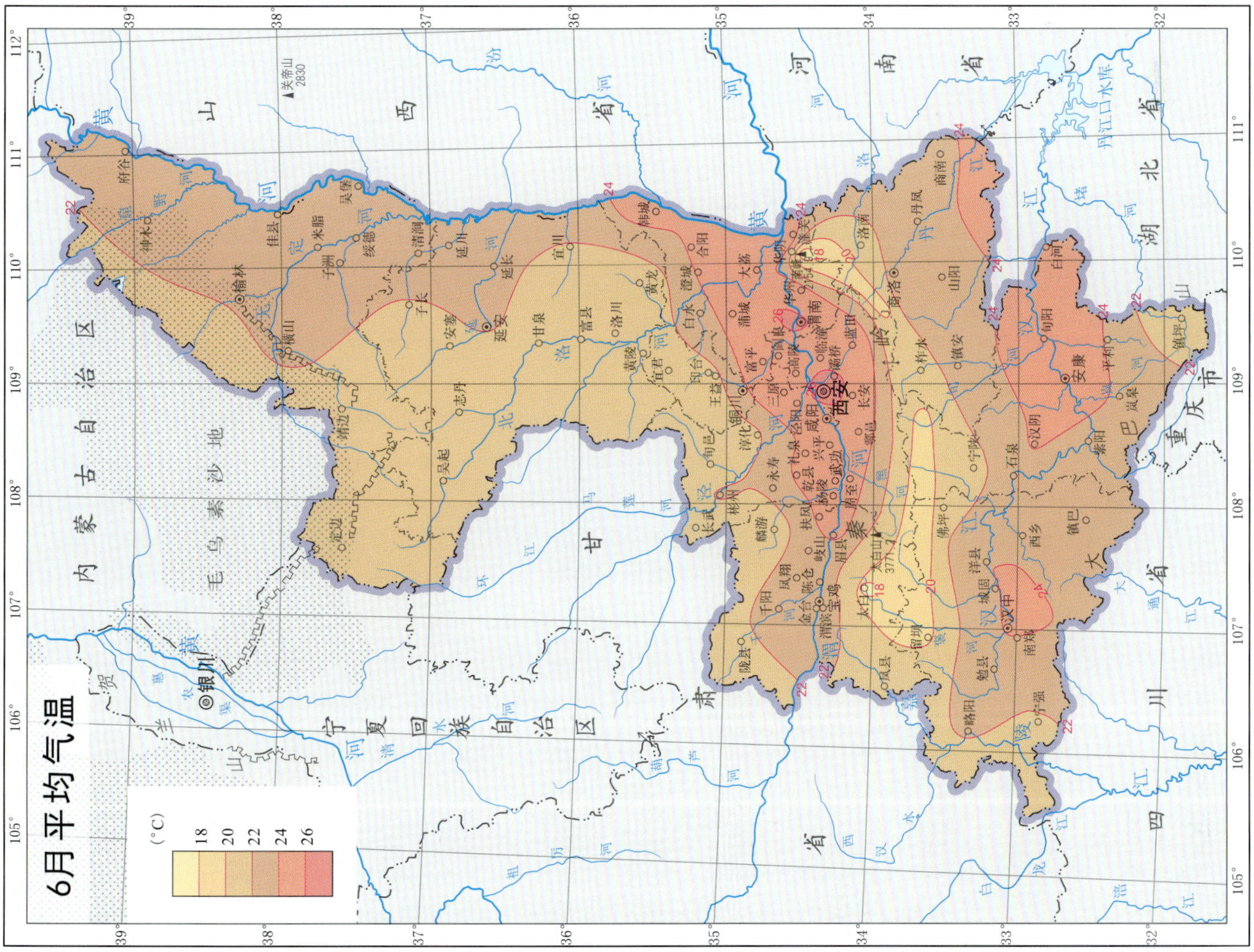
6月平均气温
(°C)
18
20
22
24
26
内蒙古自治区
山西省
河南省
湖北省
重庆市
四川省
甘肃省
宁夏回族自治区
毛乌素沙地
西安
银川

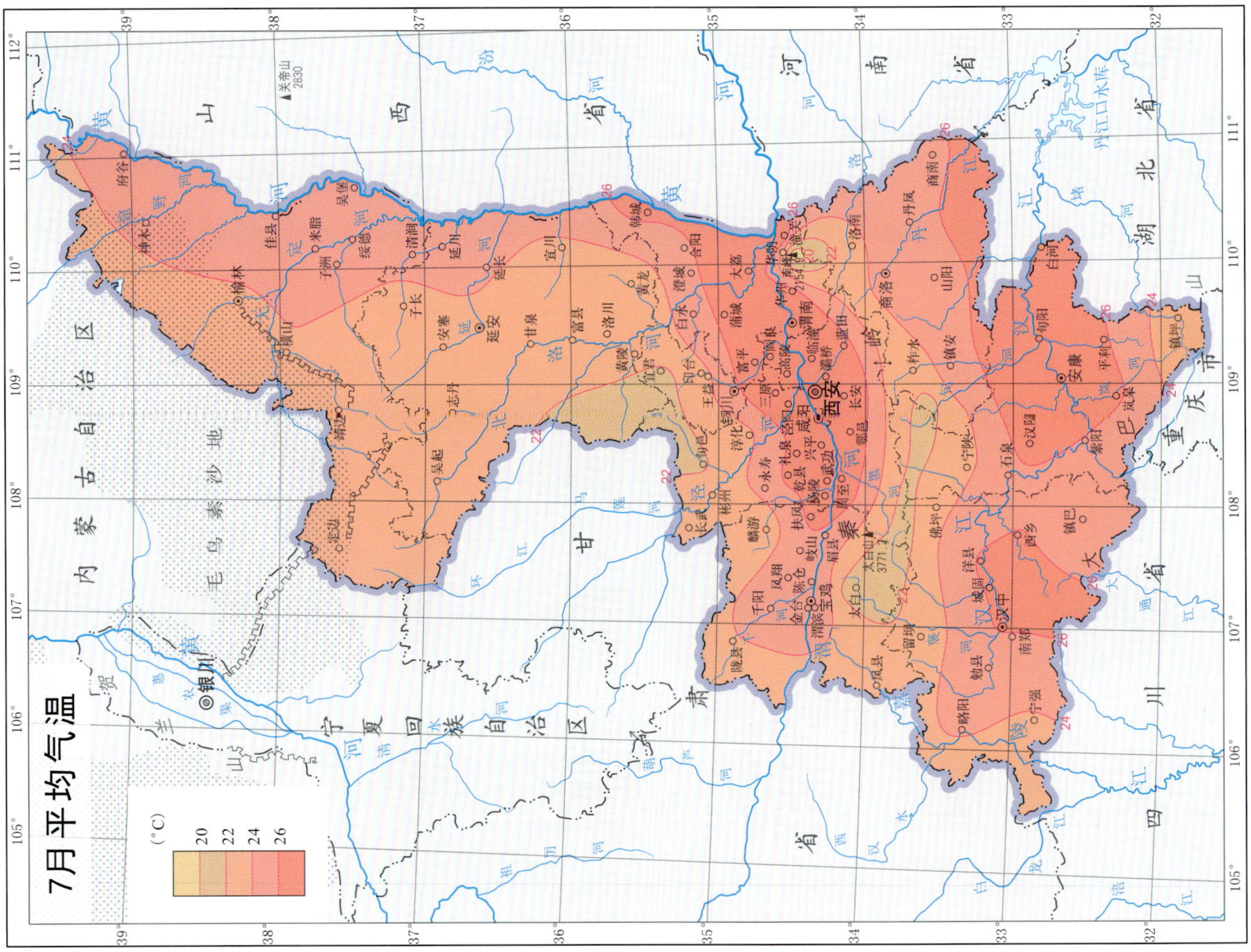

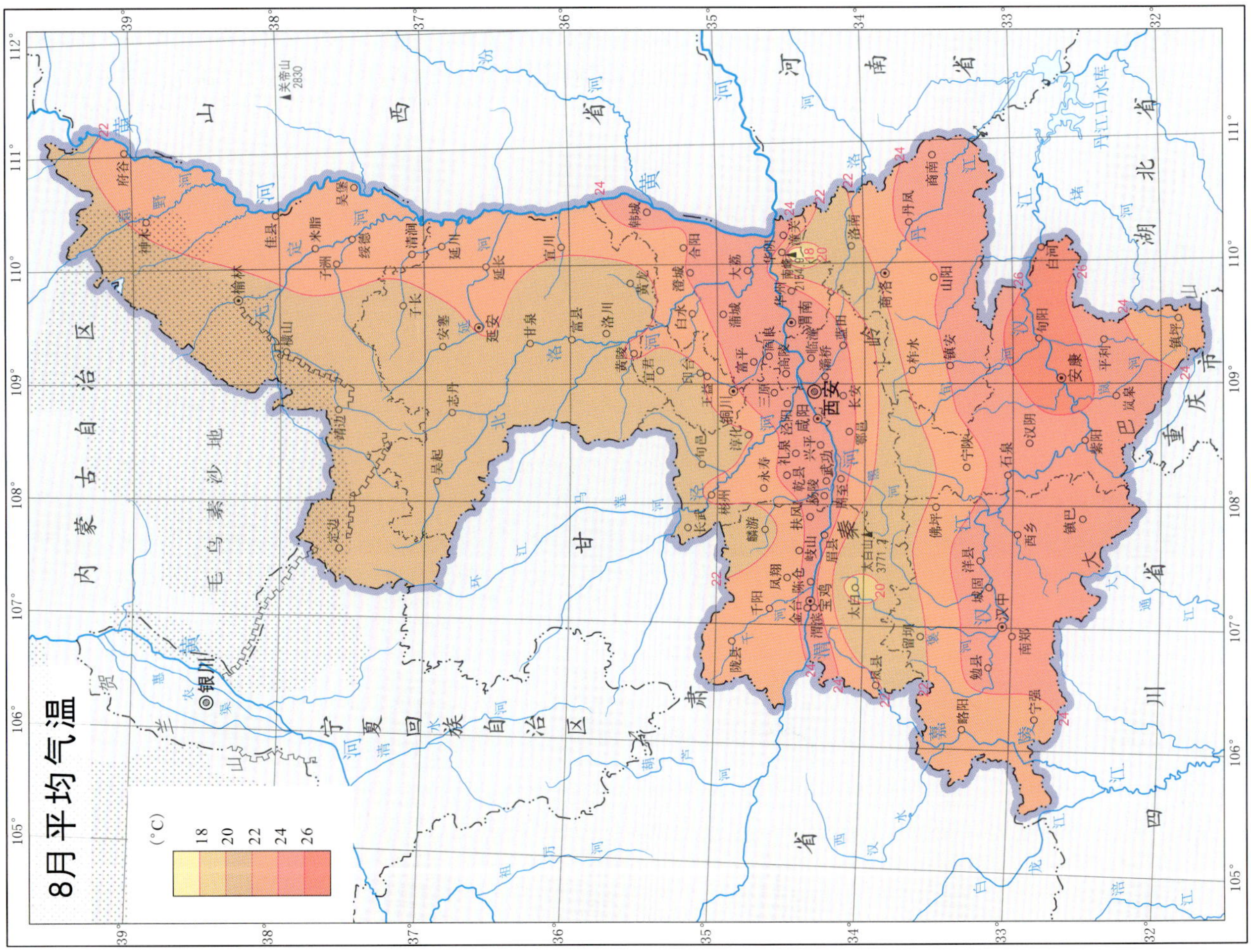

比例尺 1：5 700 000 0 57 114 km

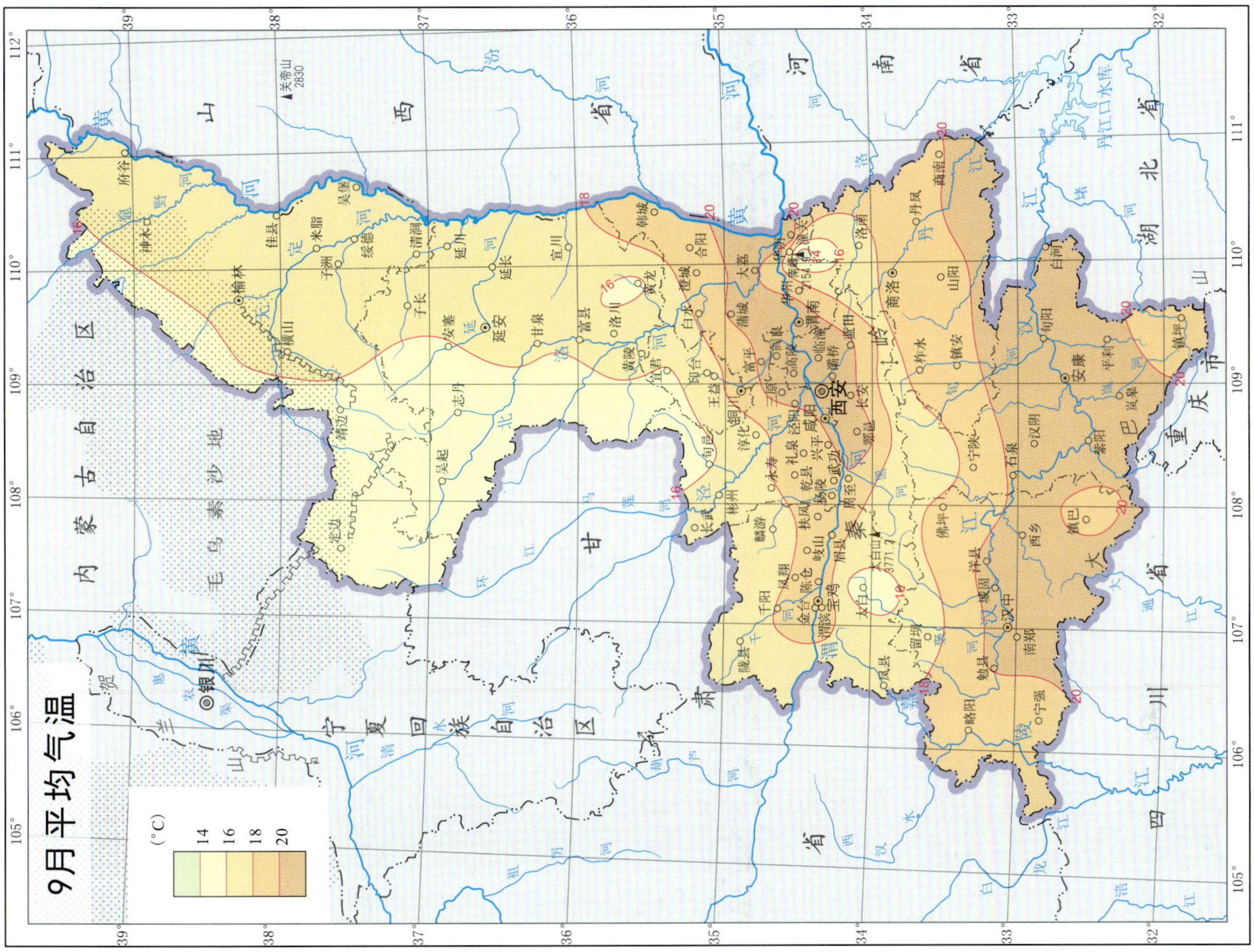

9月平均气温

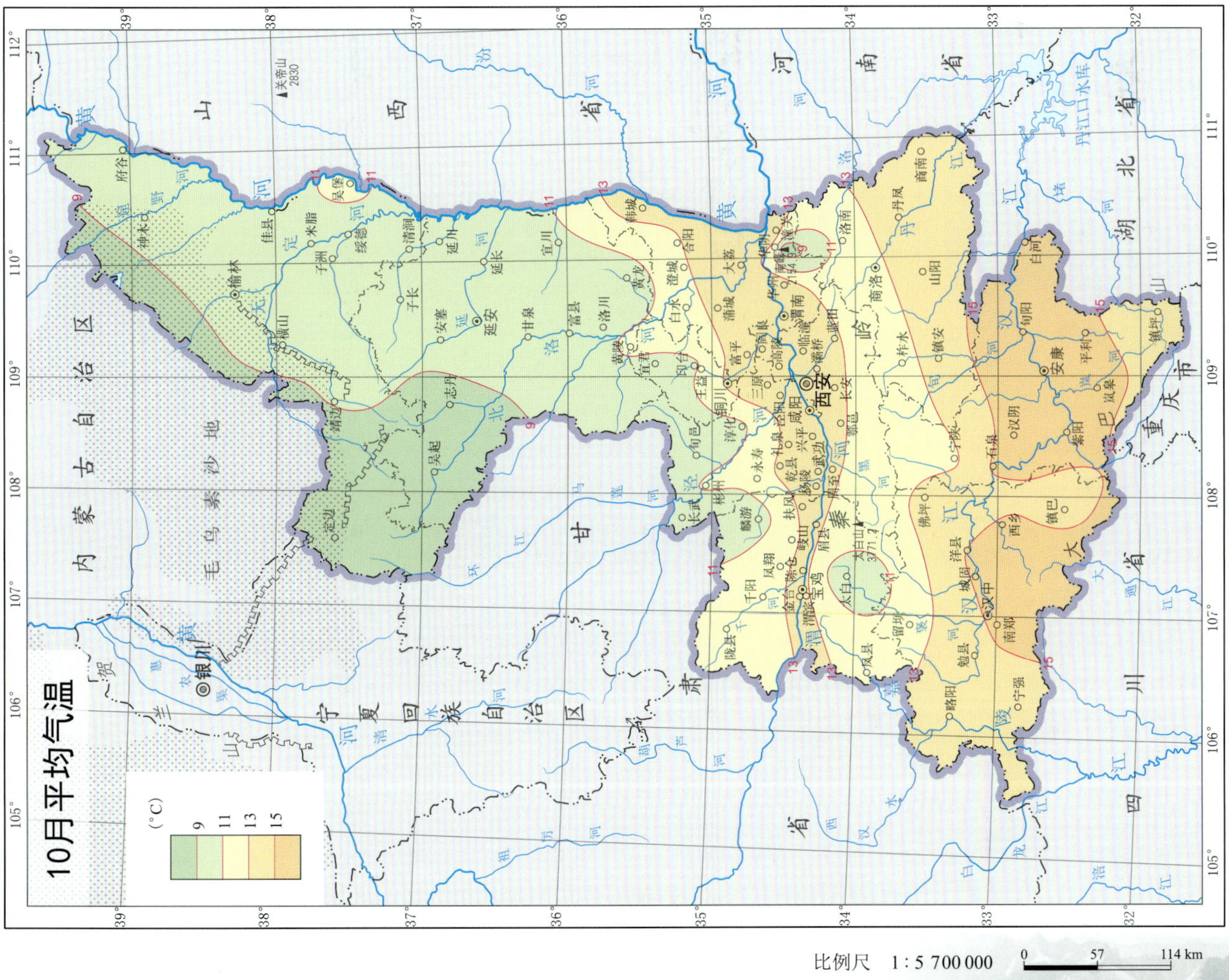

10月平均气温

比例尺 1:5 700 000 0 57 114 km

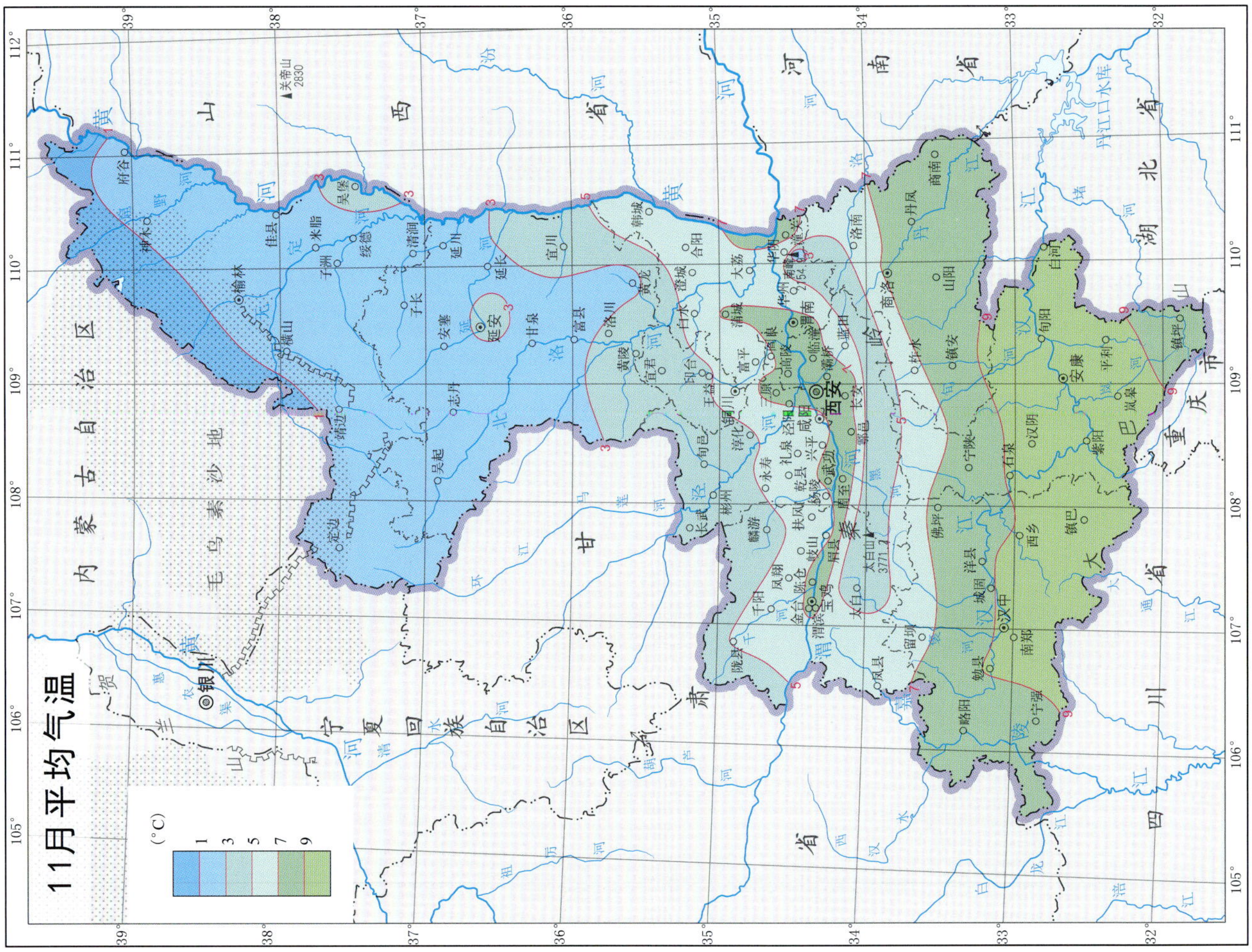

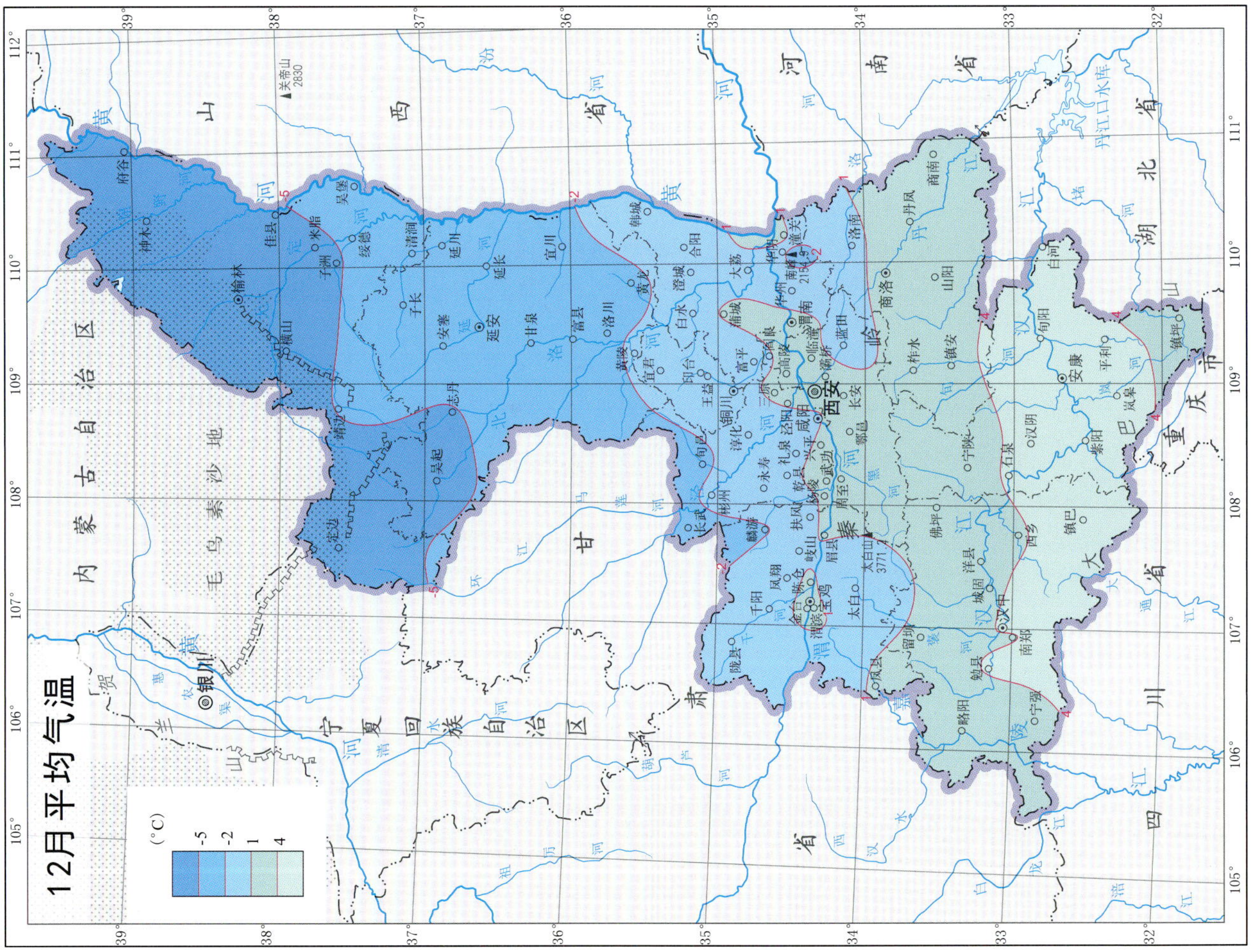

比例尺 1 : 5 700 000 0 57 114 km

年平均最高气温

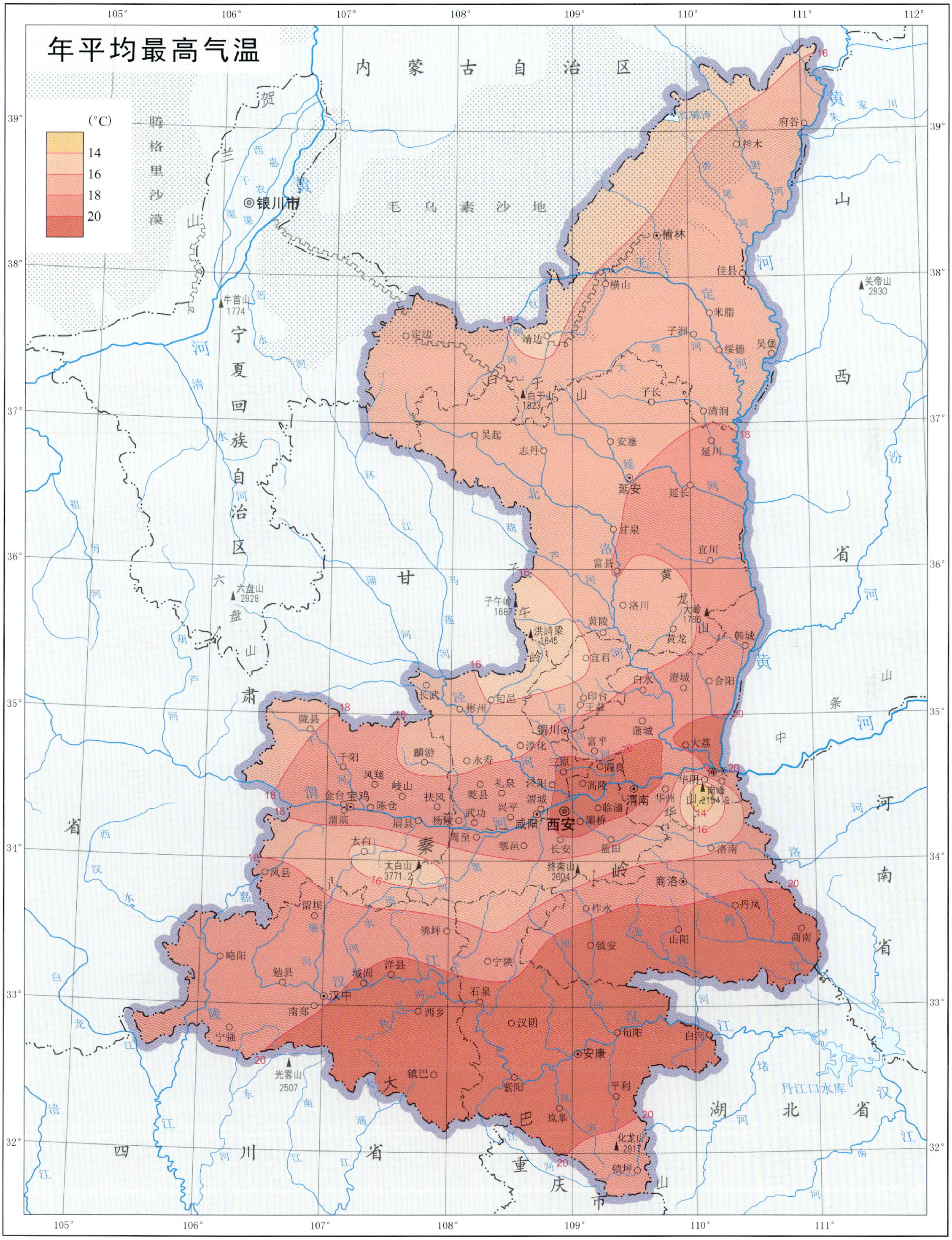

比例尺 1∶4 000 000 0 40 80 km

年平均最低气温

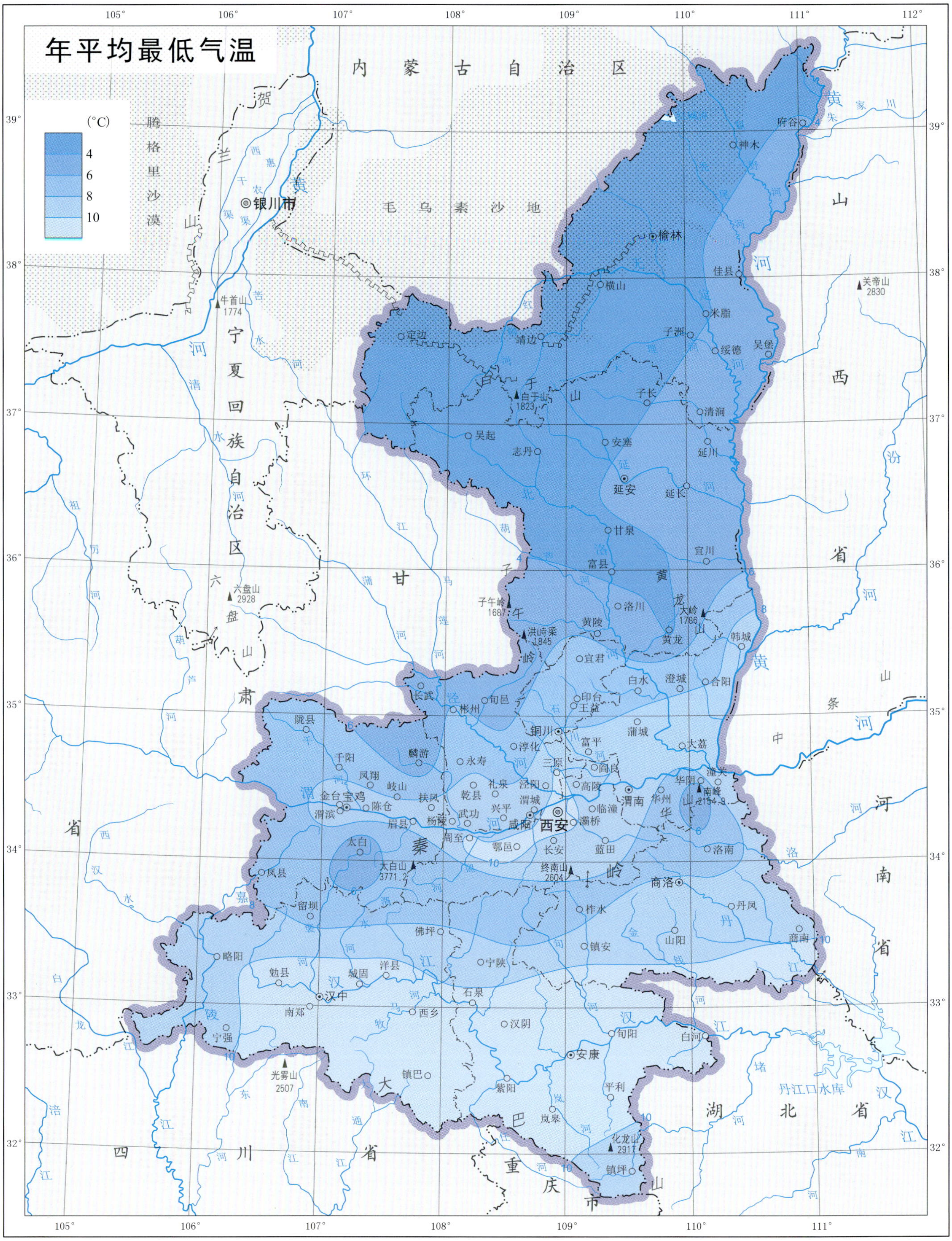

比例尺 1:4 000 000 0 40 80 km

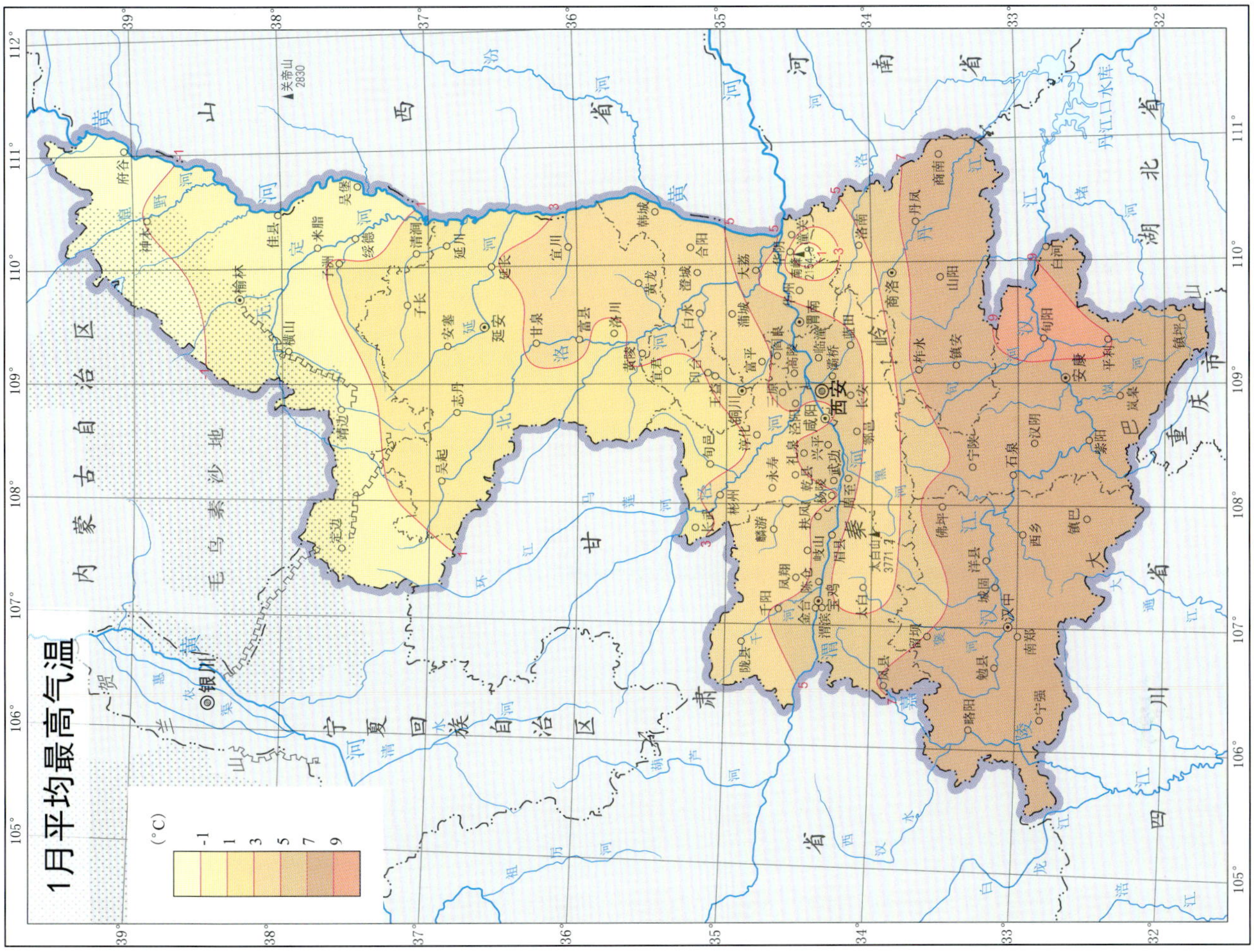

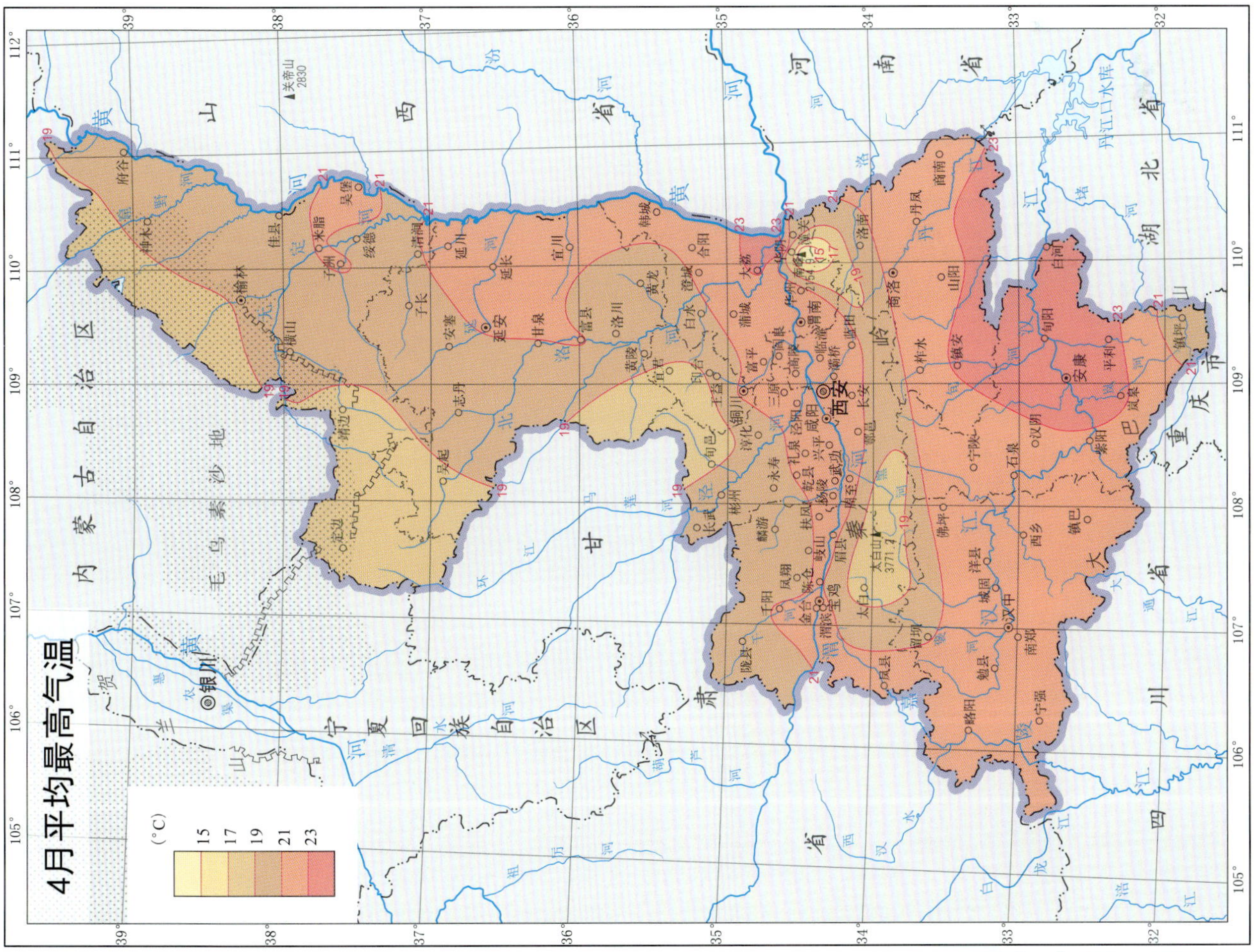

比例尺 1 : 5 700 000 0 57 114 km

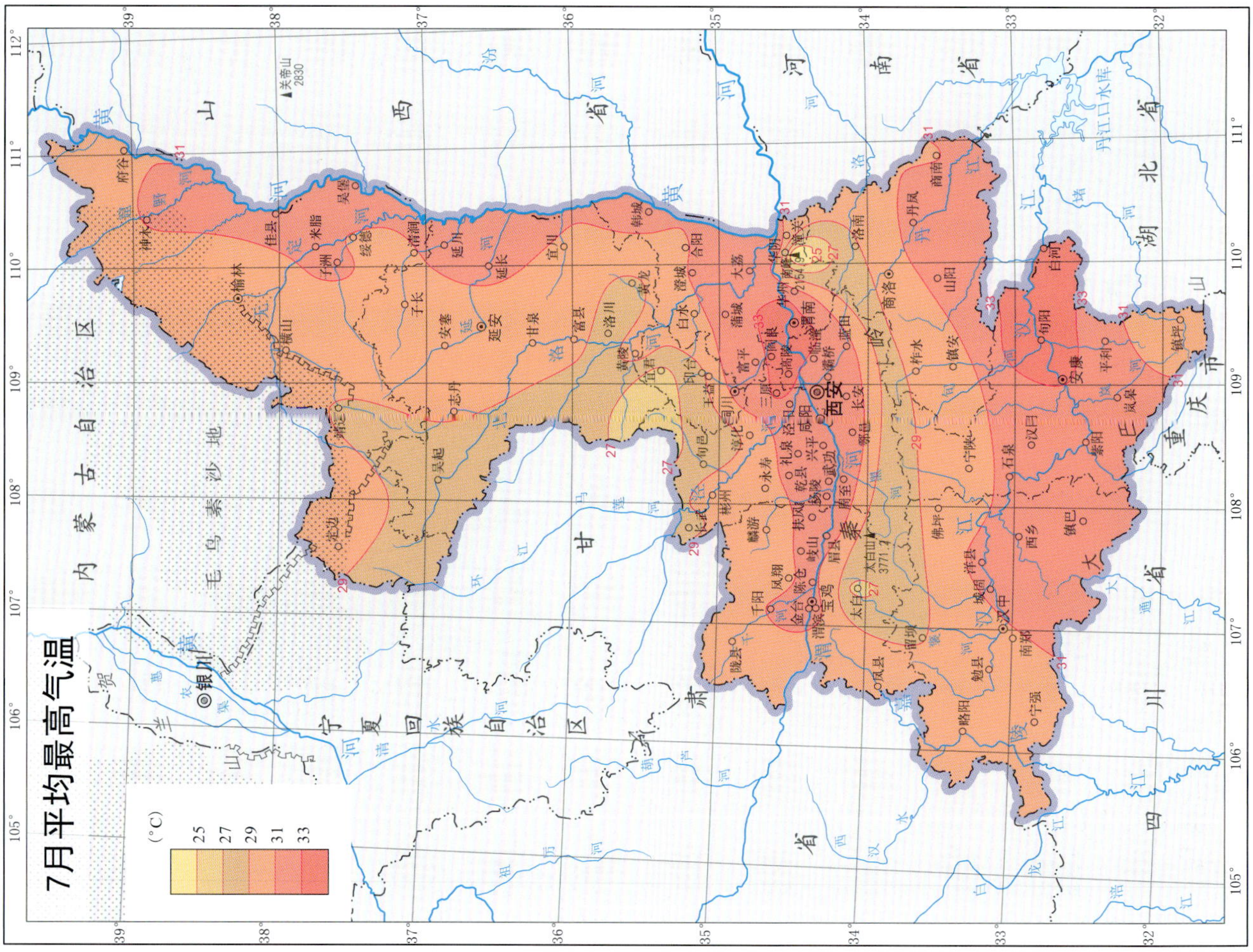

7月平均最高气温

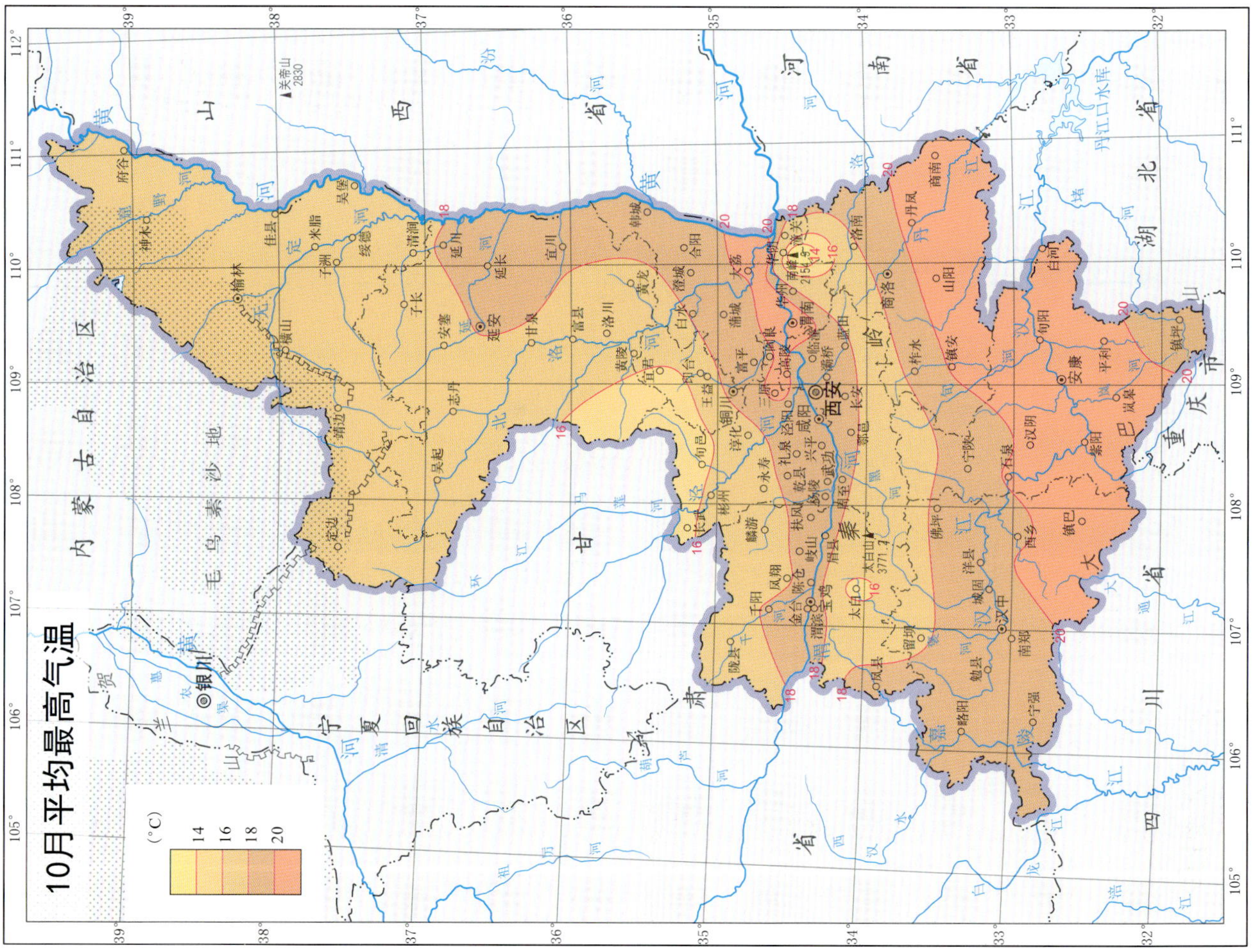

10月平均最高气温

比例尺 1 : 5 700 000

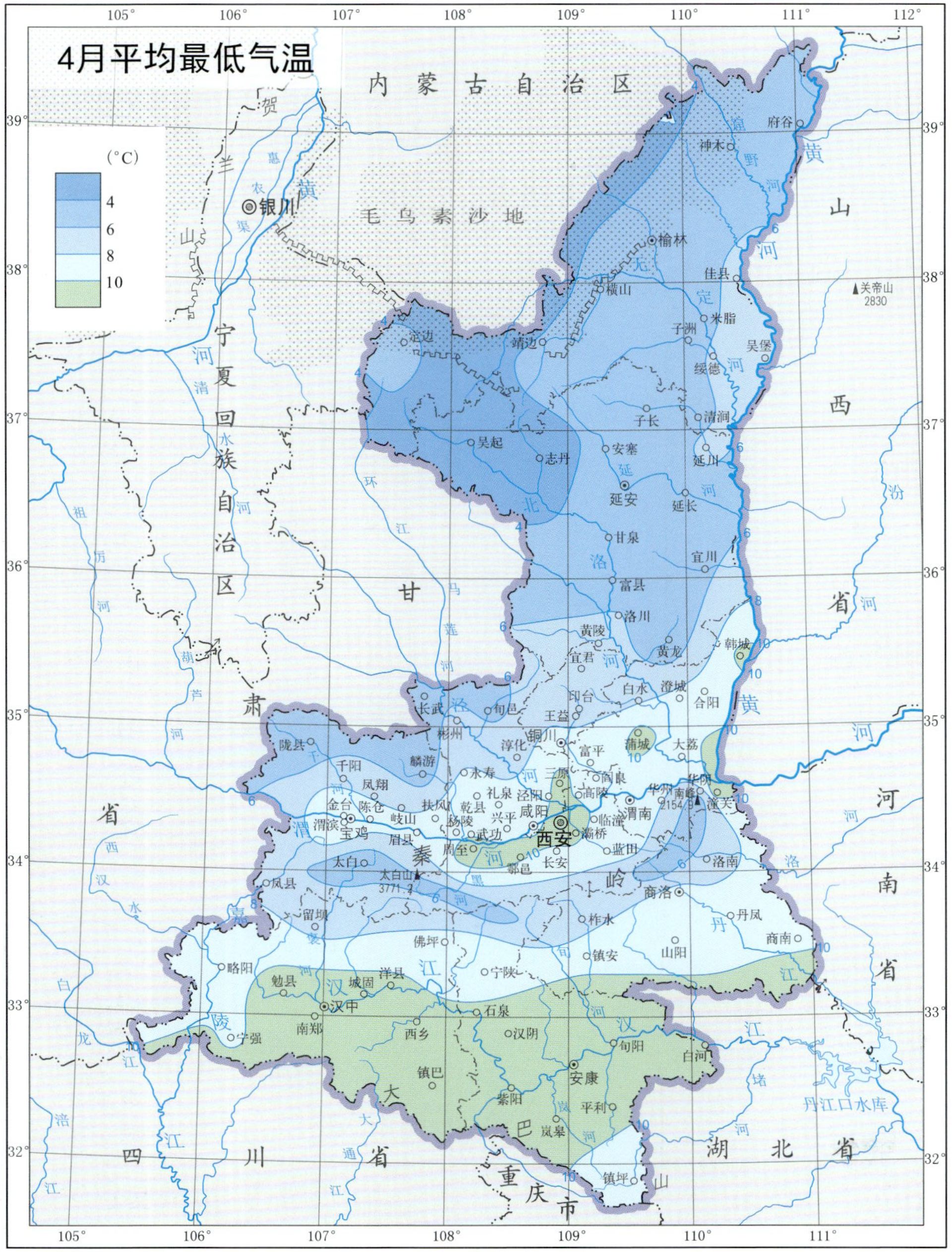

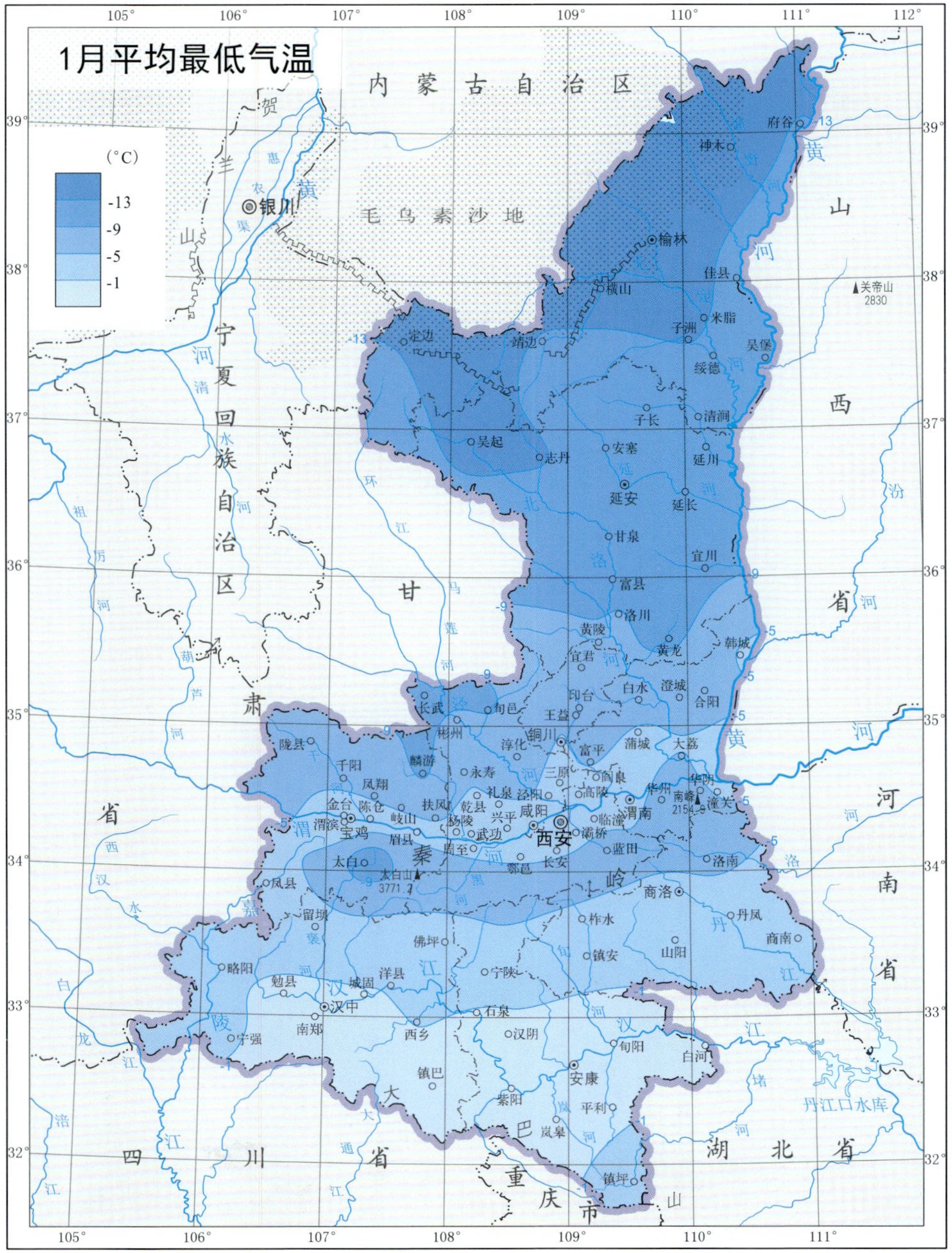

比例尺　1：5 700 000　0　57　114 km

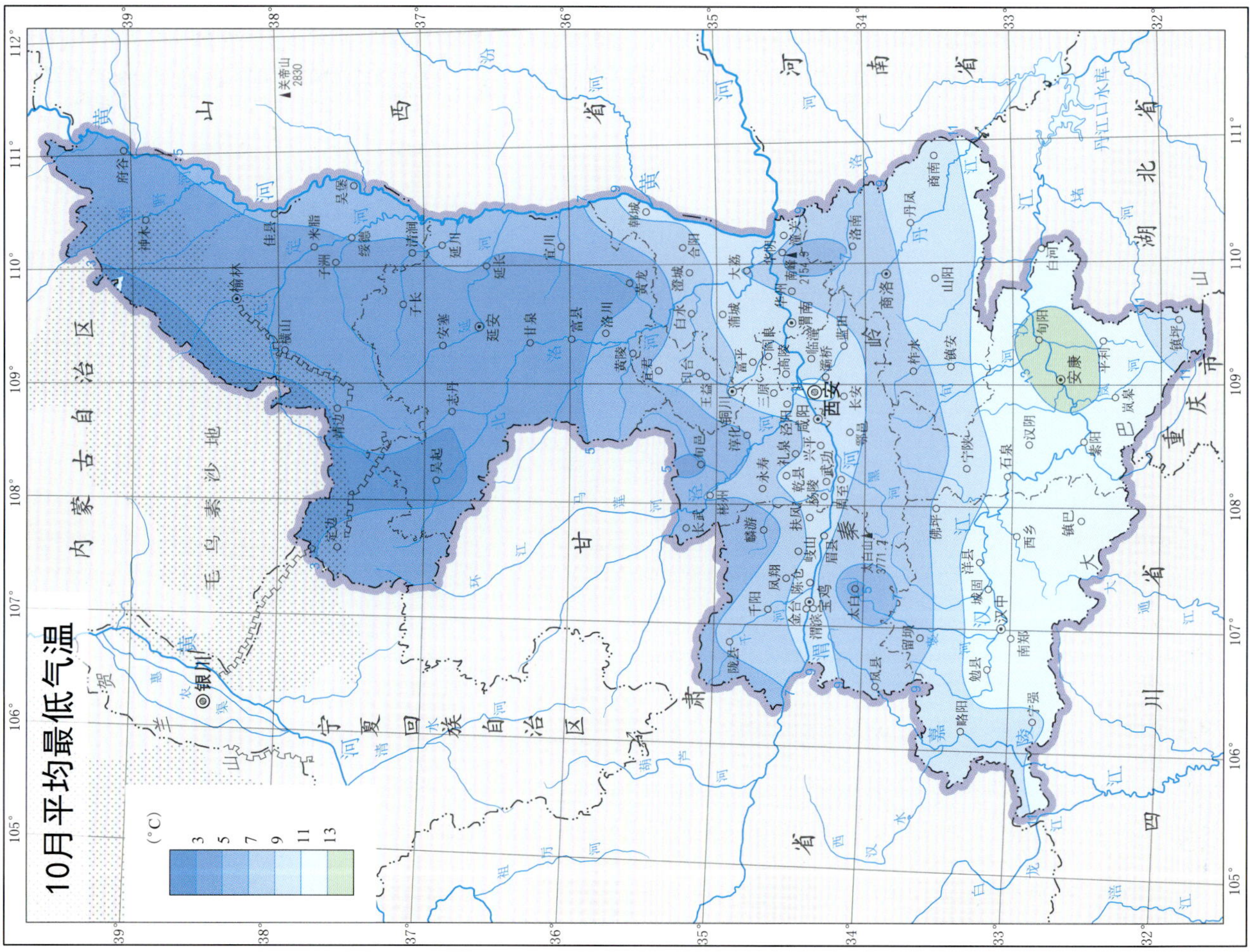

10月平均最低气温

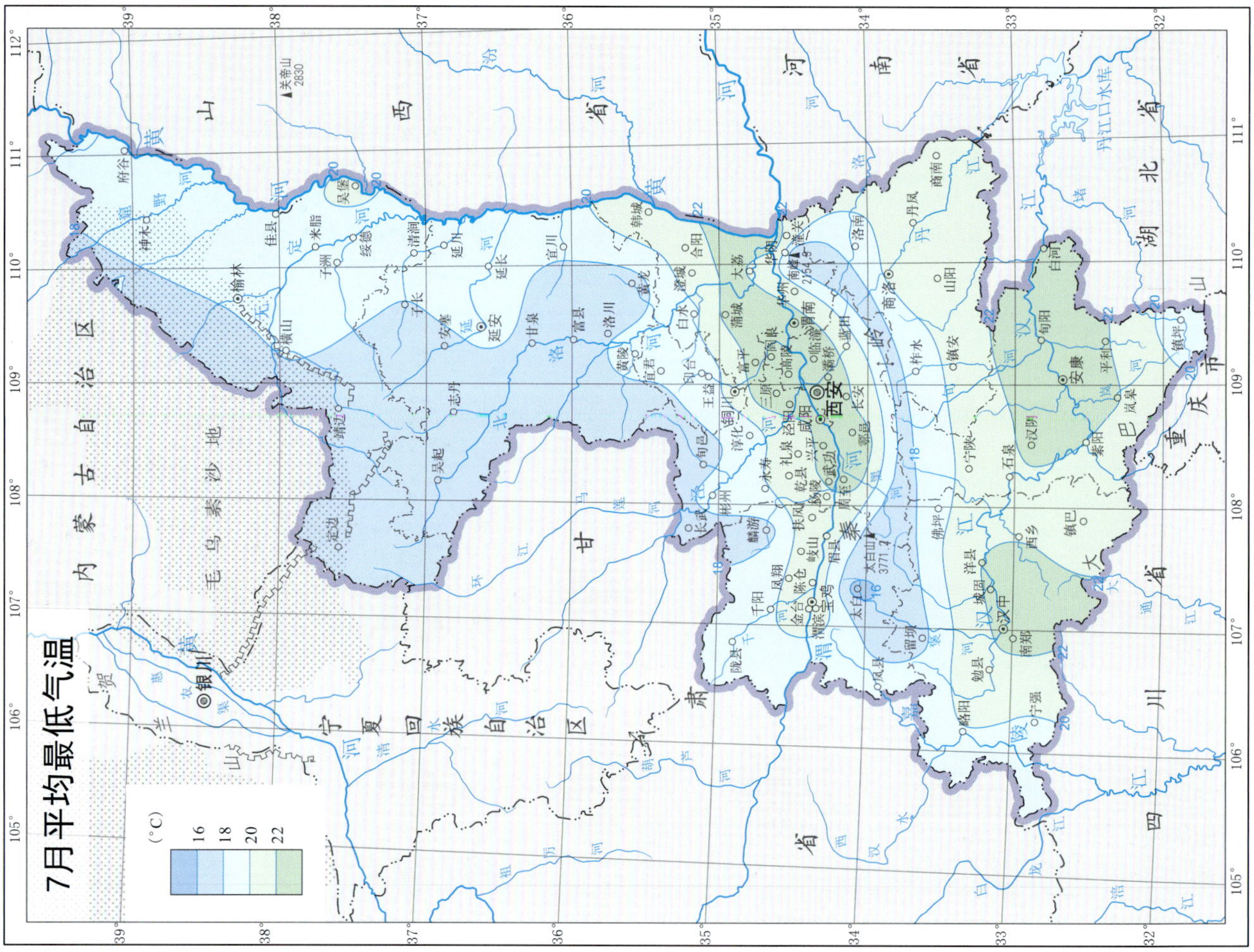

7月平均最低气温

比例尺 1 : 5 700 000 0 57 114 km

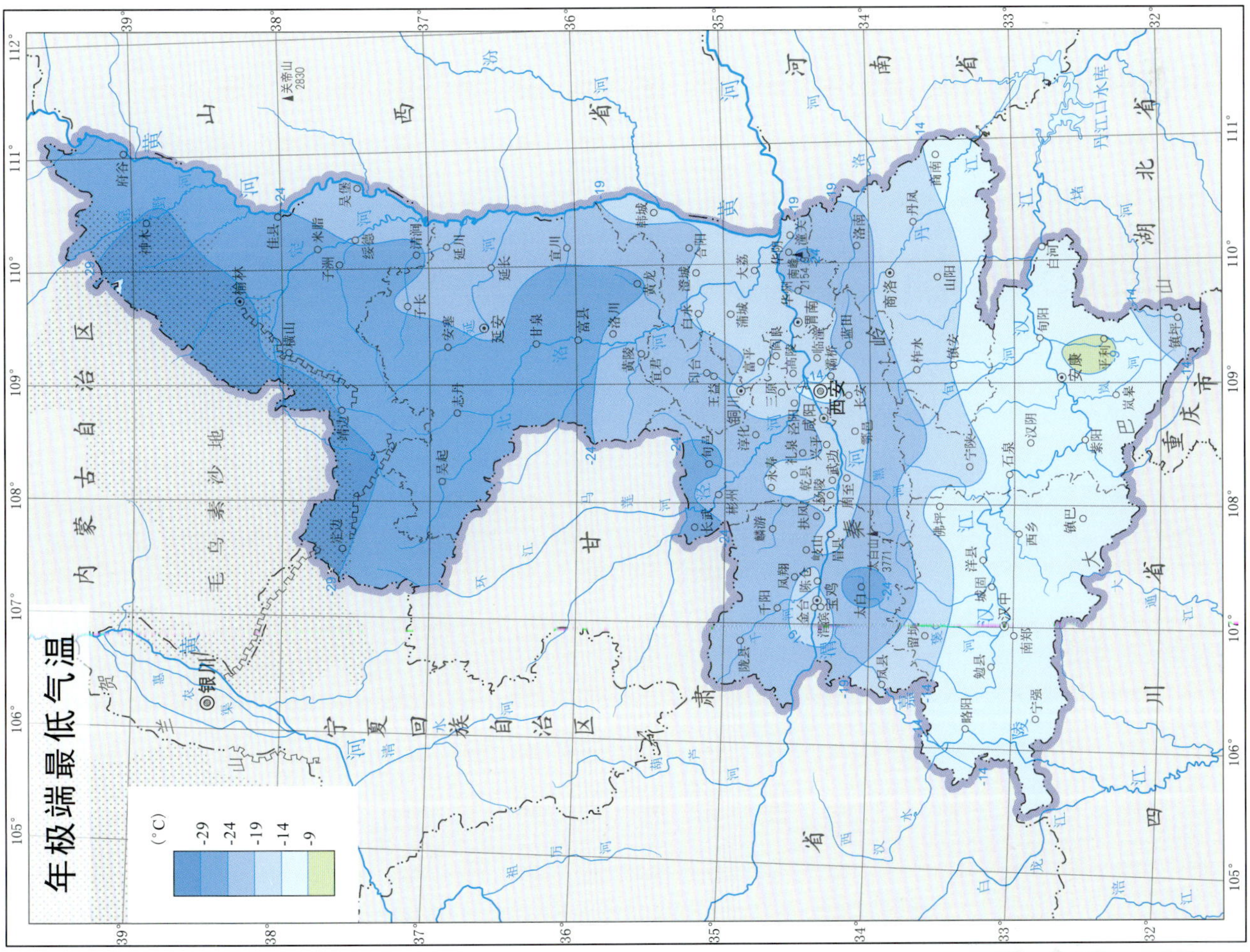
年极端最低气温
(°C)
-29
-24
-19
-14
-9

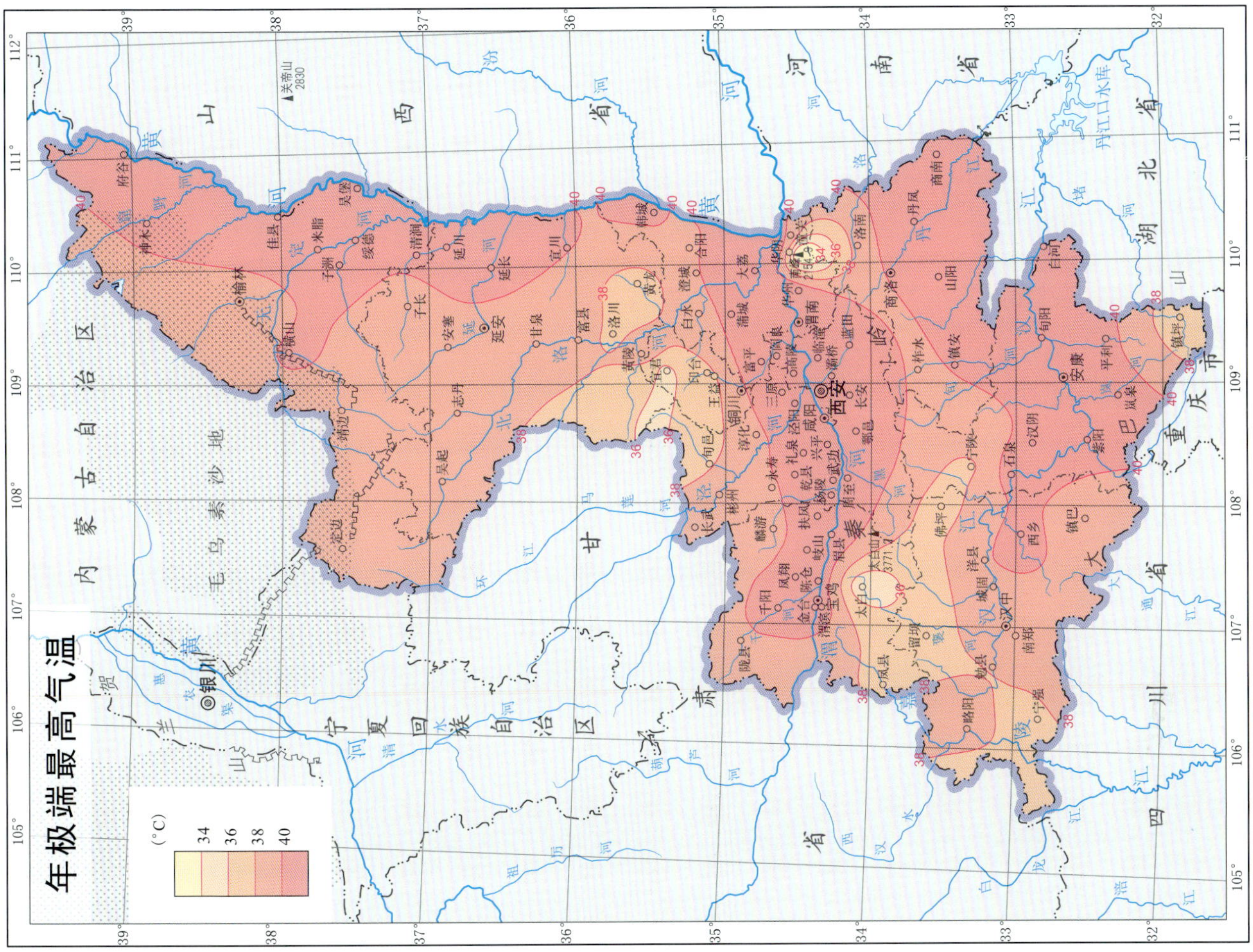
年极端最高气温
(°C)
34
36
38
40

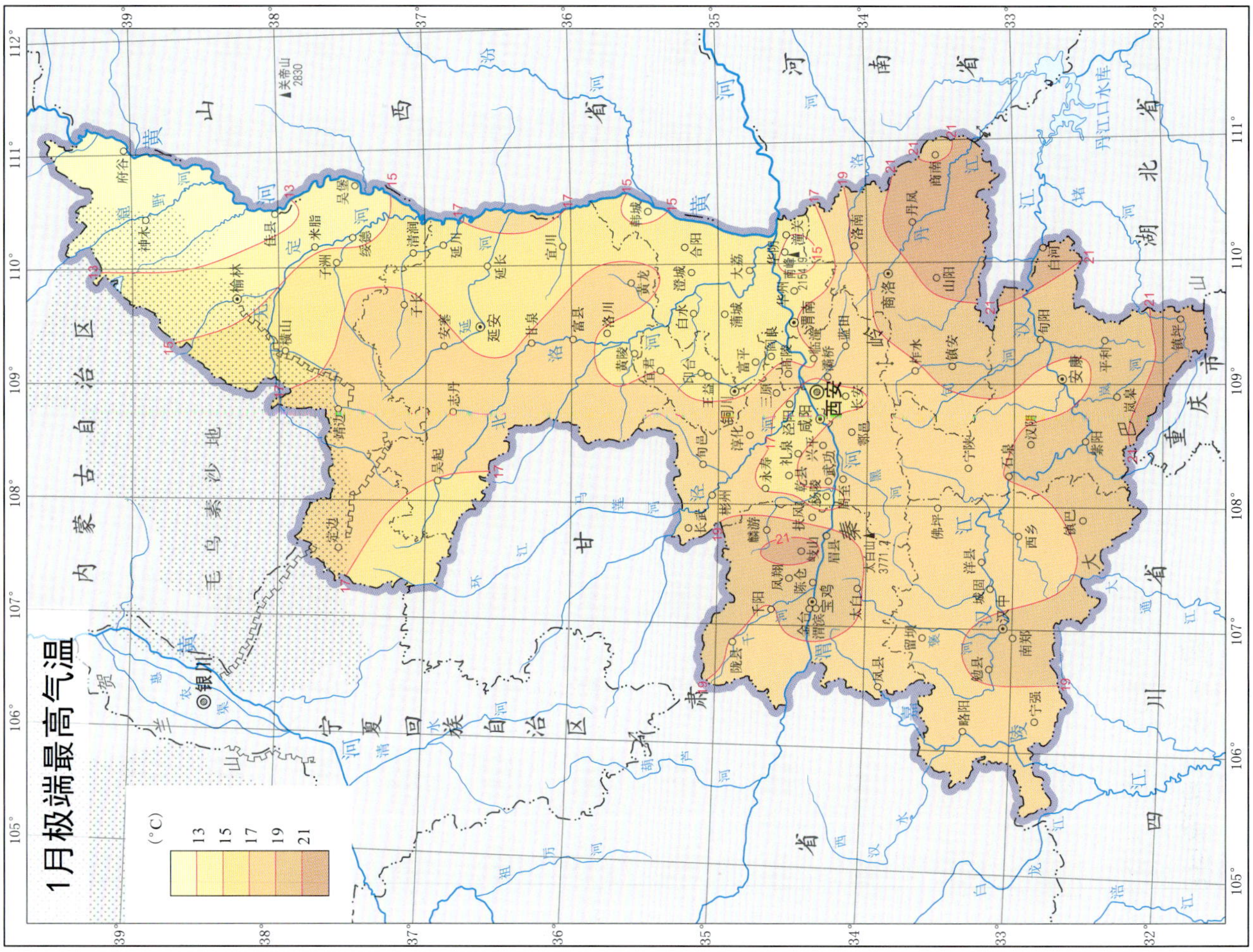

1月极端最高气温

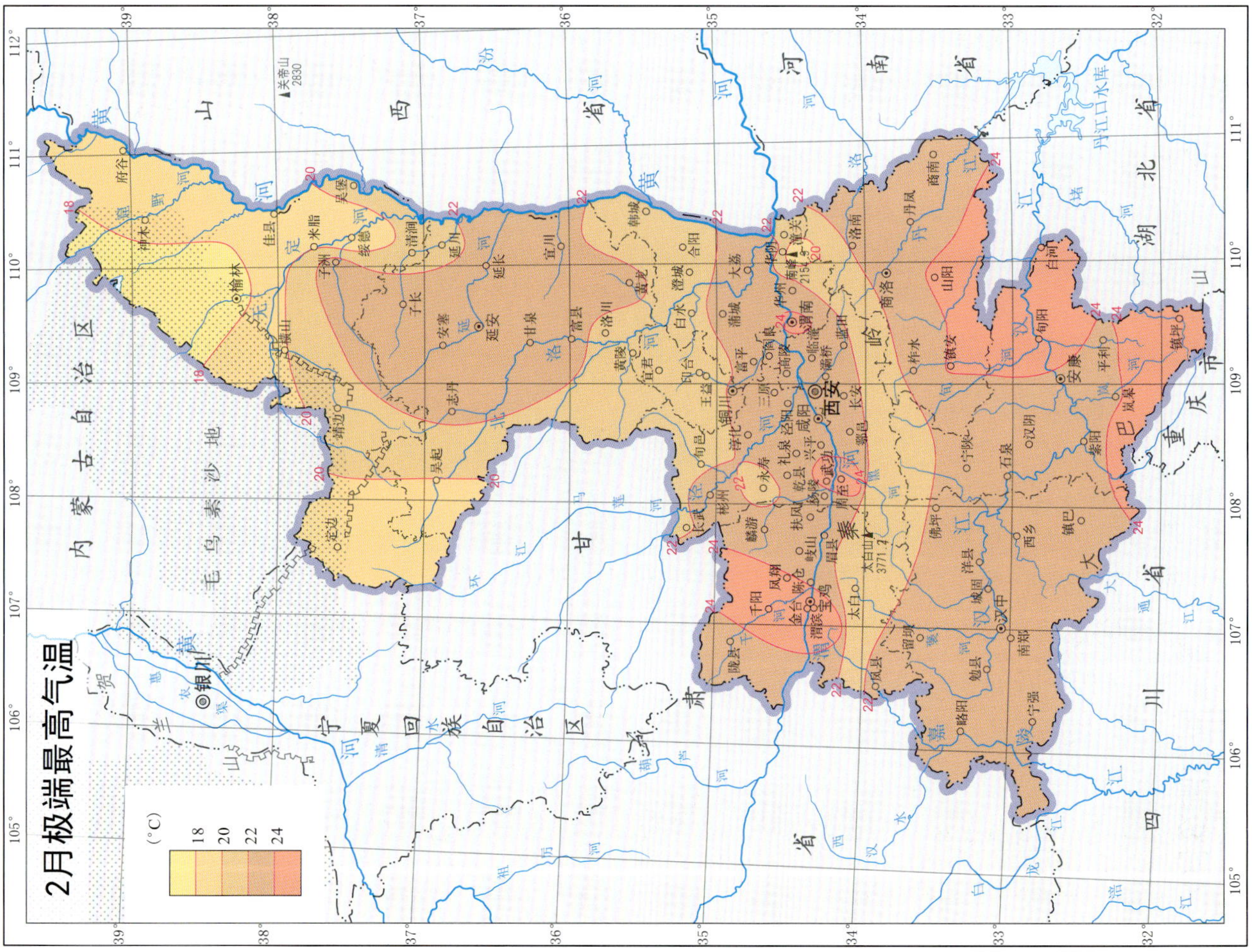

2月极端最高气温

比例尺 1 : 5 700 000
0 57 114 km

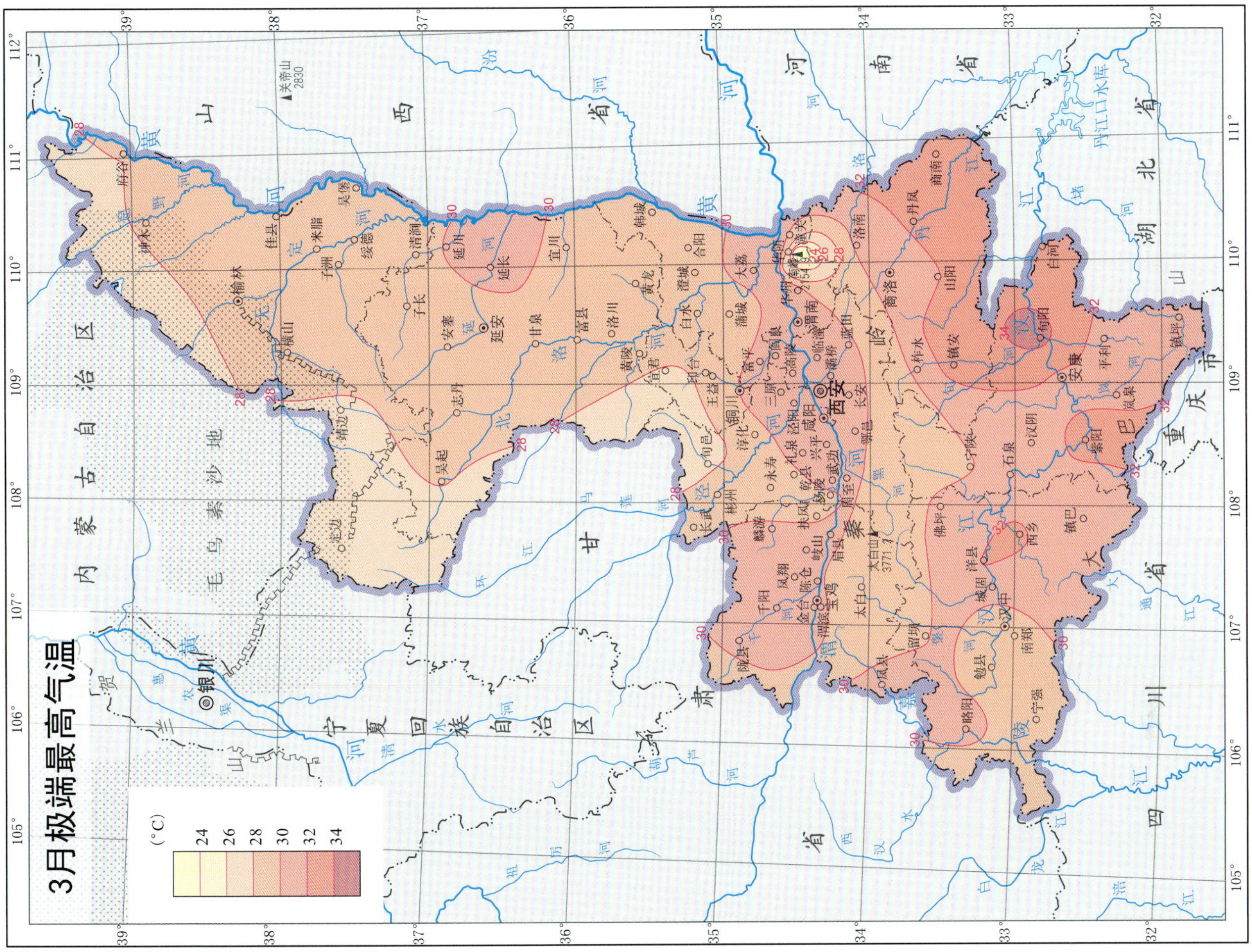
3月极端最高气温
(°C)
24
26
28
30
32
34
内蒙古自治区
毛乌素沙地
宁夏回族自治区
山西省
河南省
湖北省
重庆市
四川省
甘肃省
西安
银川

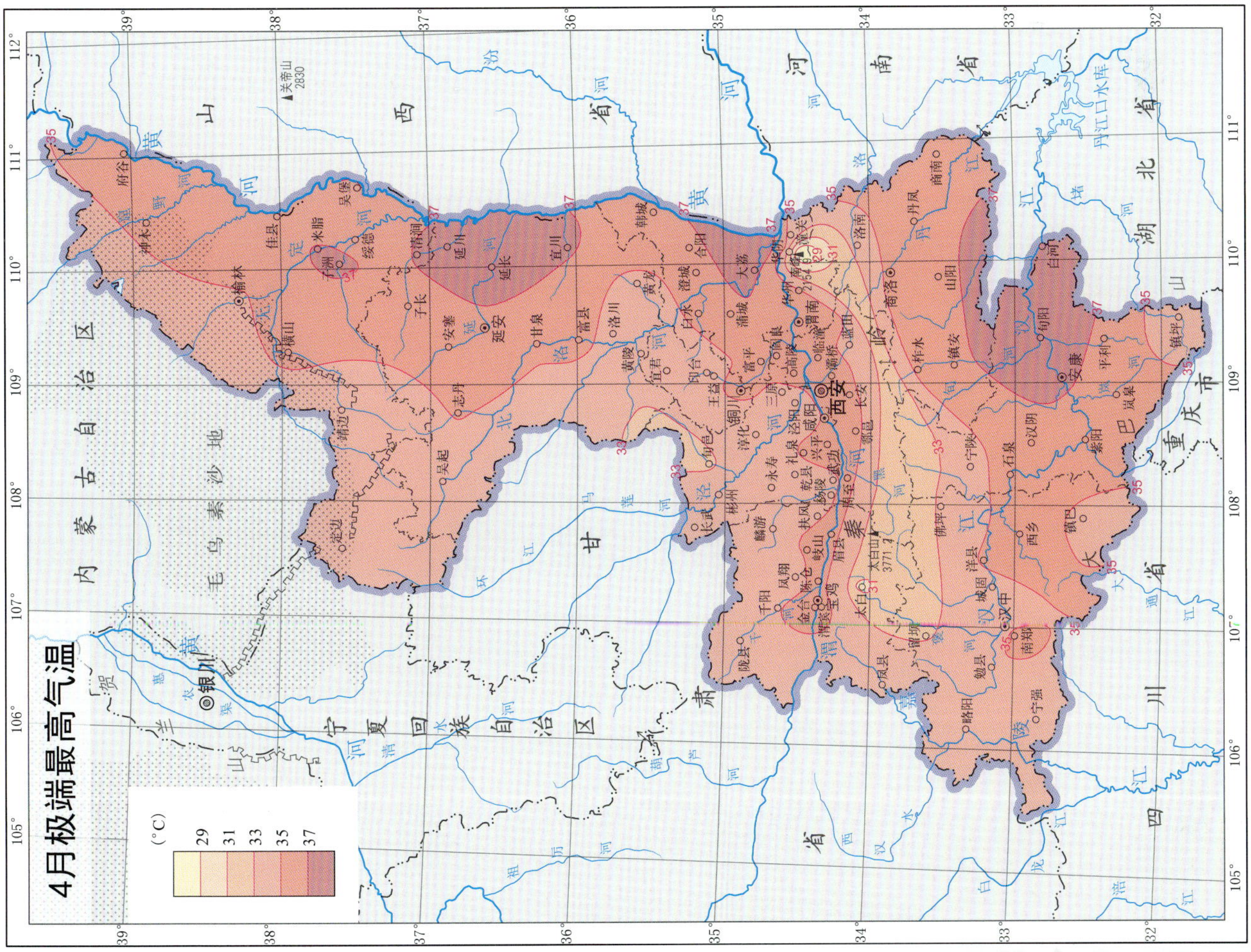
4月极端最高气温
(°C)
29
31
33
35
37
内蒙古自治区
毛乌素沙地
宁夏回族自治区
山西省
河南省
湖北省
重庆市
四川省
甘肃省
西安
银川

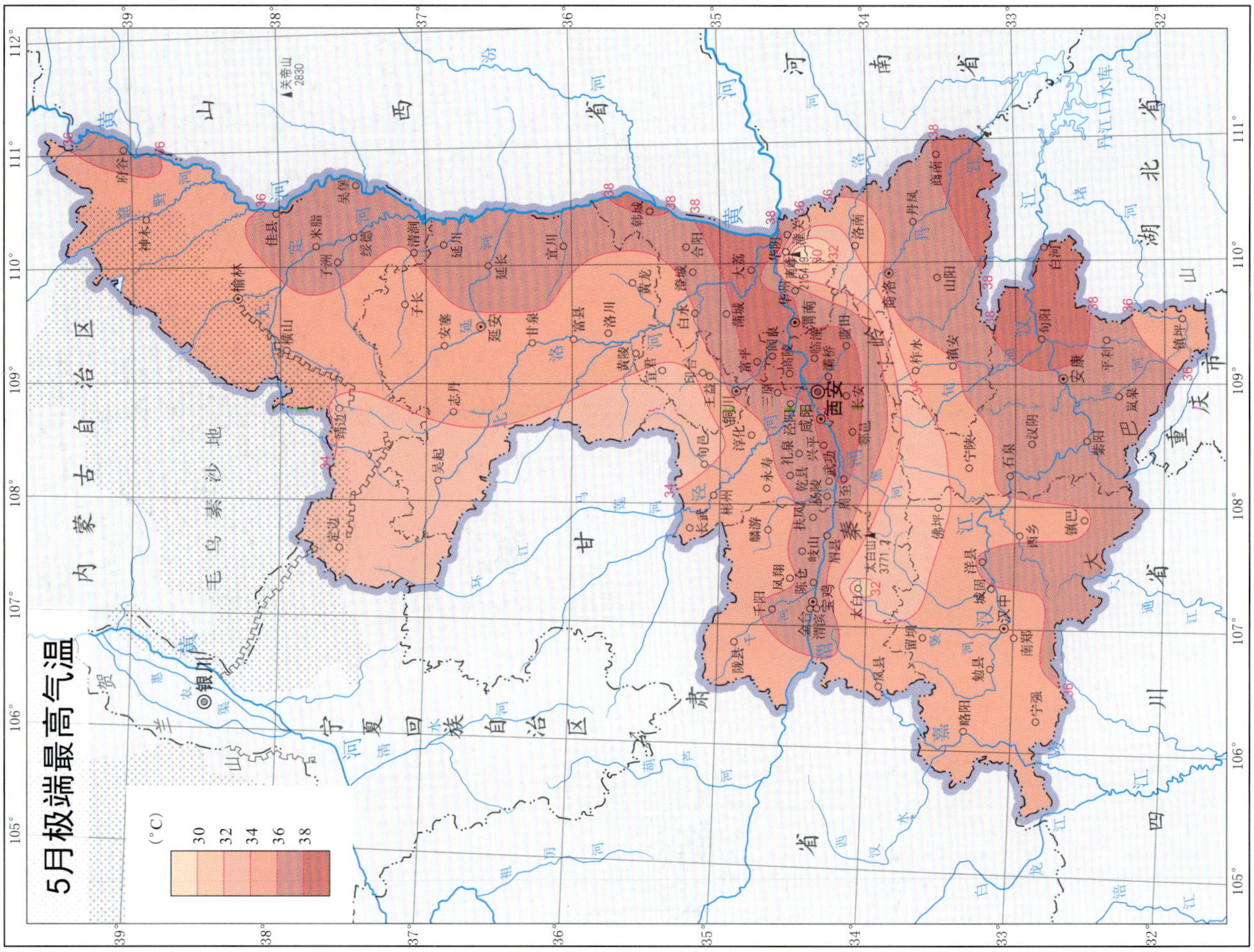

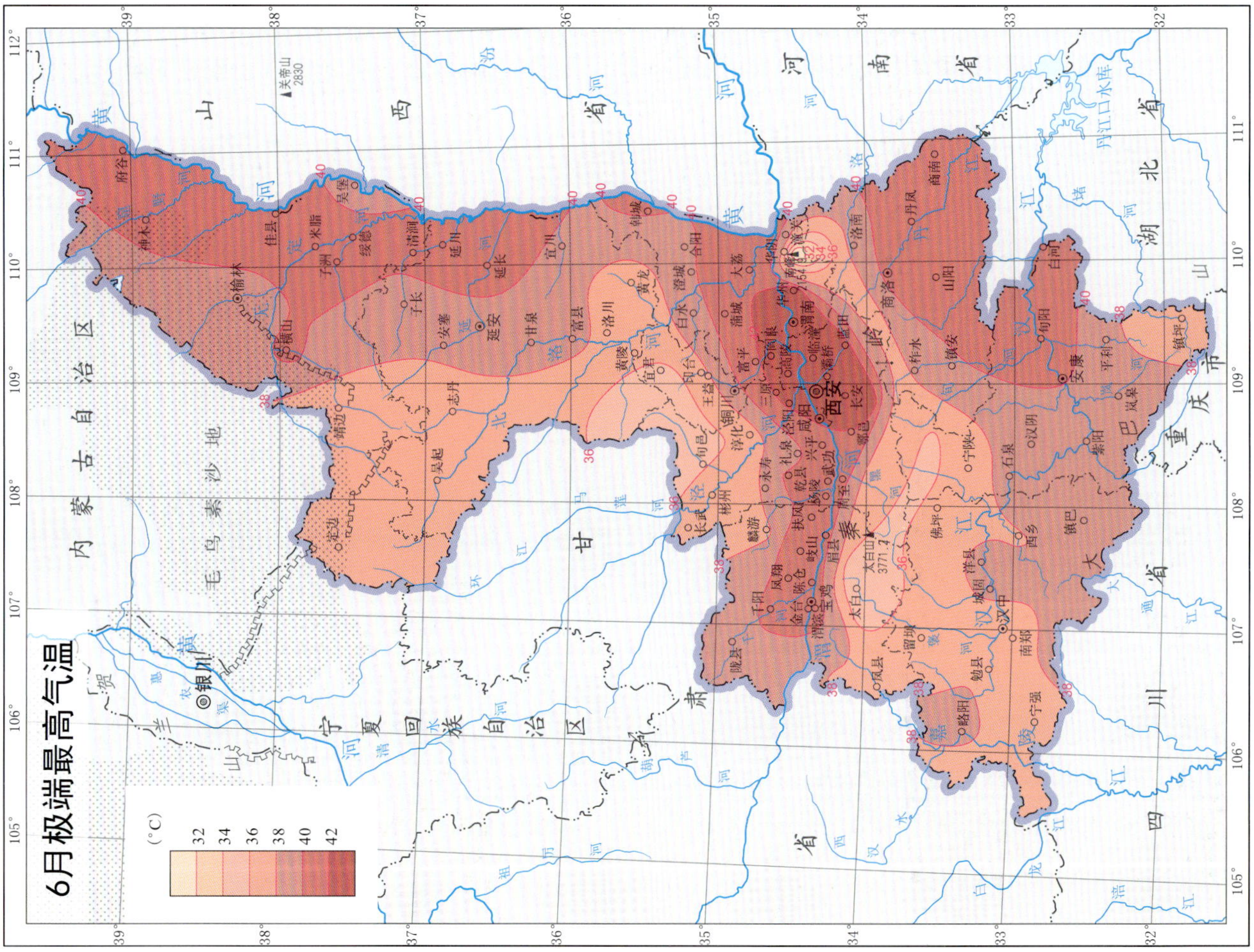

比例尺 1：5 700 000 0 57 114 km

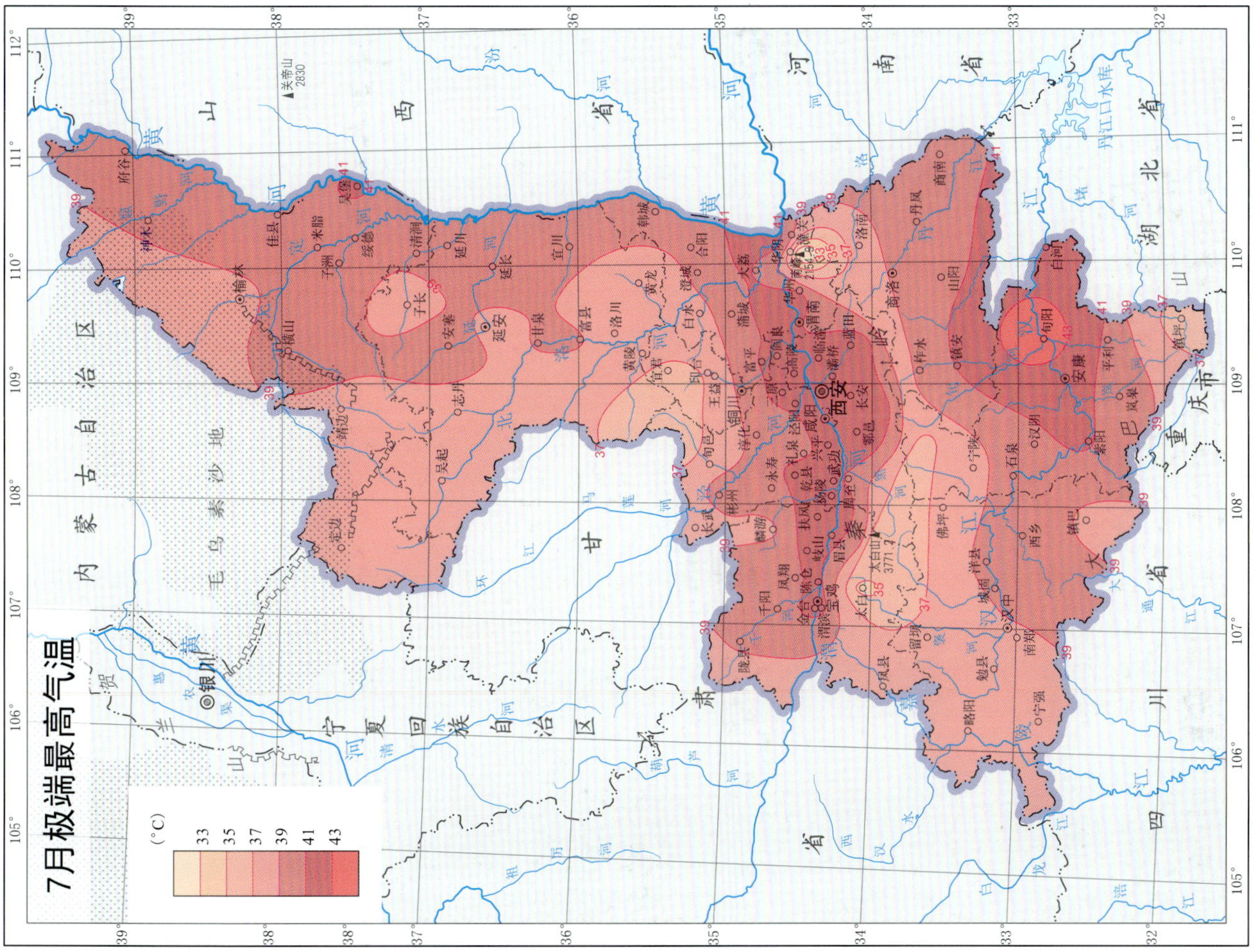

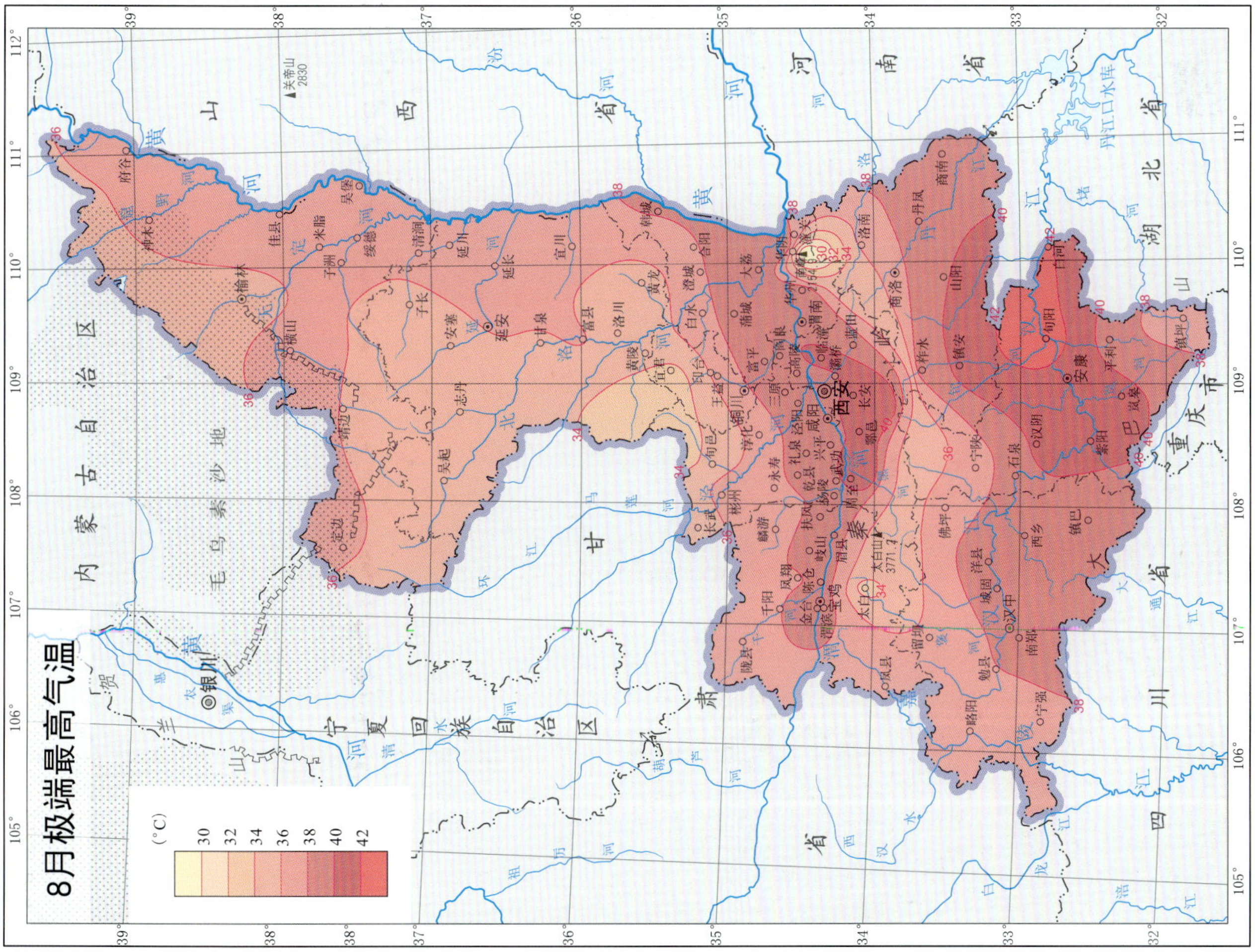

比例尺 1 : 5 700 000 0 57 114 km

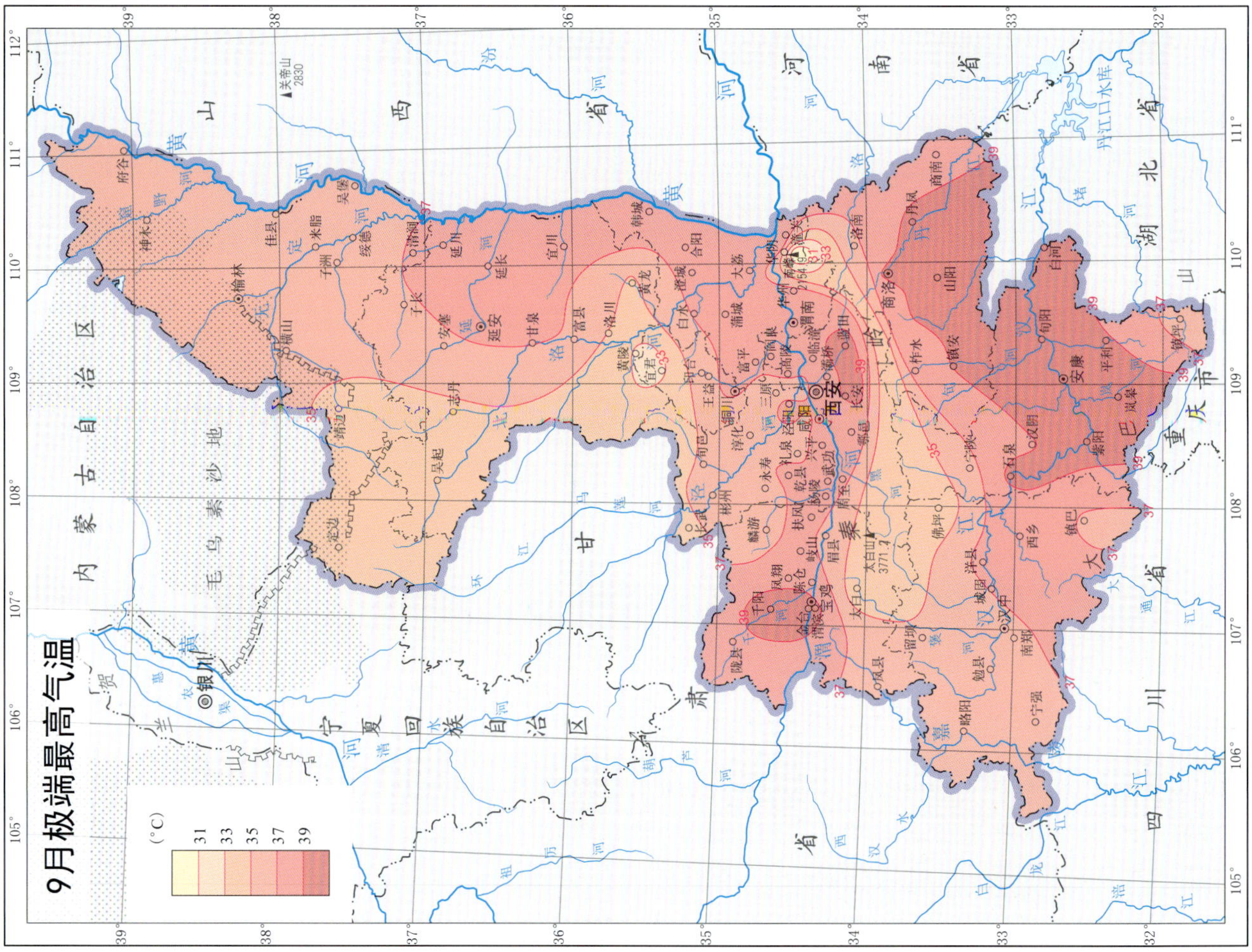

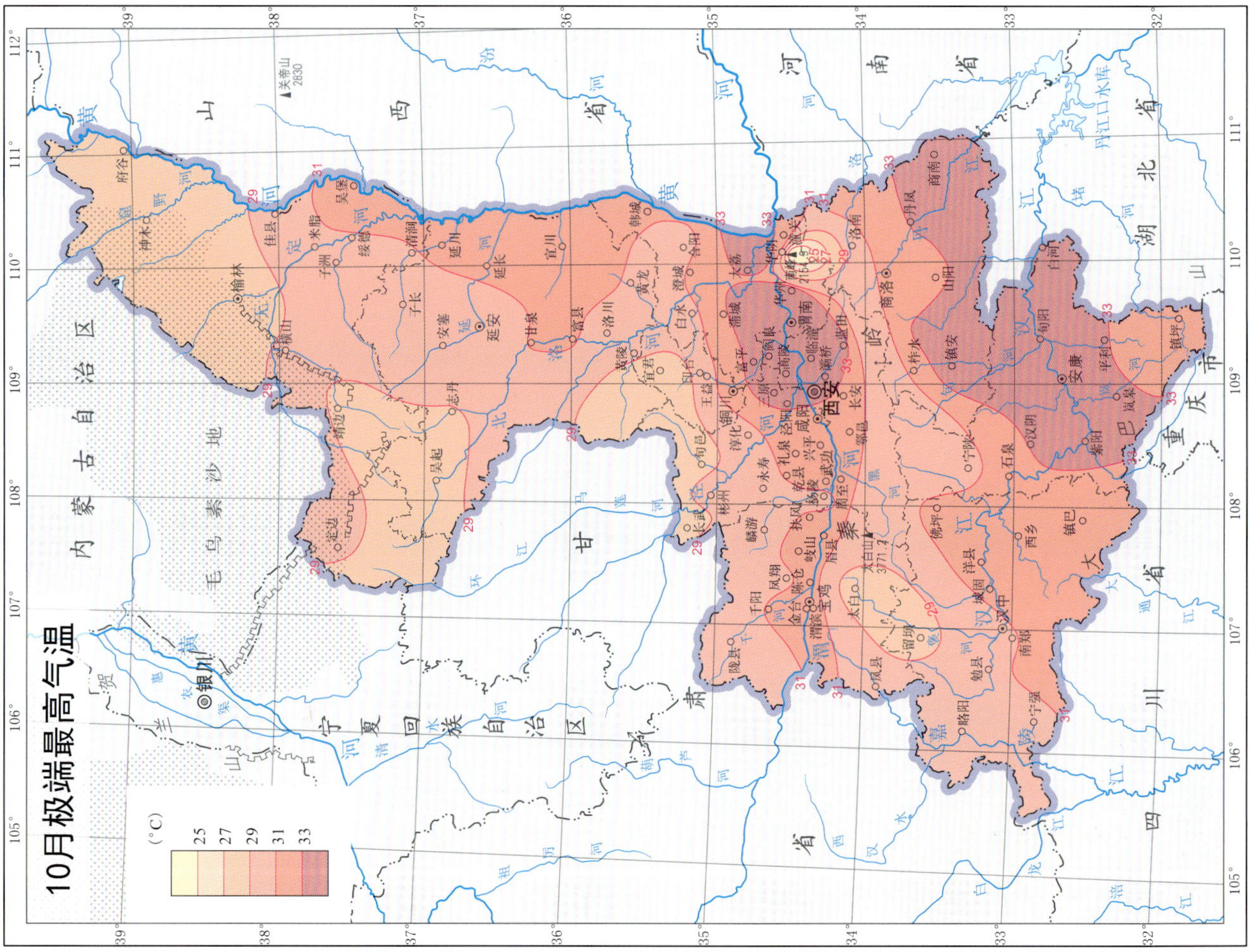

比例尺 1 : 5 700 000 0 57 114 km

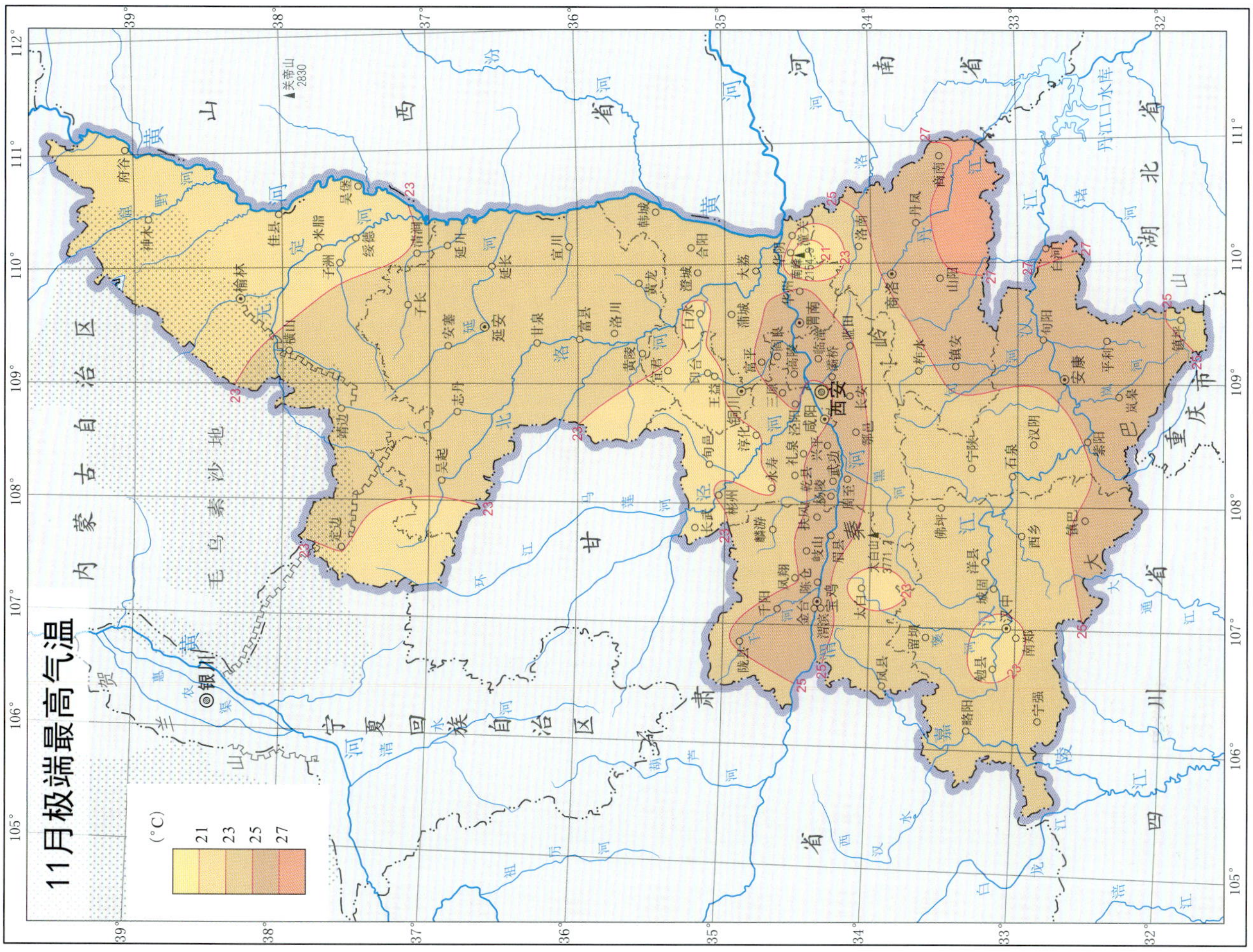

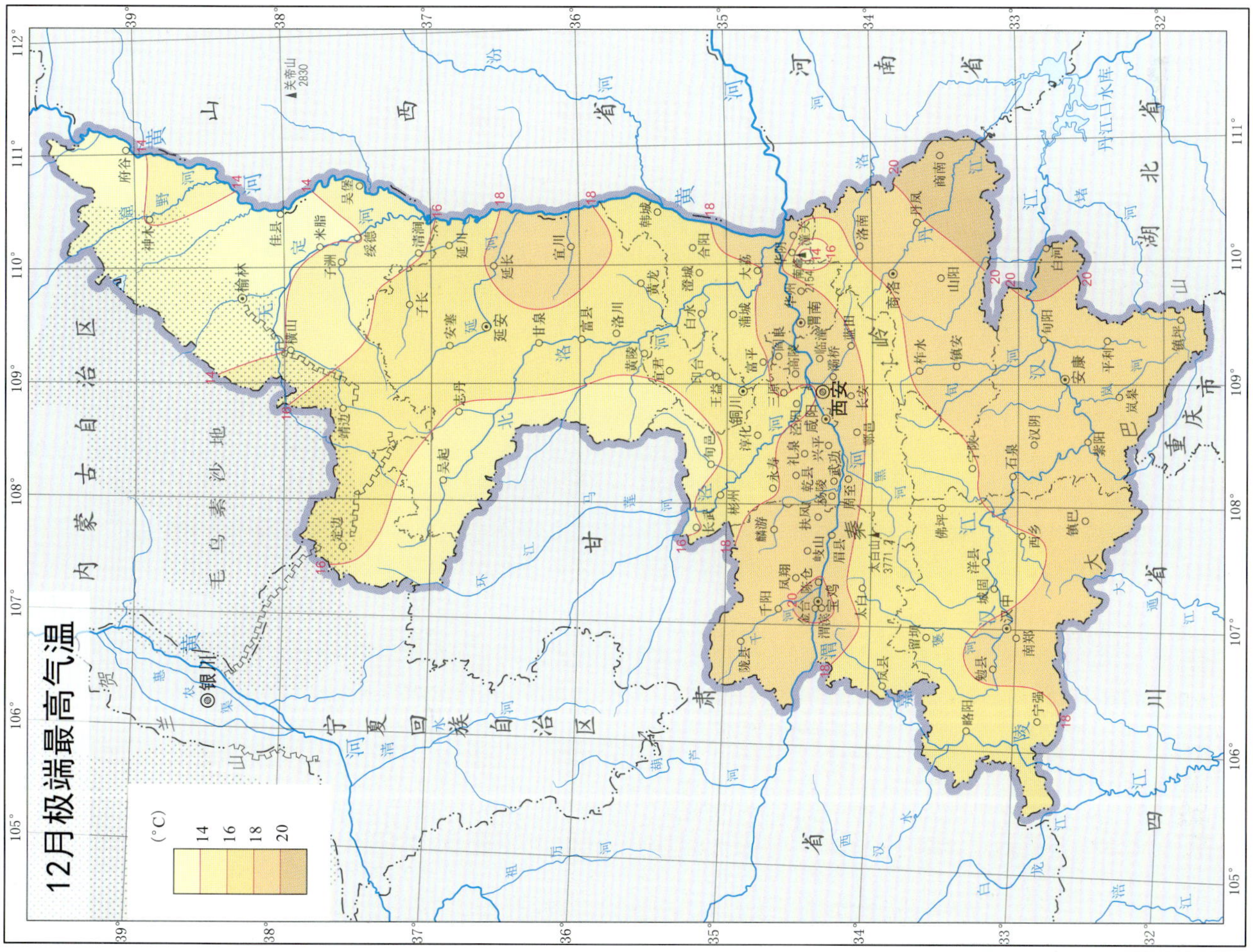

比例尺 1 : 5 700 000

0 57 114 km

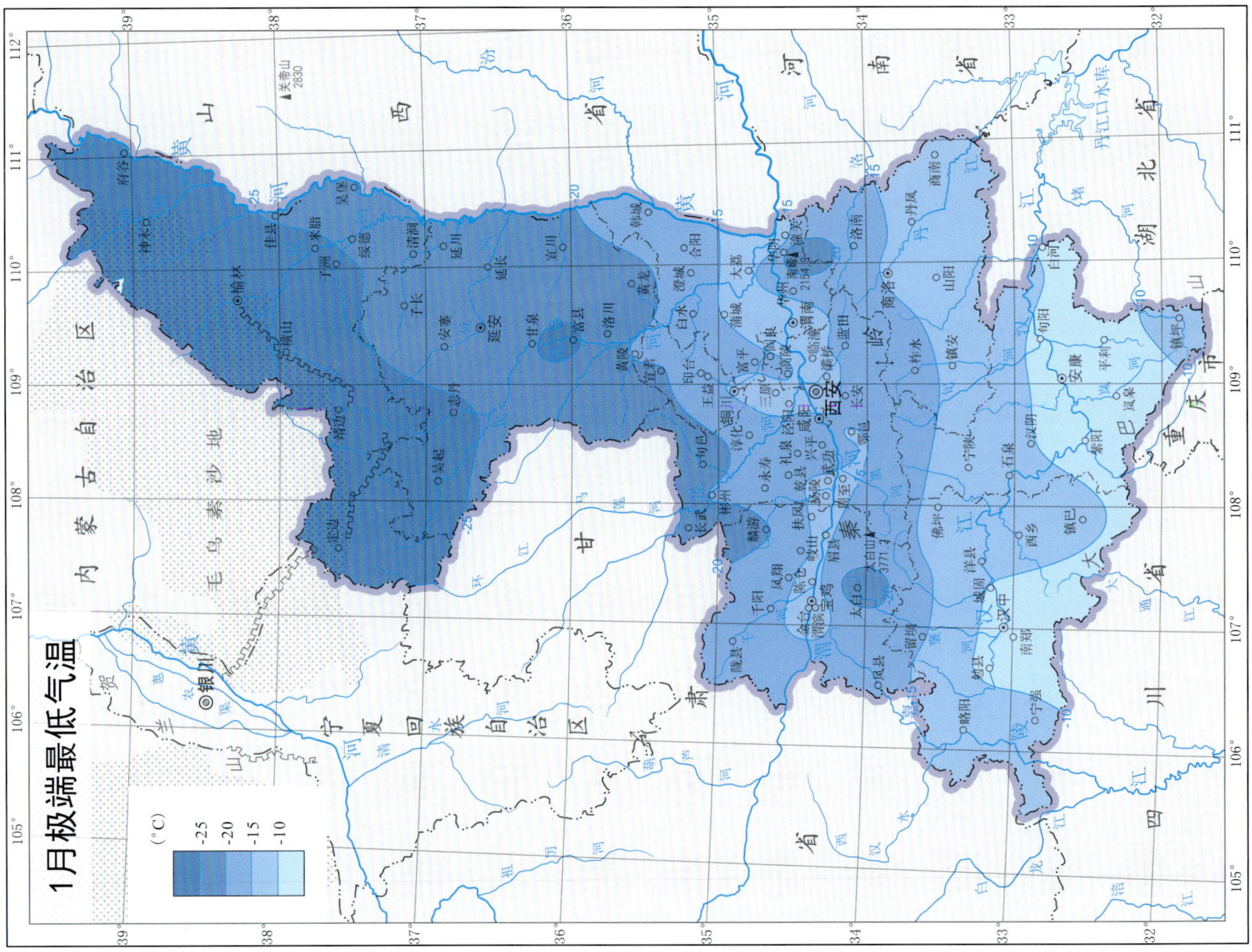

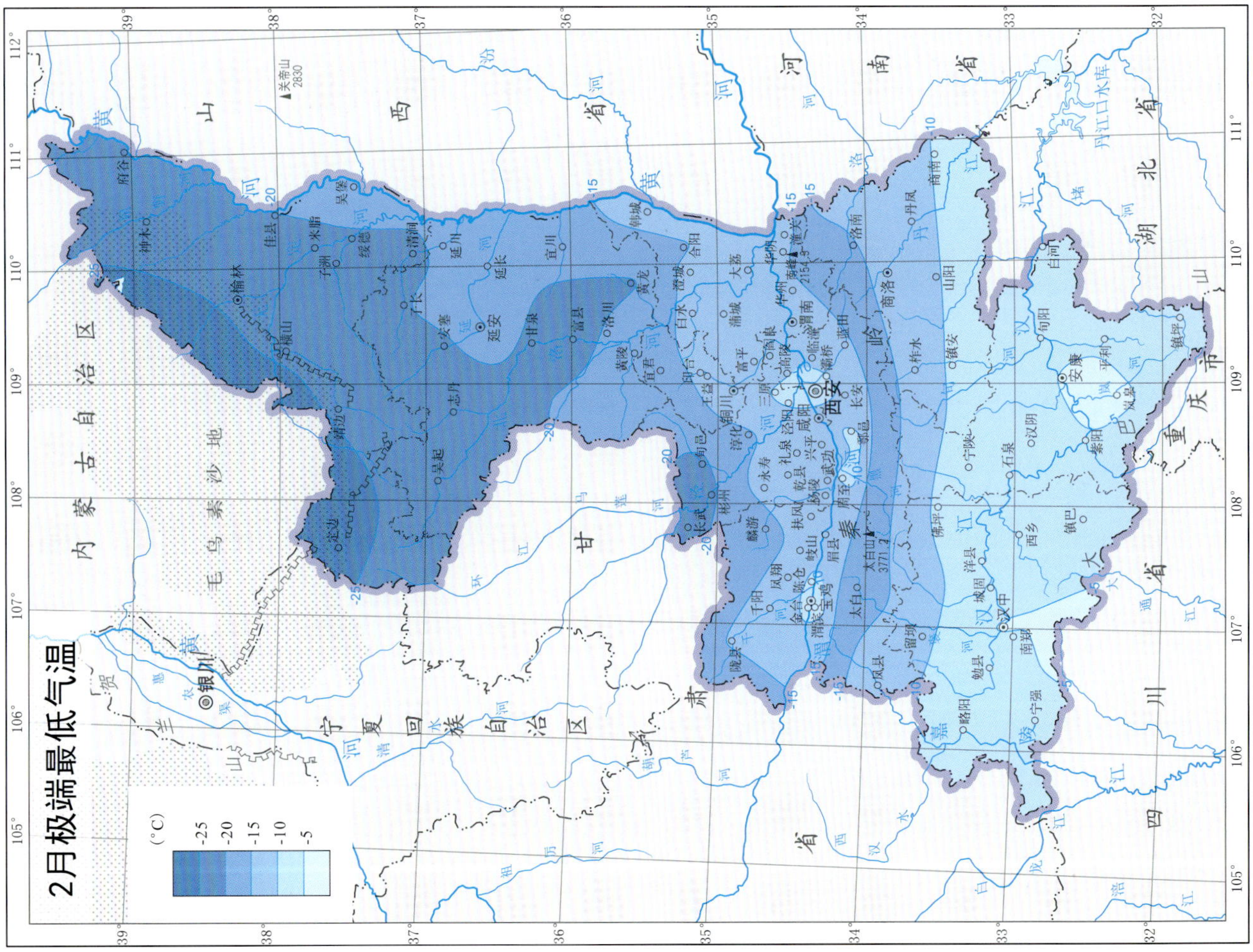

比例尺 1:5 700 000 0 57 114 km

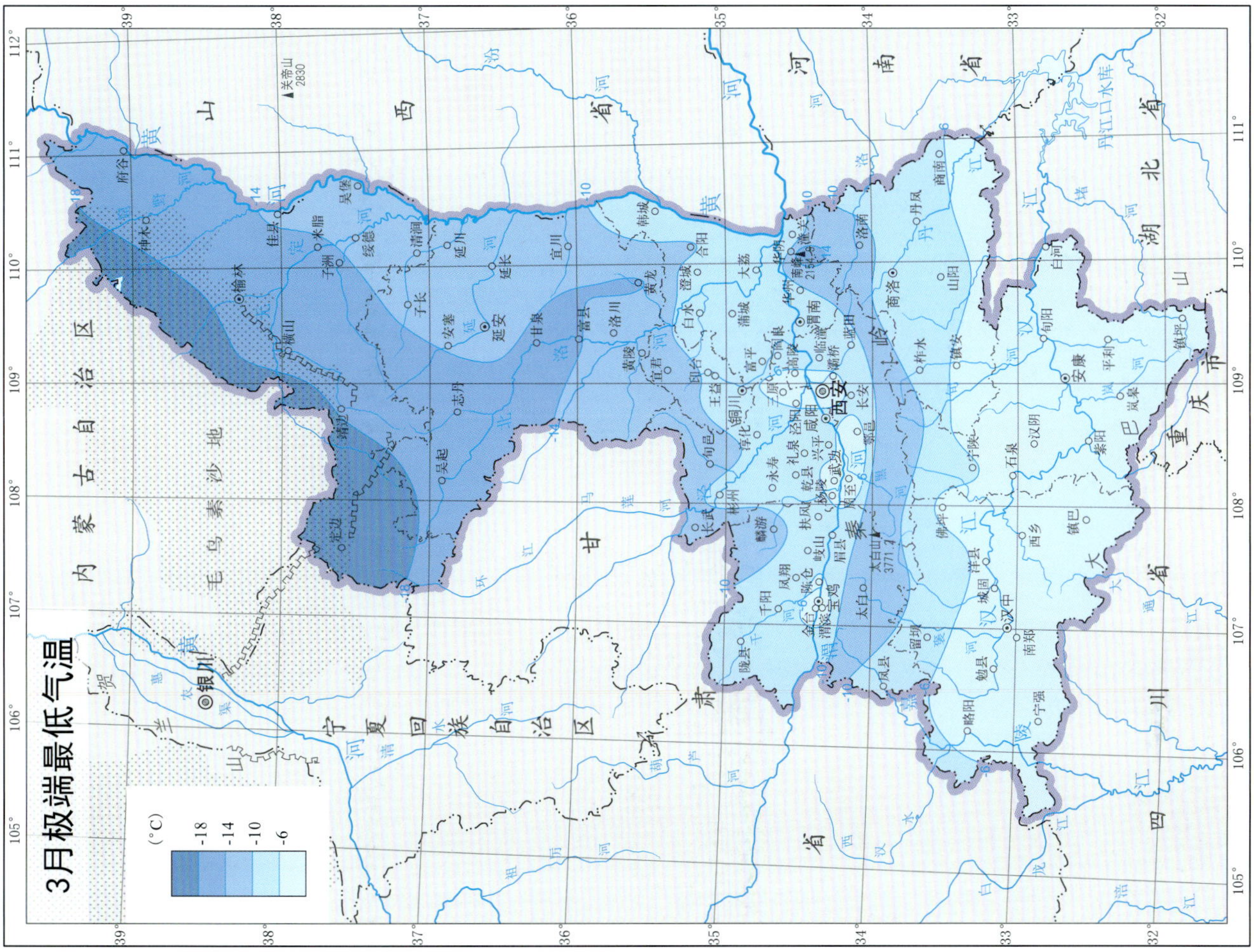

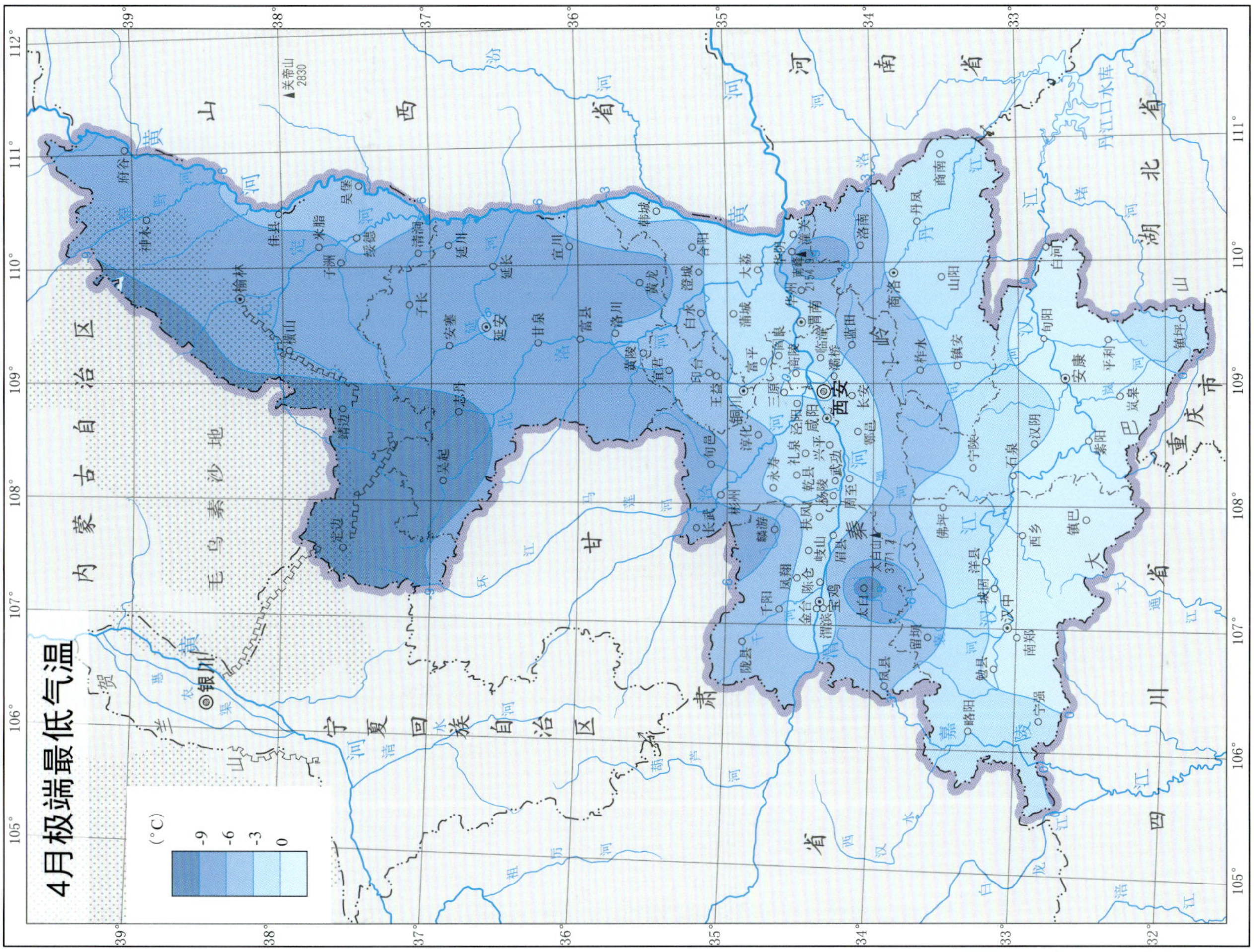

比例尺 1:5 700 000　0　57　114 km

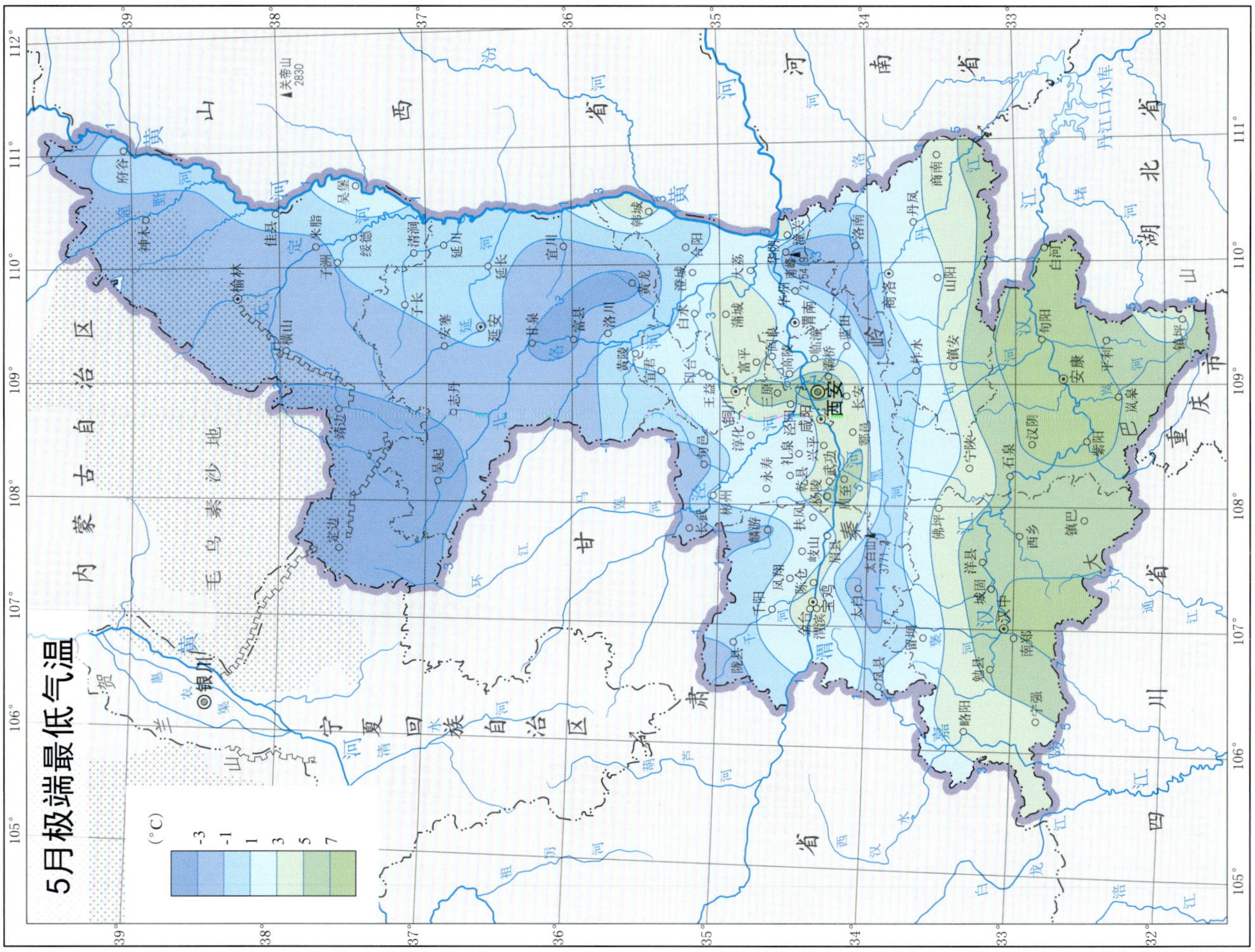

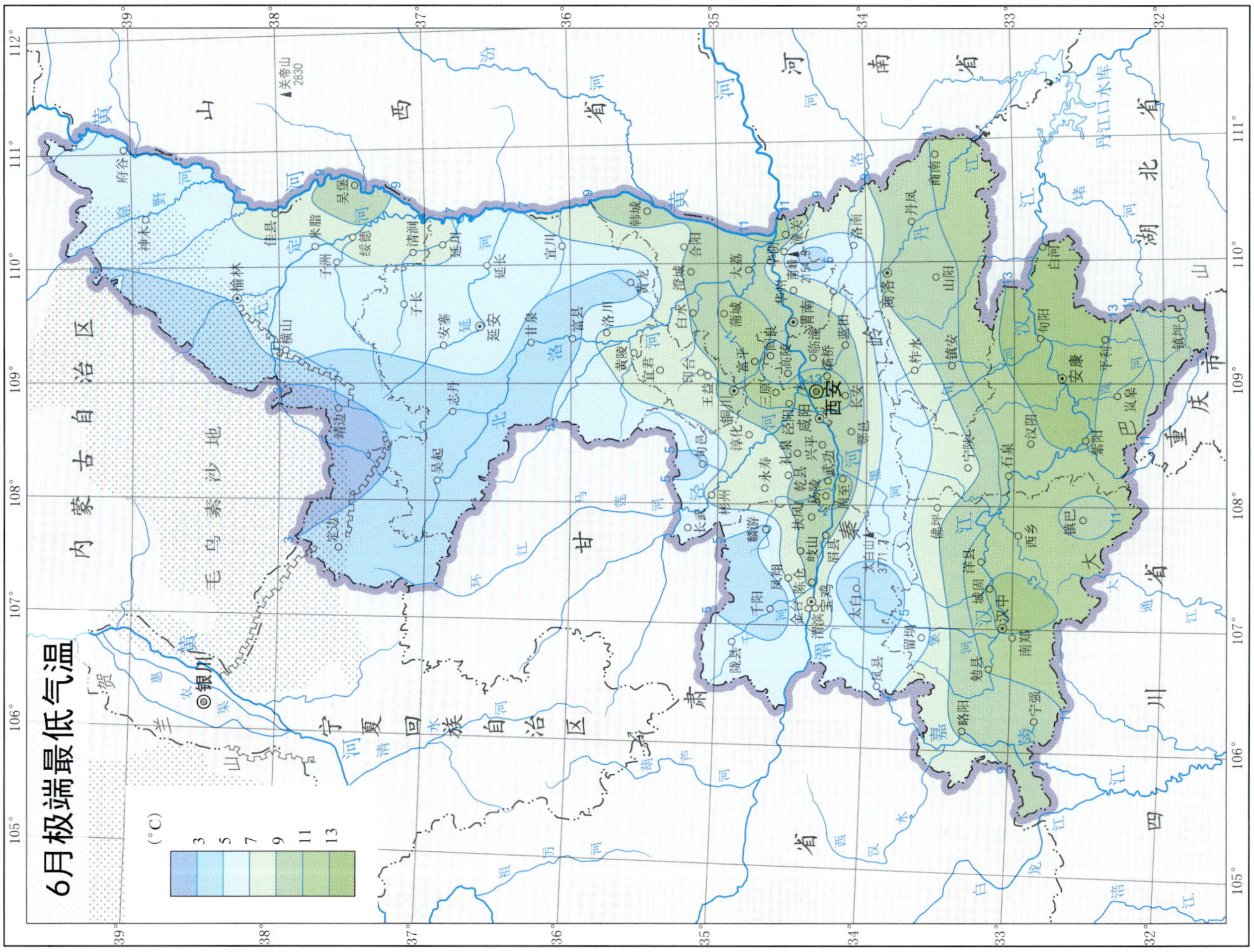

比例尺 1 : 5 700 000 0 57 114 km

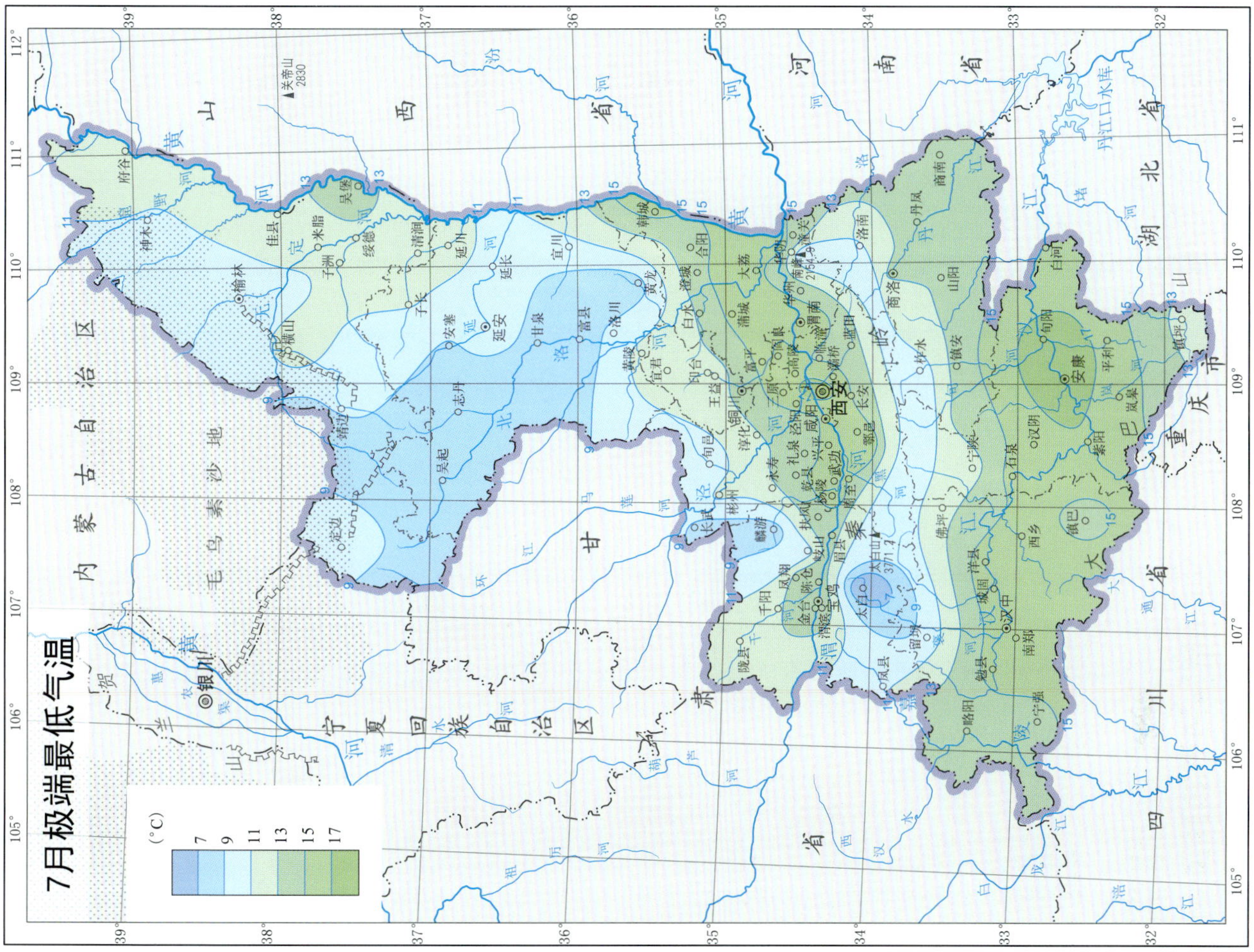

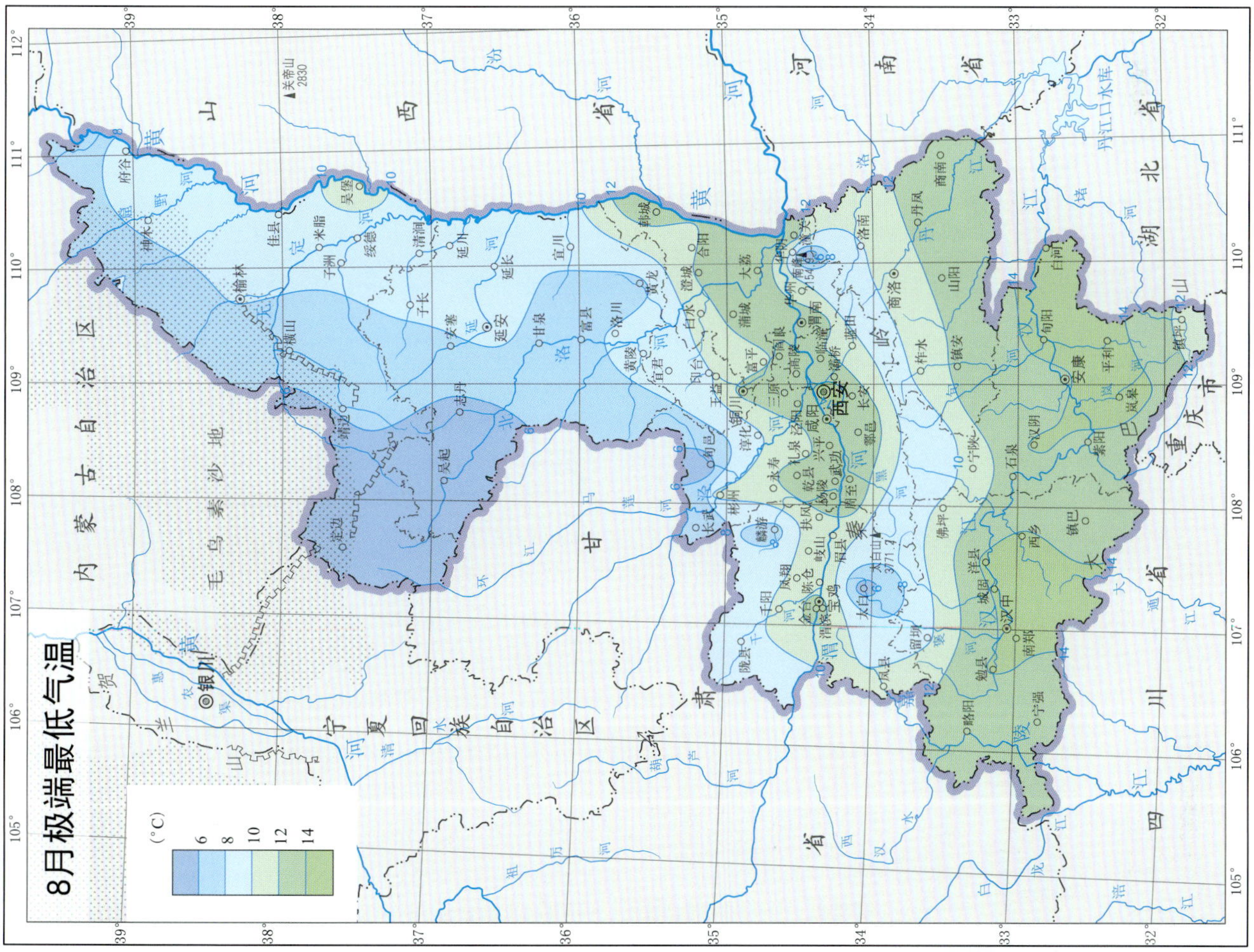

比例尺 1:5 700 000 0 57 114 km

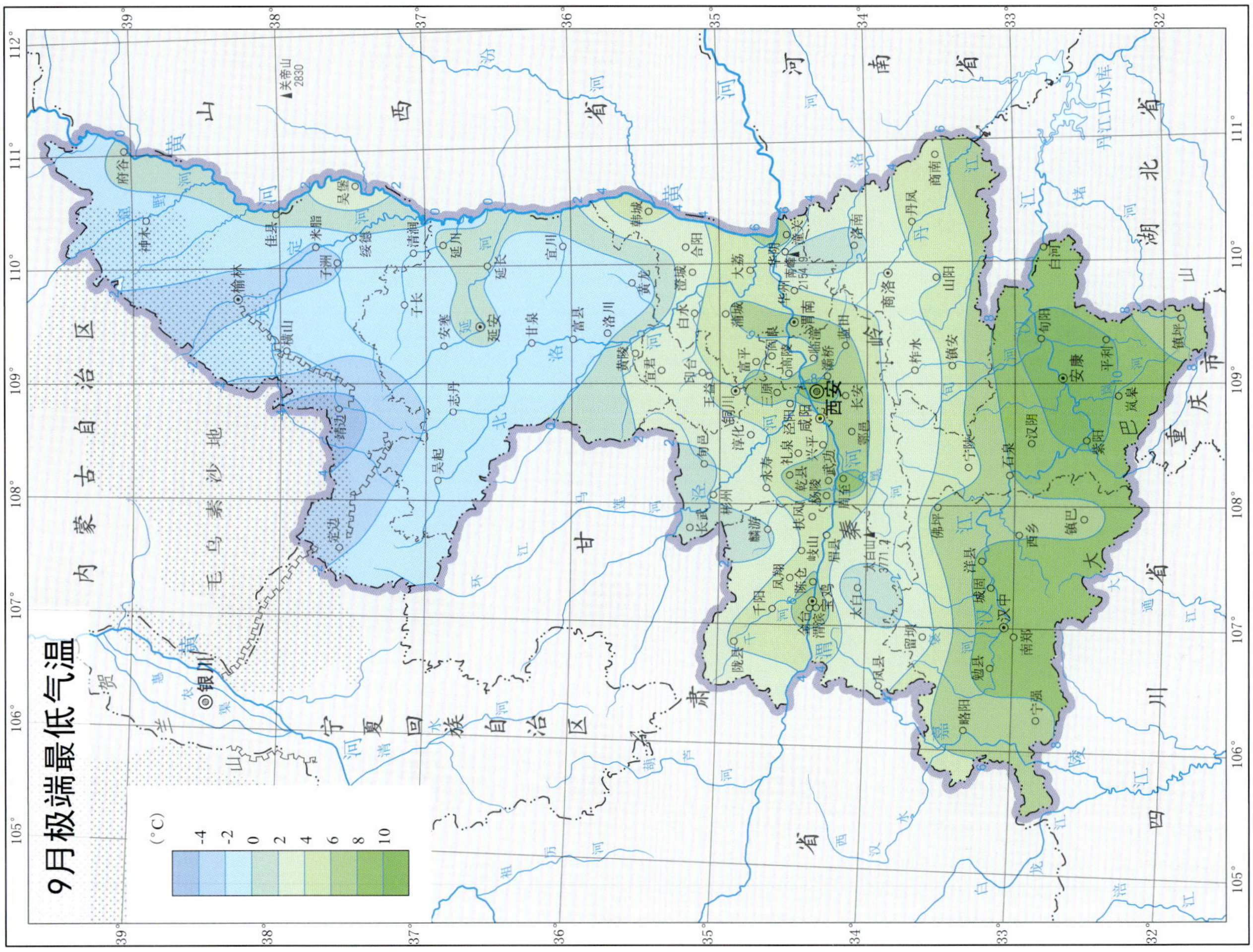

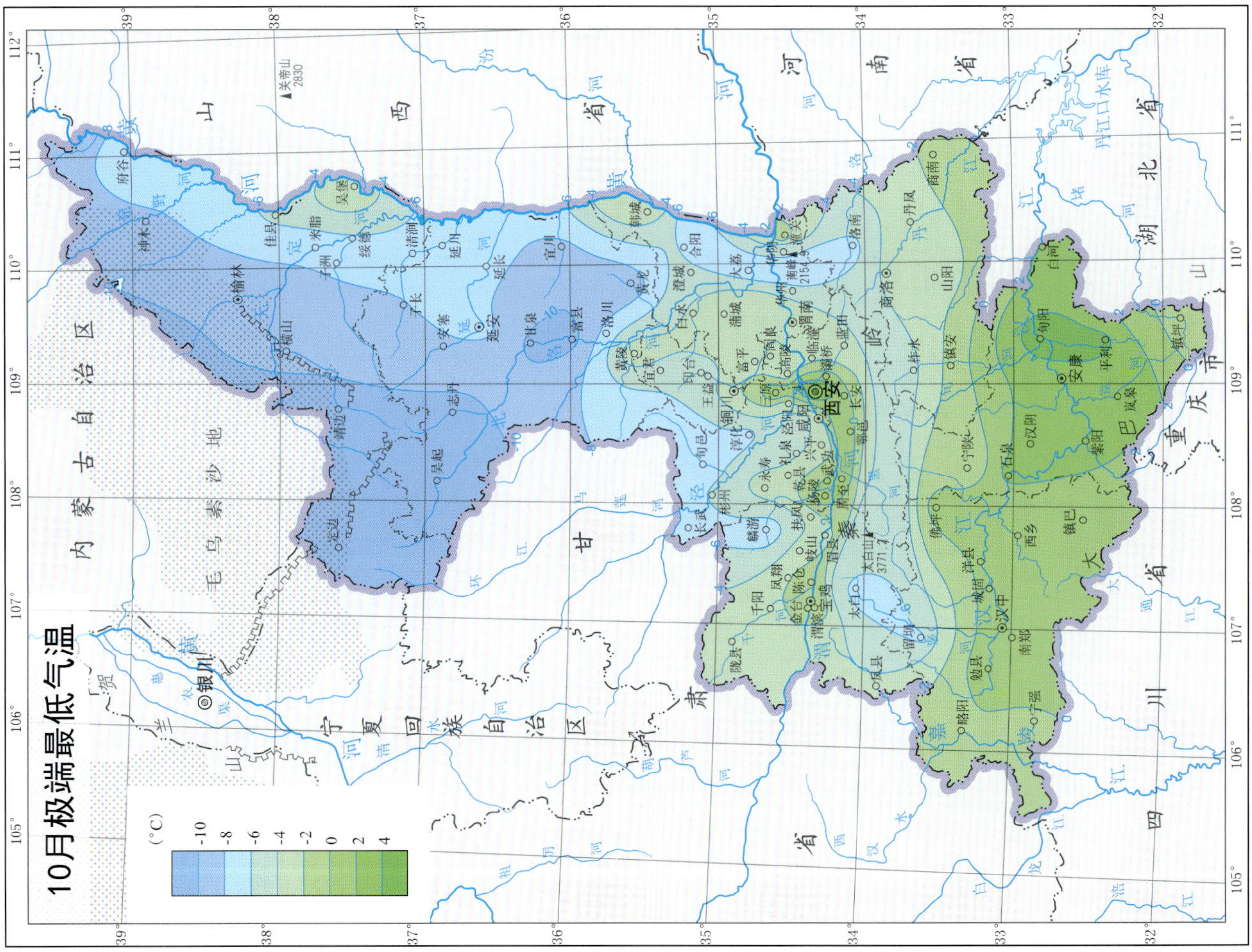

比例尺 1 : 5 700 000 0 57 114 km

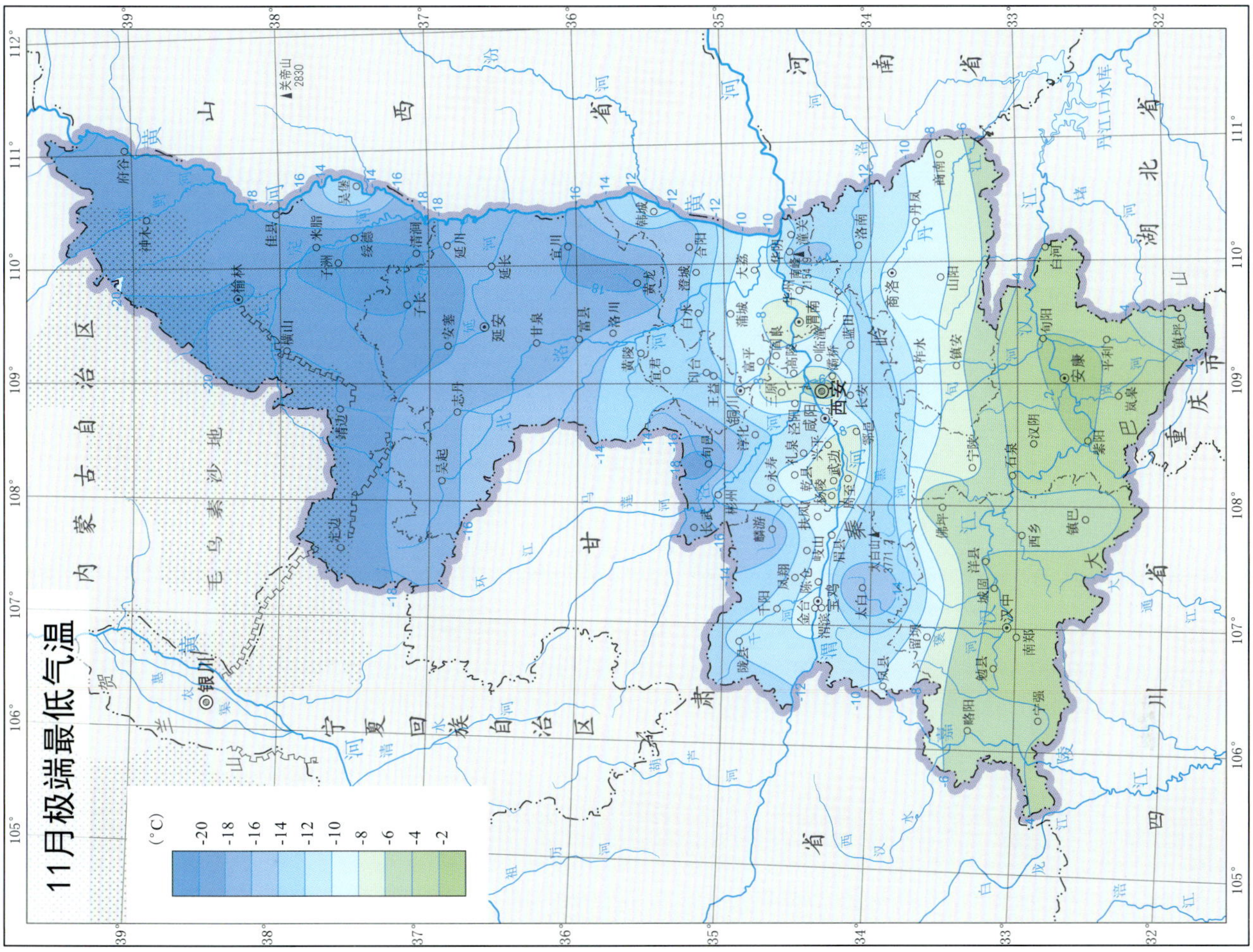
11月极端最低气温
(°C)
-20
-18
-16
-14
-12
-10
-8
-6
-4
-2
内蒙古自治区
山西省
河南省
湖北省
重庆市
四川省
甘肃省
宁夏回族自治区
毛乌素沙地
西安
银川

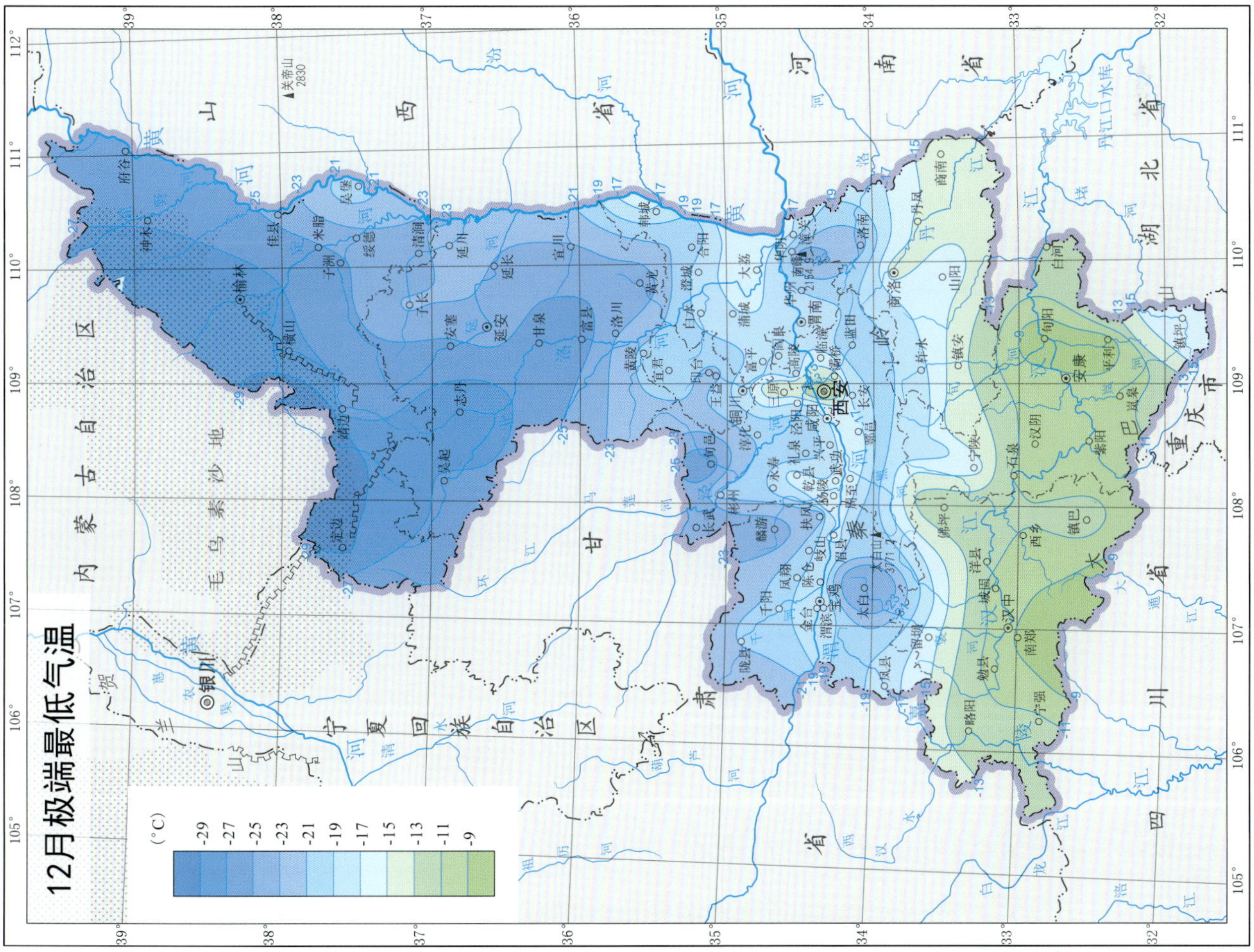
12月极端最低气温
(°C)
-29
-27
-25
-23
-21
-19
-17
-15
-13
-11
-9
内蒙古自治区
山西省
河南省
湖北省
重庆市
四川省
甘肃省
宁夏回族自治区
毛乌素沙地
西安
银川

年气温日较差

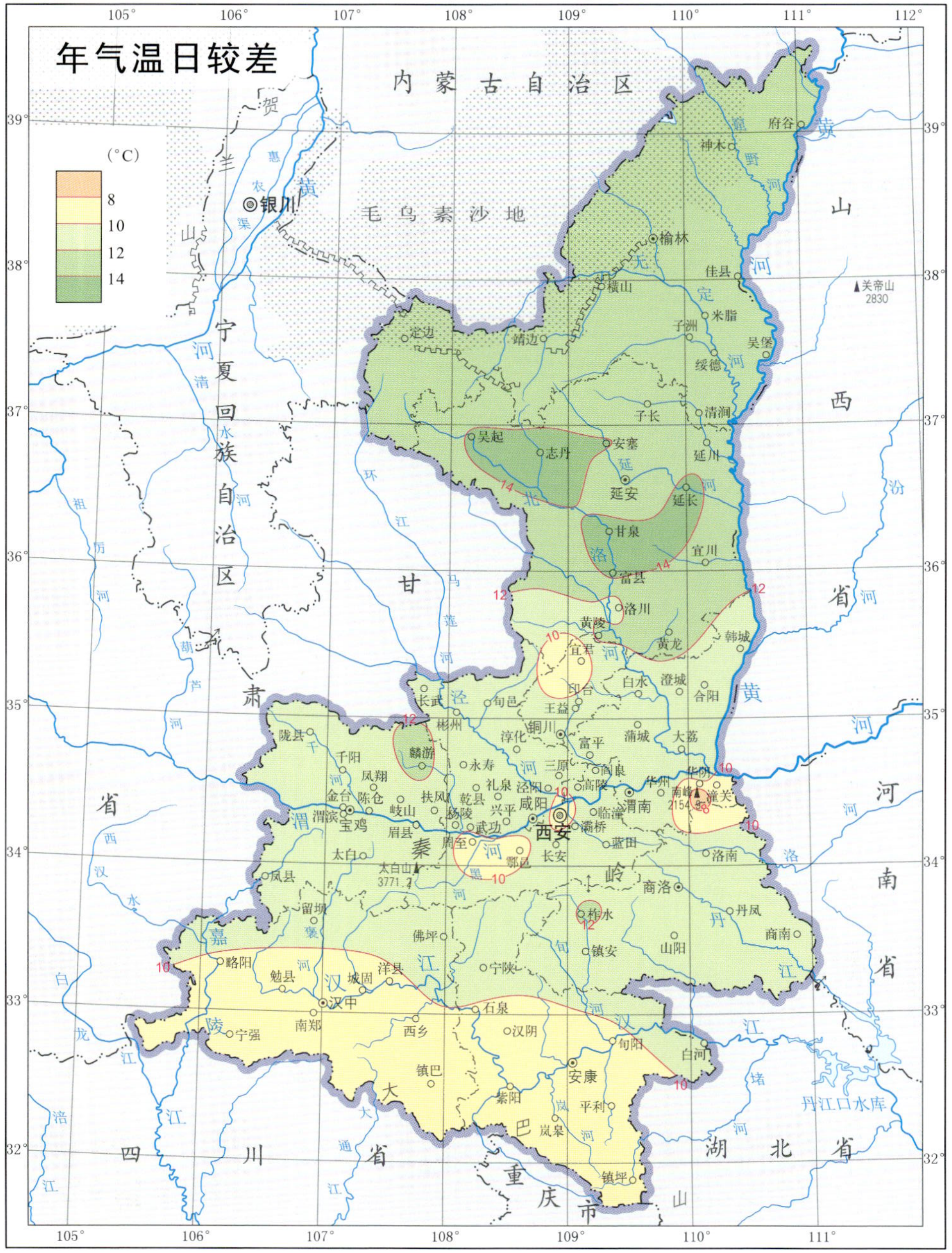

气温年较差

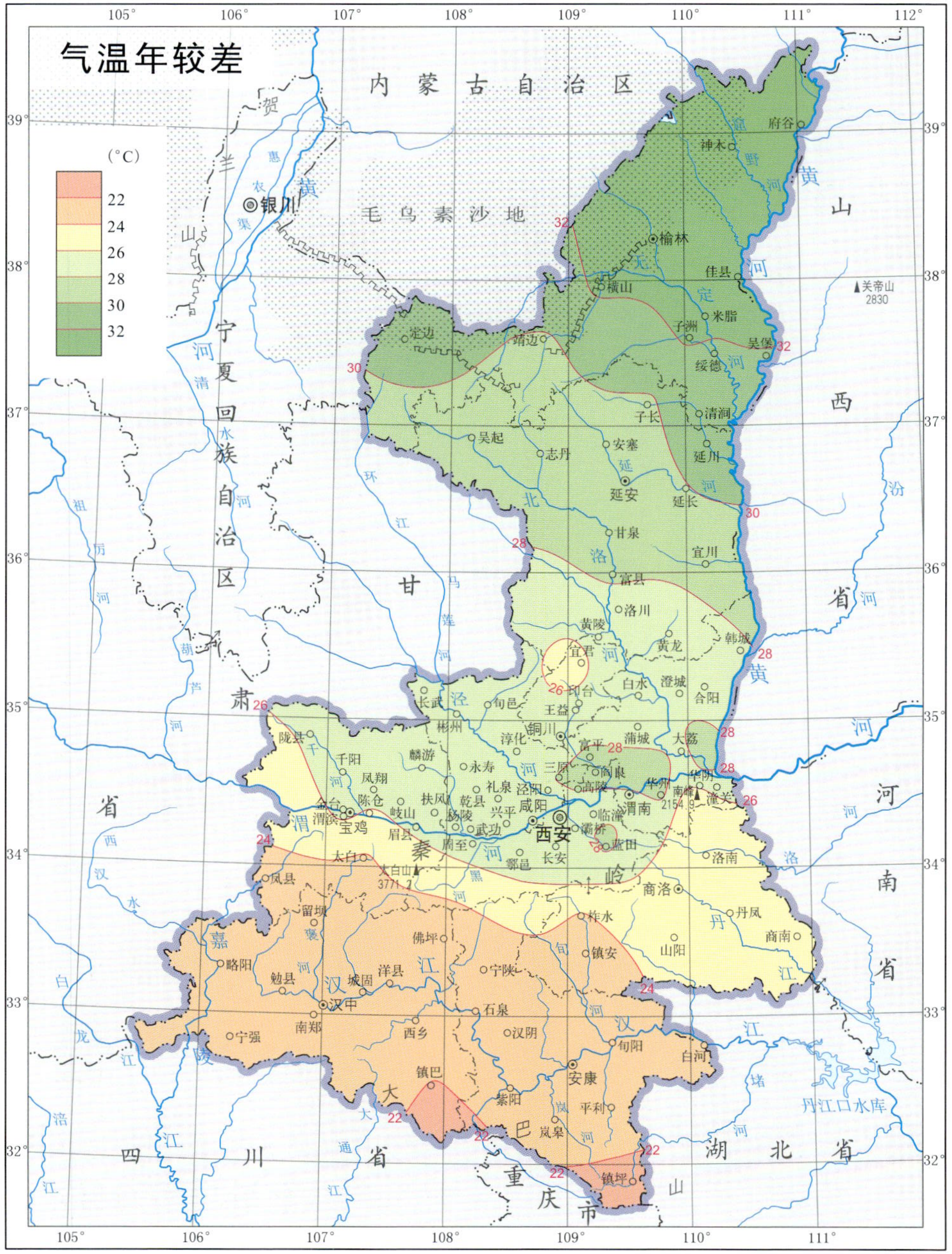

比例尺 1 : 5 700 000 0 57 114 km

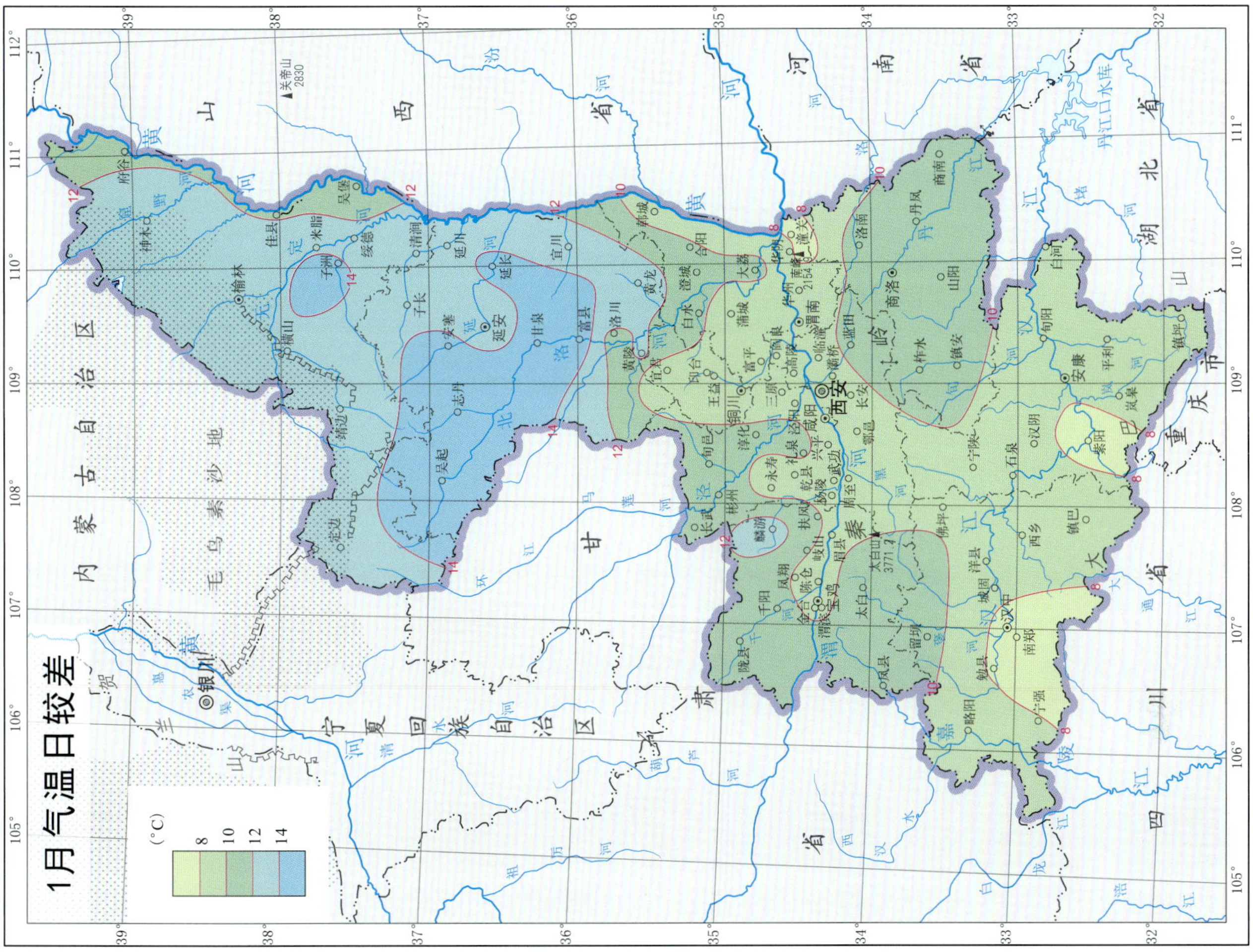

1月气温日较差

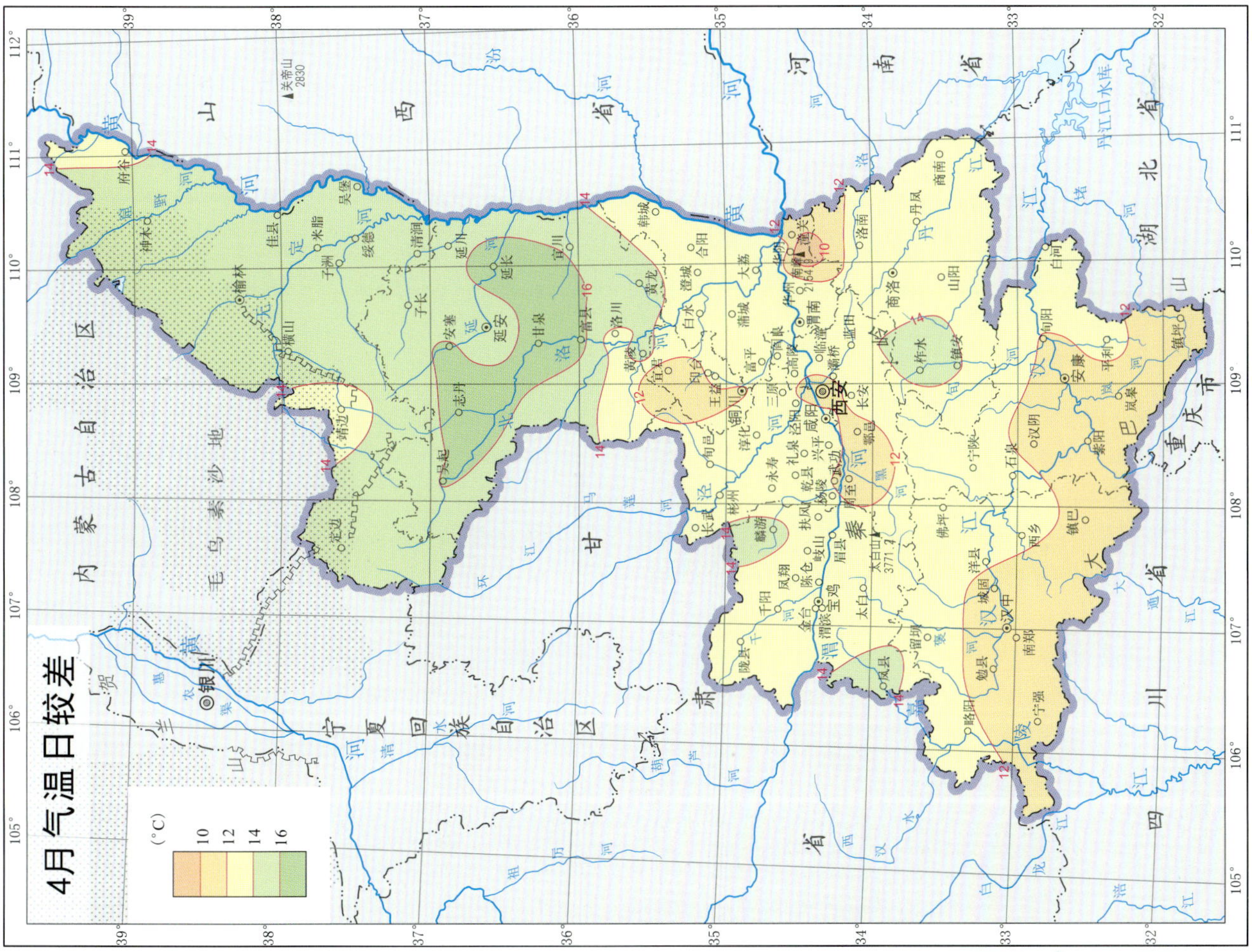

4月气温日较差

比例尺 1:5 700 000 0 57 114 km

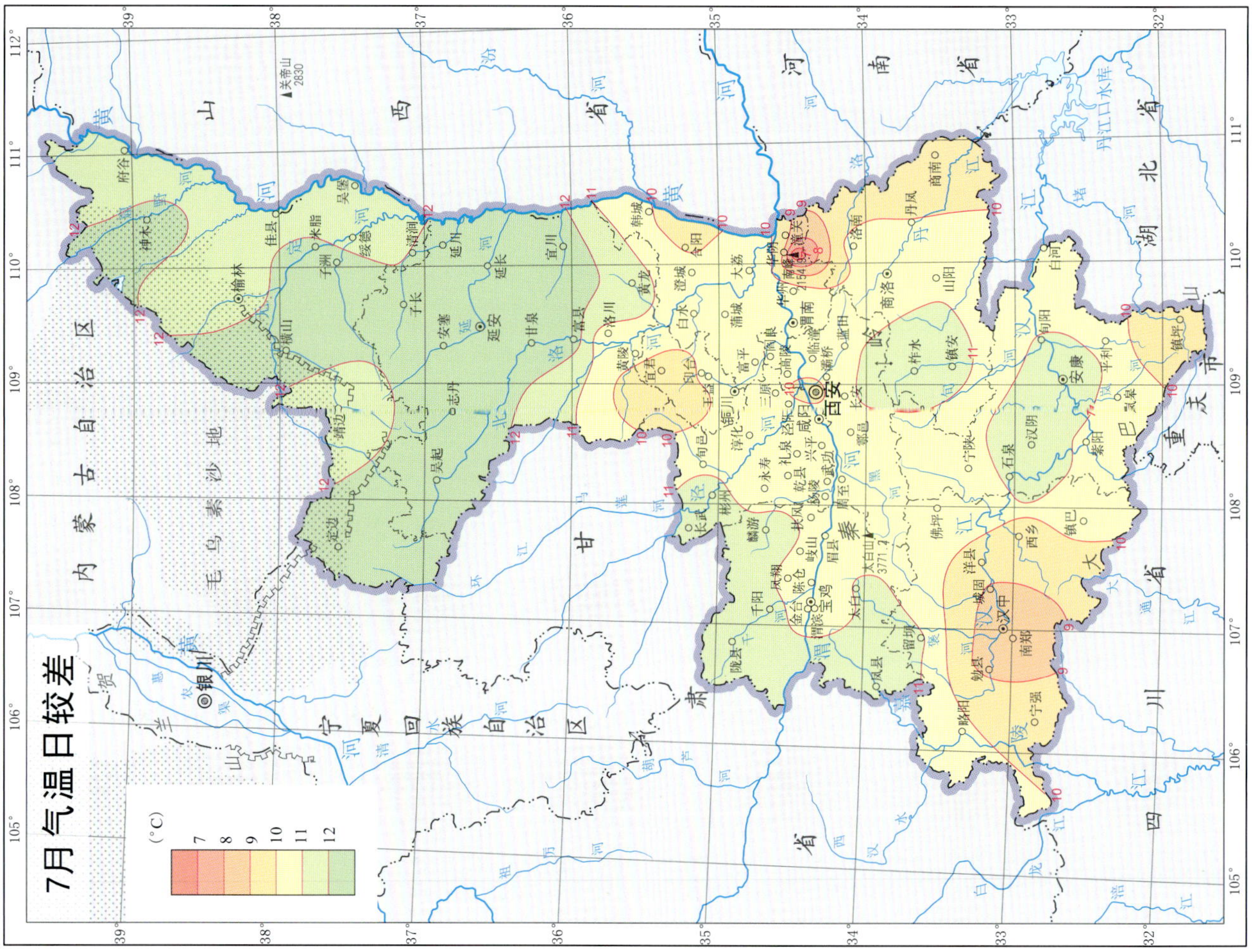

7月气温日较差

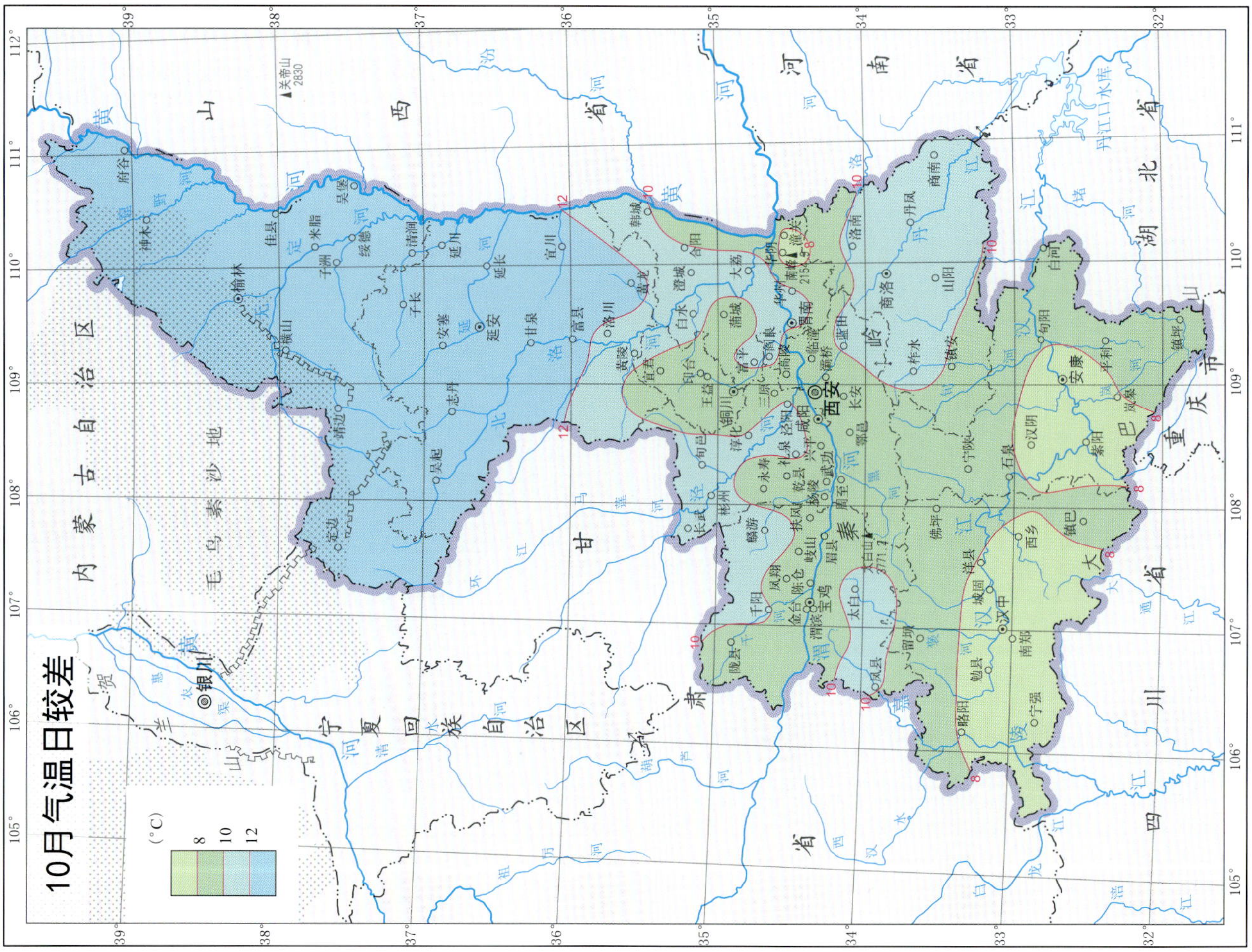

10月气温日较差

比例尺　1∶5 700 000　0　57　114 km

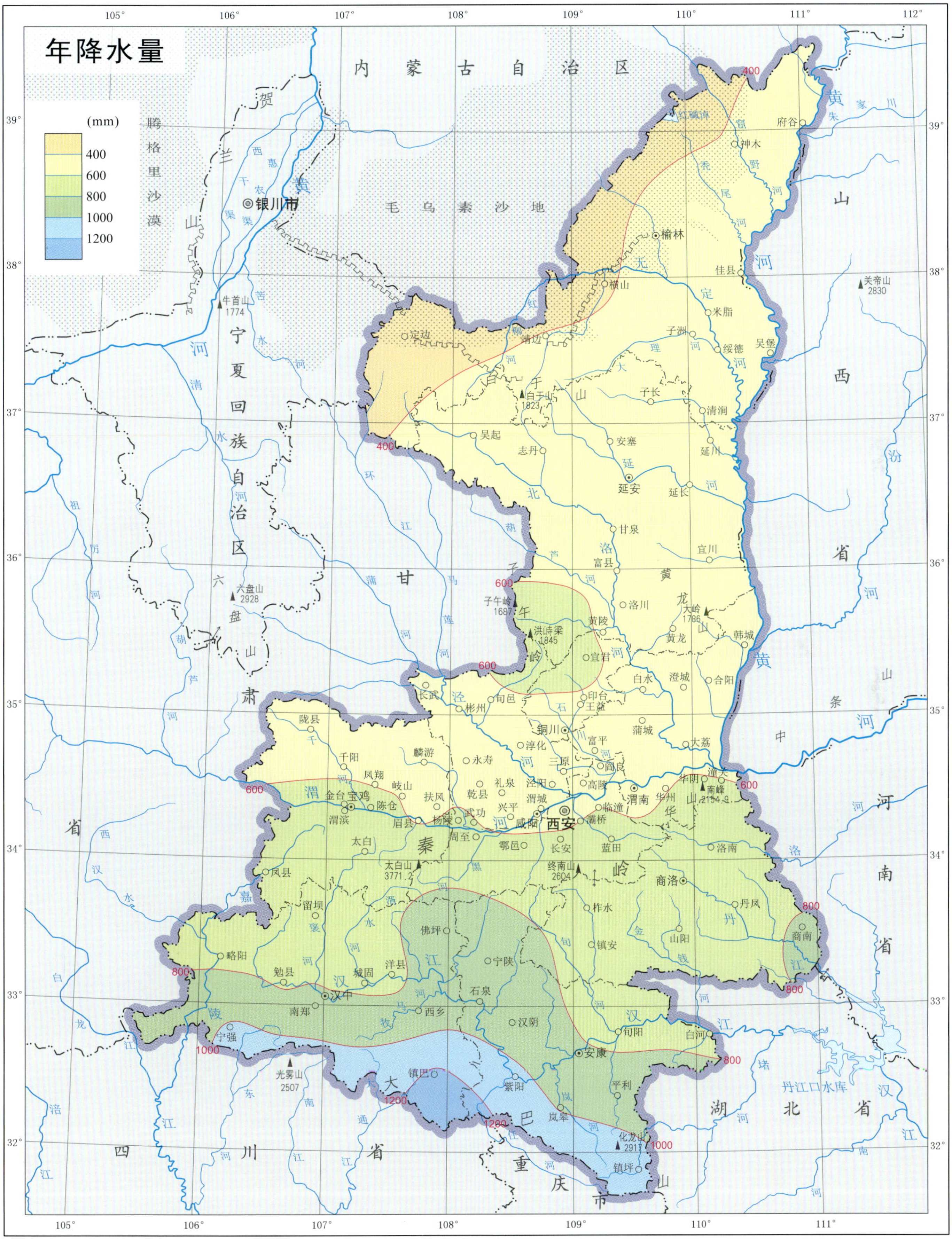

比例尺 1 : 4 000 000 0 40 80 km

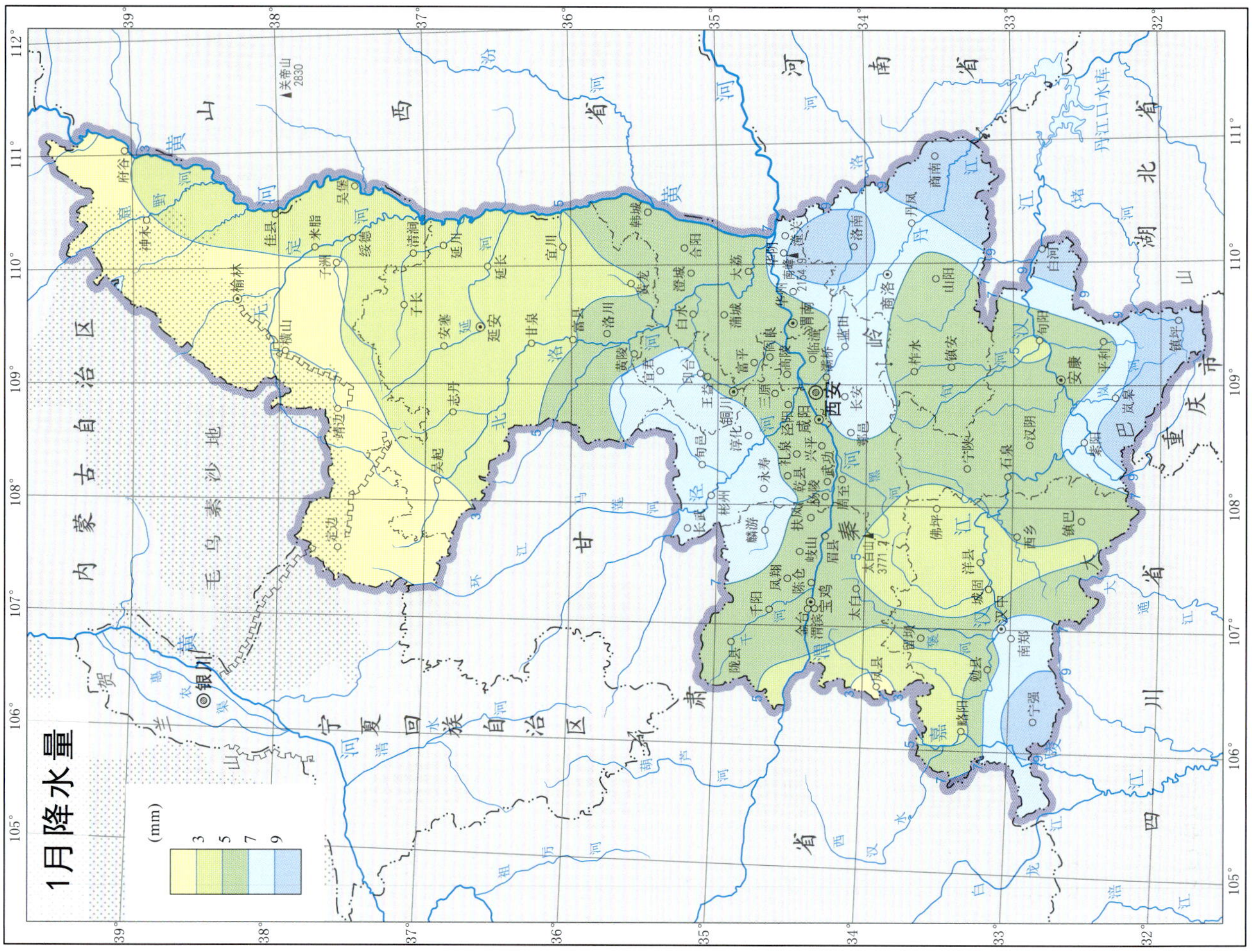

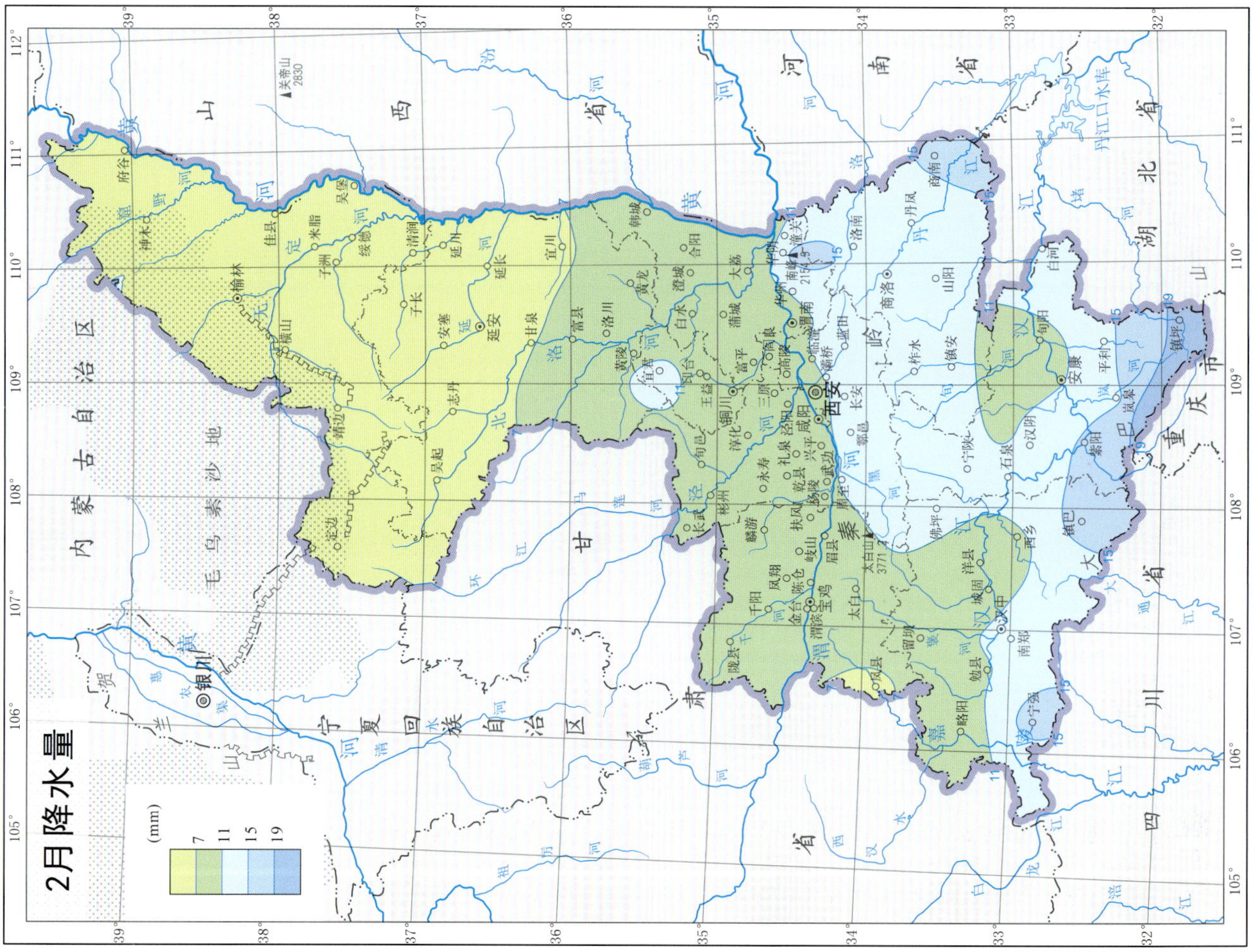

比例尺 1∶5 700 000 0 57 114 km

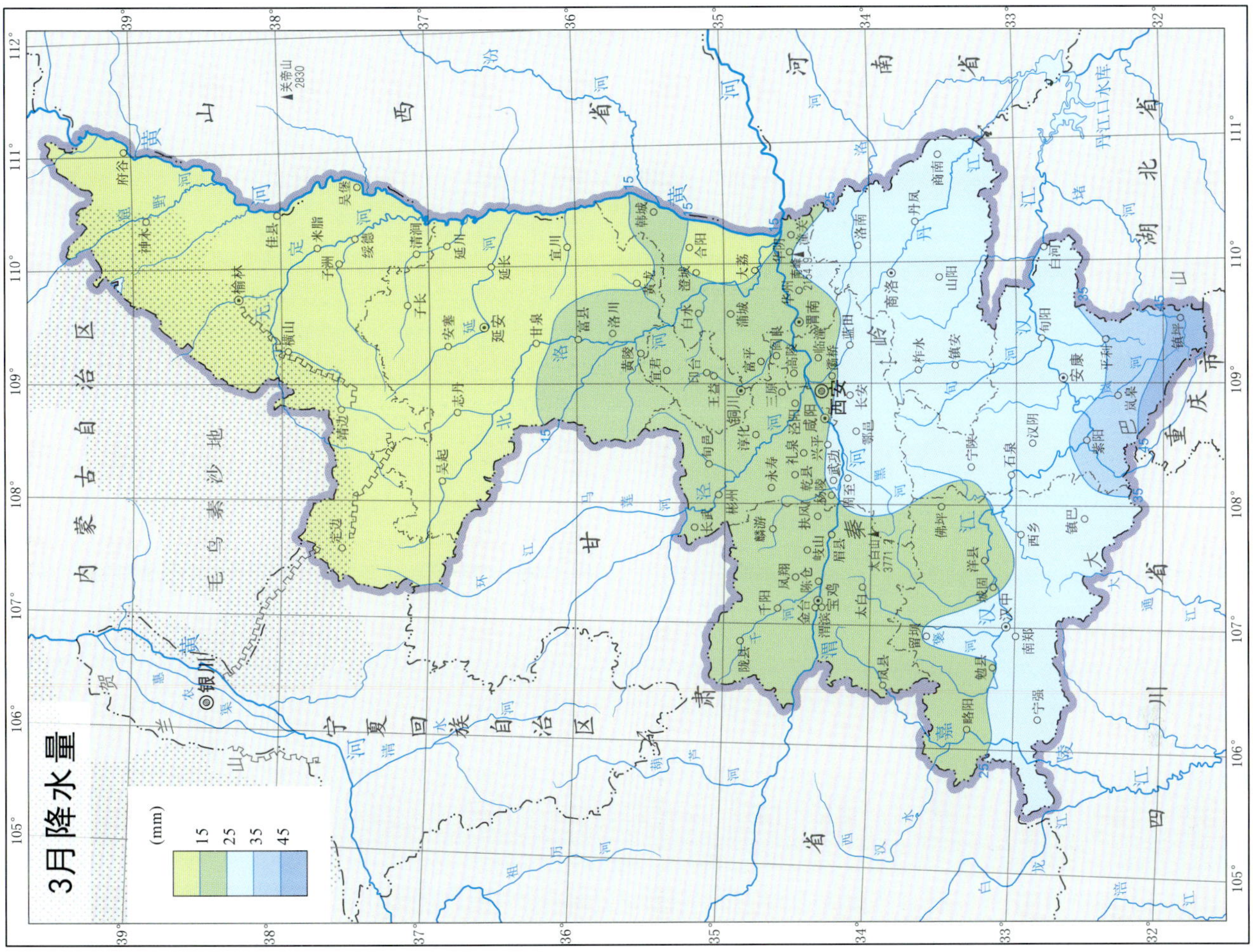

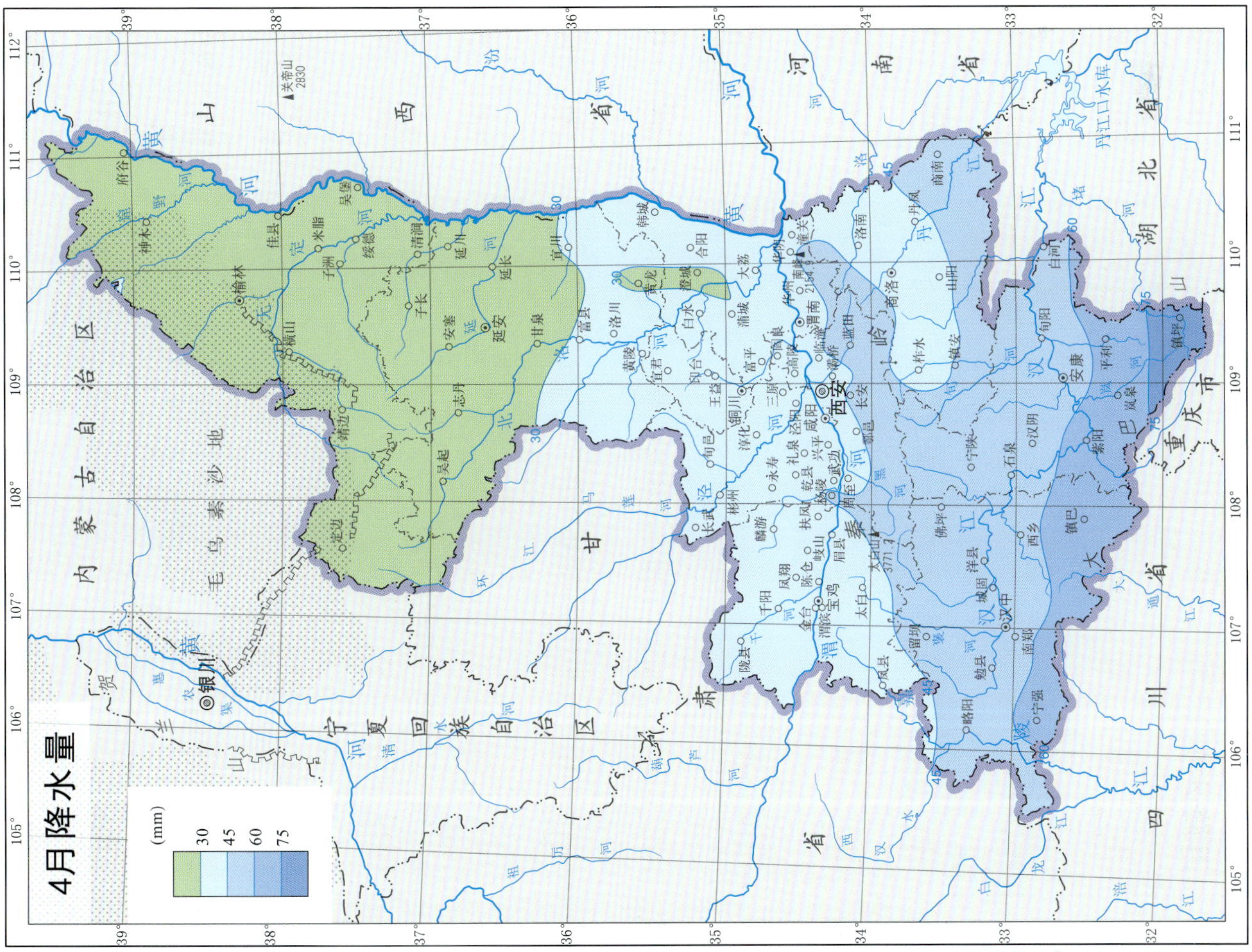

比例尺 1 : 5 700 000　0　57　114 km

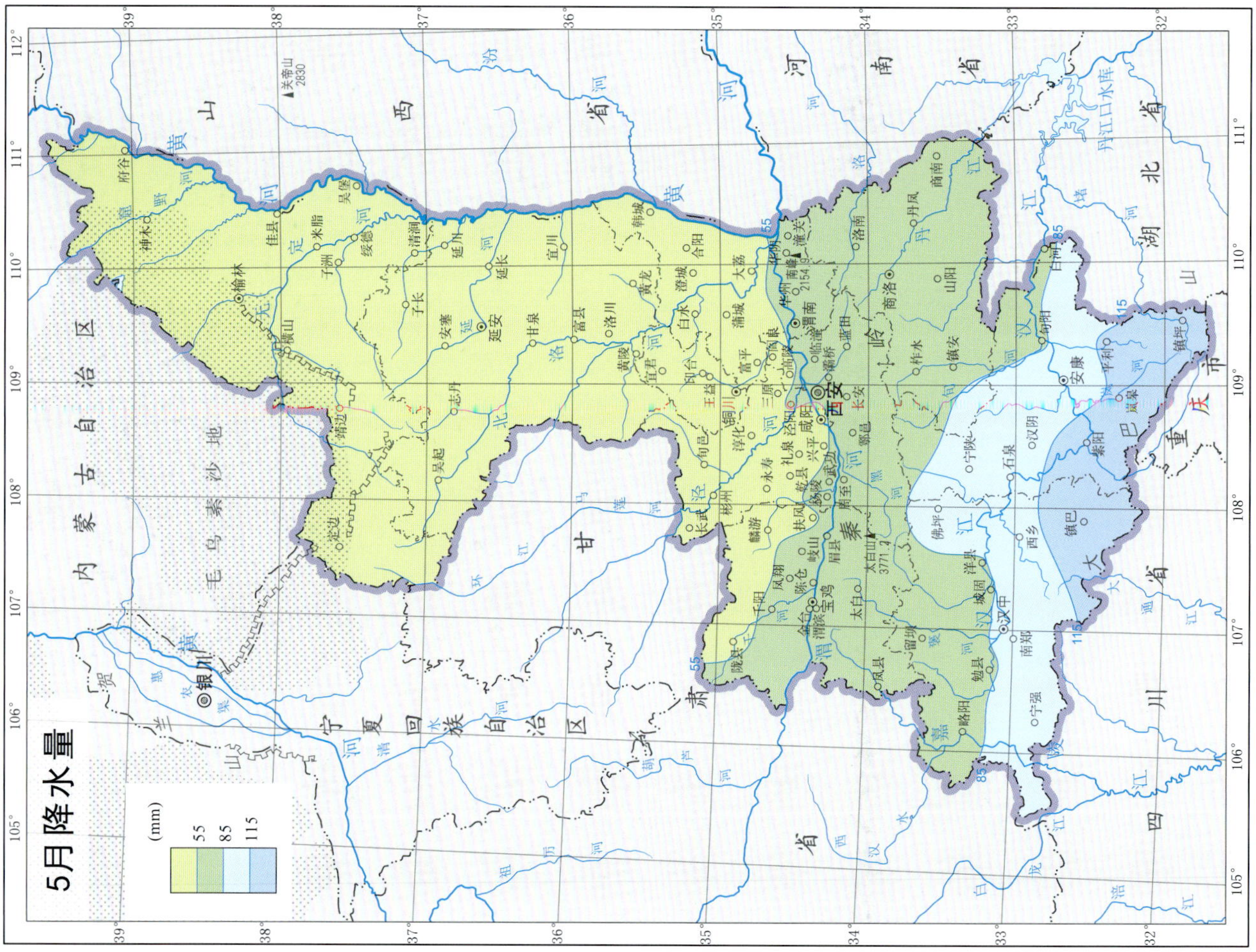

5月降水量

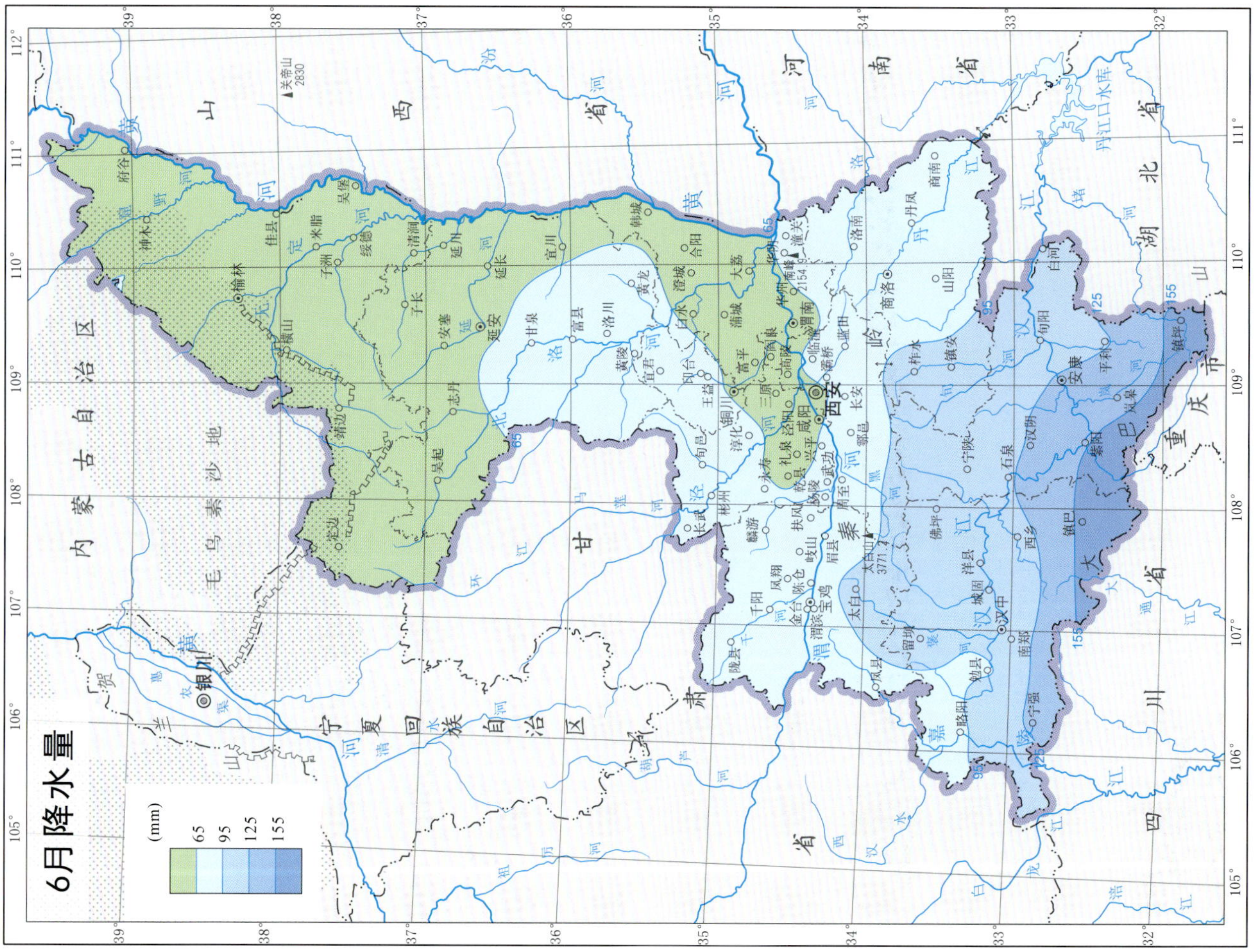

6月降水量

比例尺 1:5 700 000 0 57 114 km

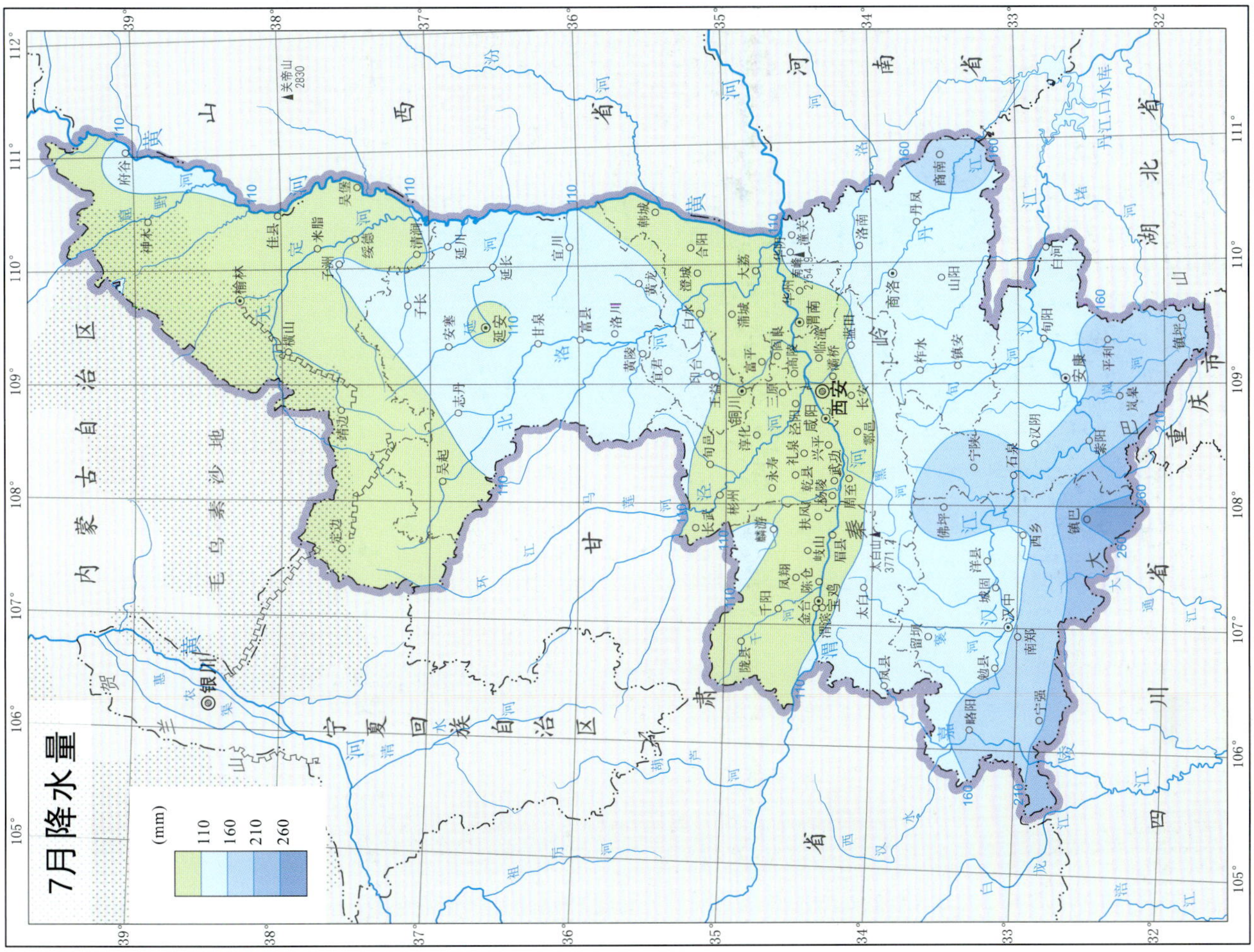

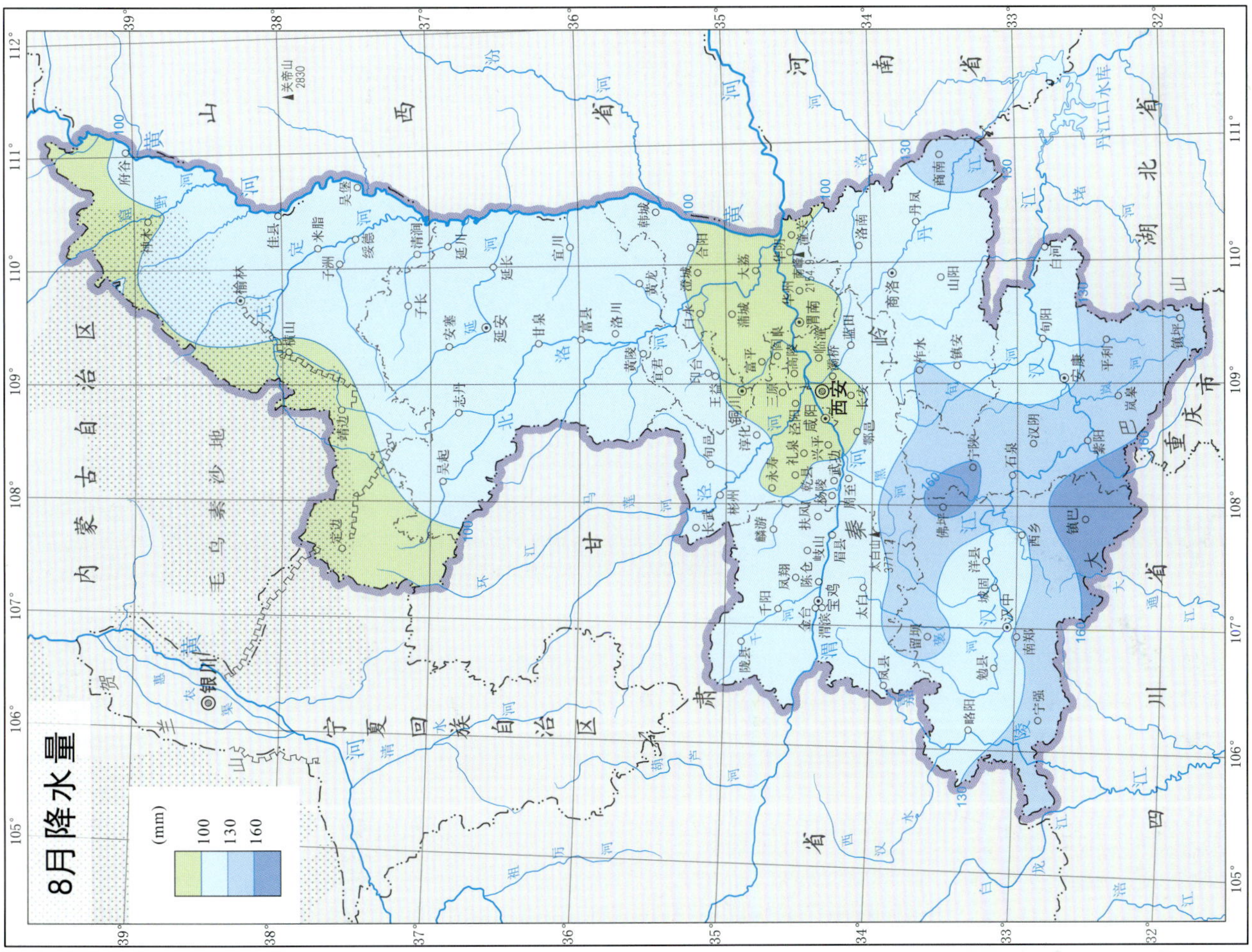

比例尺 1：5 700 000 0 57 114 km

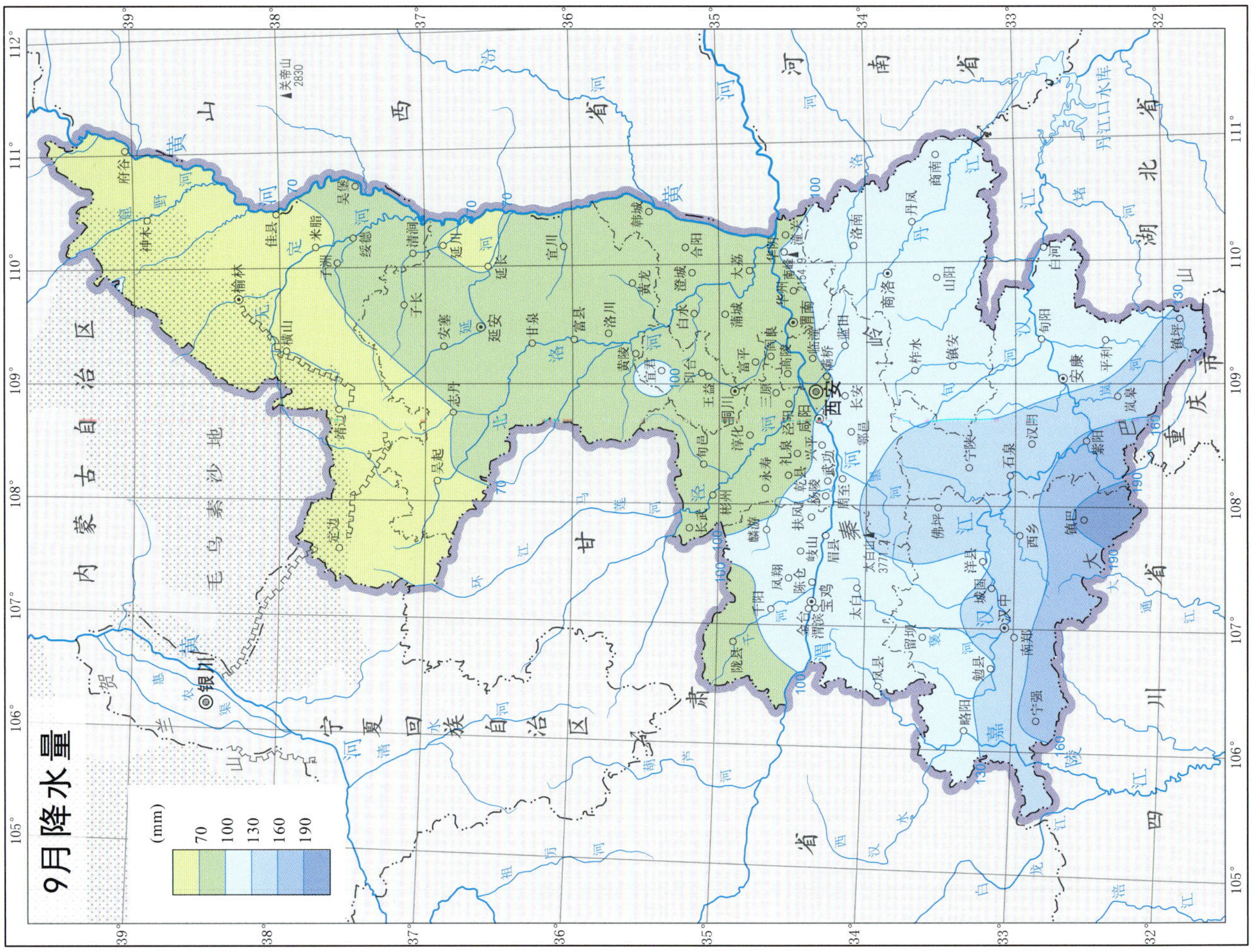

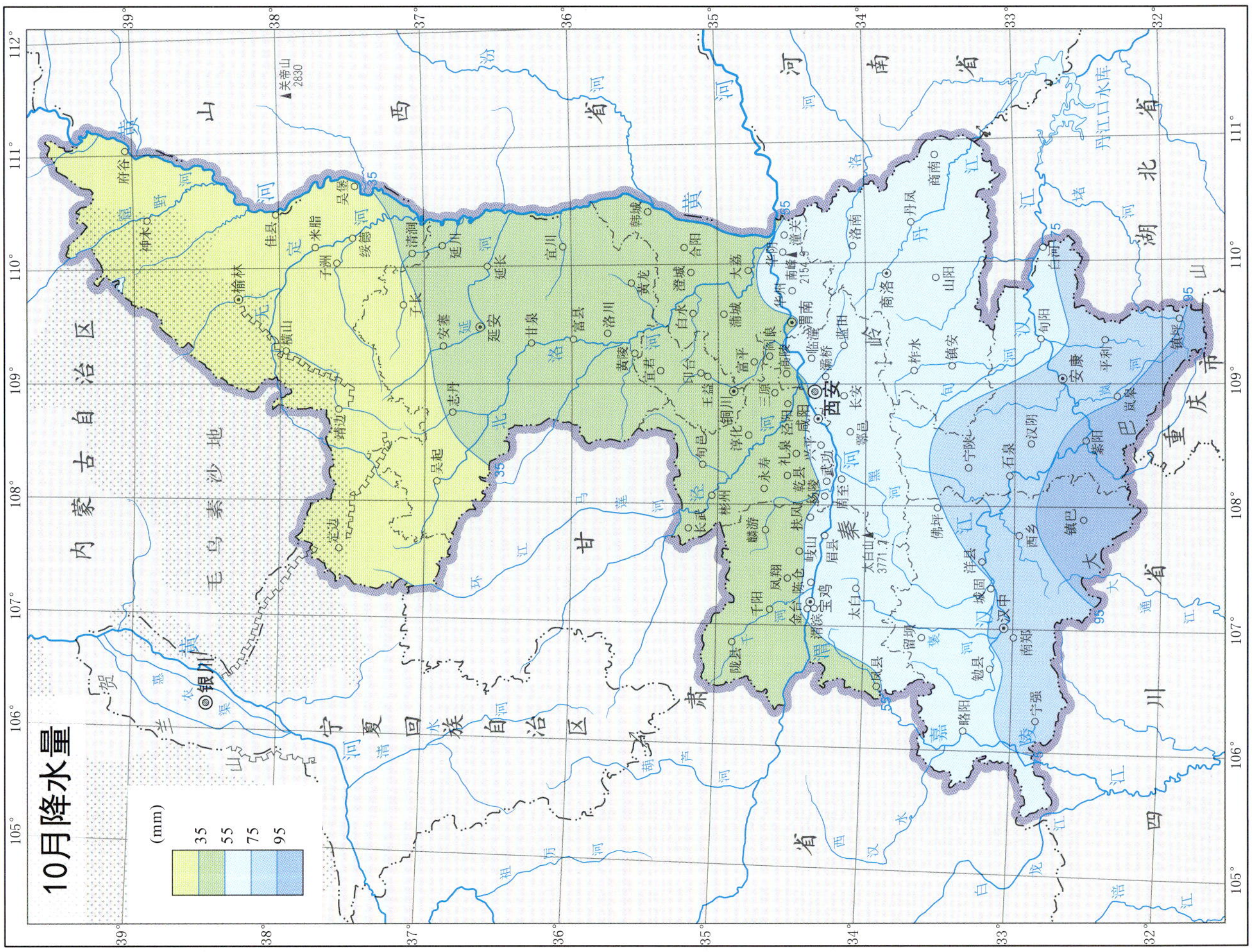

比例尺 1 : 5 700 000 0 57 114 km

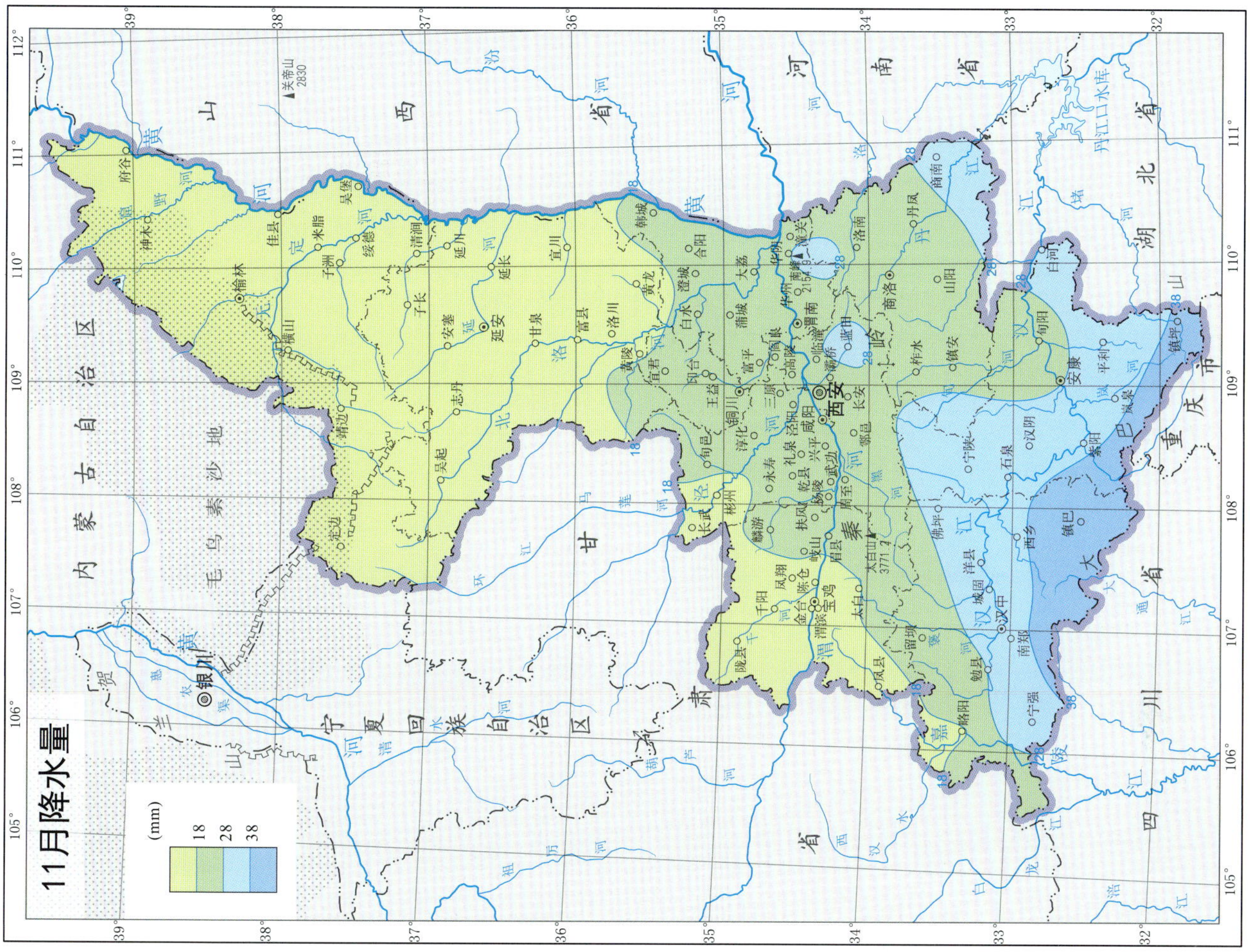

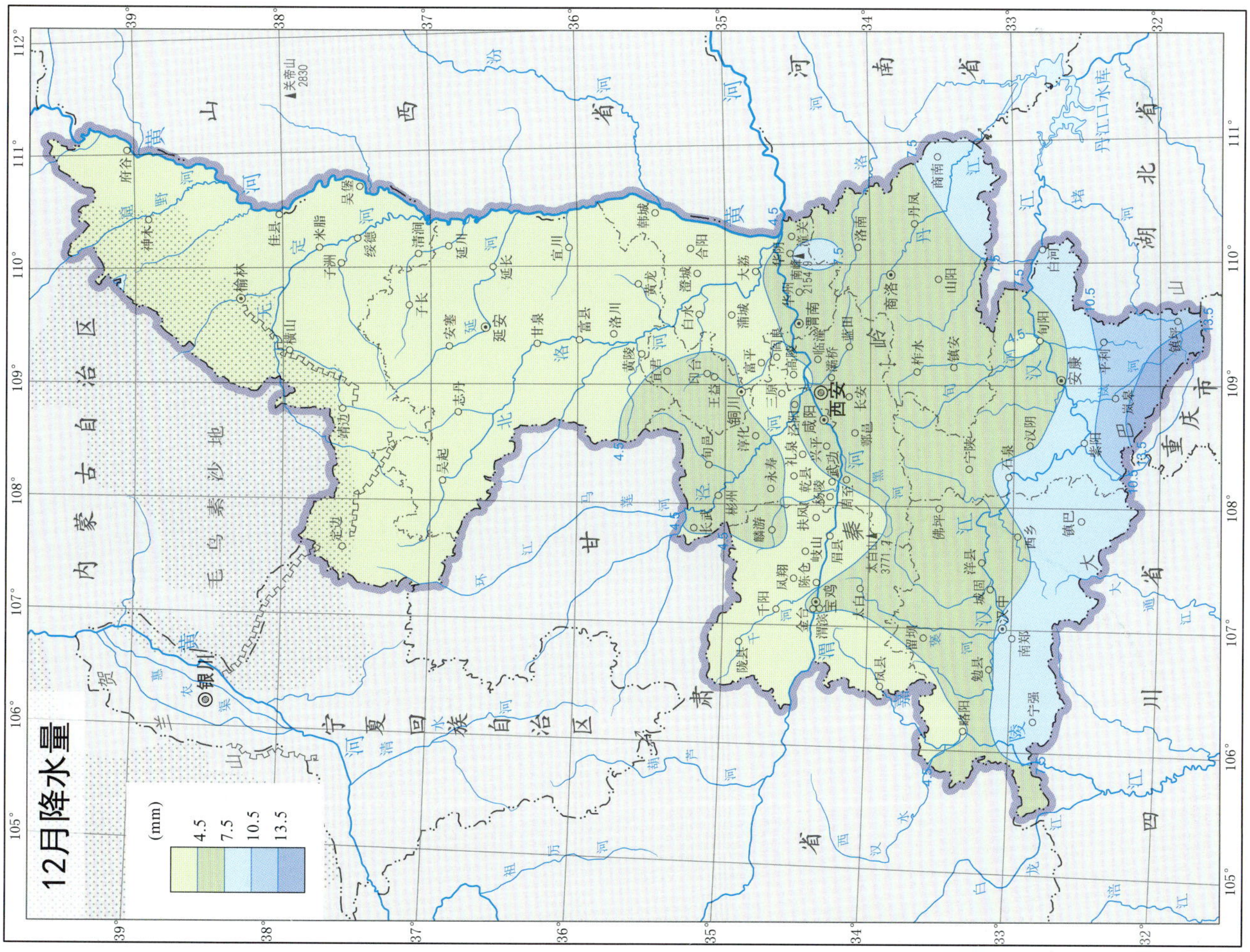

比例尺 1∶5 700 000　0 57 114 km

年最多降水量

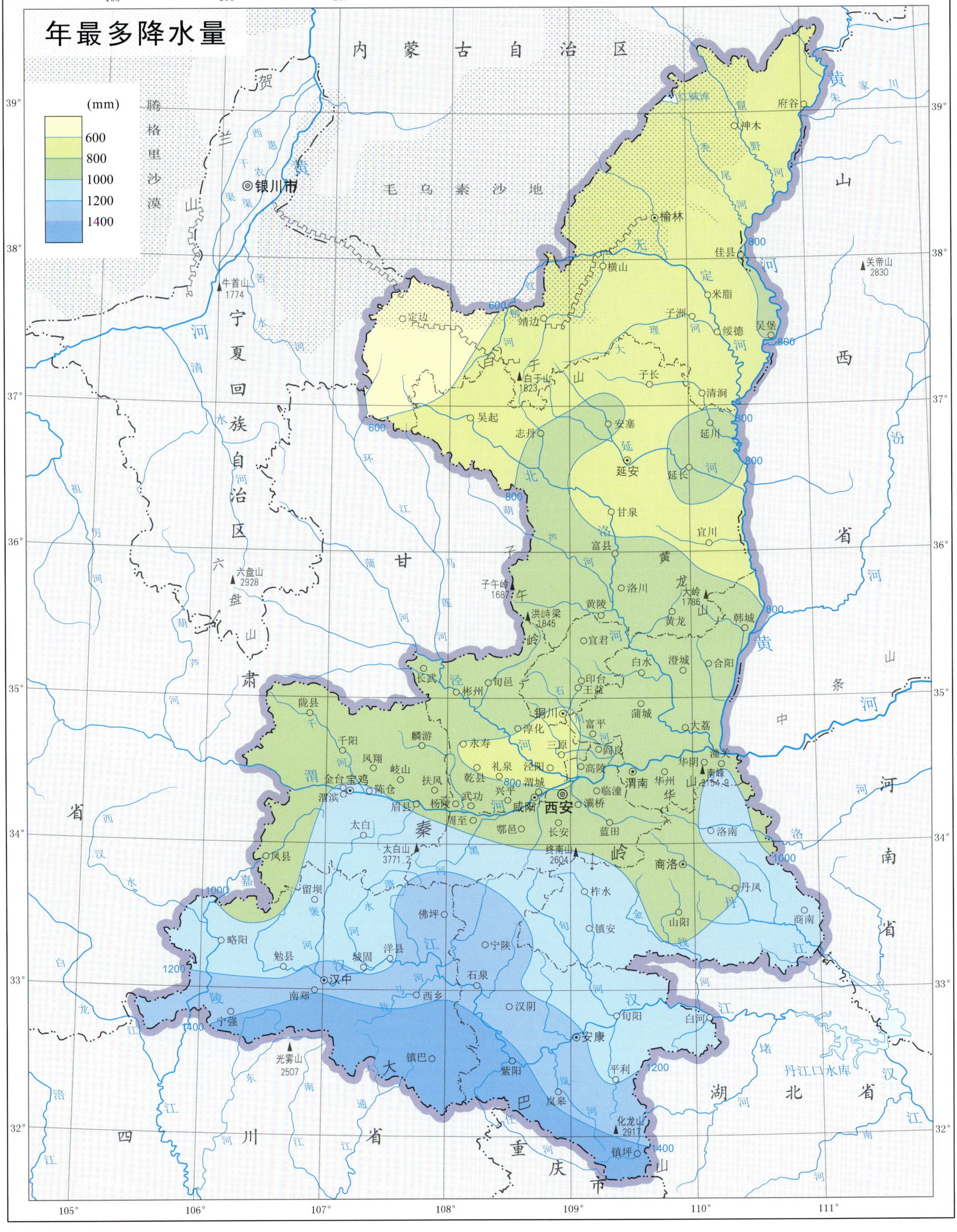

比例尺 1:4 000 000 0 40 80 km

年最少降水量

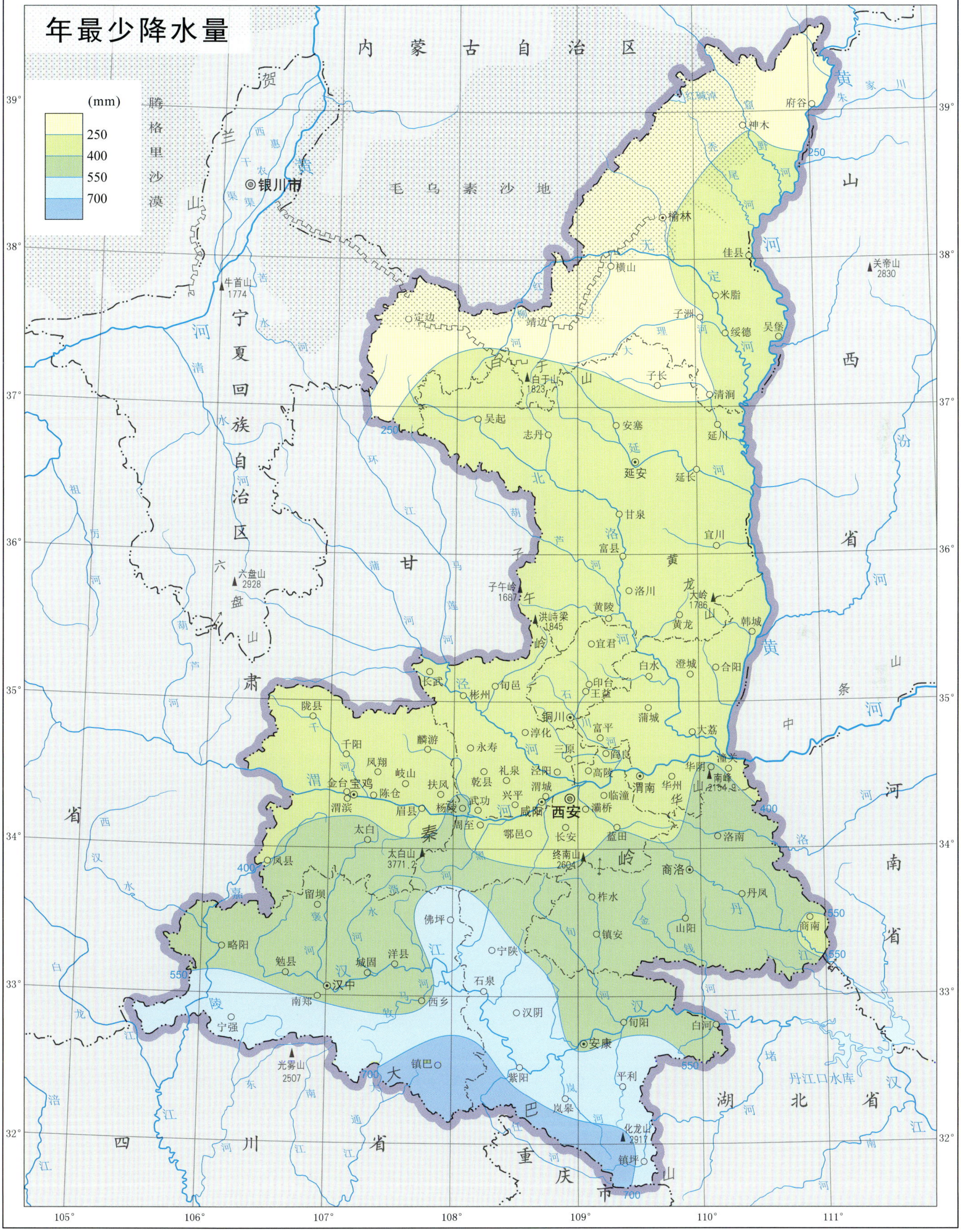

比例尺 1:4 000 000　0　40　80 km

春季降水量占年降水量的百分率

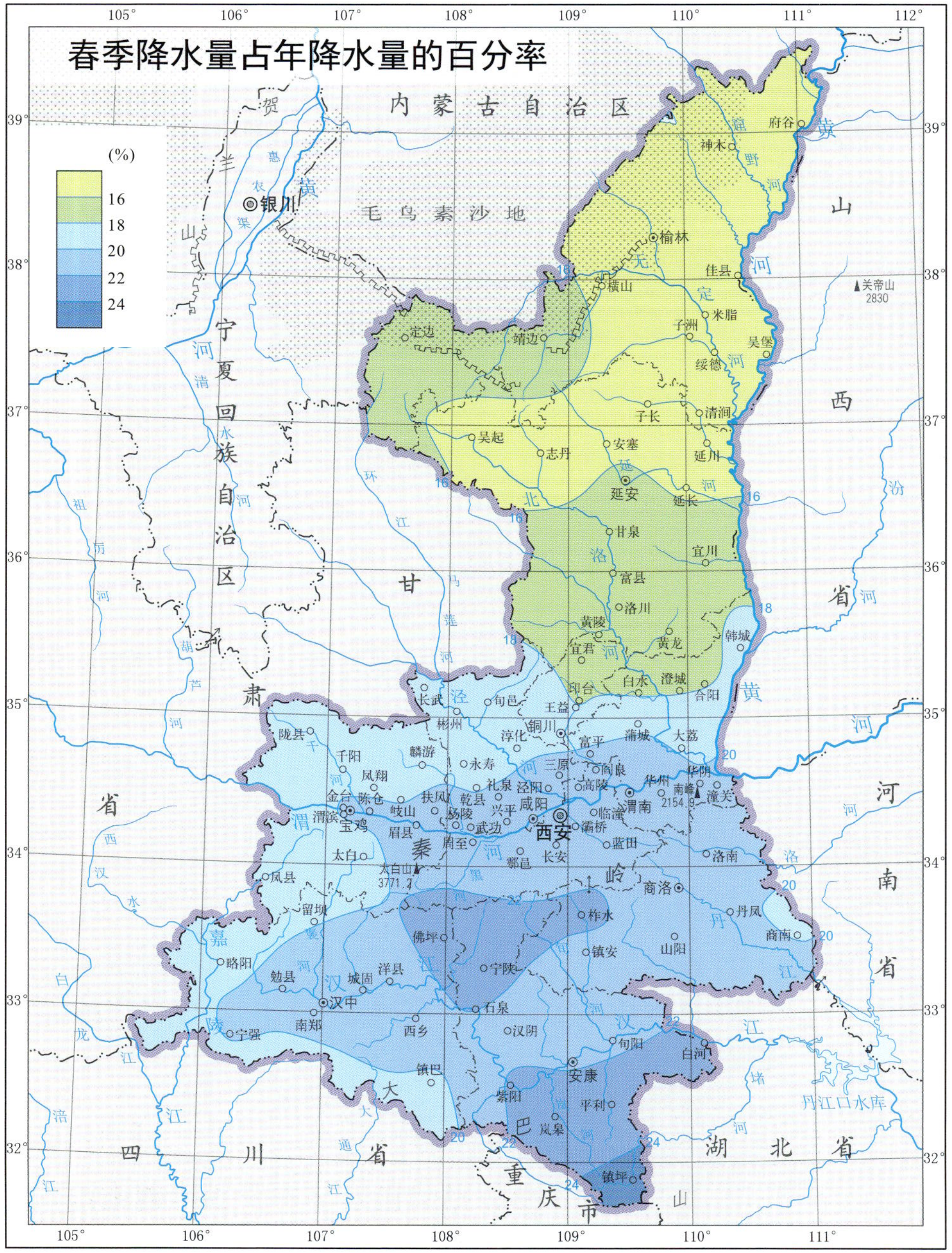

春季降水量

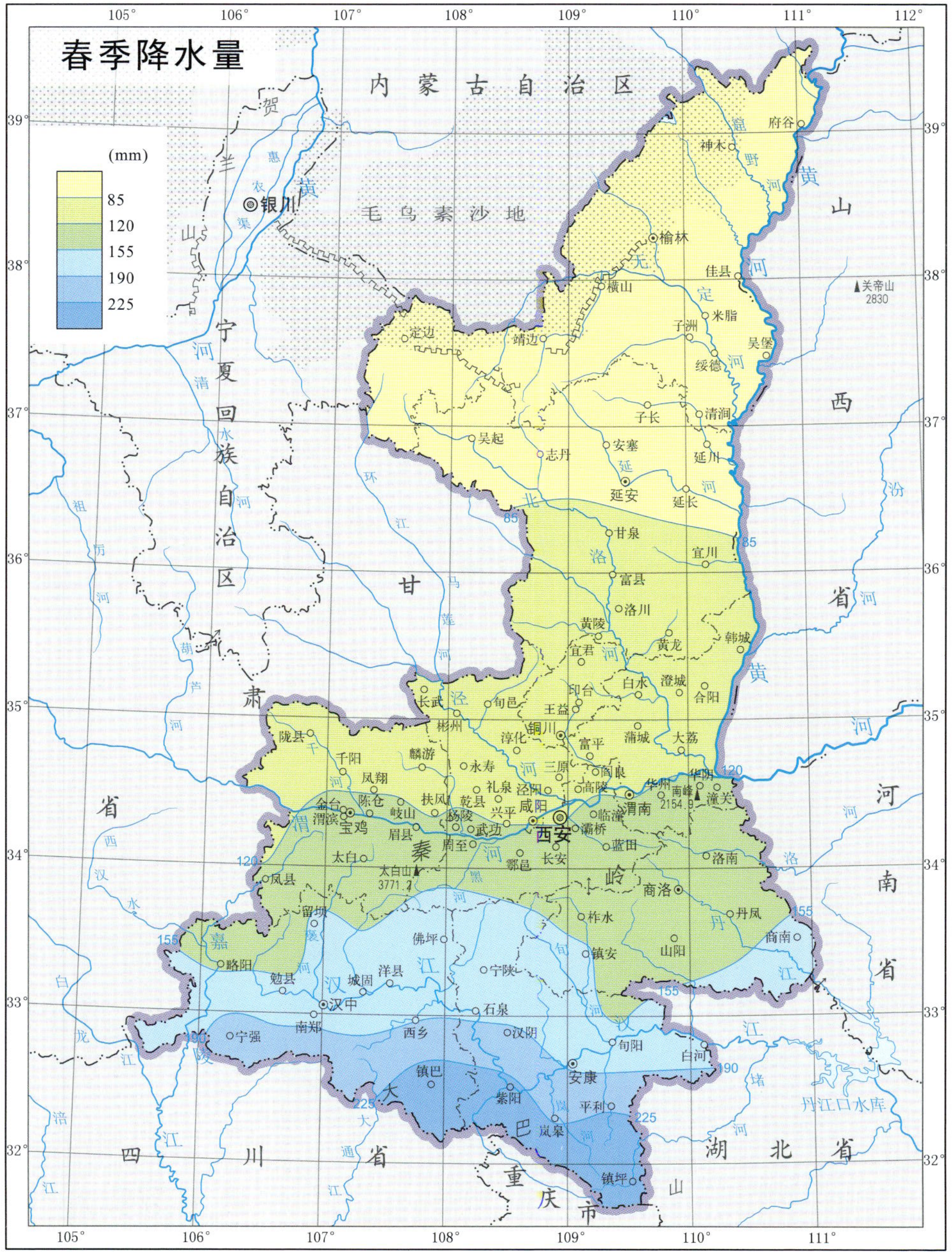

比例尺 1 : 5 700 000 0 57 114 km

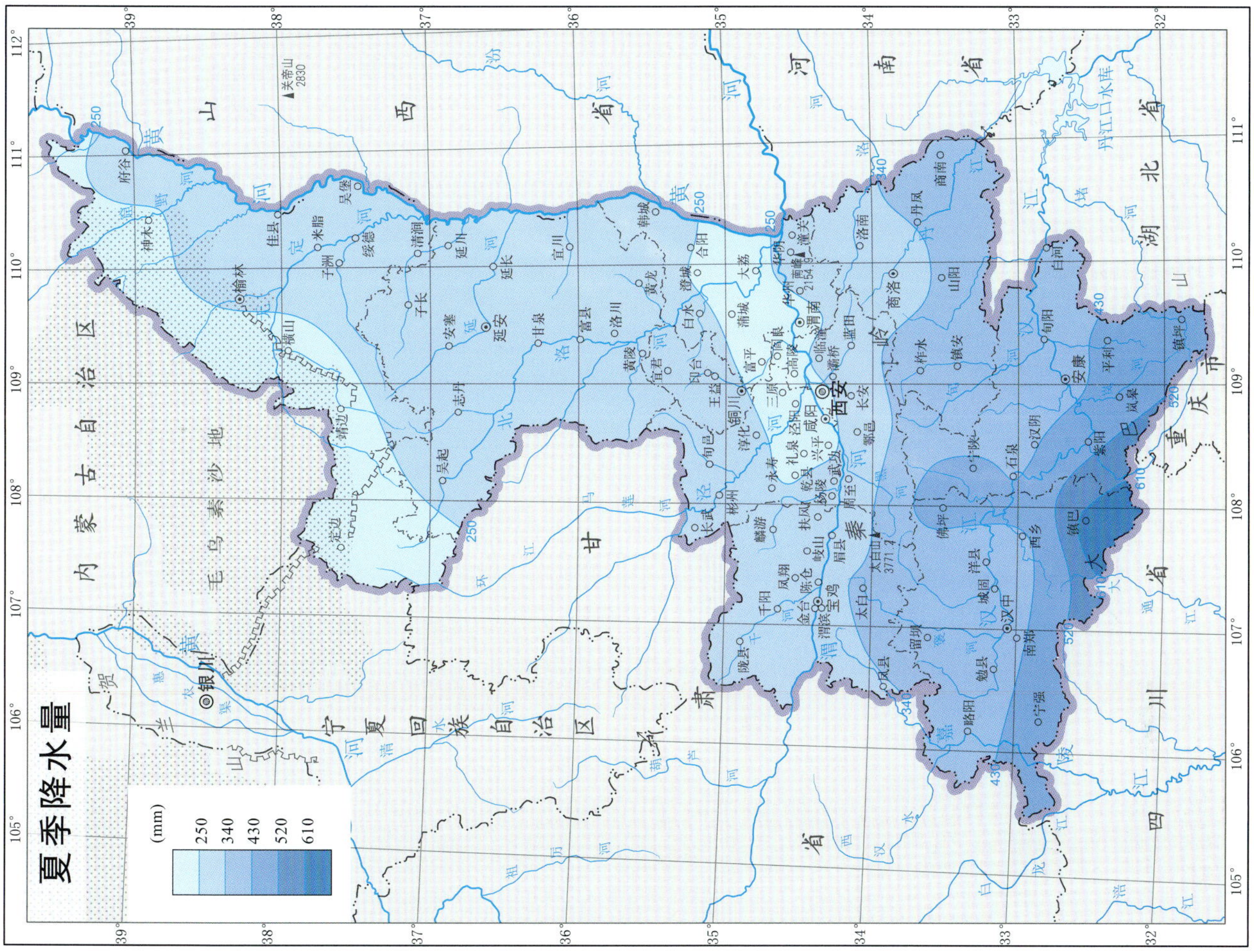

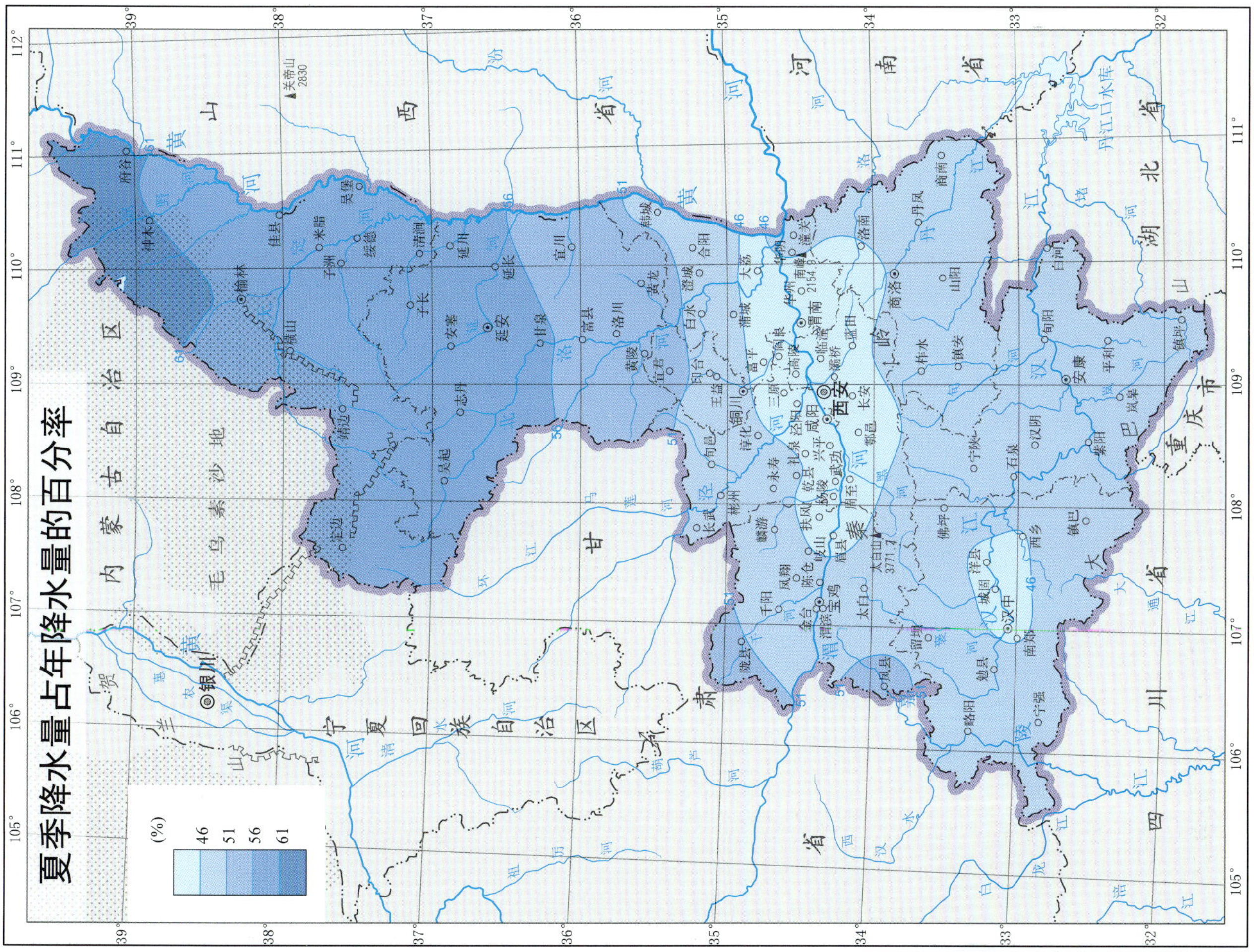

比例尺 1:5 700 000 0 57 114 km

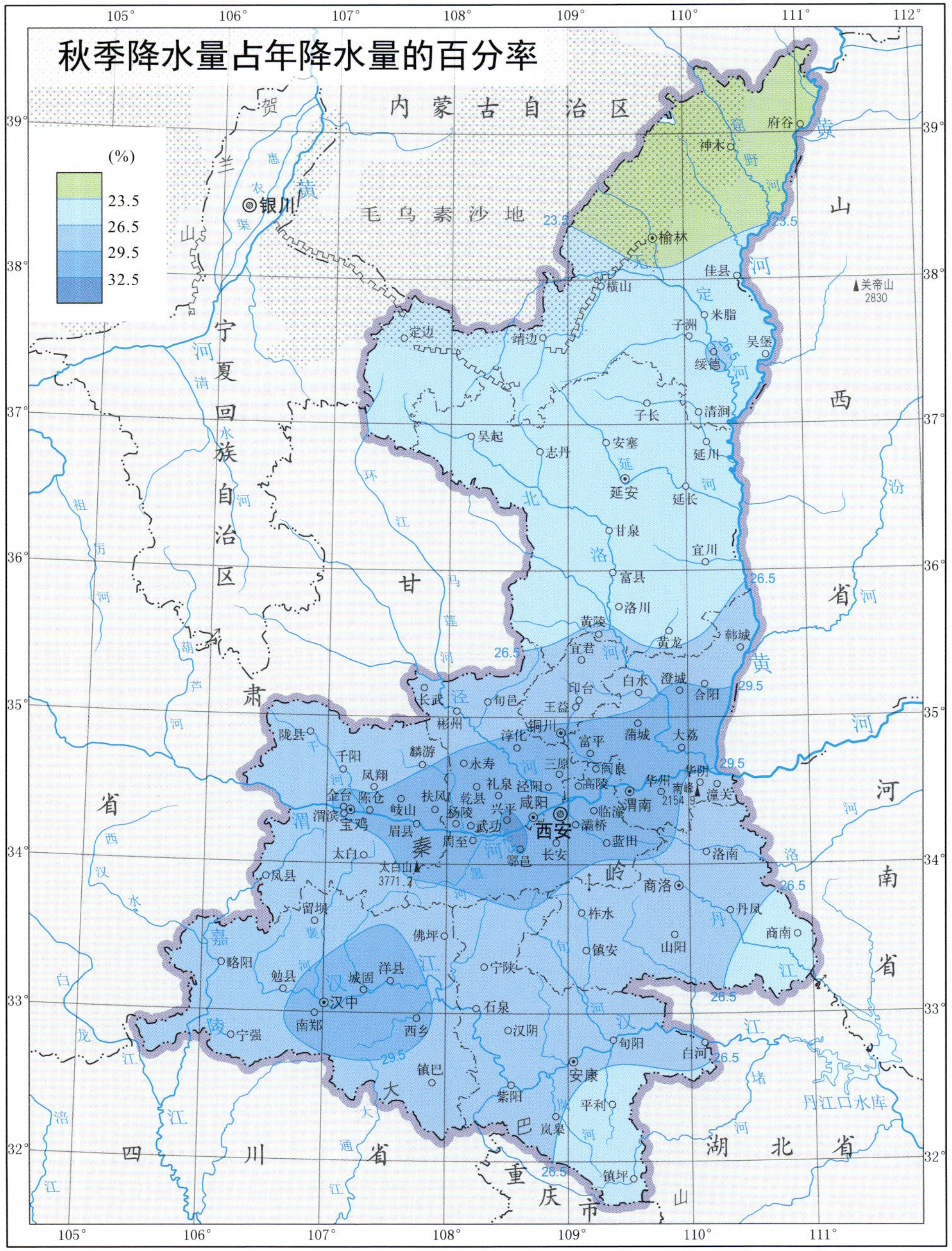

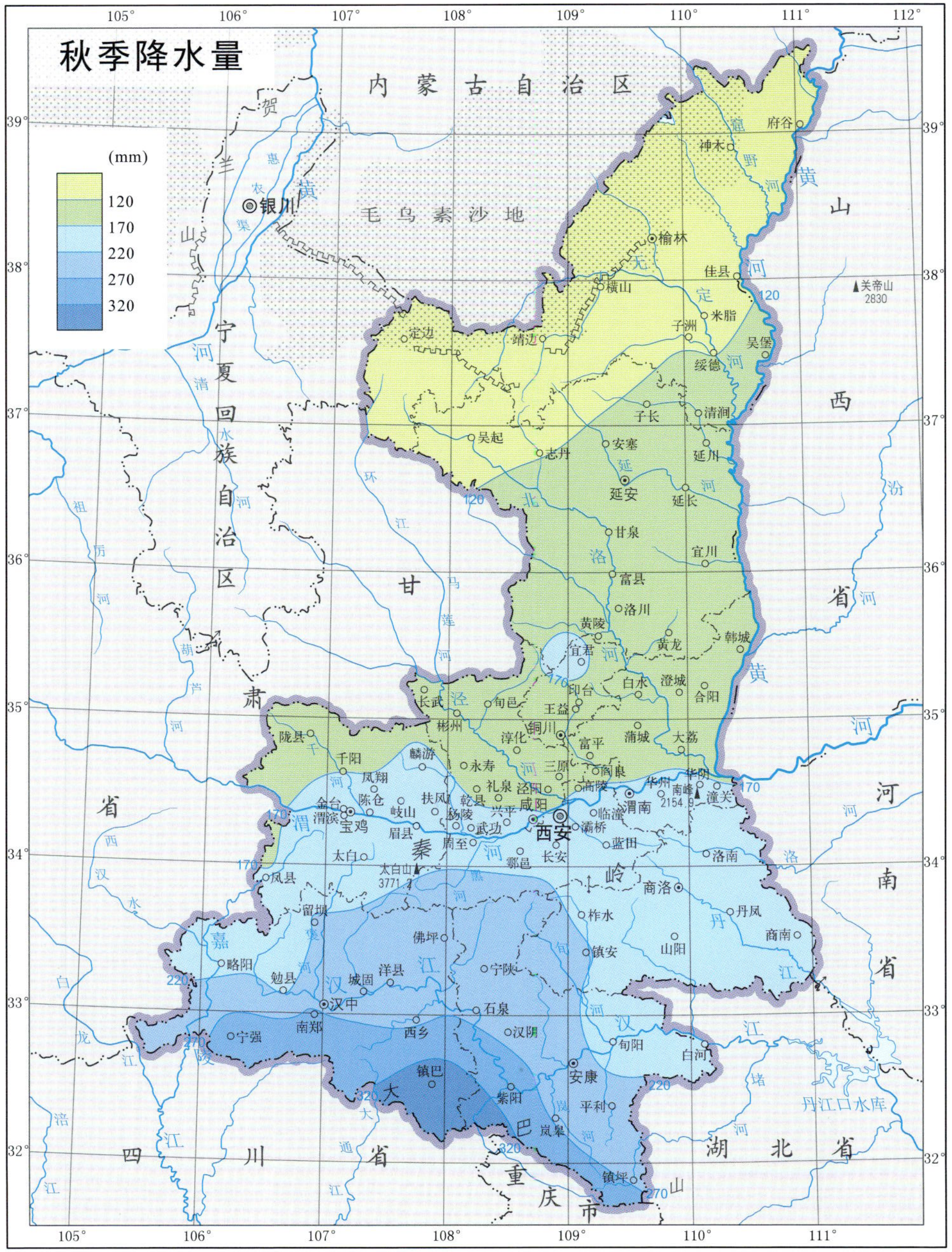

比例尺 1∶5 700 000 0 57 114 km

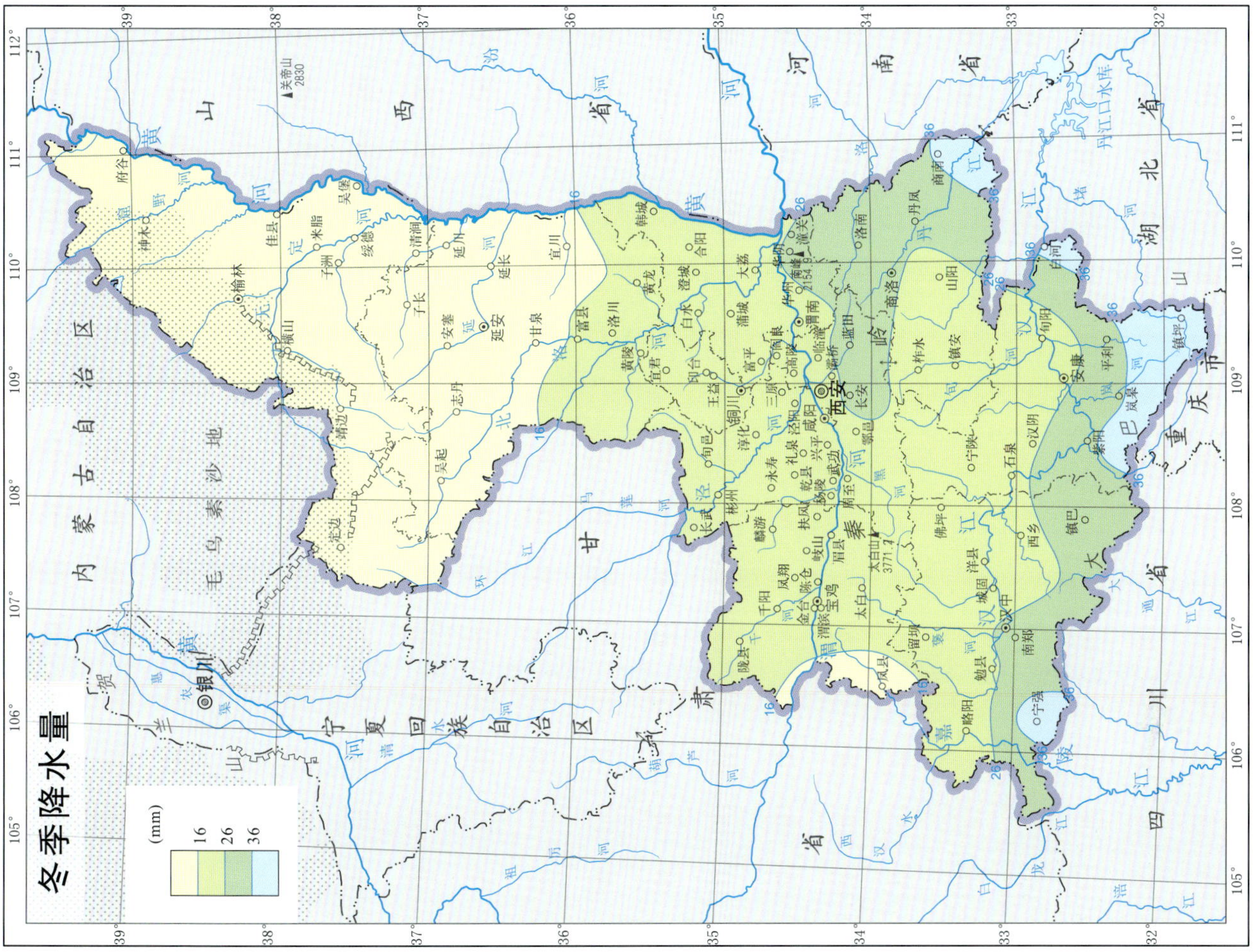

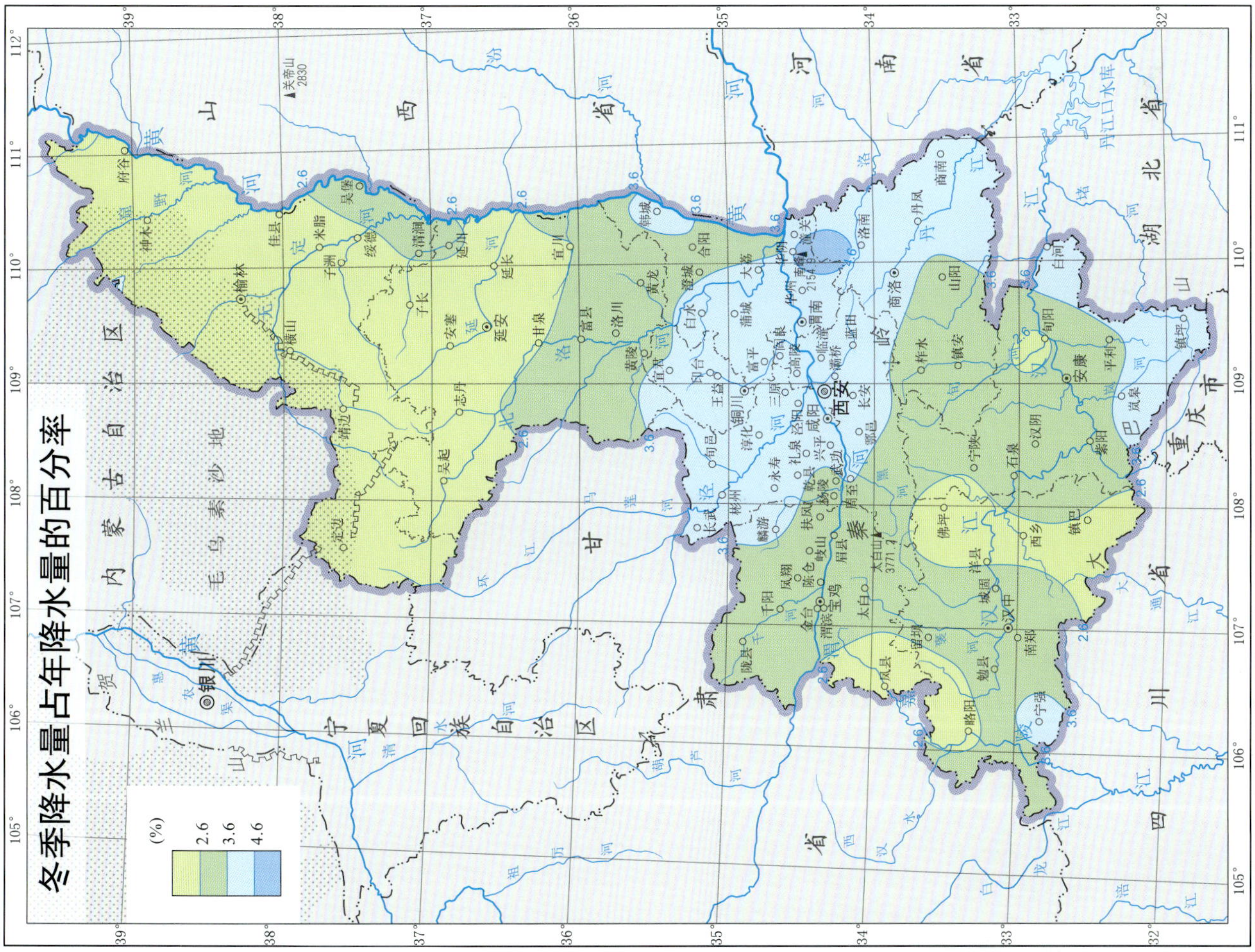

比例尺 1:5 700 000 0 57 114 km

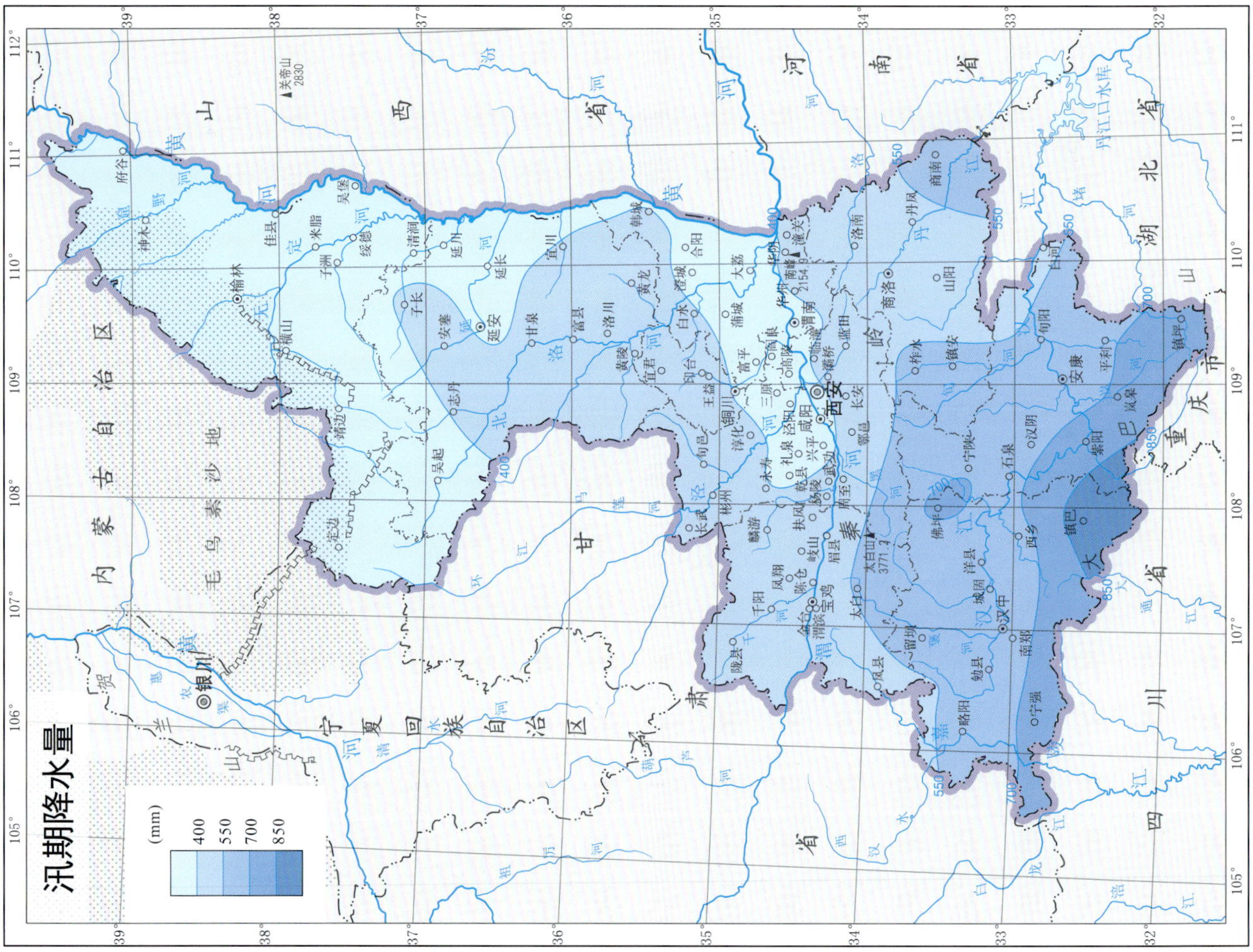

汛期降水量

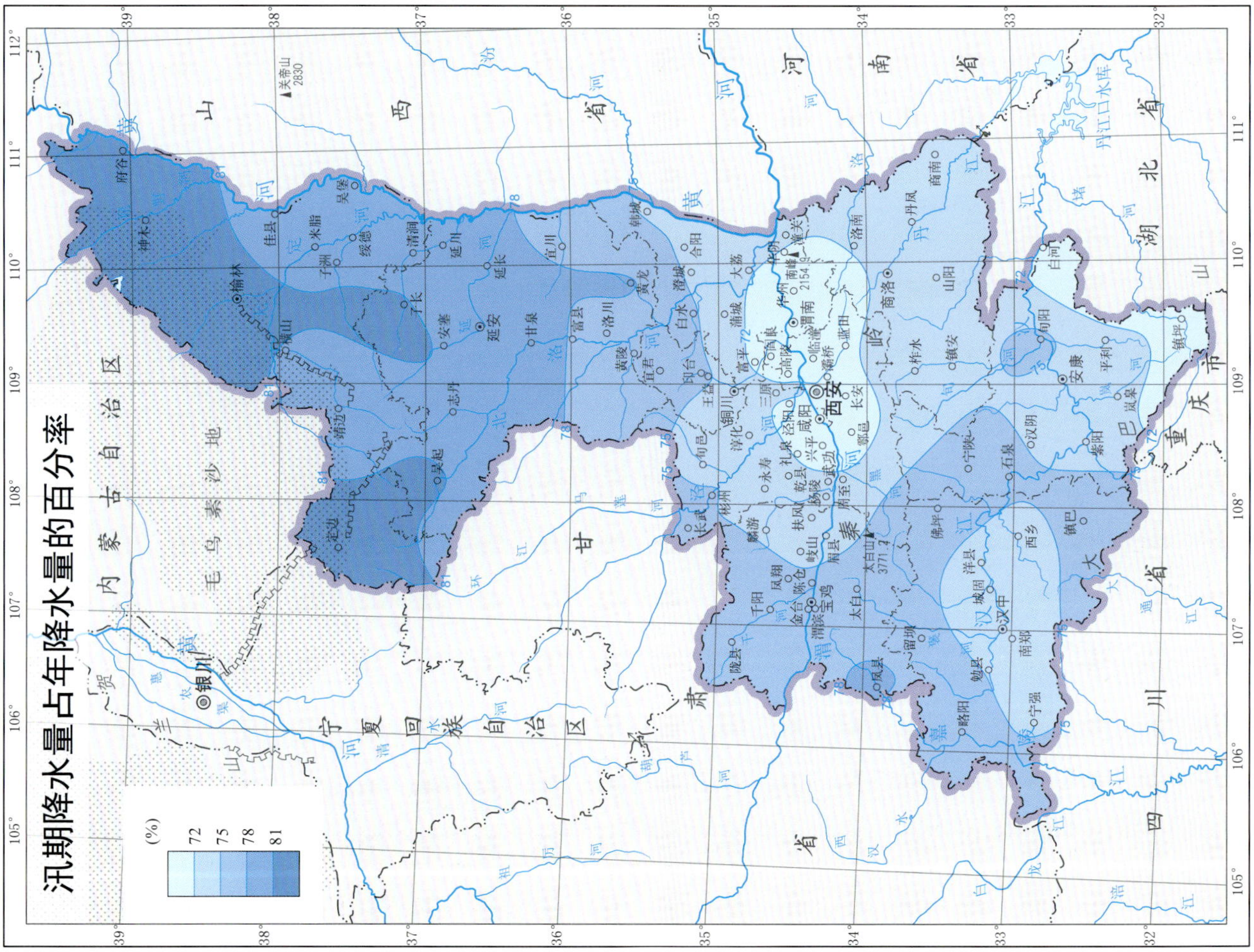

汛期降水量占年降水量的百分率

比例尺 1:5 700 000 0 57 114 km

年一日最大降水量

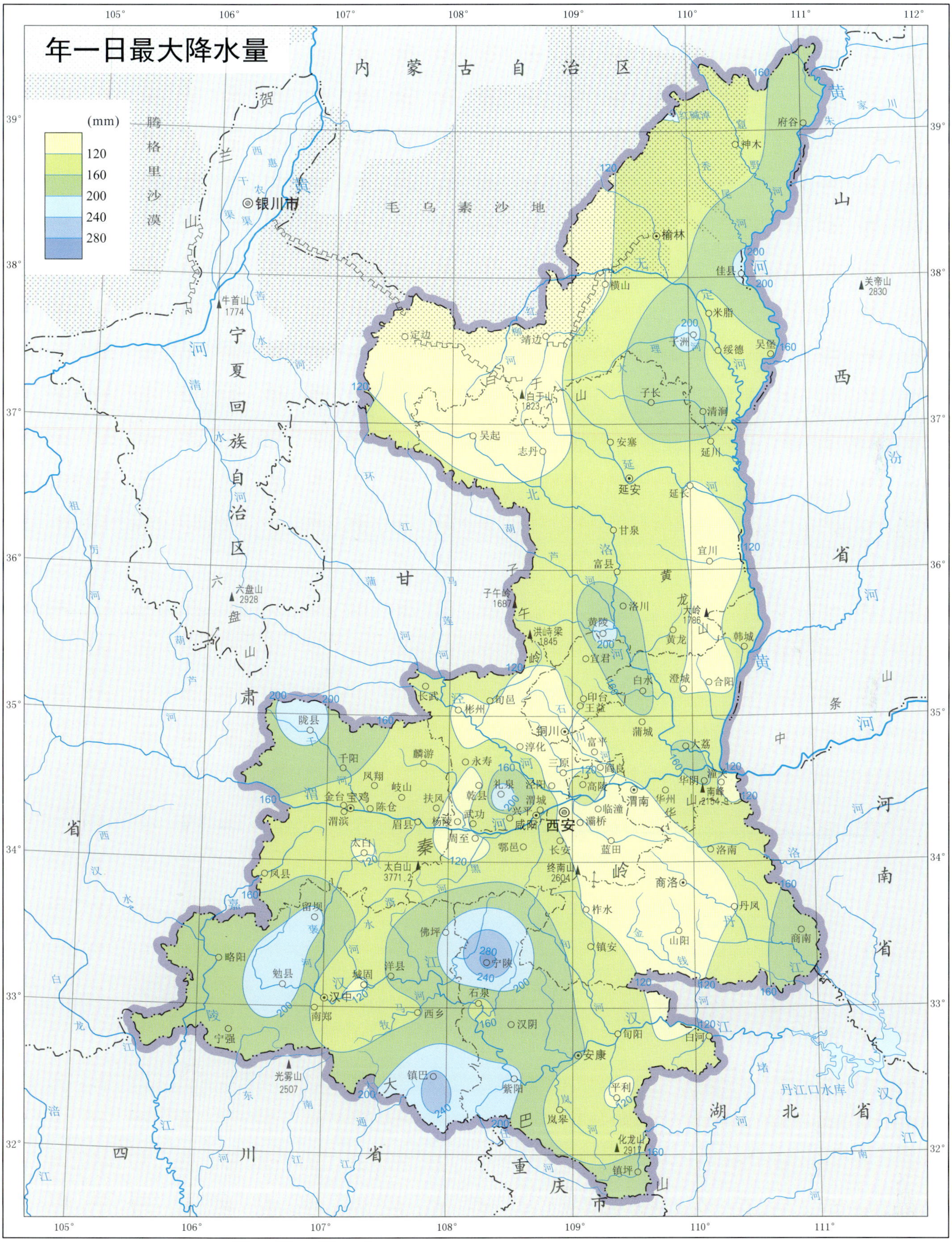

比例尺 1∶4 000 000　0 40 80 km

年降水日数

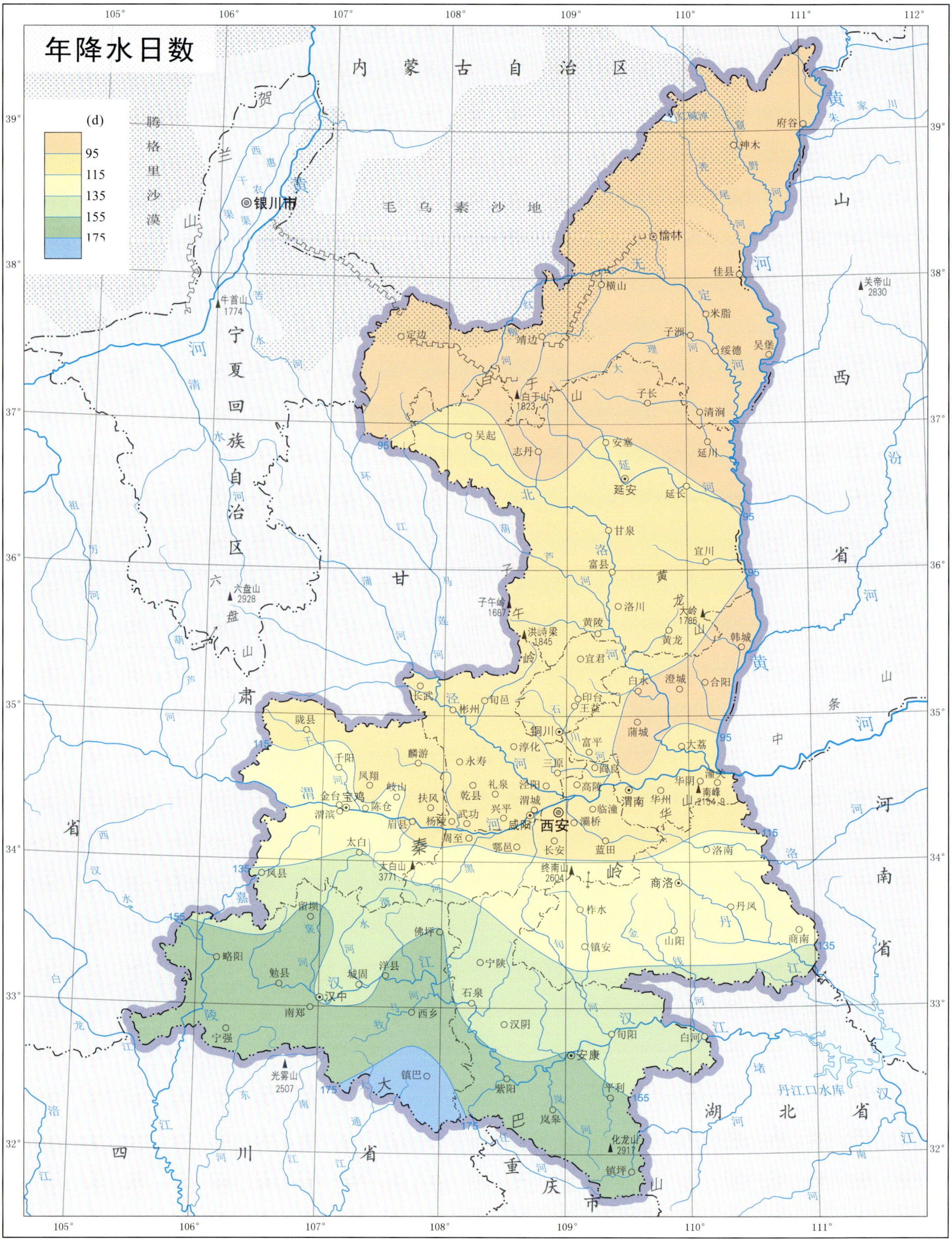

比例尺 1:4 000 000　0　40　80 km

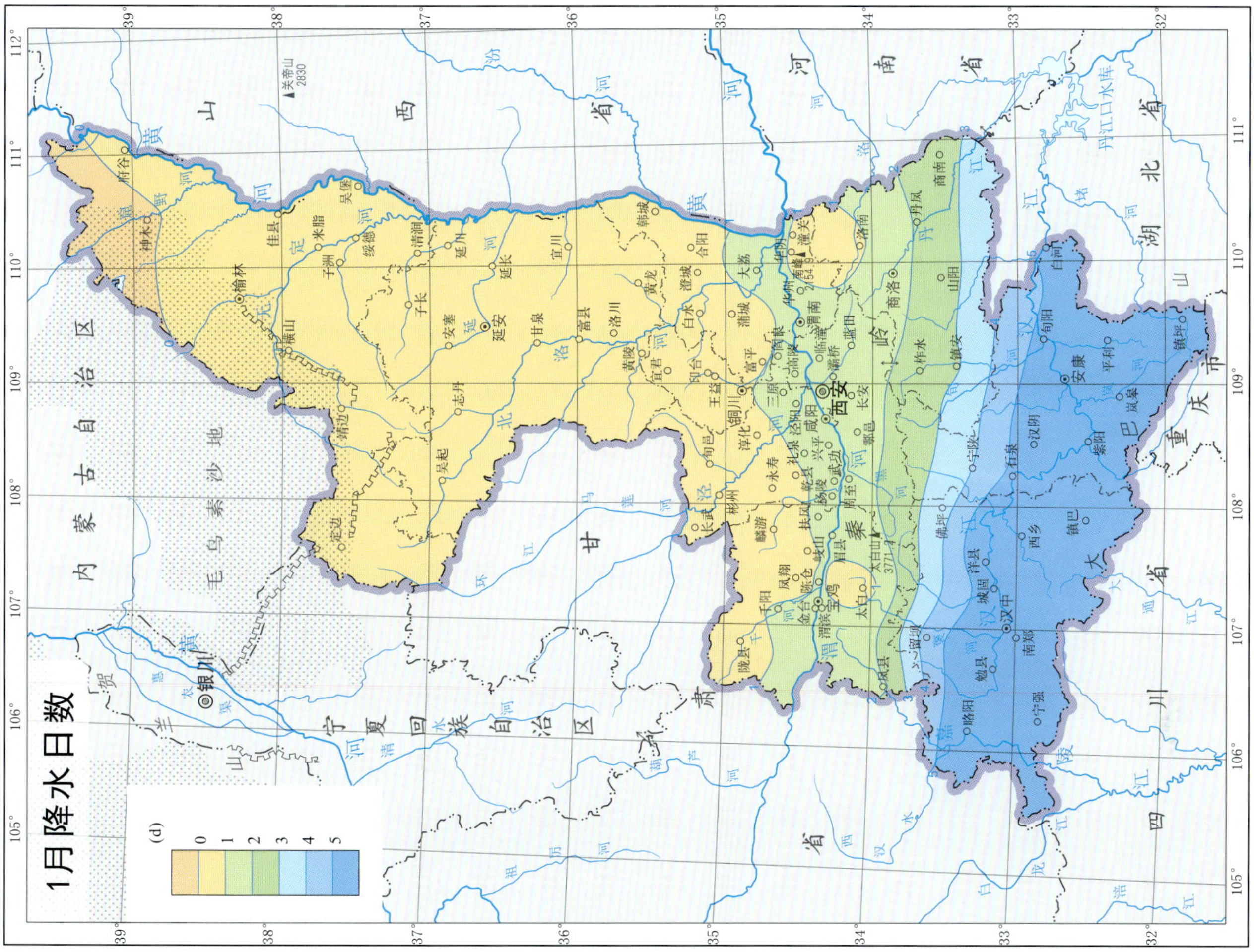

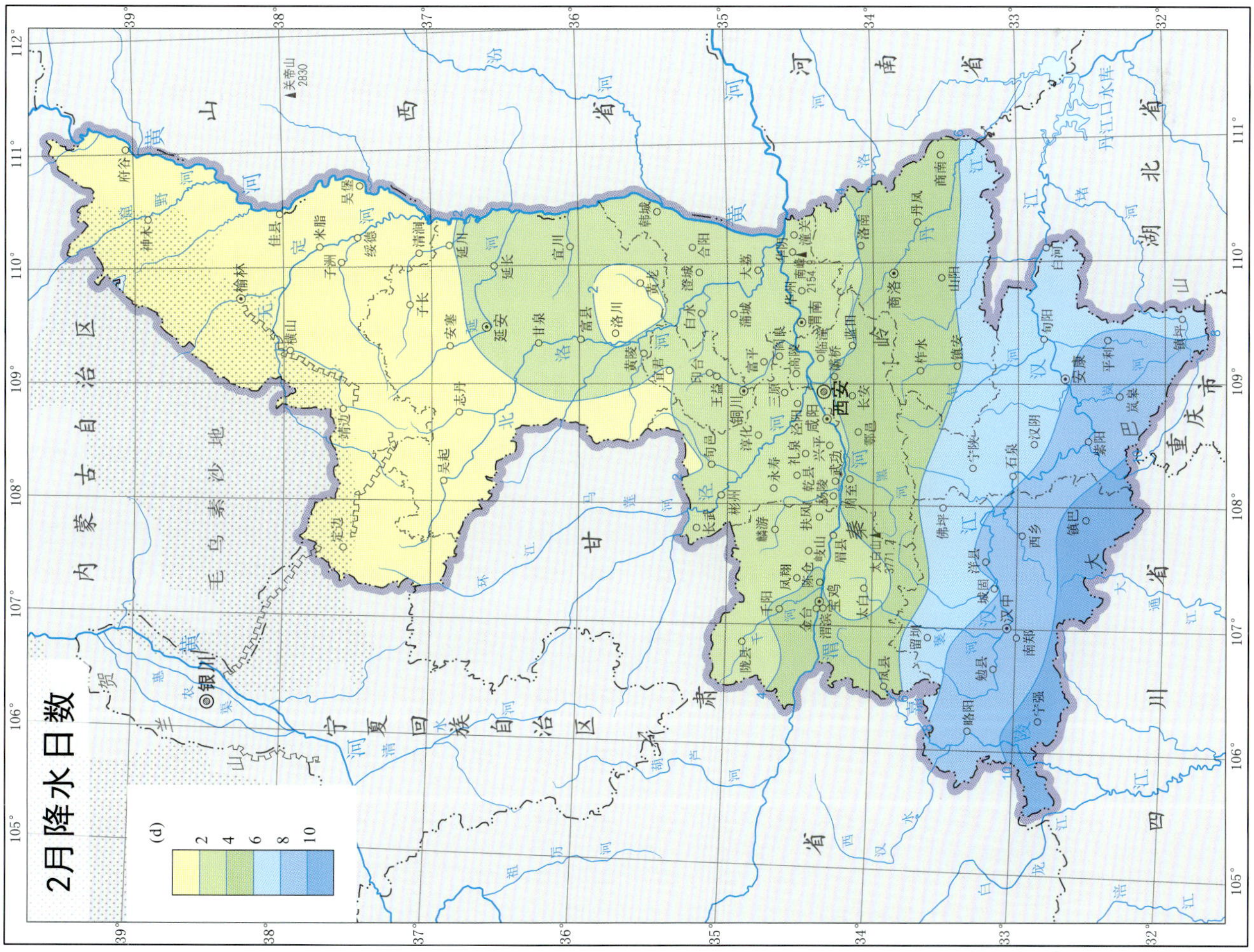

比例尺 1:5 700 000 0 57 114 km

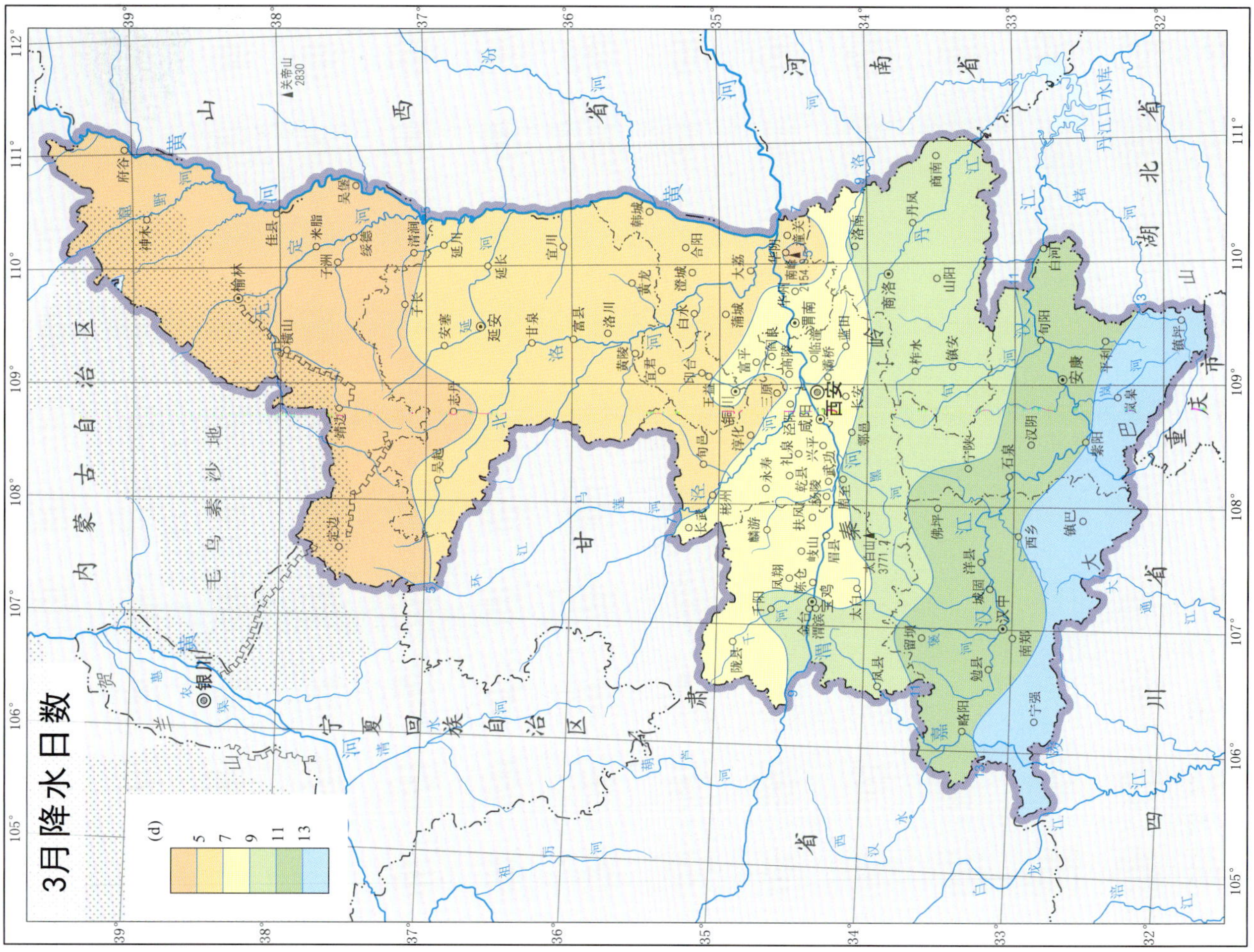

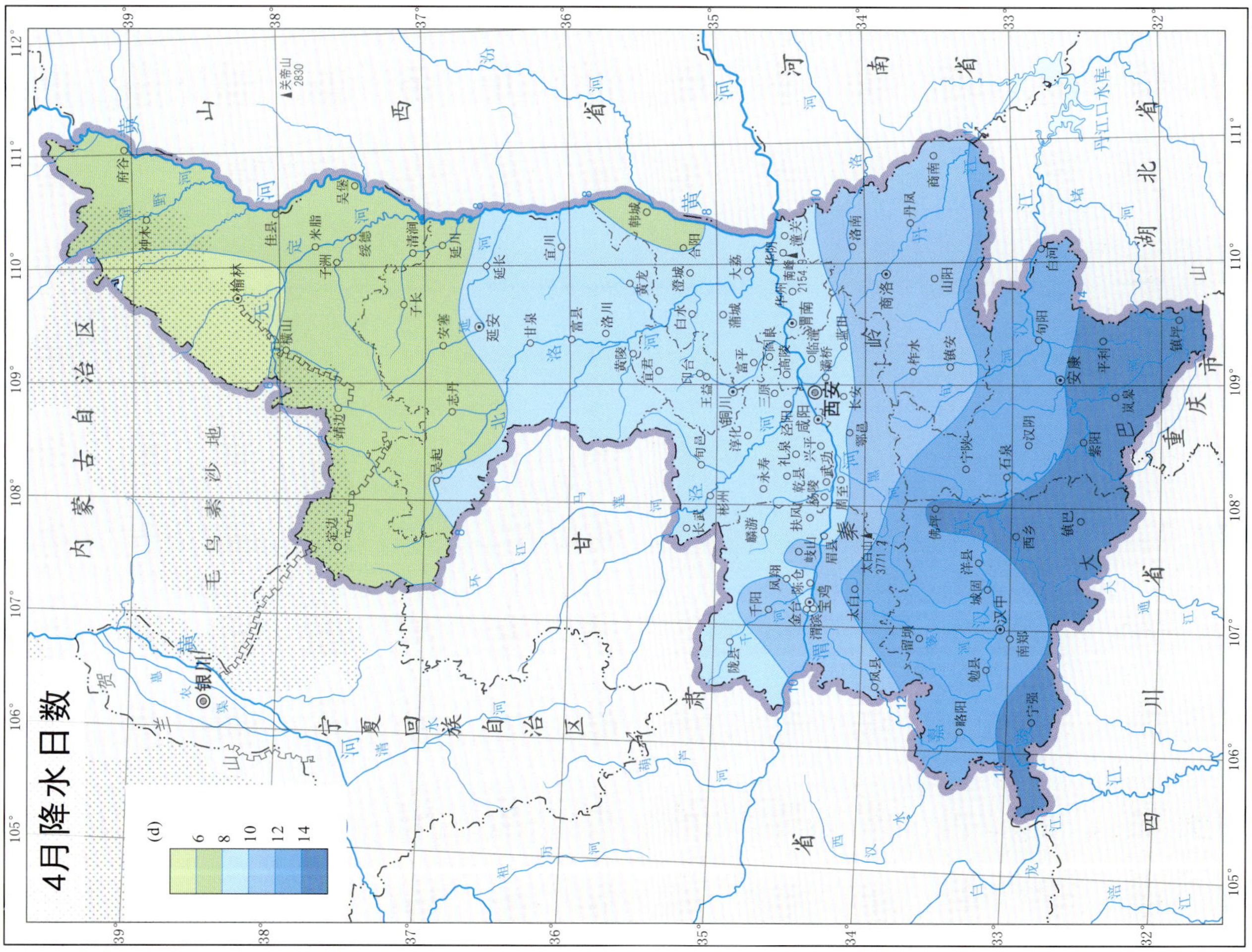

比例尺 1 : 5 700 000 0 57 114 km

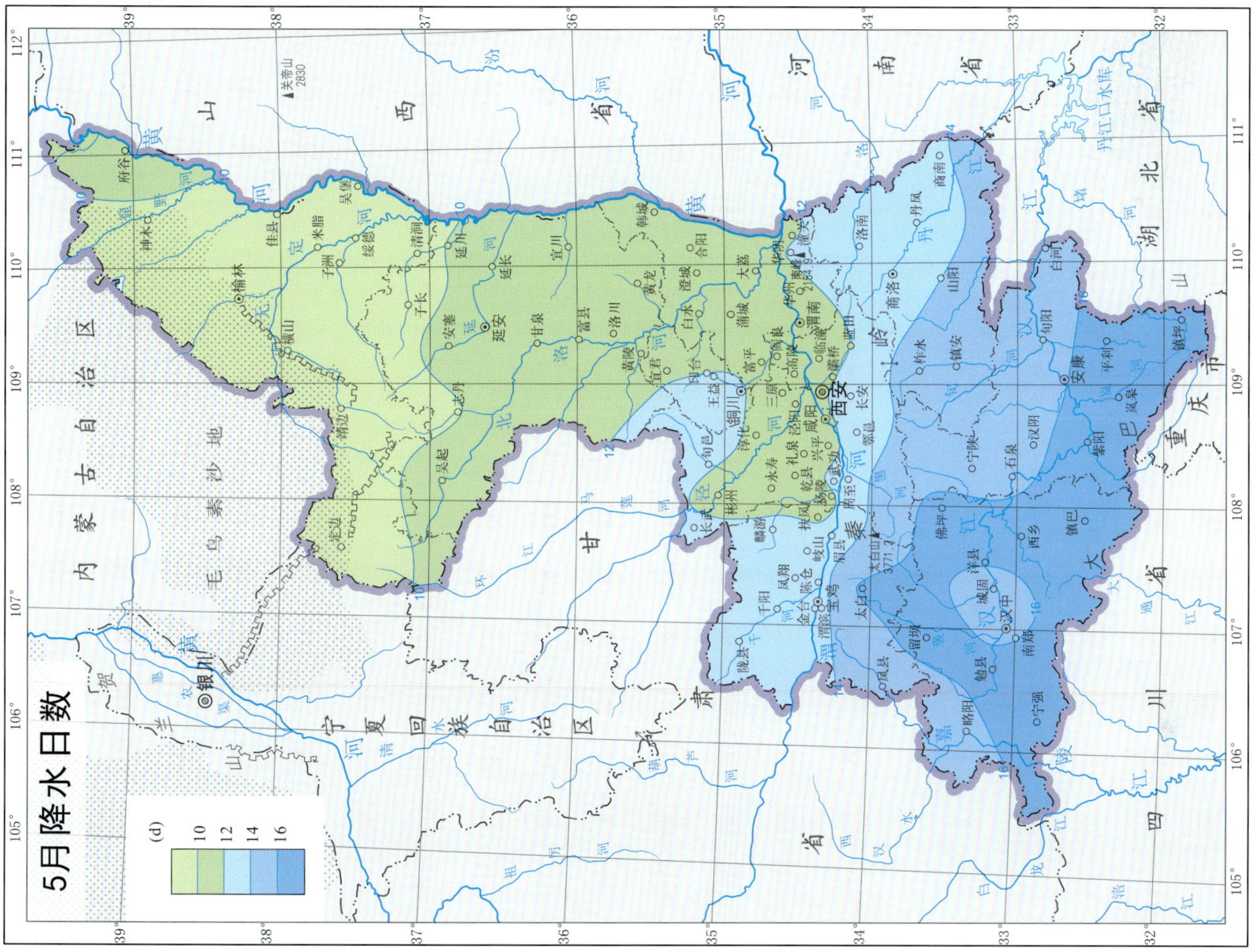

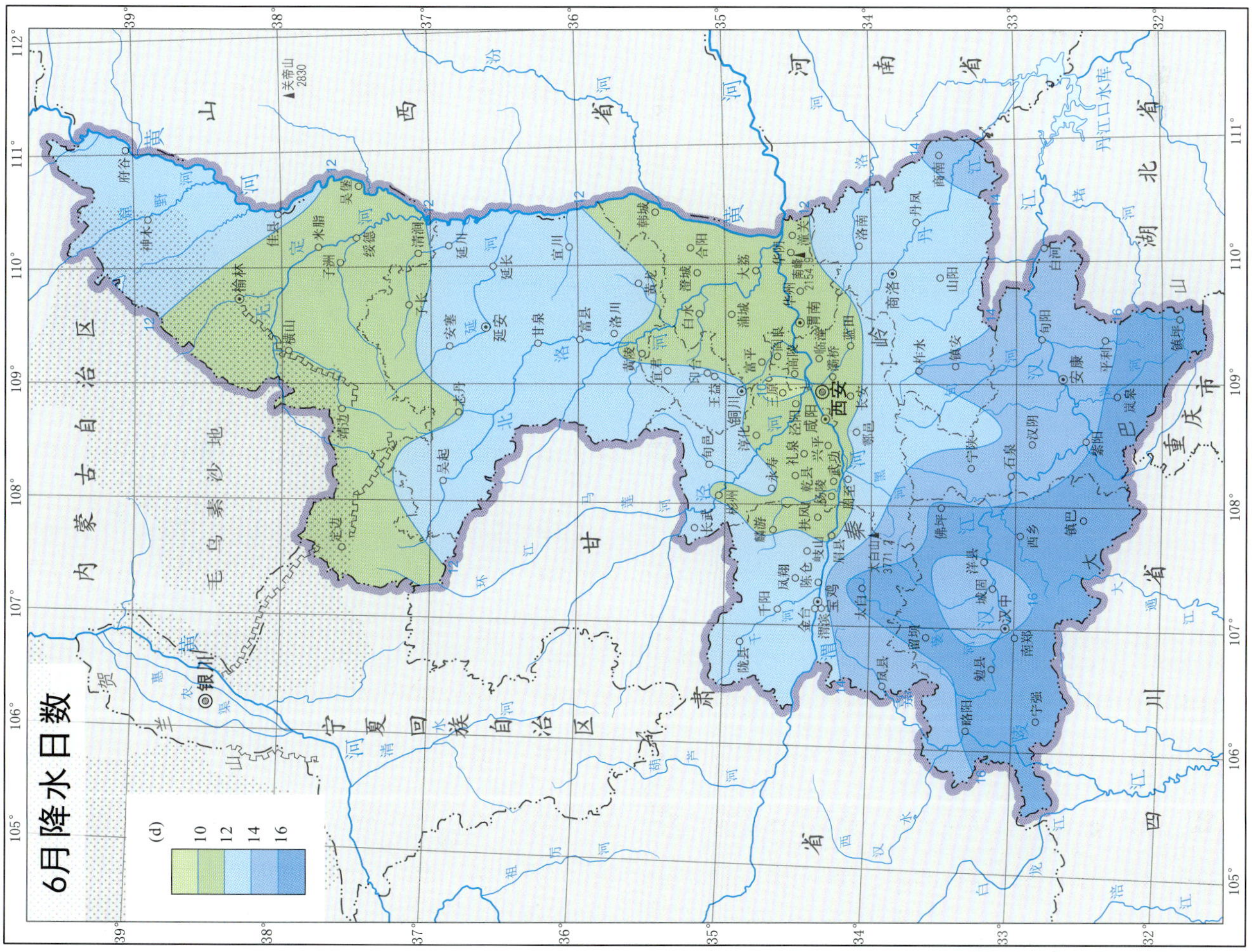

比例尺 1:5 700 000

0 57 114 km

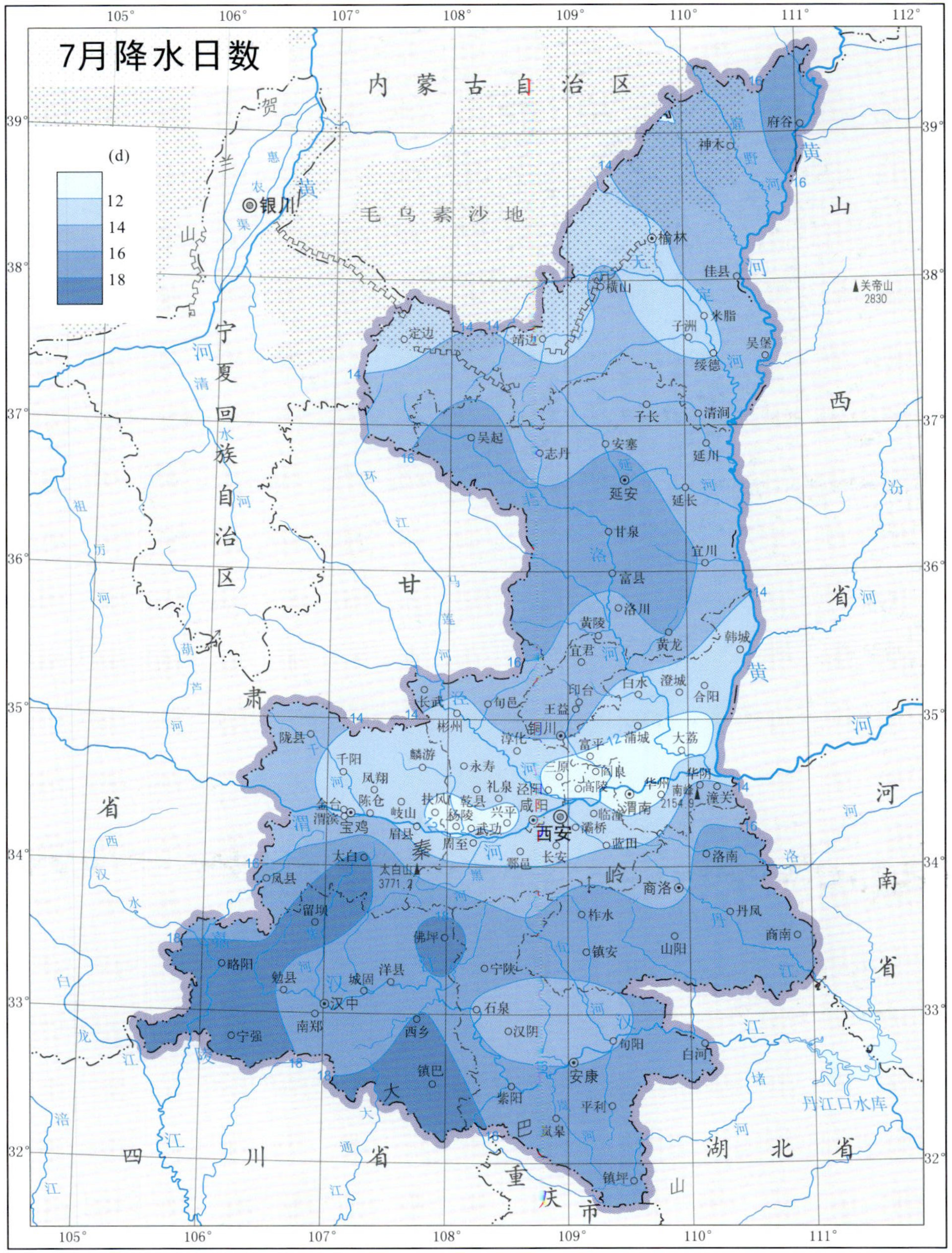

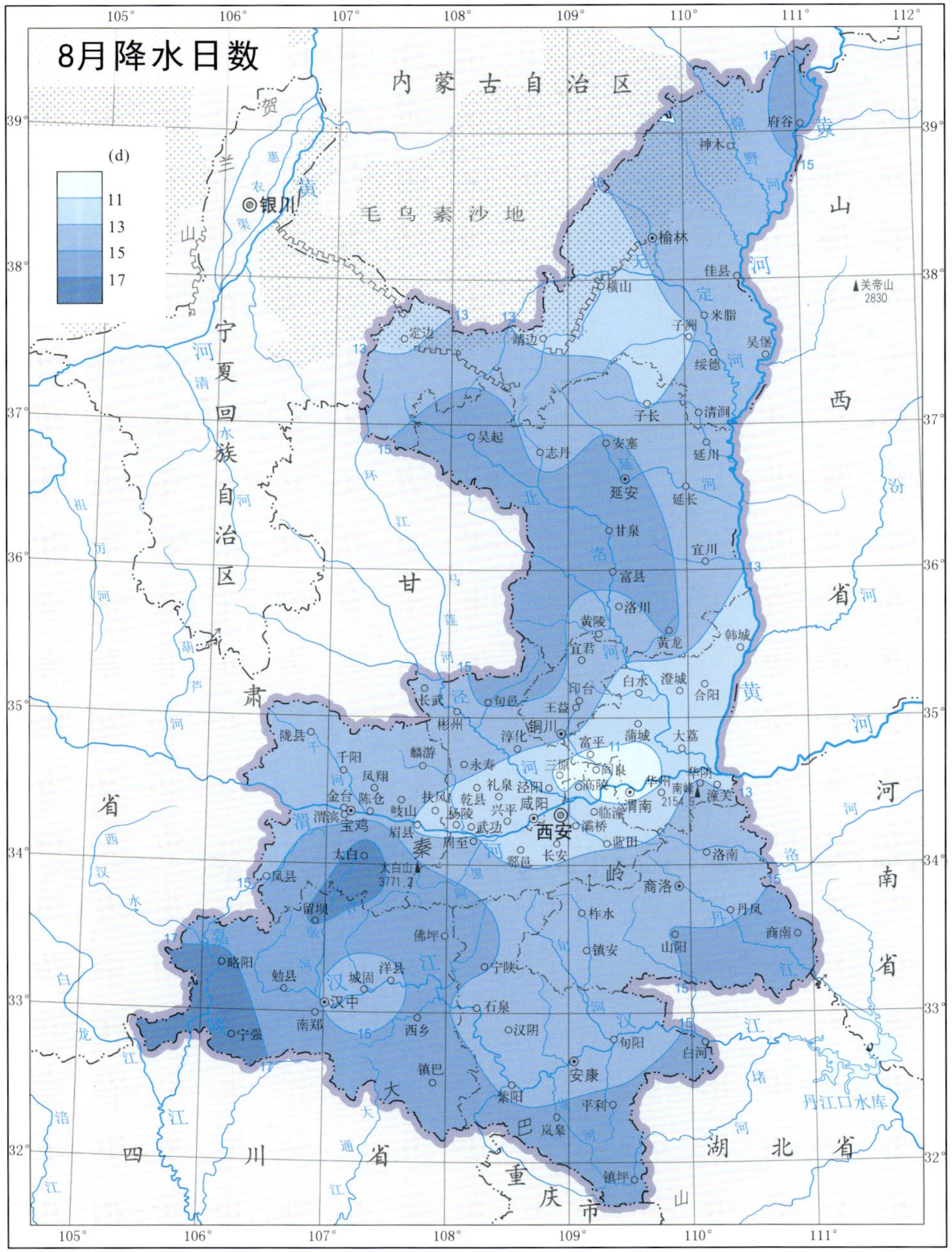

比例尺 1∶5 700 000 0 57 114 km

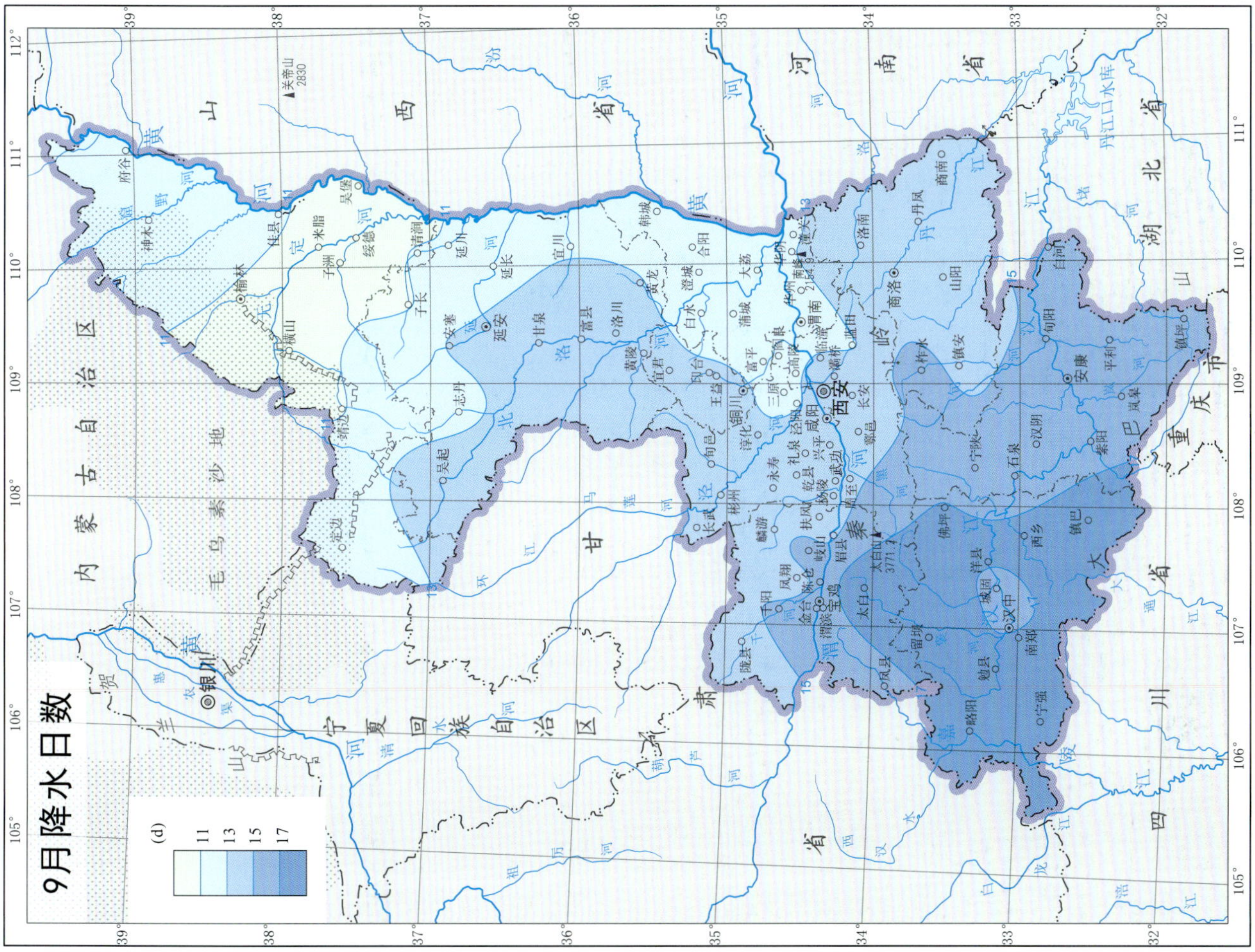

9月降水日数

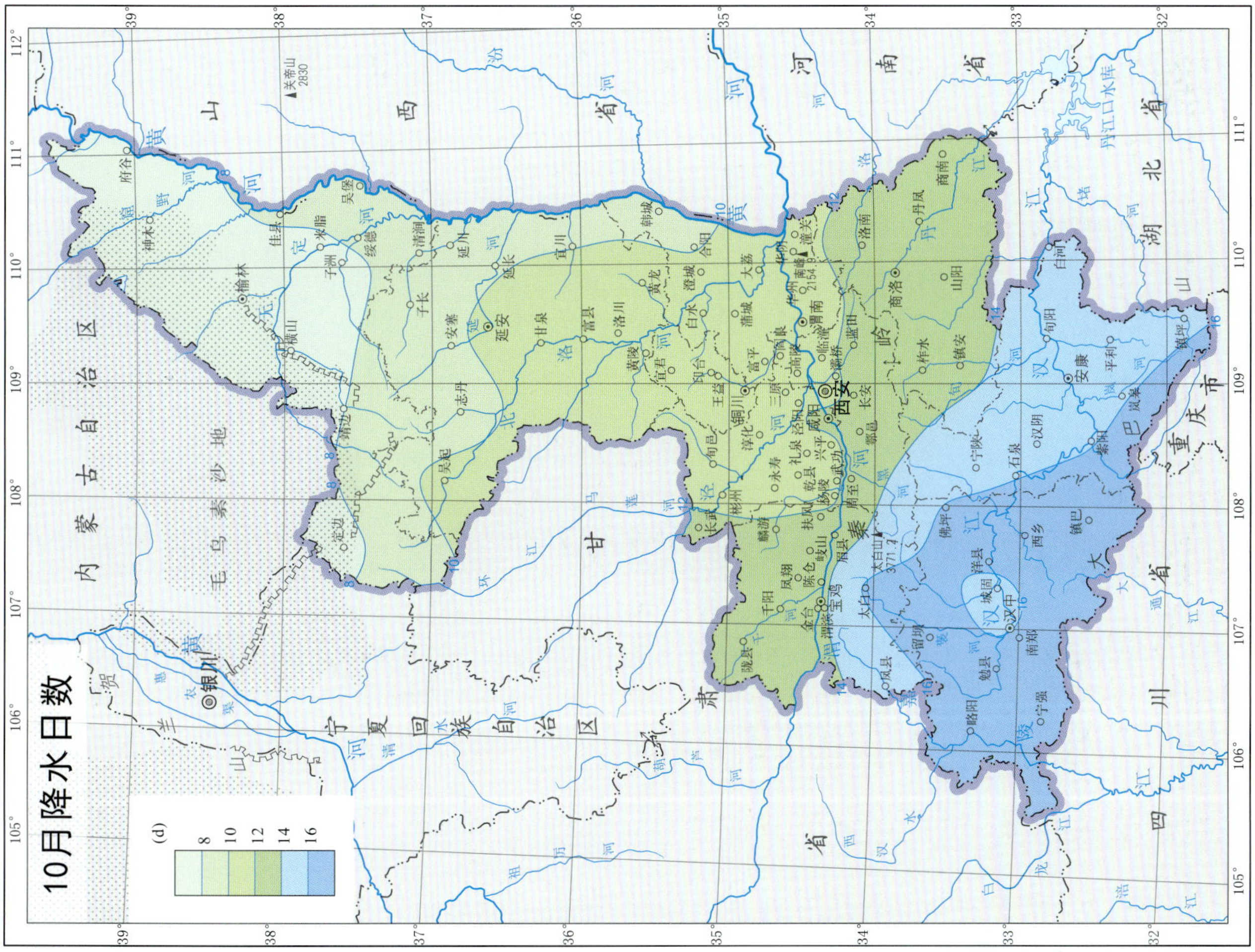

10月降水日数

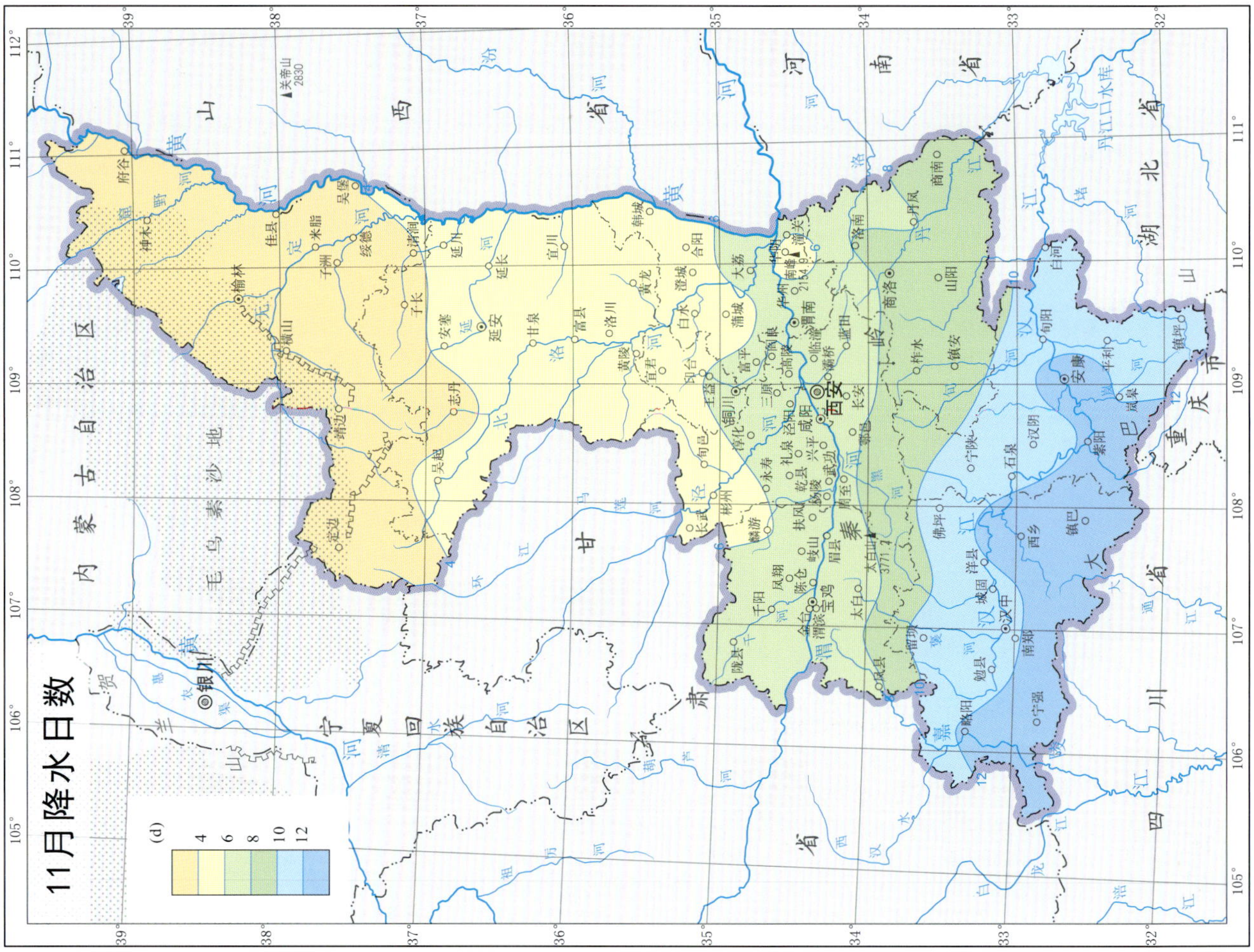

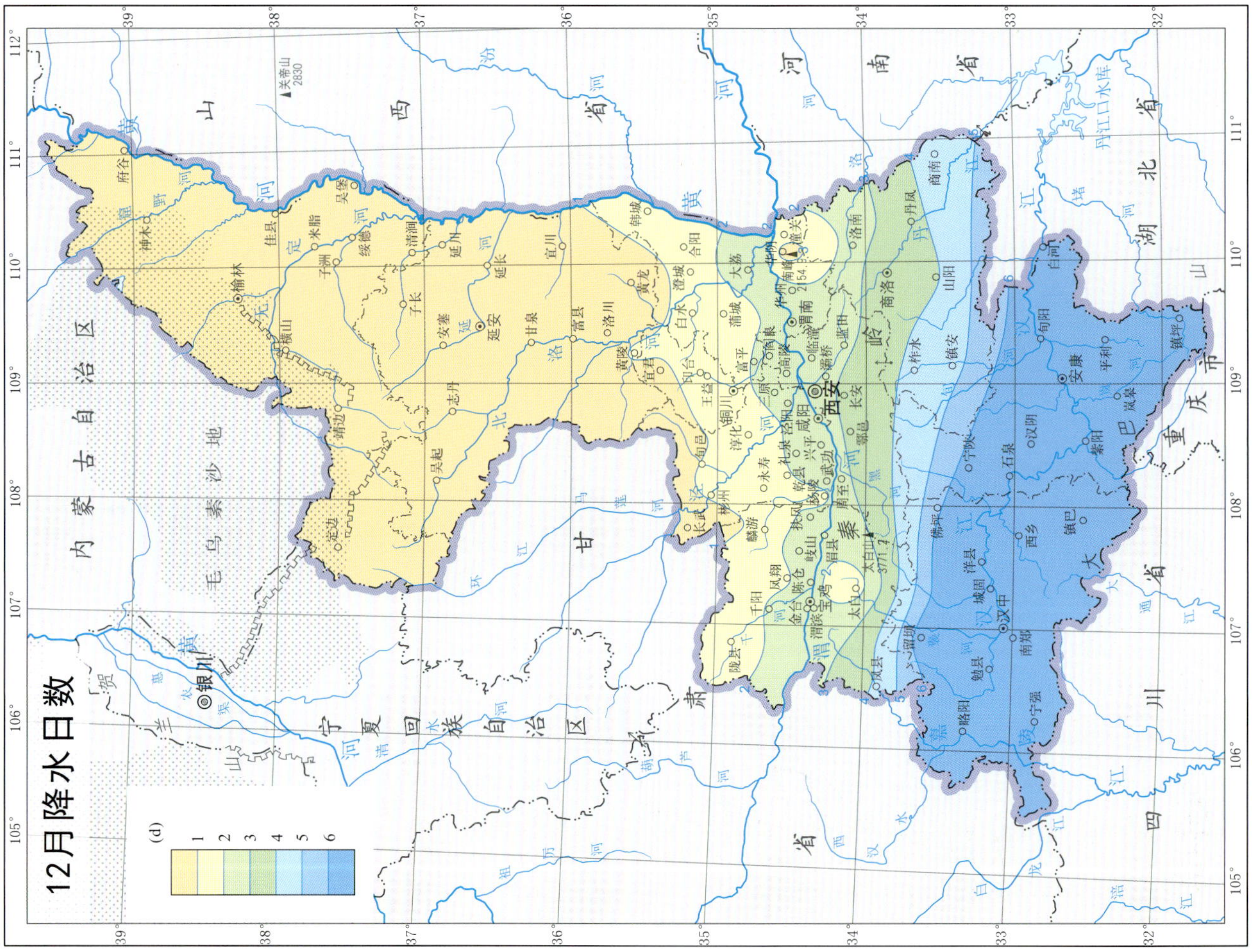

比例尺 1:5 700 000 0 57 114 km

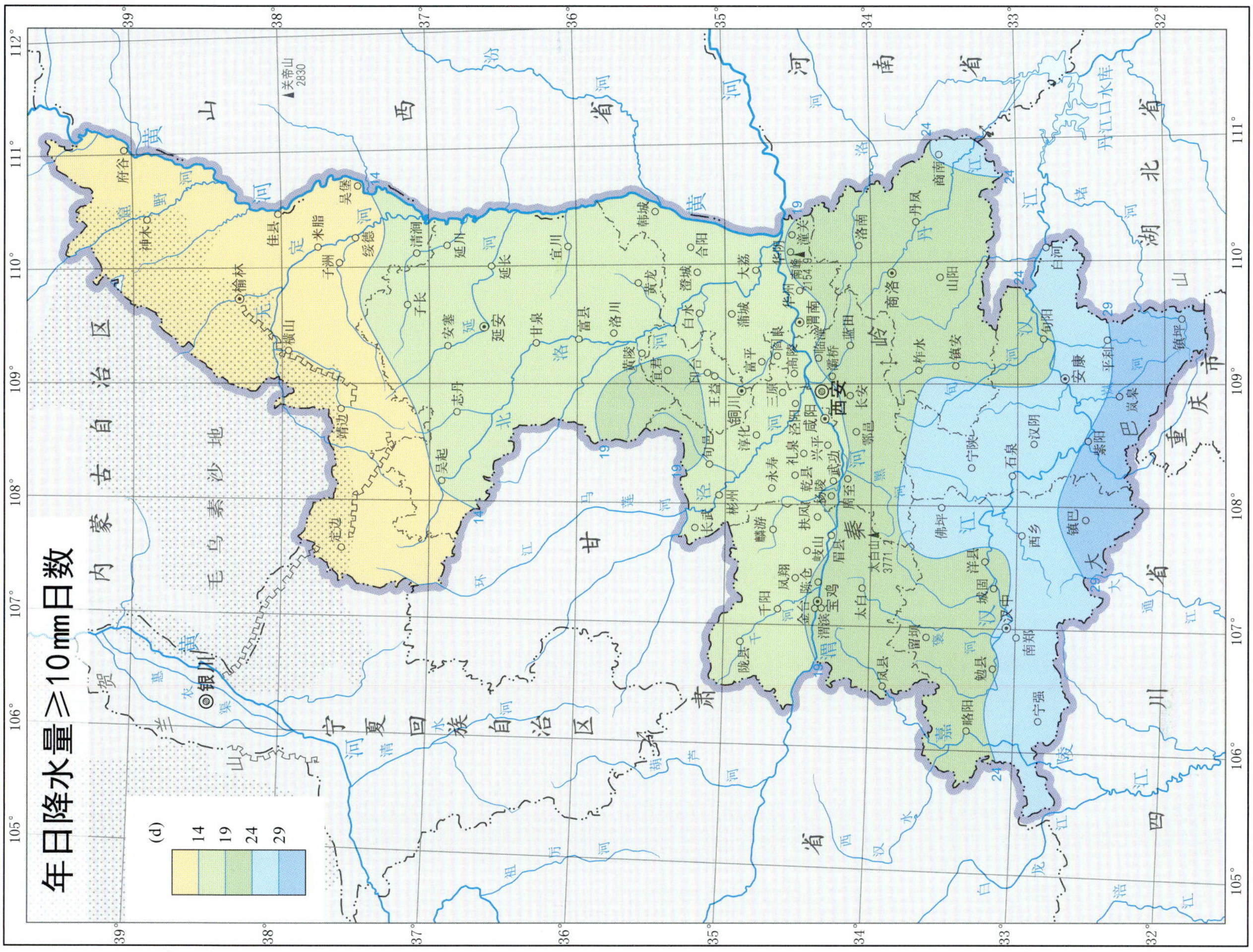

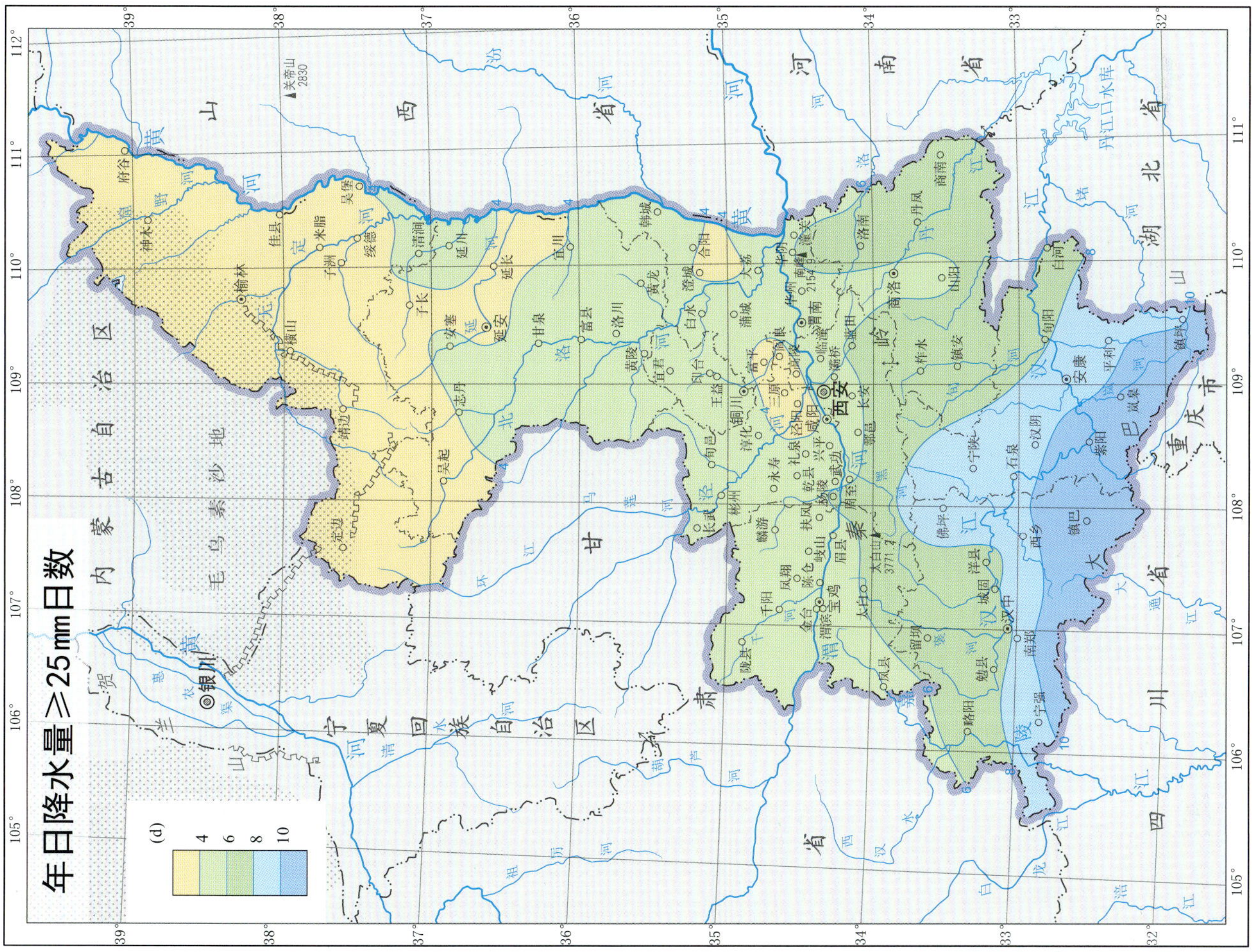

比例尺 1 : 5 700 000
0 57 114 km

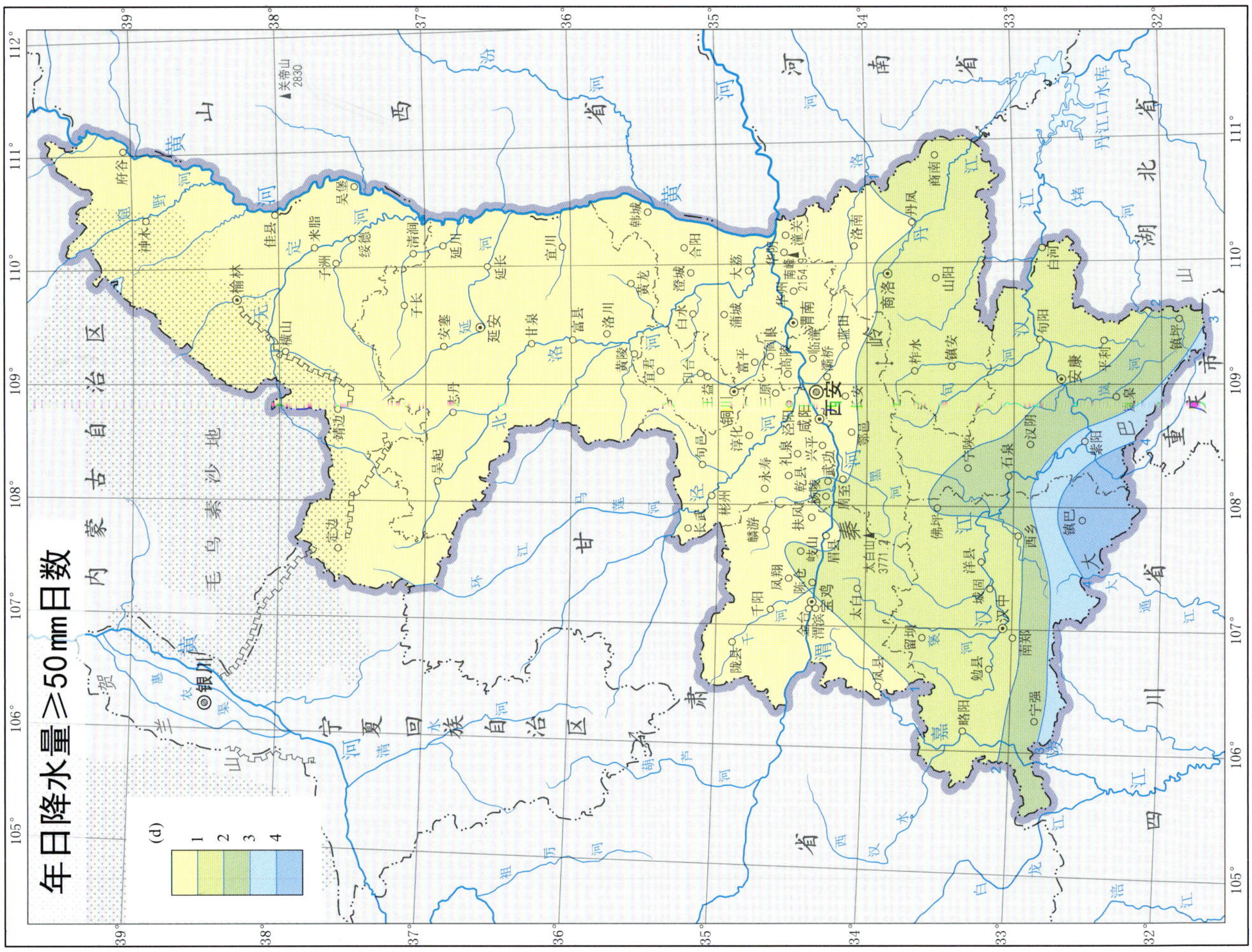

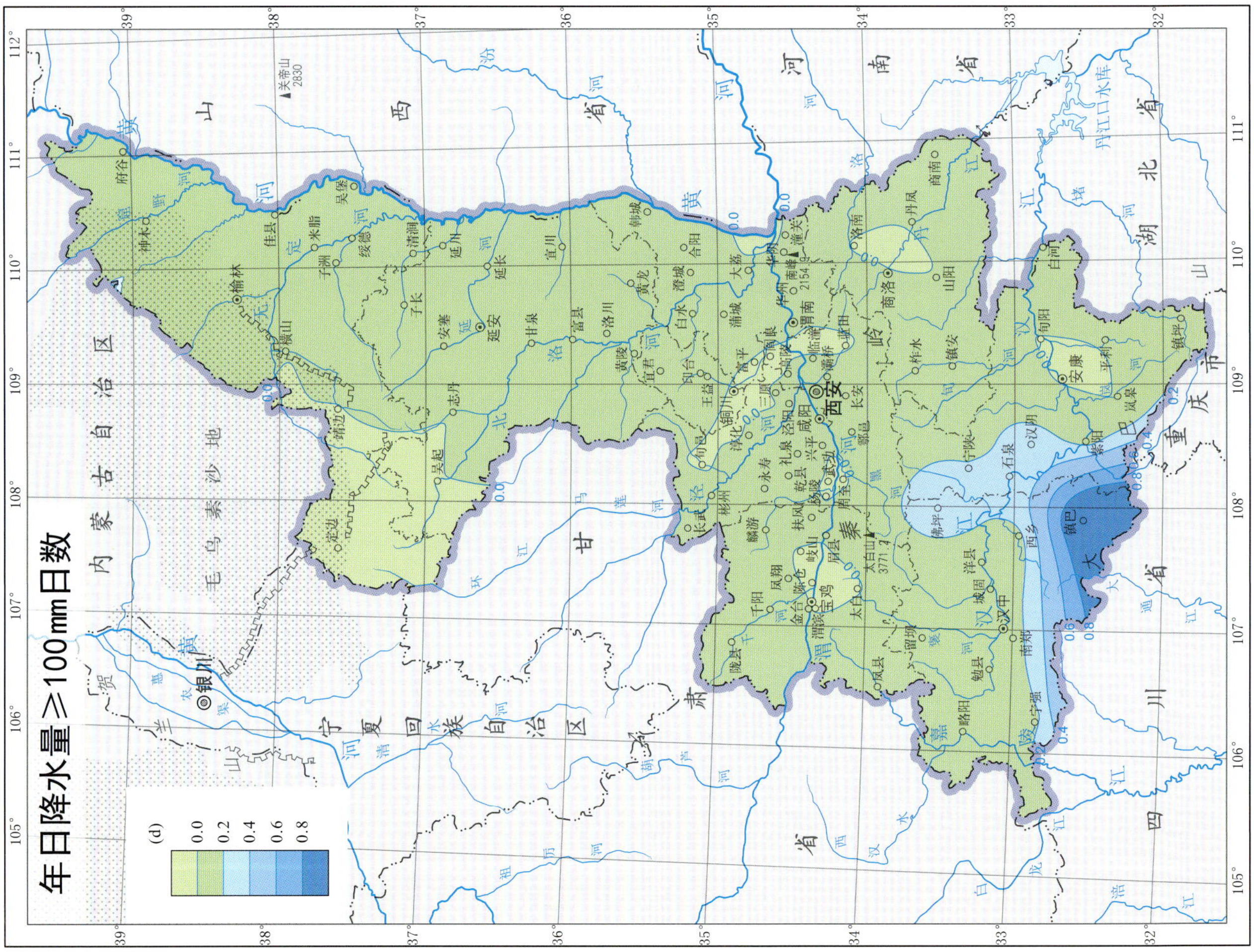

比例尺 1:5 700 000 0 57 114 km

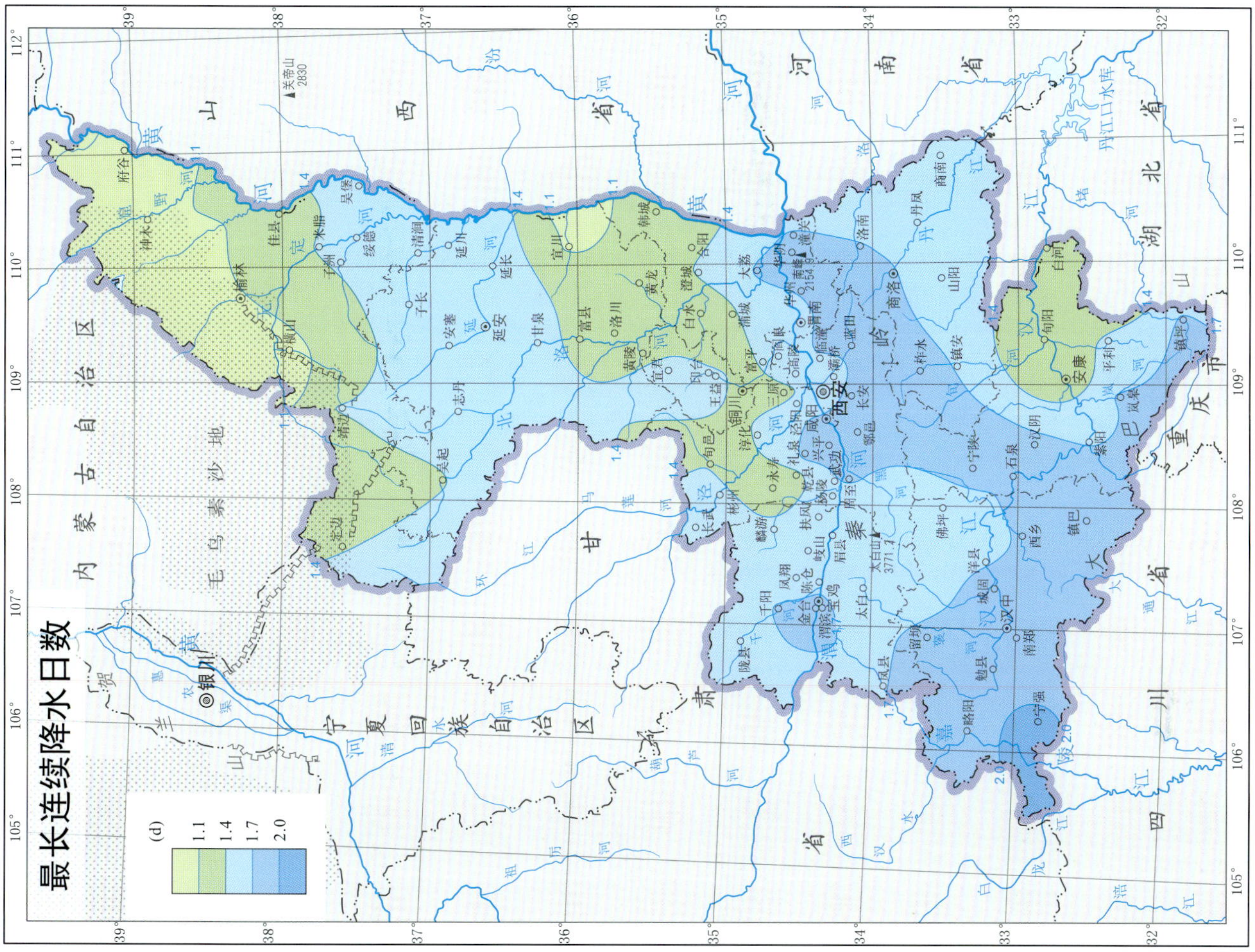
最长连续降水日数
(d)
1.1
1.4
1.7
2.0

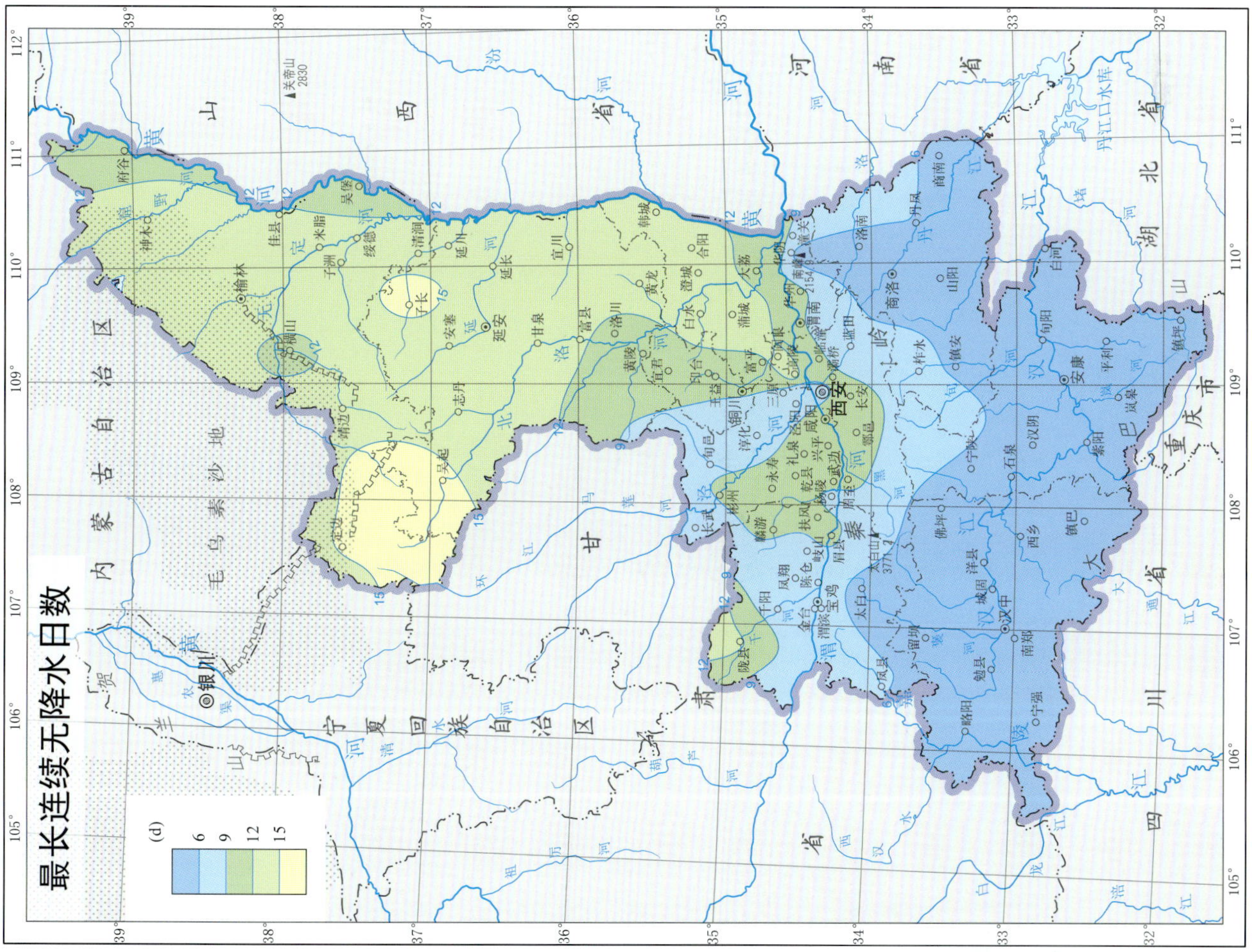
最长连续无降水日数
(d)
6
9
12
15

年平均相对湿度

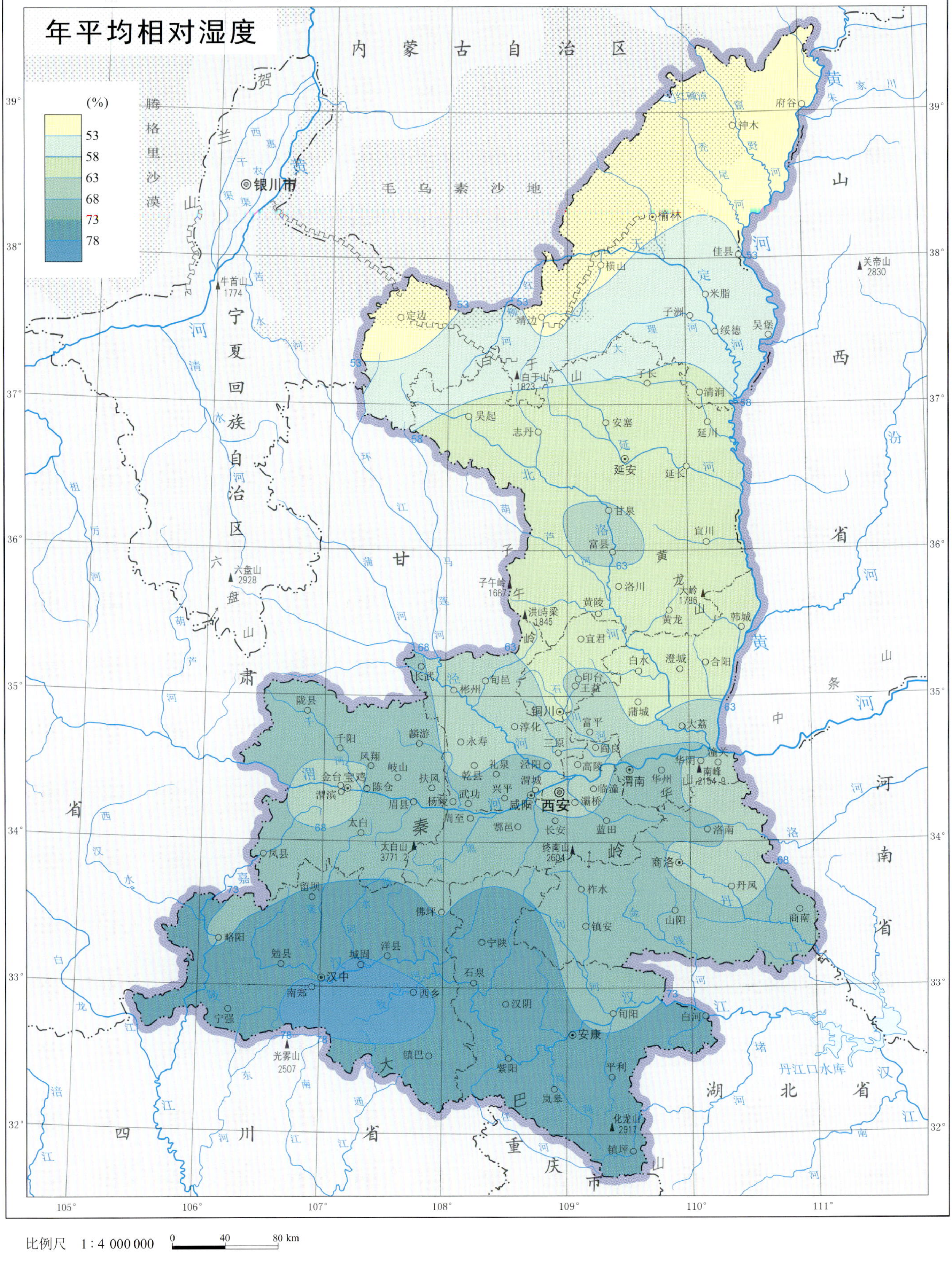

比例尺 1 : 4 000 000　0　40　80 km

极端最小相对湿度

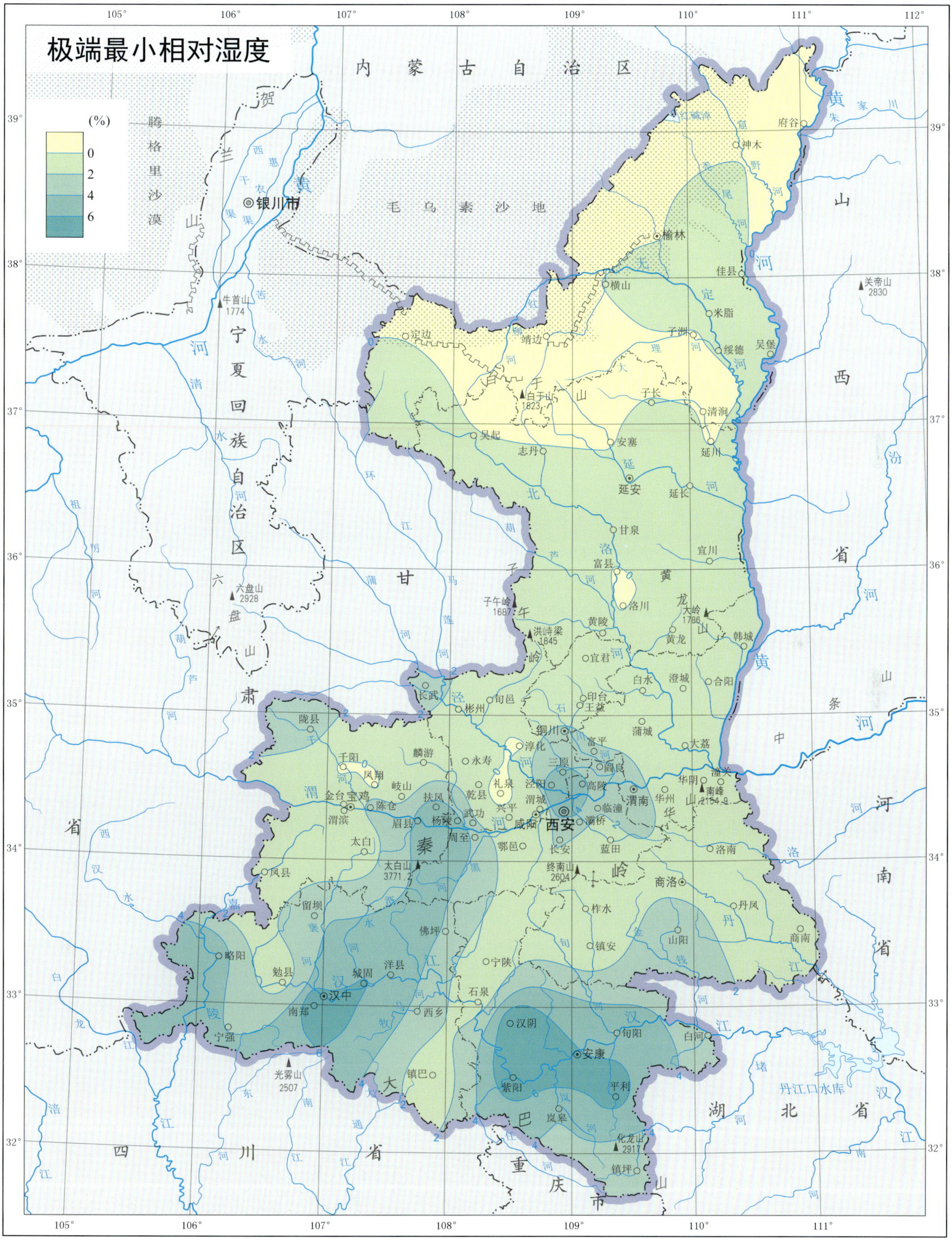

比例尺 1∶4 000 000 0 40 80 km

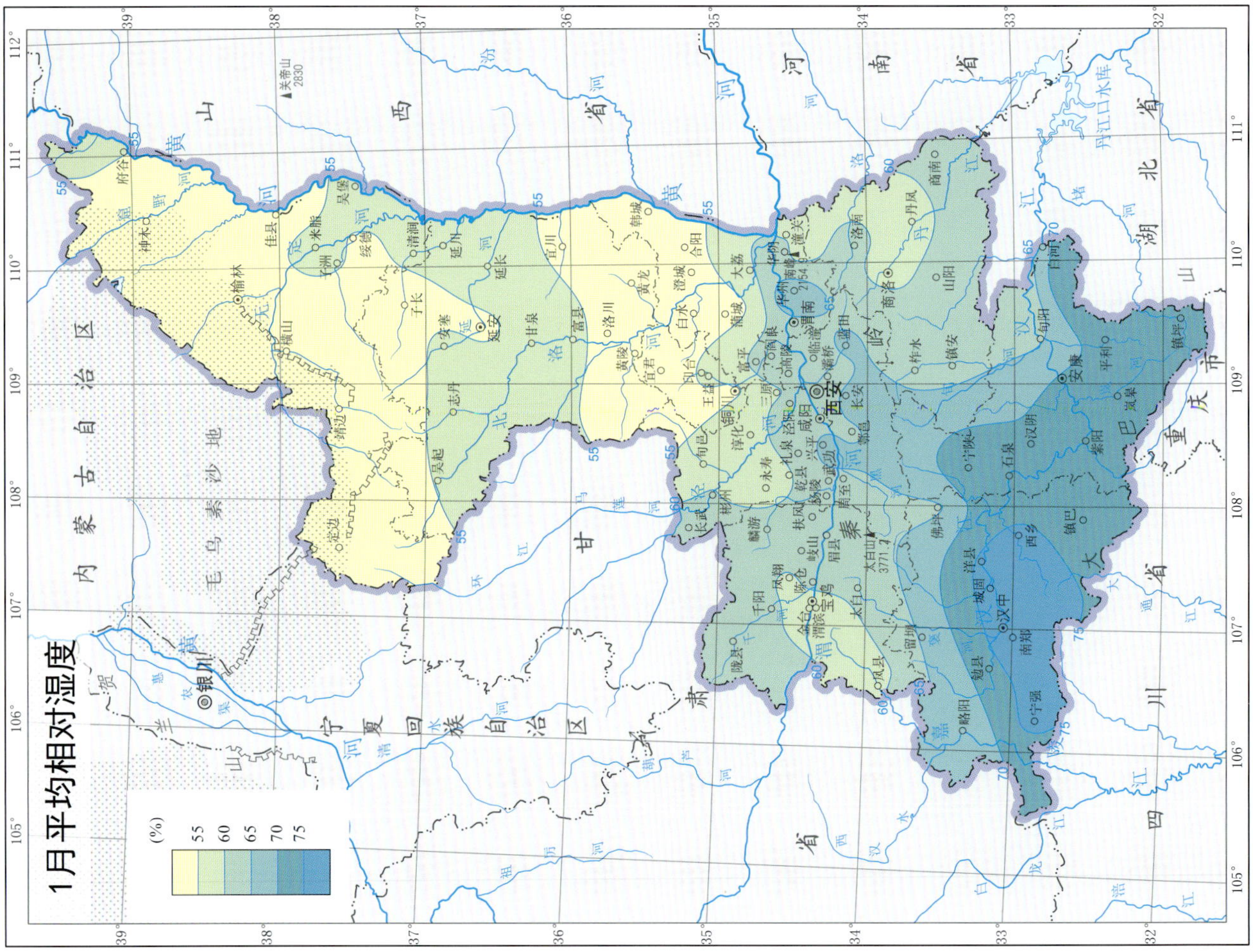

1月平均相对湿度

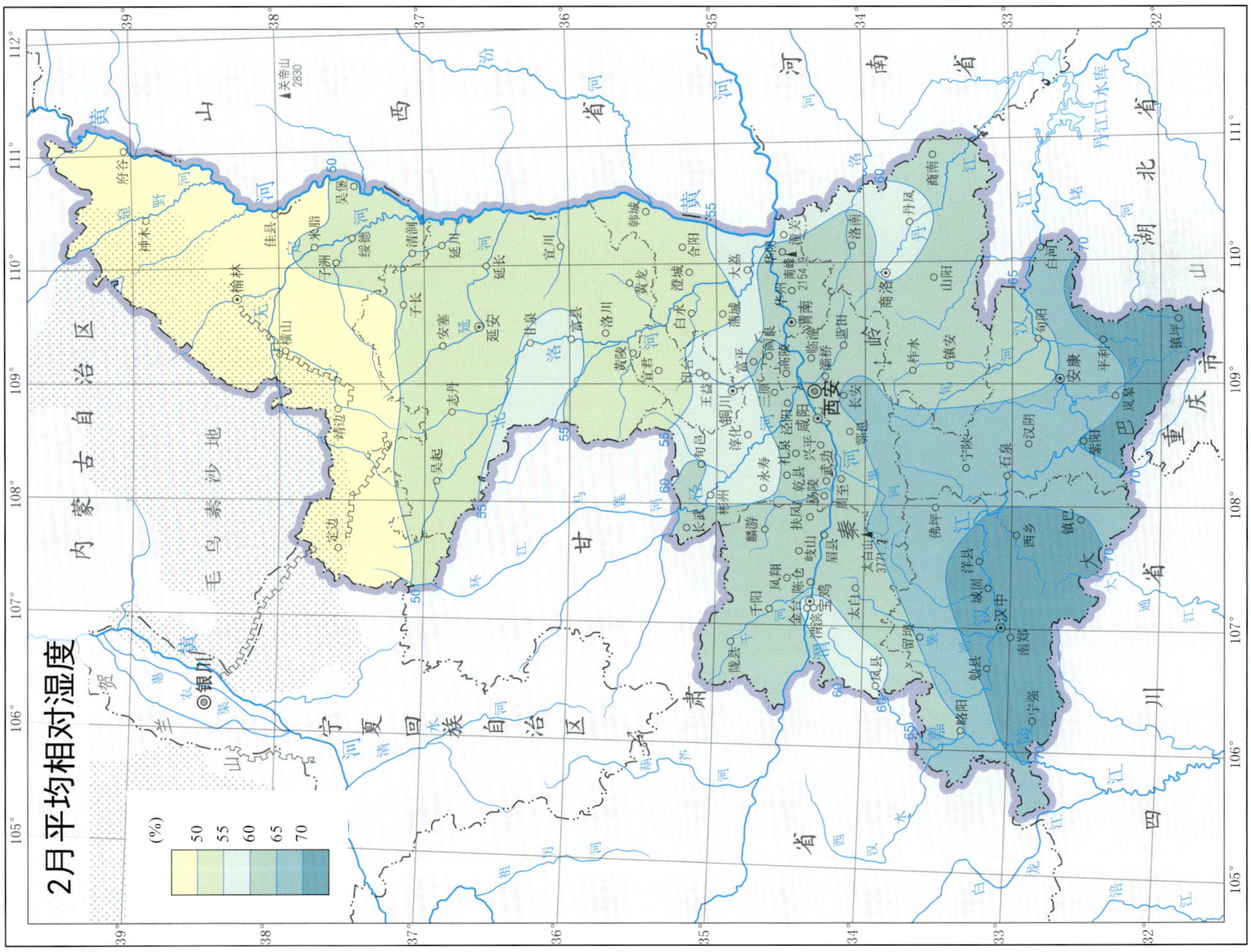

2月平均相对湿度

比例尺 1∶5 700 000 0 57 114 km

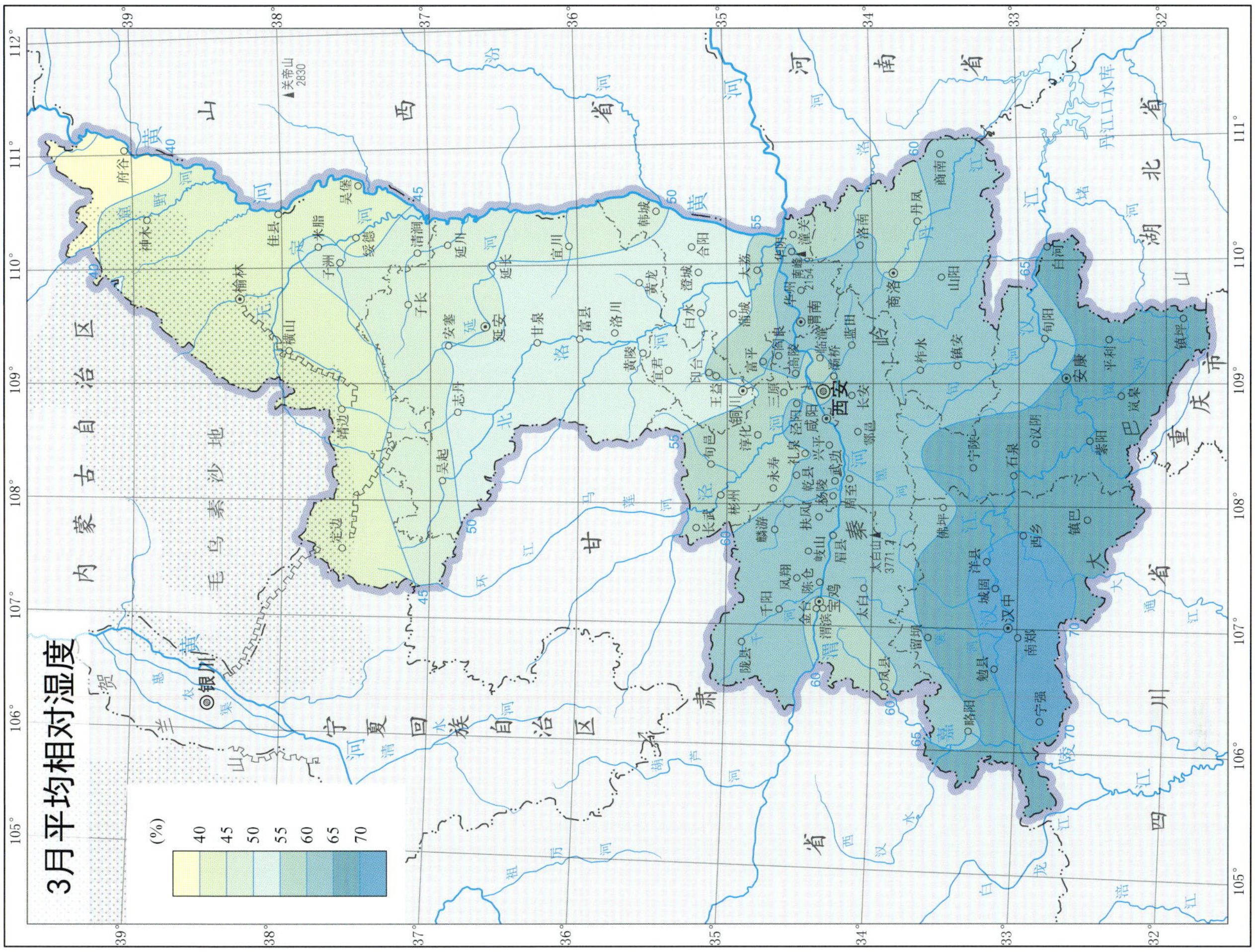
3月平均相对湿度
(%)
40
45
50
55
60
65
70

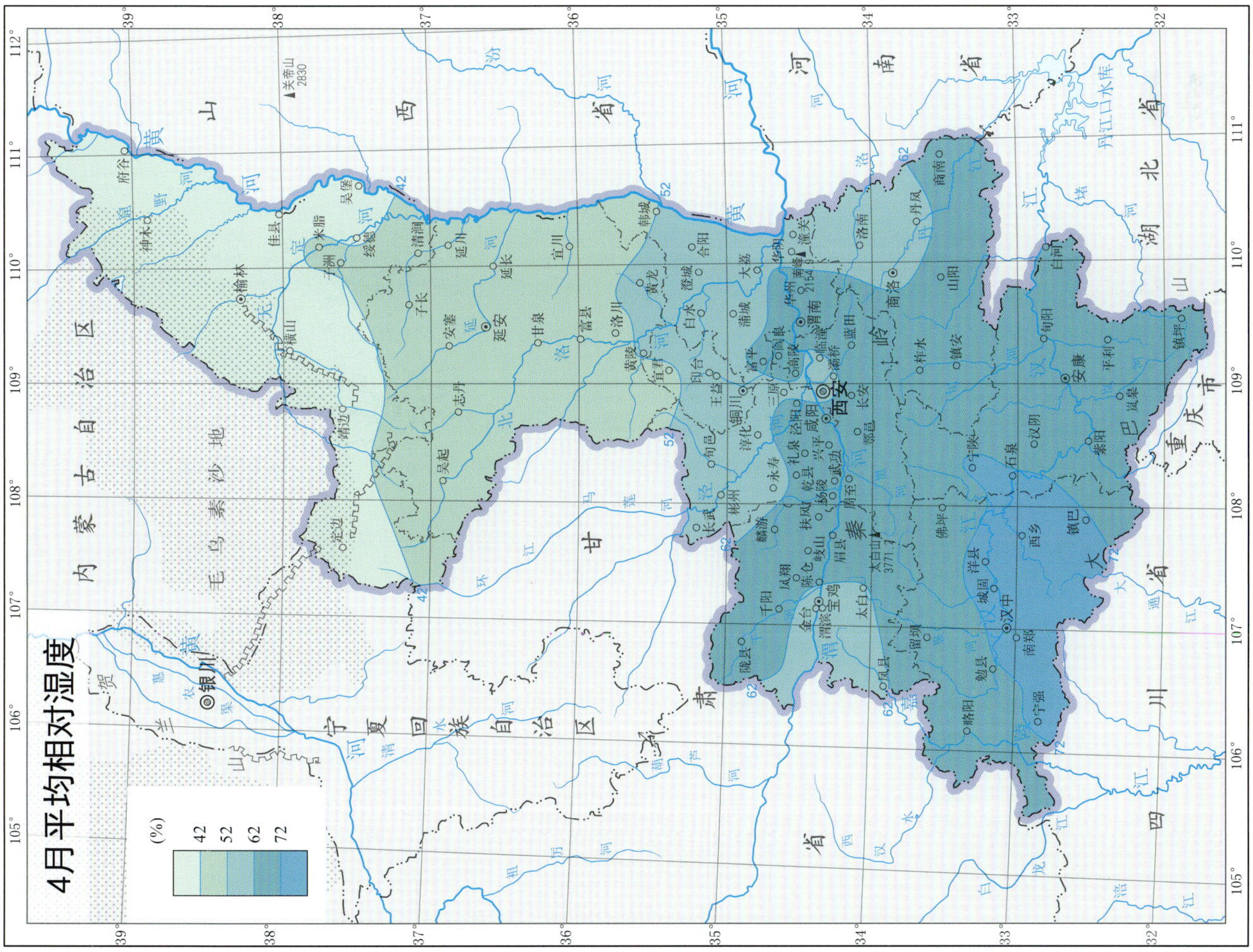
4月平均相对湿度
(%)
42
52
62
72

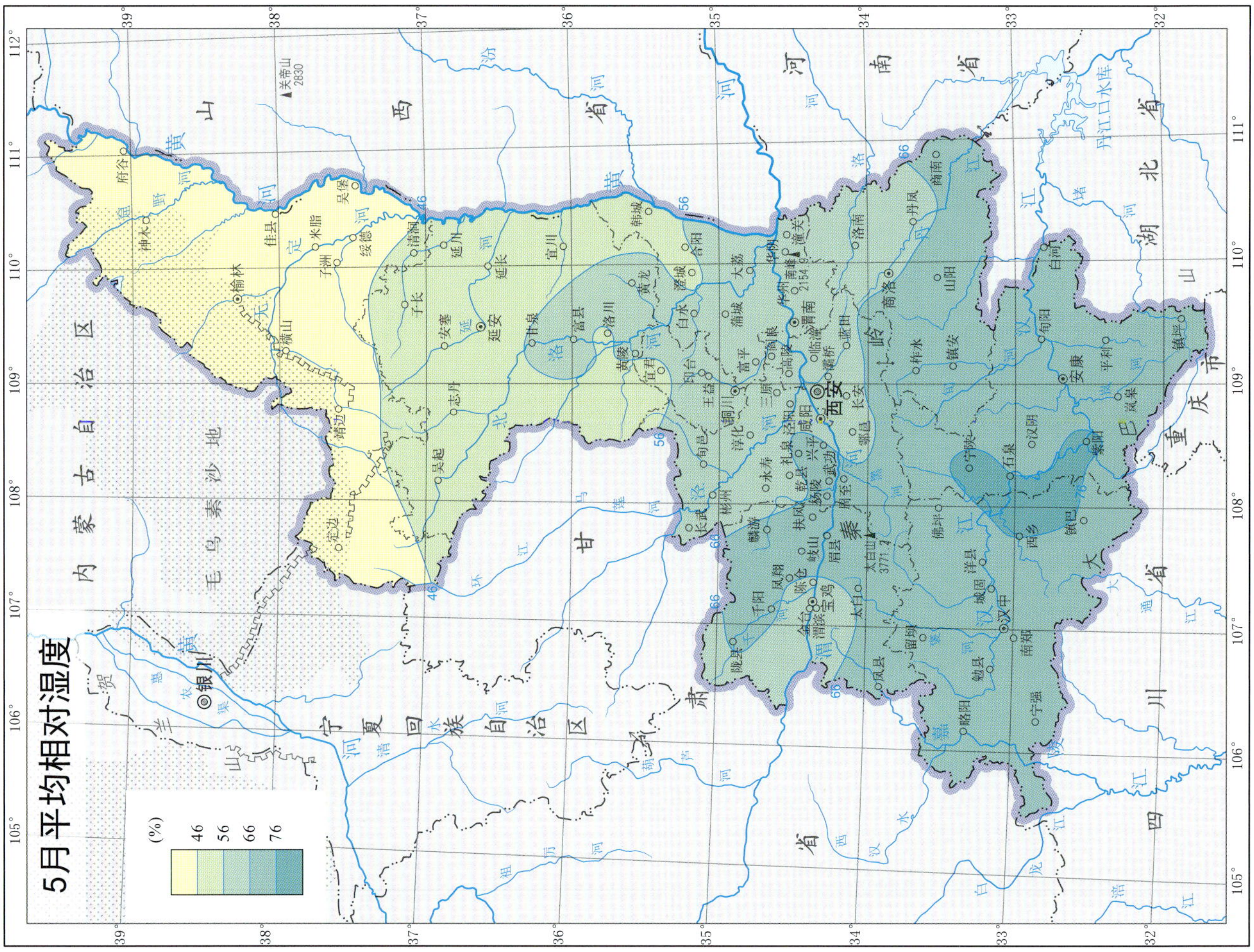

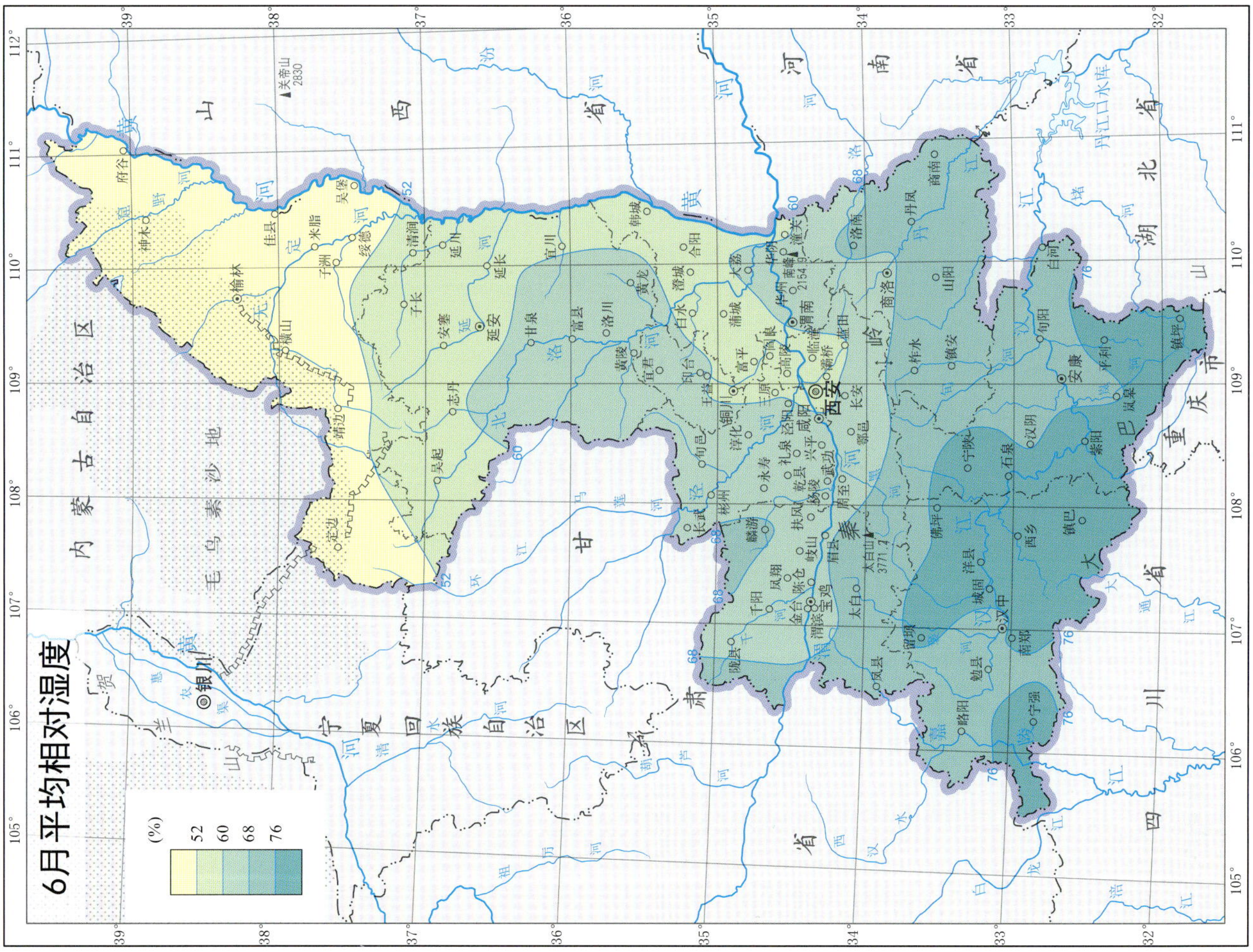

比例尺 1:5 700 000

0 57 114 km

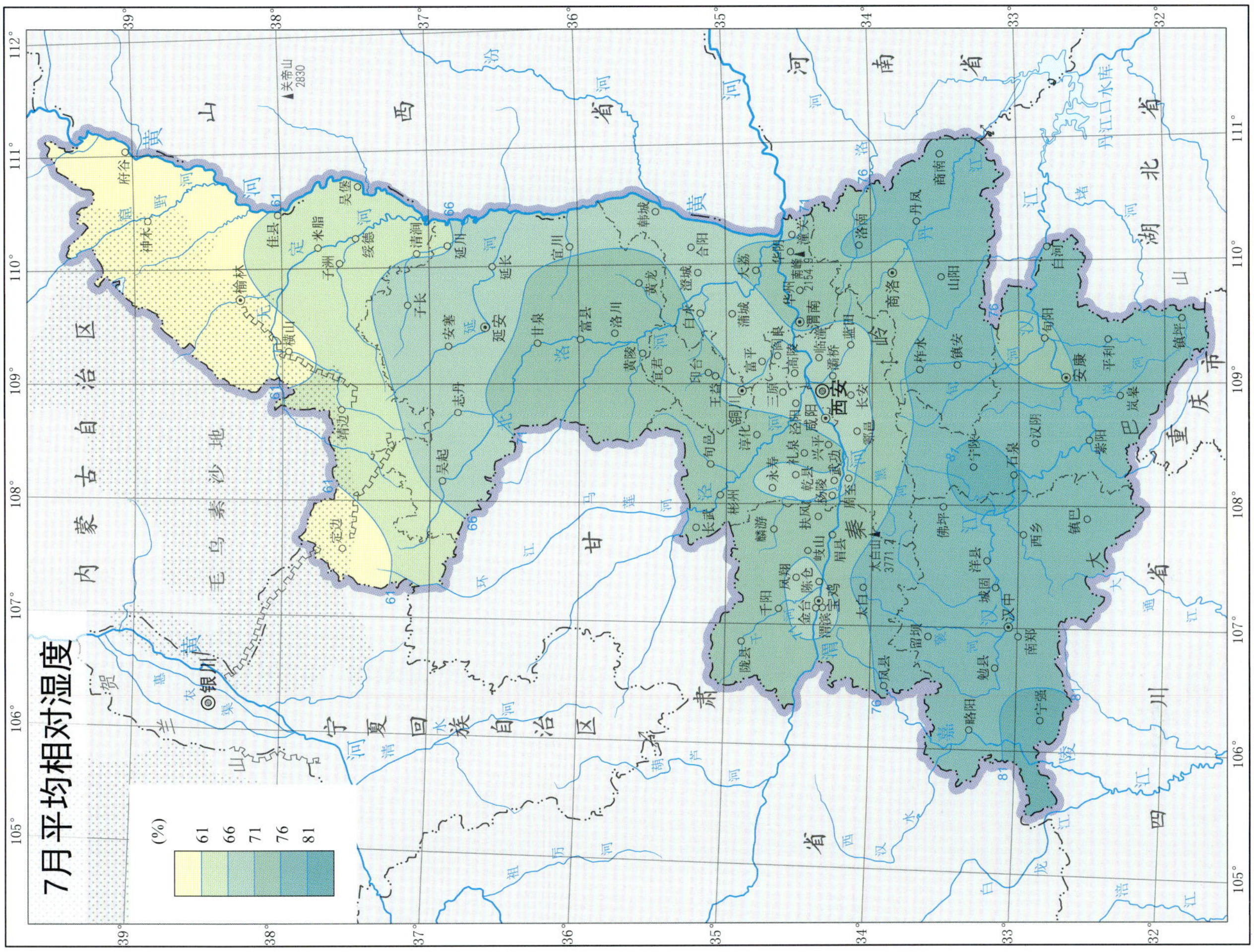
7月平均相对湿度
(%)
61
66
71
76
81
西安
榆林
延安
宝鸡
汉中
安康
商洛
银川
内蒙古自治区
山西省
河南省
湖北省
重庆市
四川省
甘肃省
宁夏回族自治区
毛乌素沙地
太白山 3771.2
关帝山 2830
丹江口水库

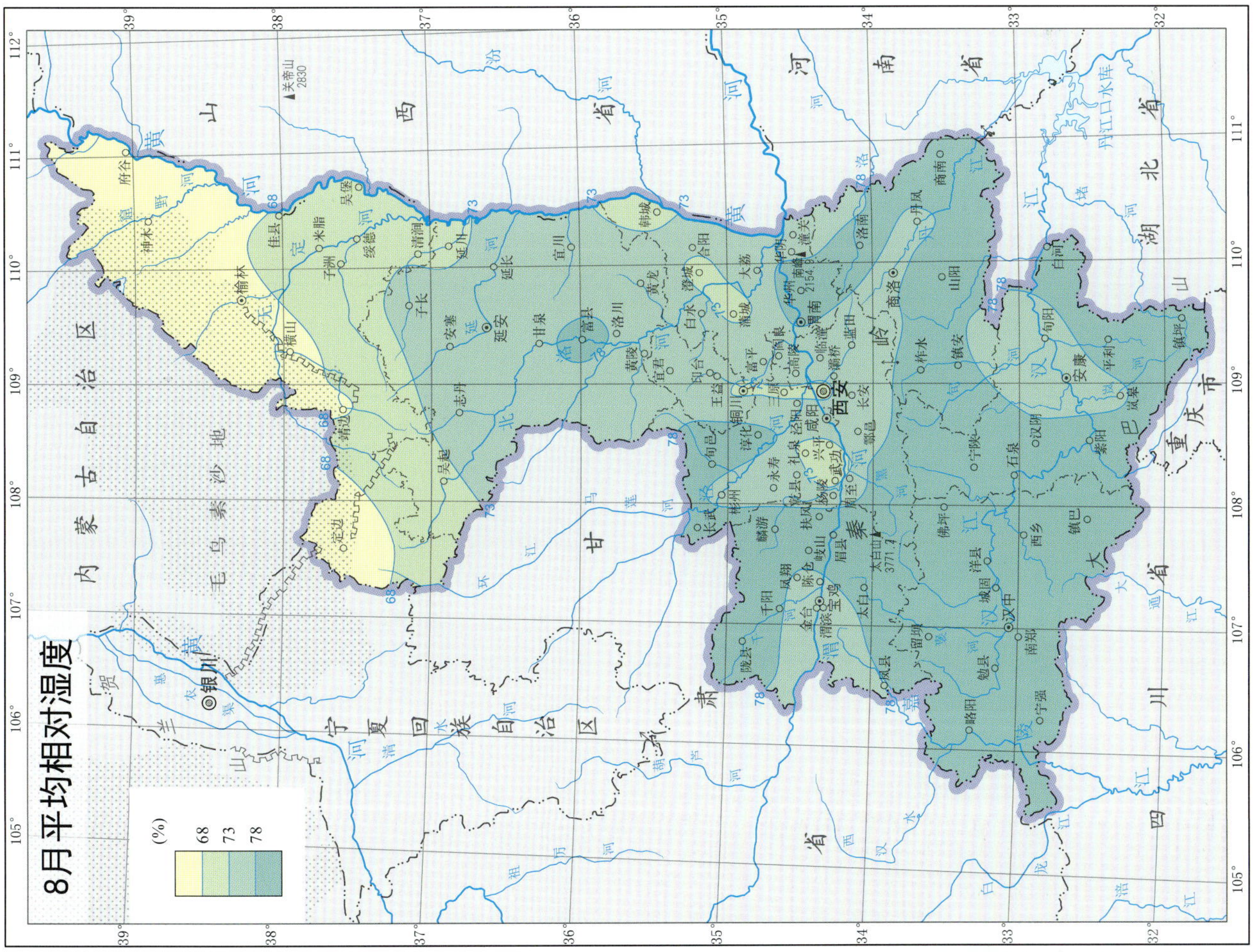
8月平均相对湿度
(%)
68
73
78
西安
榆林
延安
宝鸡
汉中
安康
商洛
银川
内蒙古自治区
山西省
河南省
湖北省
重庆市
四川省
甘肃省
宁夏回族自治区
毛乌素沙地
太白山 3771.2
关帝山 2830
丹江口水库

9月平均相对湿度

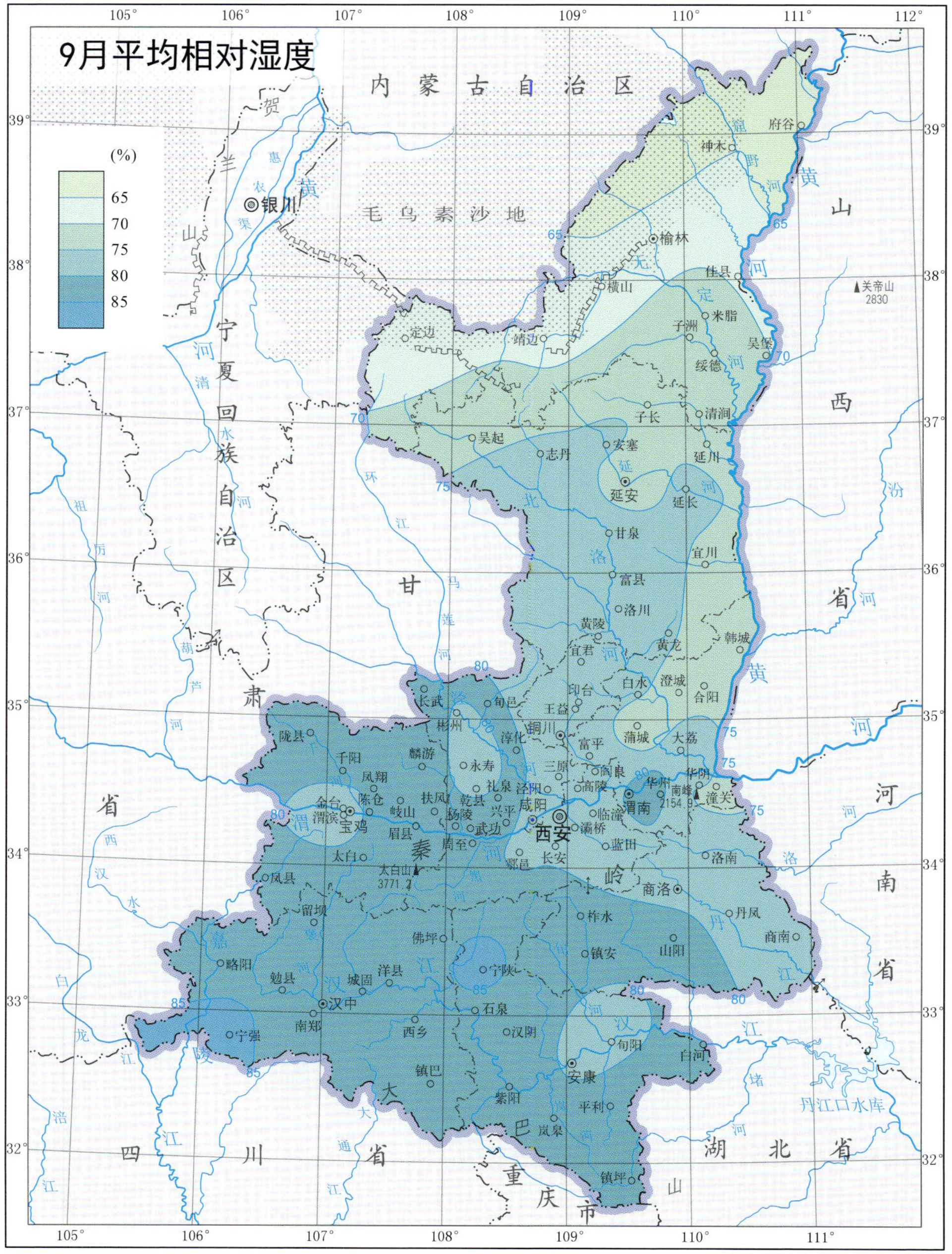

10月平均相对湿度

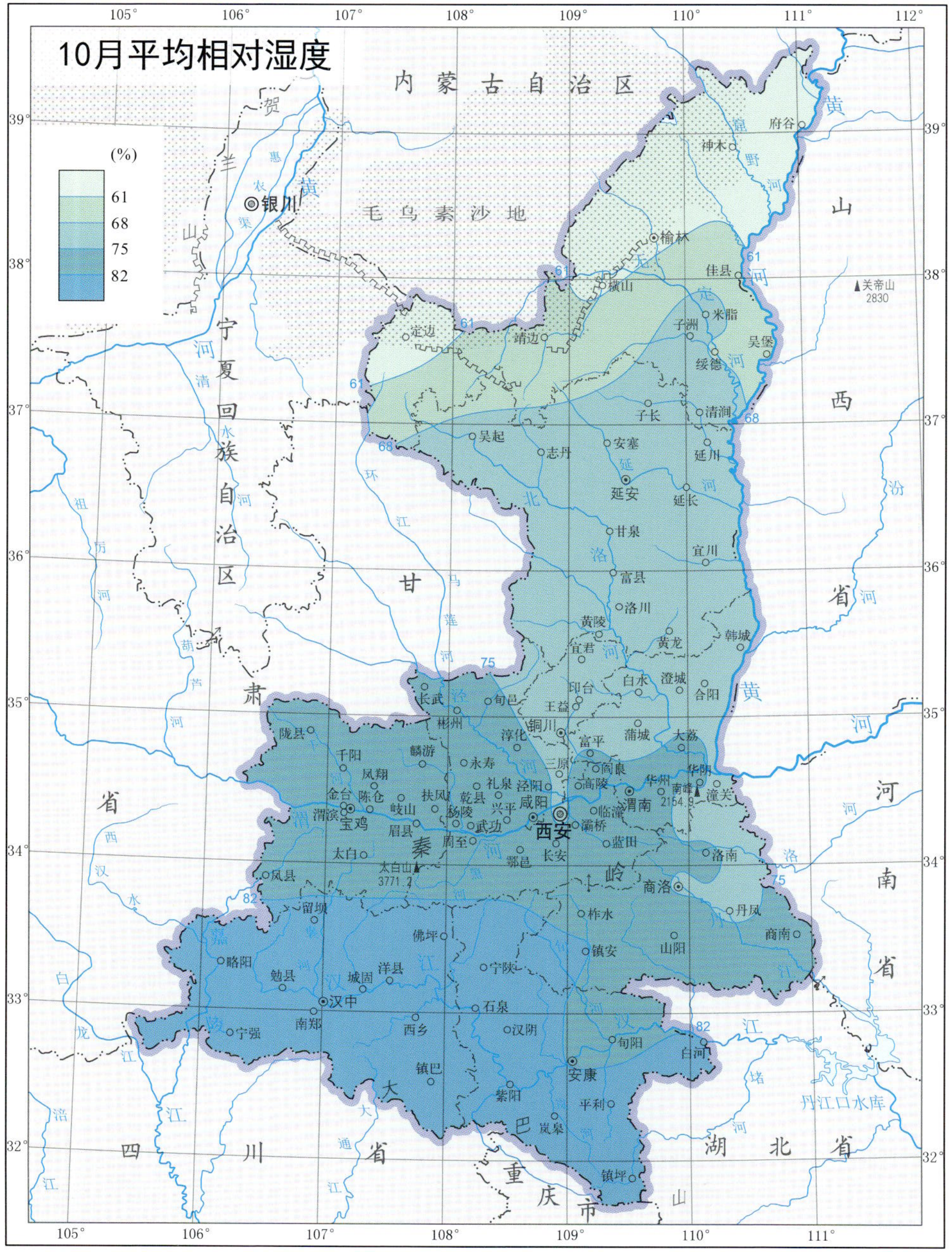

比例尺 1:5 700 000 0 57 114 km

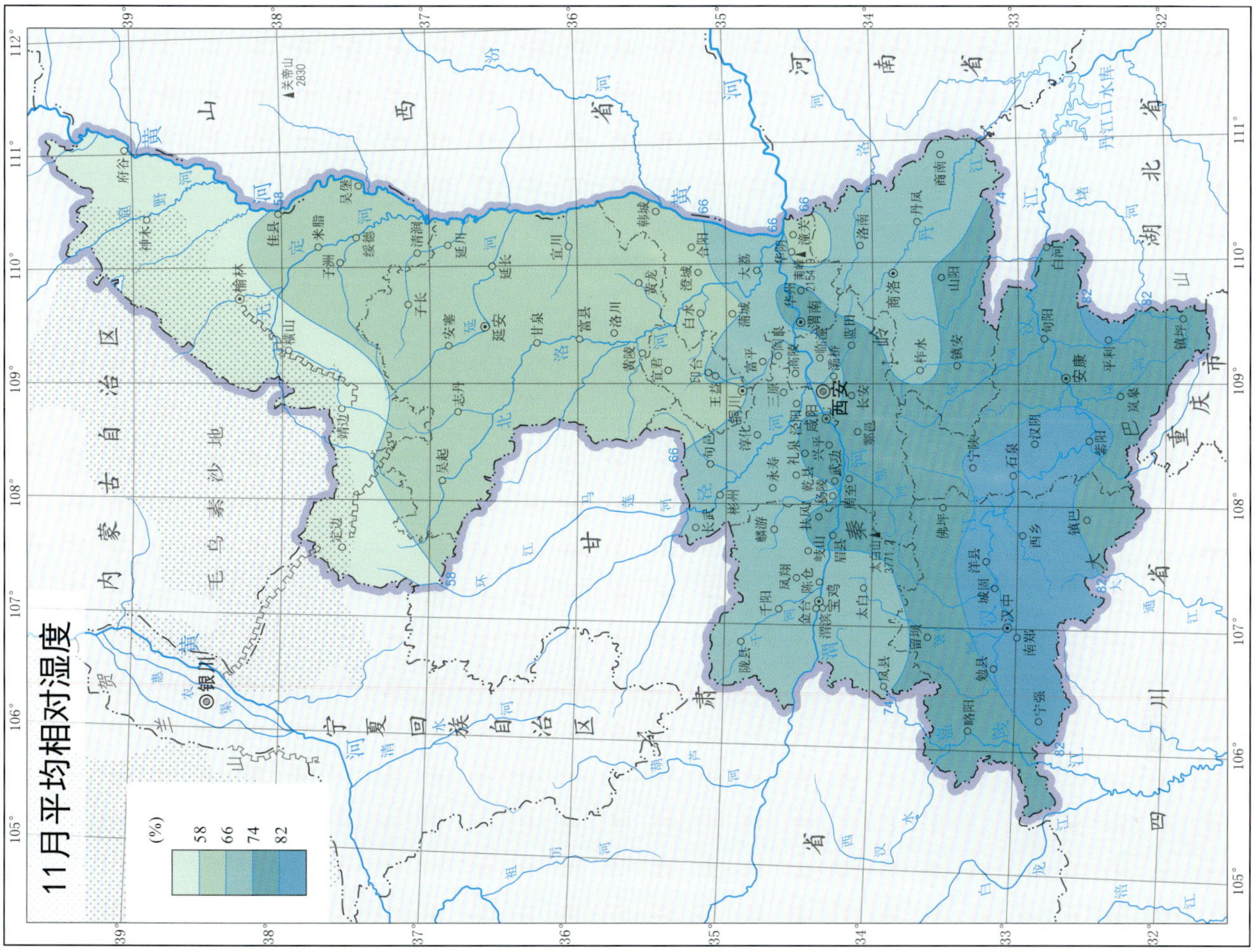

11月平均相对湿度

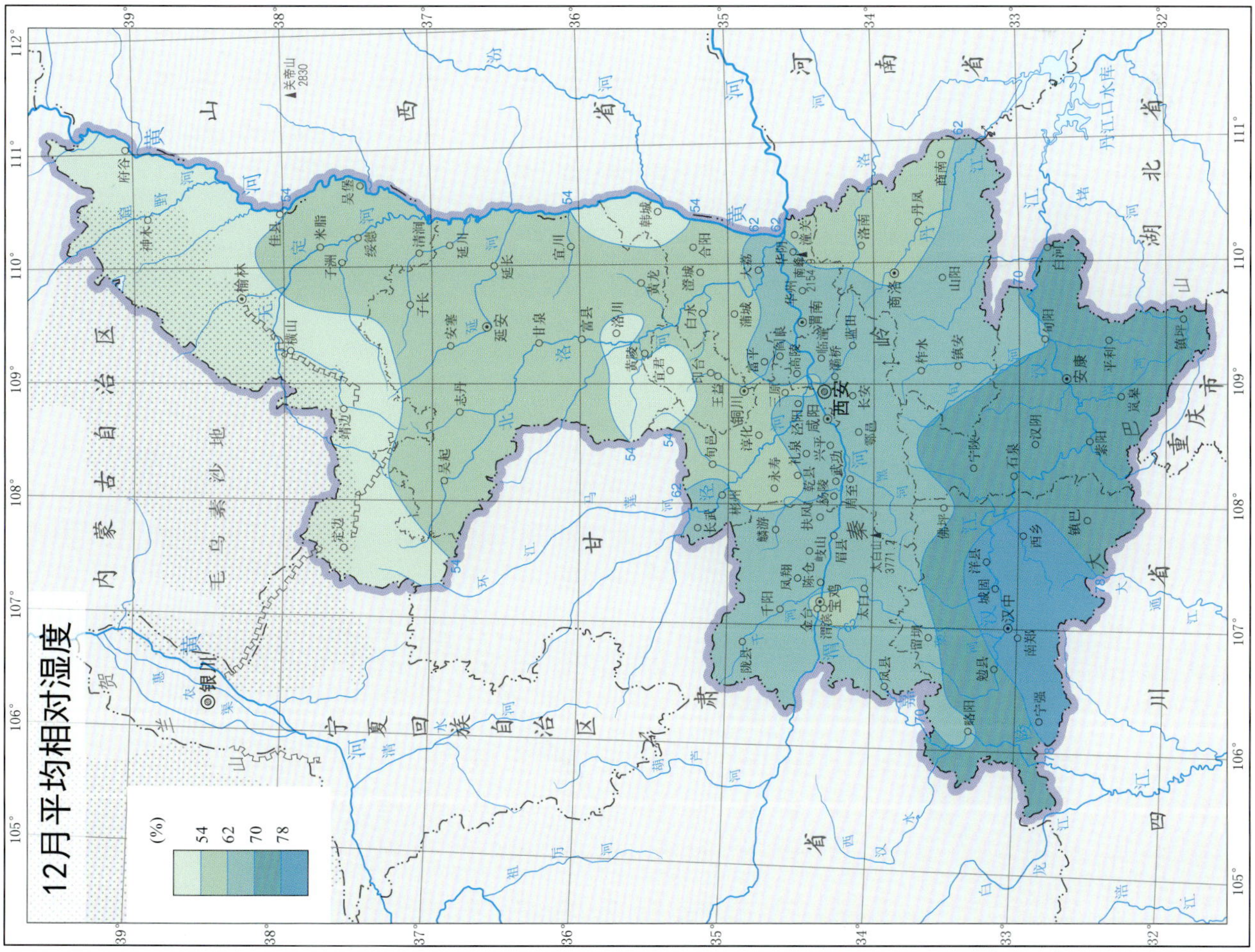

12月平均相对湿度

比例尺 1:5 700 000 0 57 114 km

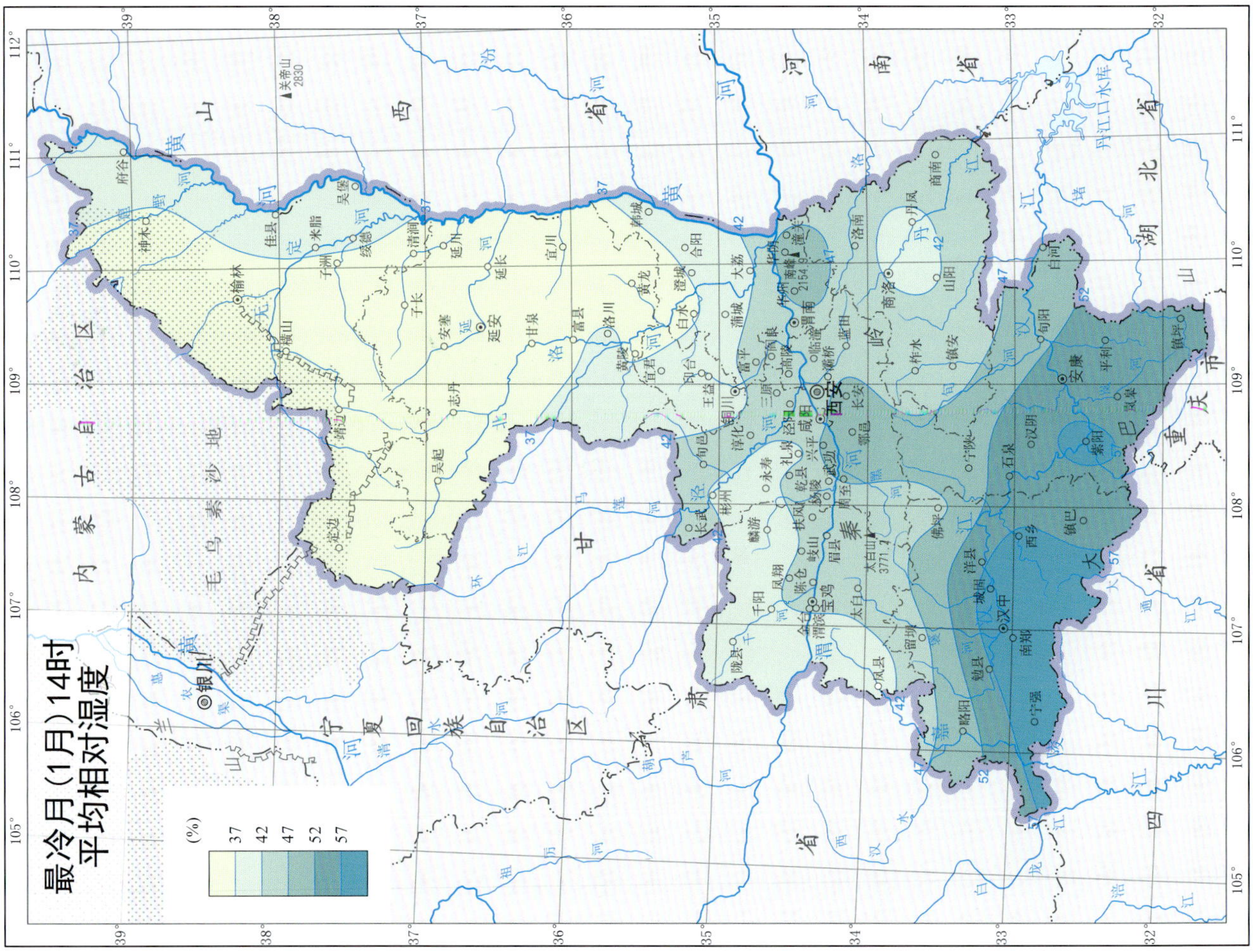

最冷月(1月)14时平均相对湿度

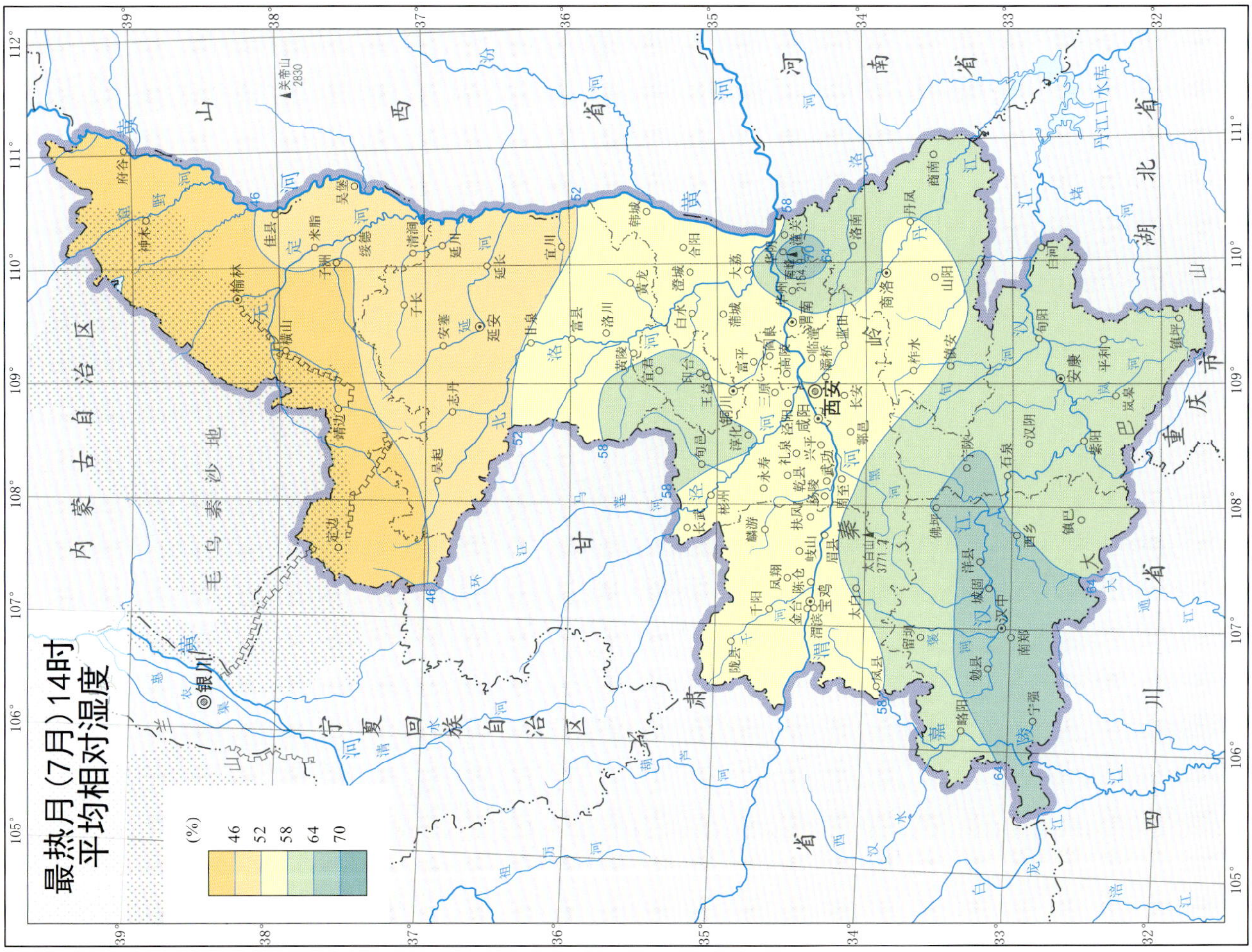

最热月(7月)14时平均相对湿度

比例尺 1:5 700 000　0　57　114 km

年平均水汽压

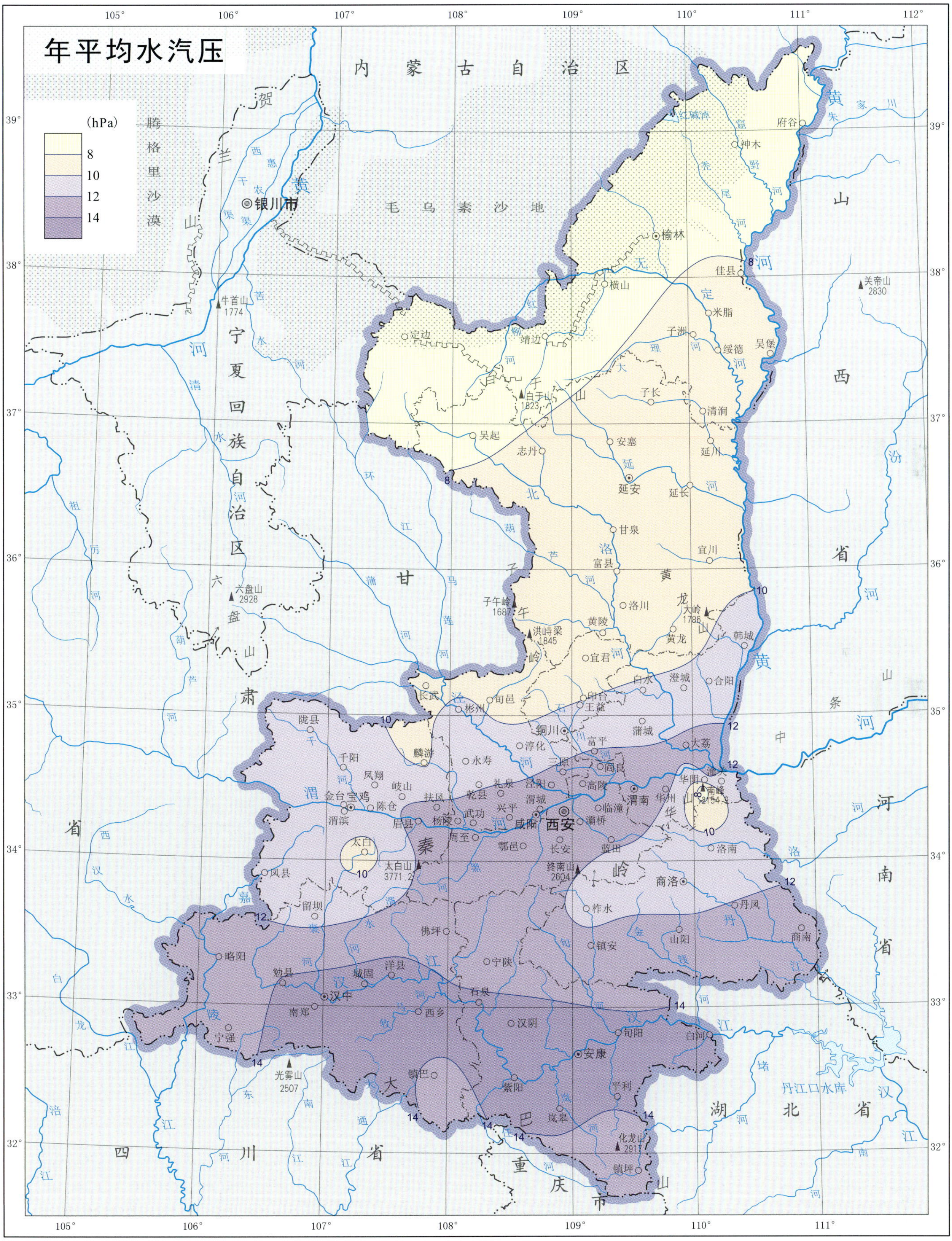

比例尺 1:4 000 000 0 40 80 km

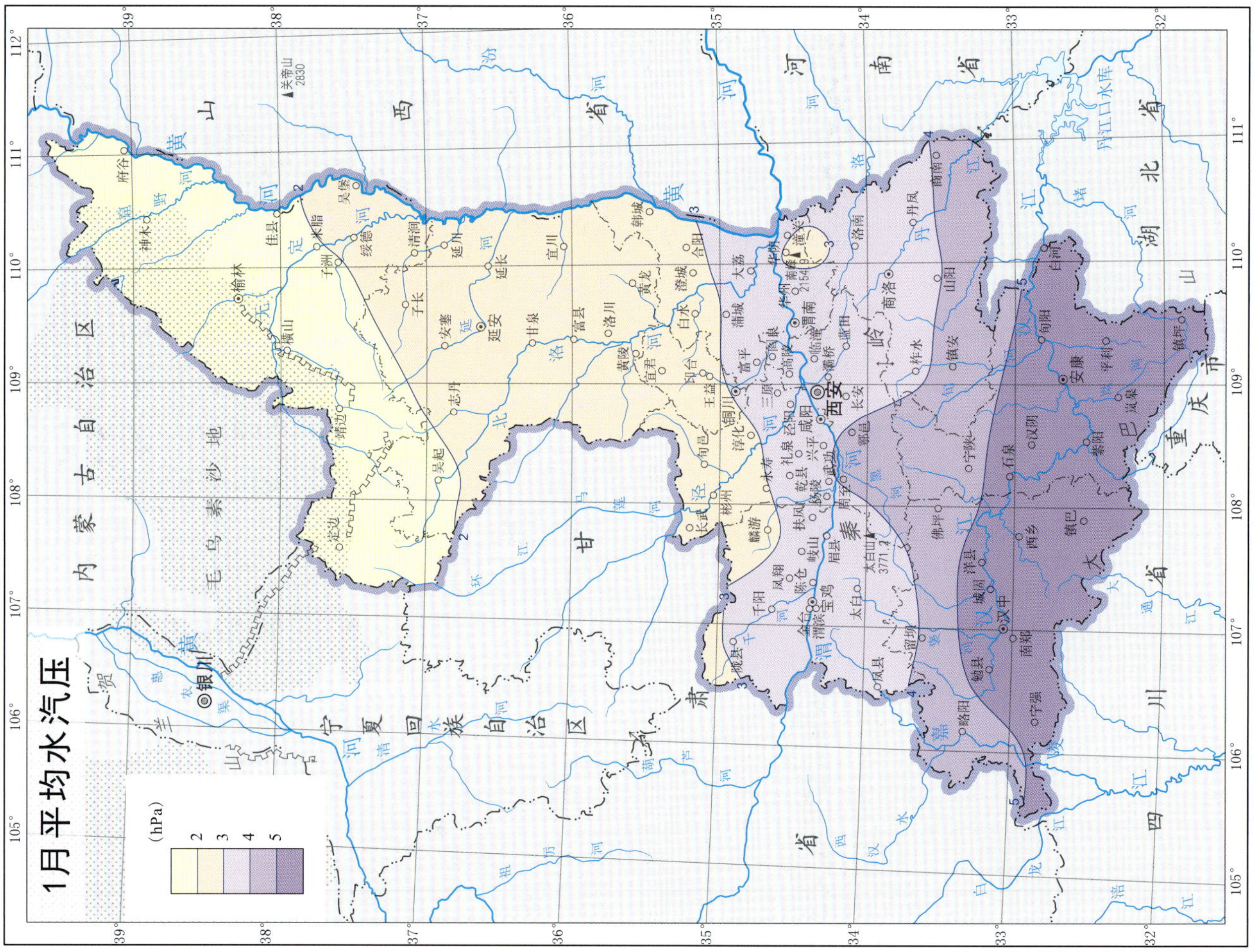

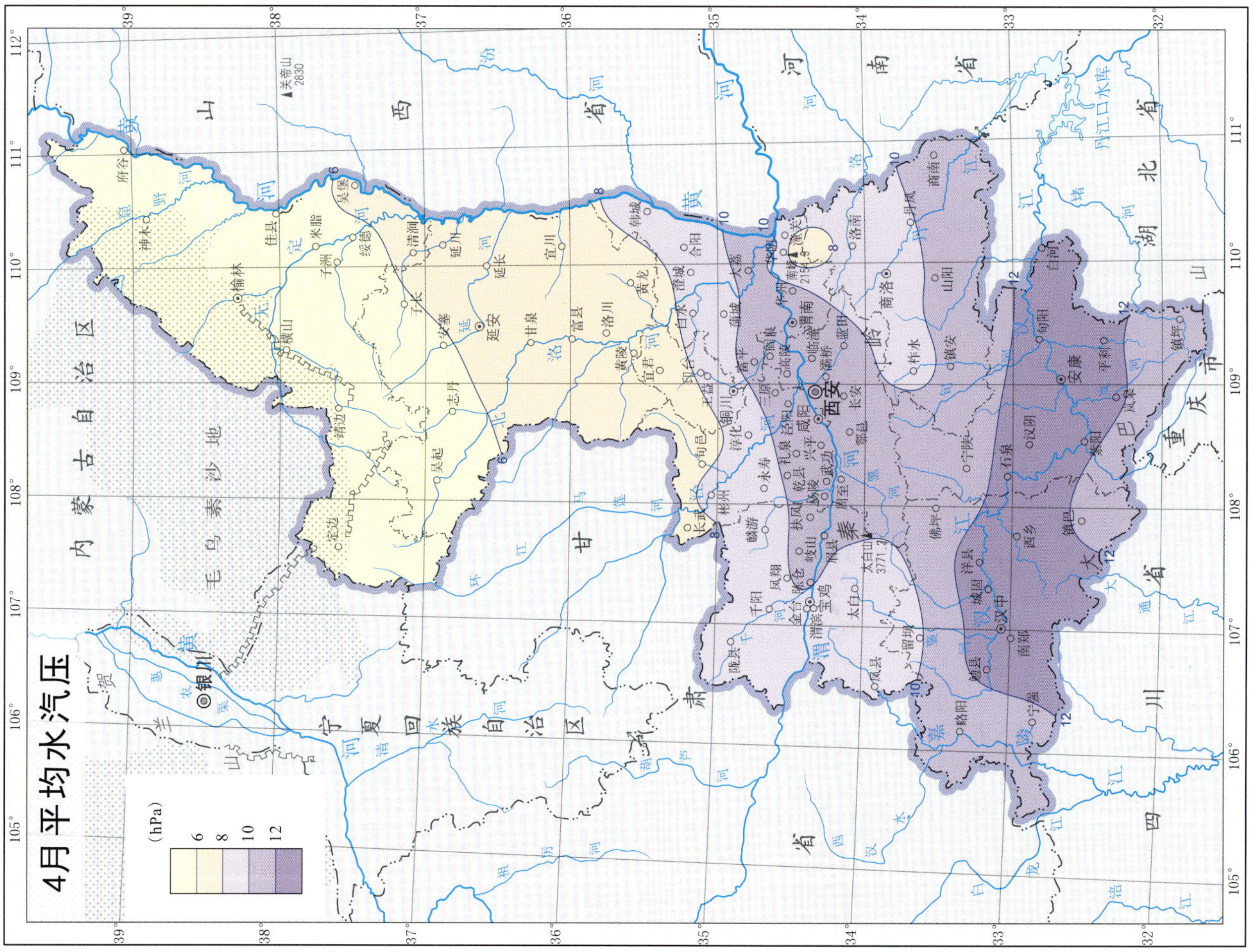

比例尺 1：5 700 000 0 57 114 km

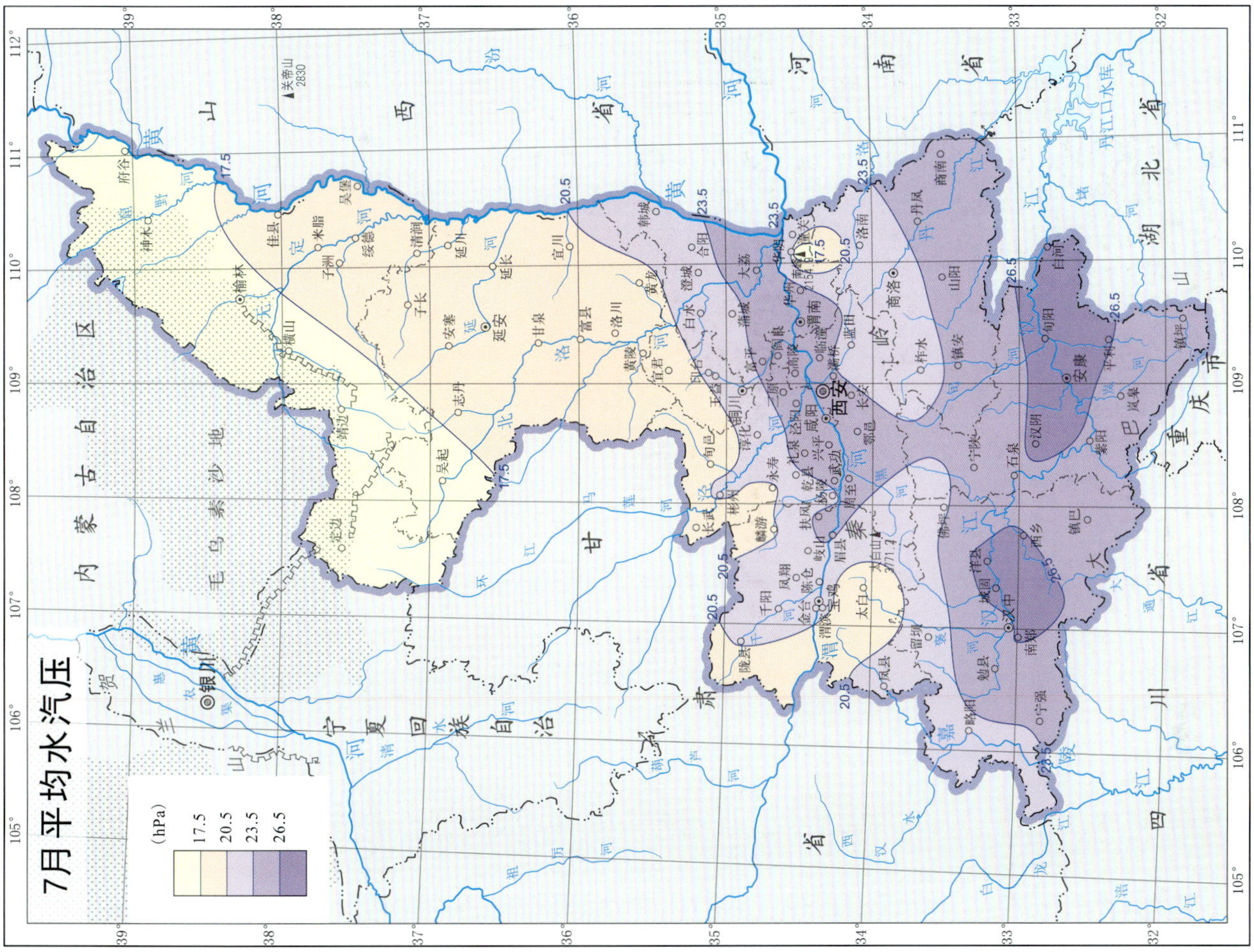
7月平均水汽压
(hPa)
17.5
20.5
23.5
26.5
内蒙古自治区
山西省
河南省
湖北省
重庆市
四川省
甘肃省
宁夏回族自治区
西安
银川
秦岭
大巴山
毛乌素沙地

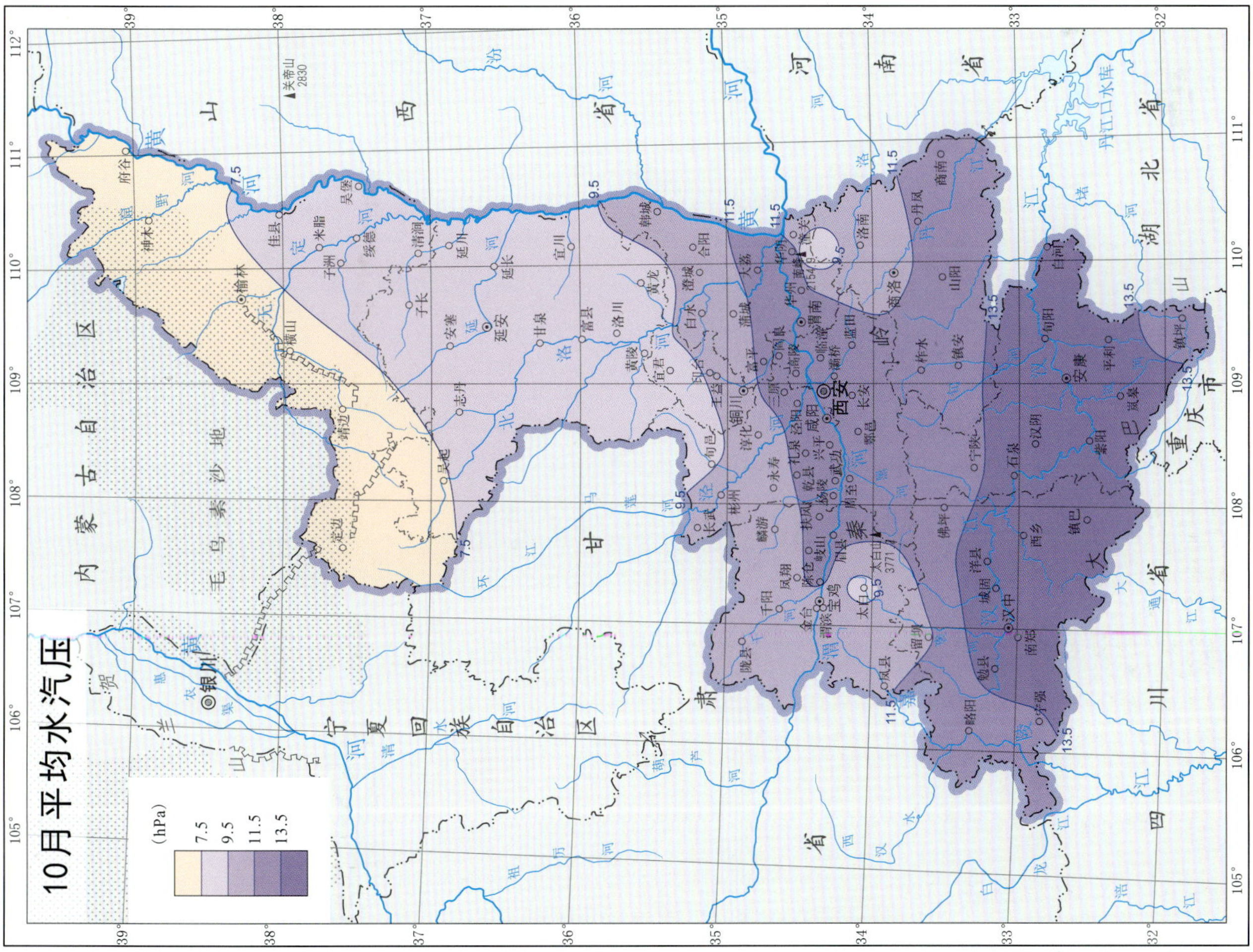
10月平均水汽压
(hPa)
7.5
9.5
11.5
13.5
内蒙古自治区
山西省
河南省
湖北省
重庆市
四川省
甘肃省
宁夏回族自治区
西安
银川
秦岭
大巴山
毛乌素沙地

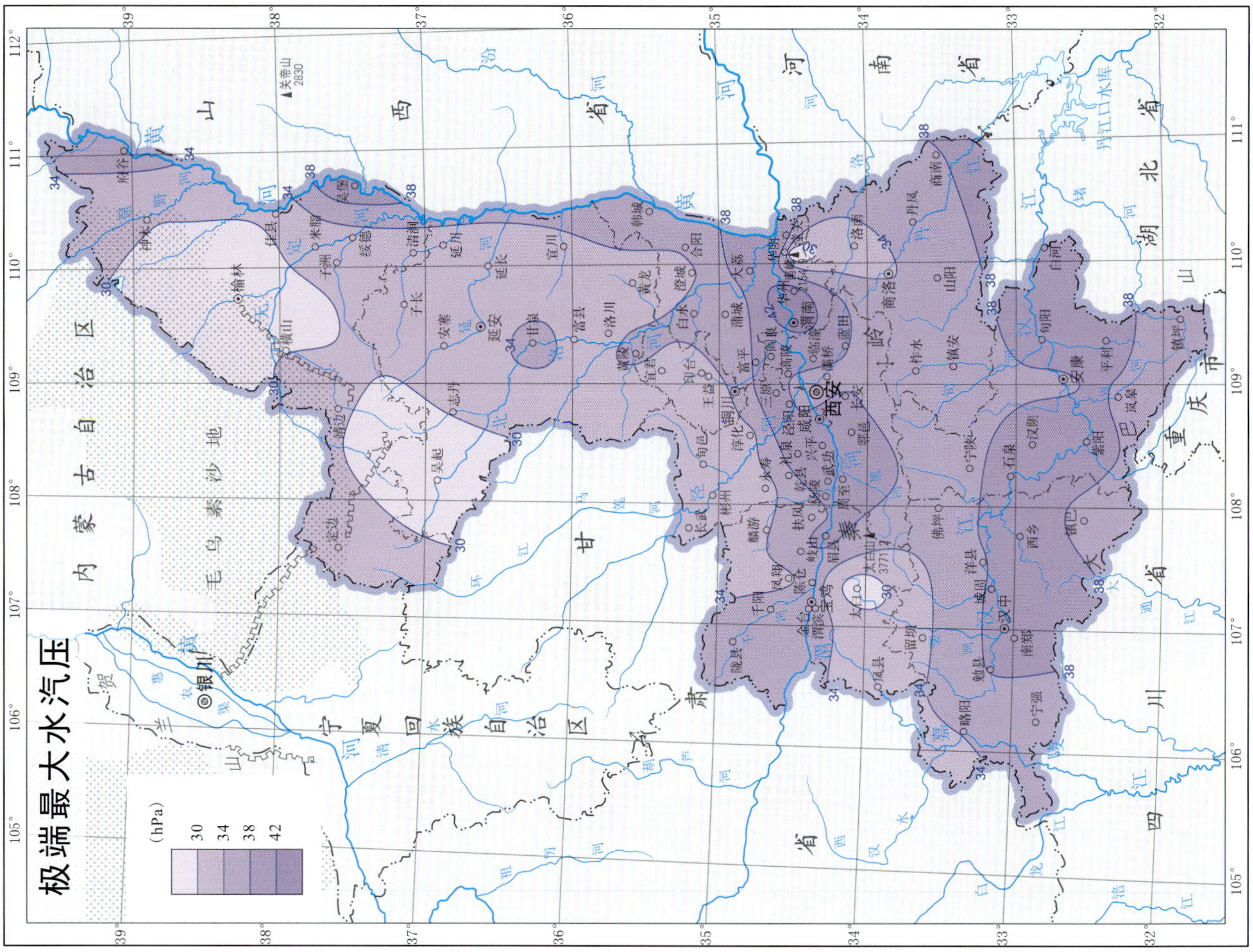

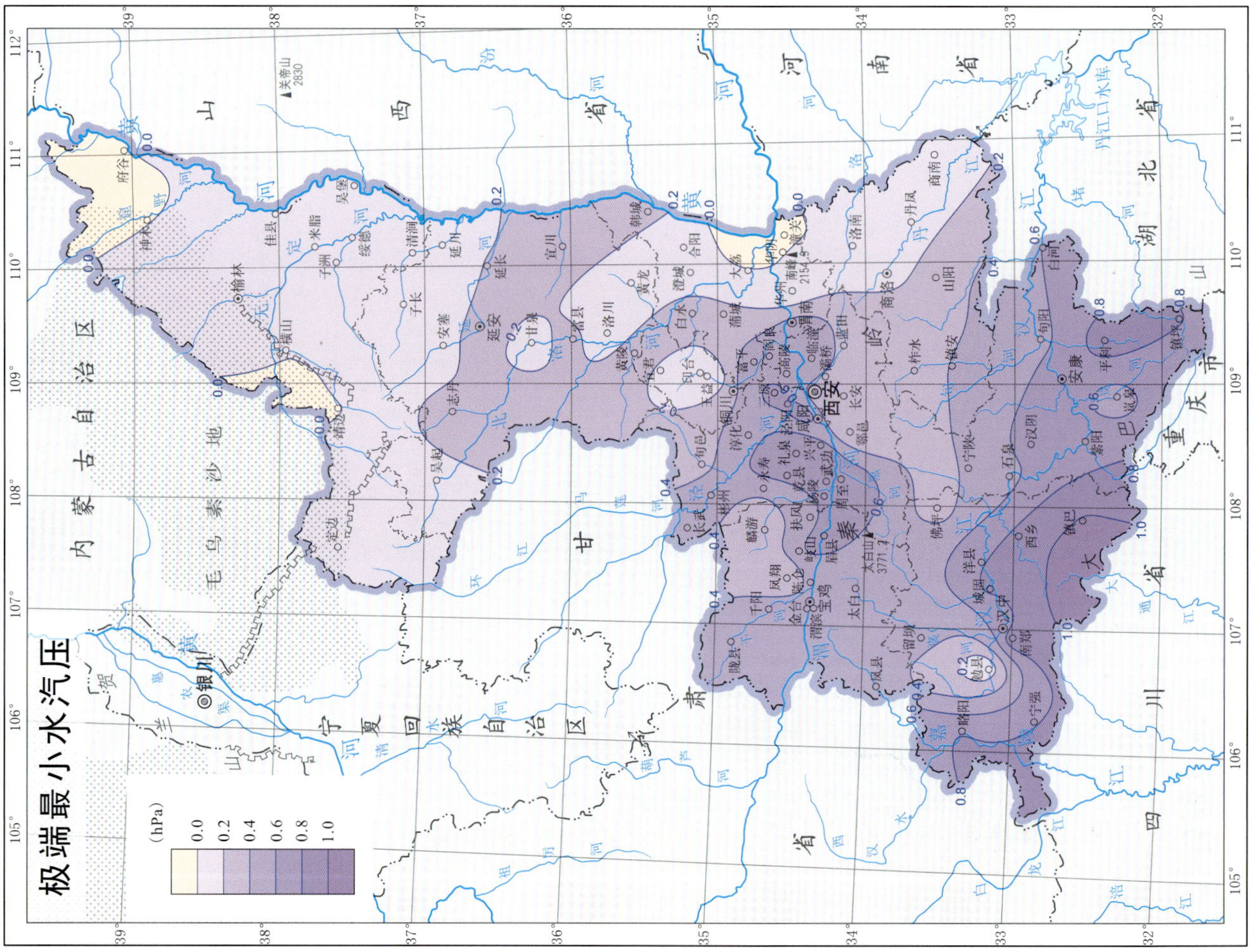

比例尺 1∶5 700 000 0 57 114 km

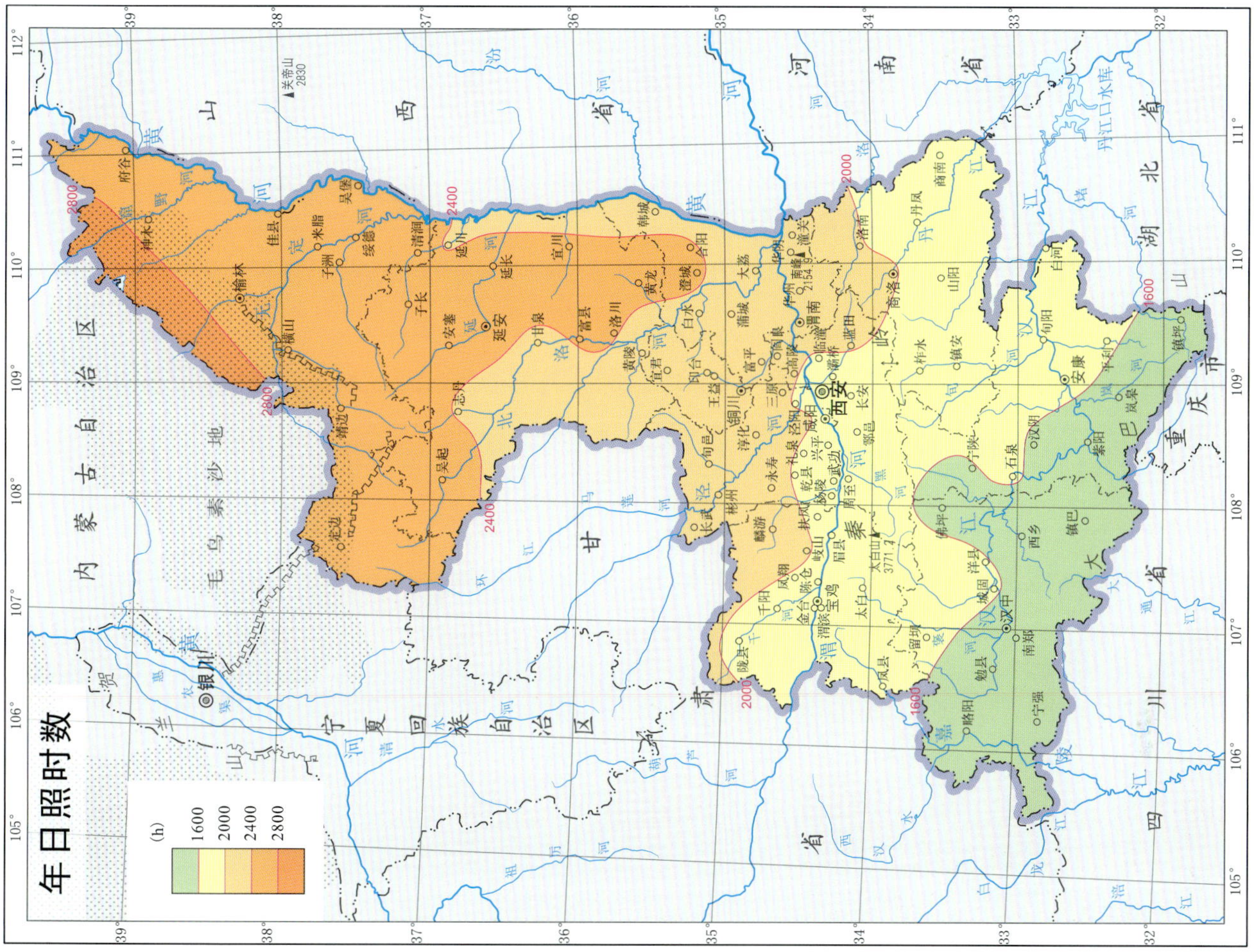
年日照时数
(h)
1600
2000
2400
2800
内蒙古自治区
宁夏回族自治区
山西省
河南省
湖北省
甘肃省
四川省
重庆市
西安
银川

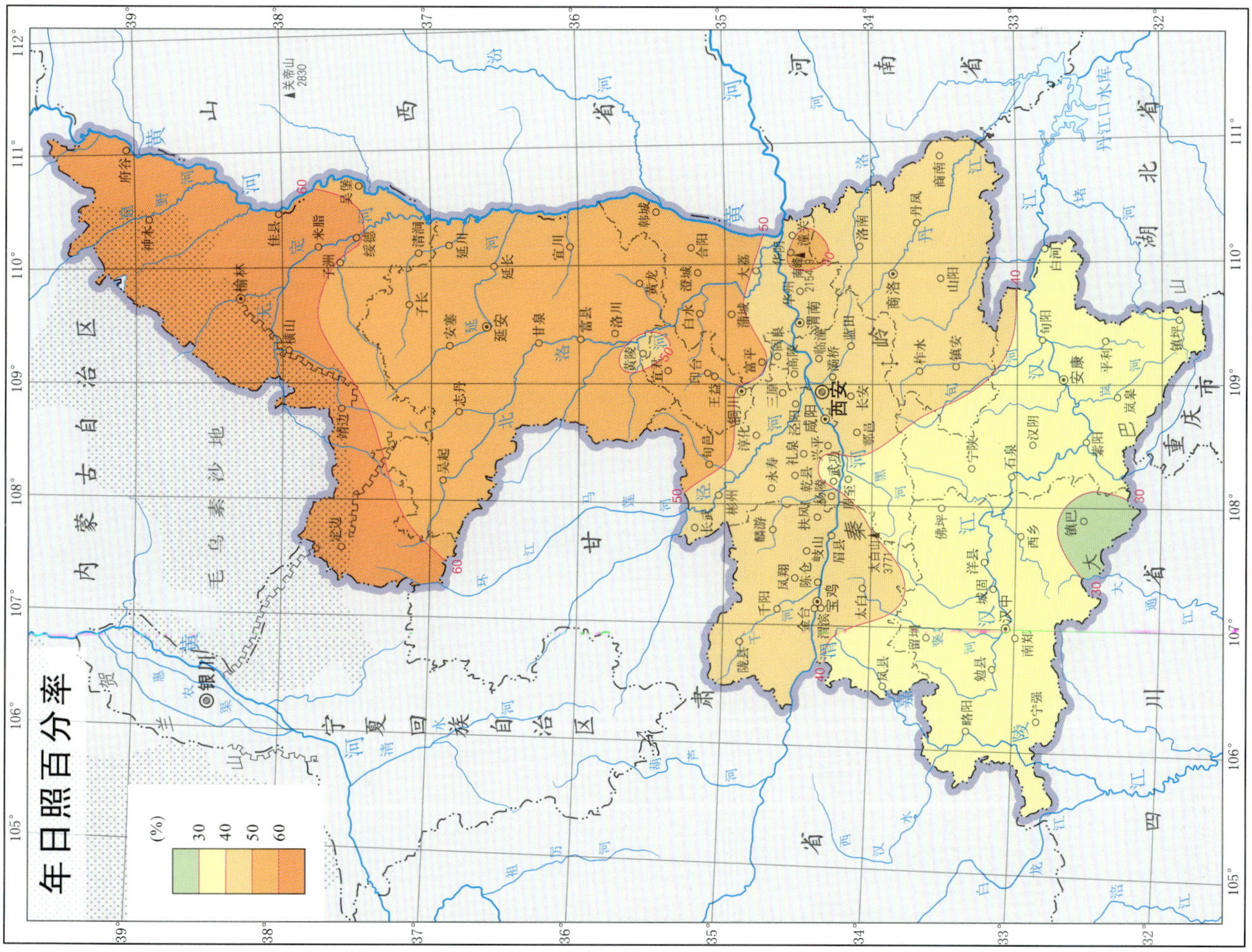
年日照百分率
(%)
30
40
50
60
内蒙古自治区
宁夏回族自治区
山西省
河南省
湖北省
甘肃省
四川省
重庆市
西安
银川

1月日照时数

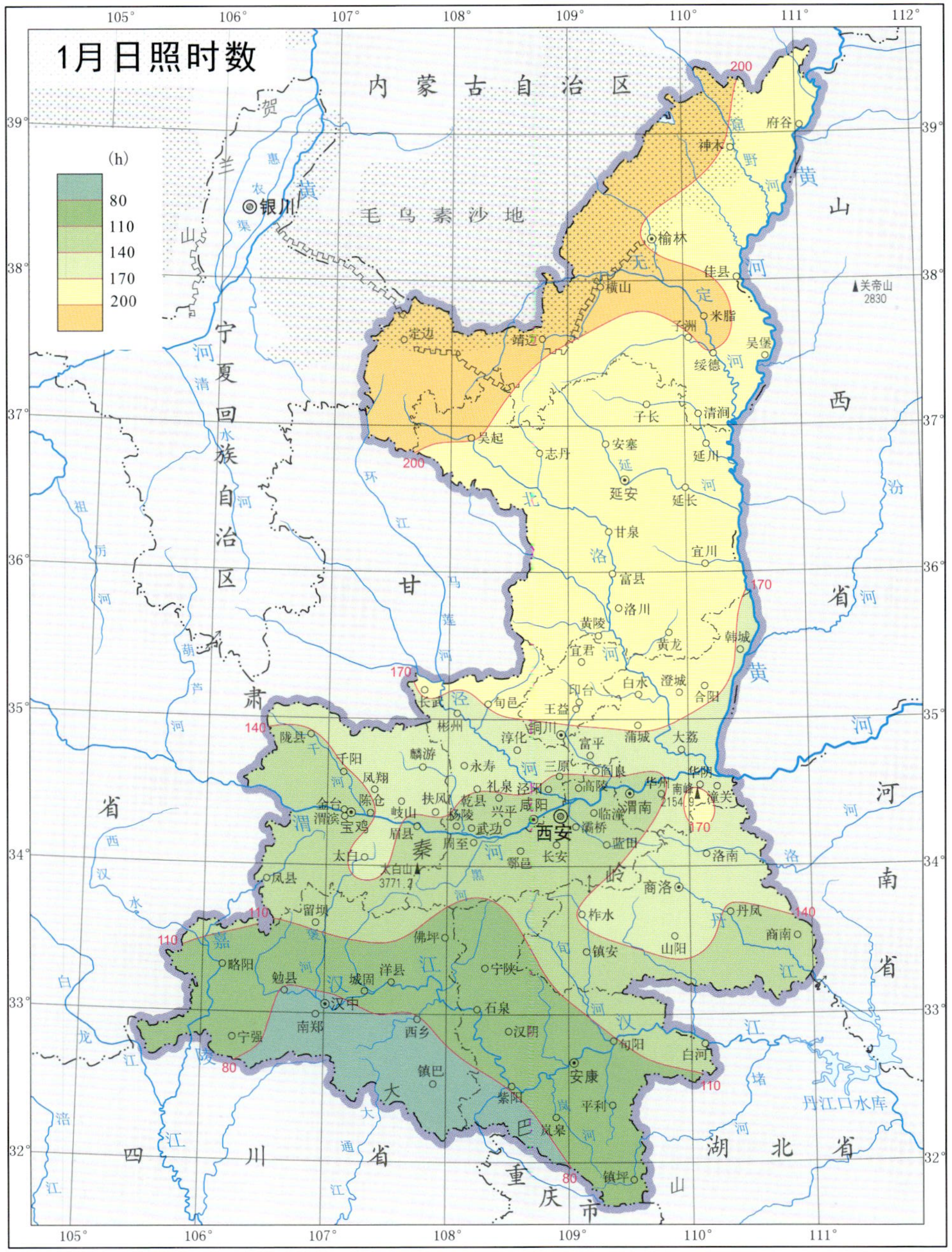

2月日照时数

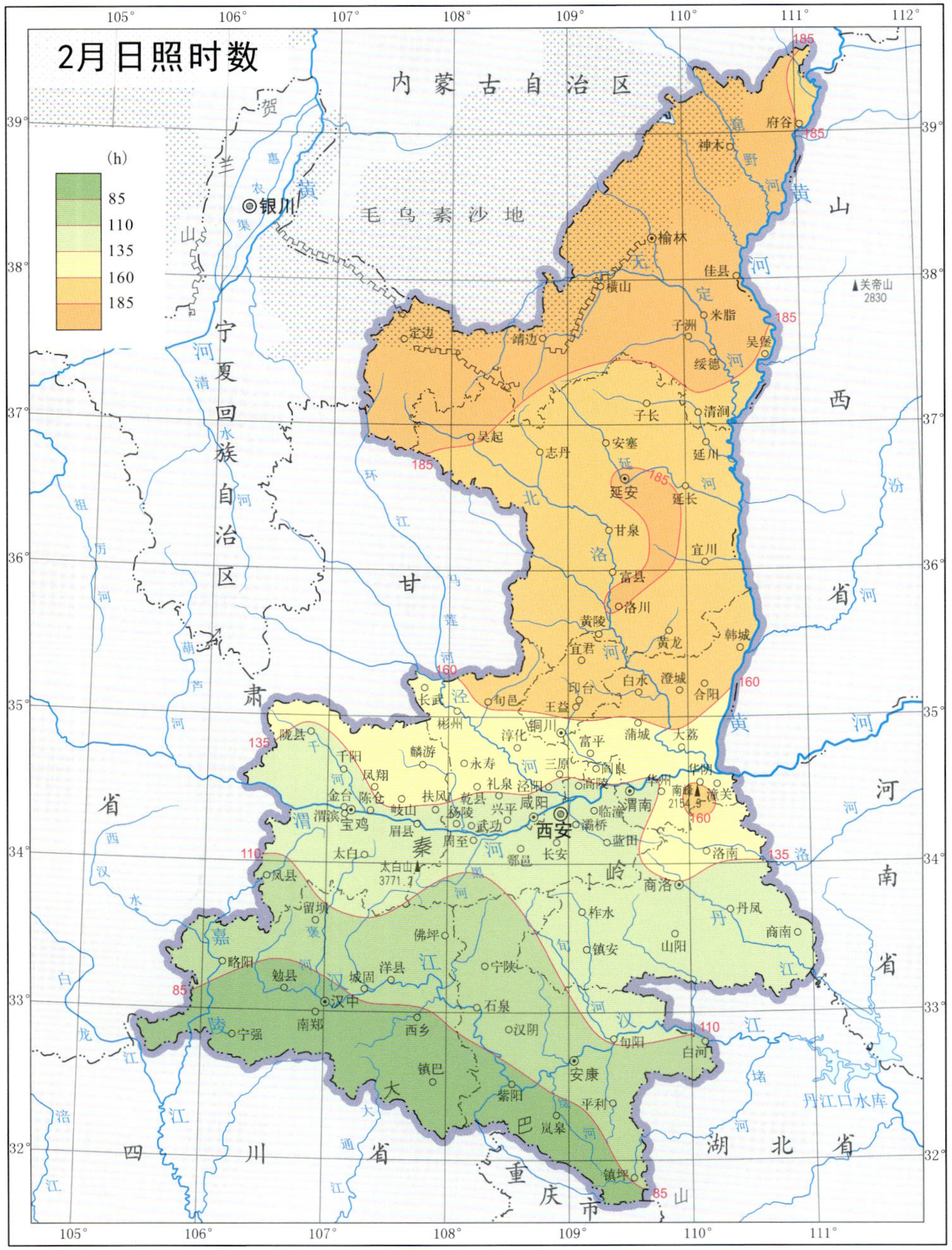

比例尺 1：5 700 000 0 57 114 km

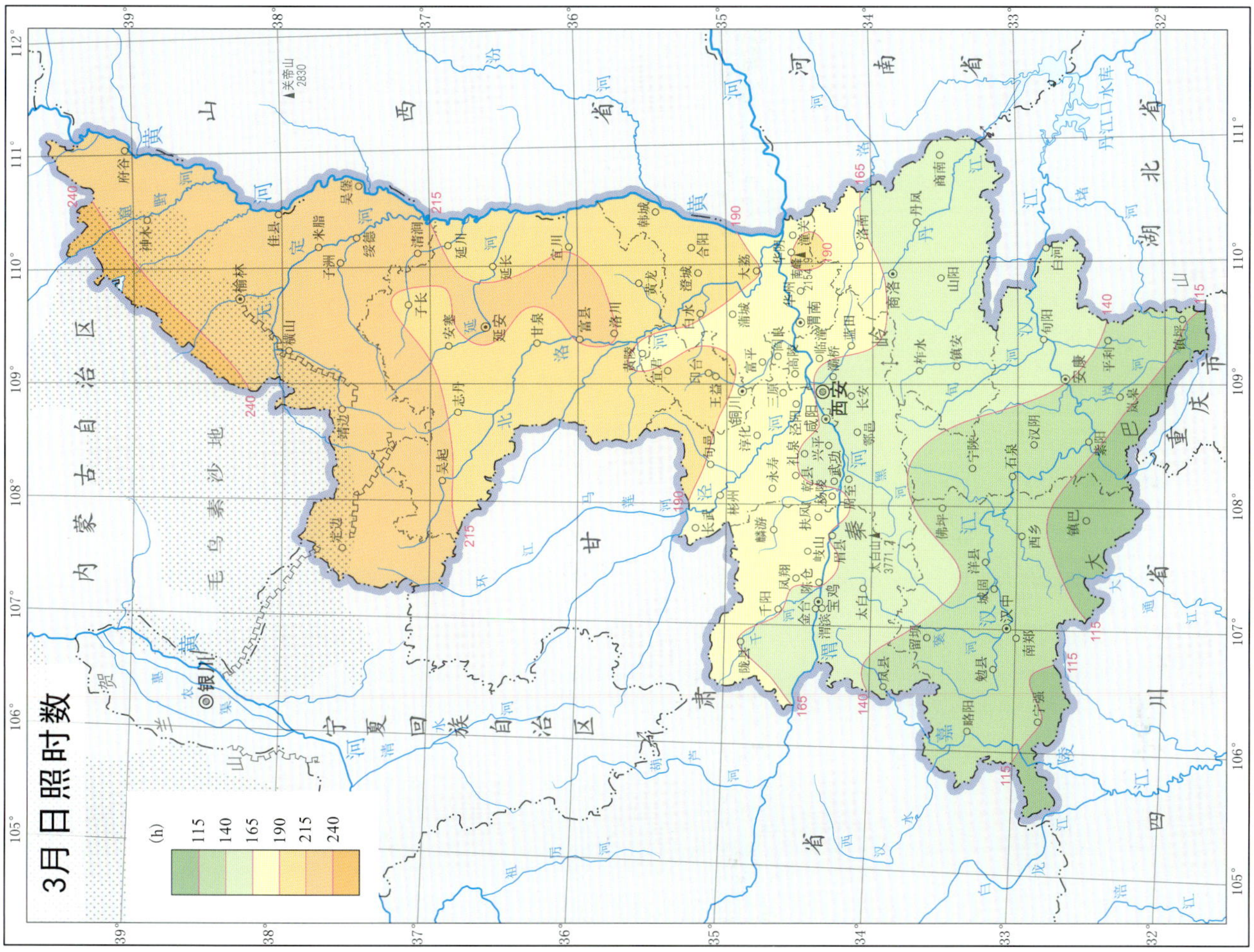

3月日照时数
(h)
115
140
165
190
215
240
内蒙古自治区
毛乌素沙地
山西省
河南省
湖北省
重庆市
四川省
甘肃省
宁夏回族自治区
西安
银川

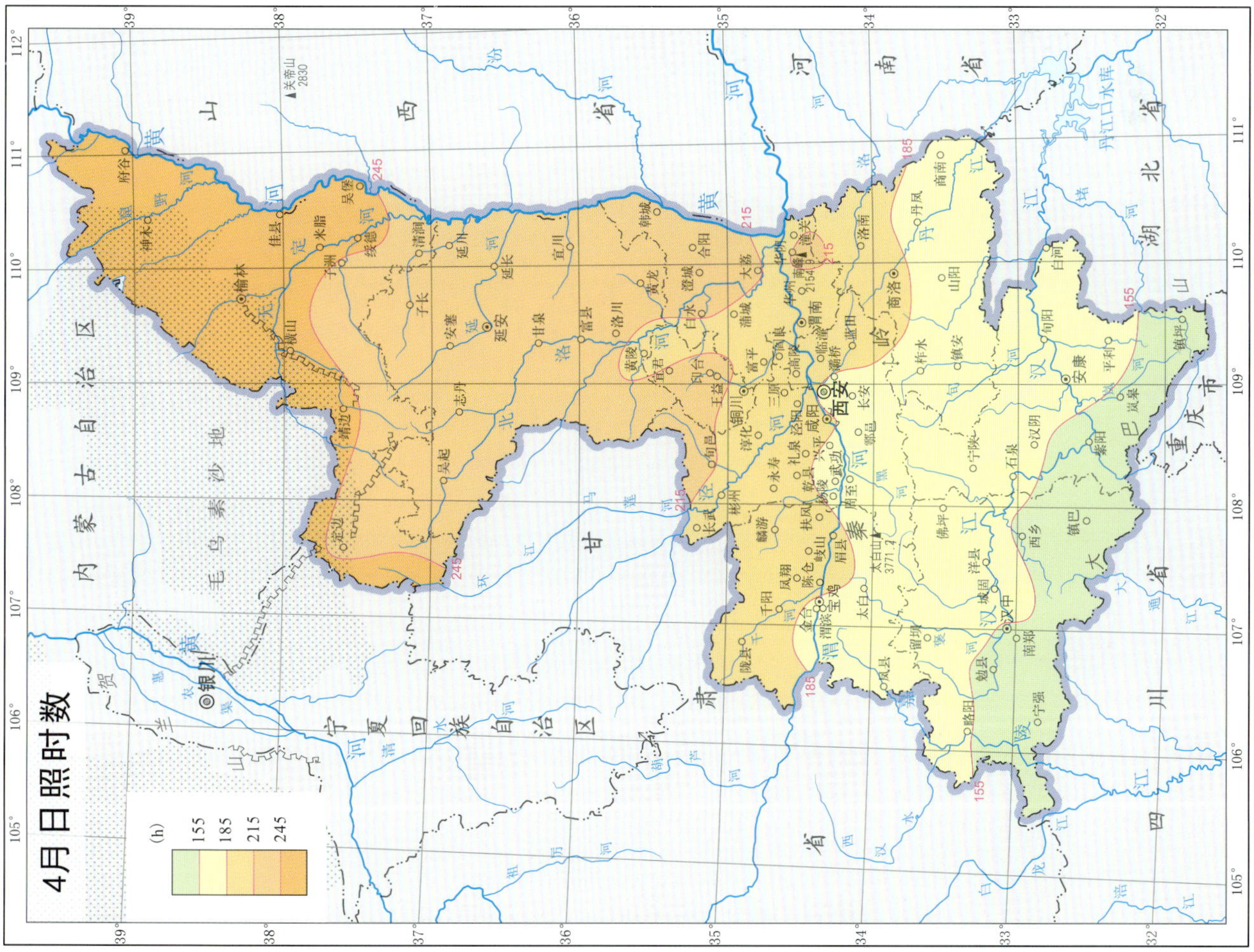

4月日照时数
(h)
155
185
215
245
内蒙古自治区
毛乌素沙地
山西省
河南省
湖北省
重庆市
四川省
甘肃省
宁夏回族自治区
西安
银川

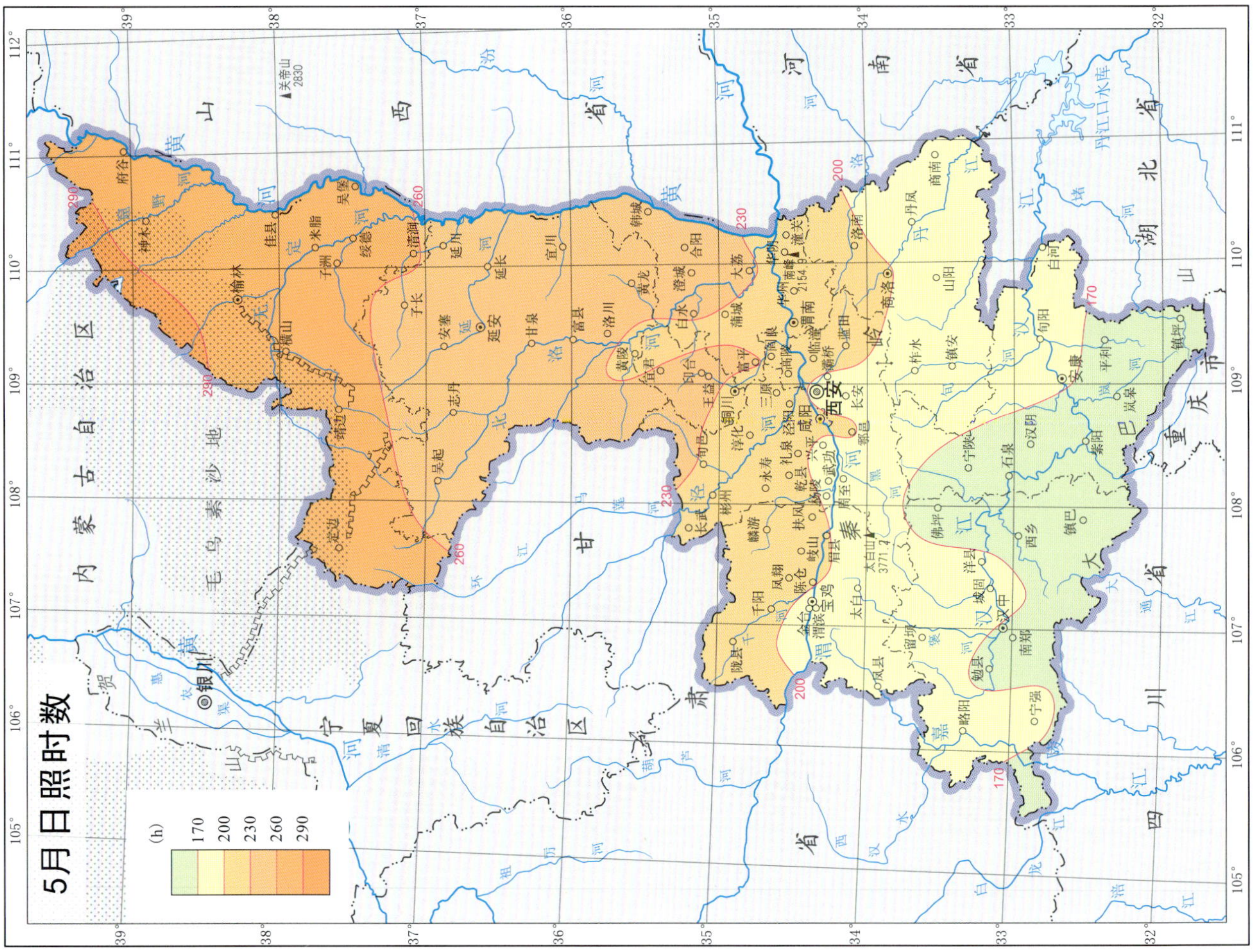

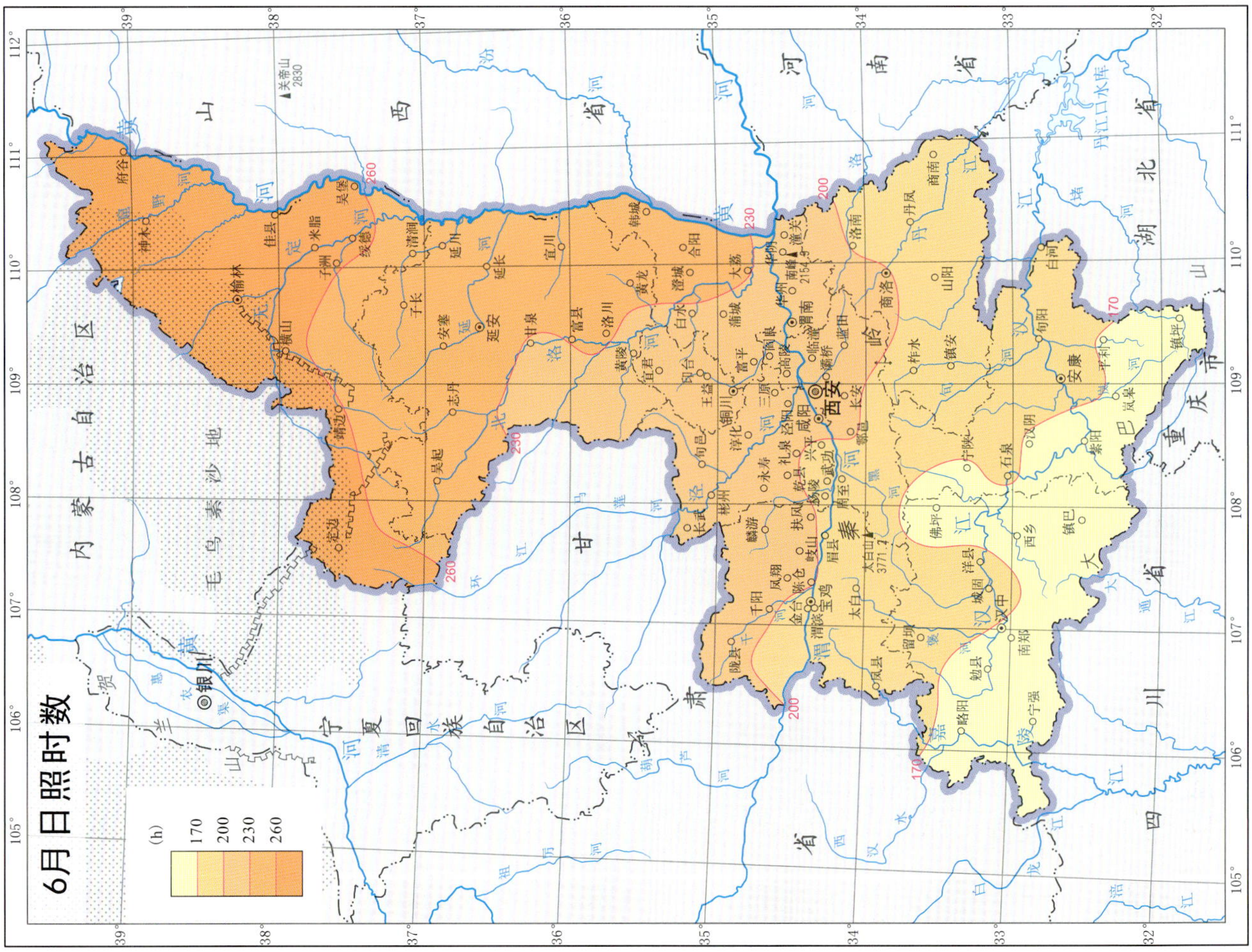

比例尺 1:5 700 000 0 57 114 km

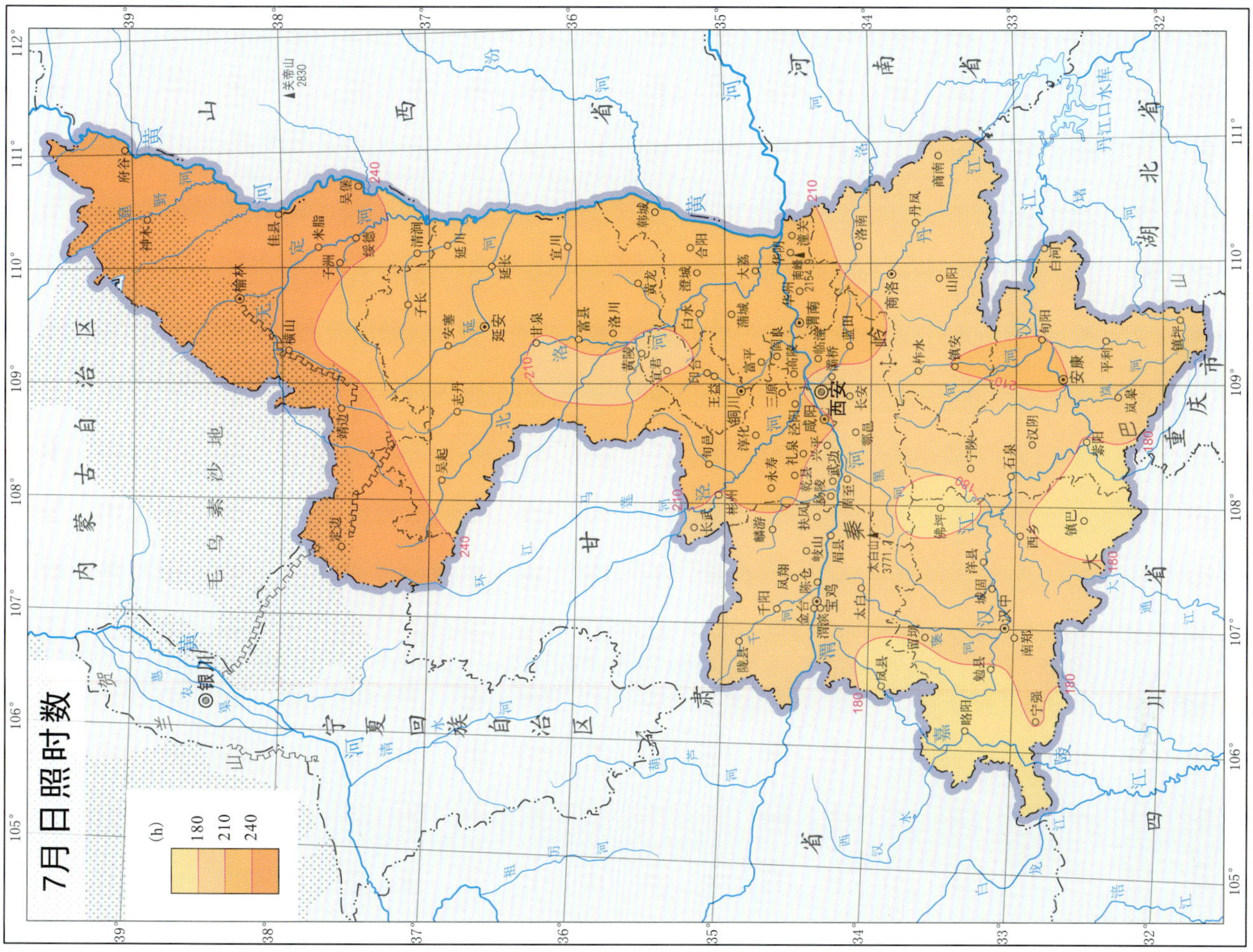

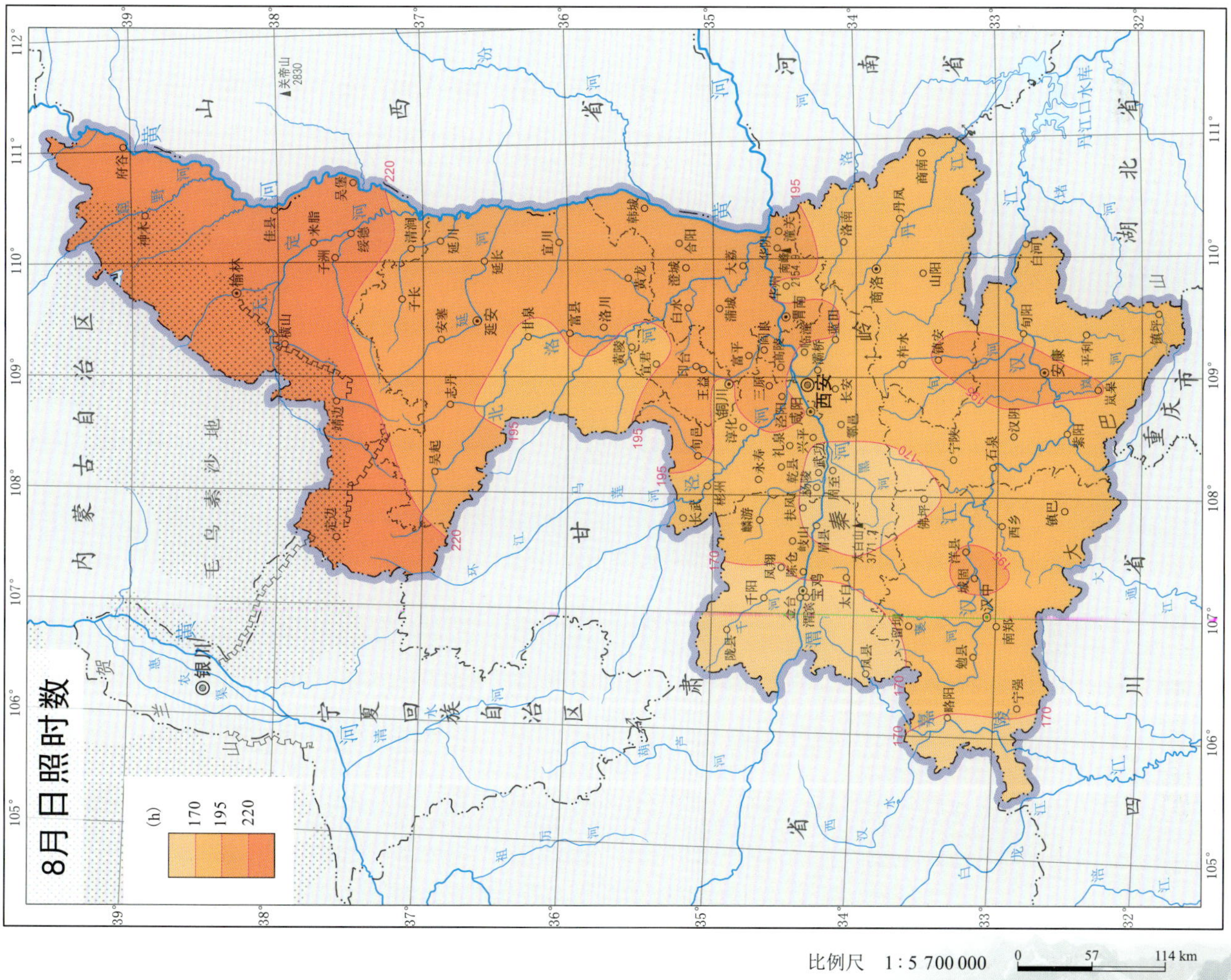

比例尺 1 : 5 700 000
0 57 114 km

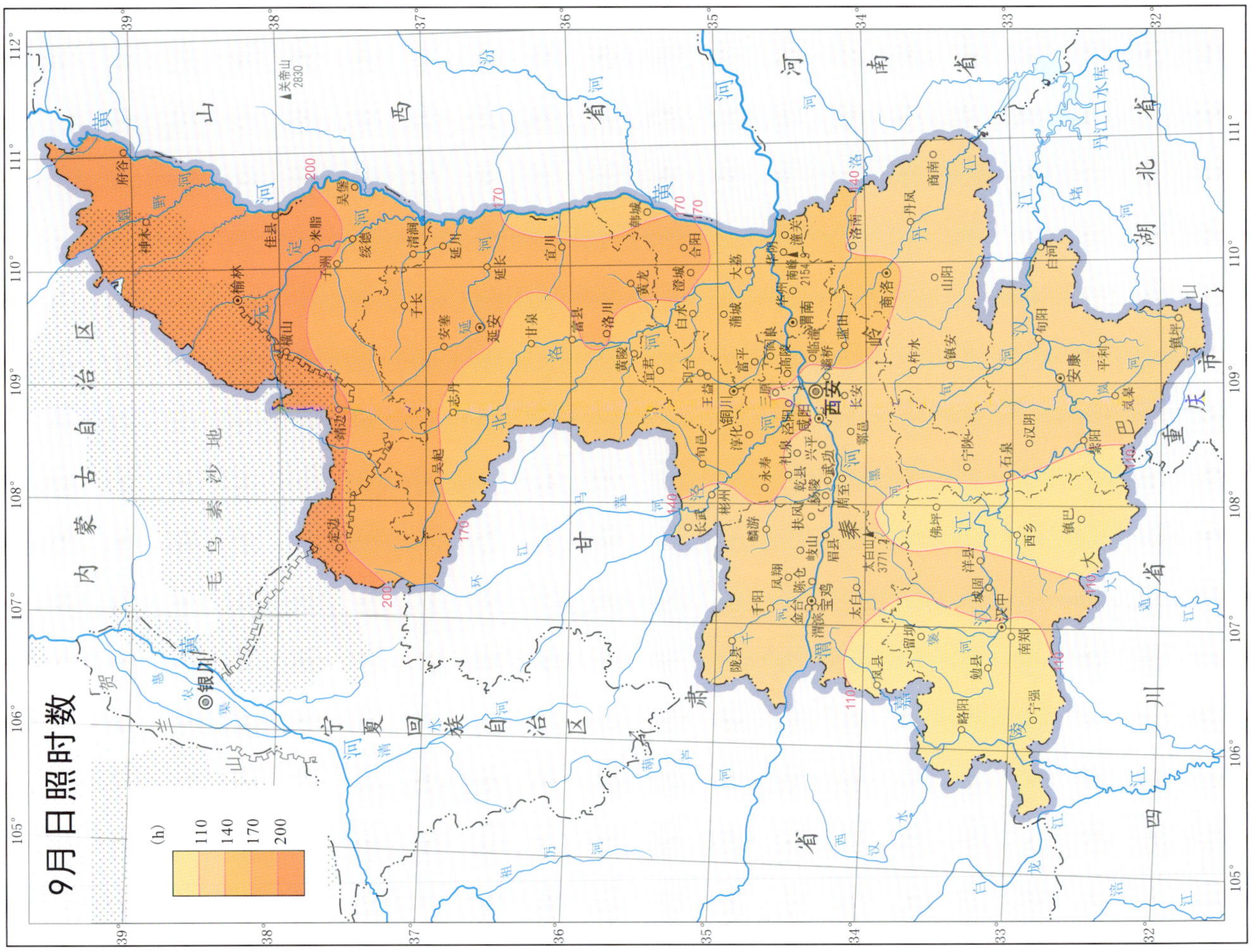

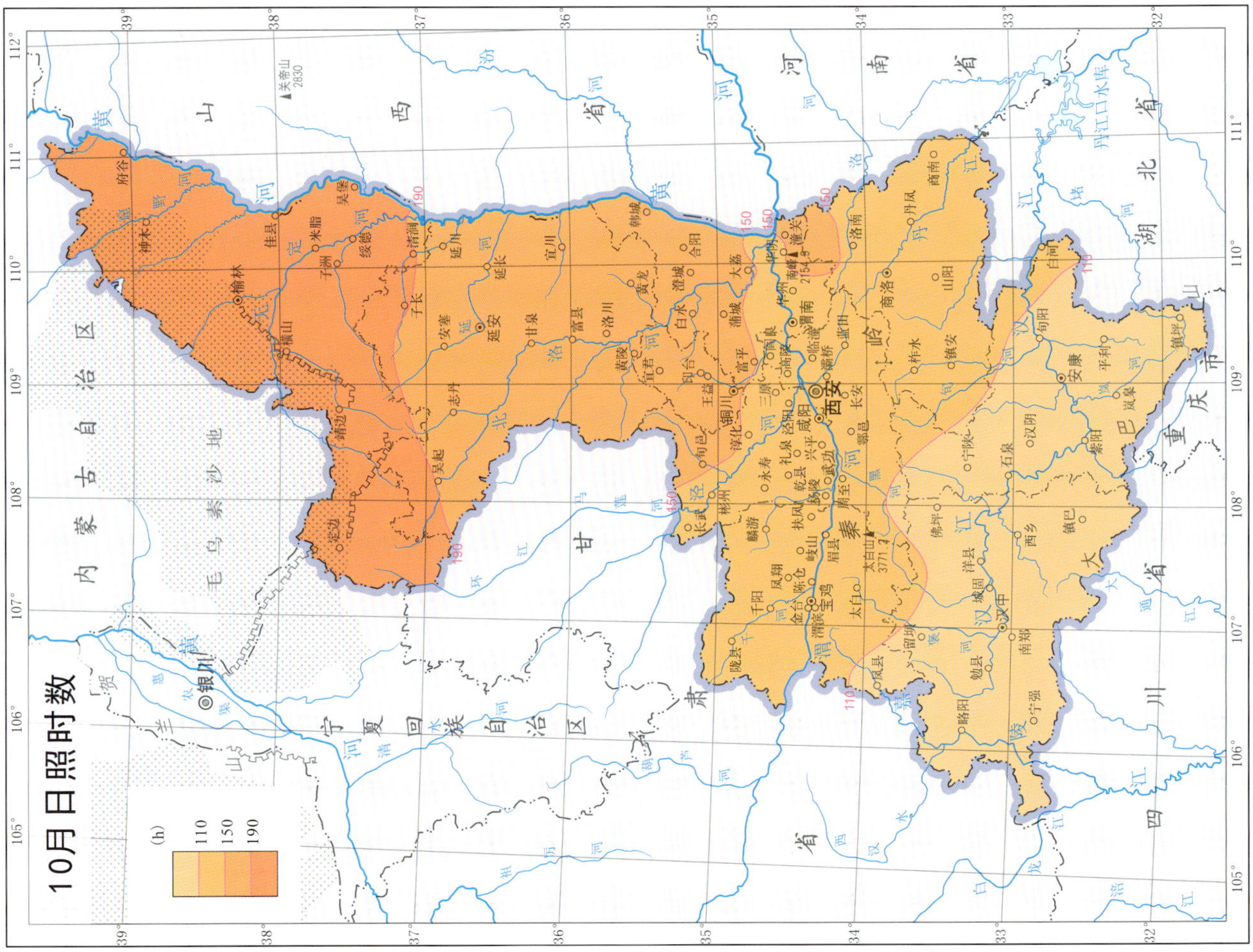

比例尺 1∶5 700 000
0 57 114 km

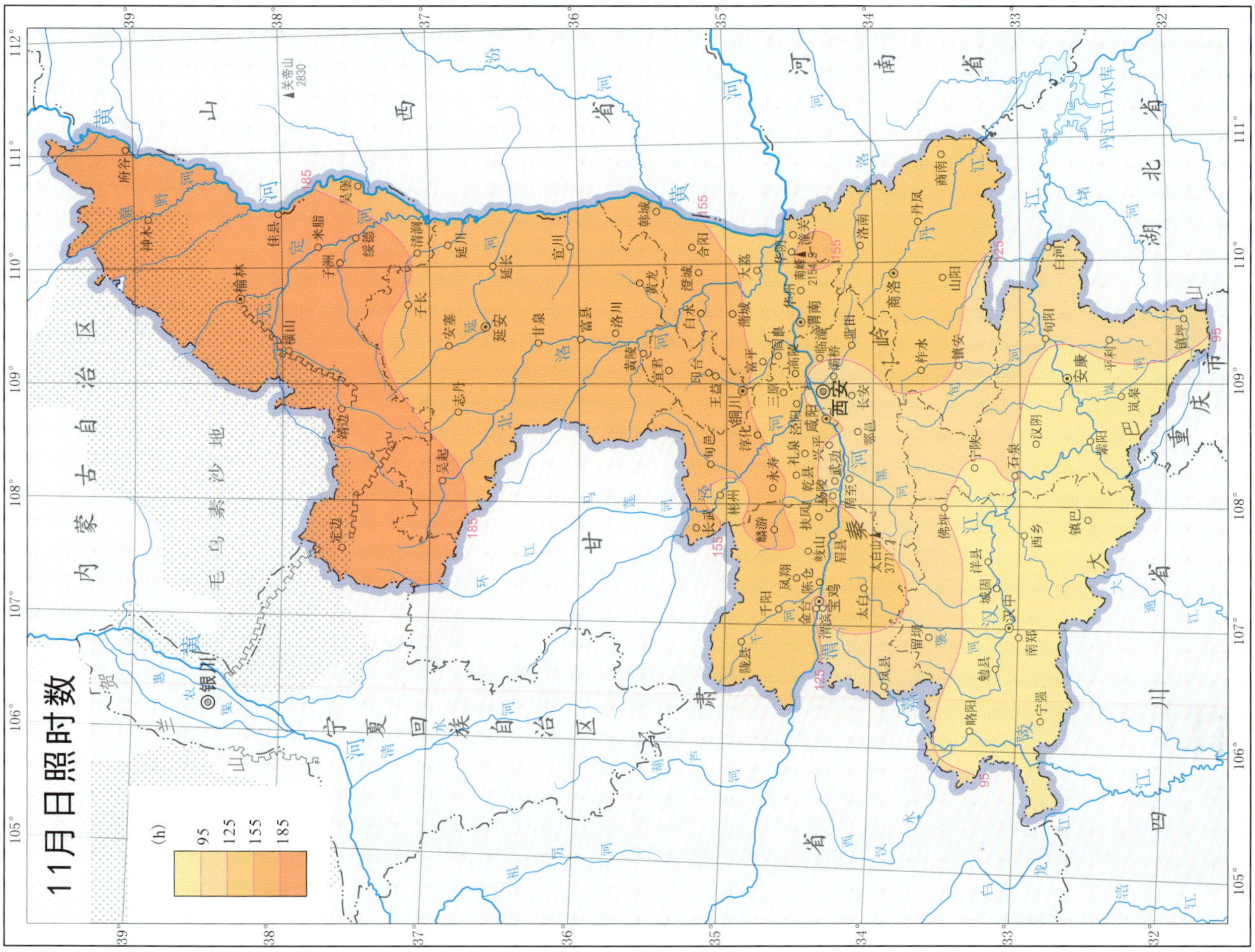
11月日照时数
(h)
95
125
155
185

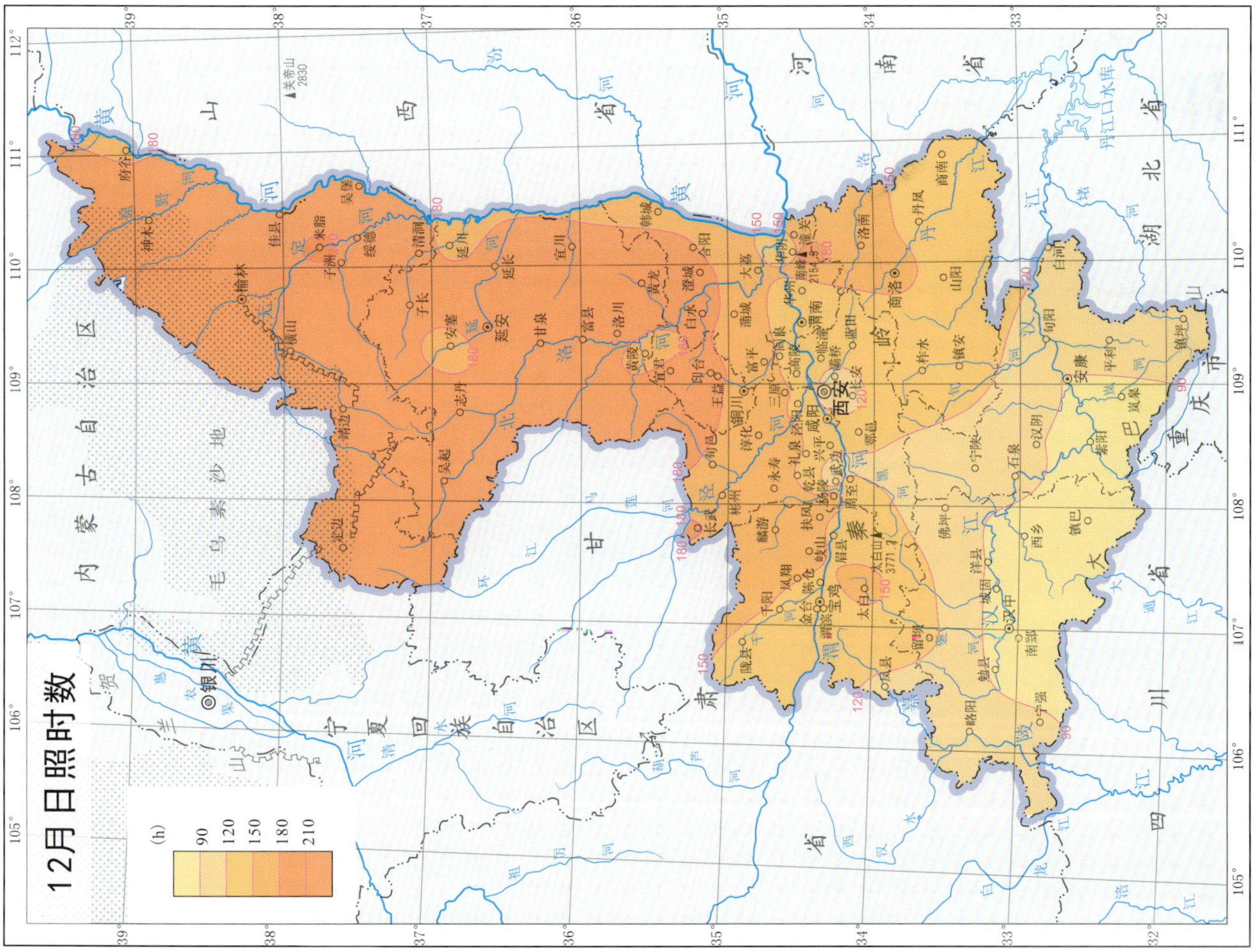
12月日照时数
(h)
90
120
150
180
210

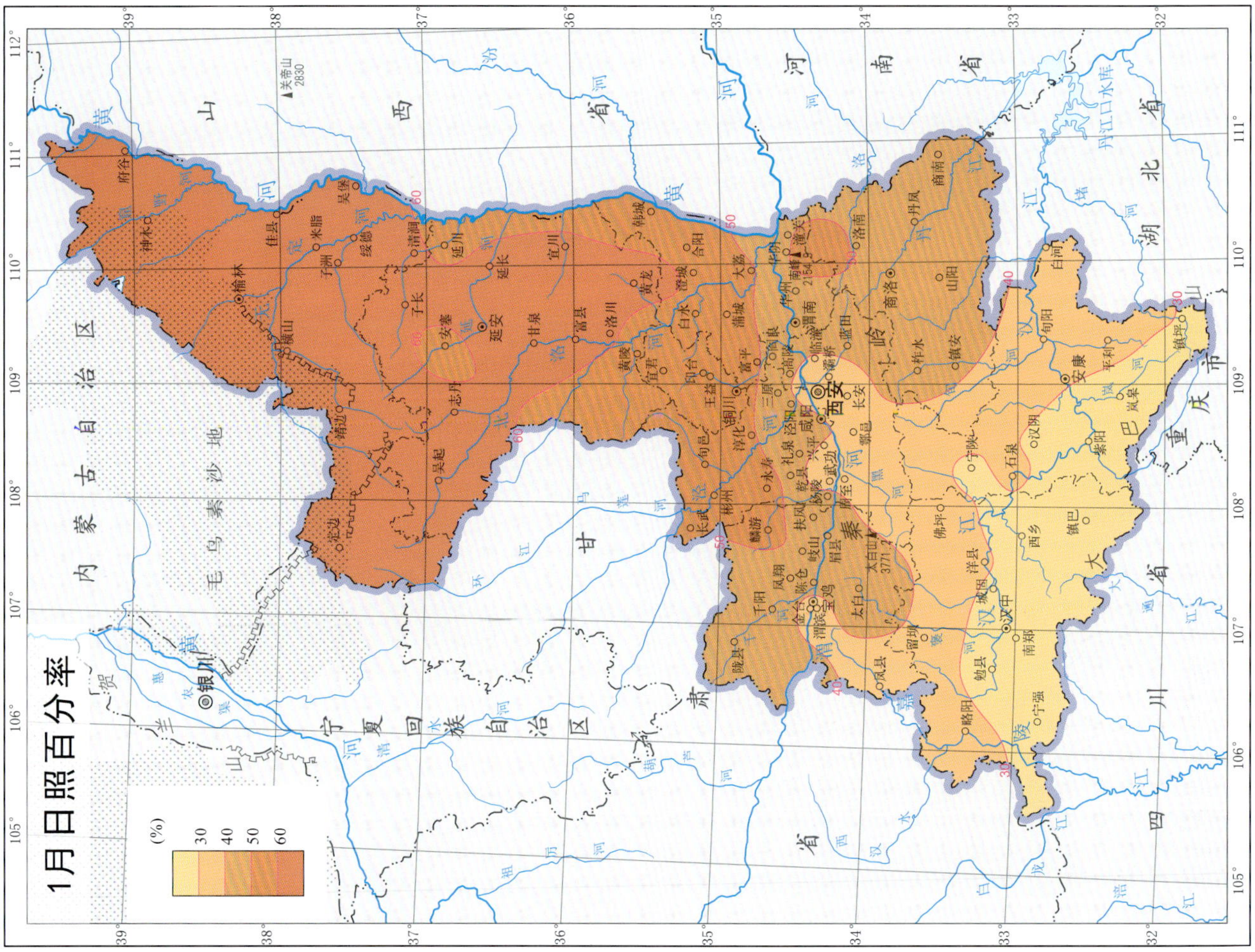

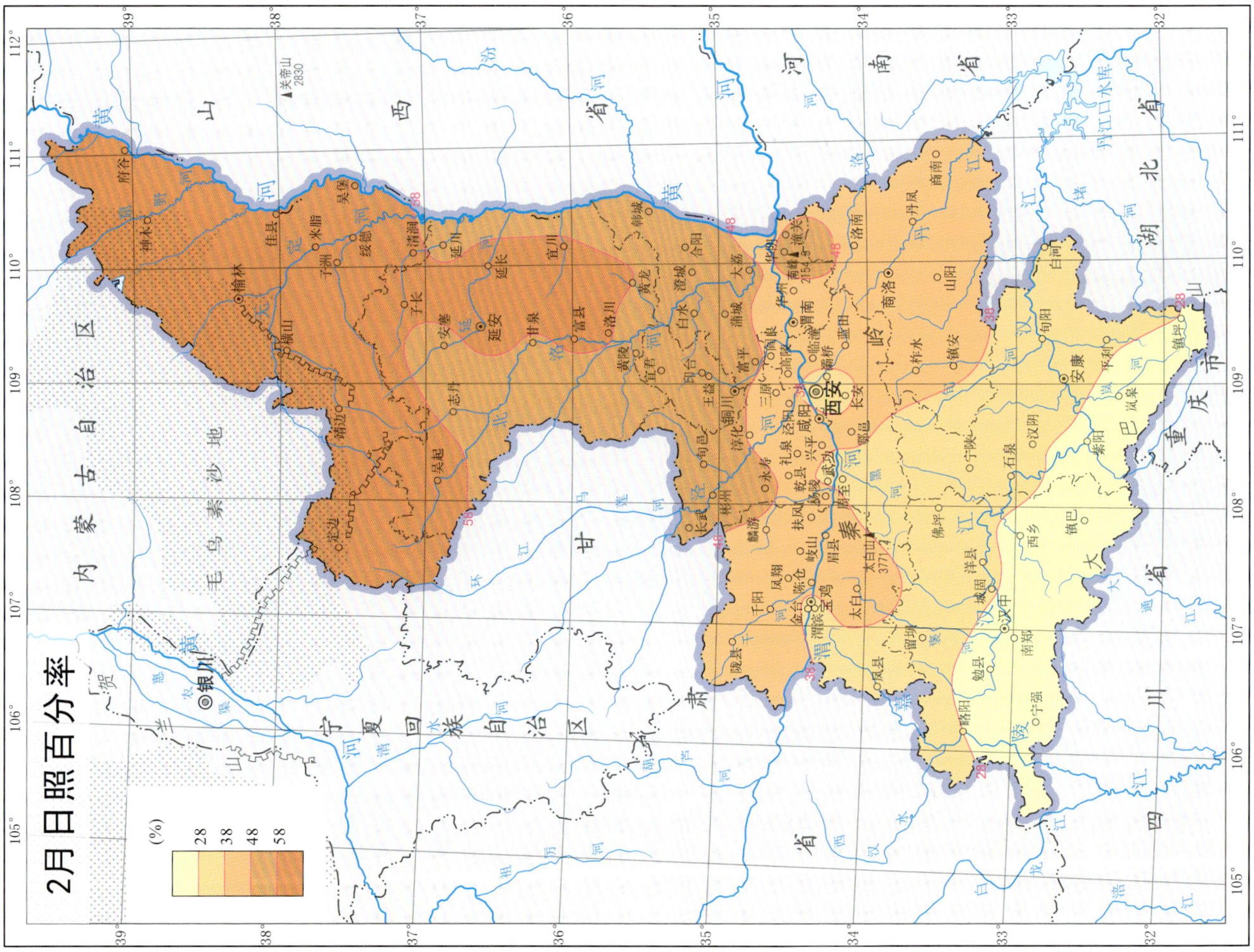

比例尺 1∶5 700 000 0 57 114 km

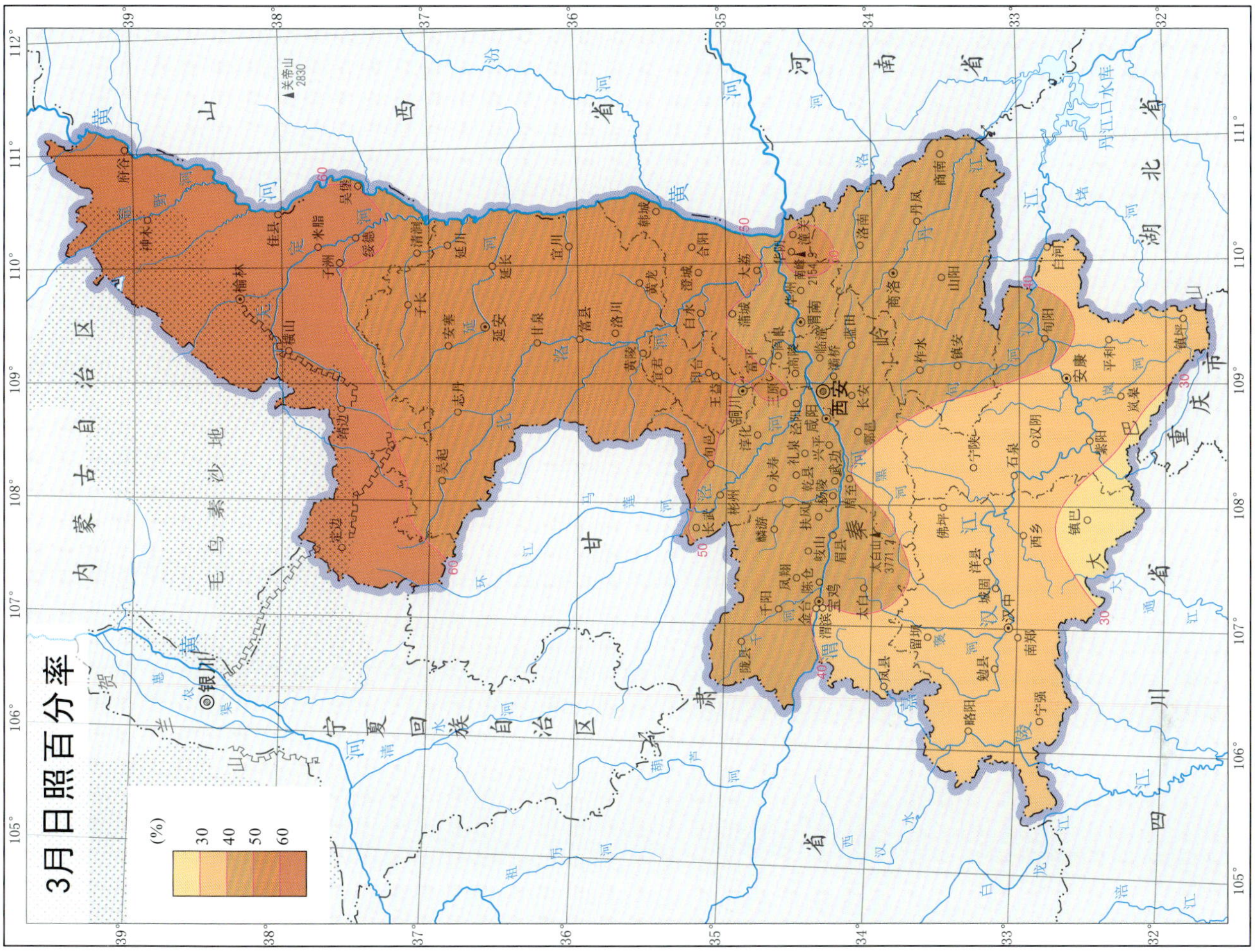

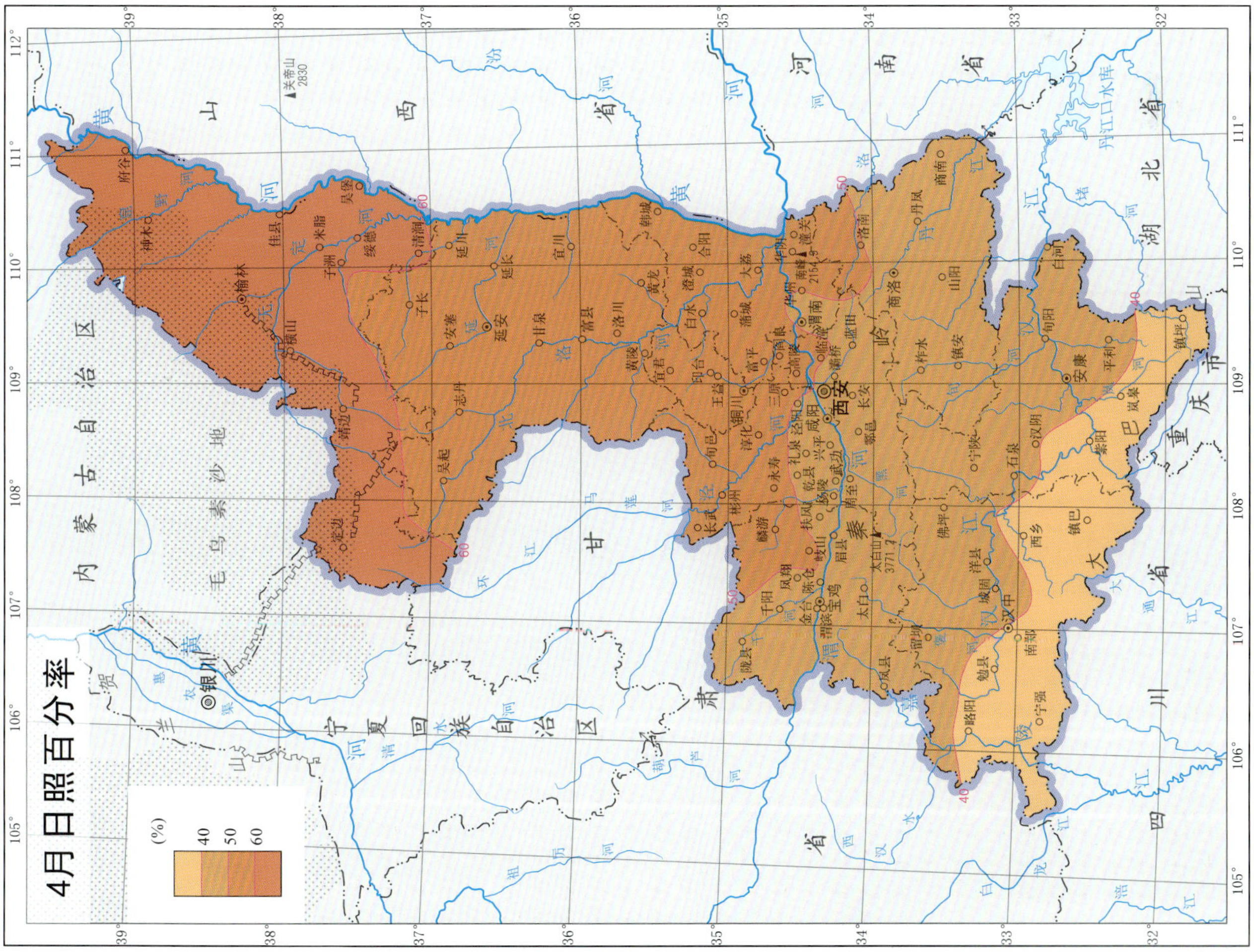

比例尺 1 : 5 700 000 0 57 114 km

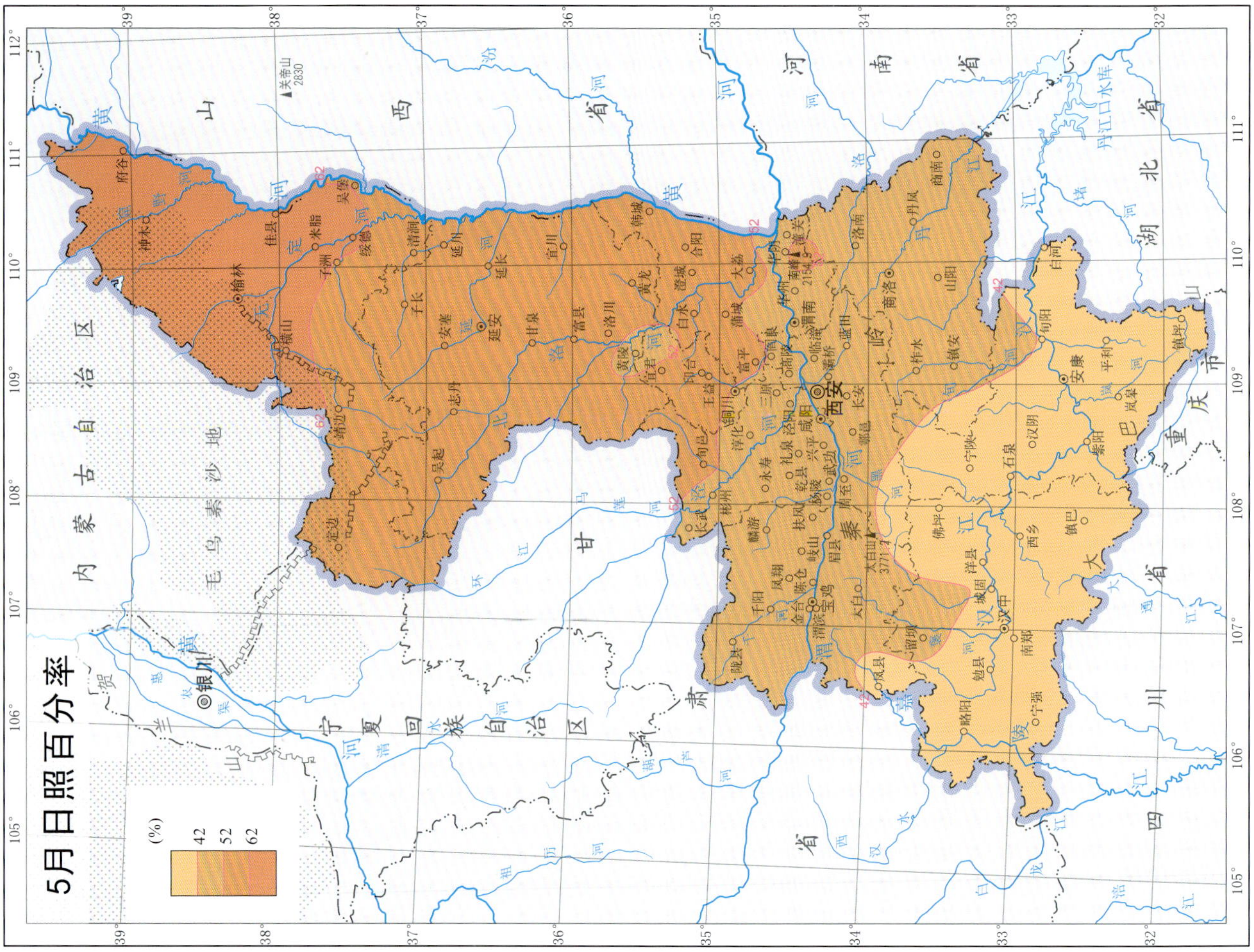

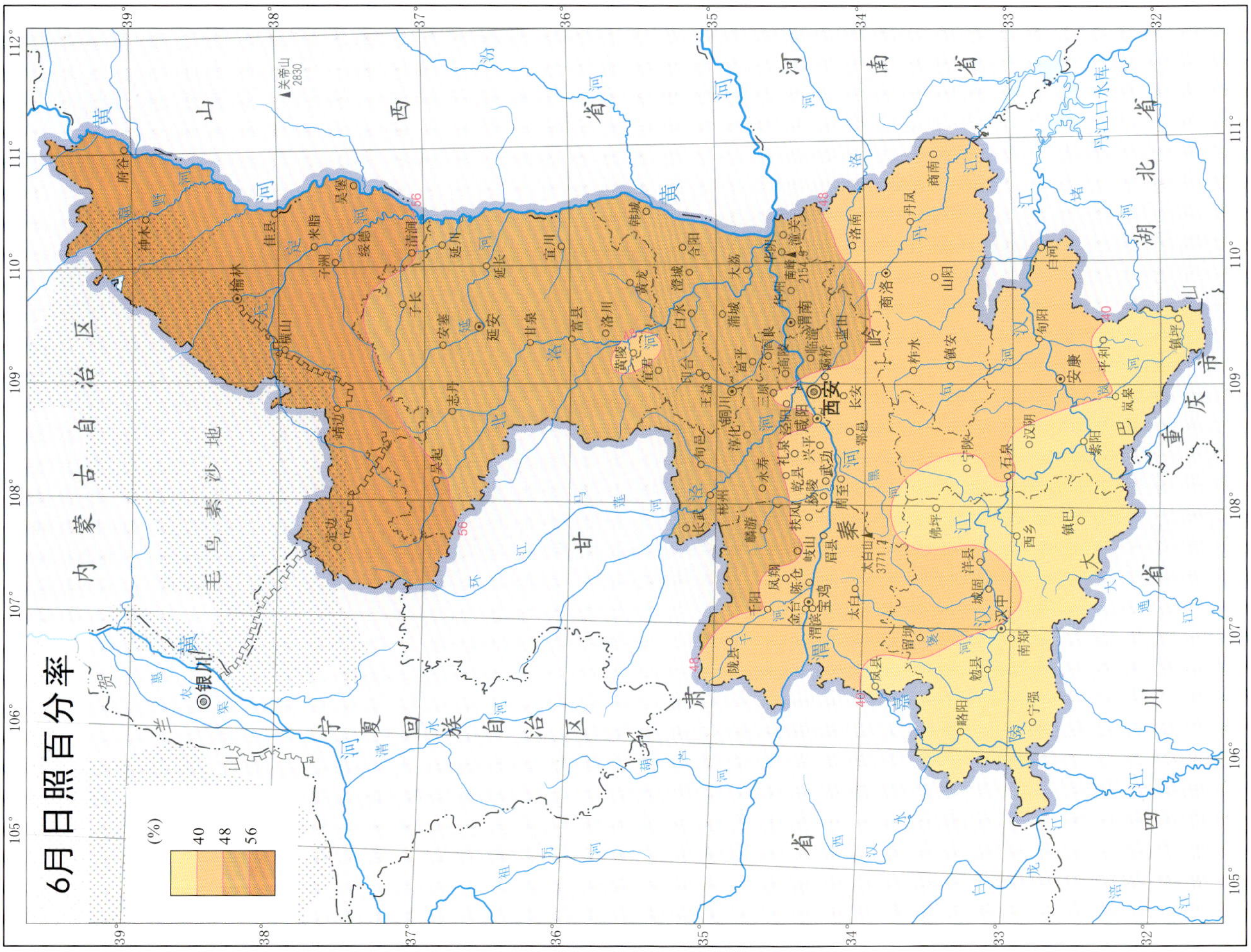

比例尺　1 : 5 700 000　0　57　114 km

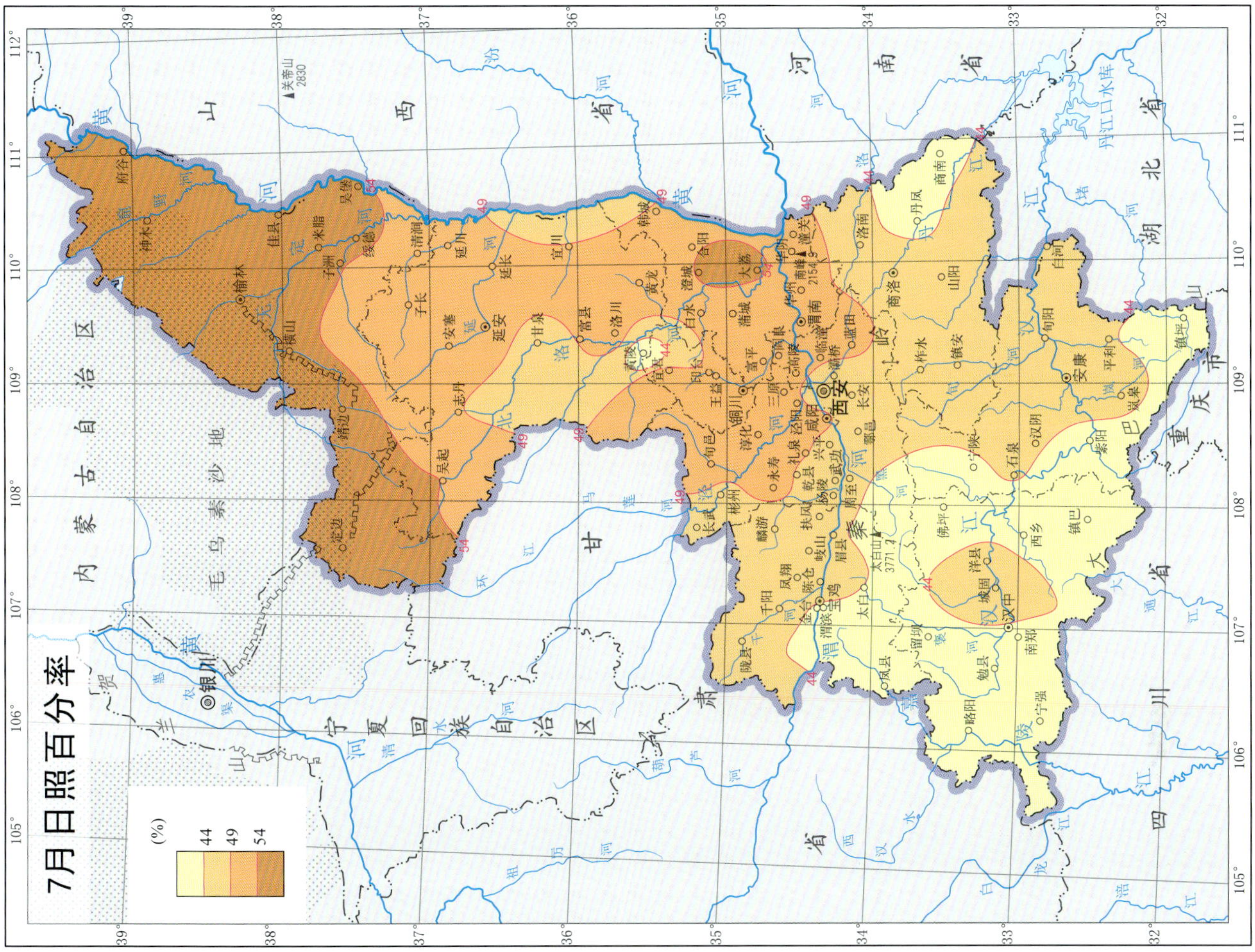

7月日照百分率

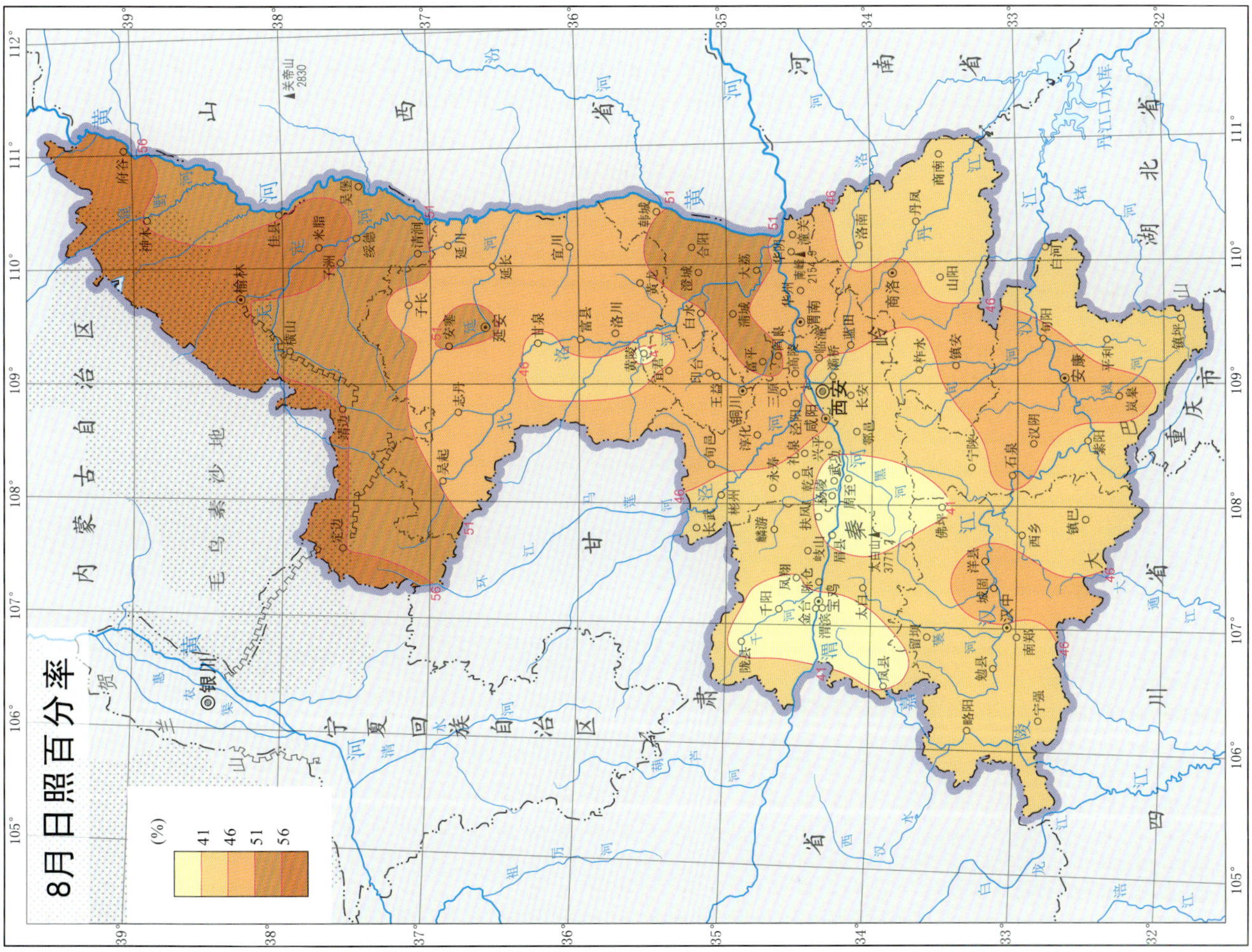

8月日照百分率

比例尺 1∶5 700 000 0 57 114 km

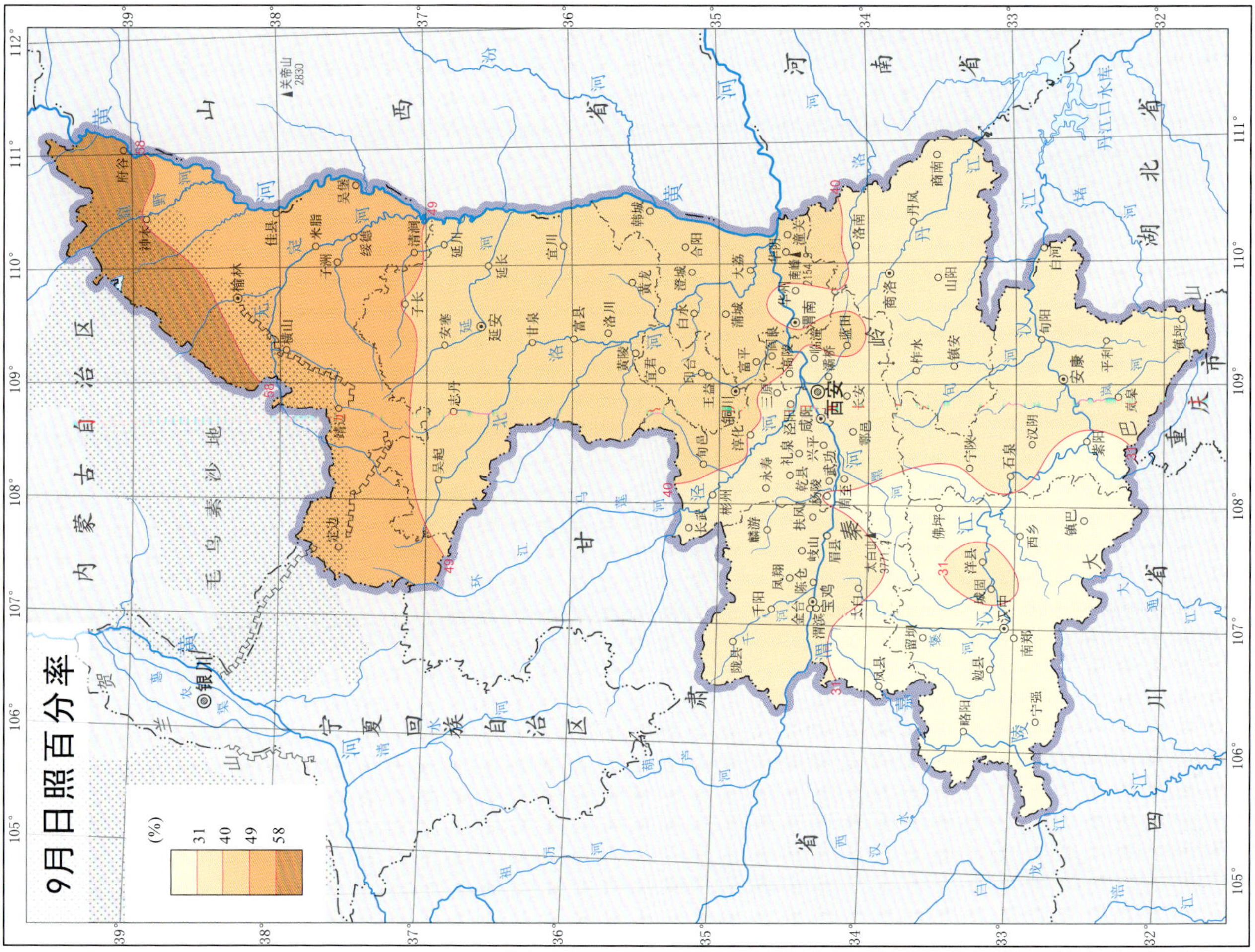

9月日照百分率

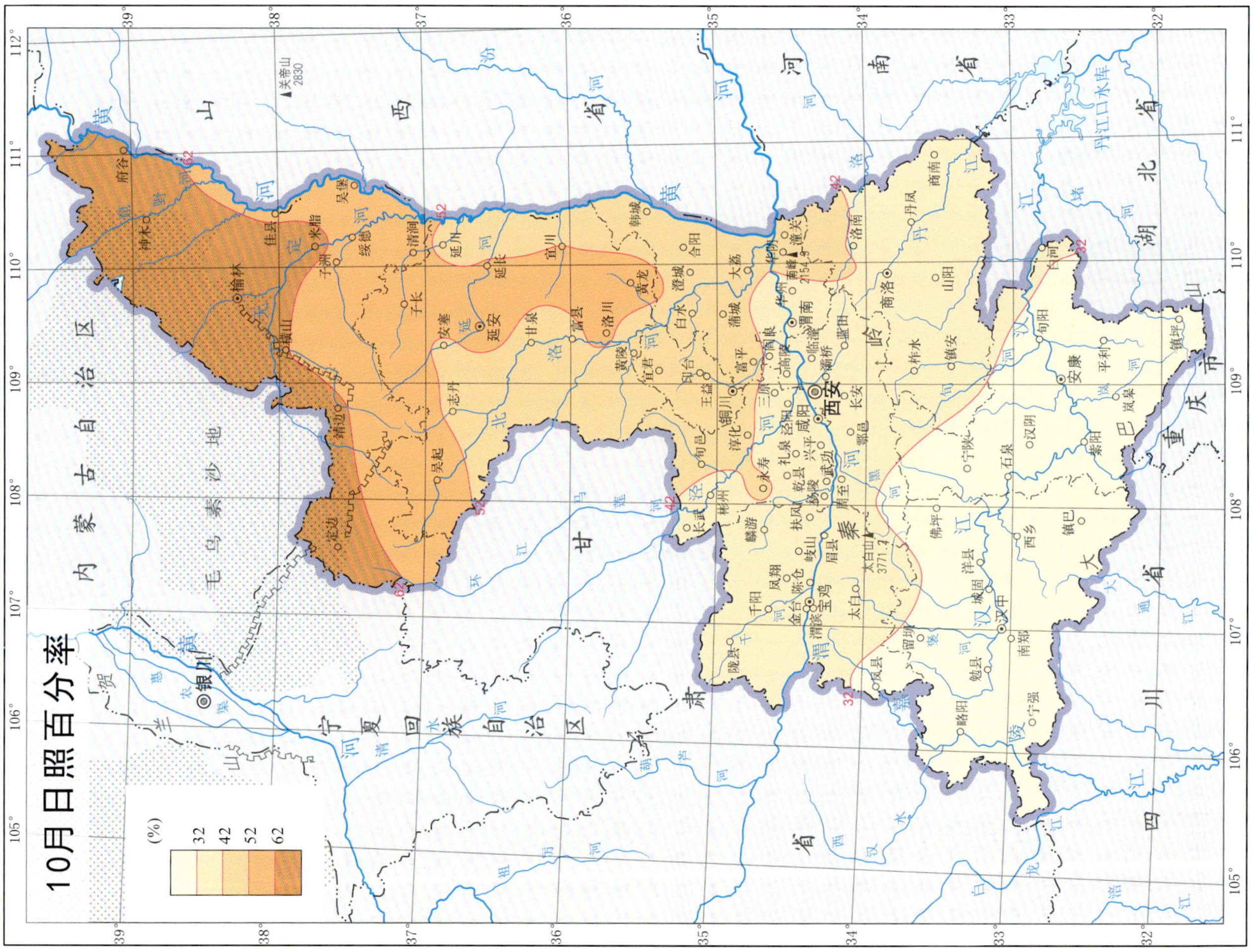

10月日照百分率

比例尺 1:5 700 000 0 57 114 km

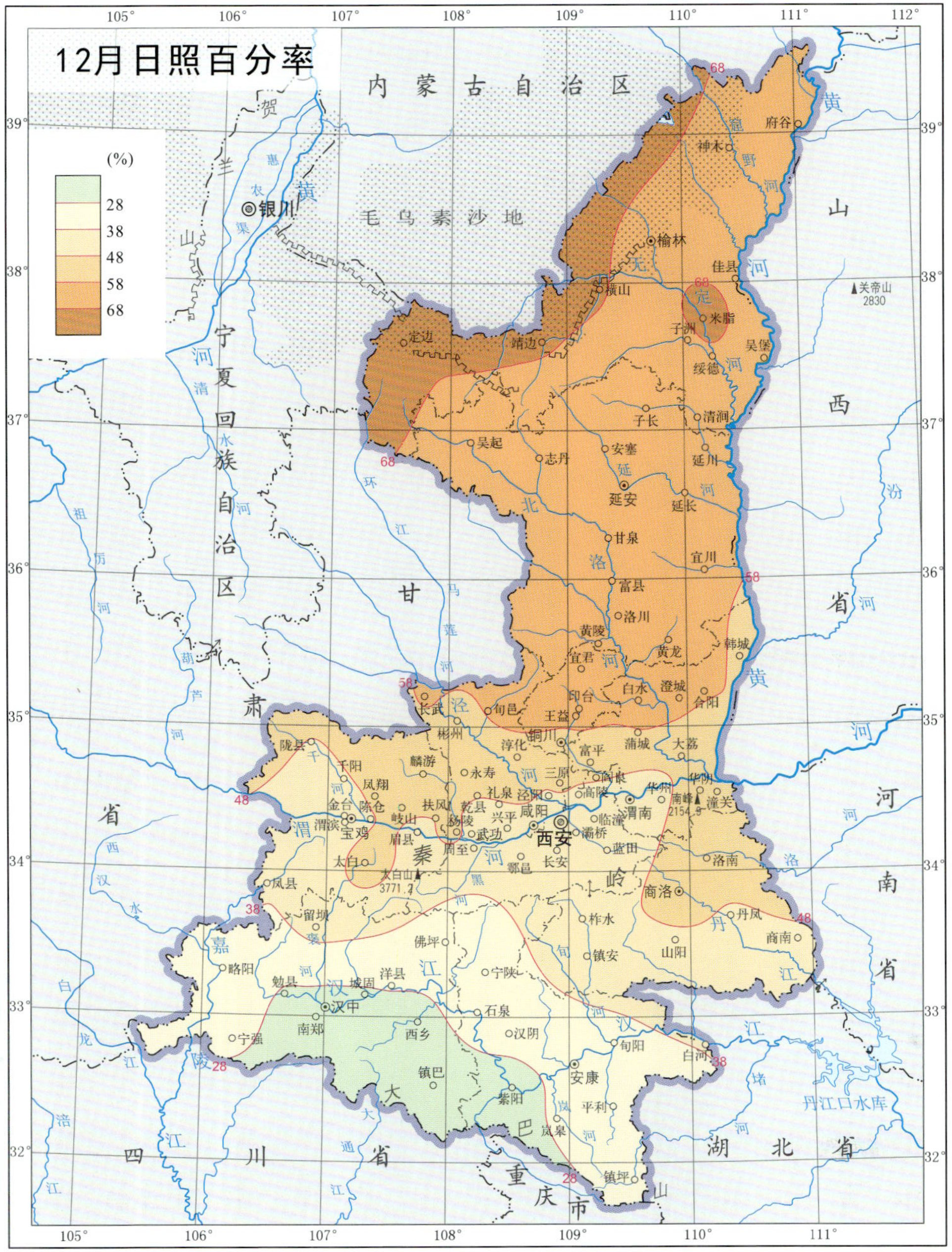

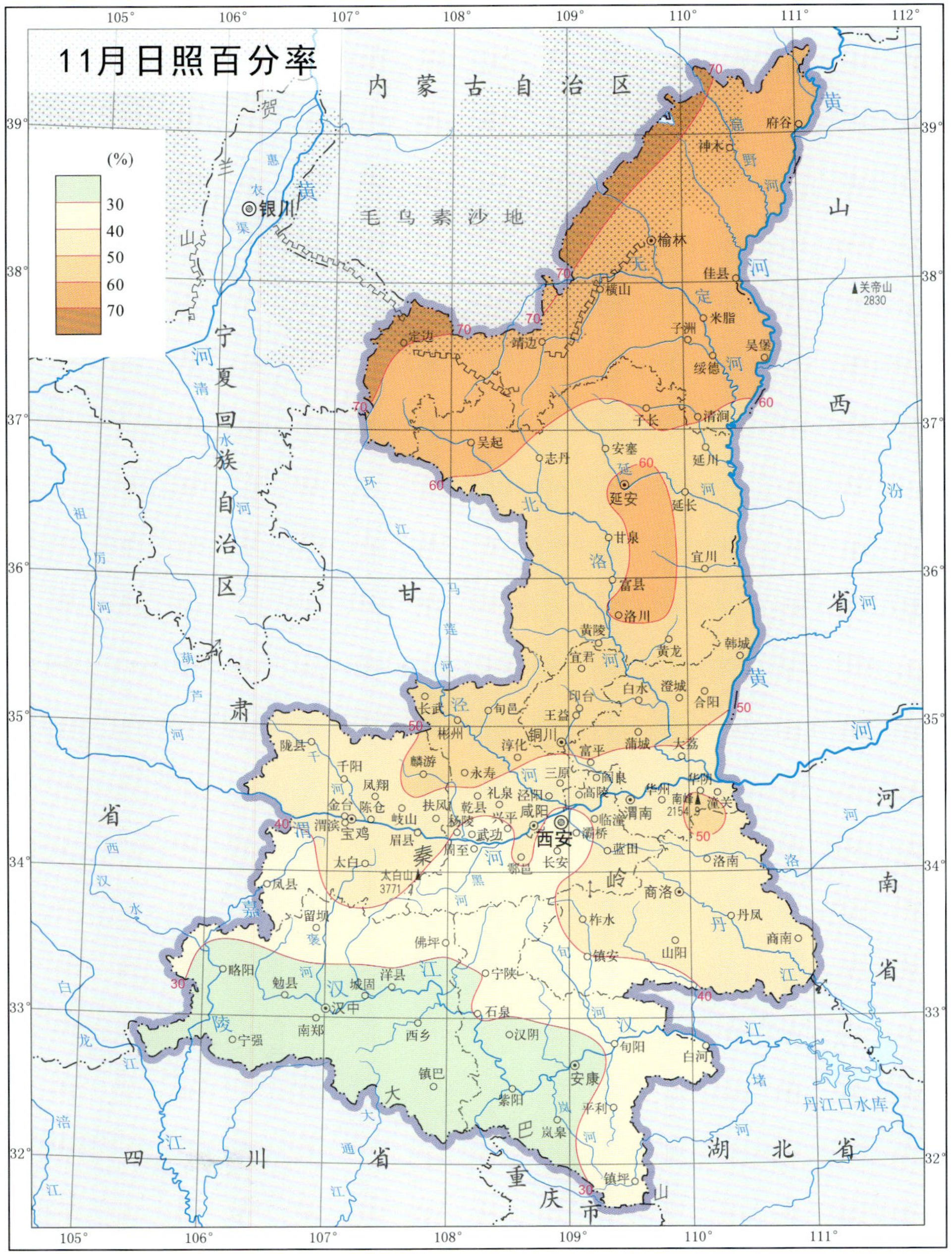

比例尺 1:5 700 000

年平均风速

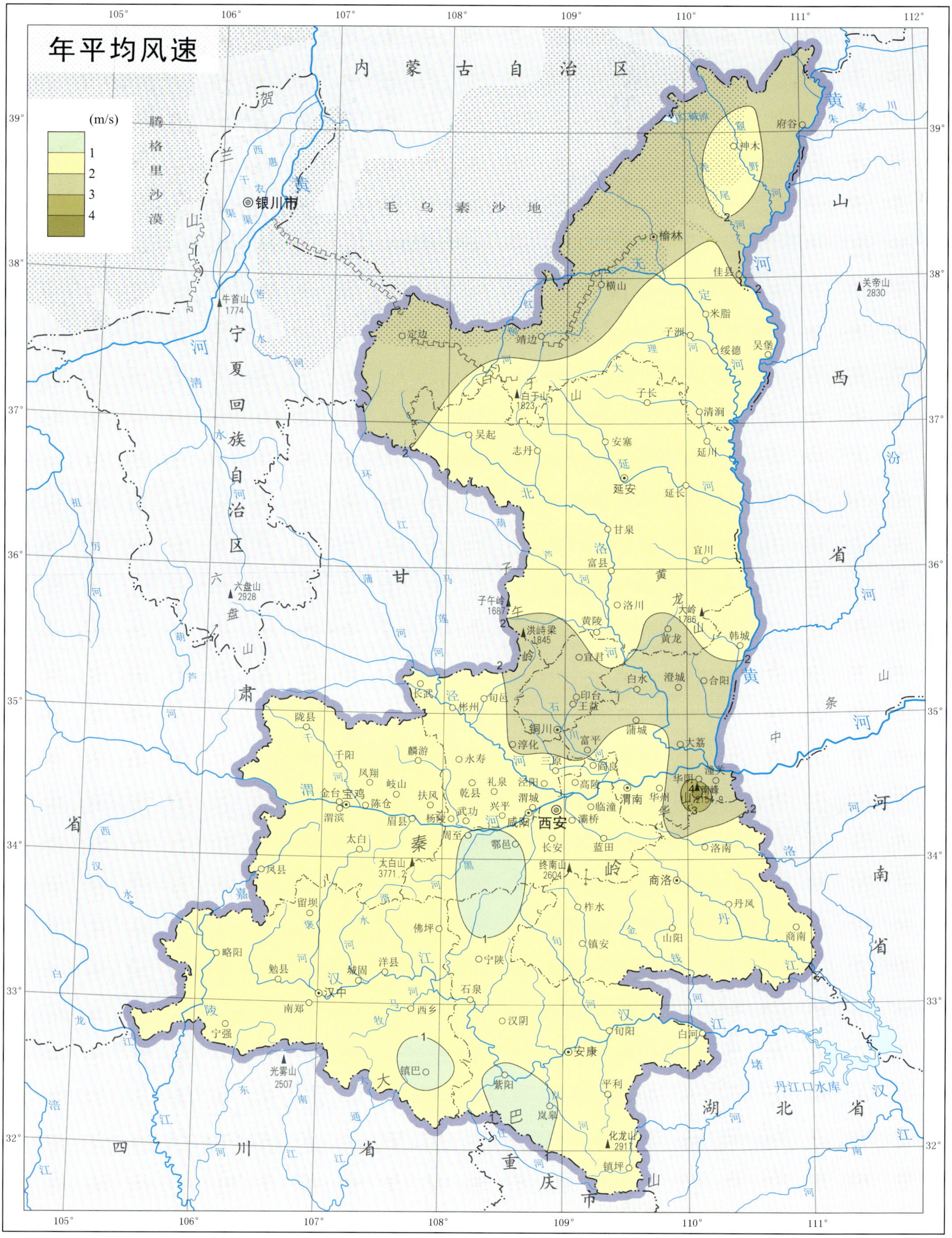

比例尺 1∶4 000 000 0 40 80 km

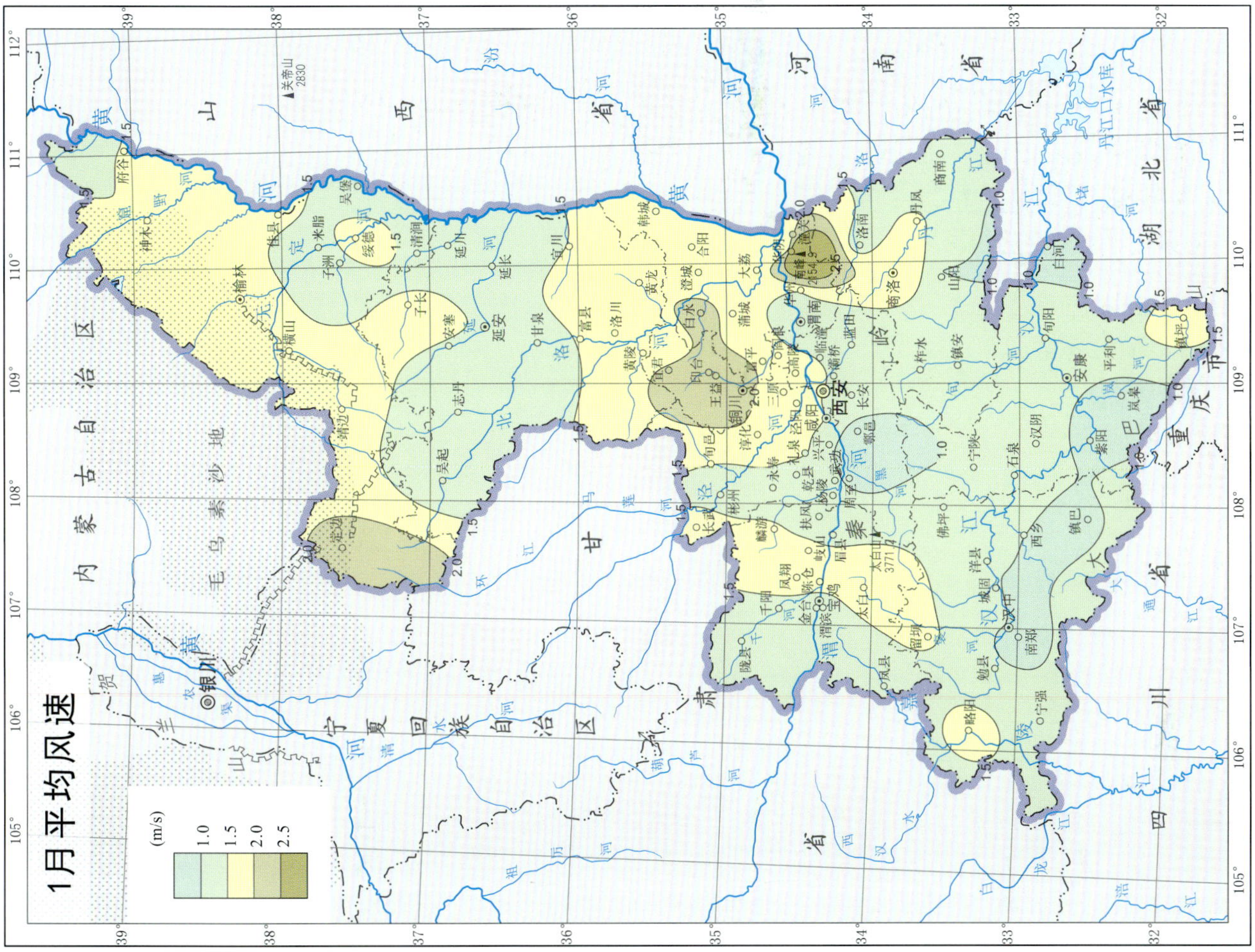

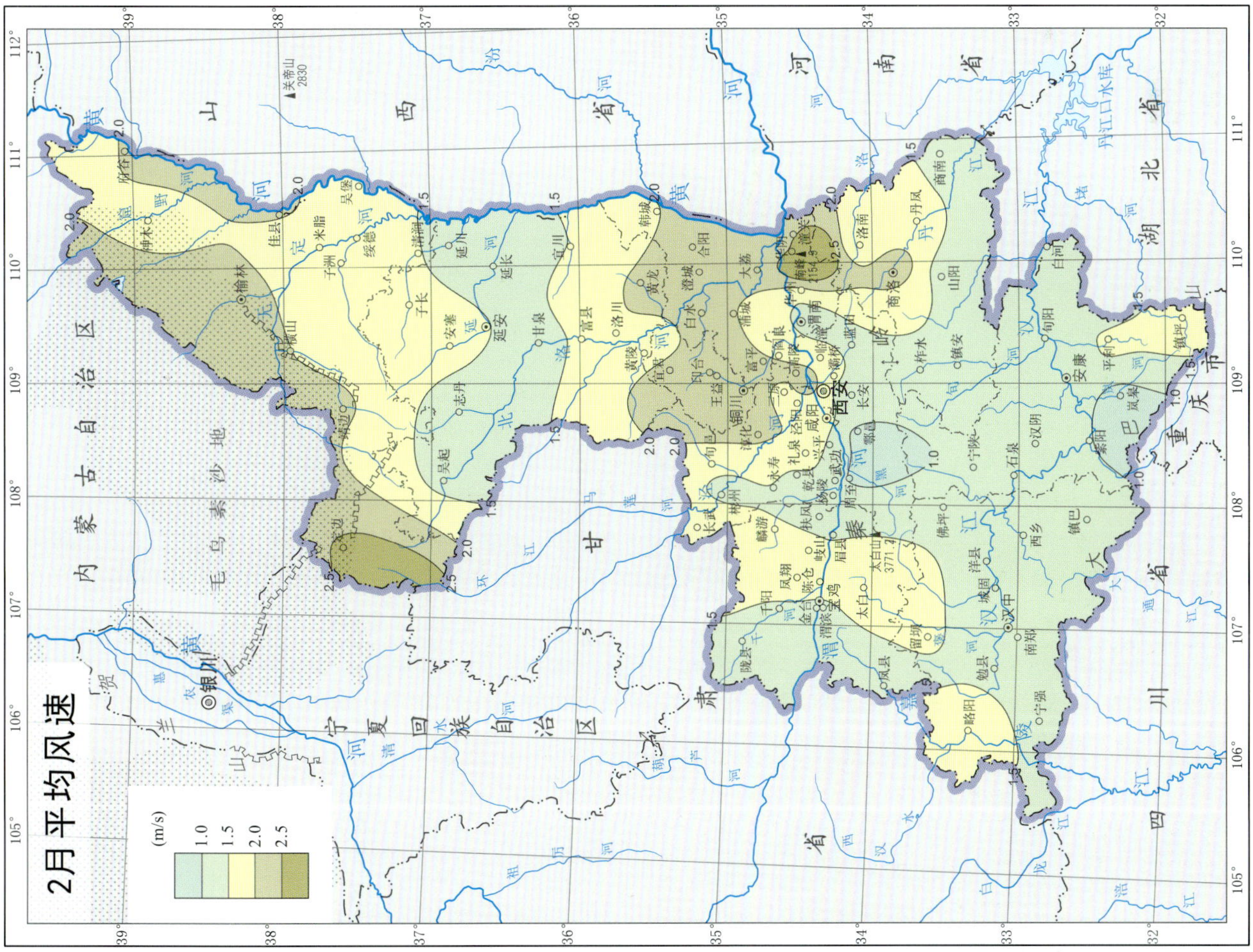

比例尺　1∶5 700 000　0　57　114 km

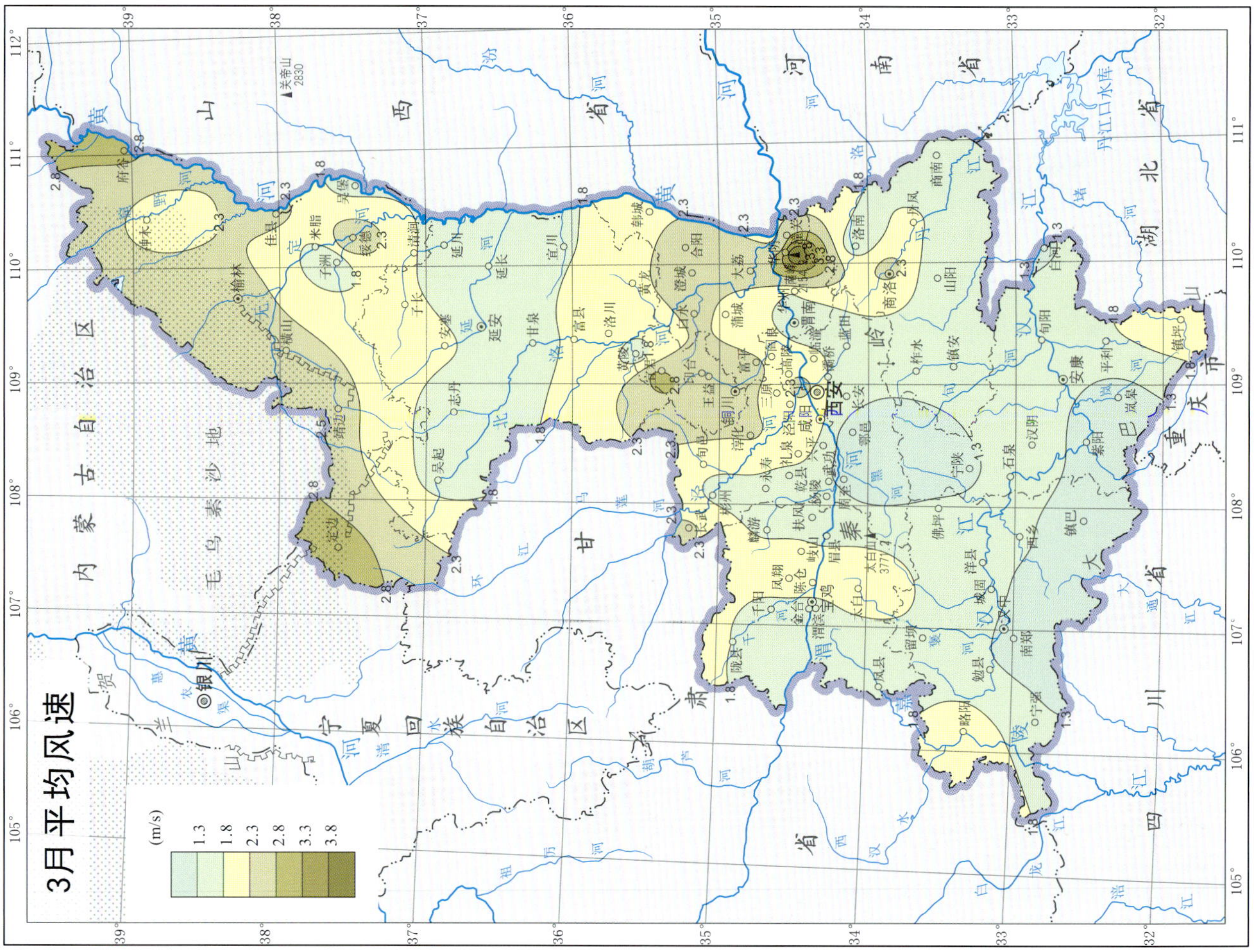

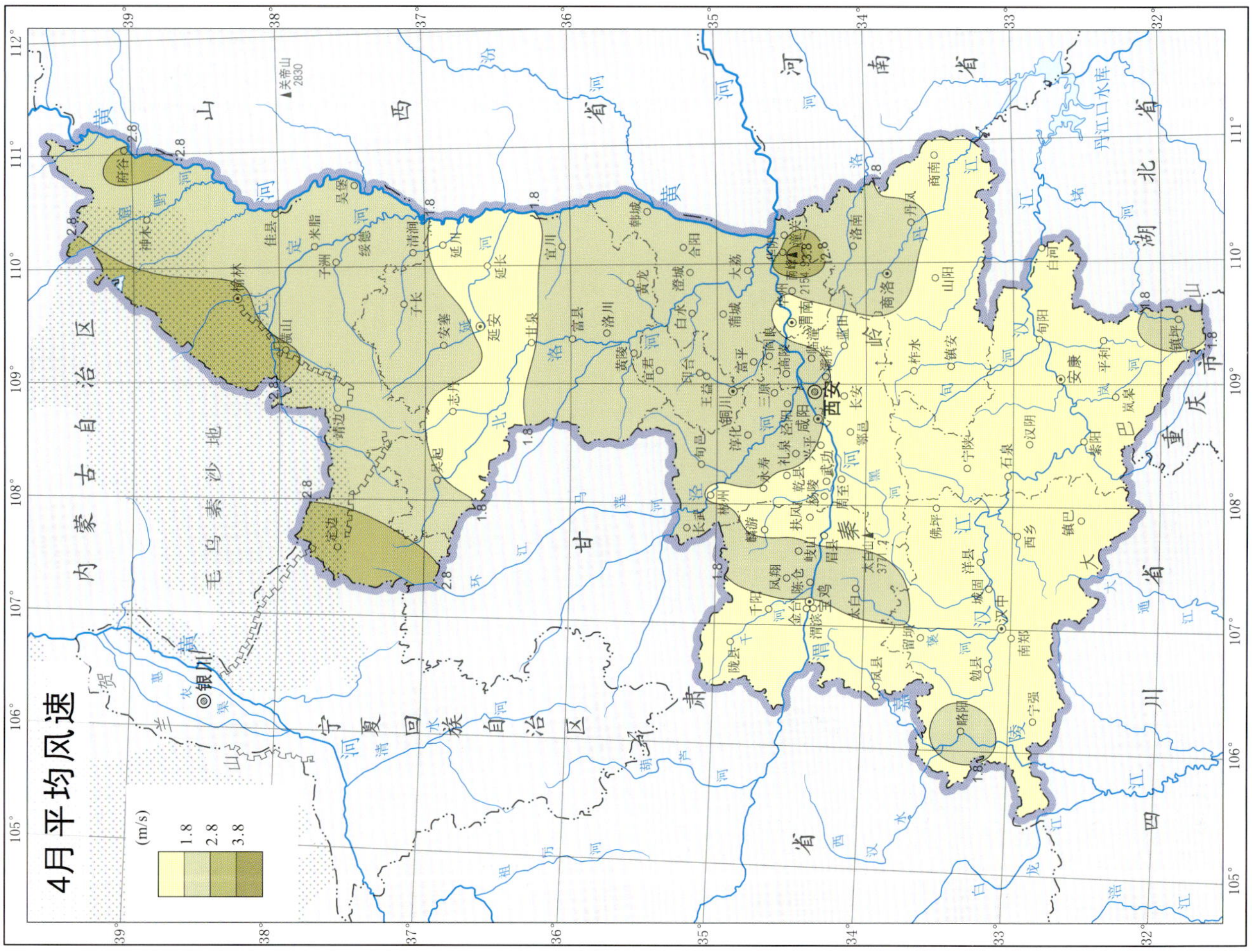

比例尺 1∶5 700 000 0 57 114 km

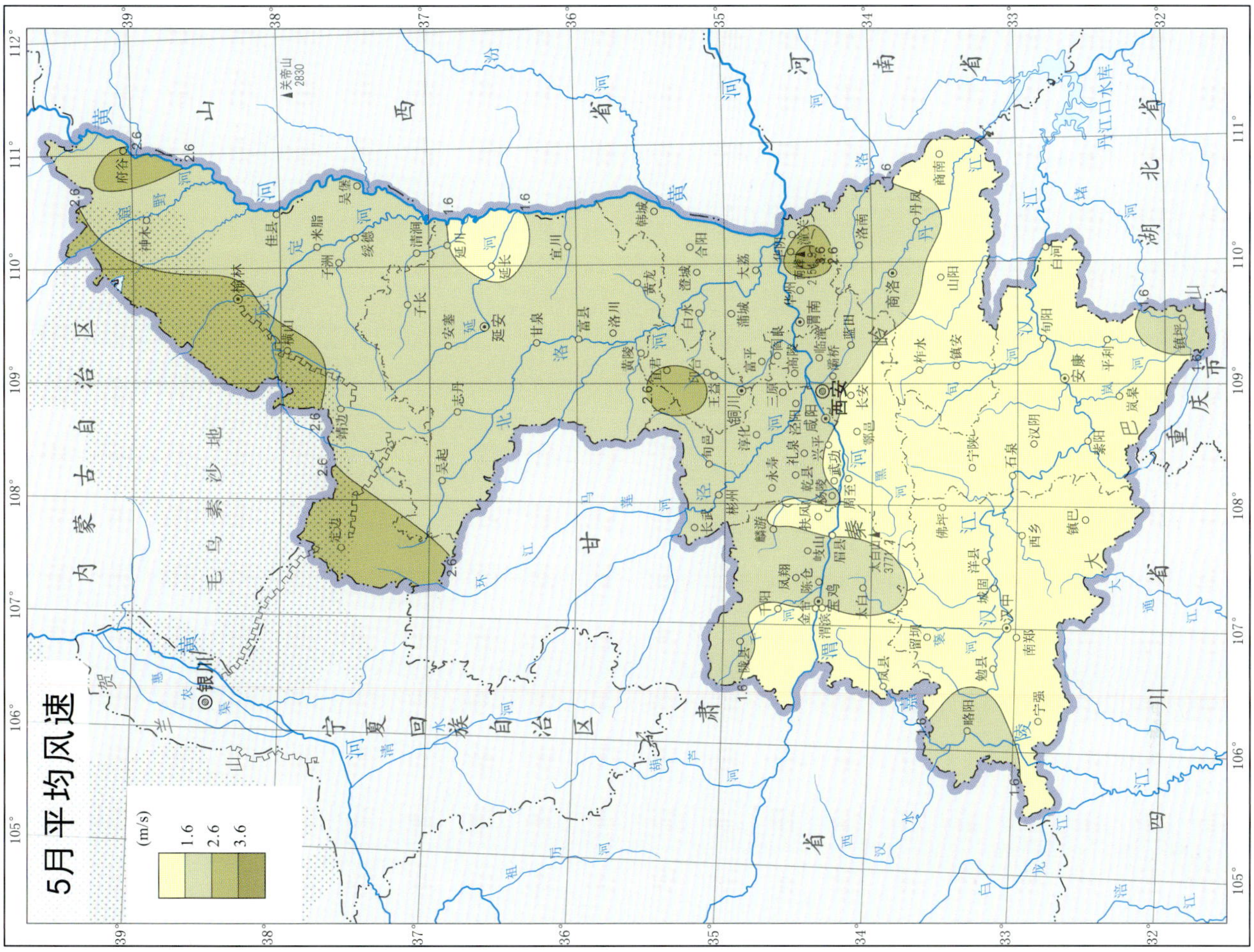
5月平均风速
(m/s)
1.6
2.6
3.6
内蒙古自治区
毛乌素沙地
山西省
河南省
湖北省
重庆市
四川省
甘肃省
宁夏回族自治区
西安

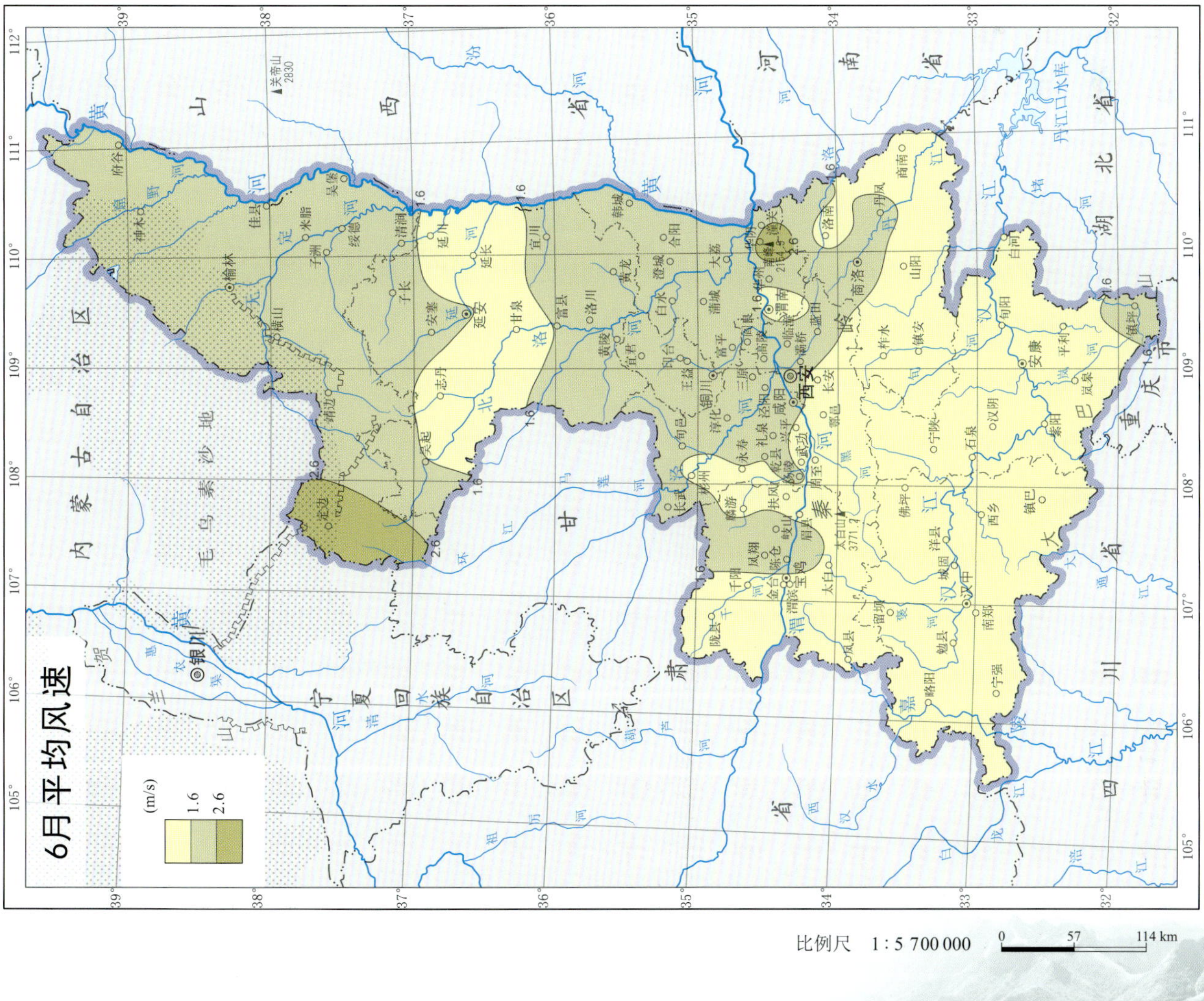
6月平均风速
(m/s)
1.6
2.6
内蒙古自治区
毛乌素沙地
山西省
河南省
湖北省
重庆市
四川省
甘肃省
宁夏回族自治区
西安

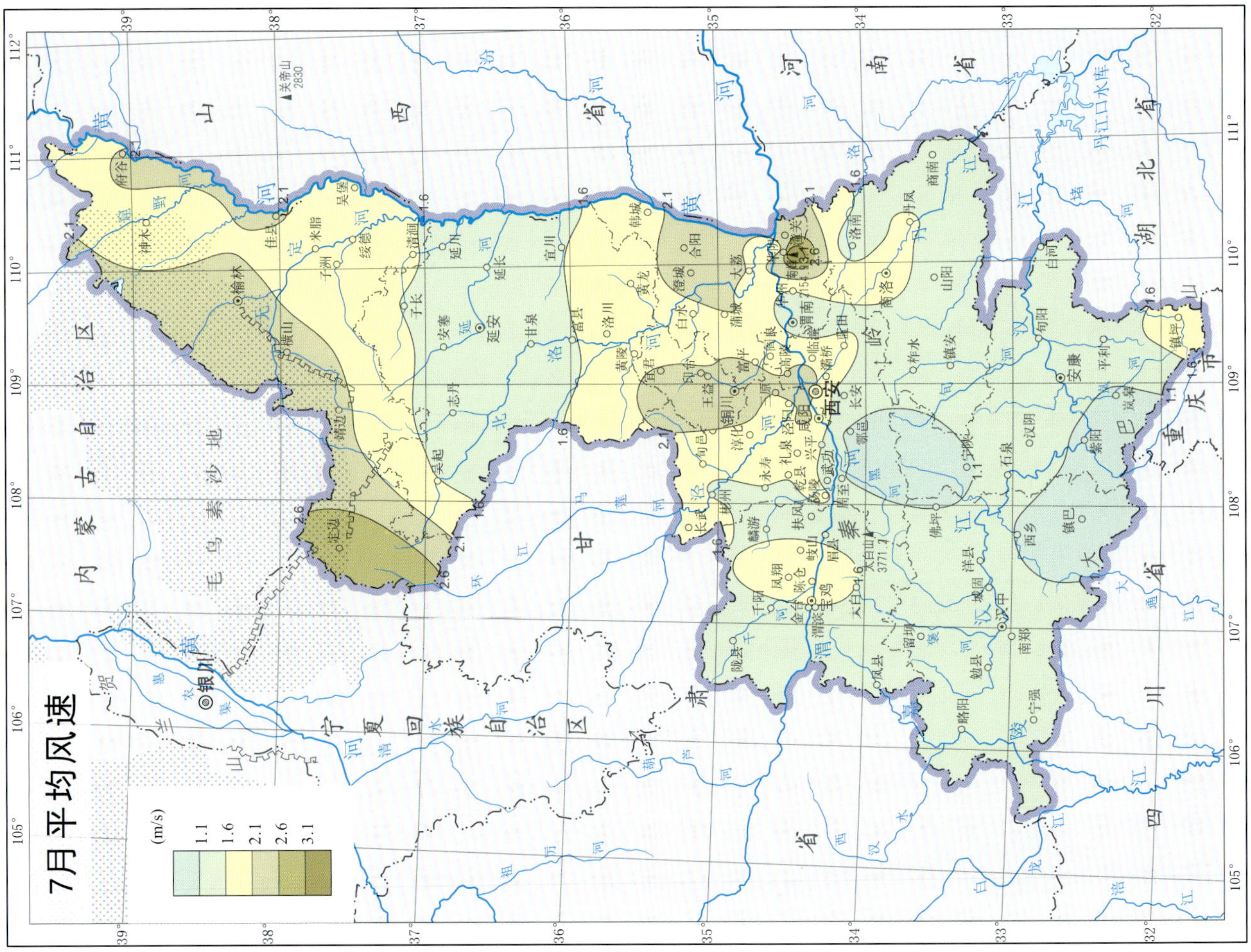

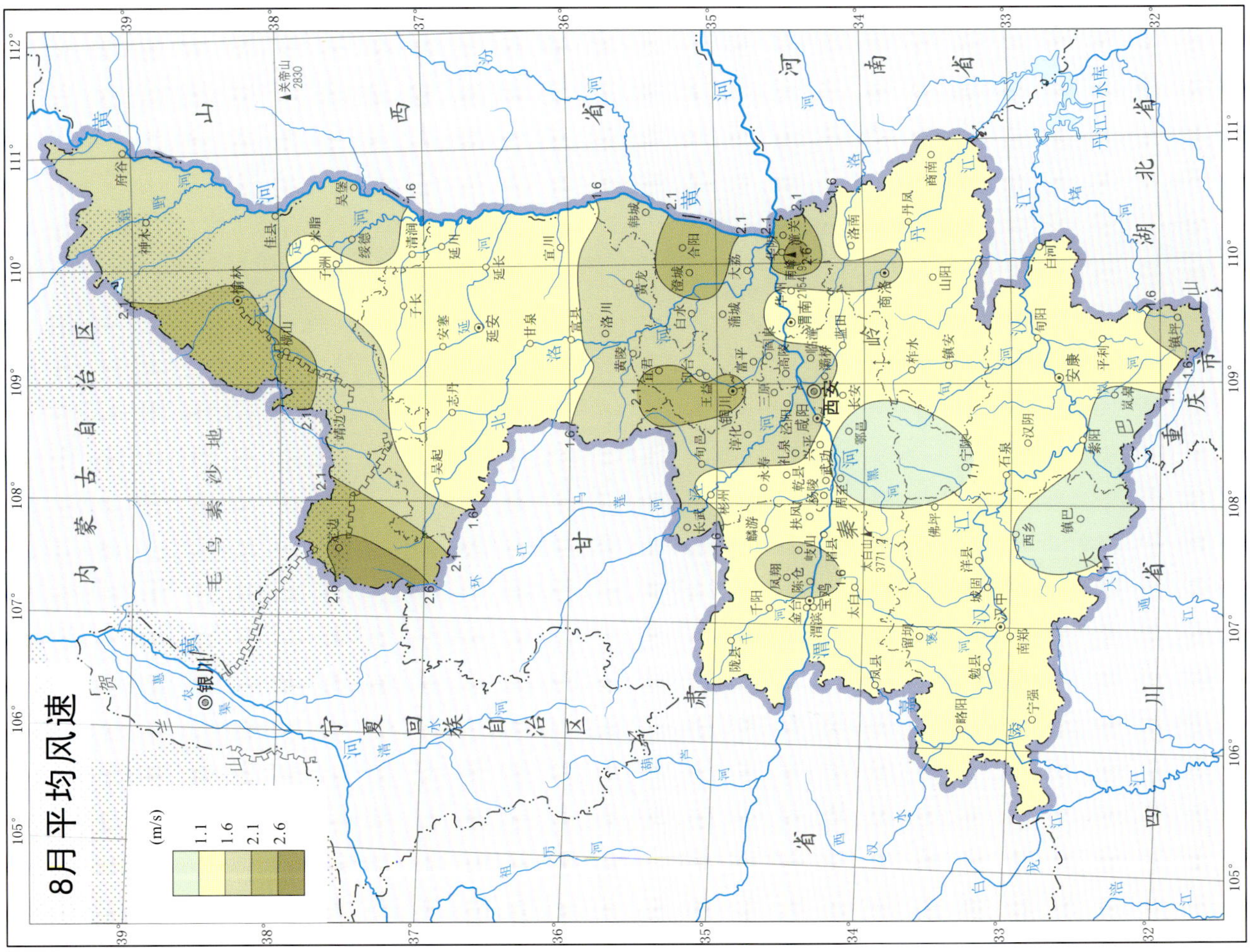

比例尺 1：5 700 000 0 57 114 km

9月平均风速

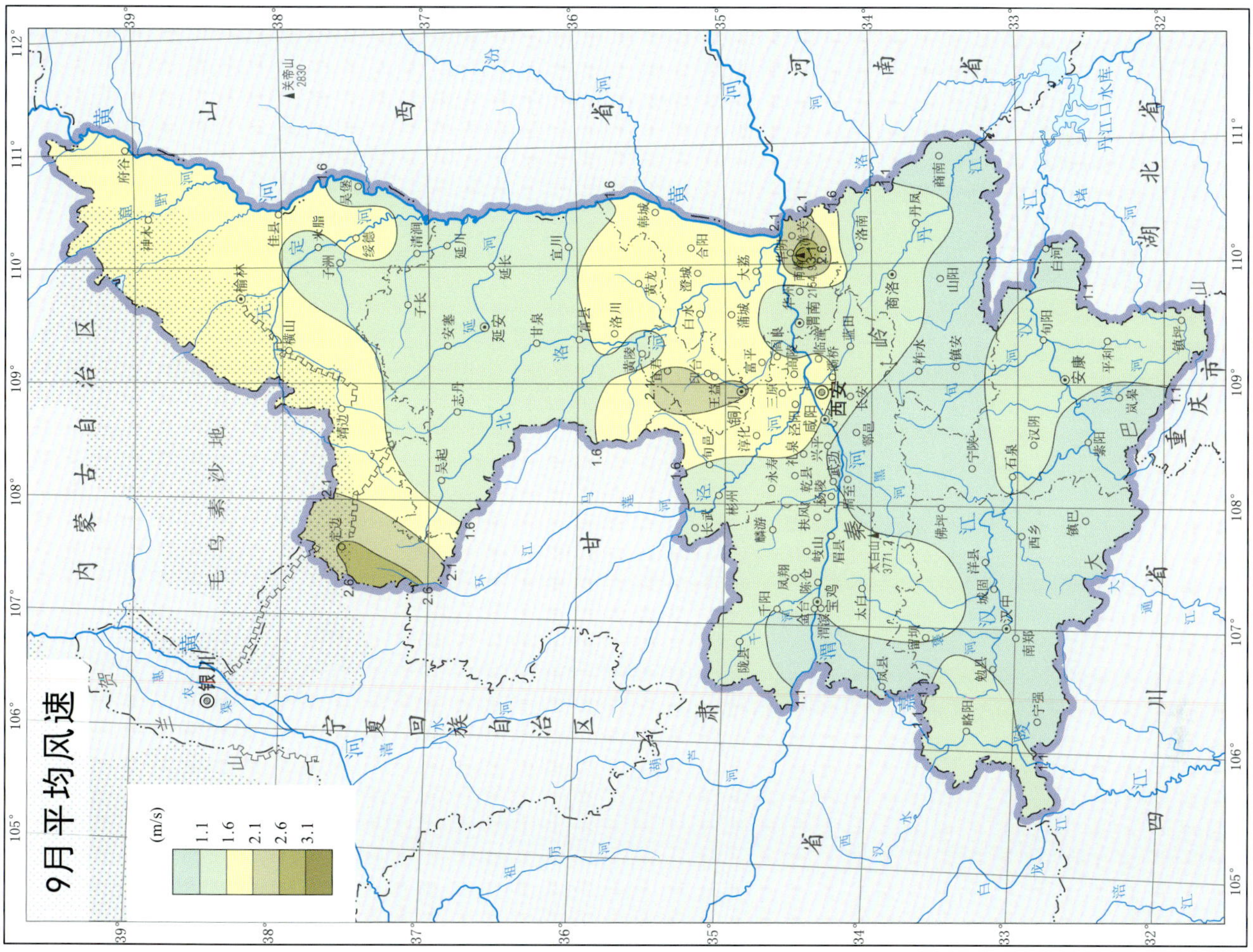

10月平均风速

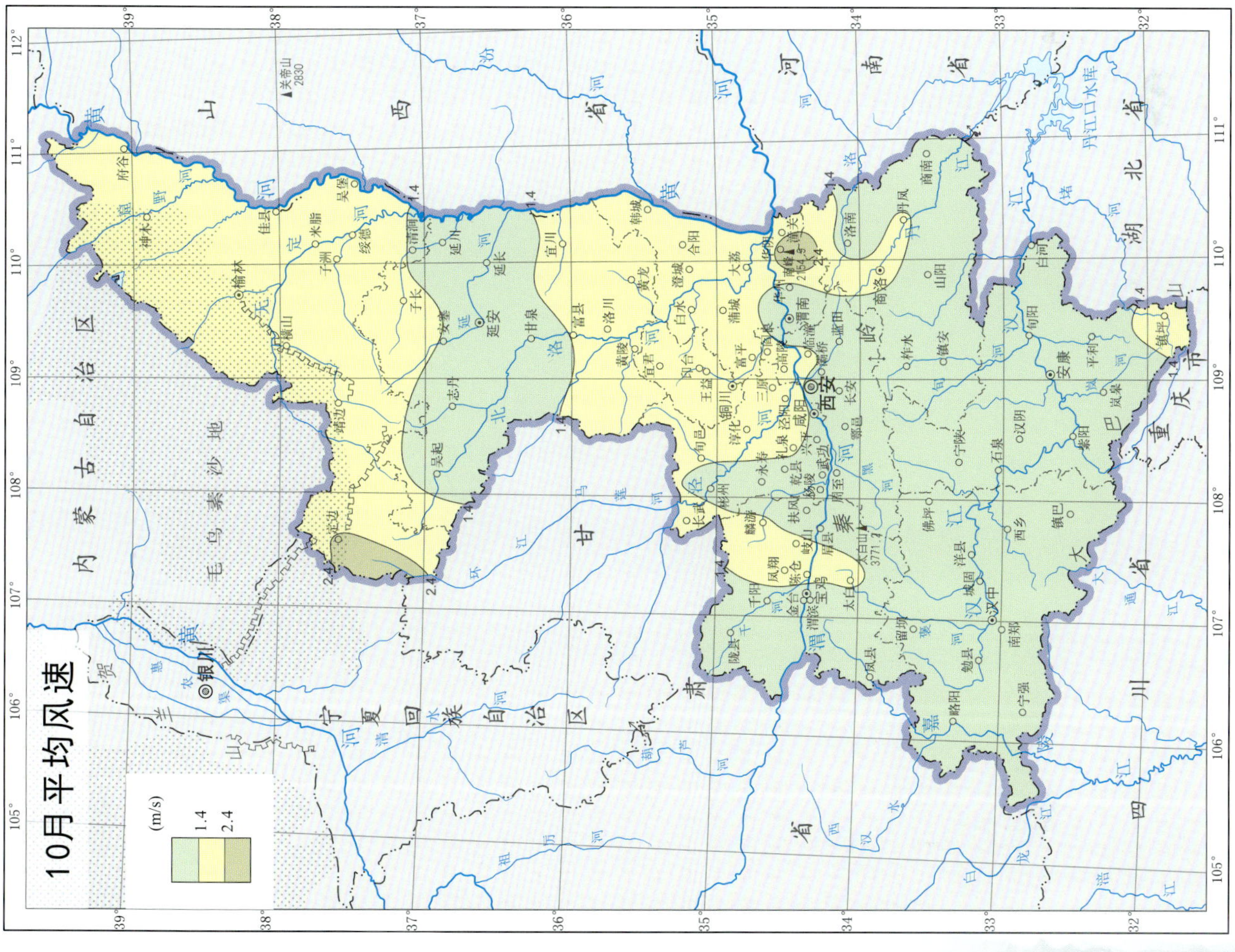

比例尺 1:5 700 000 0 57 114 km

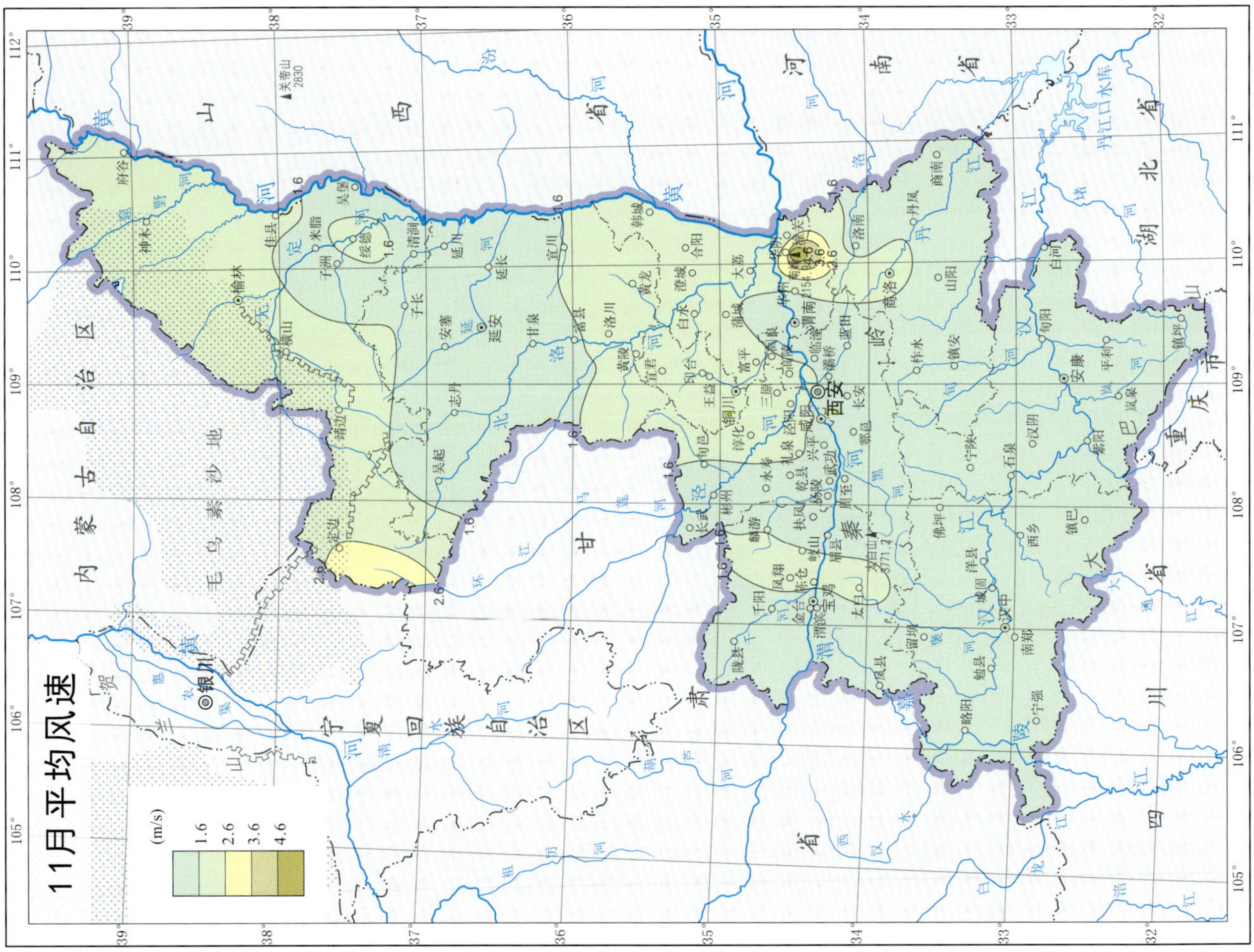

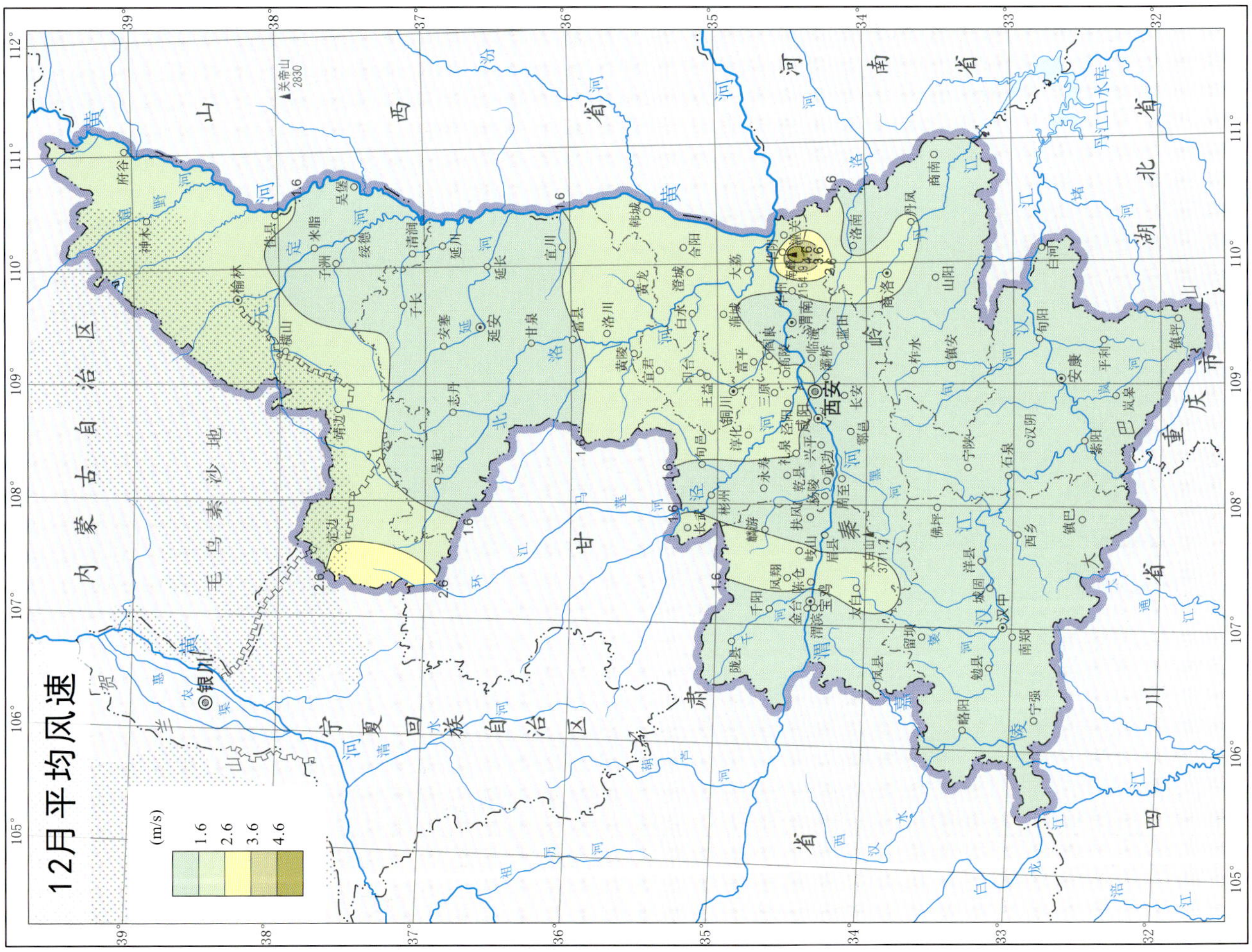

比例尺　1 : 5 700 000　0　57　114 km

全年盛行风向及其频率

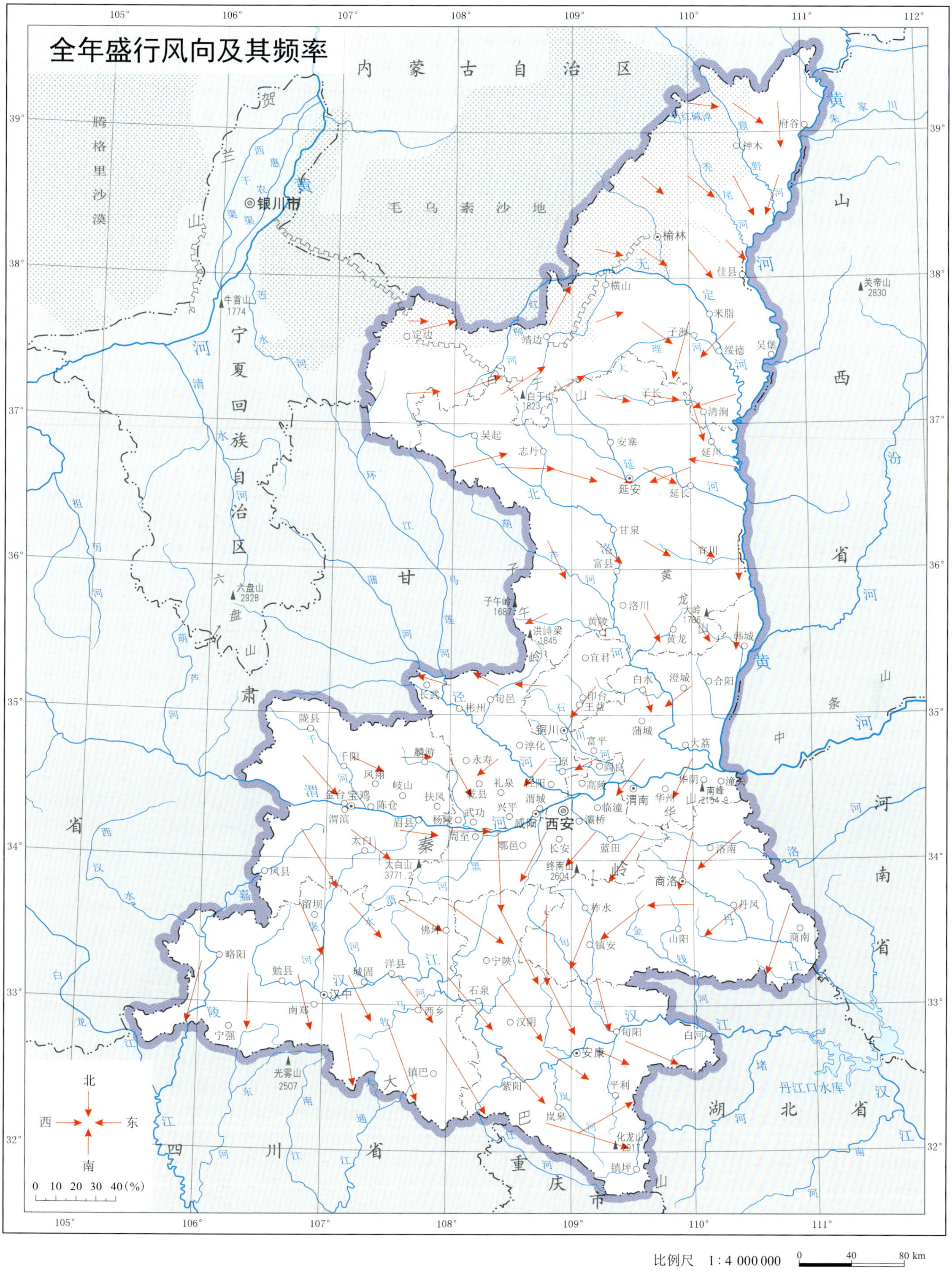

内蒙古自治区
腾格里沙漠
毛乌素沙地
银川市
宁夏回族自治区
甘肃
西
山西省
河南省
湖北省
四川省
重庆市
府谷
神木
榆林
佳县
横山
米脂
子洲
绥德
吴堡
定边
靖边
白于山 1823
子长
清涧
吴起
志丹
安塞
延安
延长
延川
甘泉
富县
宜川
洛川
黄龙
大岭 1786
韩城
子午岭 1687
洪崎梁 1845
黄陵
宜君
白水
澄城
合阳
长武
彬州
旬邑
印台
王益
铜川
蒲城
大荔
淳化
富平
陇县
千阳
麟游
永寿
凤翔
岐山
扶风
乾县
礼泉
泾阳
三原
阎良
高陵
临潼
渭南
华州
华阴
潼关
南峰 2154.9
宝鸡
金台
渭滨
陈仓
眉县
杨陵
武功
兴平
渭城
咸阳
西安
灞桥
周至
鄠邑
长安
蓝田
太白
太白山 3771.2
终南山 2604
洛南
商洛
凤县
留坝
佛坪
柞水
丹凤
镇安
山阳
商南
略阳
勉县
城固
洋县
宁陕
汉中
南郑
西乡
石泉
汉阳
旬阳
白河
宁强
安康
镇巴
紫阳
平利
岚皋
化龙山 2917
镇坪
牛首山 1774
六盘山 2928
关帝山 2830
光雾山 2507
丹江口水库
黄河
渭河
汉江
泾河
洛河
无定河
延河
嘉陵江
丹江
秦岭
大巴山
北
南
西
东
0 10 20 30 40(%)
比例尺 1:4 000 000
0 40 80 km

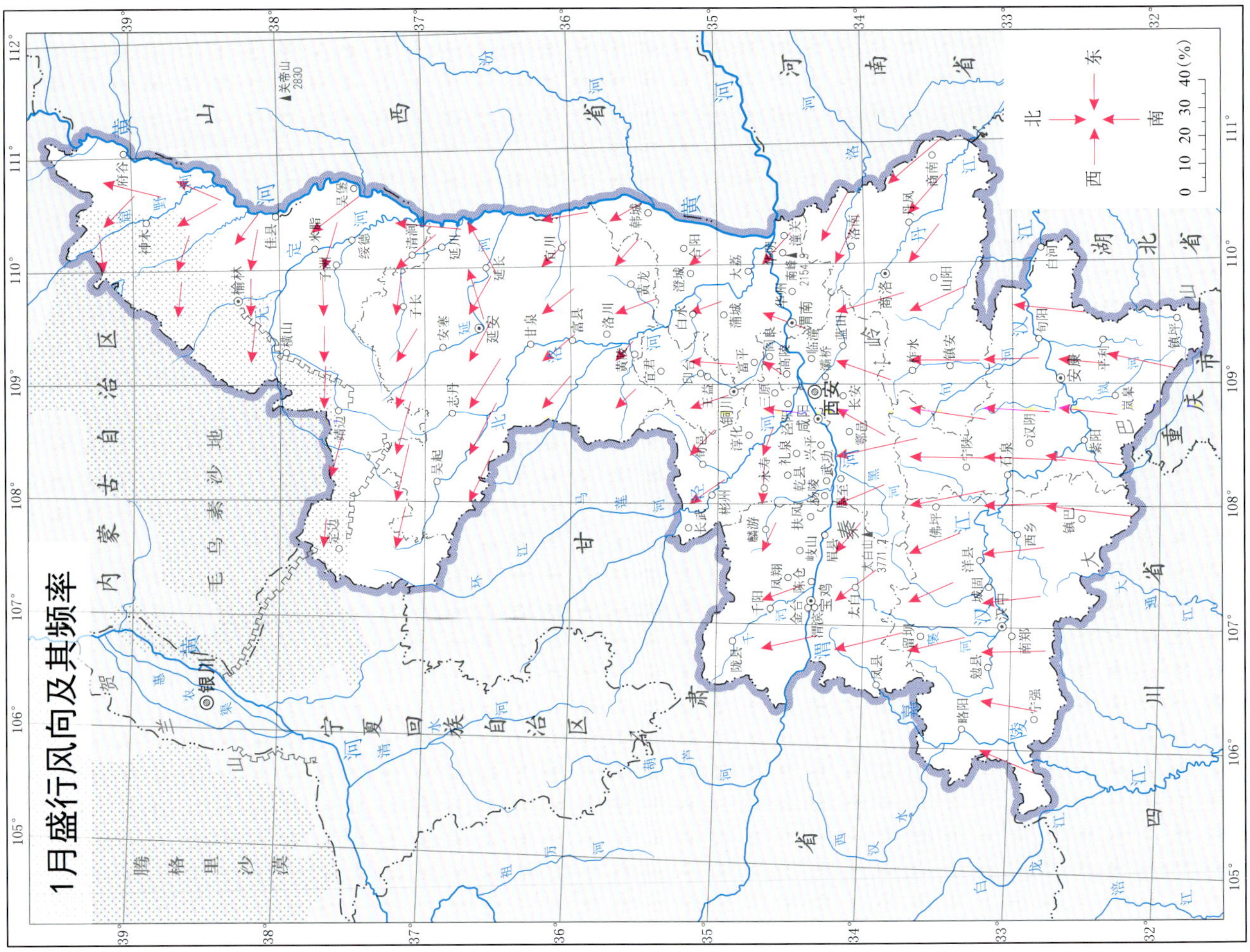

1月盛行风向及其频率

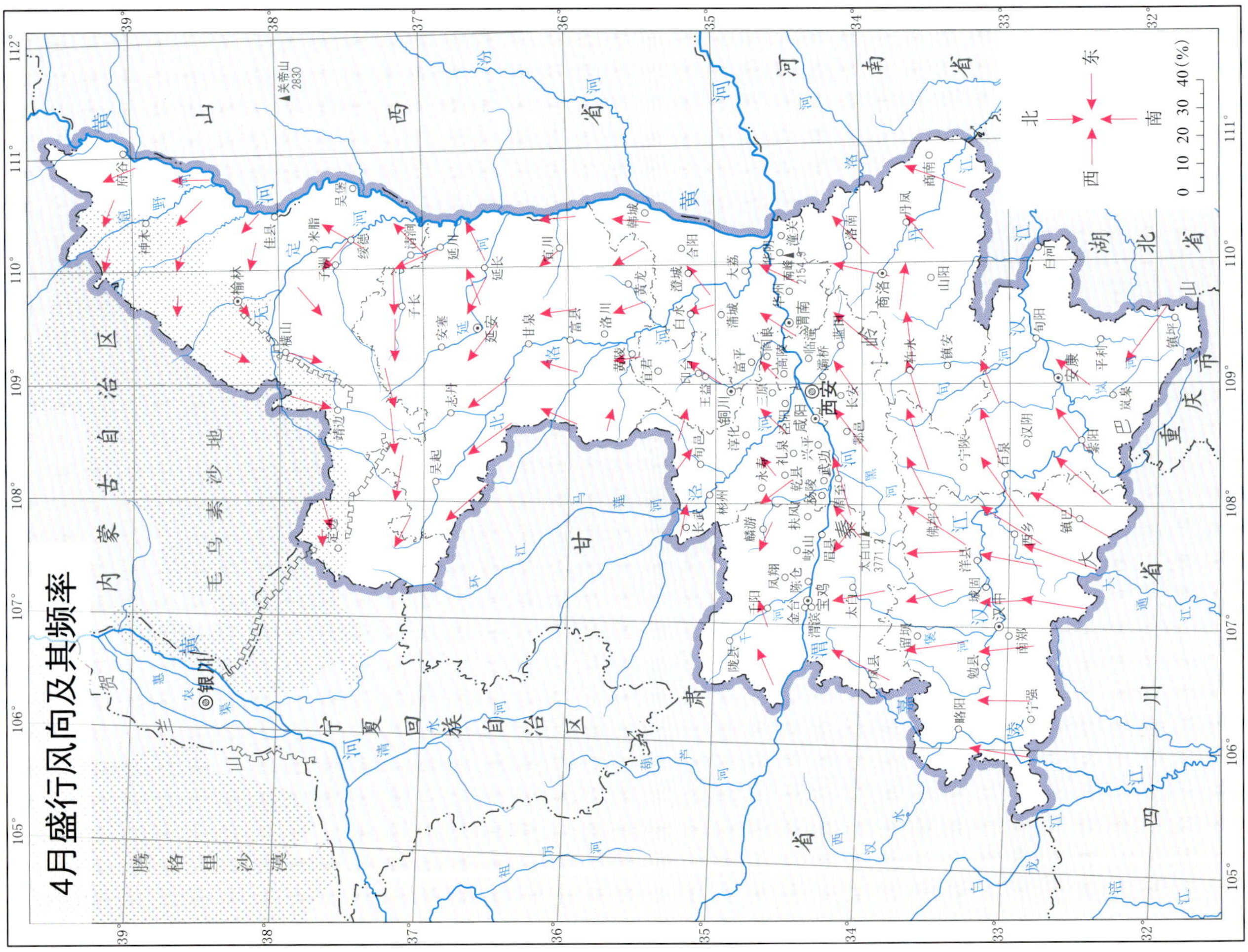

4月盛行风向及其频率

比例尺 1 : 5 700 000 0 57 114 km

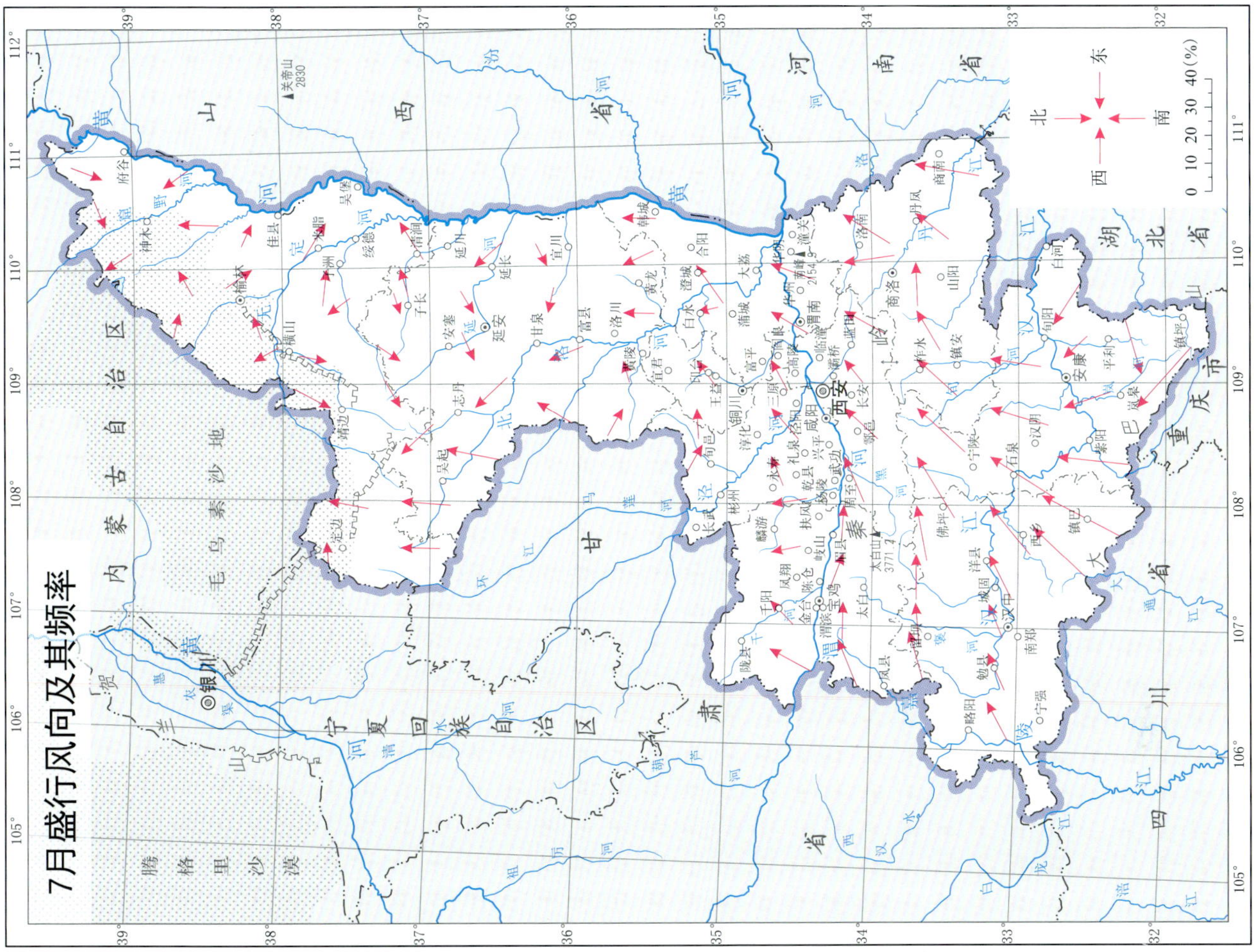

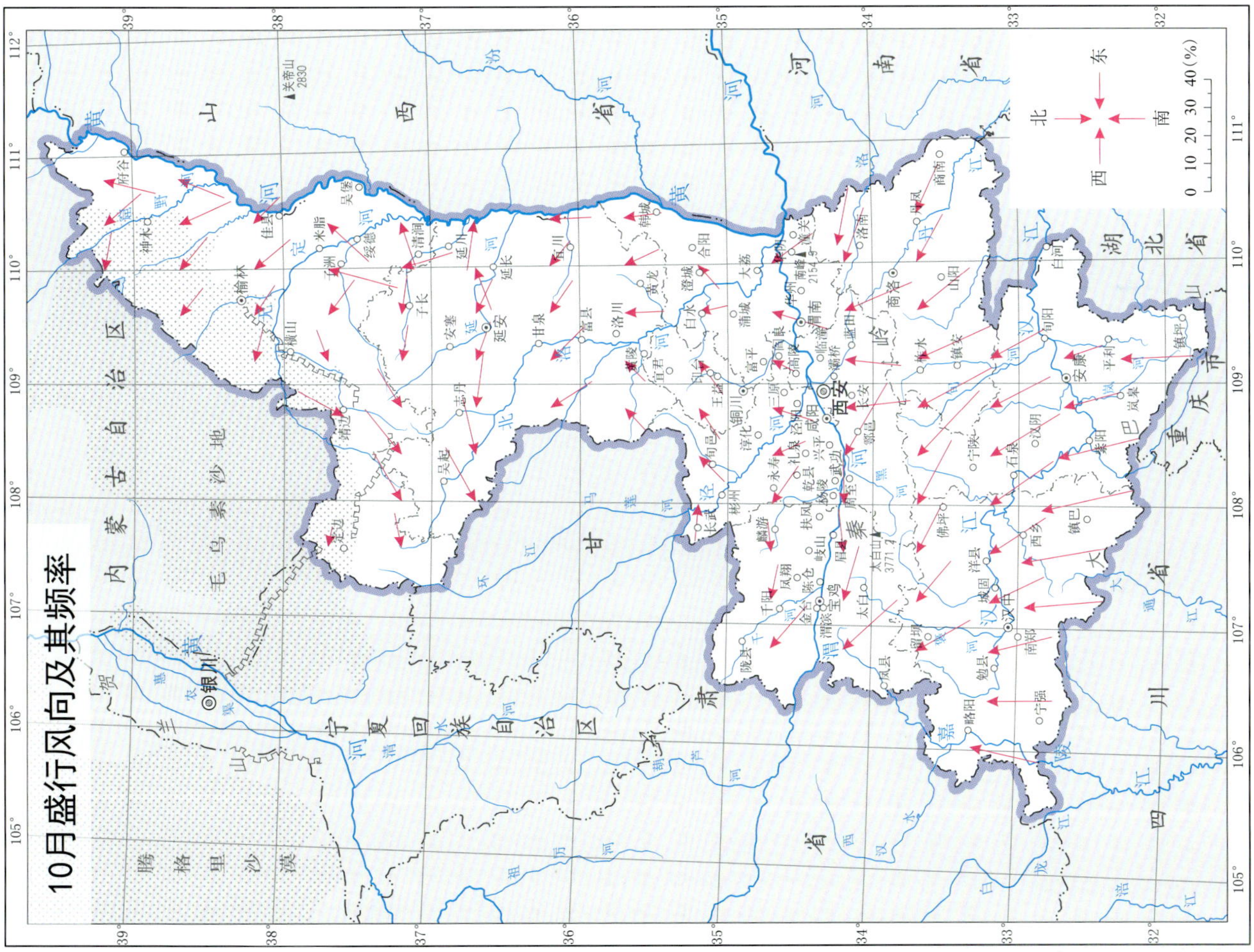

比例尺 1:5 700 000 0 57 114 km

年各风向频率及其平均风速和最大风速

榆林 C=16%

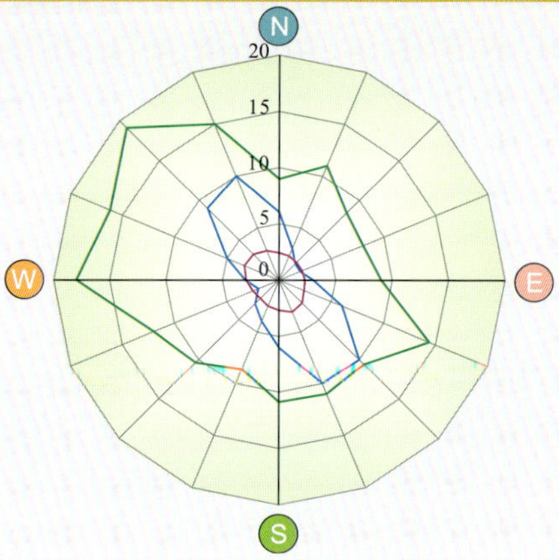

延安 C=12%

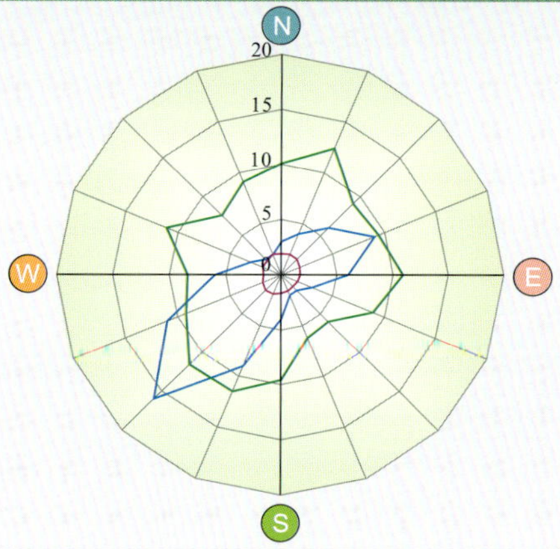

咸阳 C=14%

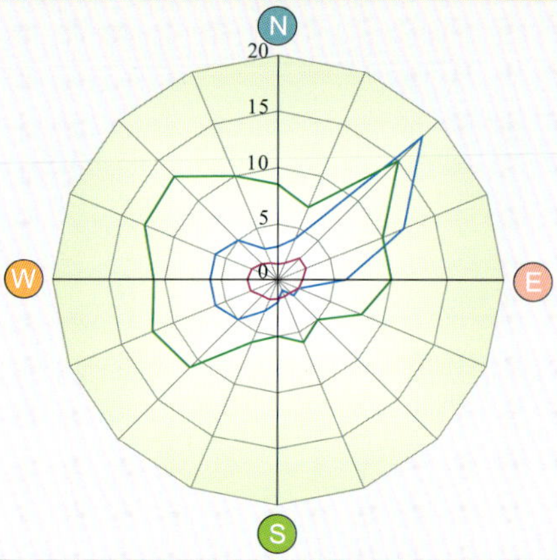

西安 C=22%

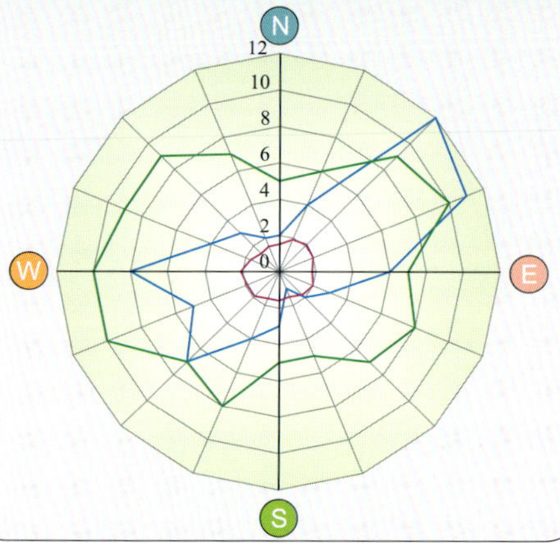

渭南 C=30%

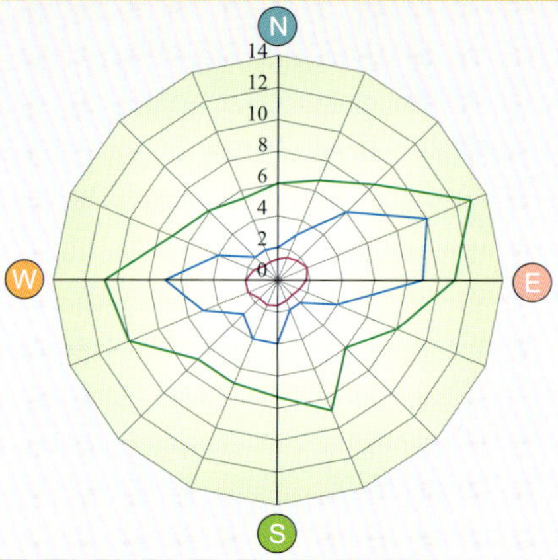

铜川 C=7%

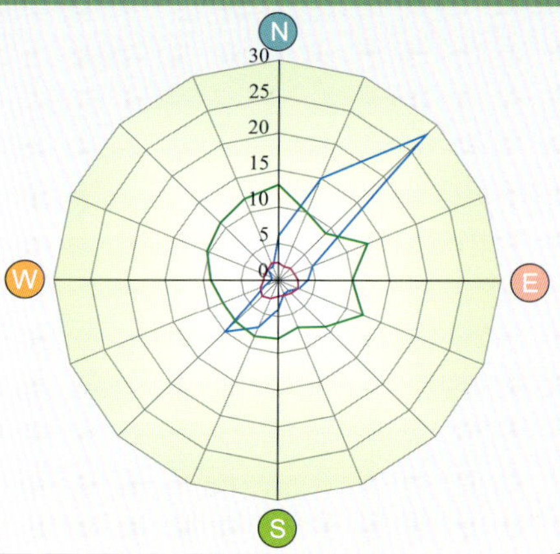

年各风向频率及其平均风速和最大风速

宝鸡　C=26%

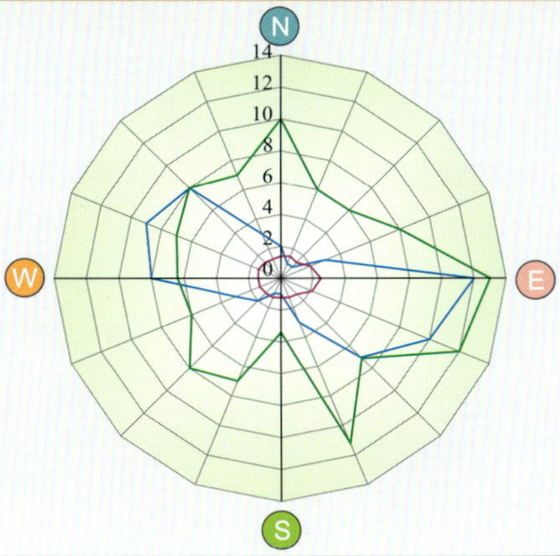

商洛　C=13%

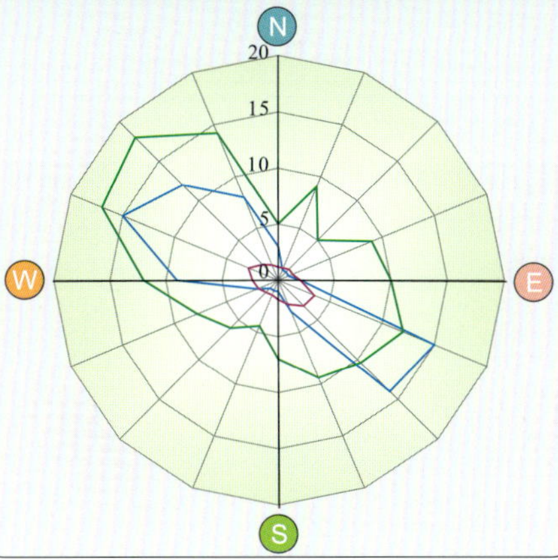

汉中　C=21%

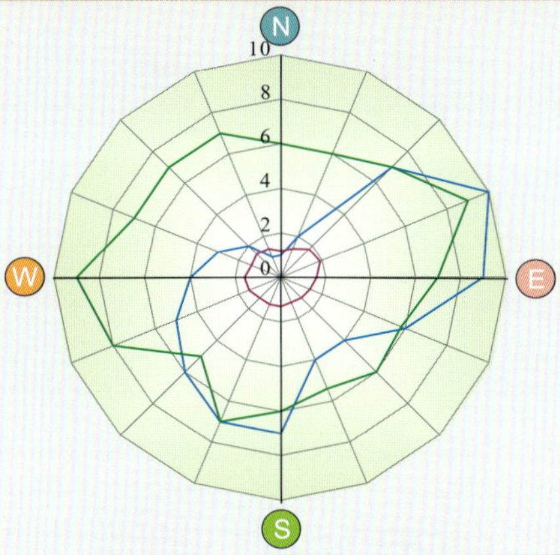

安康　C=15%

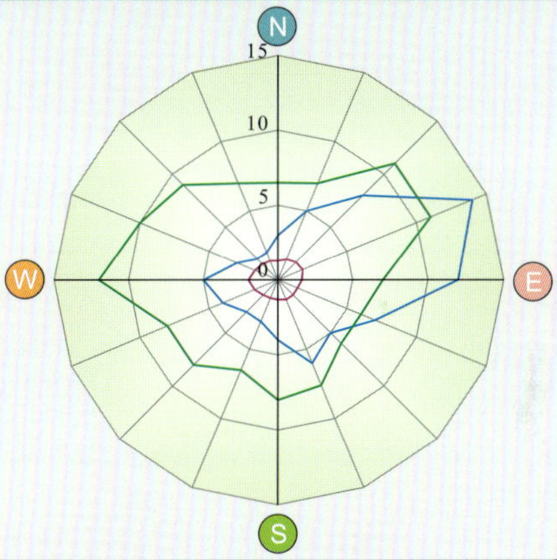

风向频率 (%)

平均风速 (m/s)

最大风速 (m/s)

1月各风向频率及其平均风速和最大风速

榆林 C=23%

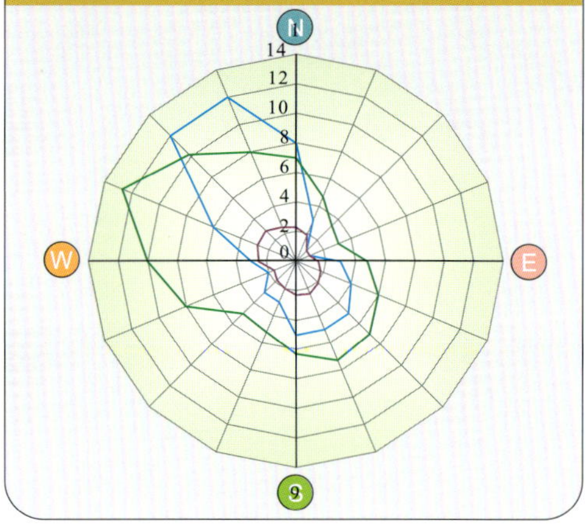

延安 C=14%

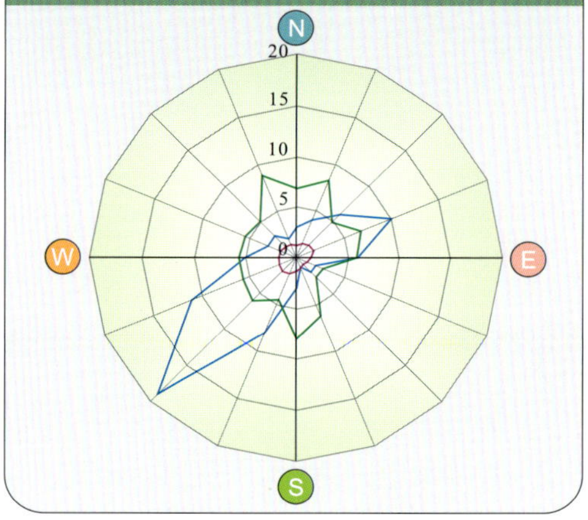

咸阳 C=15%

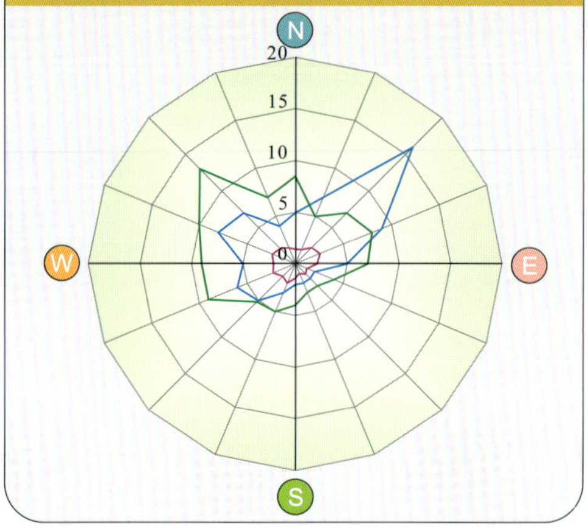

西安 C=28%

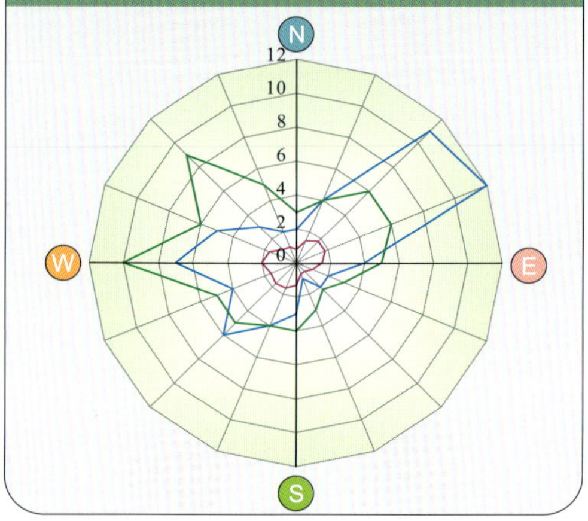

渭南 C=33%

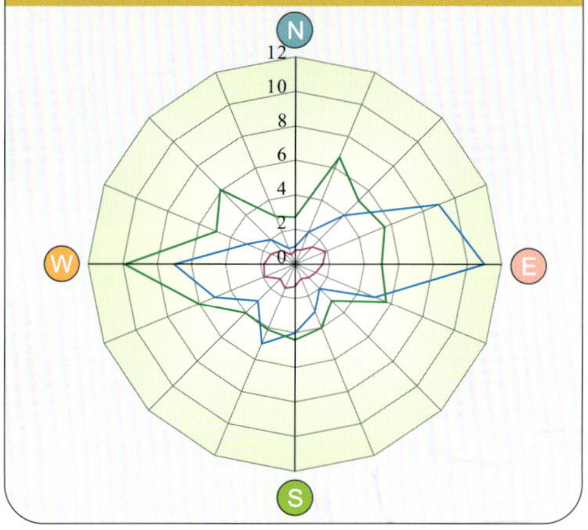

铜川 C=9%

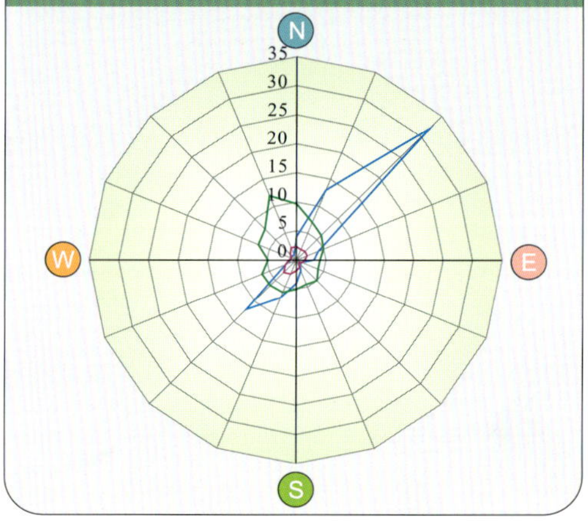

1月各风向频率及其平均风速和最大风速

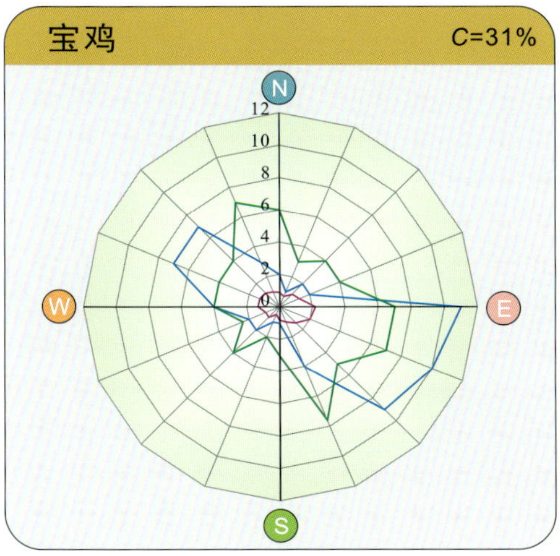

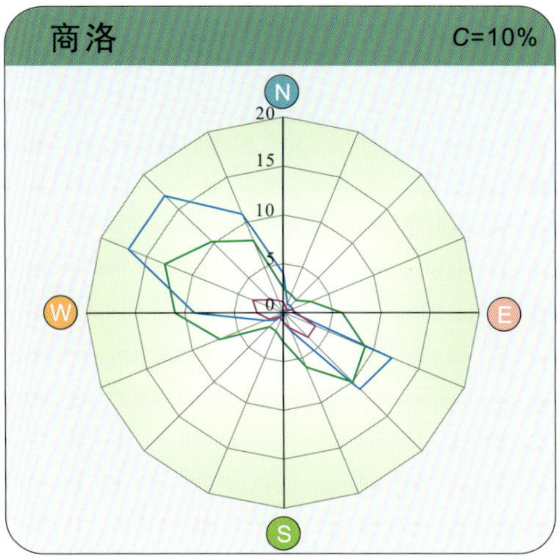

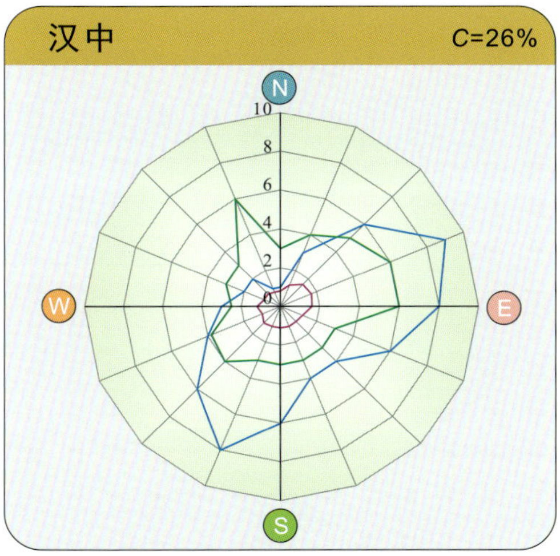

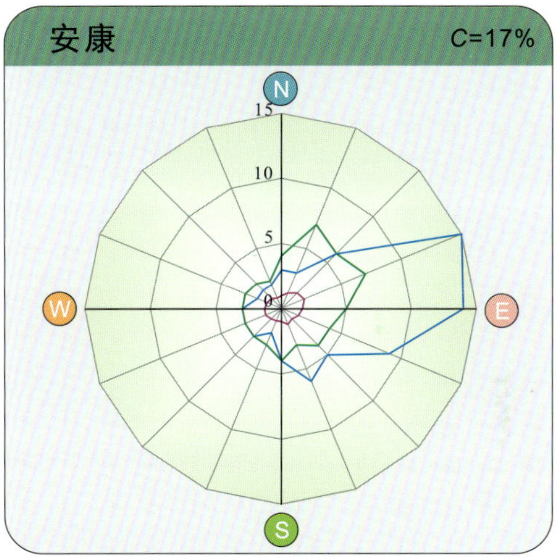

风向频率 (%)

平均风速 (m/s)

最大风速 (m/s)

4月各风向频率及其平均风速和最大风速

榆林 C=13%

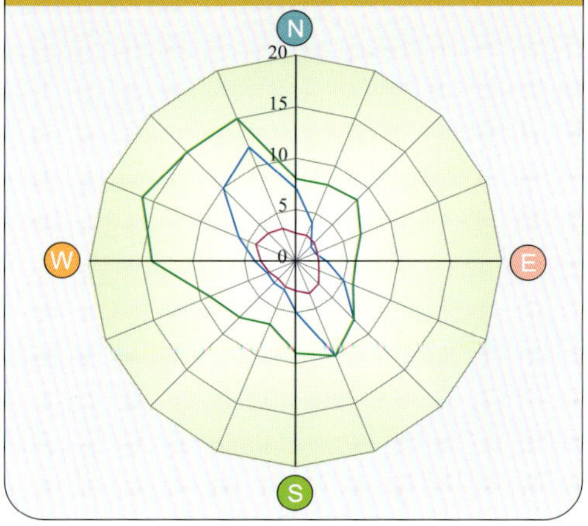

延安 C=9%

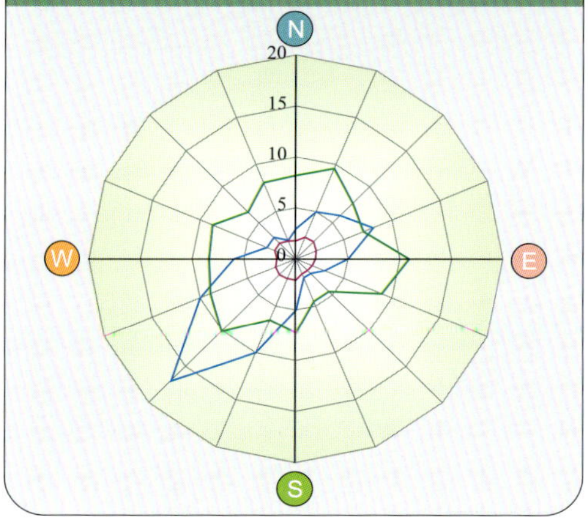

咸阳 C=12%

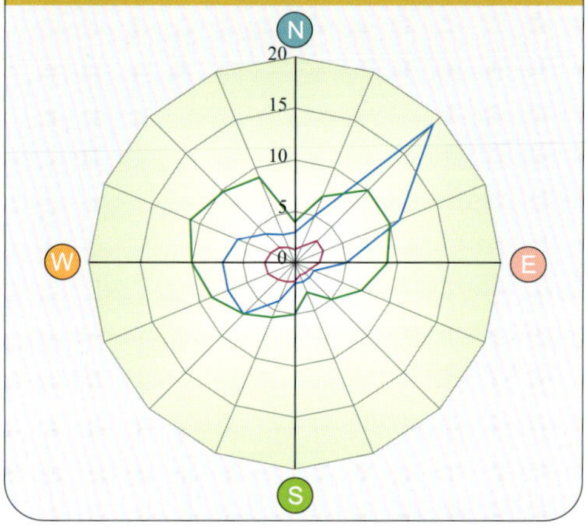

西安 C=22%

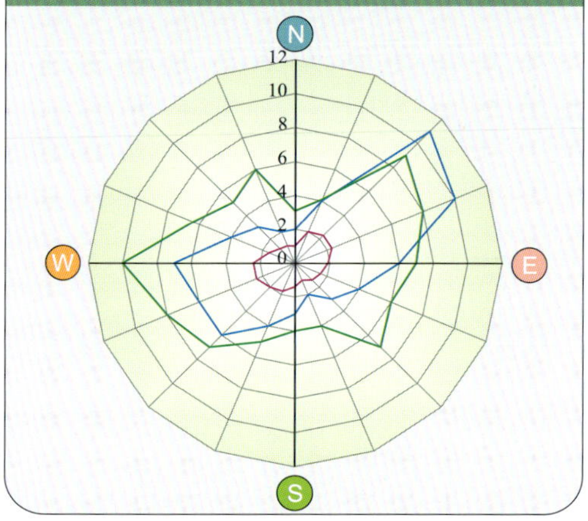

渭南 C=25%

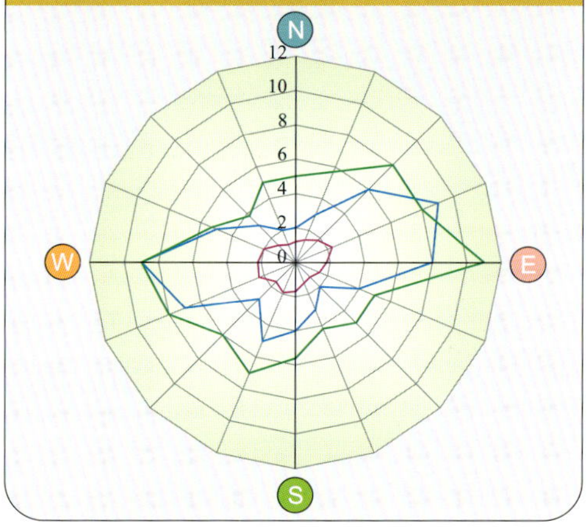

铜川 C=6%

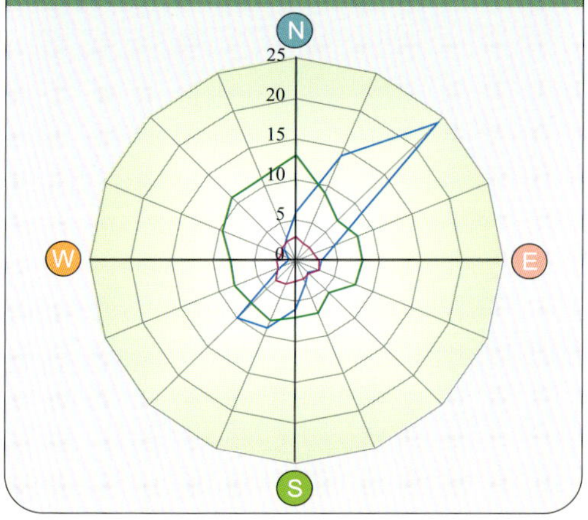

4月各风向频率及其平均风速和最大风速

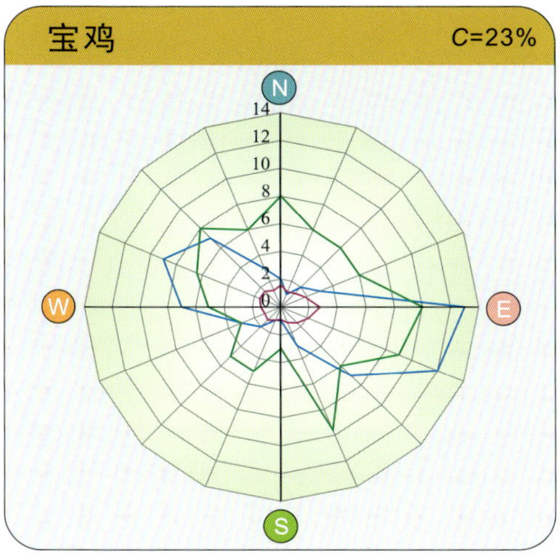

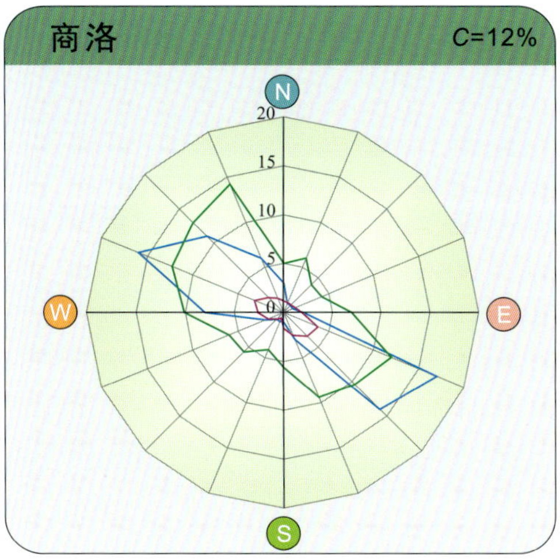

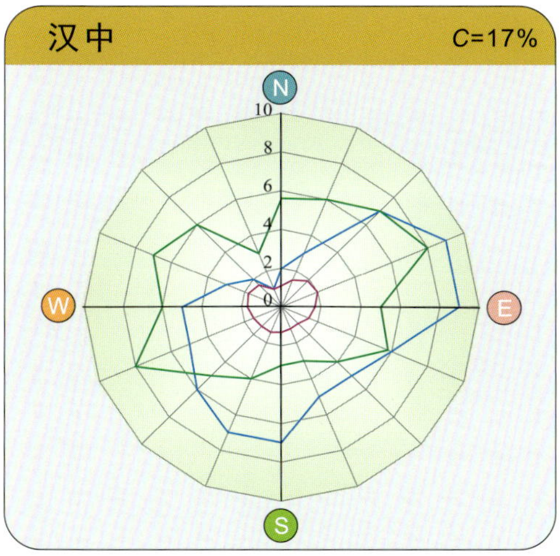

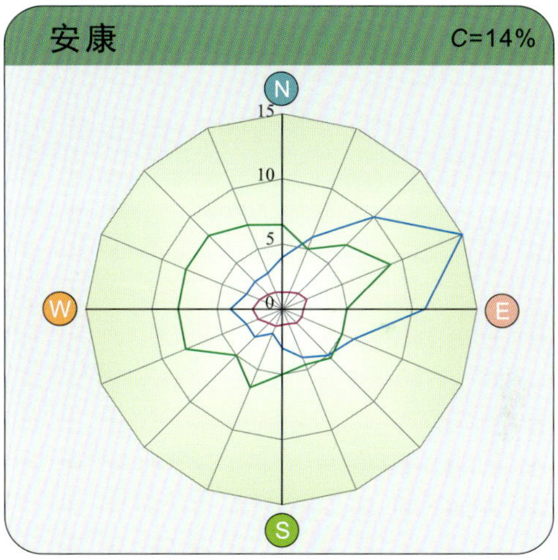

风向频率 (%)

平均风速 (m/s)

最大风速 (m/s)

7月各风向频率及其平均风速和最大风速

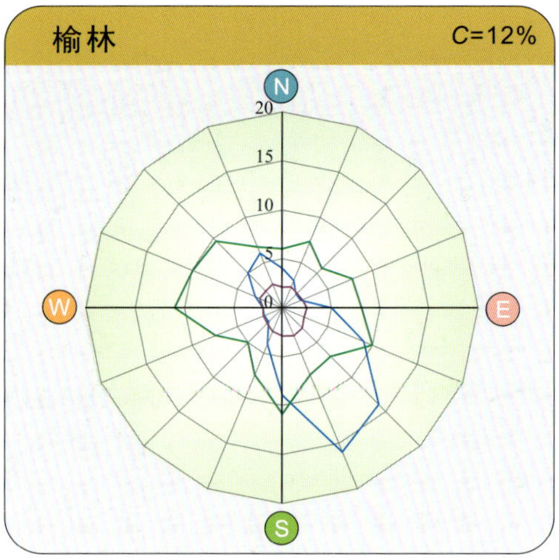

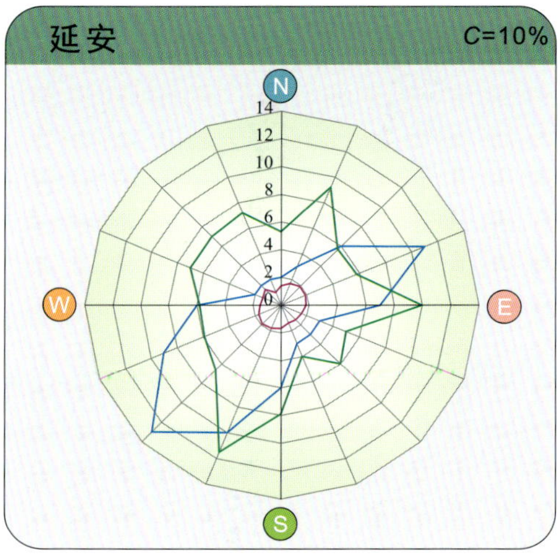

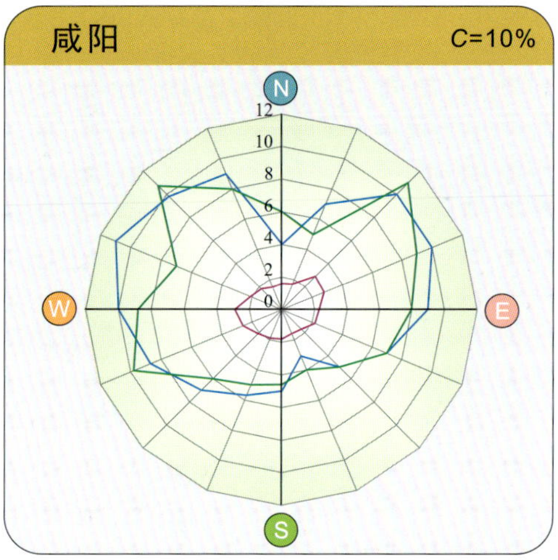

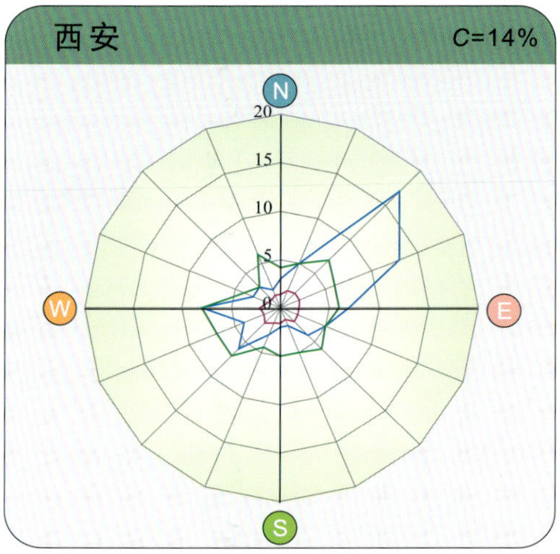

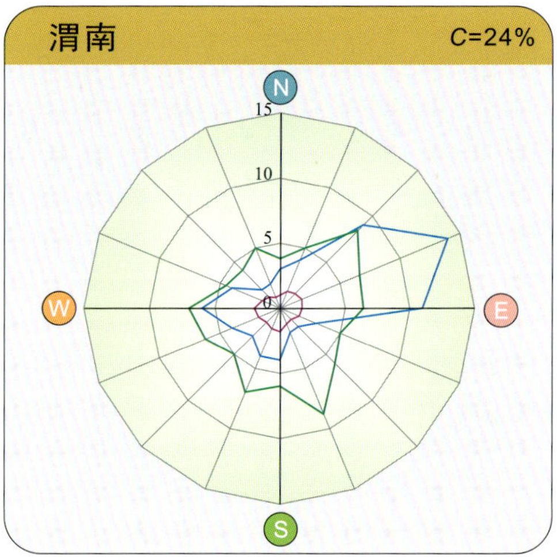

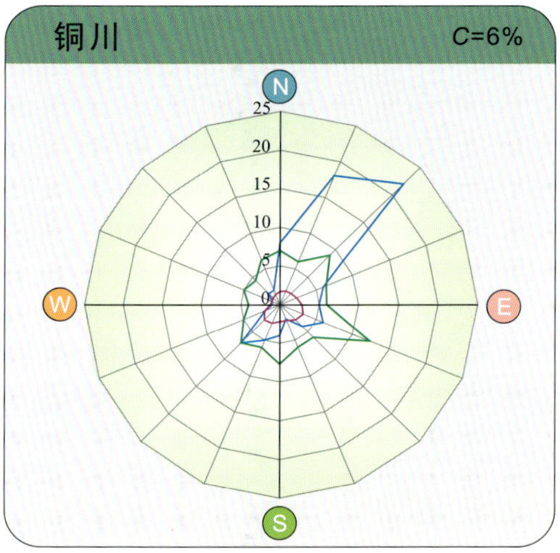

7月各风向频率及其平均风速和最大风速

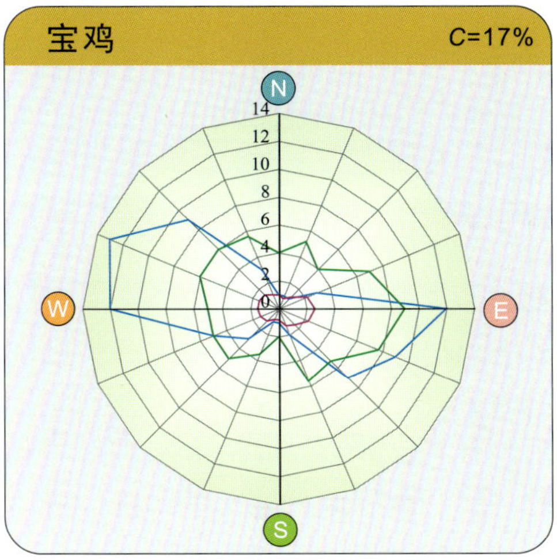

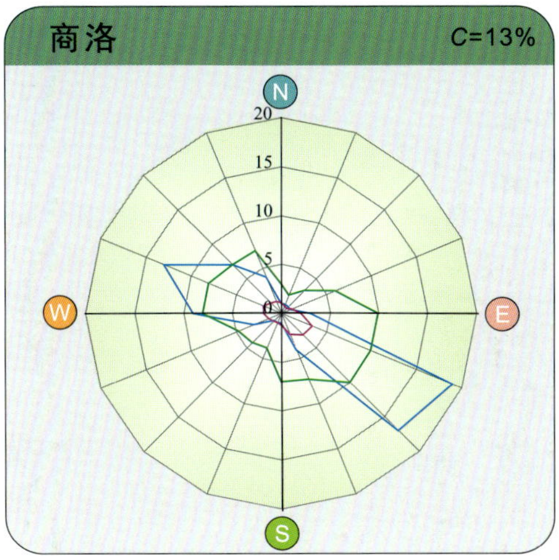

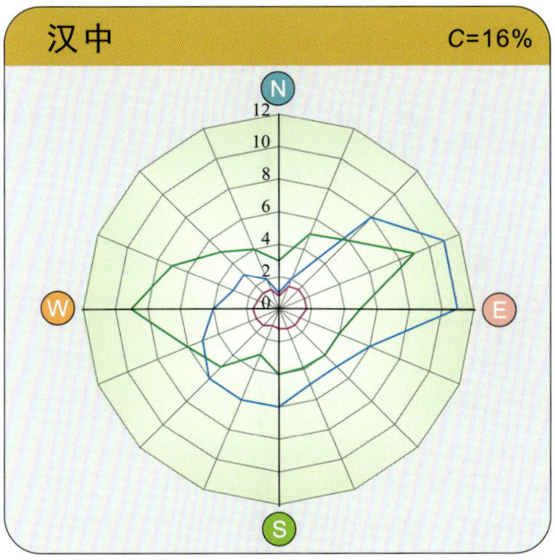

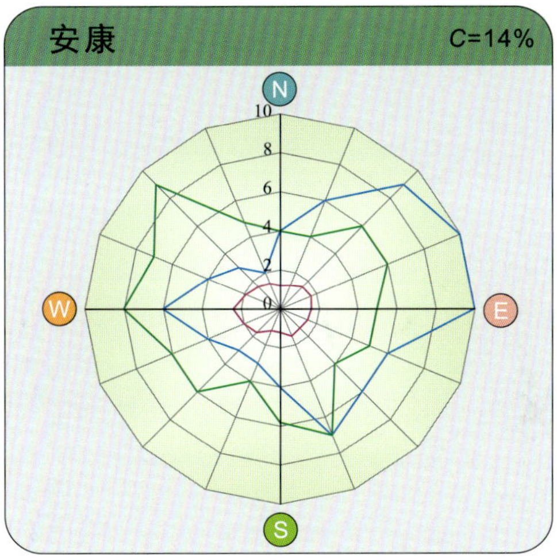

风向频率 (%)

平均风速 (m/s)

最大风速 (m/s)

10月各风向频率及其平均风速和最大风速

榆林 C=21%

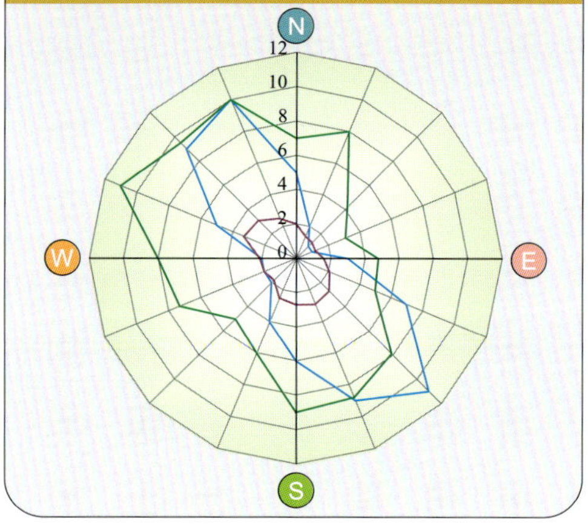

延安 C=14%

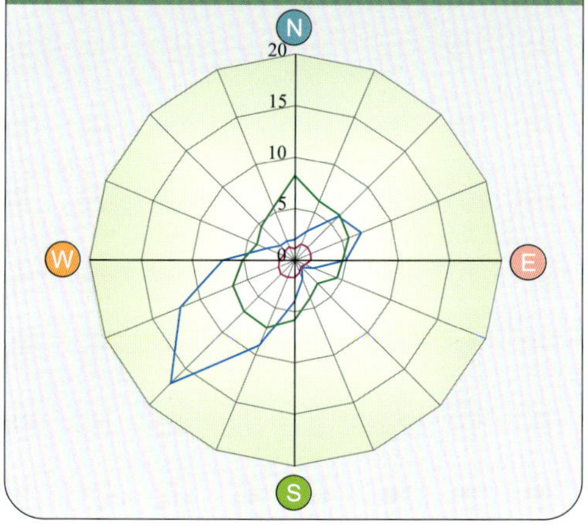

咸阳 C=21%

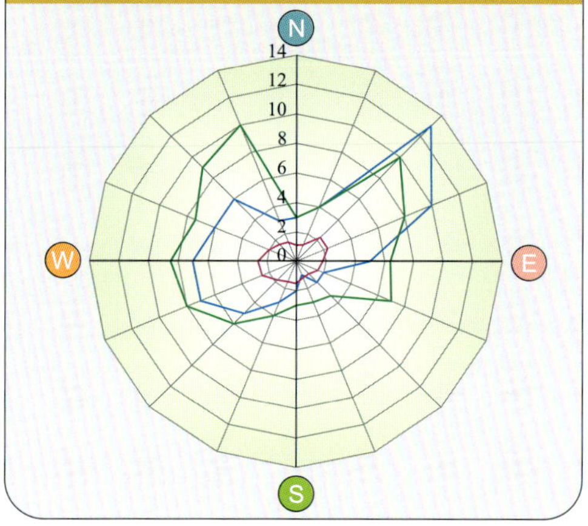

西安 C=27%

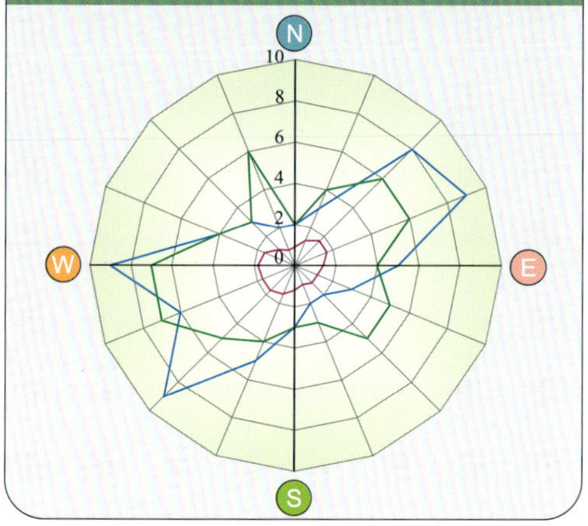

渭南 C=38%

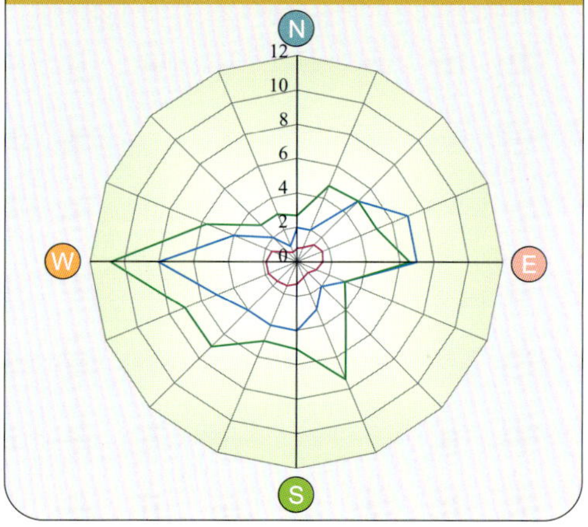

铜川 C=7%

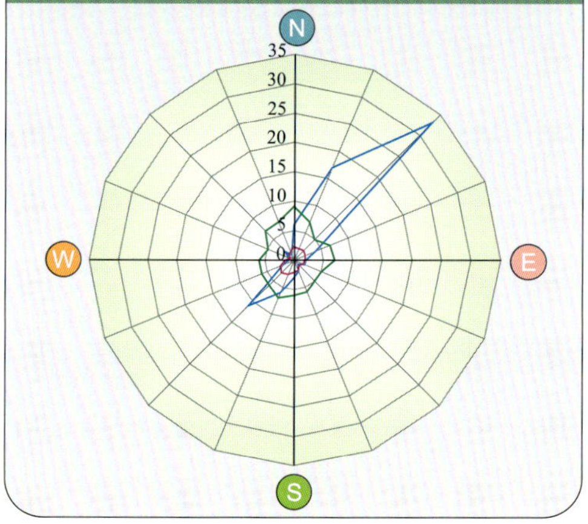

10月各风向频率及其平均风速和最大风速

宝鸡 C=36%

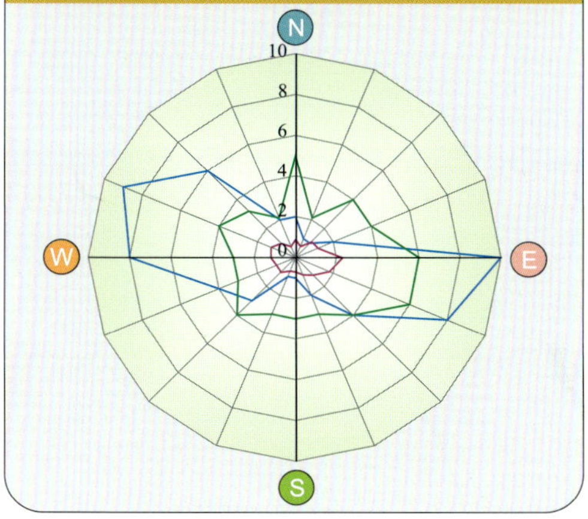

商洛 C=15%

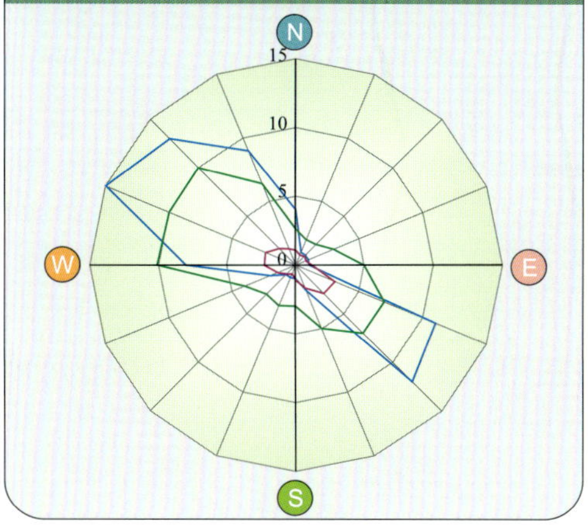

汉中 C=26%

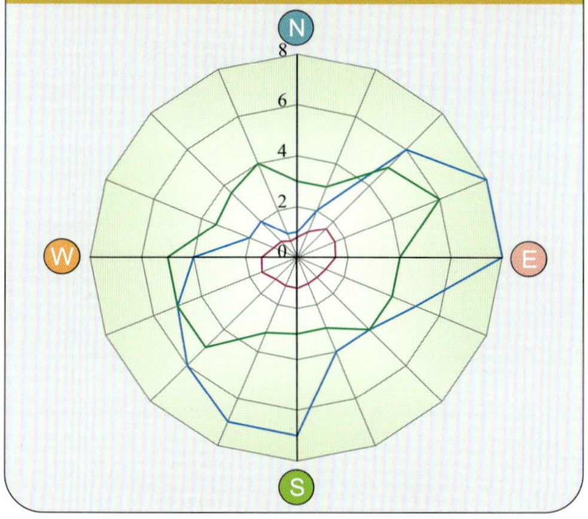

安康 C=15%

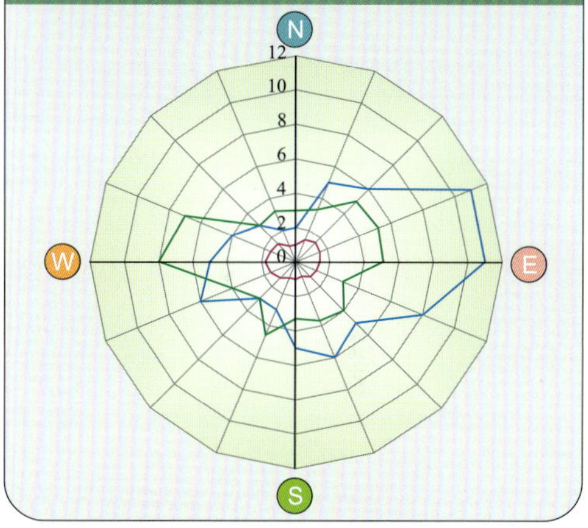

风向频率 (%)

平均风速 (m/s)

最大风速 (m/s)

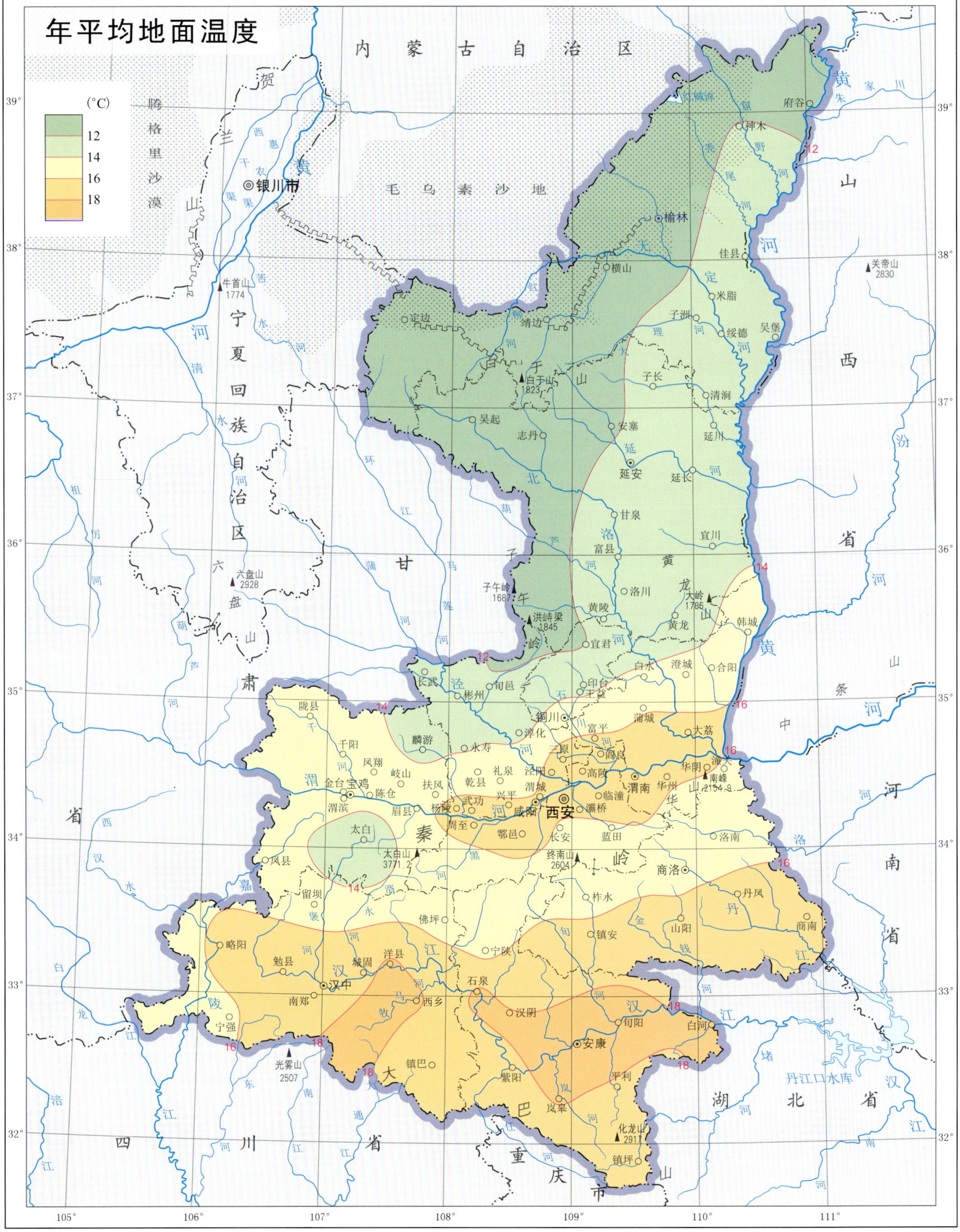

比例尺 1:4 000 000　0　40　80 km

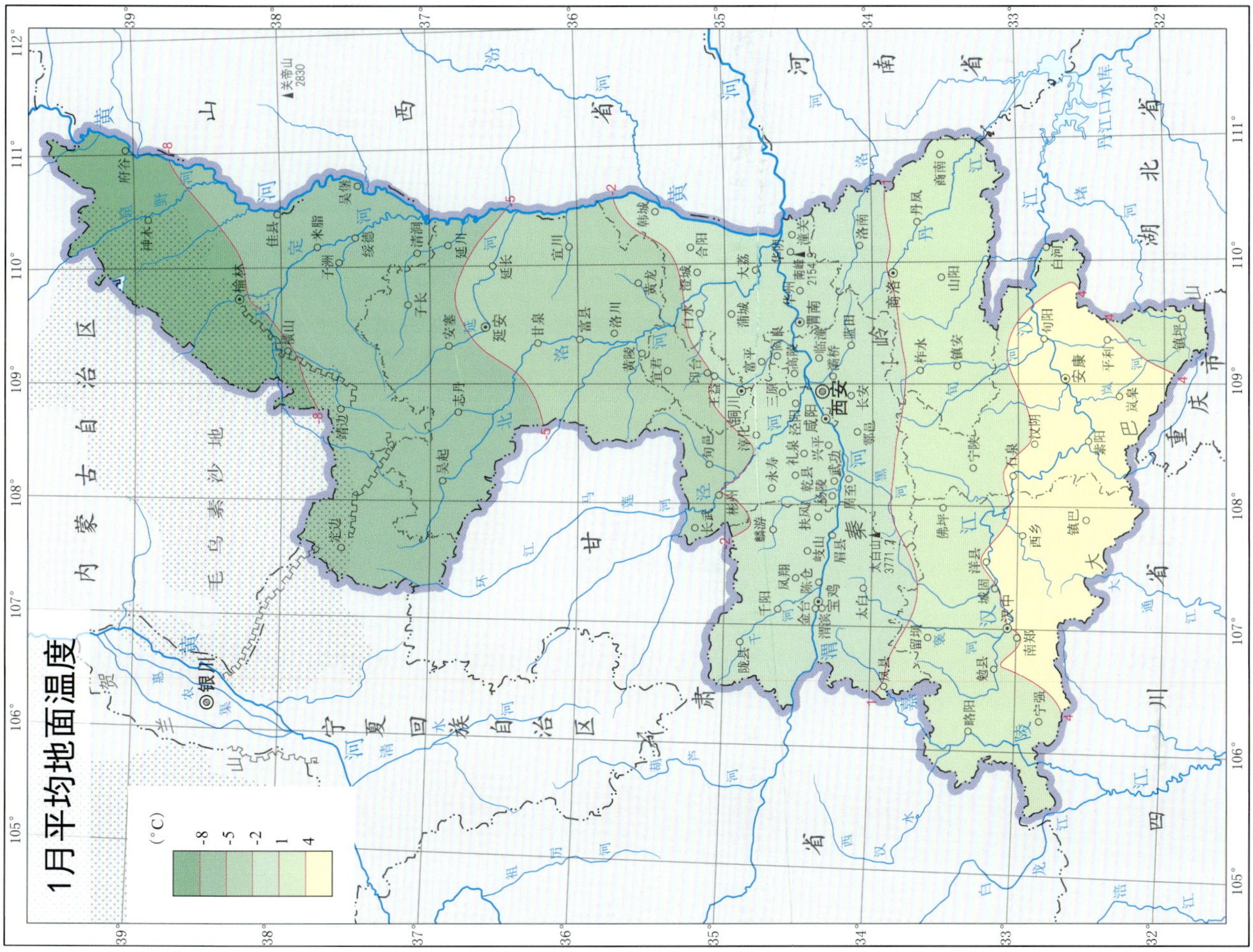

1月平均地面温度

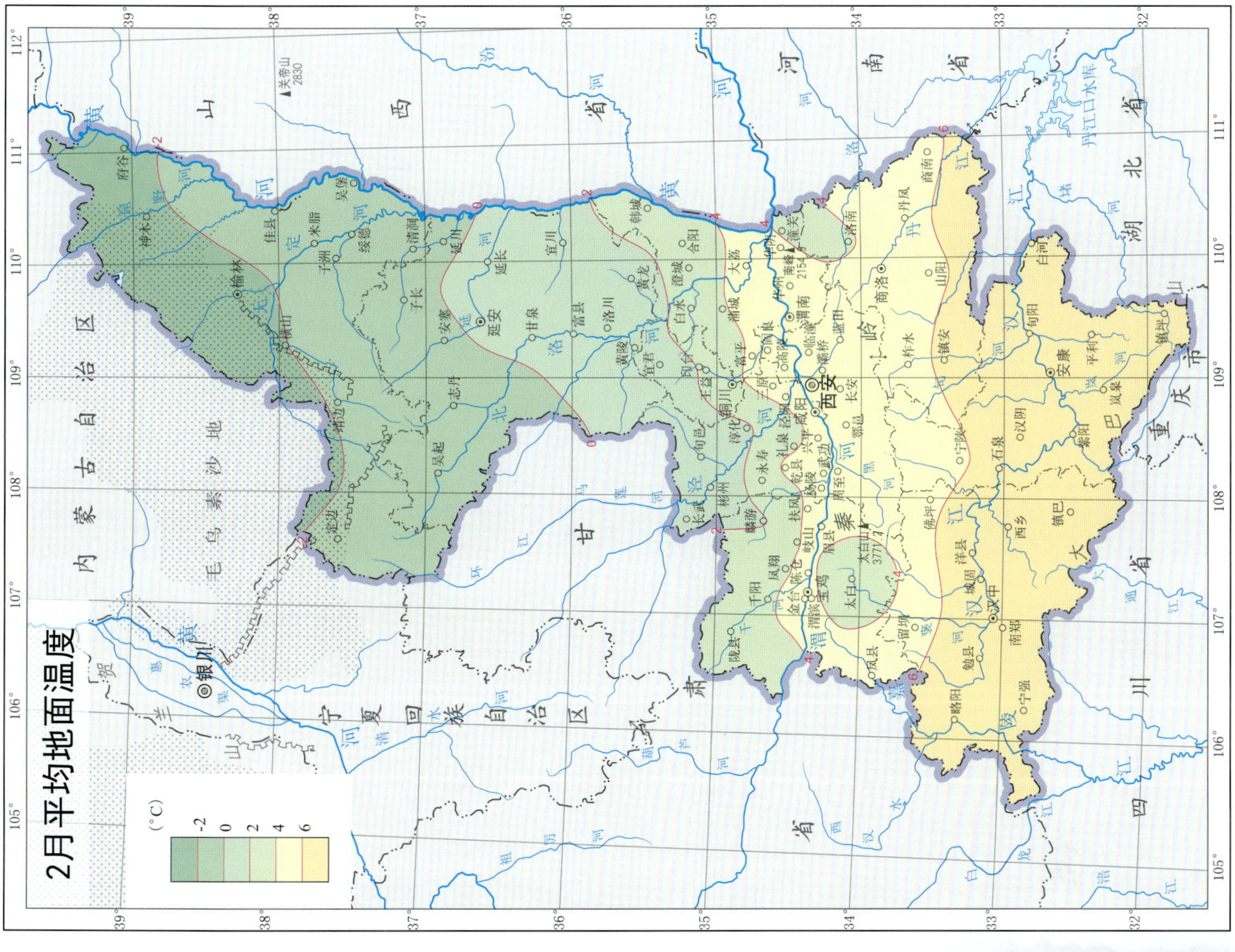

2月平均地面温度

比例尺 1∶5 700 000

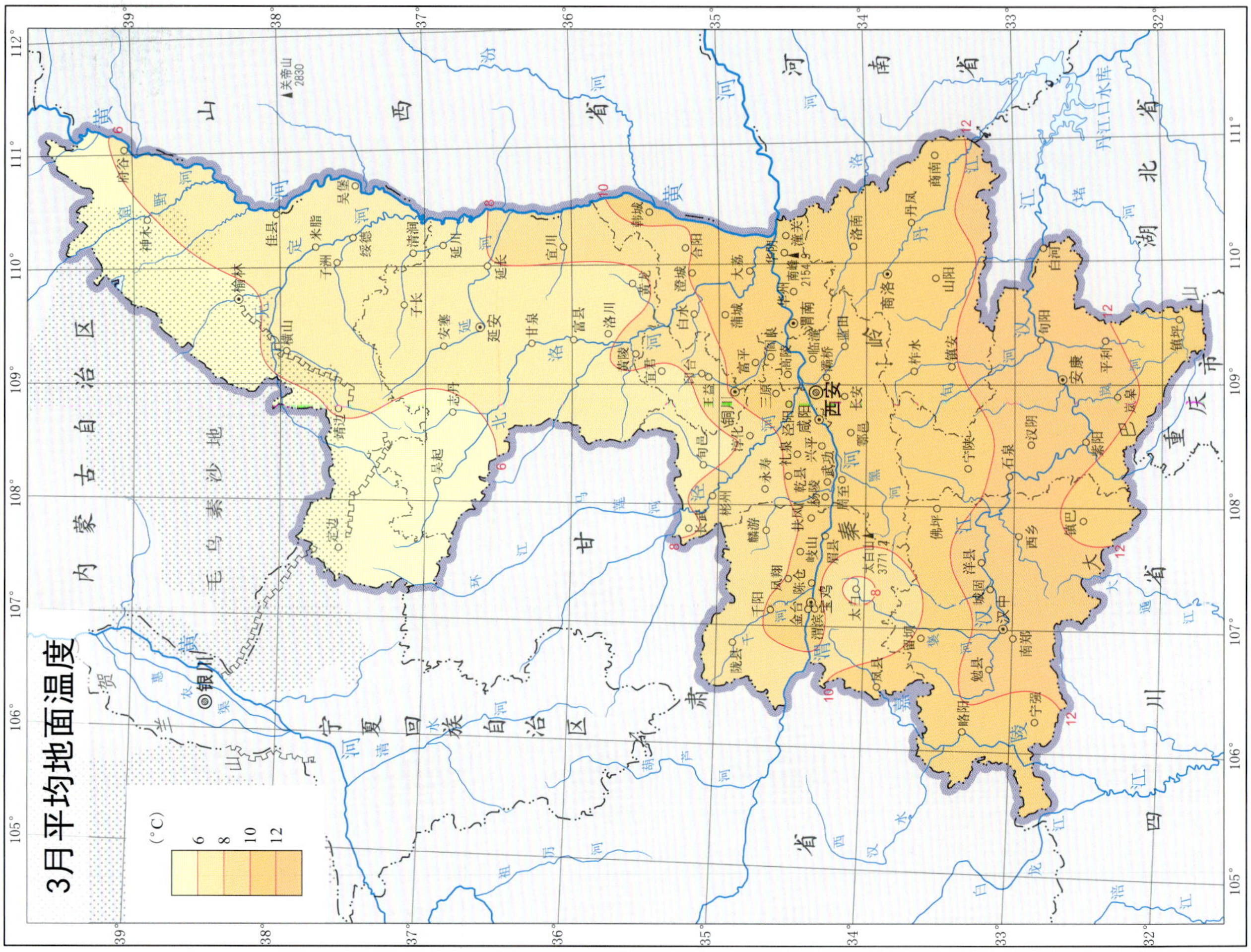

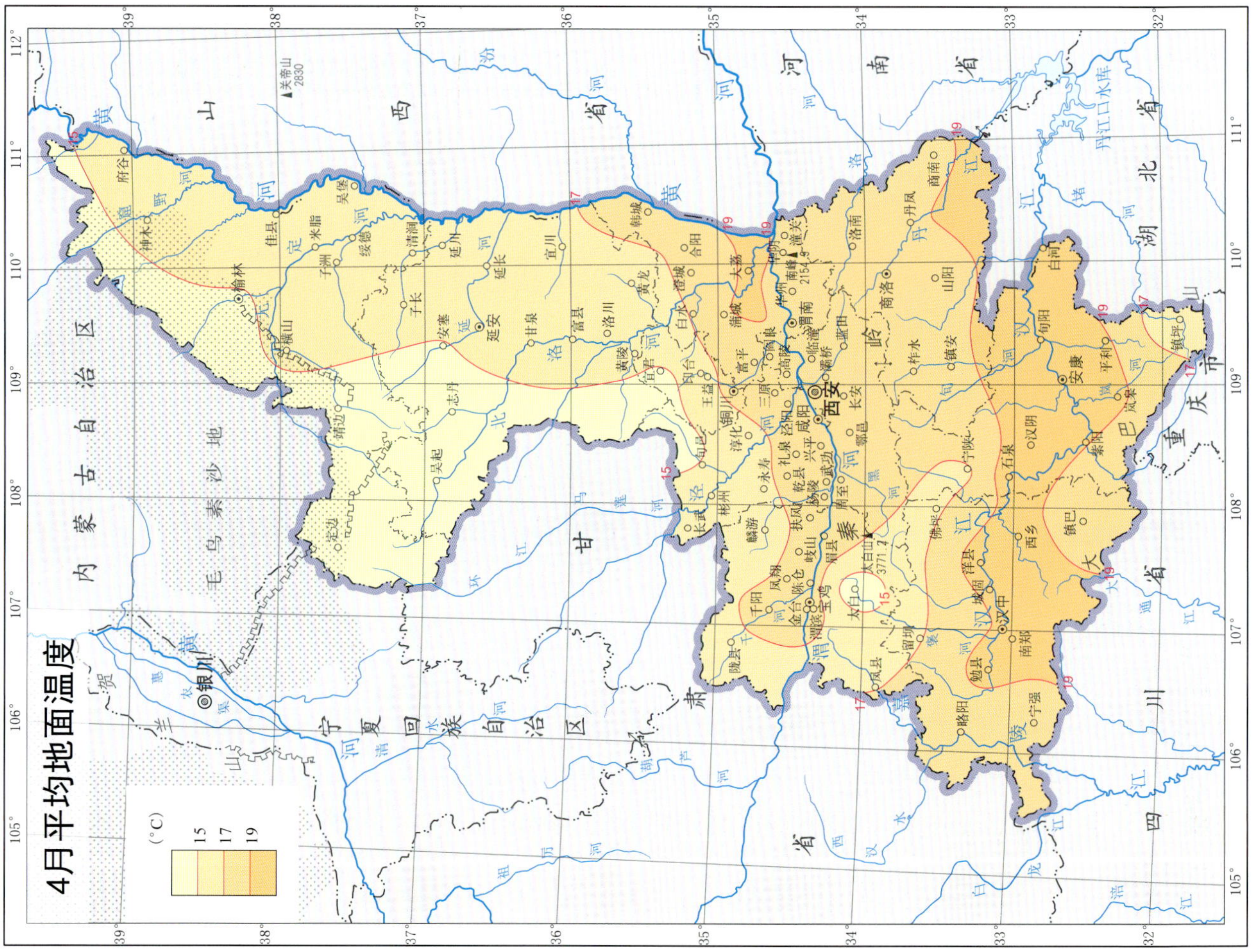

比例尺 1 : 5 700 000 0 57 114 km

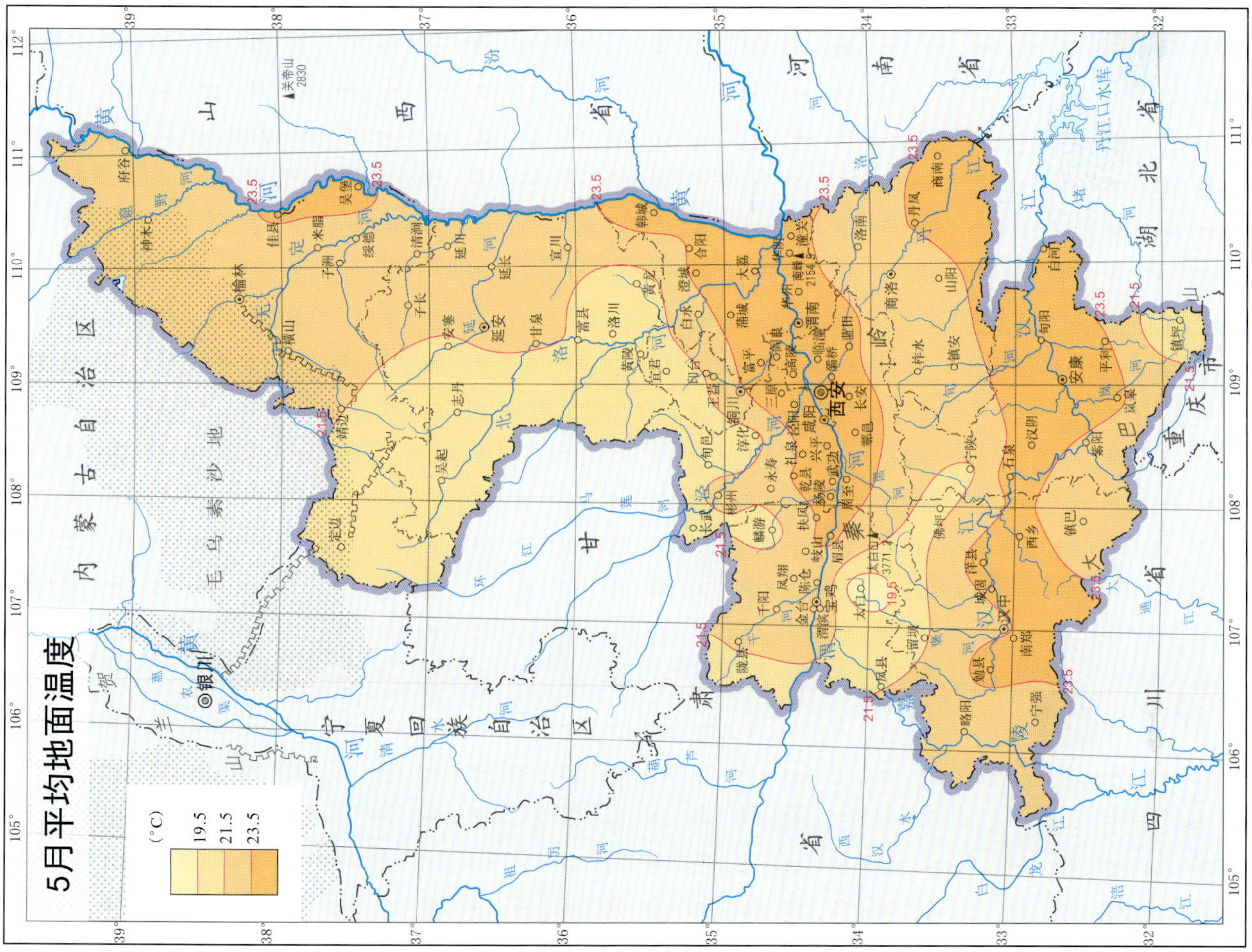

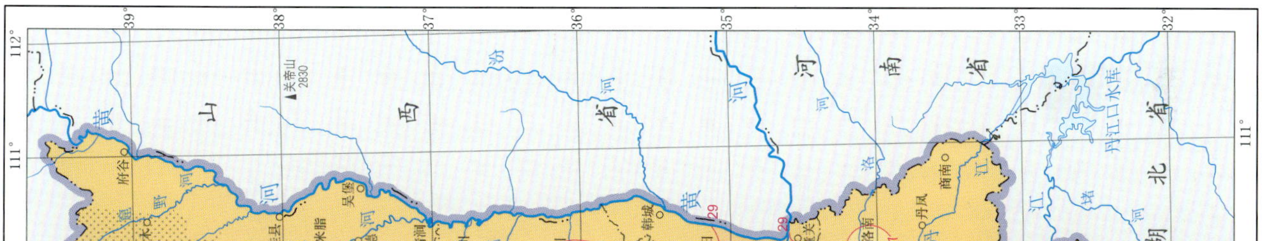

比例尺 1 : 5 700 000 0 57 114 km

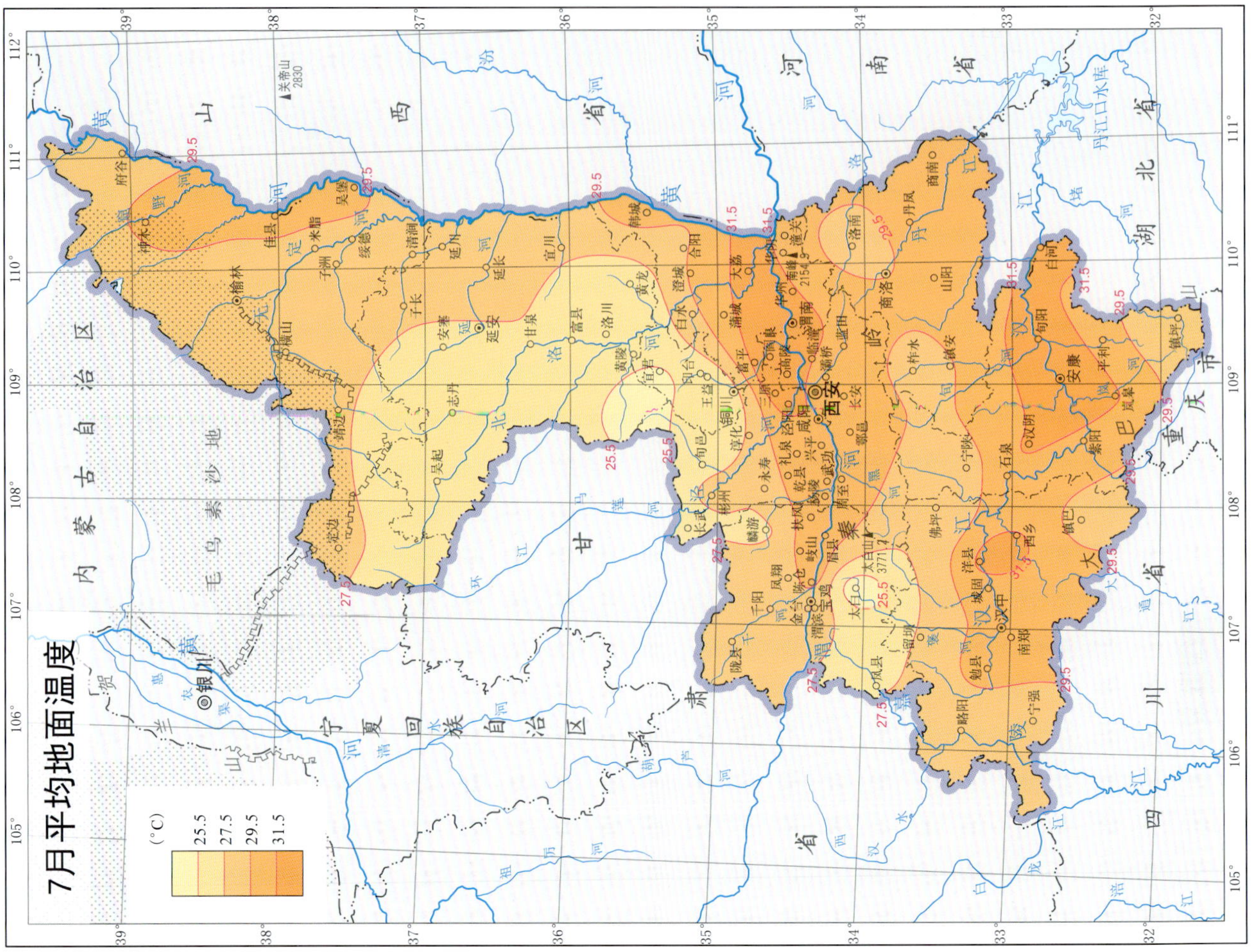

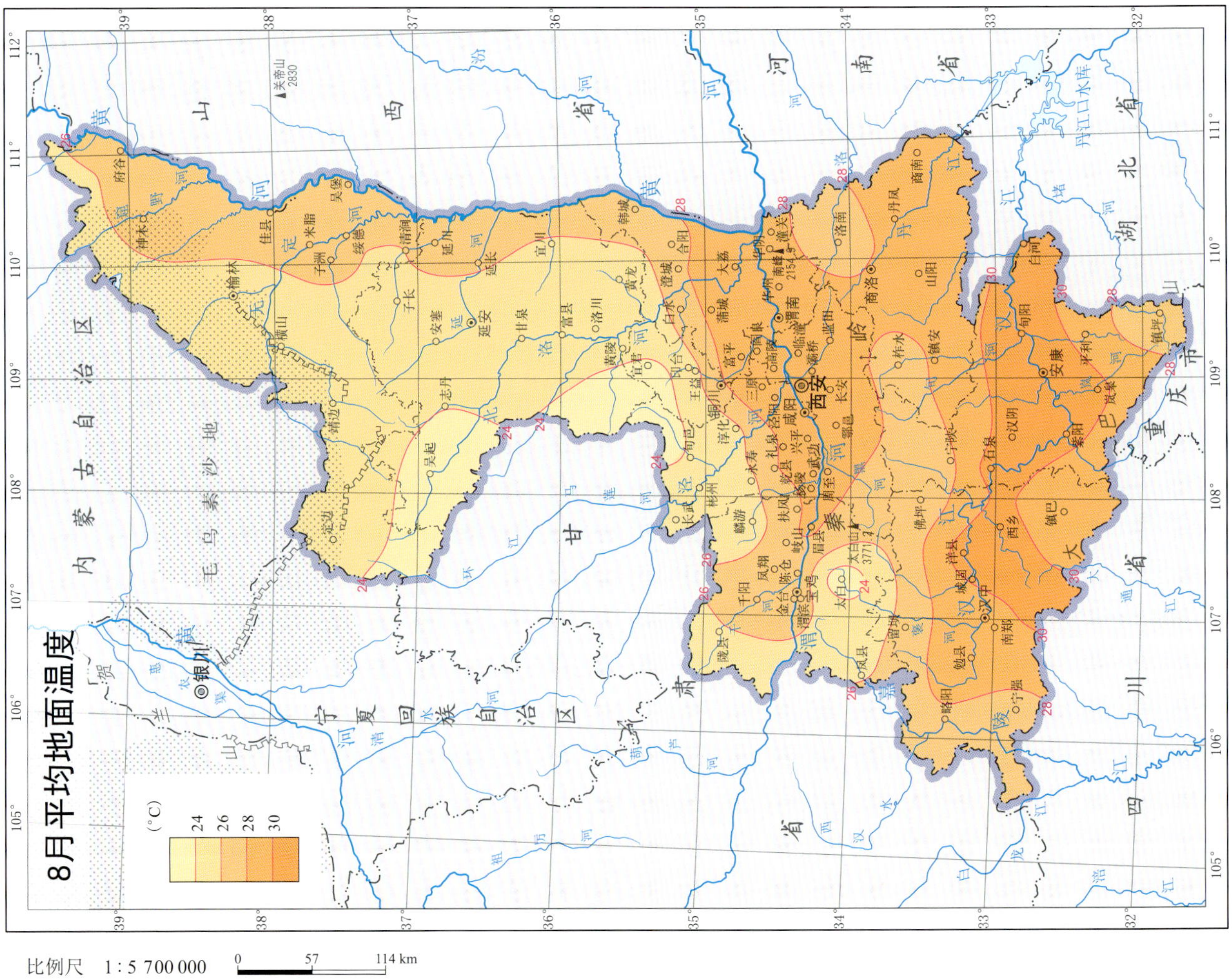

比例尺 1:5 700 000 0 57 114 km

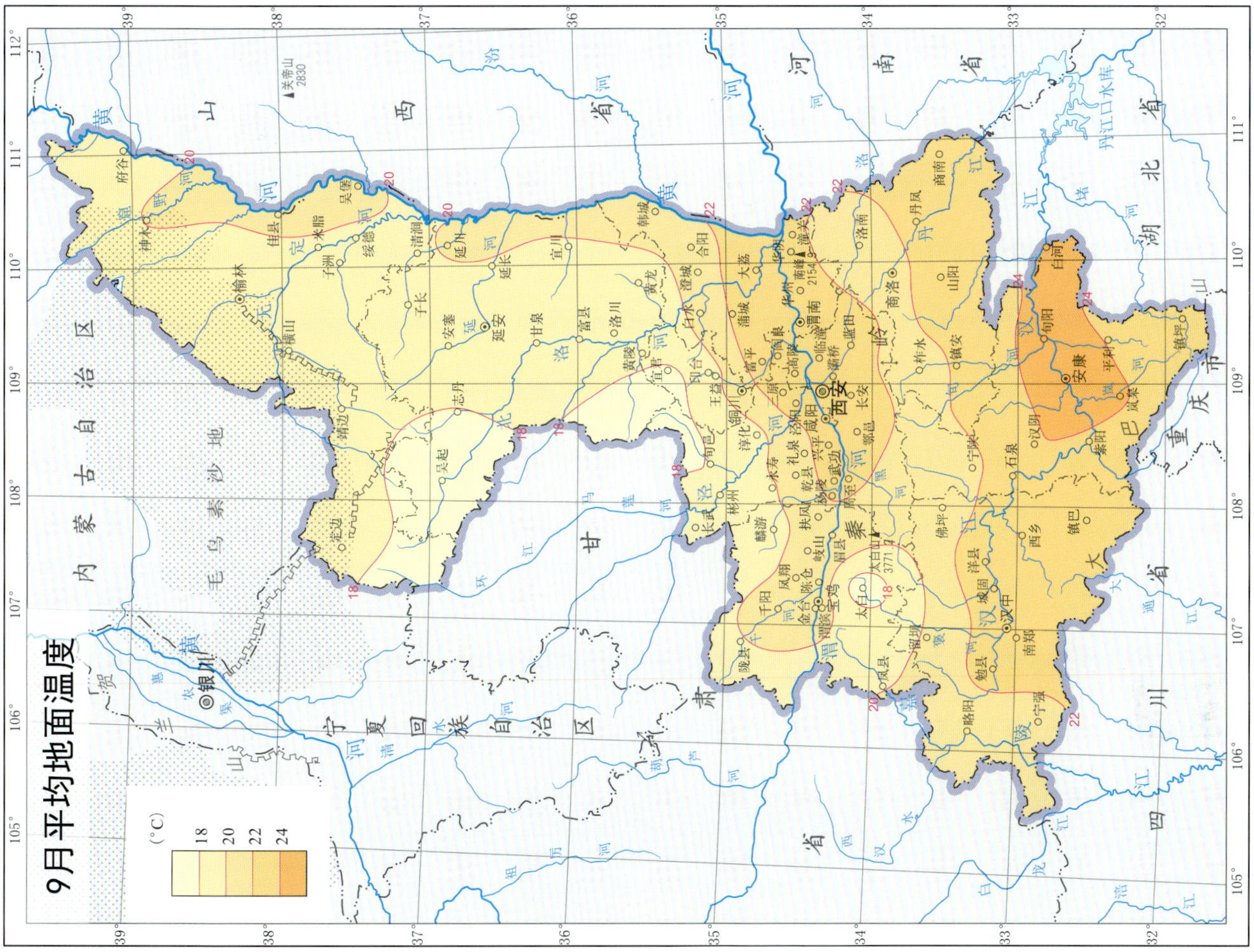

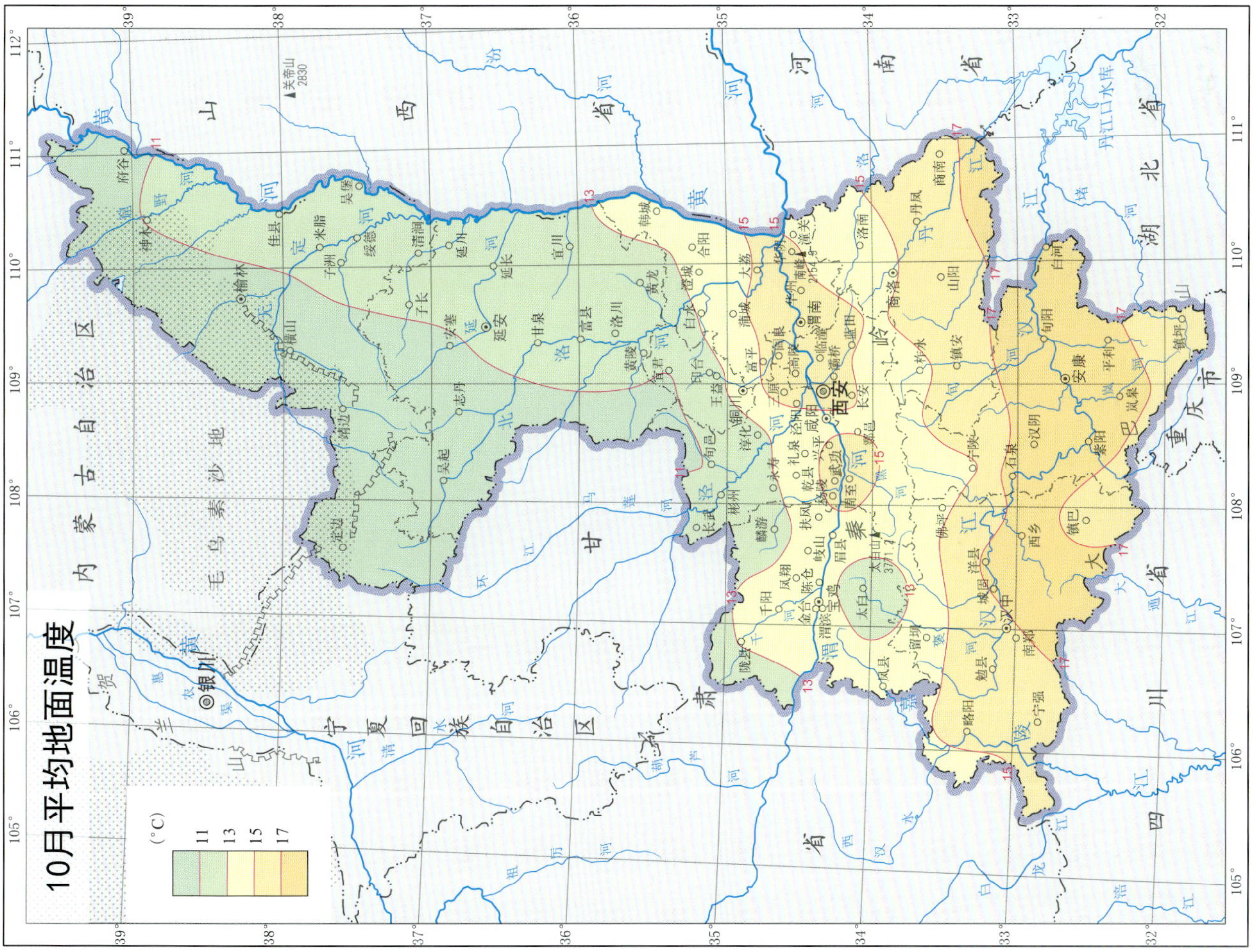

比例尺 1:5 700 000 0 57 114 km

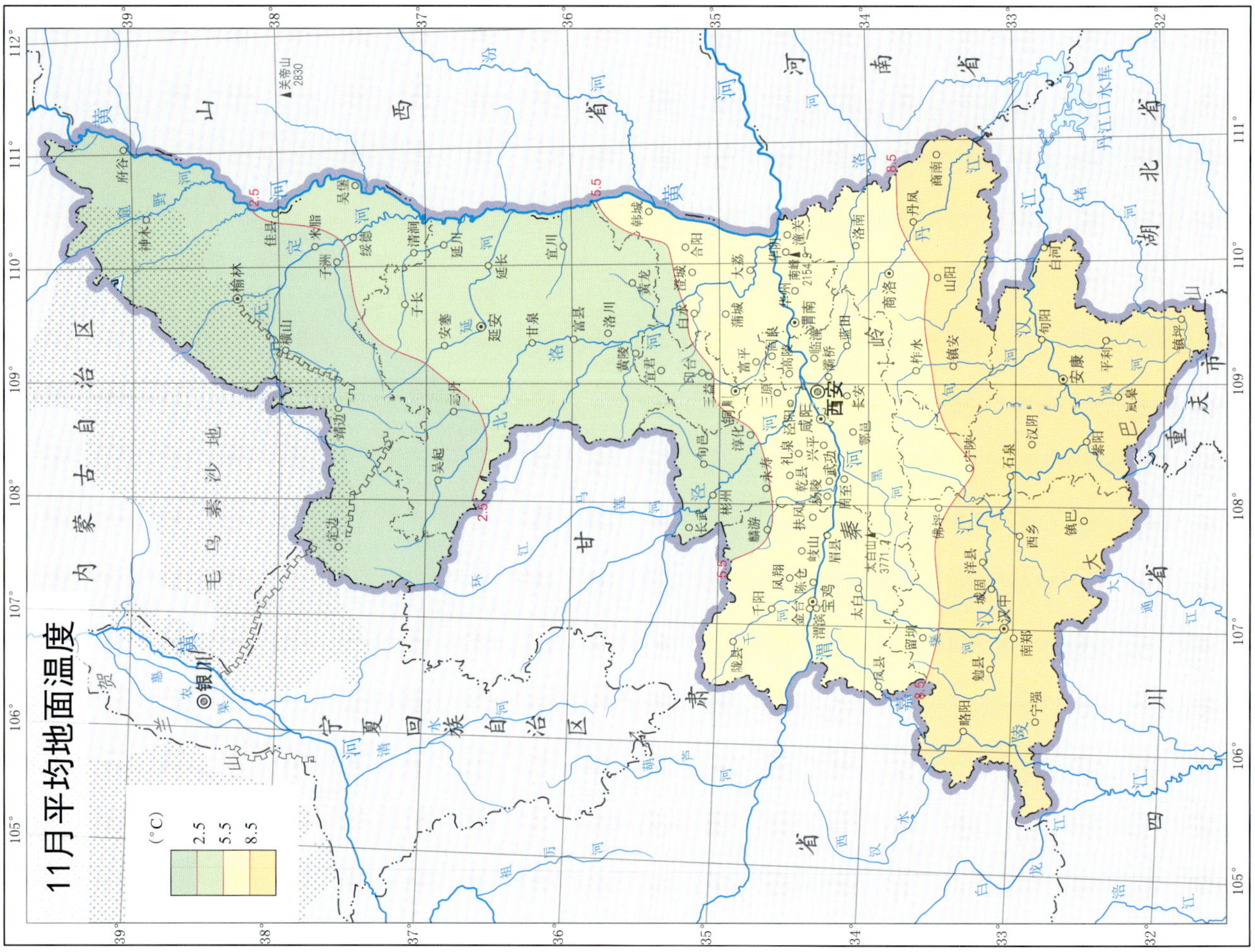

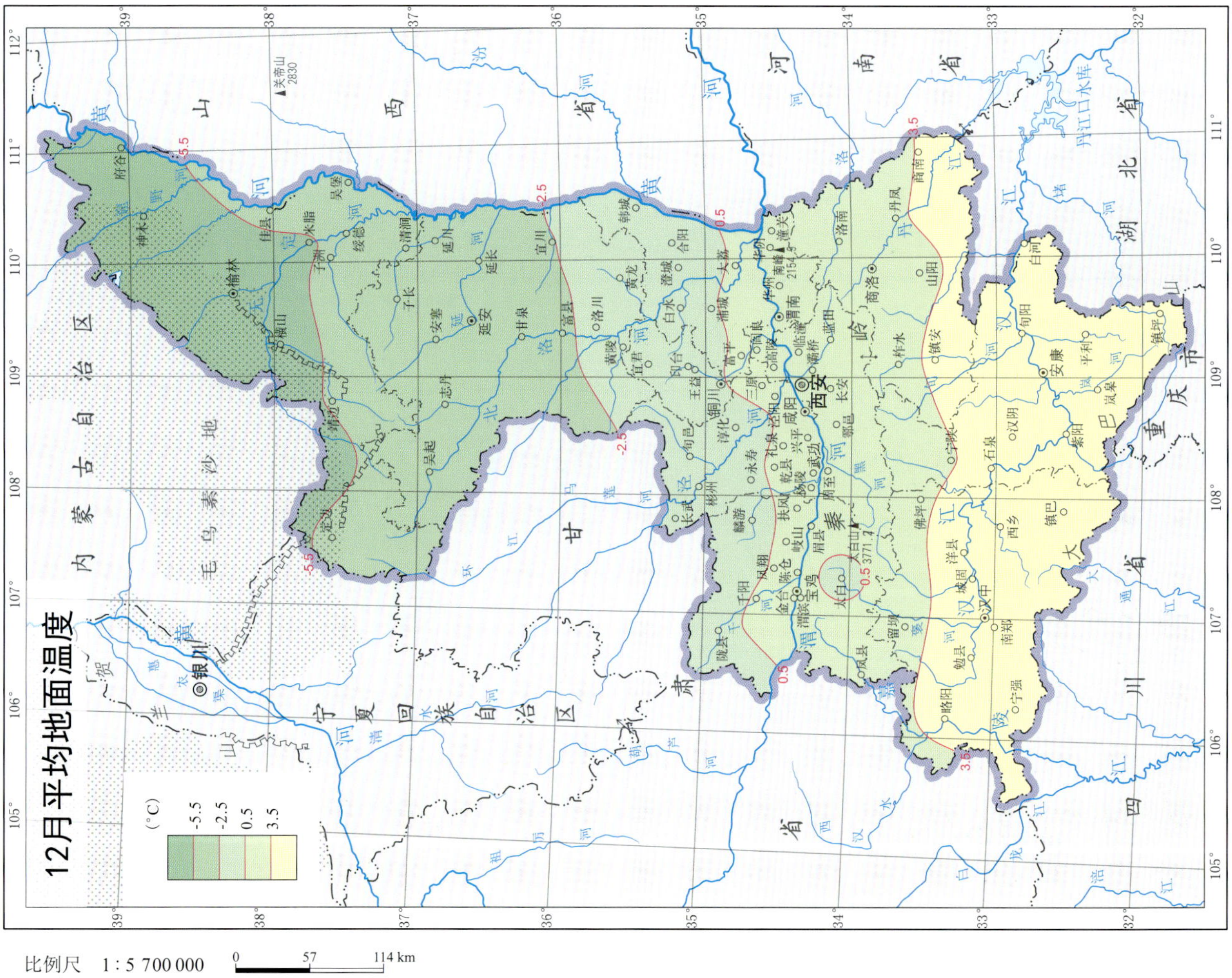

比例尺 1∶5 700 000 0 57 114 km

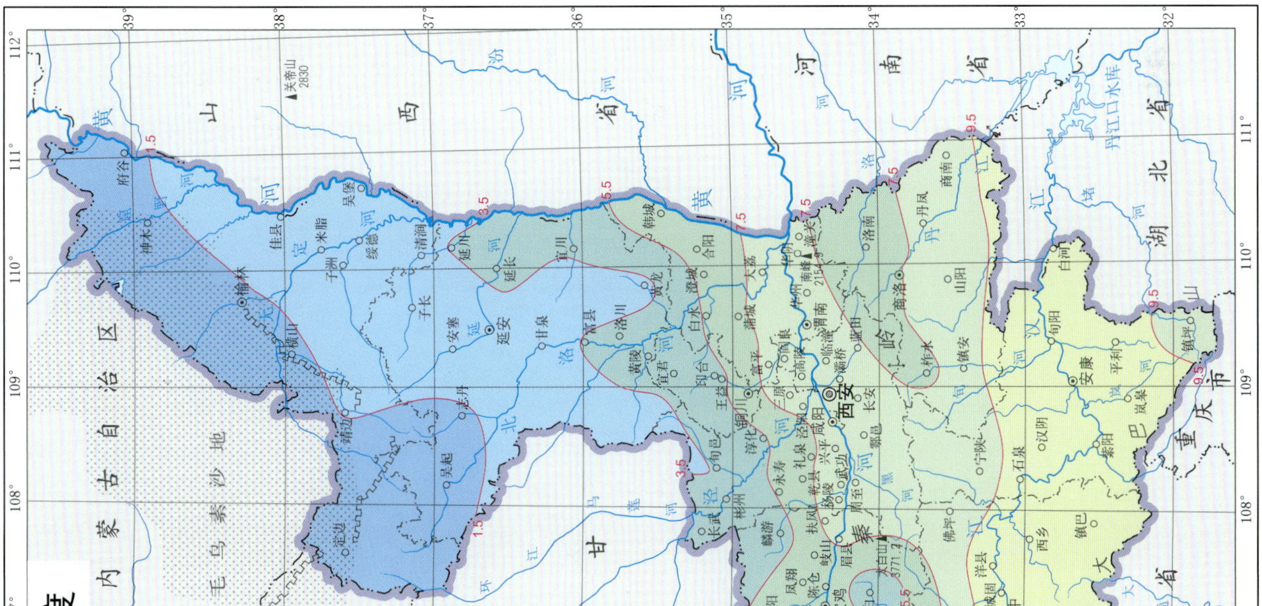

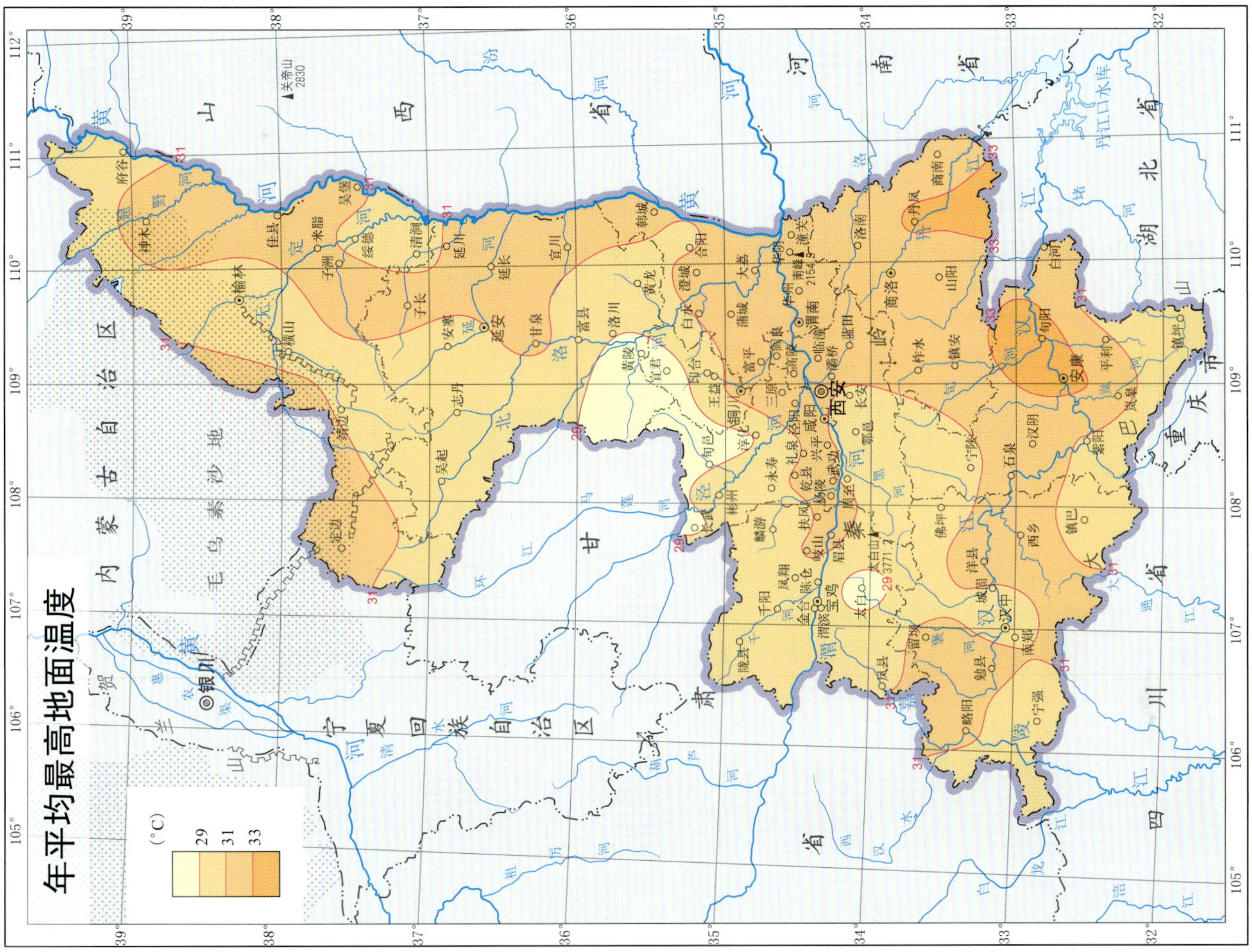

比例尺 1∶5 700 000 0 57 114 km

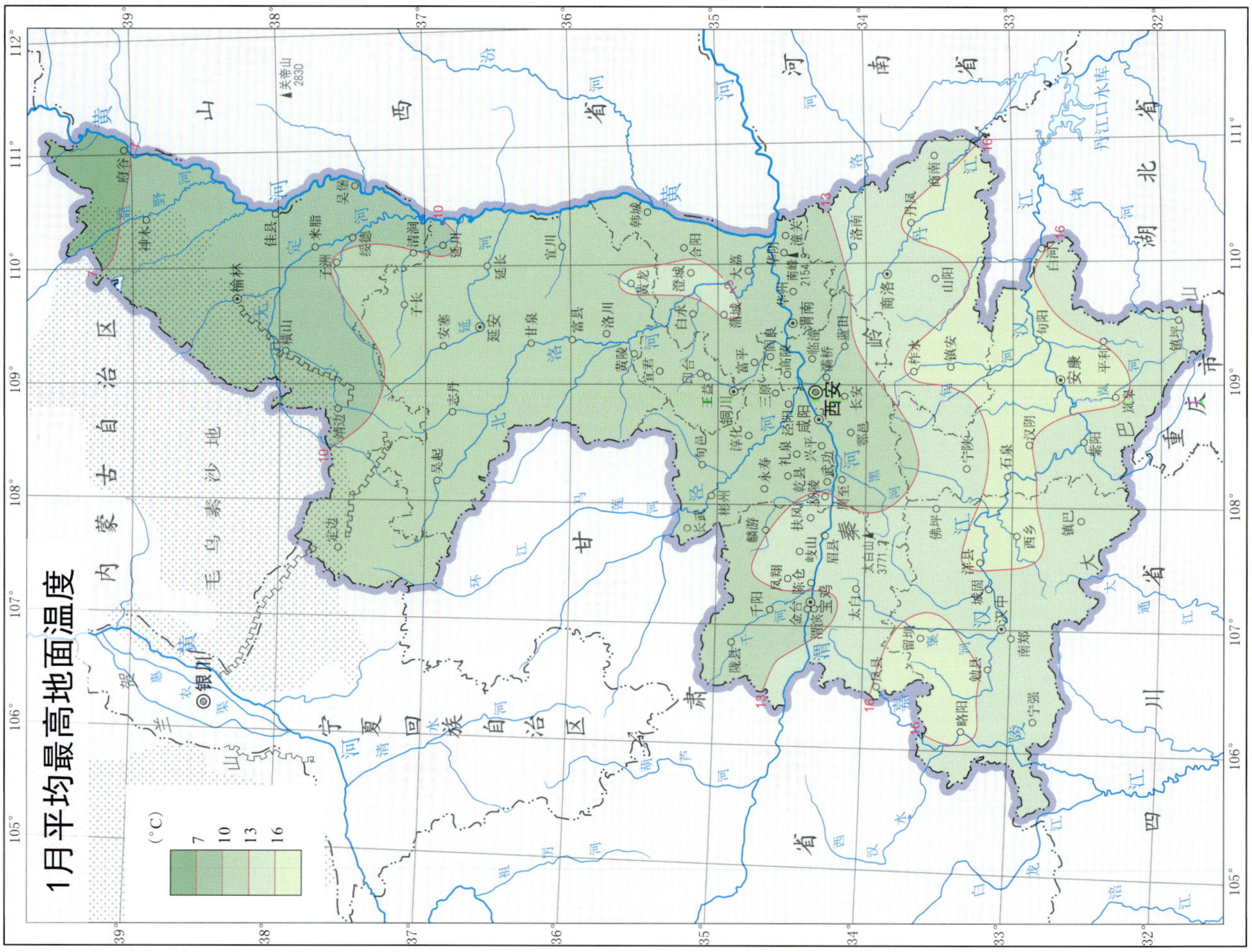

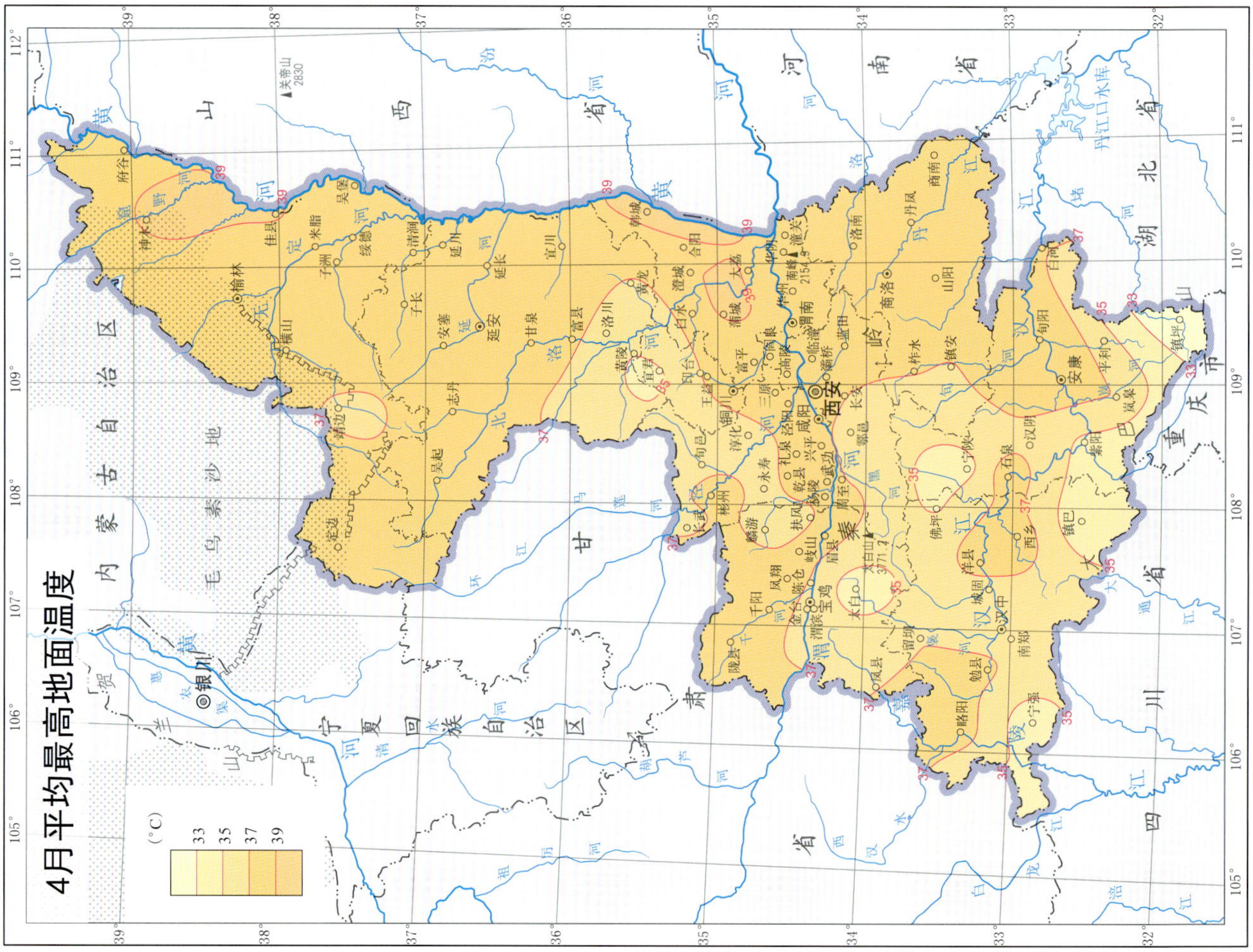

比例尺 1:5 700 000　0　57　114 km

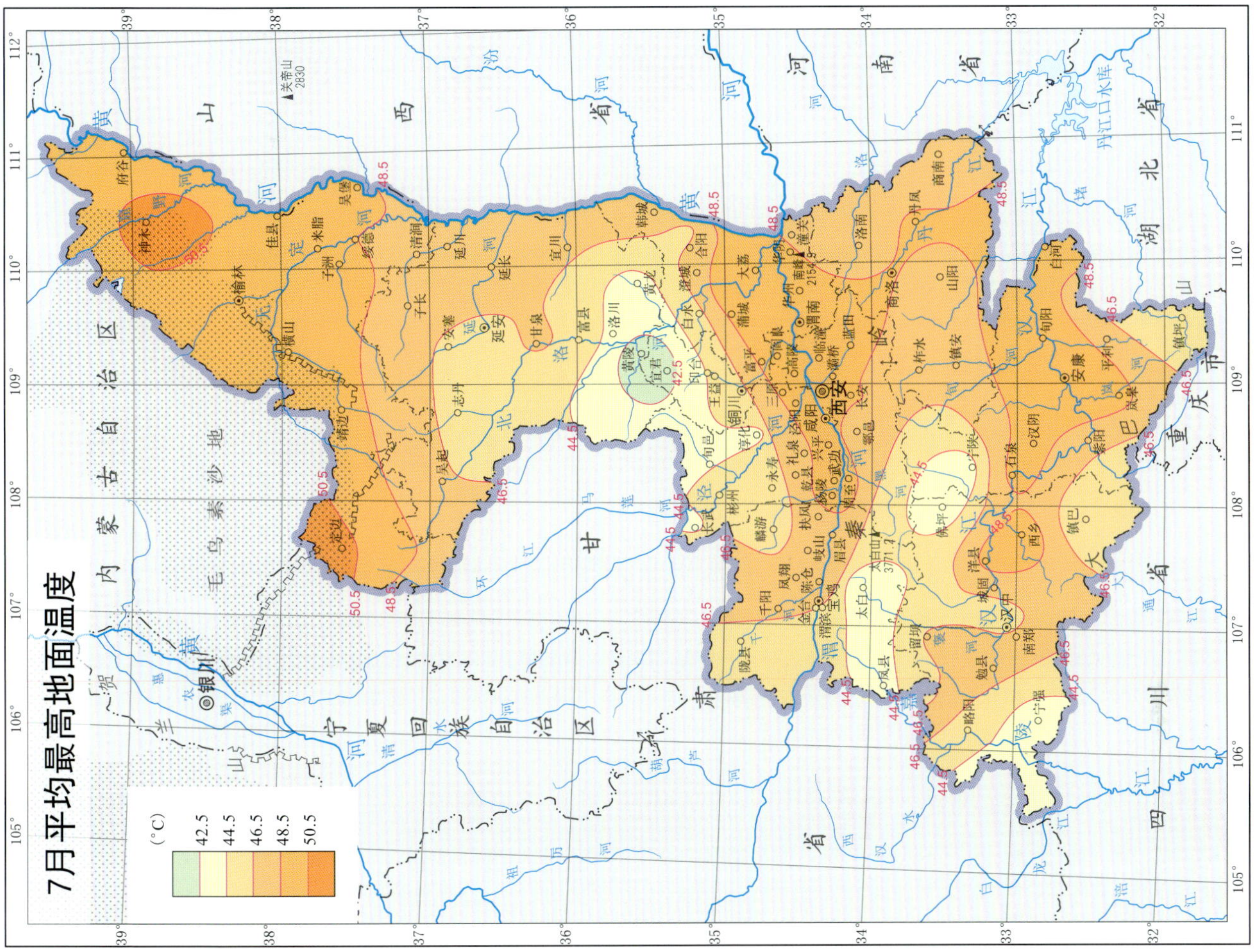

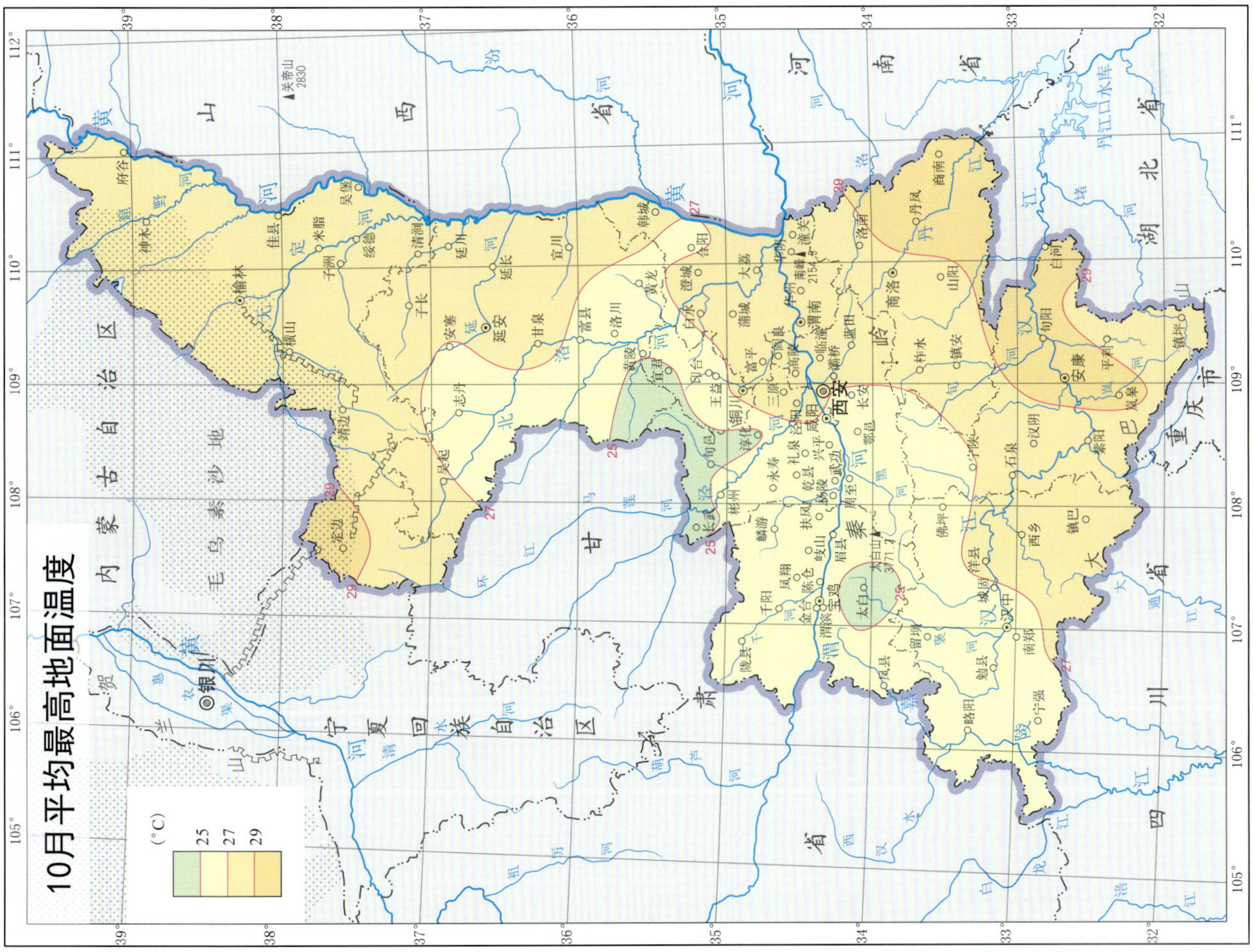

比例尺 1∶5 700 000　0　57　114 km

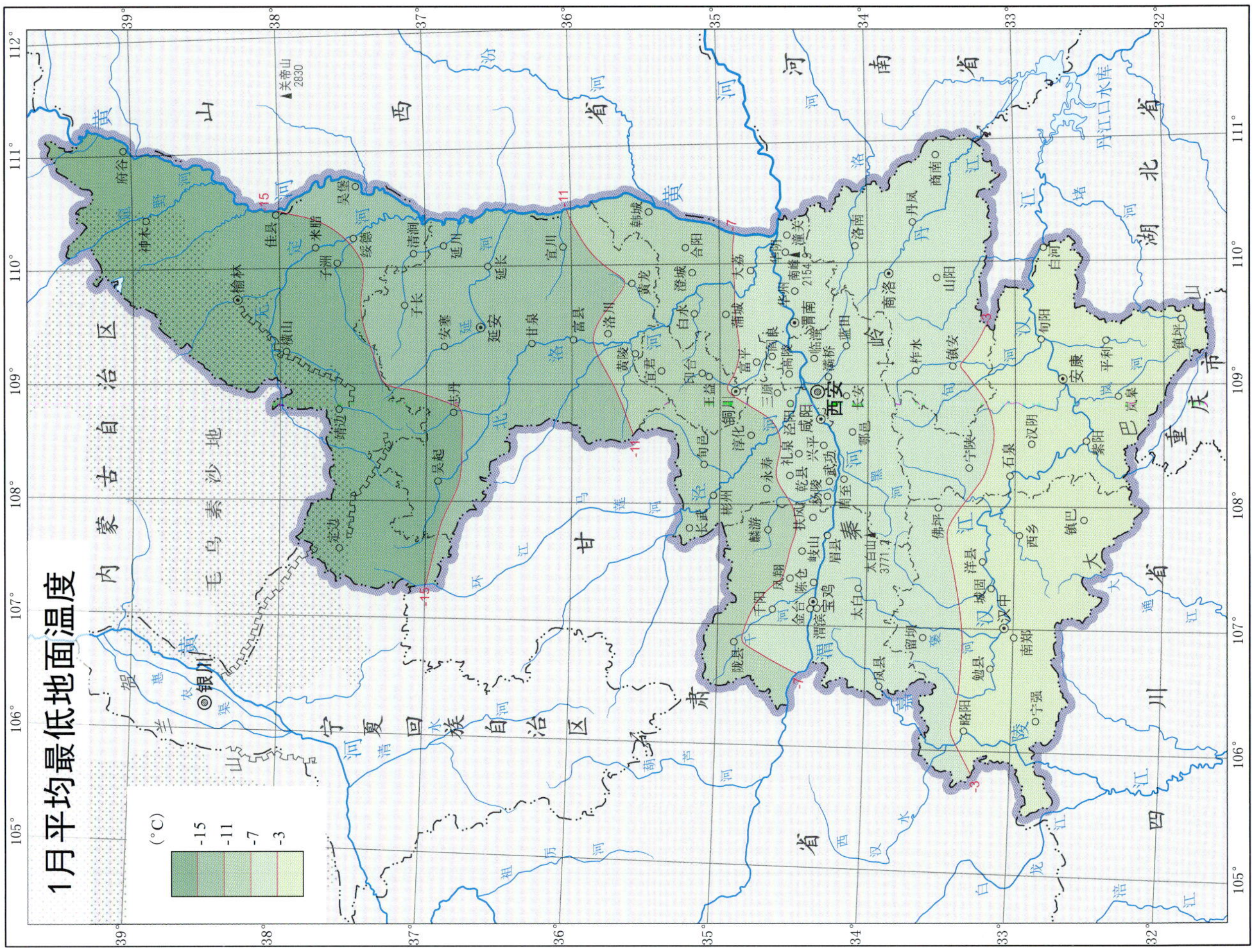

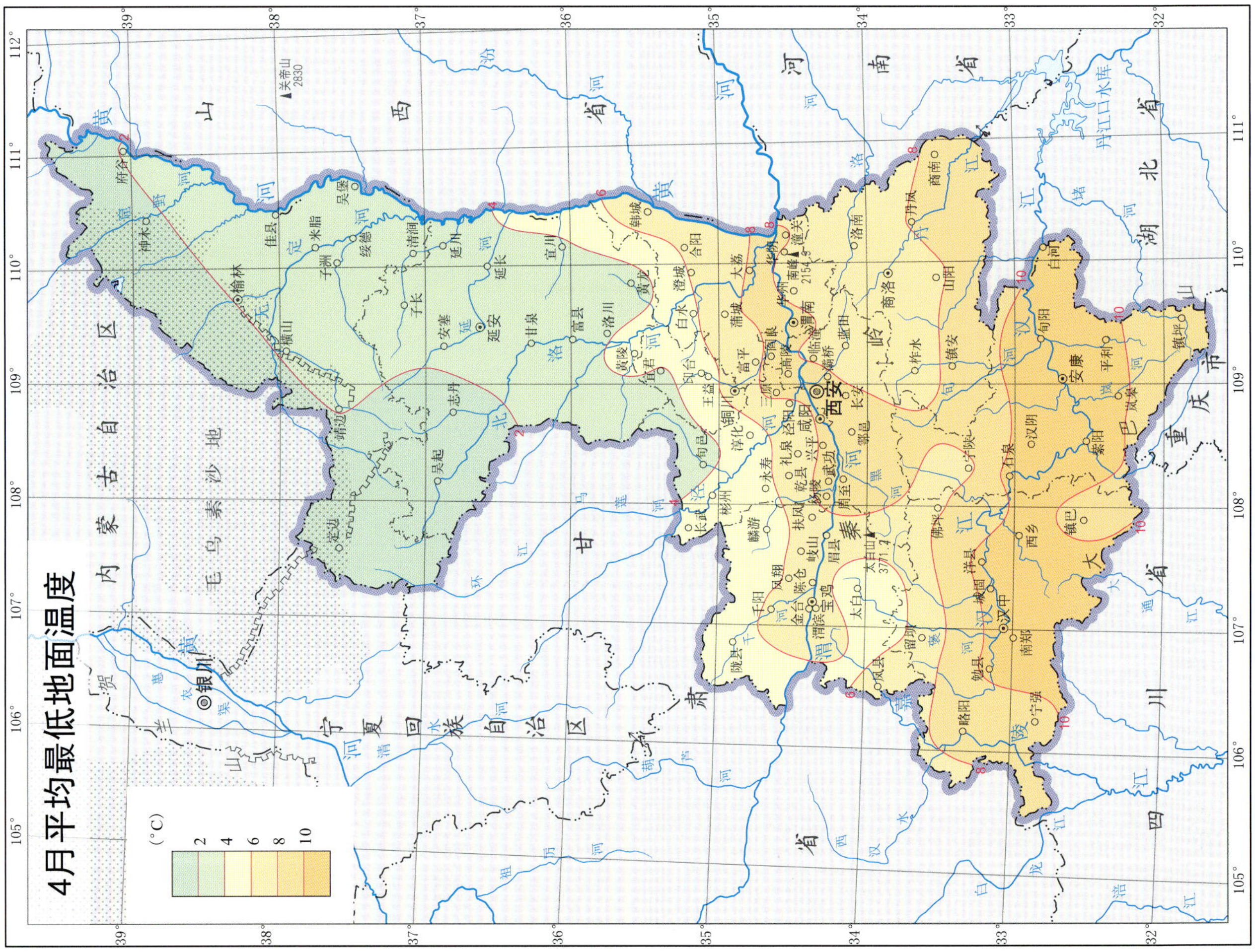

比例尺 1 : 5 700 000 0 57 114 km

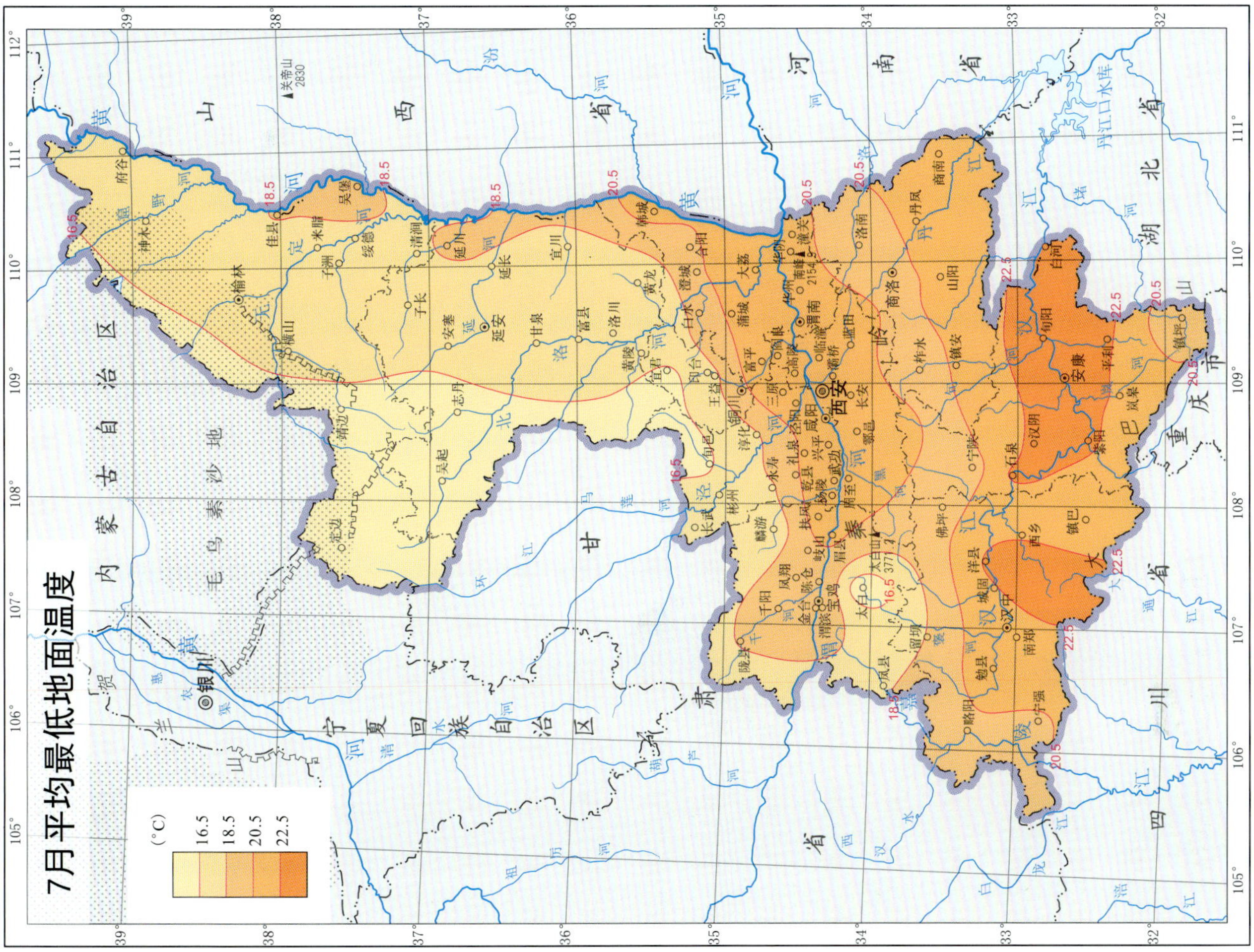

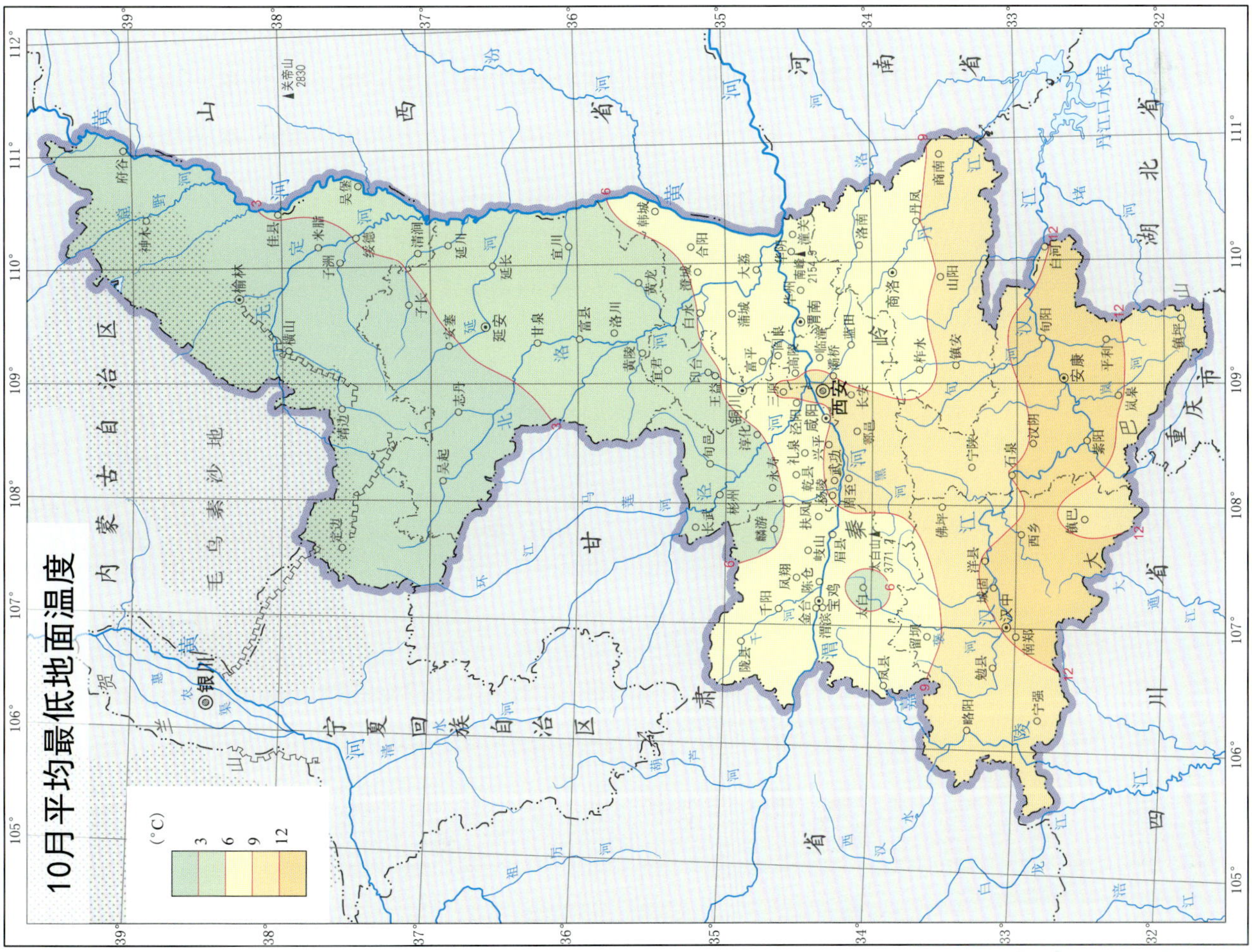

比例尺 1∶5 700 000 0 57 114 km

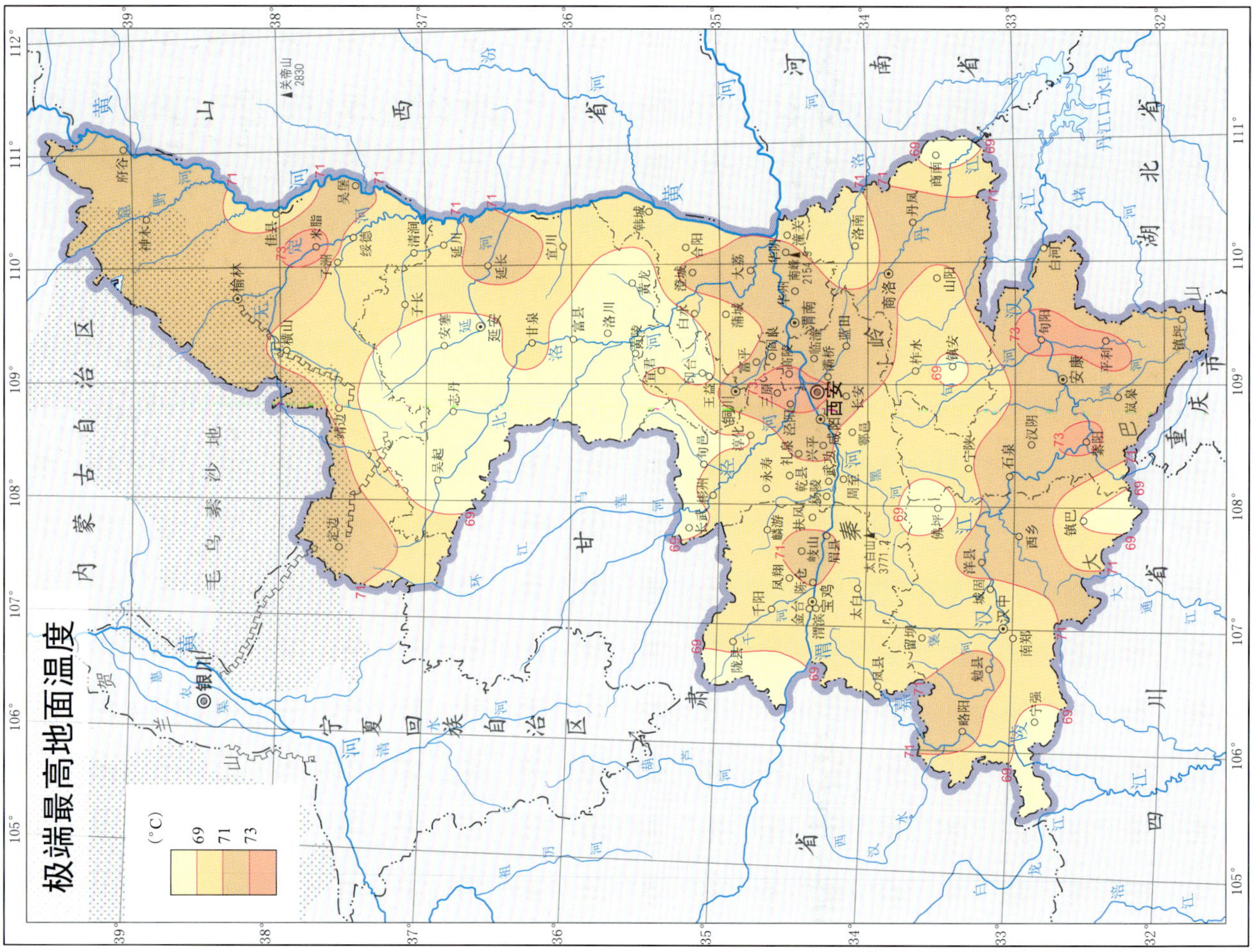

极端最高地面温度

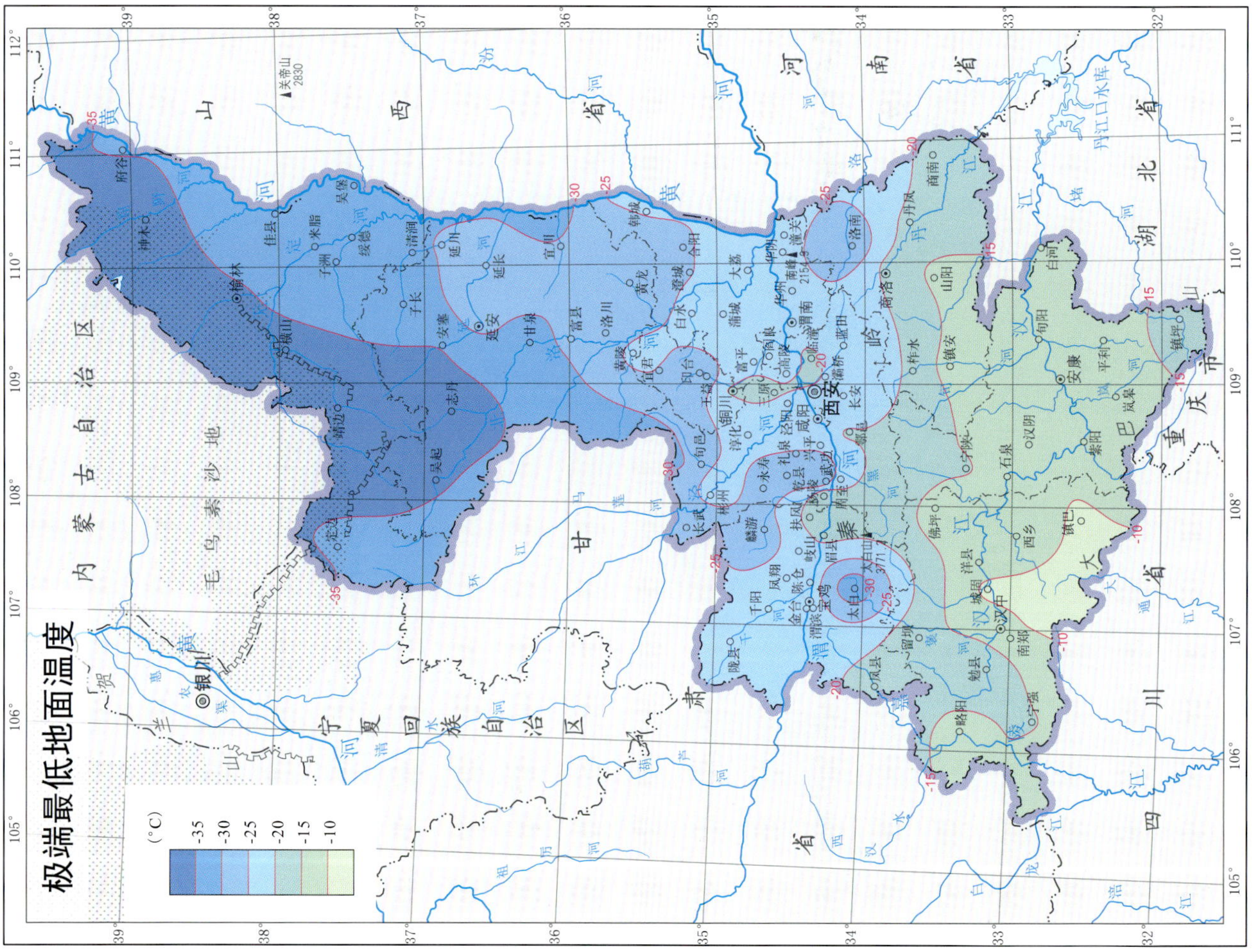

极端最低地面温度

比例尺 1 : 5 700 000　0　57　114 km

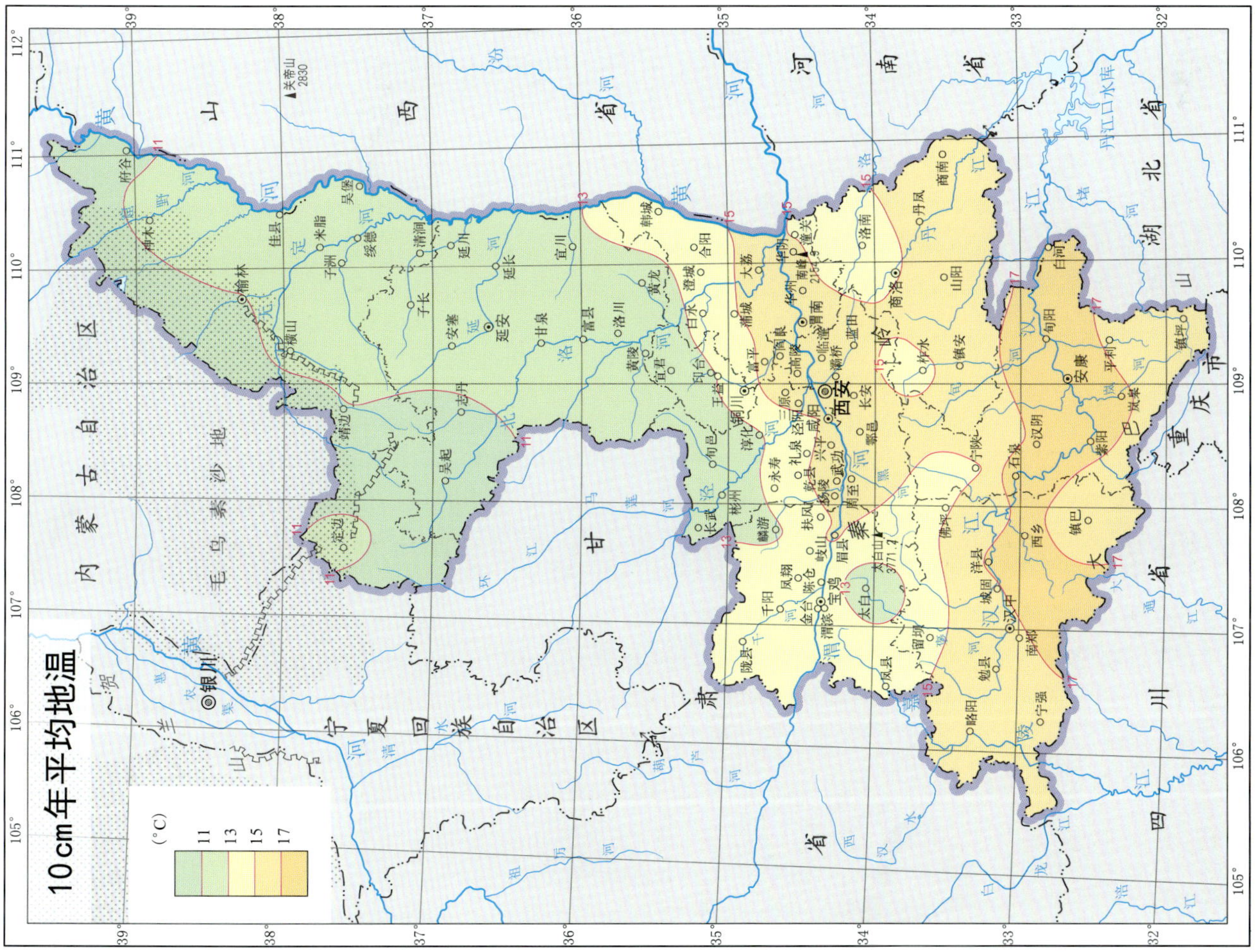

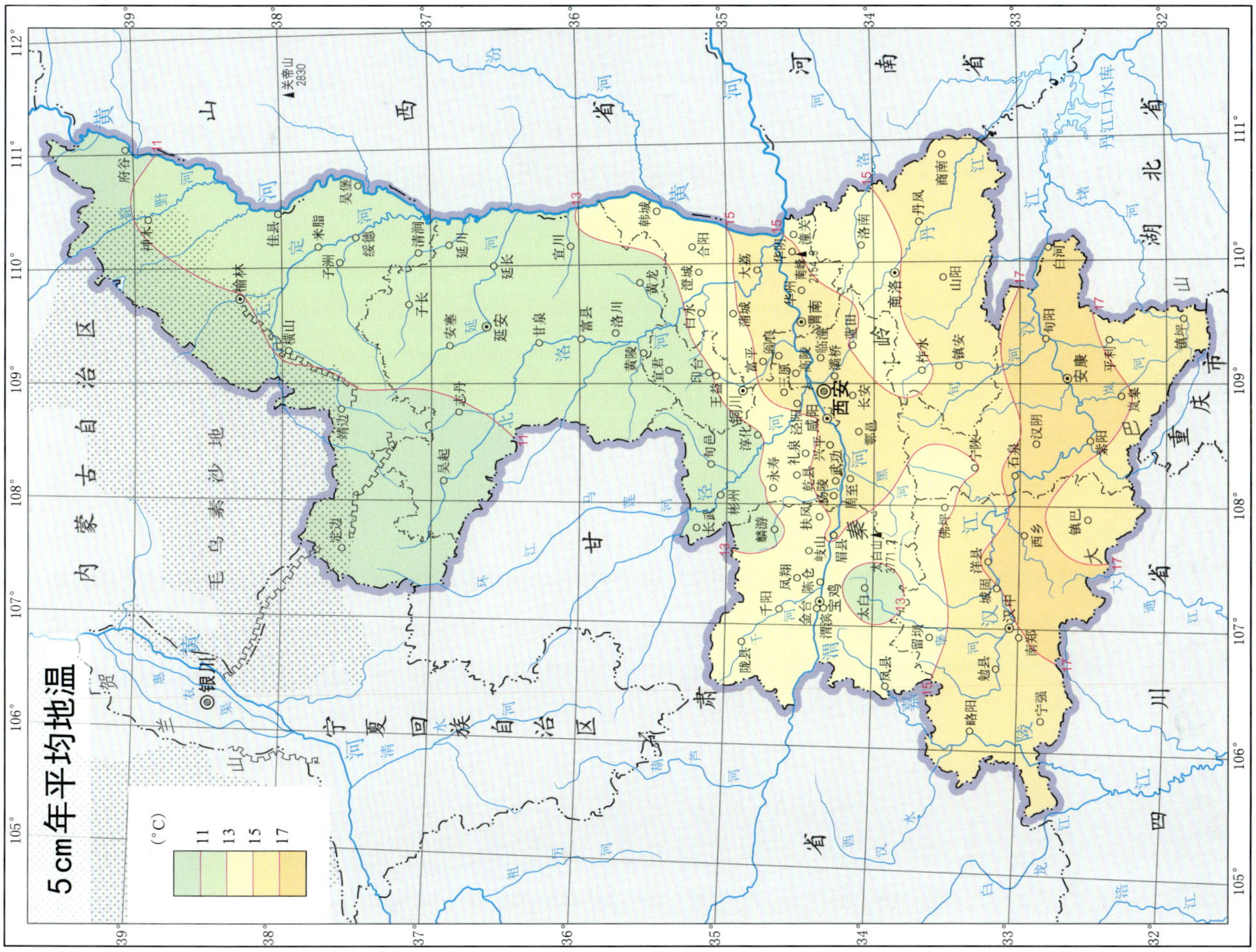

比例尺 1∶5 700 000　0 57 114 km

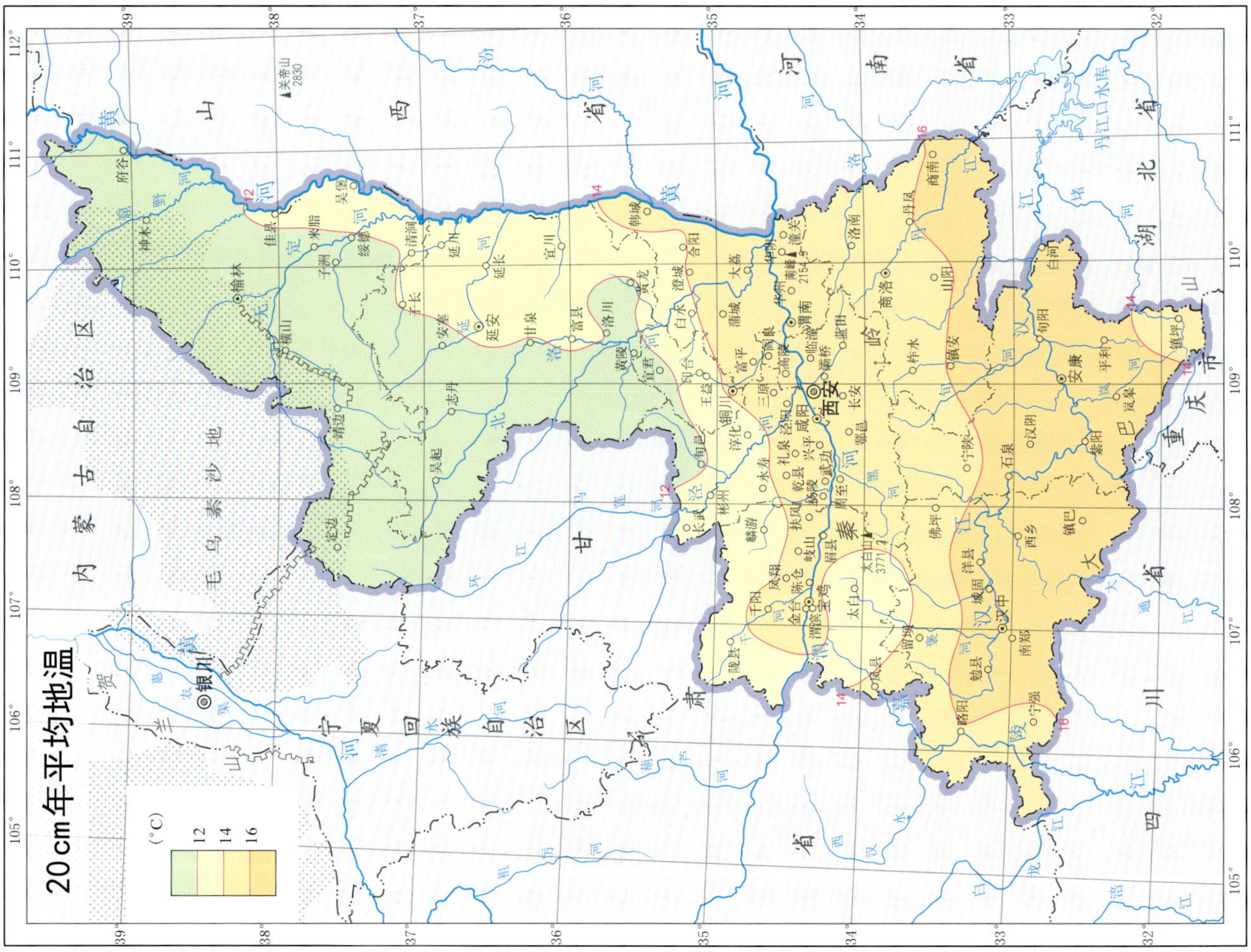

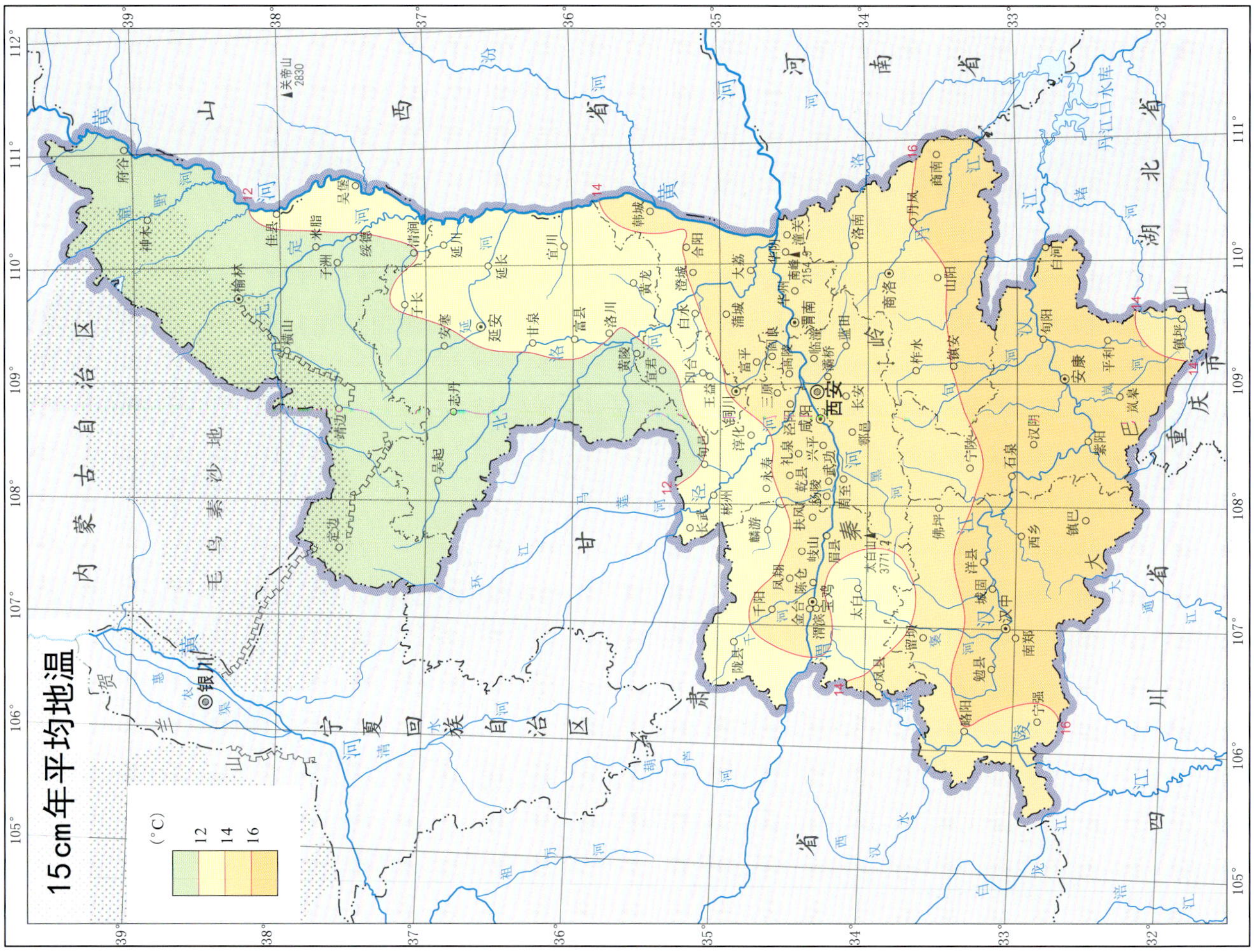

比例尺 1 : 5 700 000　0　57　114 km

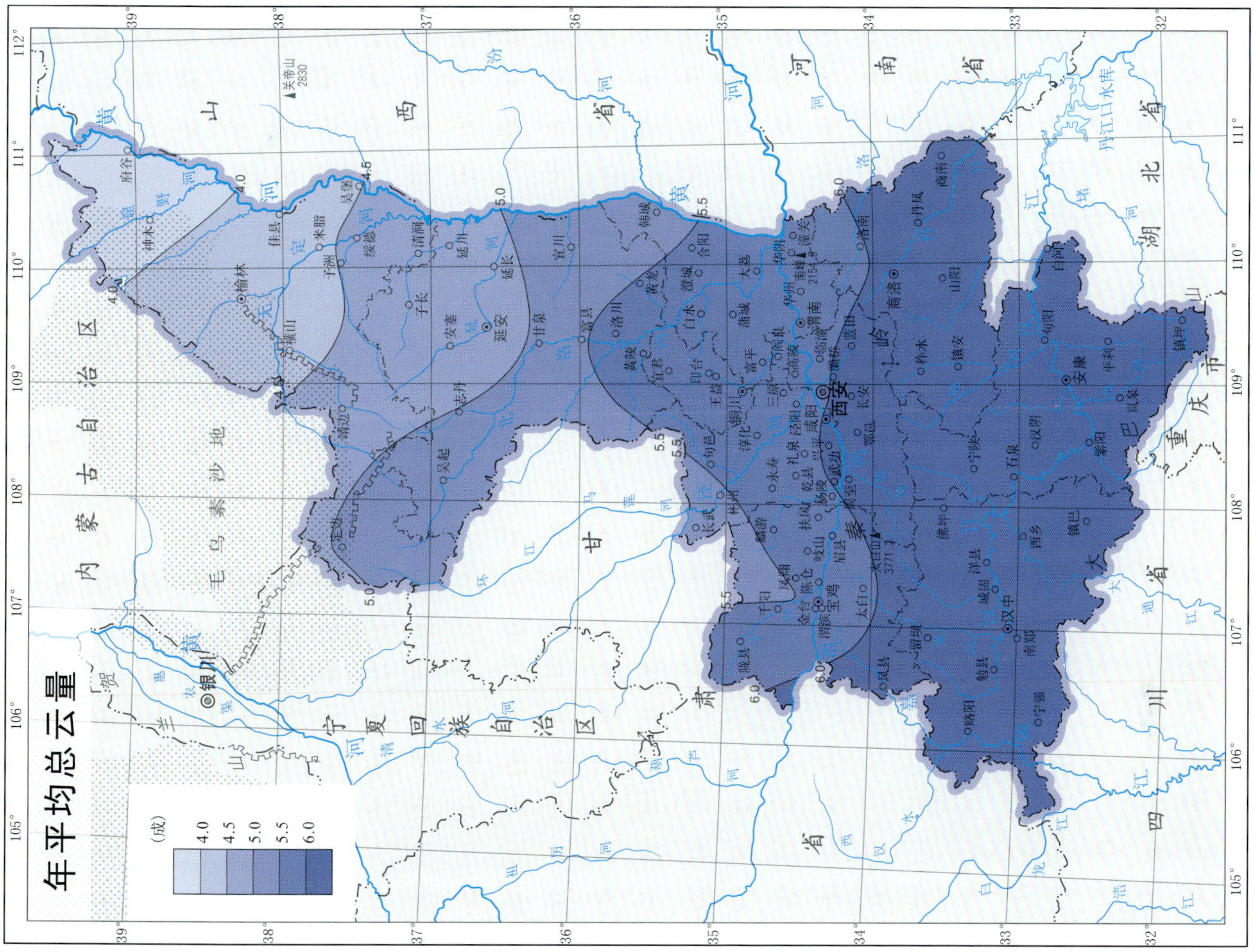
年平均总云量
(成)
4.0
4.5
5.0
5.5
6.0
西安

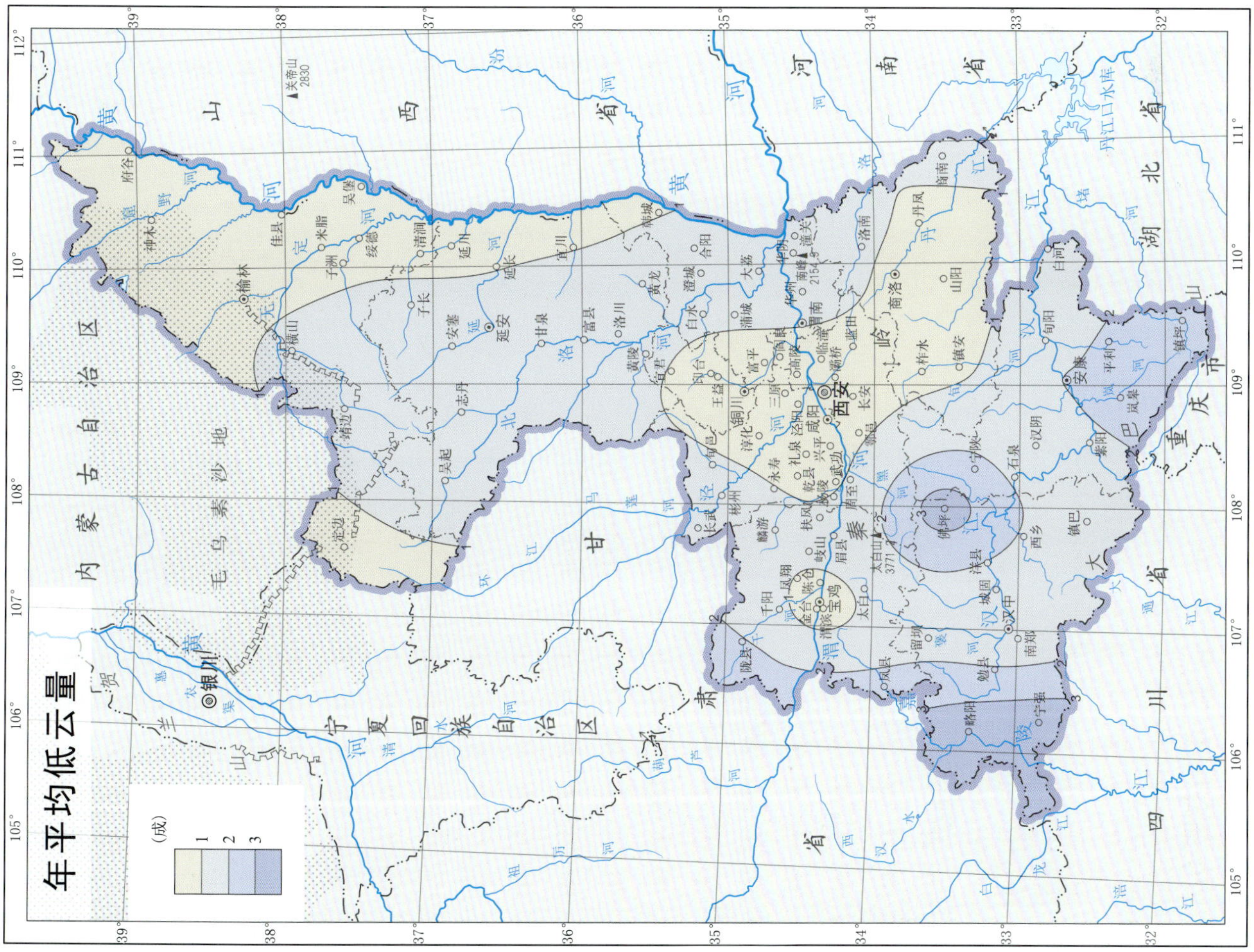
年平均低云量
(成)
1
2
3
西安

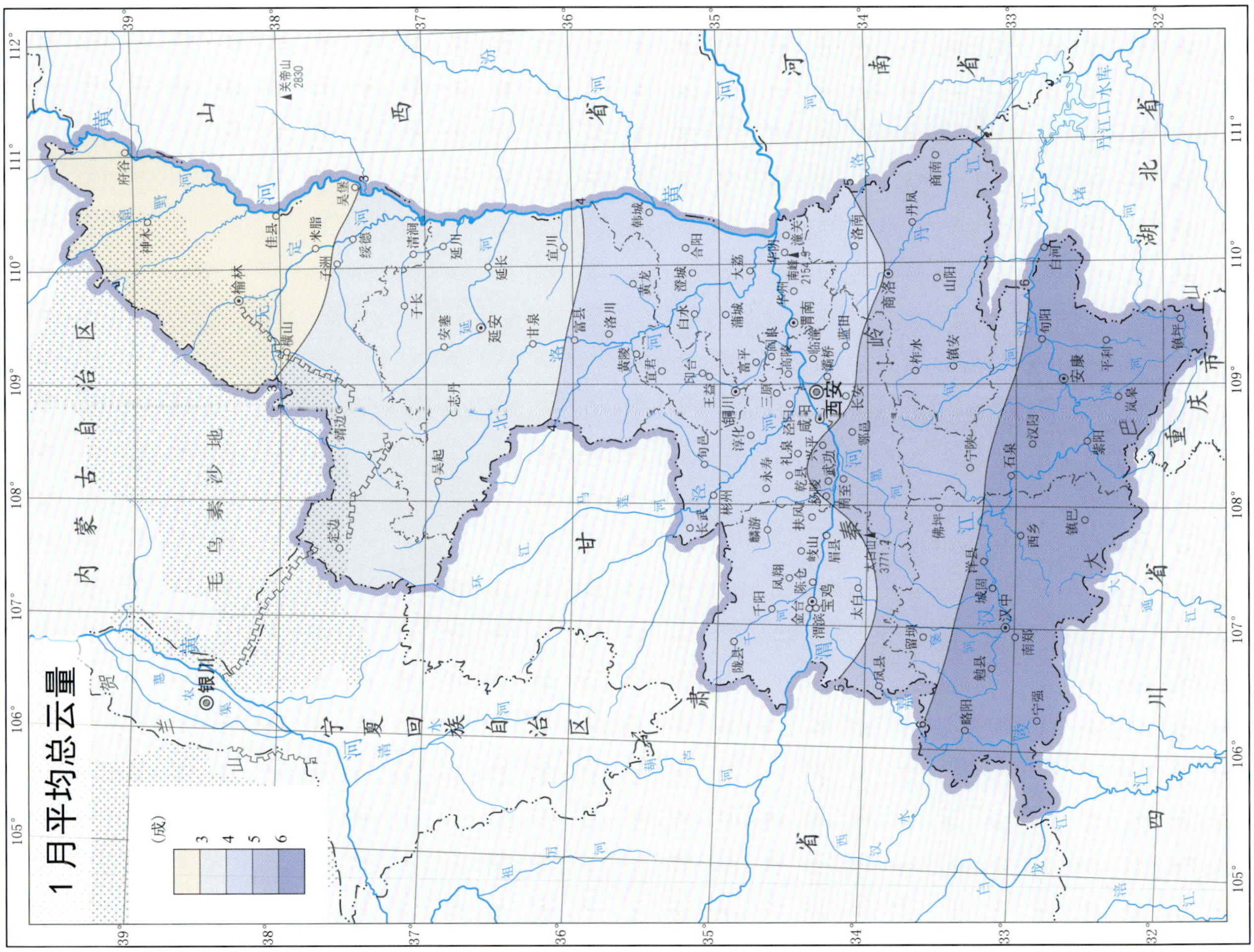

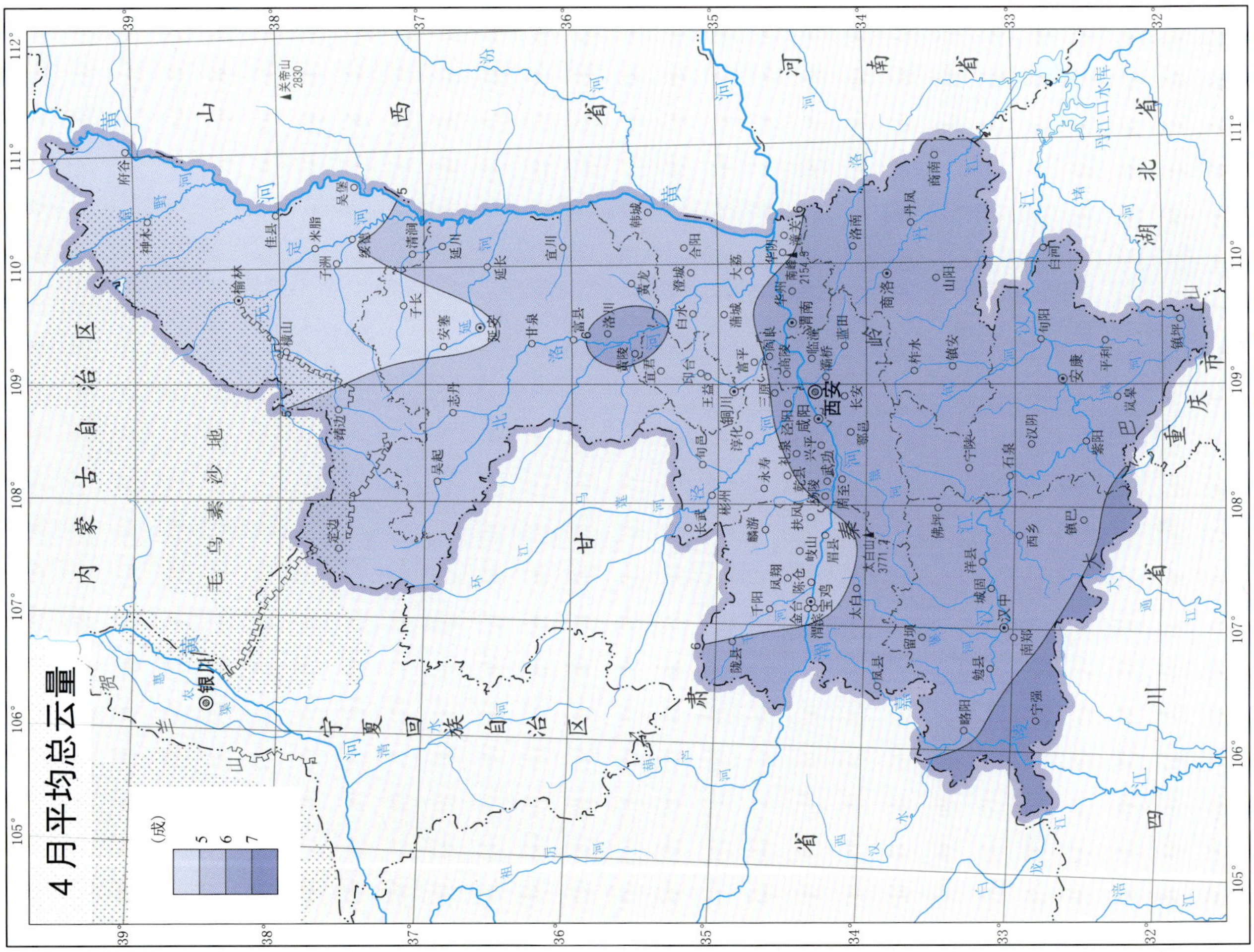

比例尺 1:5 700 000 0 57 114 km

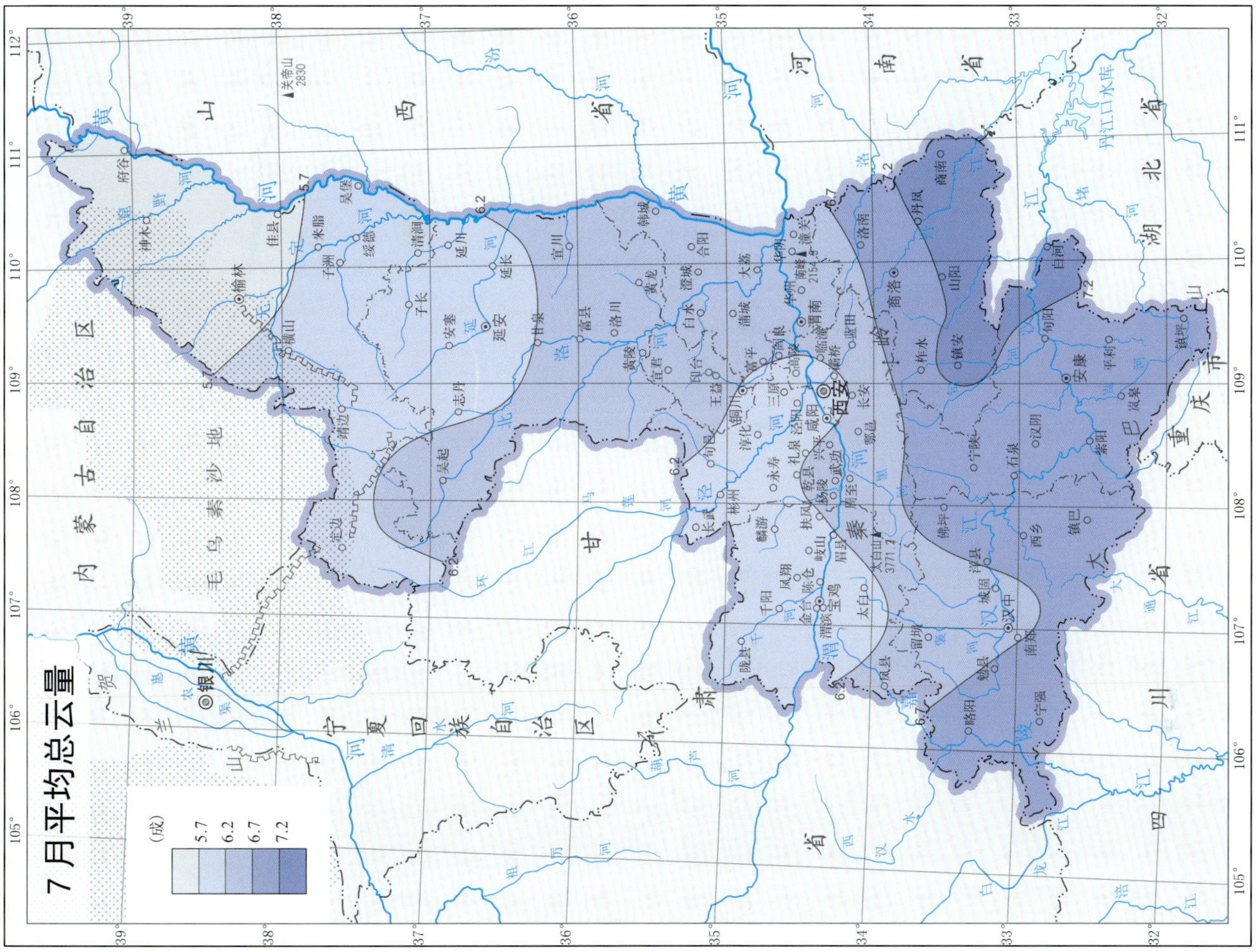

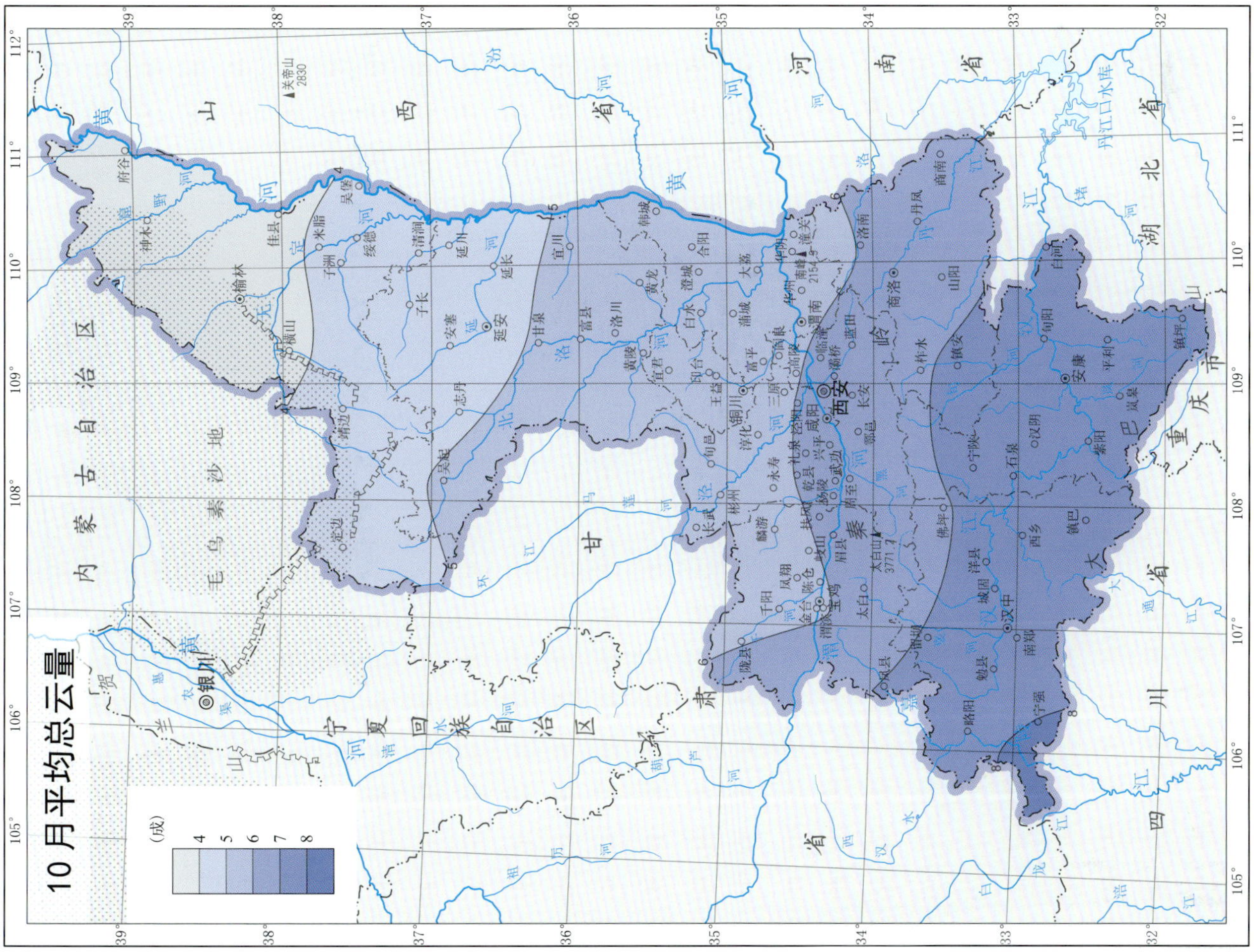

比例尺 1∶5 700 000 0 57 114 km

年晴天日数

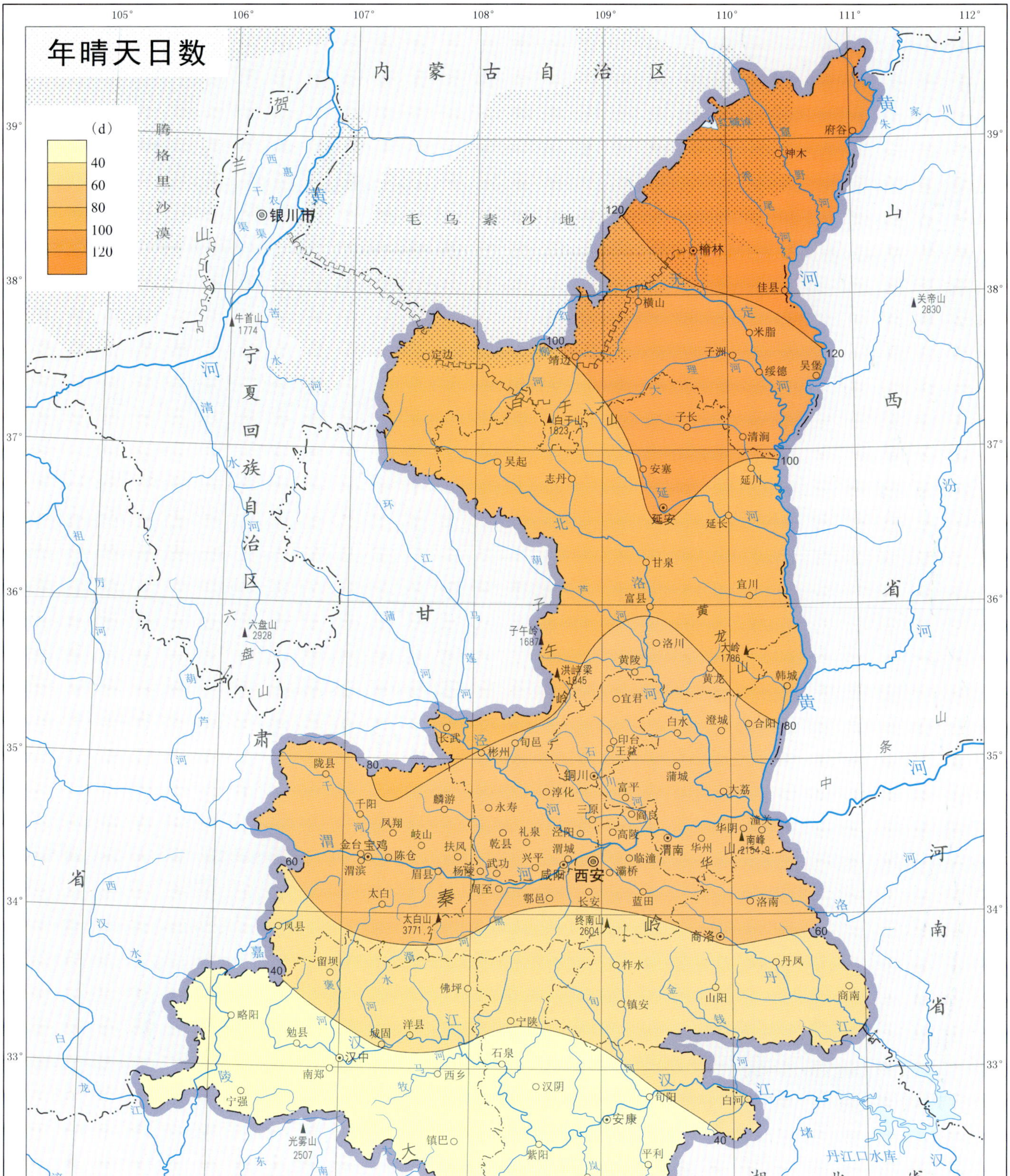

比例尺 1:4 000 000 0 40 80 km

年阴天日数

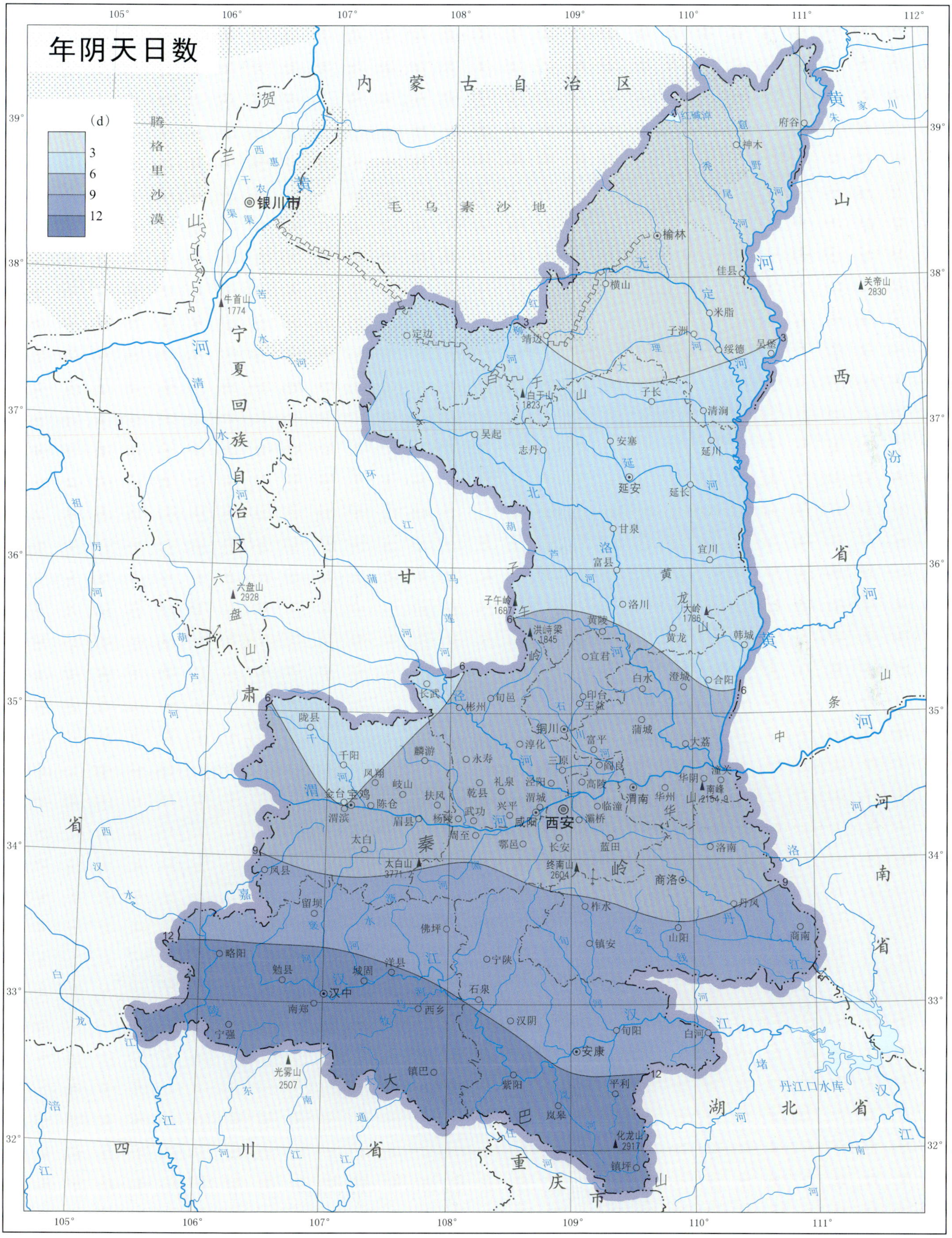

比例尺 1 : 4 000 000　0　40　80 km

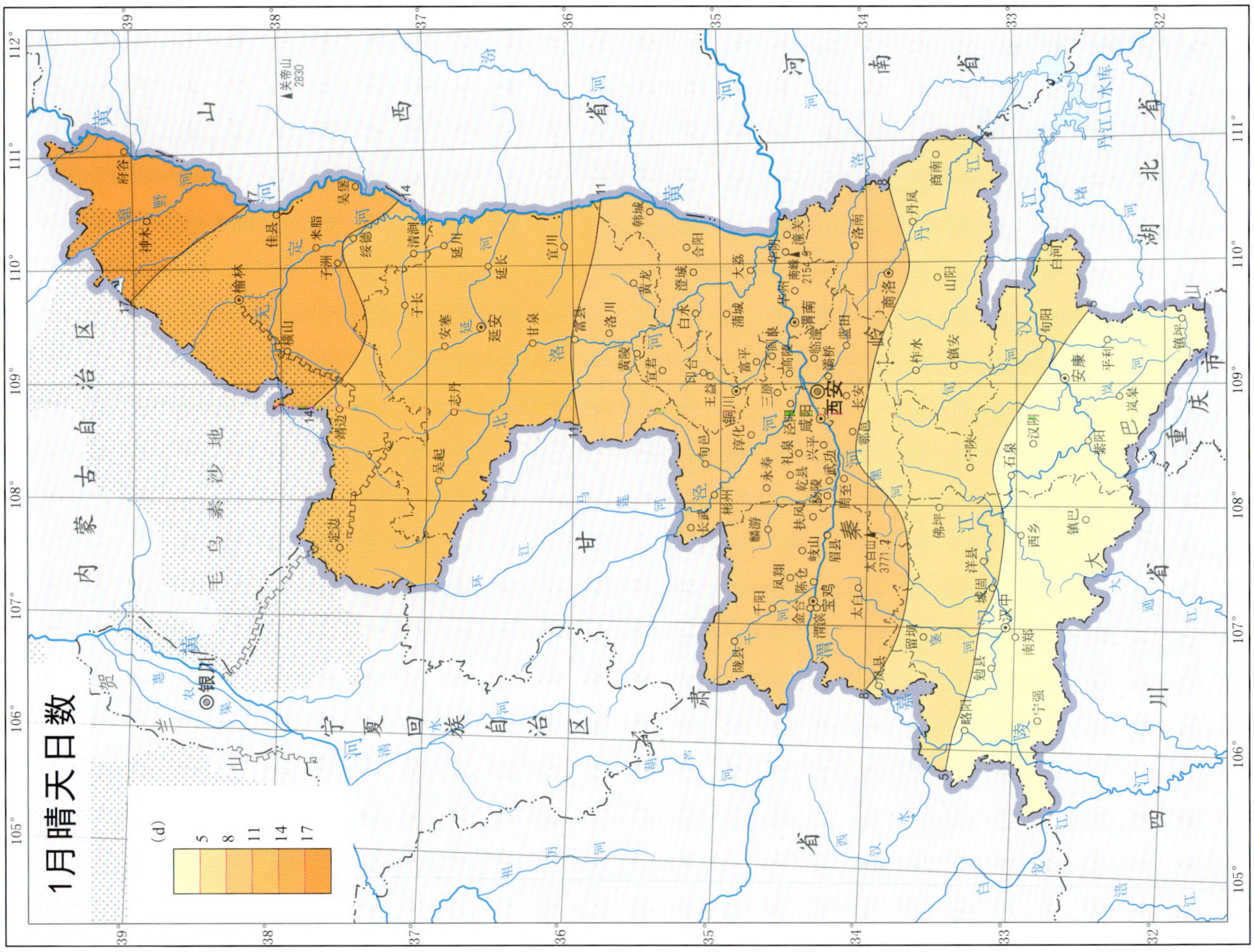

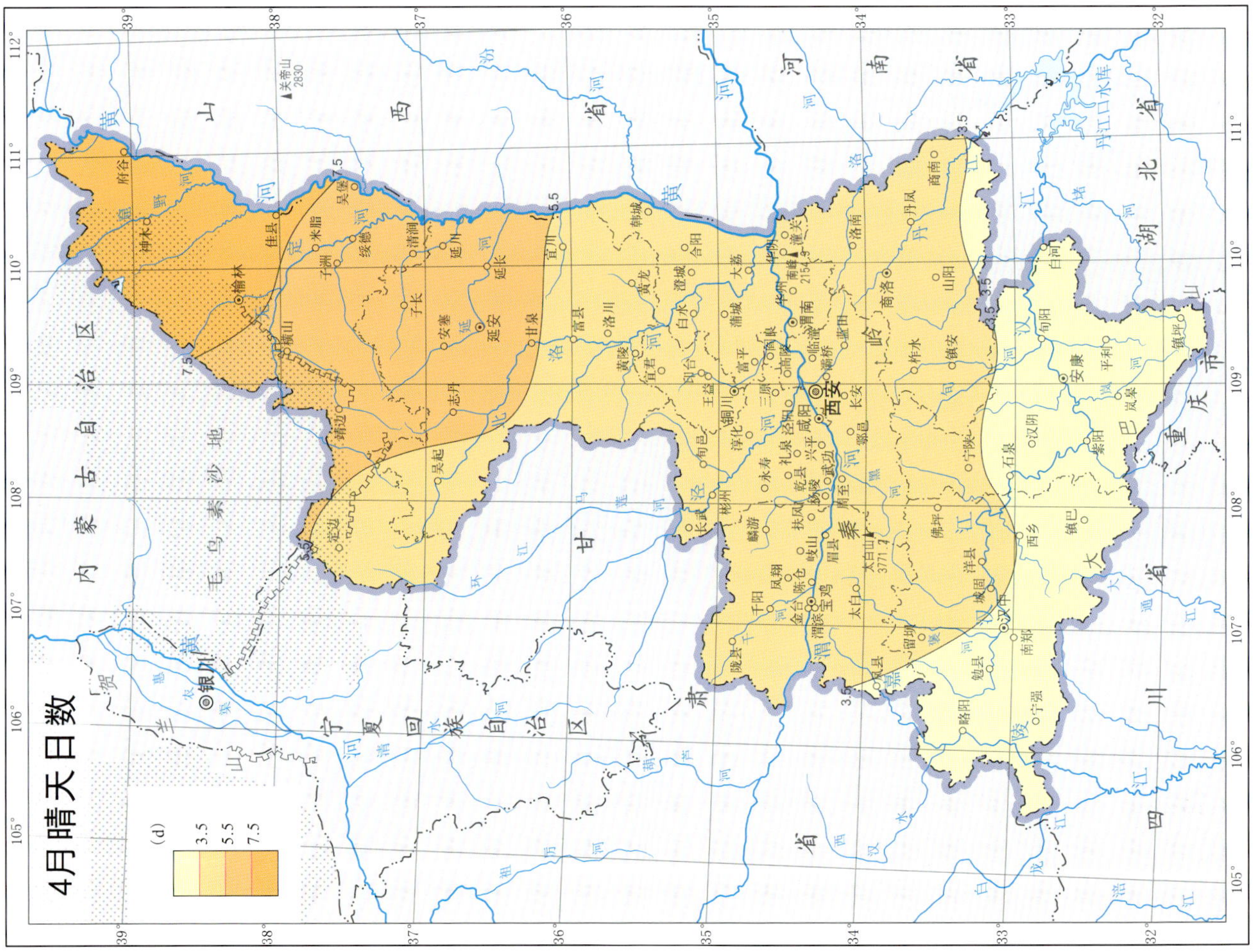

比例尺 1 : 5 700 000 0 57 114 km

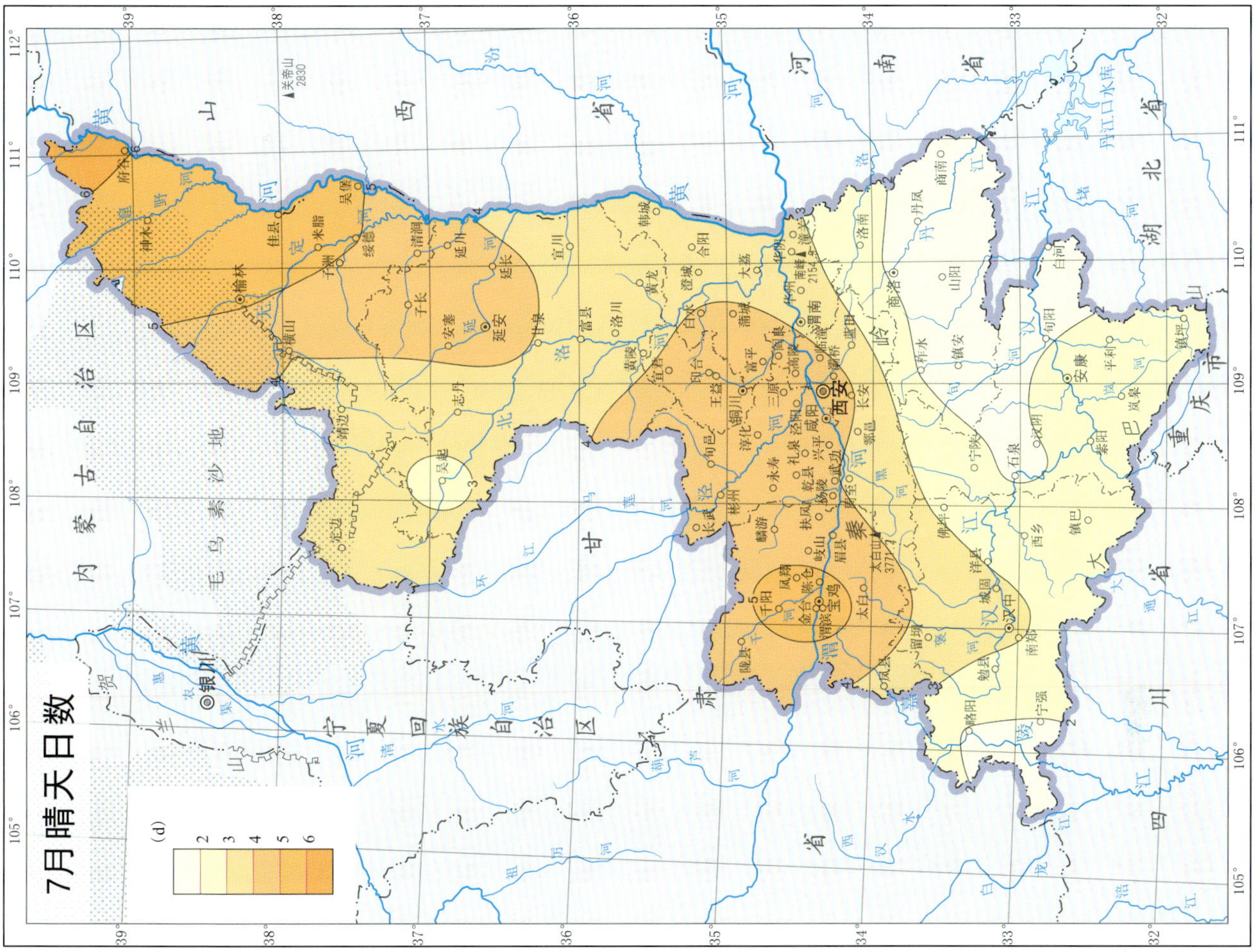

7月晴天日数

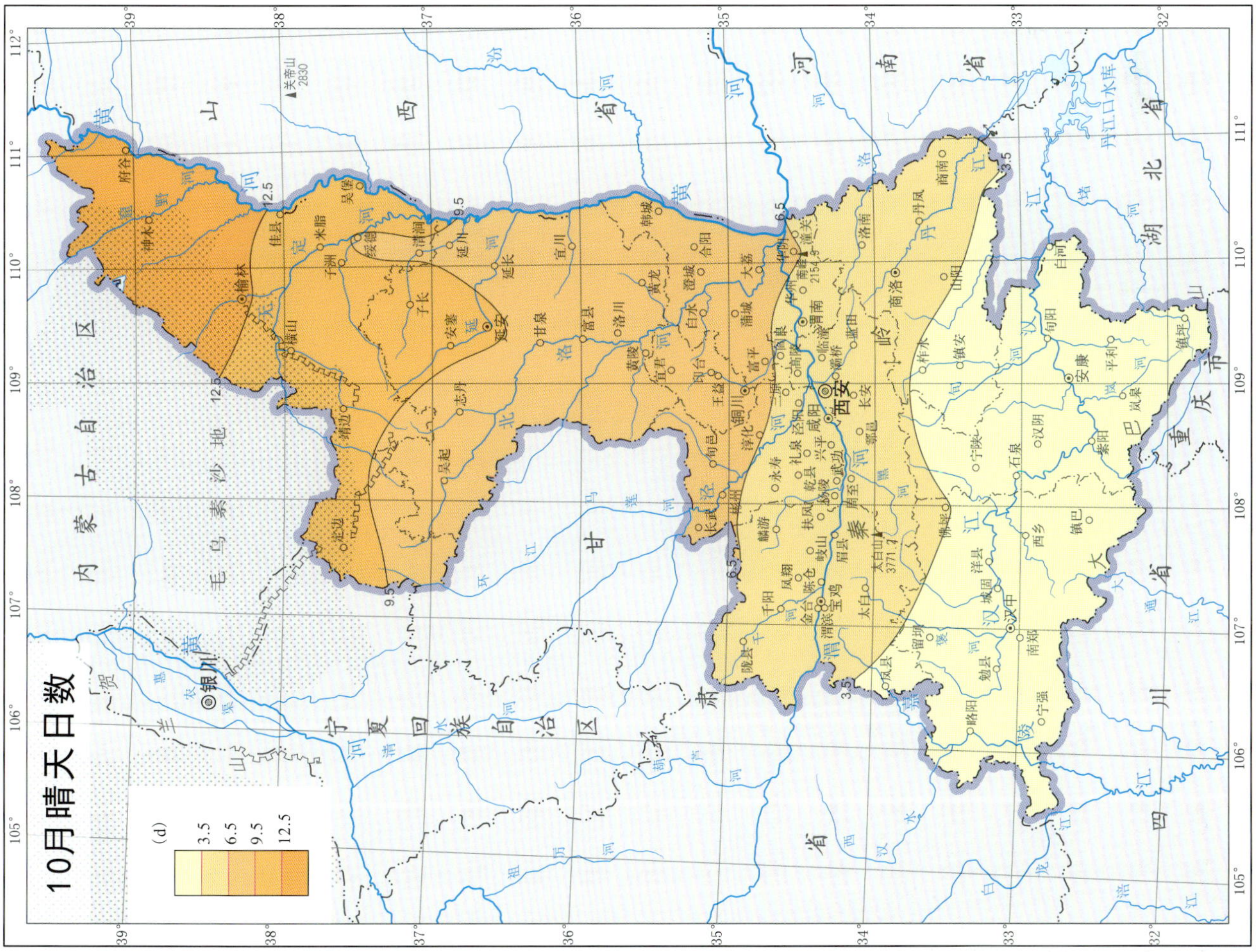

10月晴天日数

比例尺 1:5 700 000 0 57 114 km

1月阴天日数

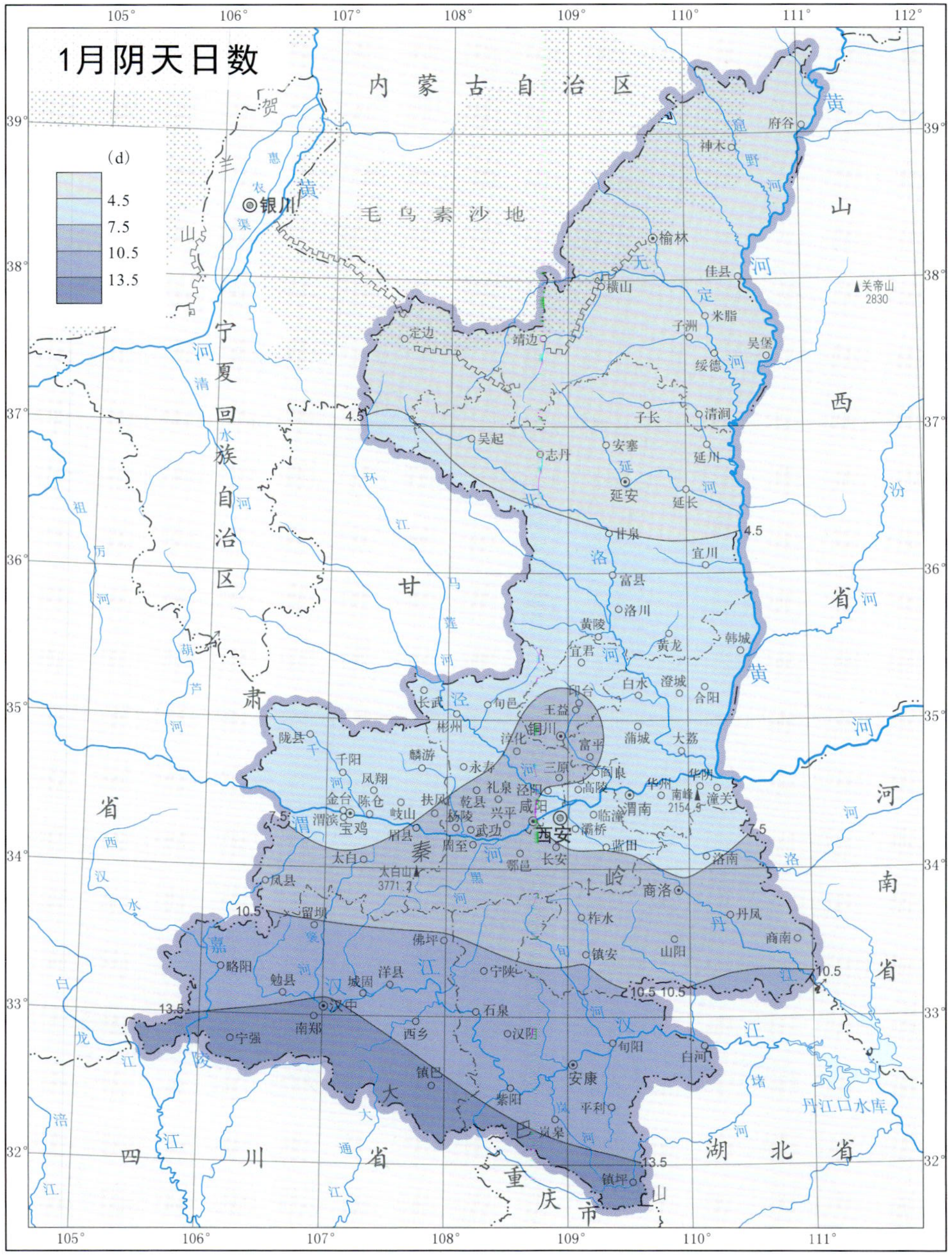

4月阴天日数

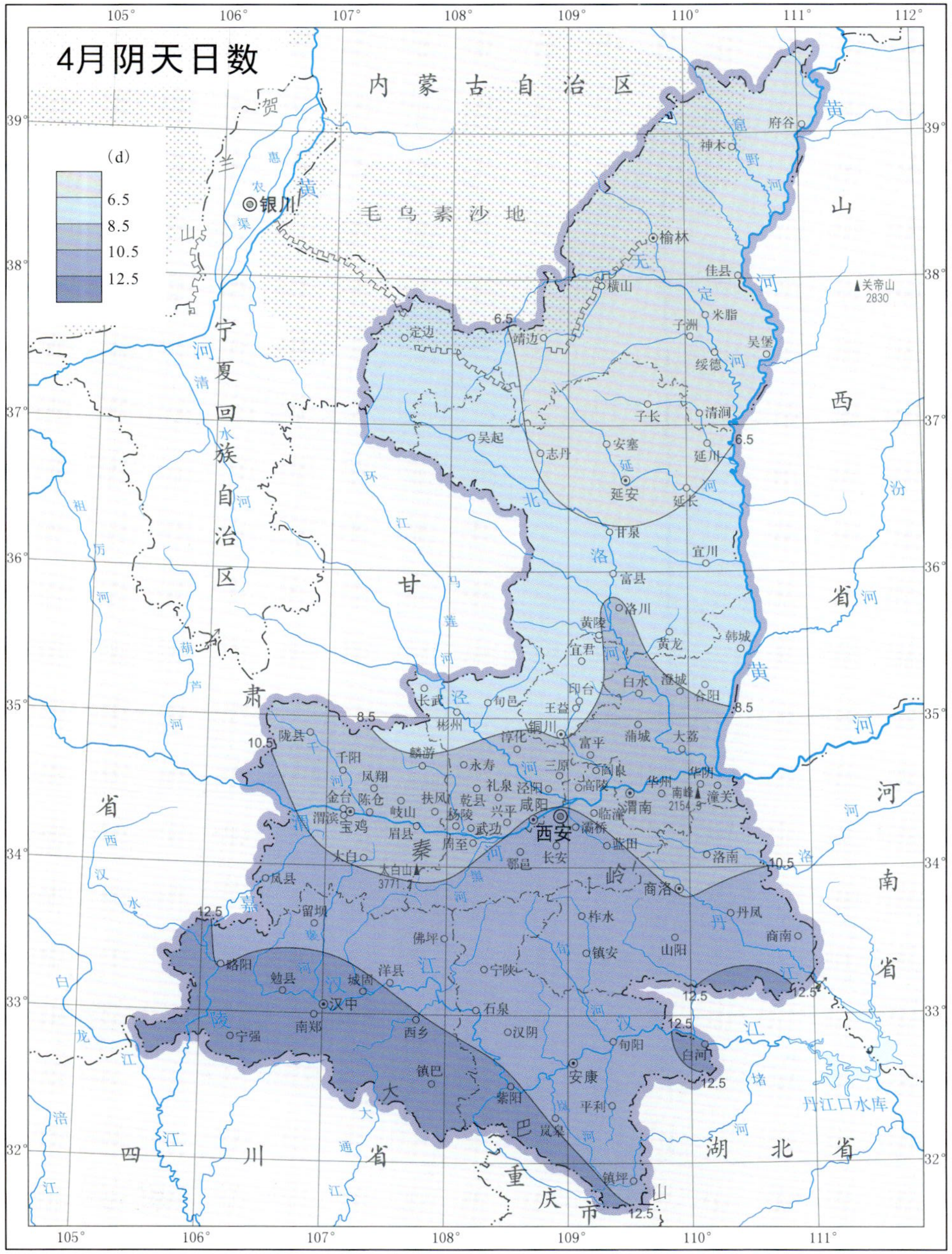

比例尺 1 : 5 700 000 0 57 114 km

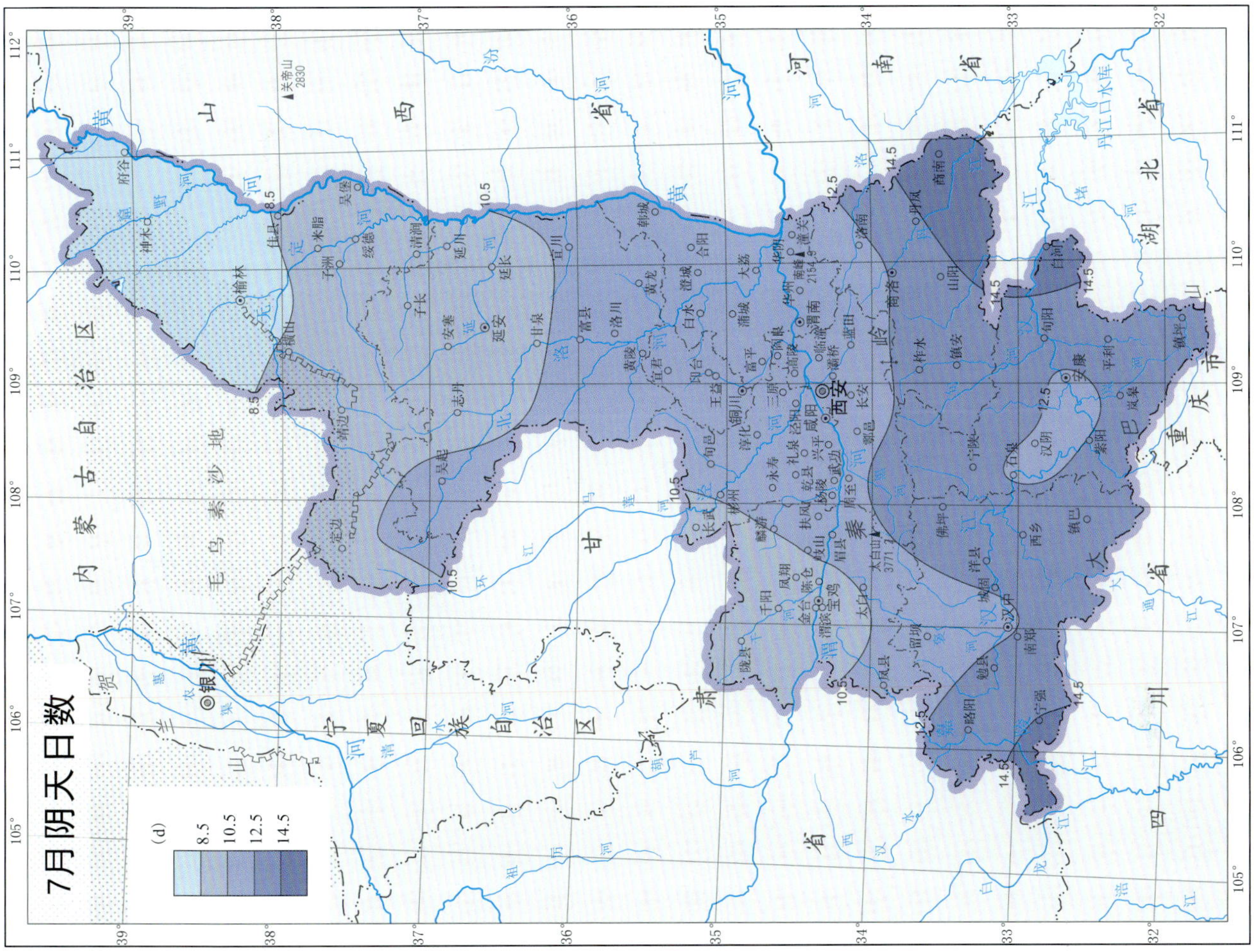

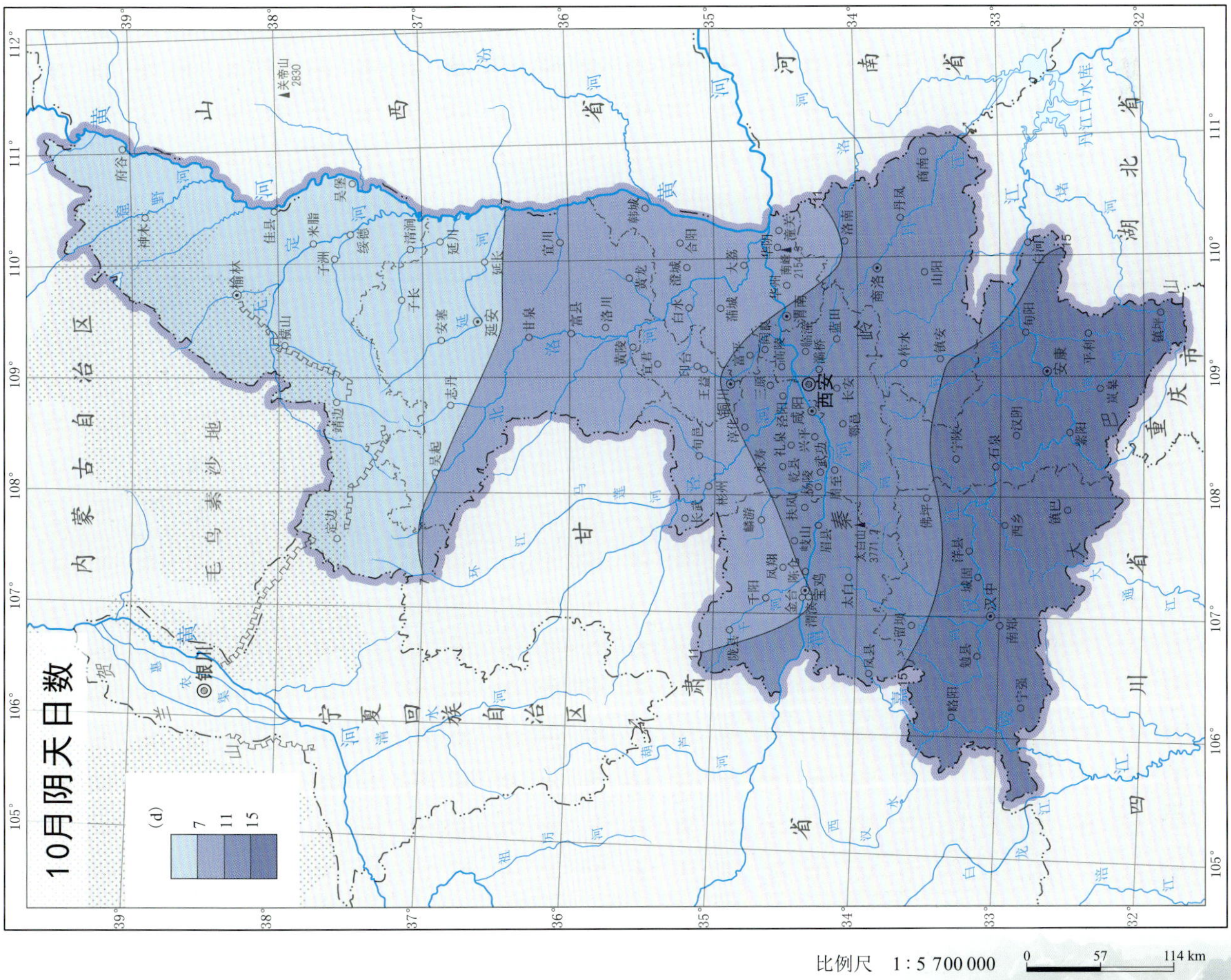

比例尺 1:5 700 000 0 57 114 km

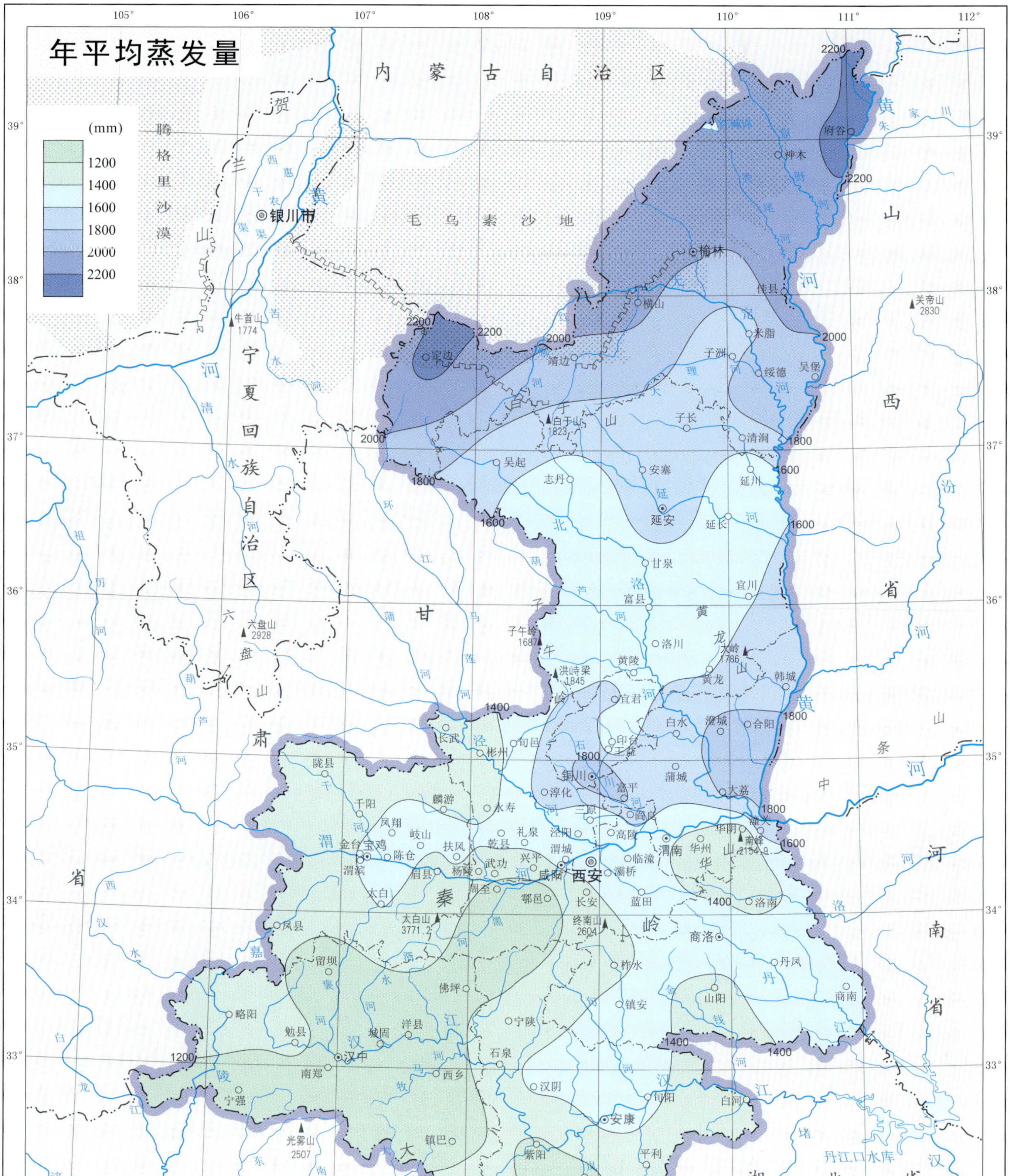

比例尺 1:4 000 000 0 40 80 km

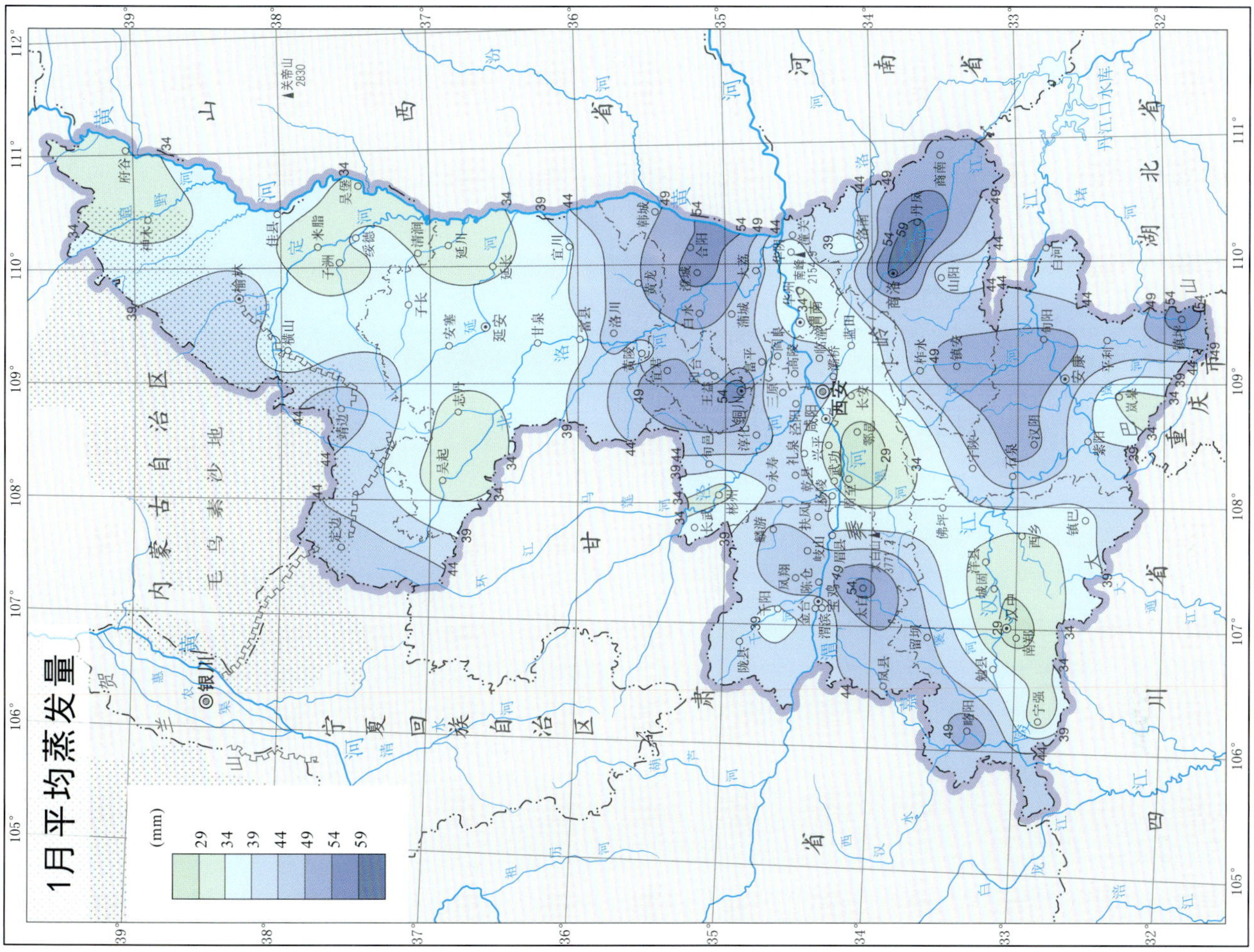

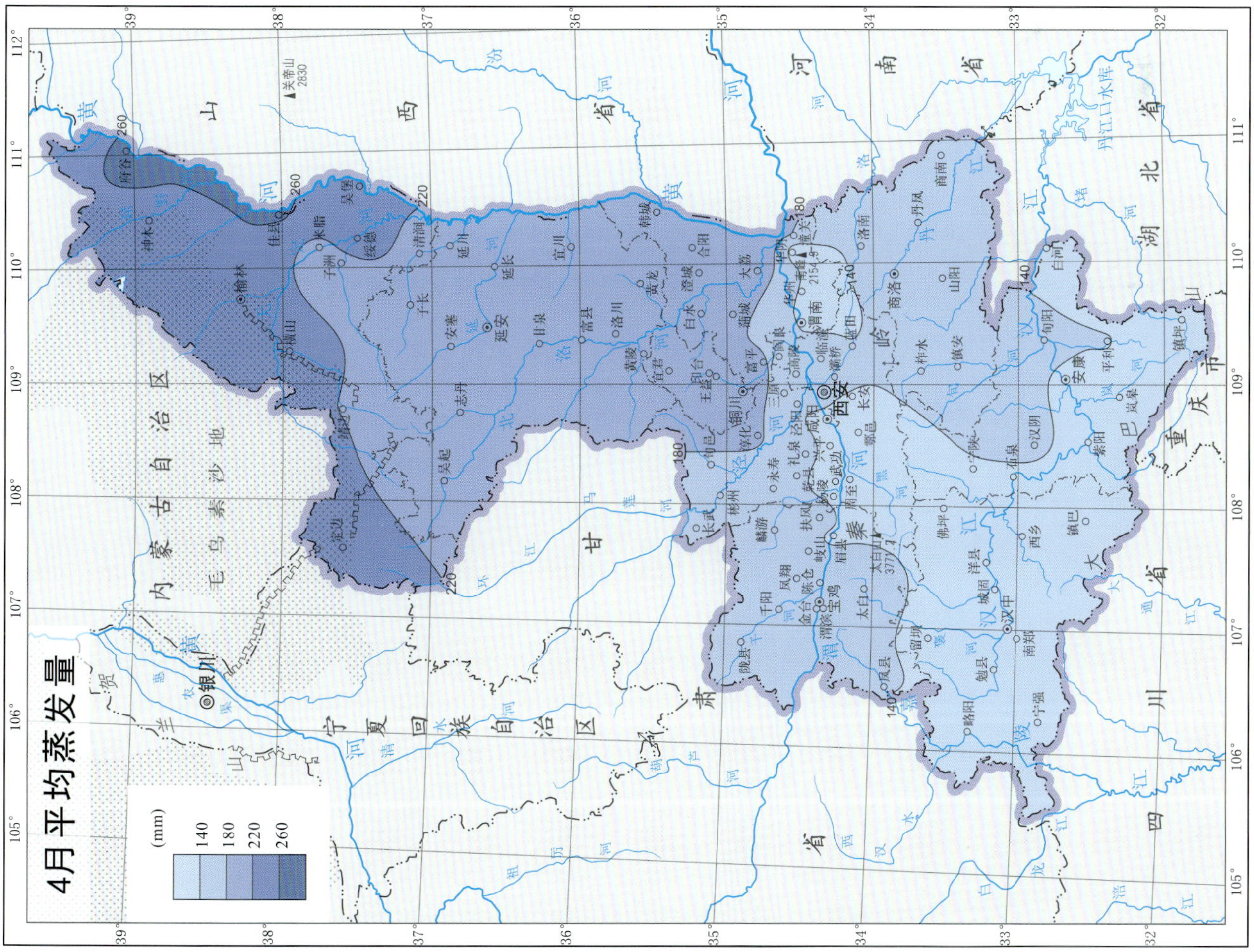

比例尺 1：5 700 000 0 57 114 km

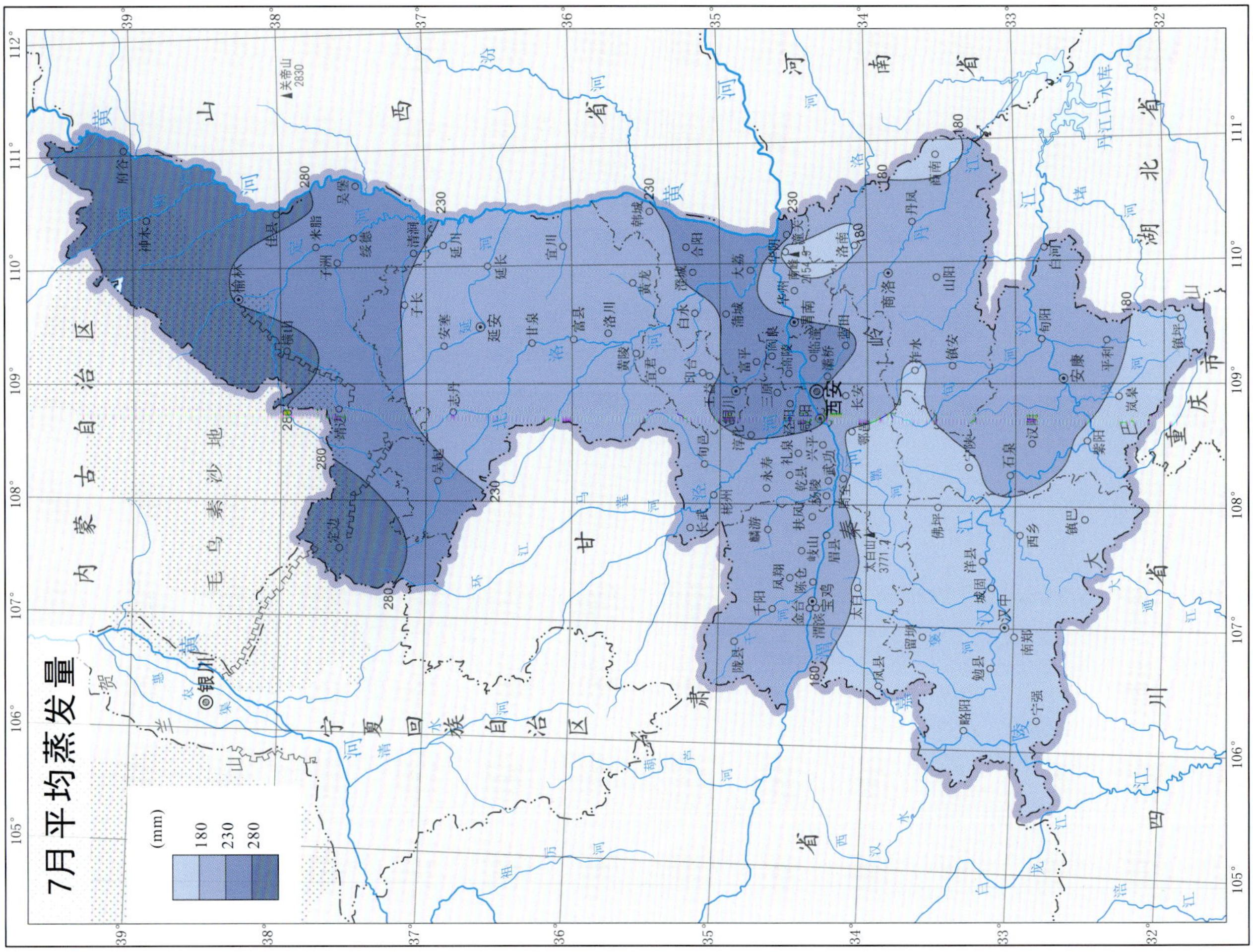

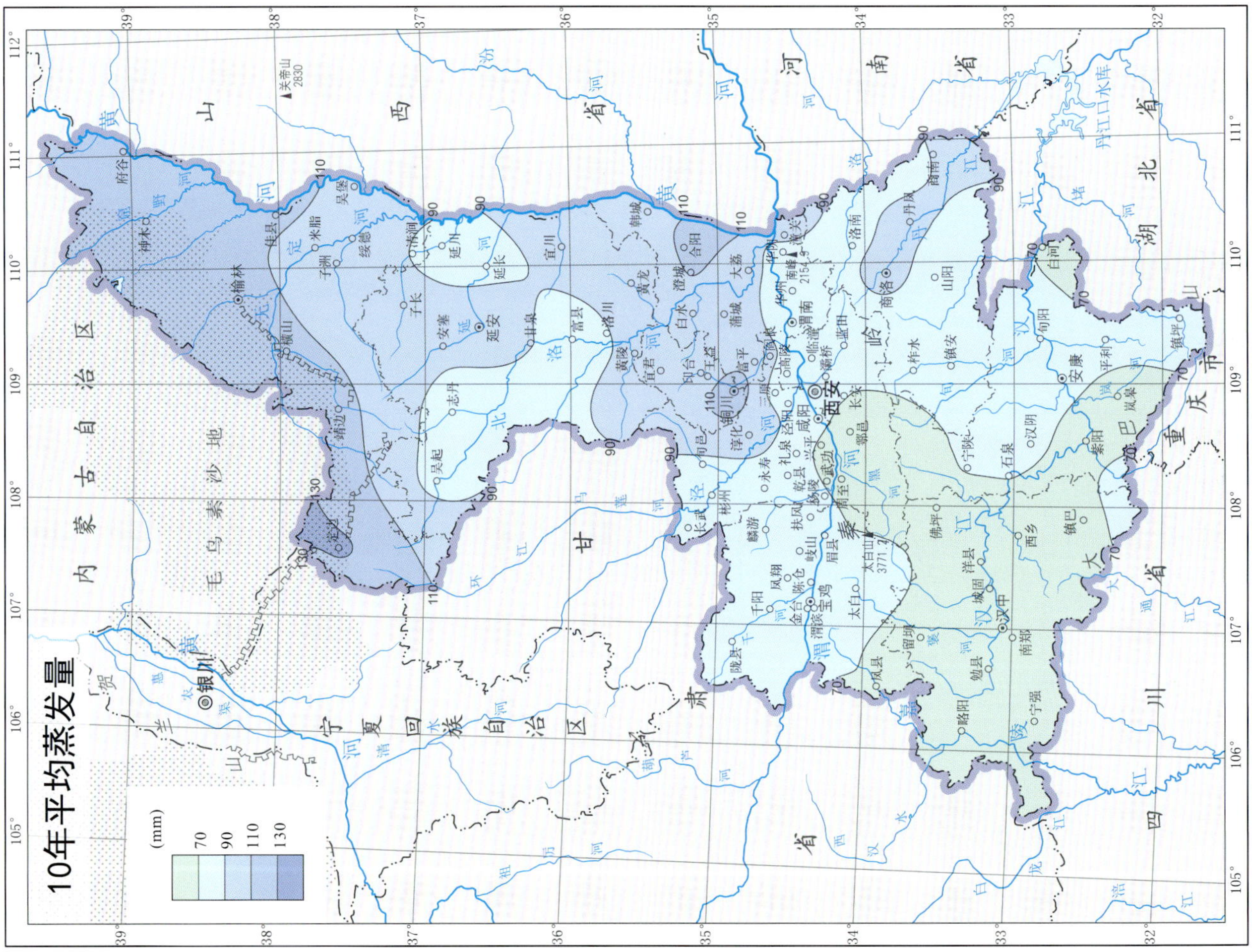

比例尺 1:5 700 000 0 57 114 km

气候要素综合图

气 温

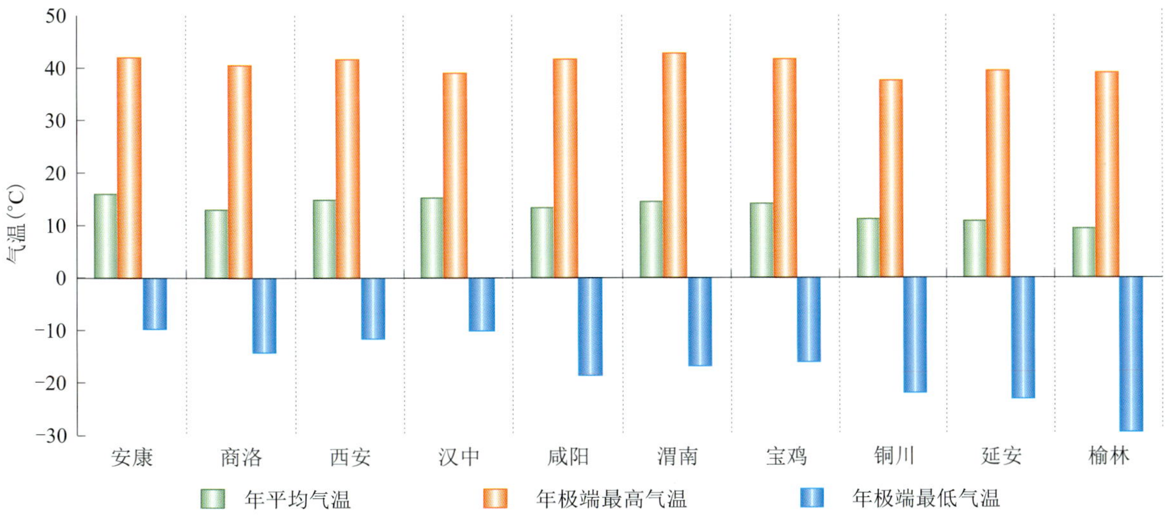

降 水

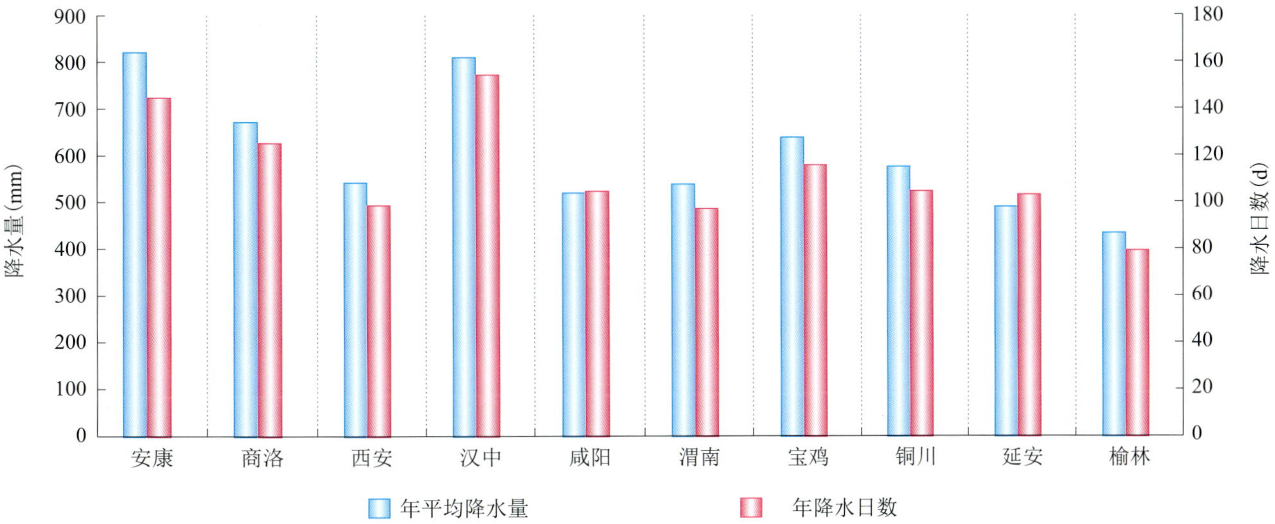

日照时数和湿度

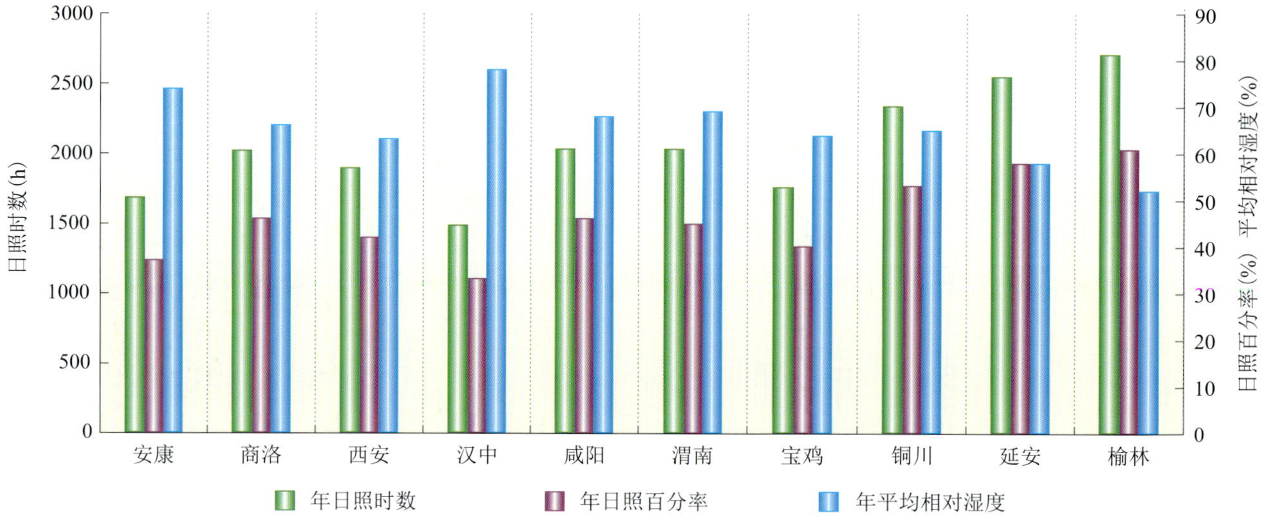

积 温

无霜期

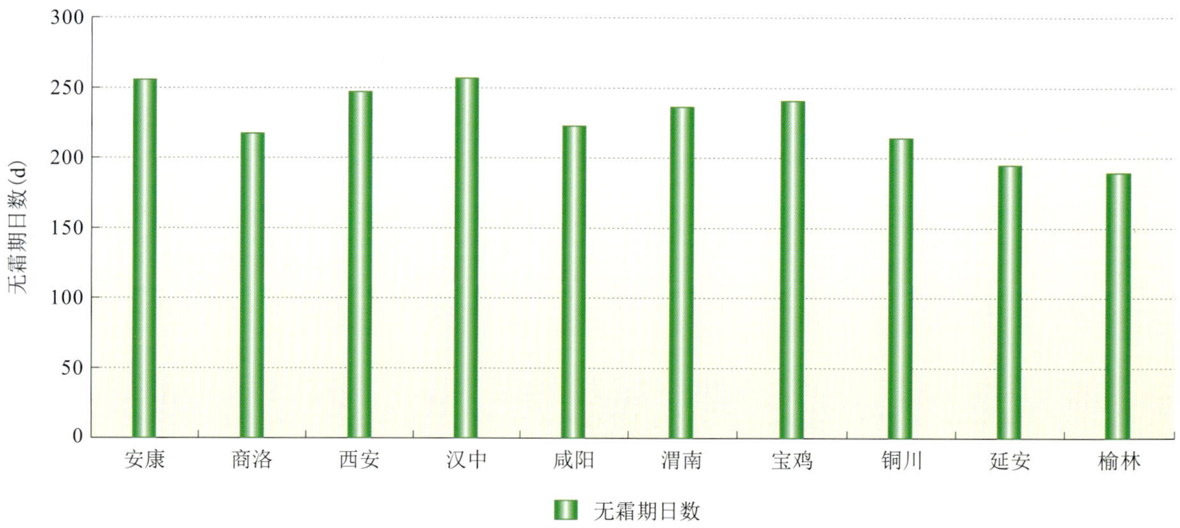

灾害性天气气候图

- 干旱
- 连阴雨
- 低温冻害
- 大风
- 雷暴
- 霾
- 冰雹
- 典型灾害个例
- 雨涝
- 高温
- 寒潮
- 沙尘暴
- 雾
- 雪
- 霜

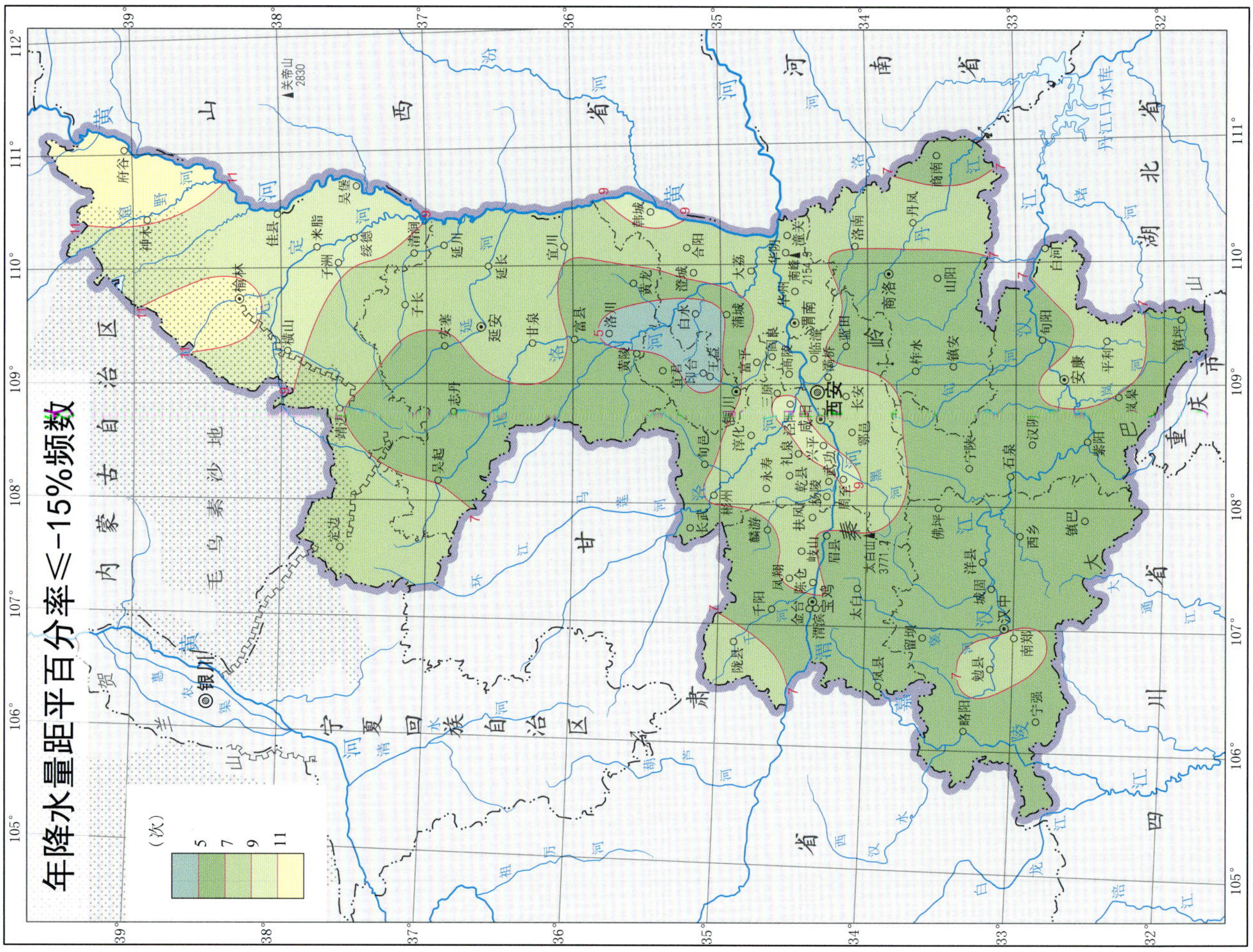

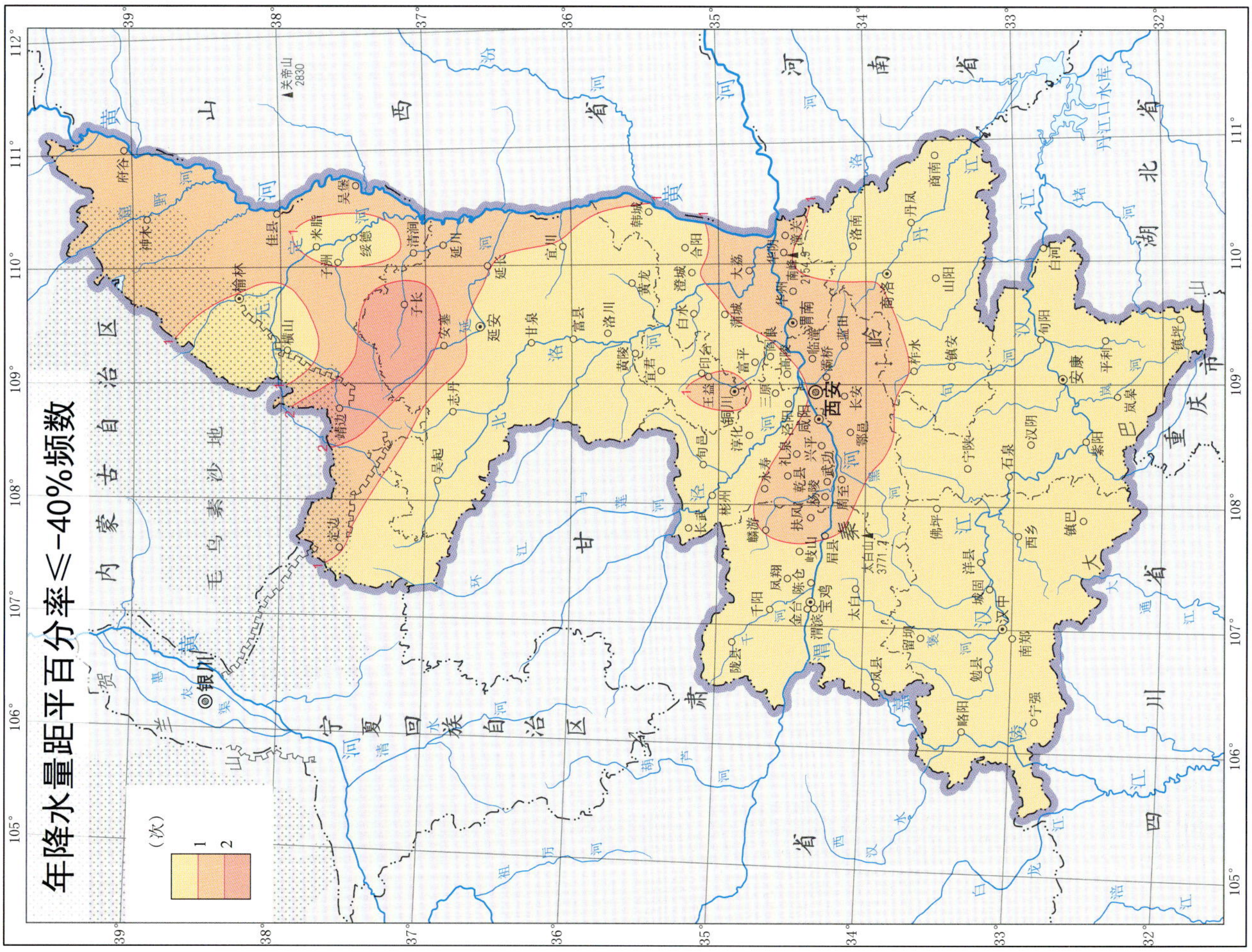

比例尺 1∶5 700 000 0 57 114 km

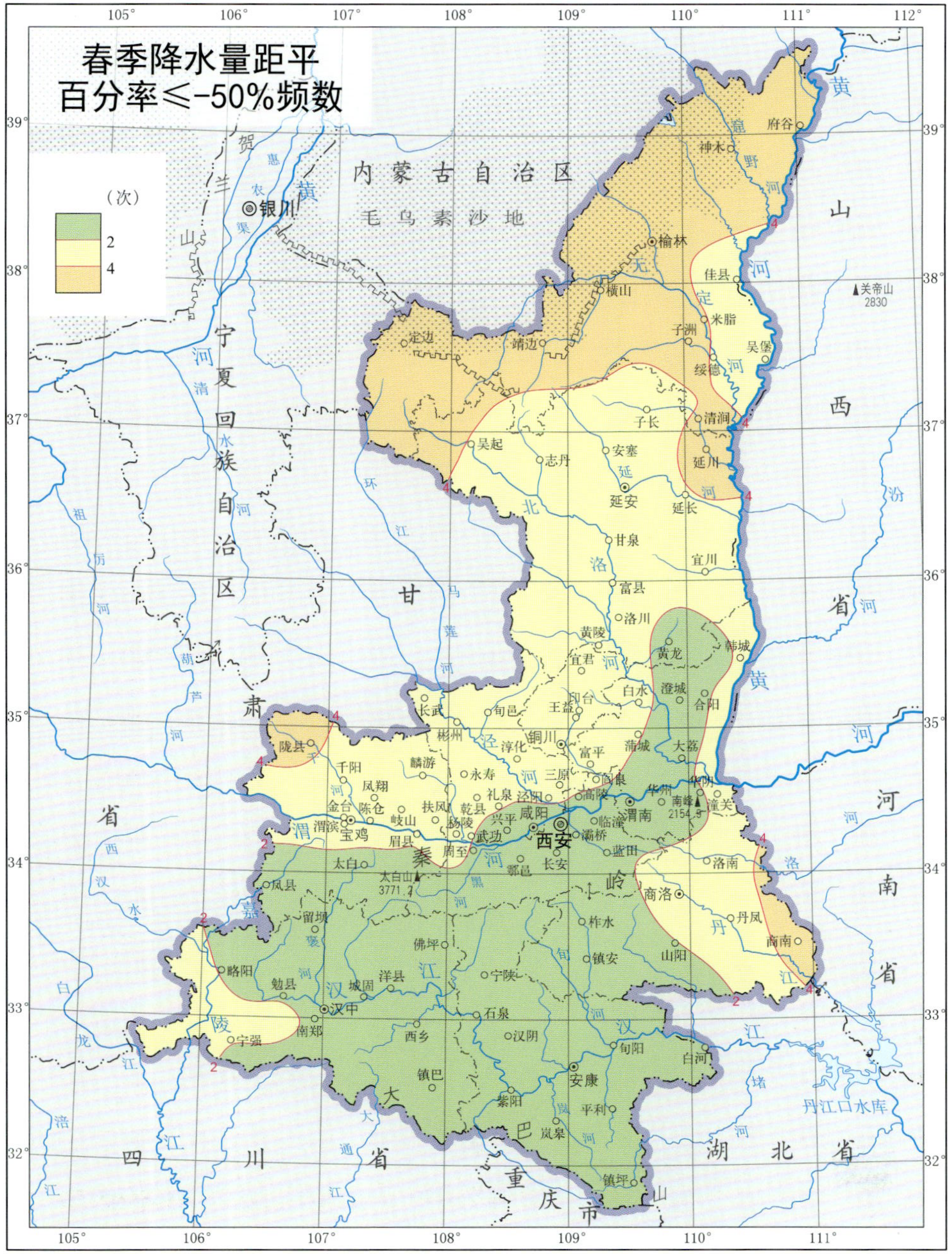

春季降水量距平百分率≤−50%频数

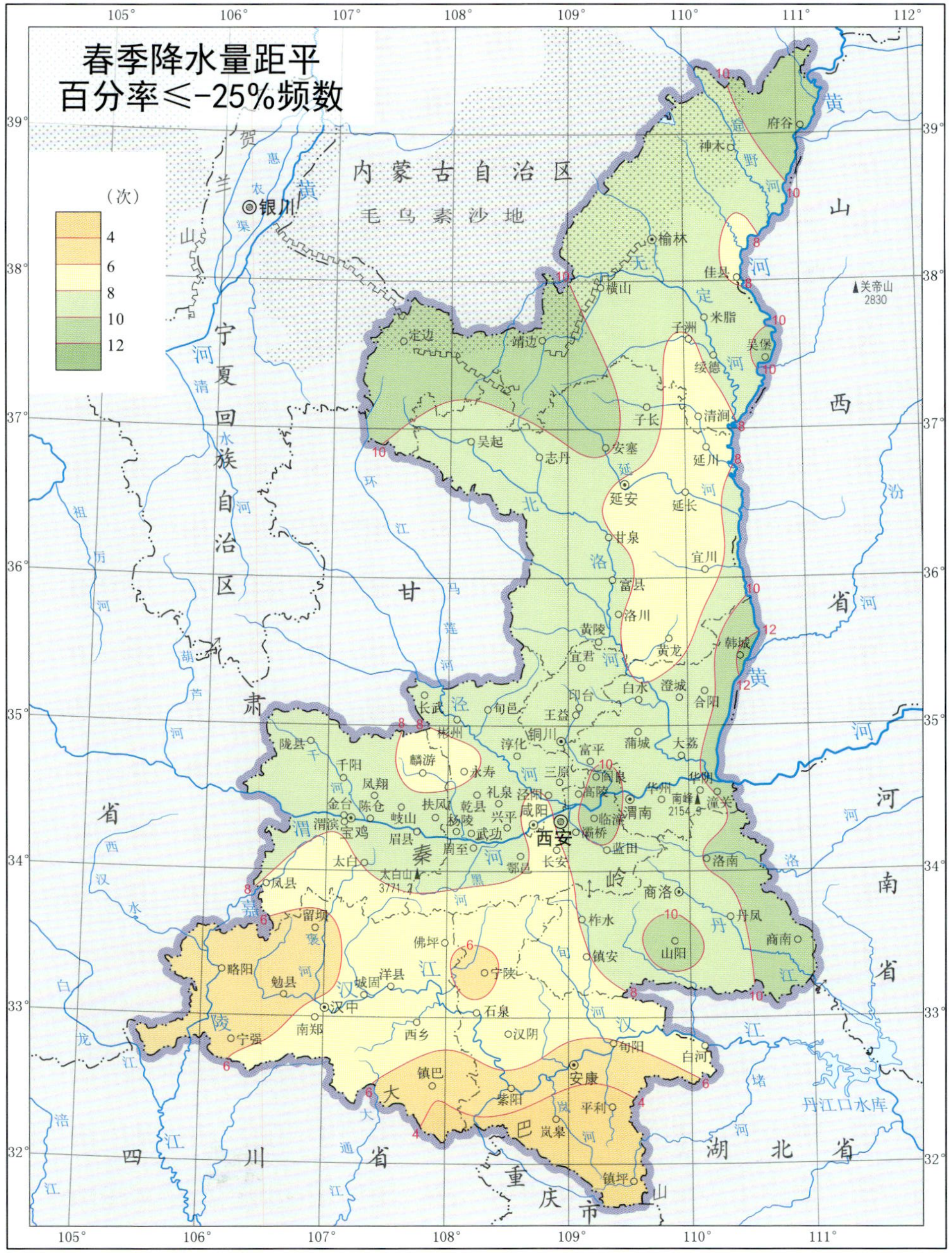

春季降水量距平百分率≤−25%频数

比例尺 1：5 700 000　0　57　114 km

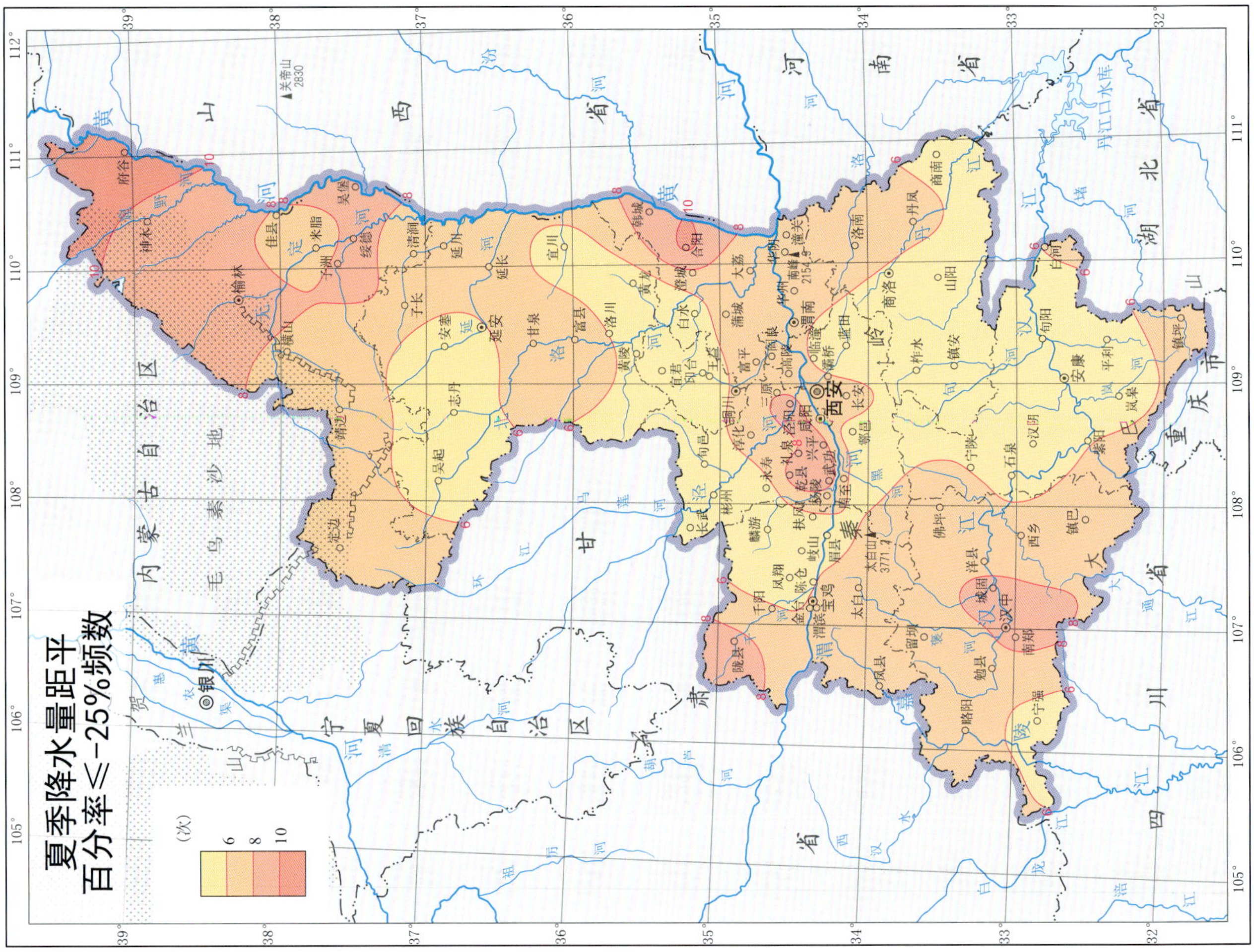

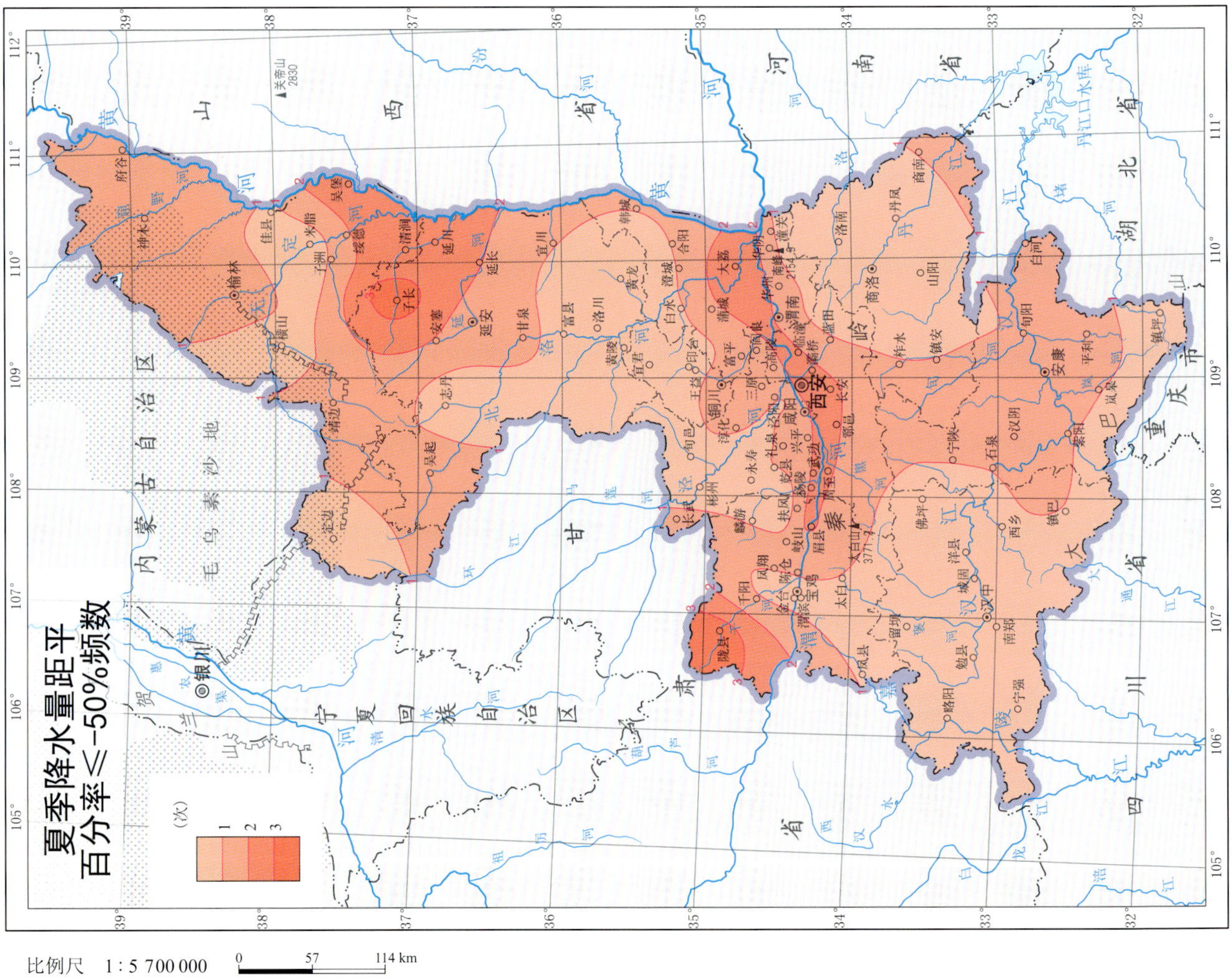

比例尺 1∶5 700 000 0 57 114 km

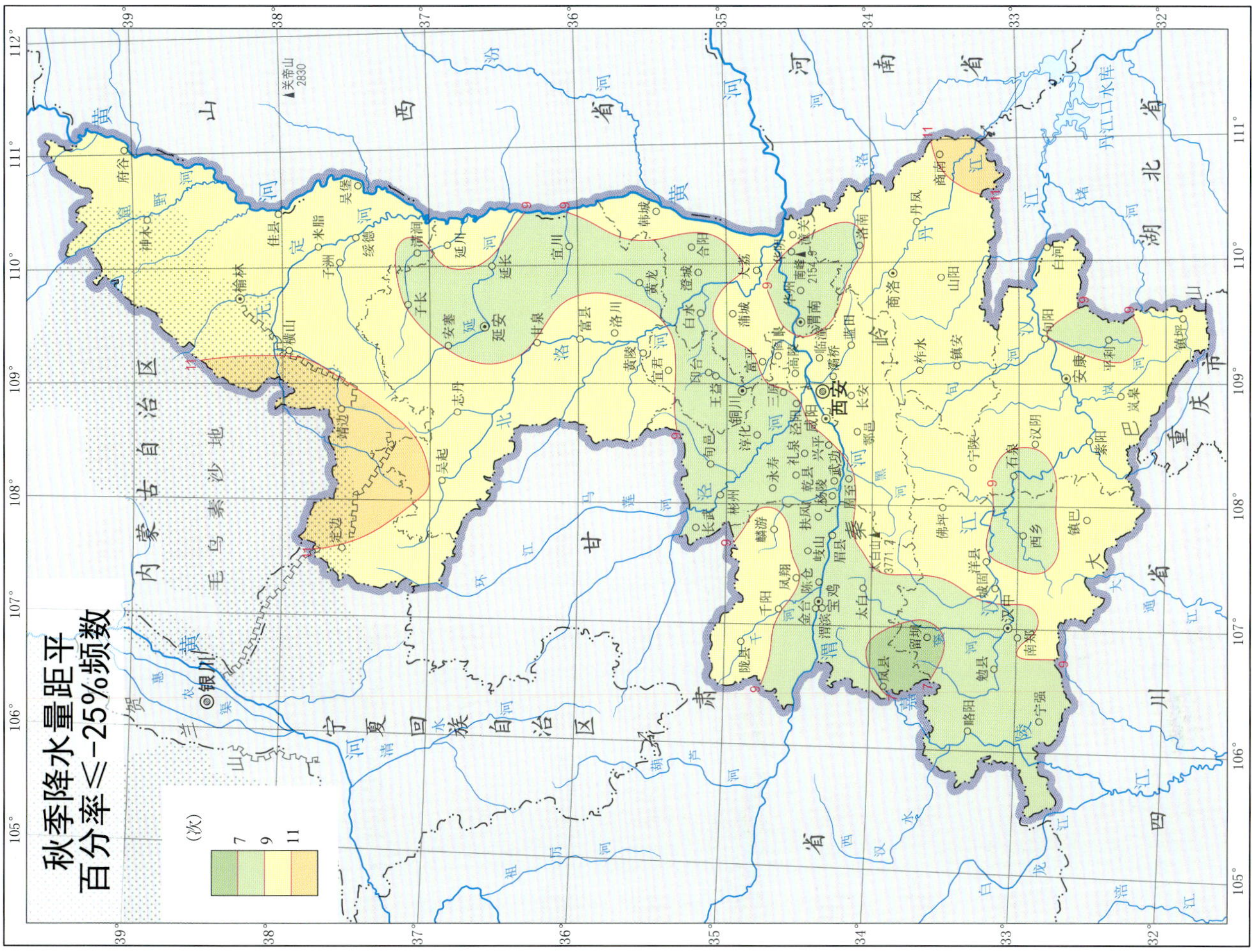

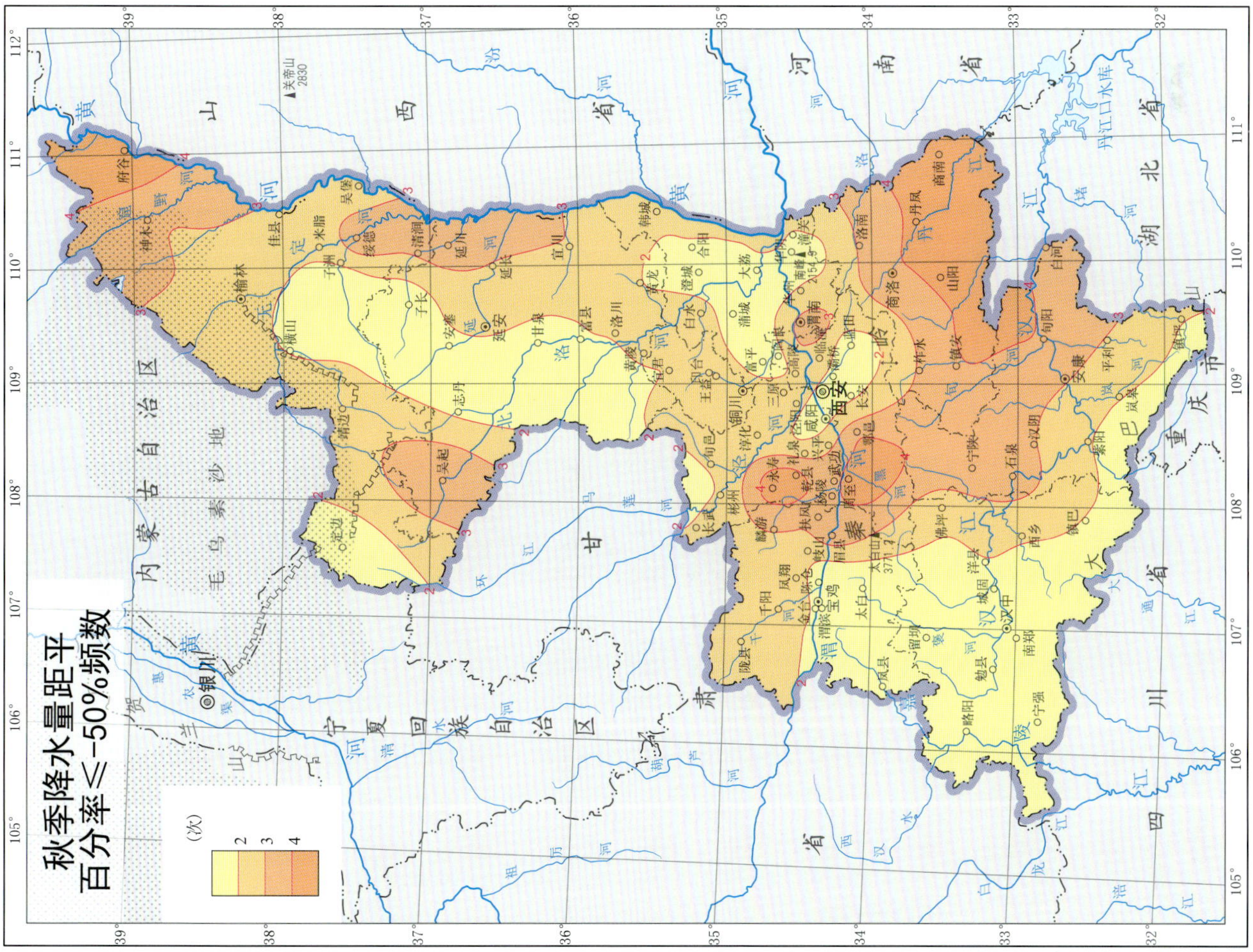

比例尺 1∶5 700 000　0　57　114 km

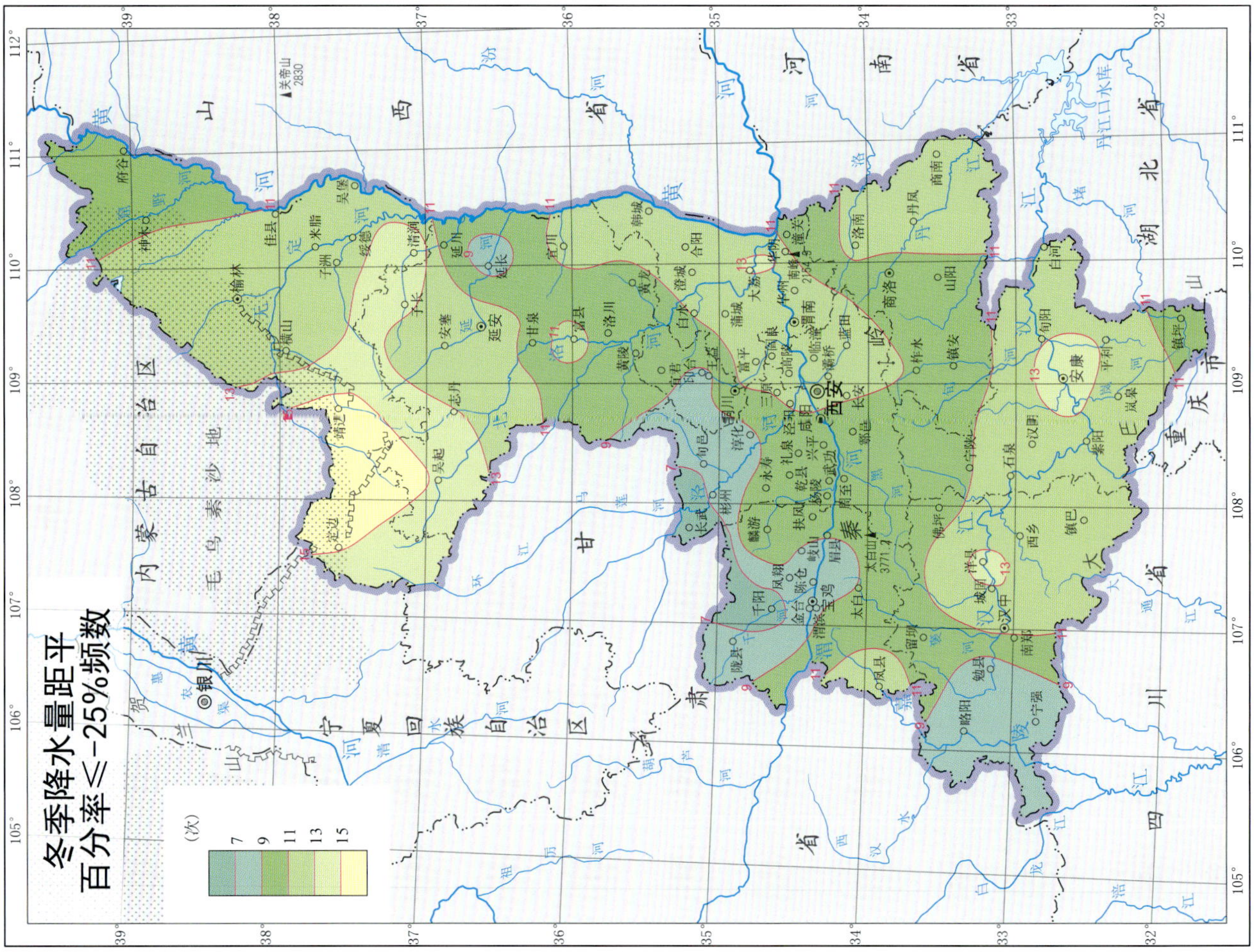

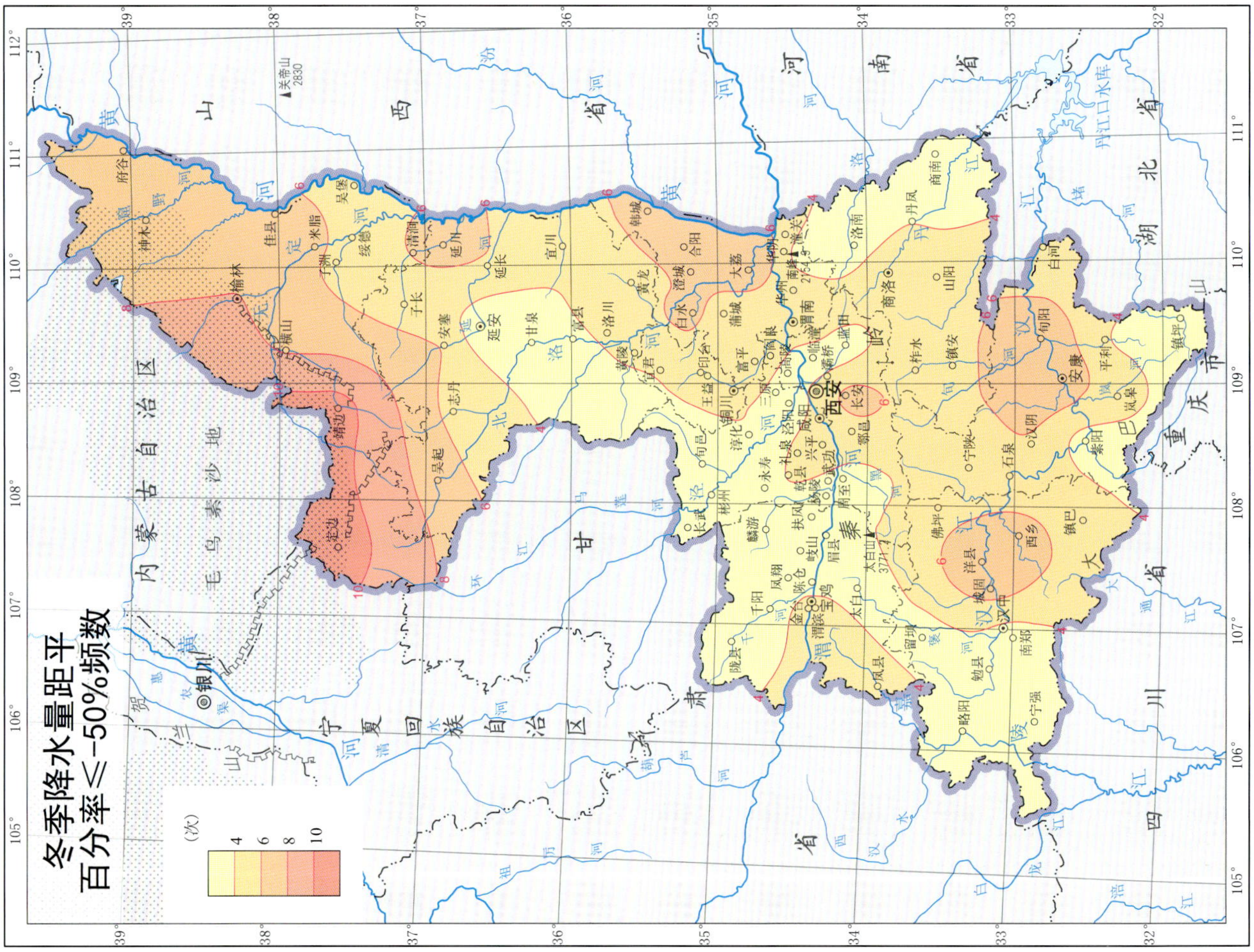

比例尺 1∶5 700 000　0　57　114 km

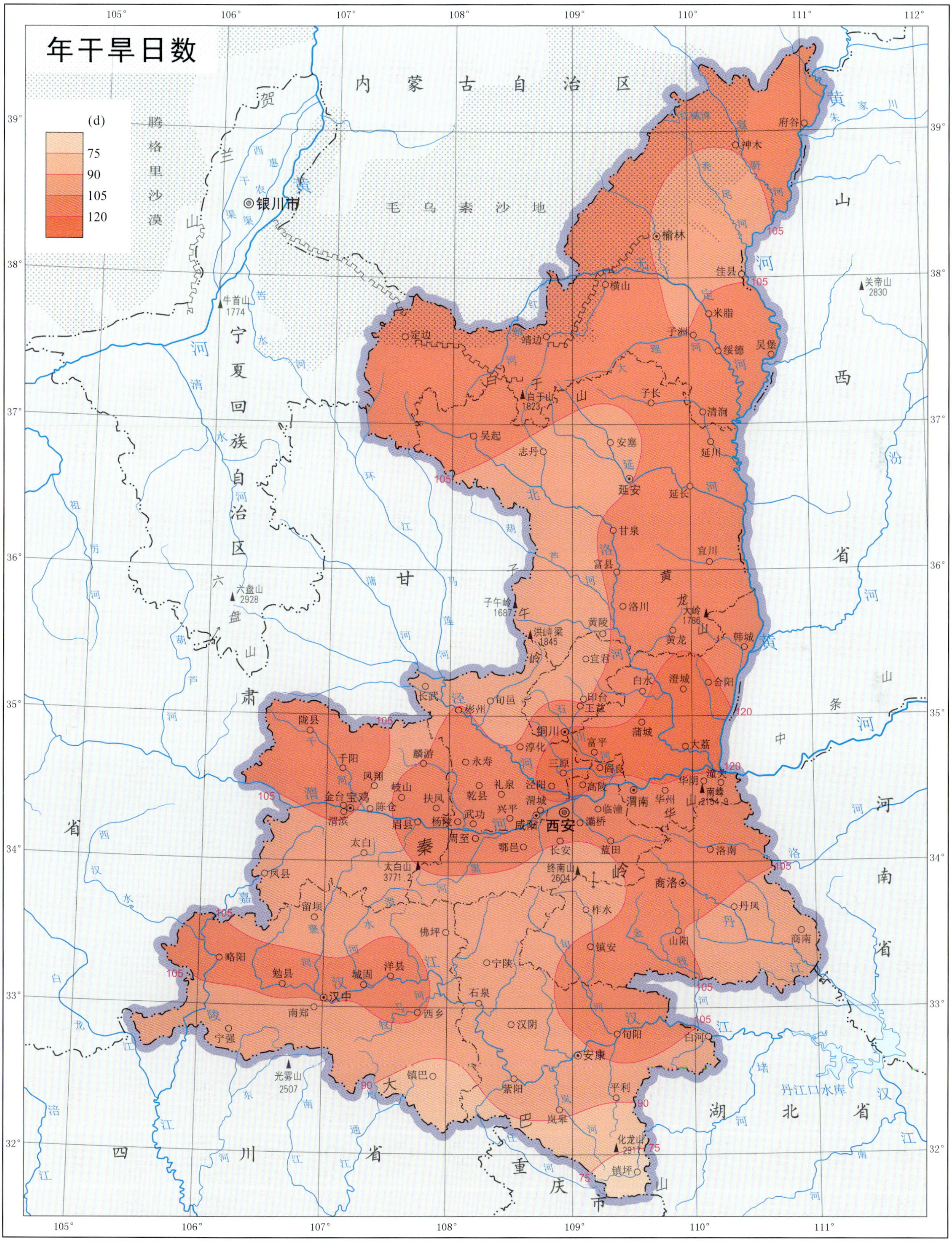

比例尺 1:4 000 000 0 40 80 km

代表站各月干旱日数及占全年干旱日数百分比

延　安

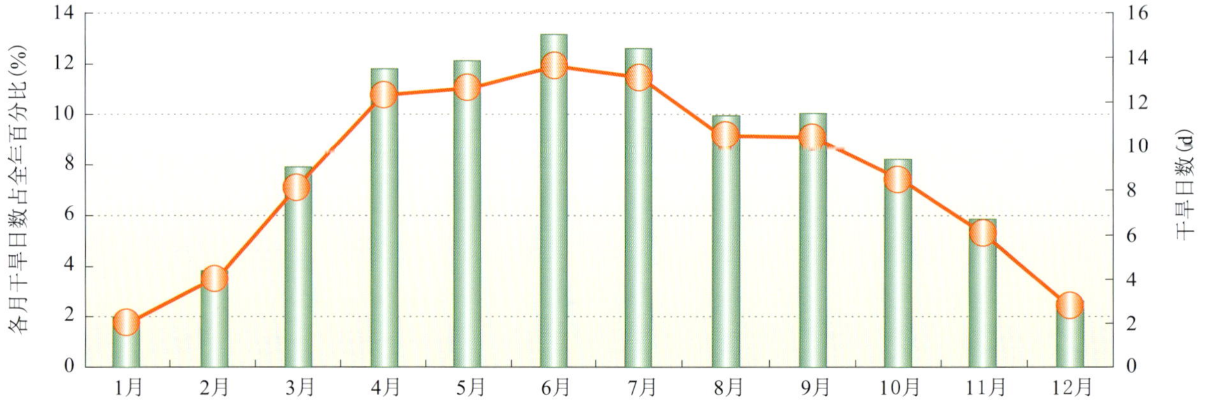

长　安

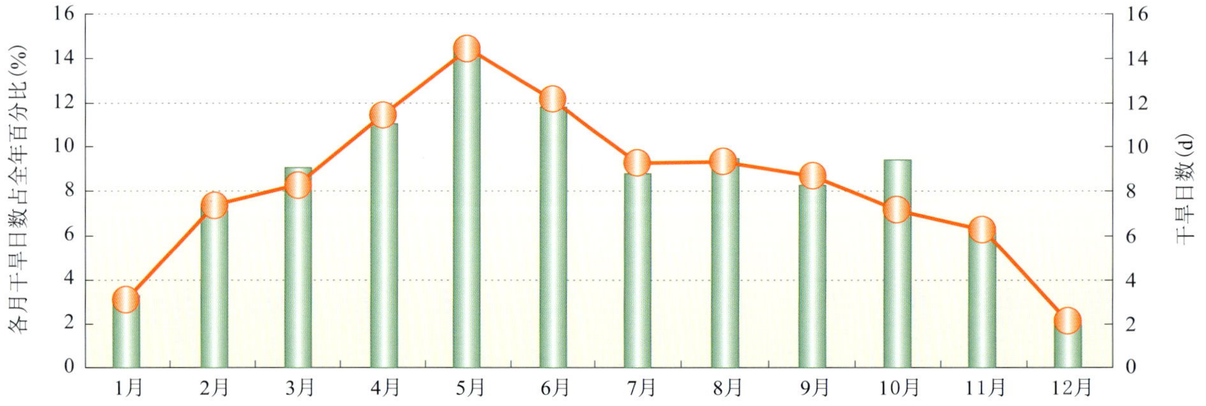

安　康

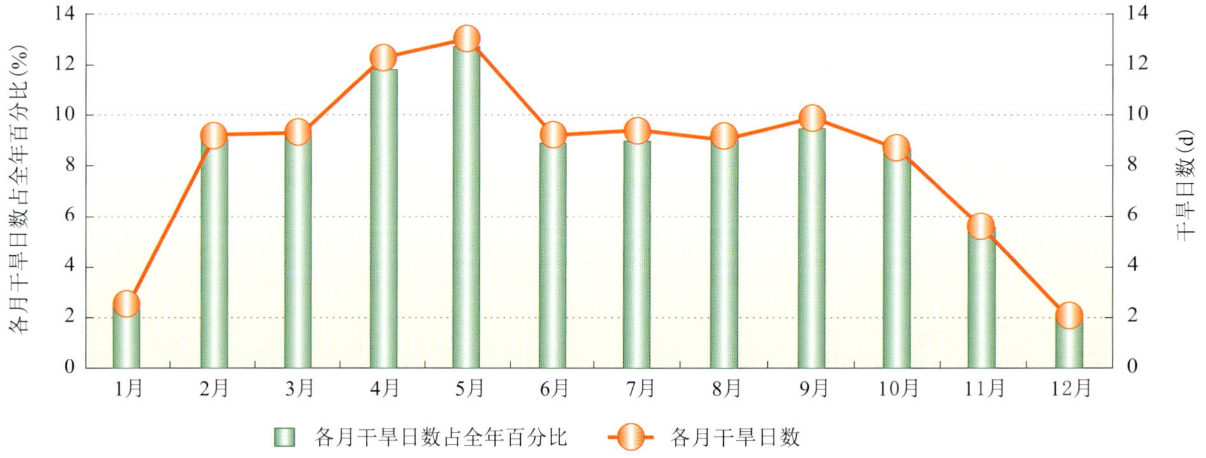

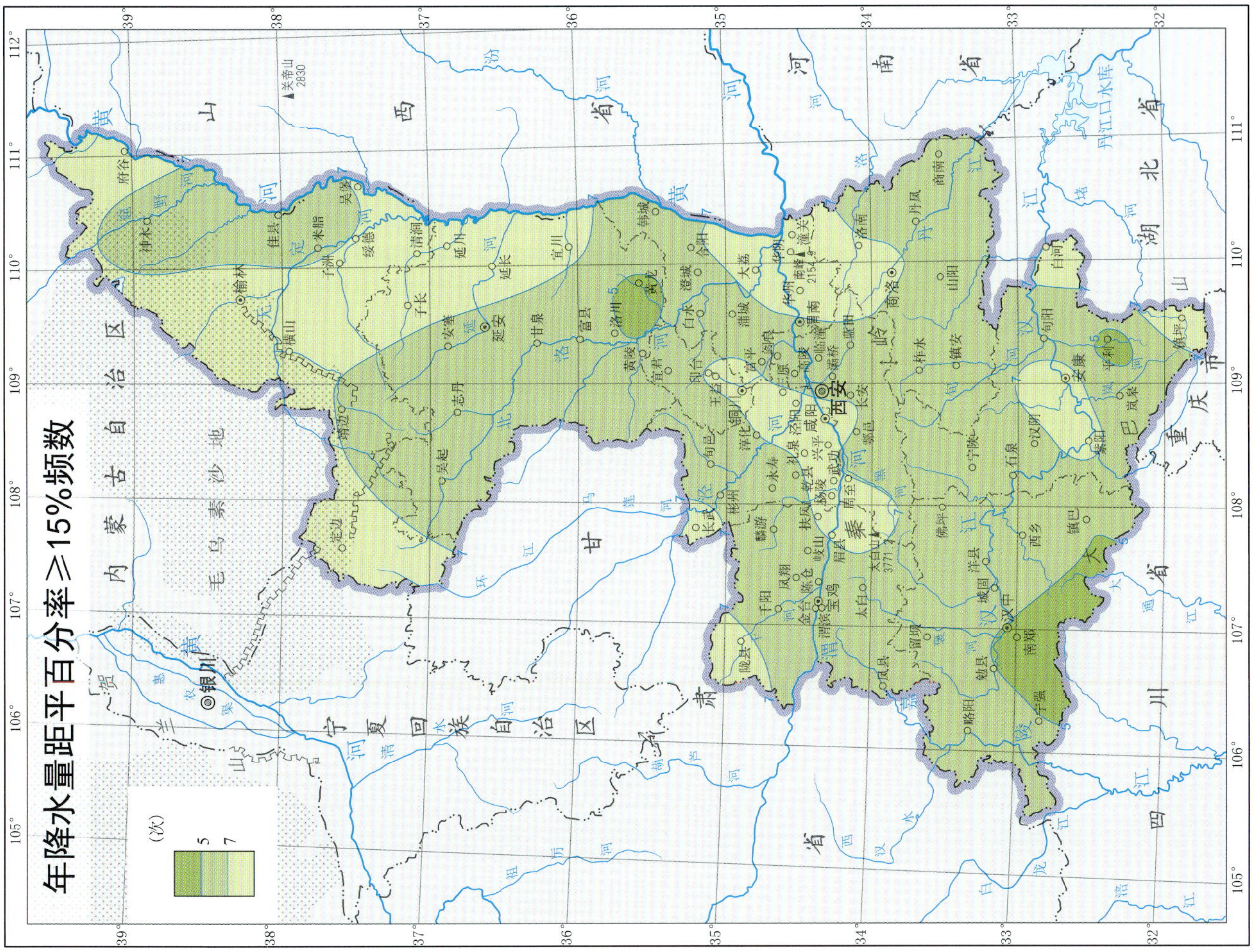

年降水量距平百分率≥15%频数

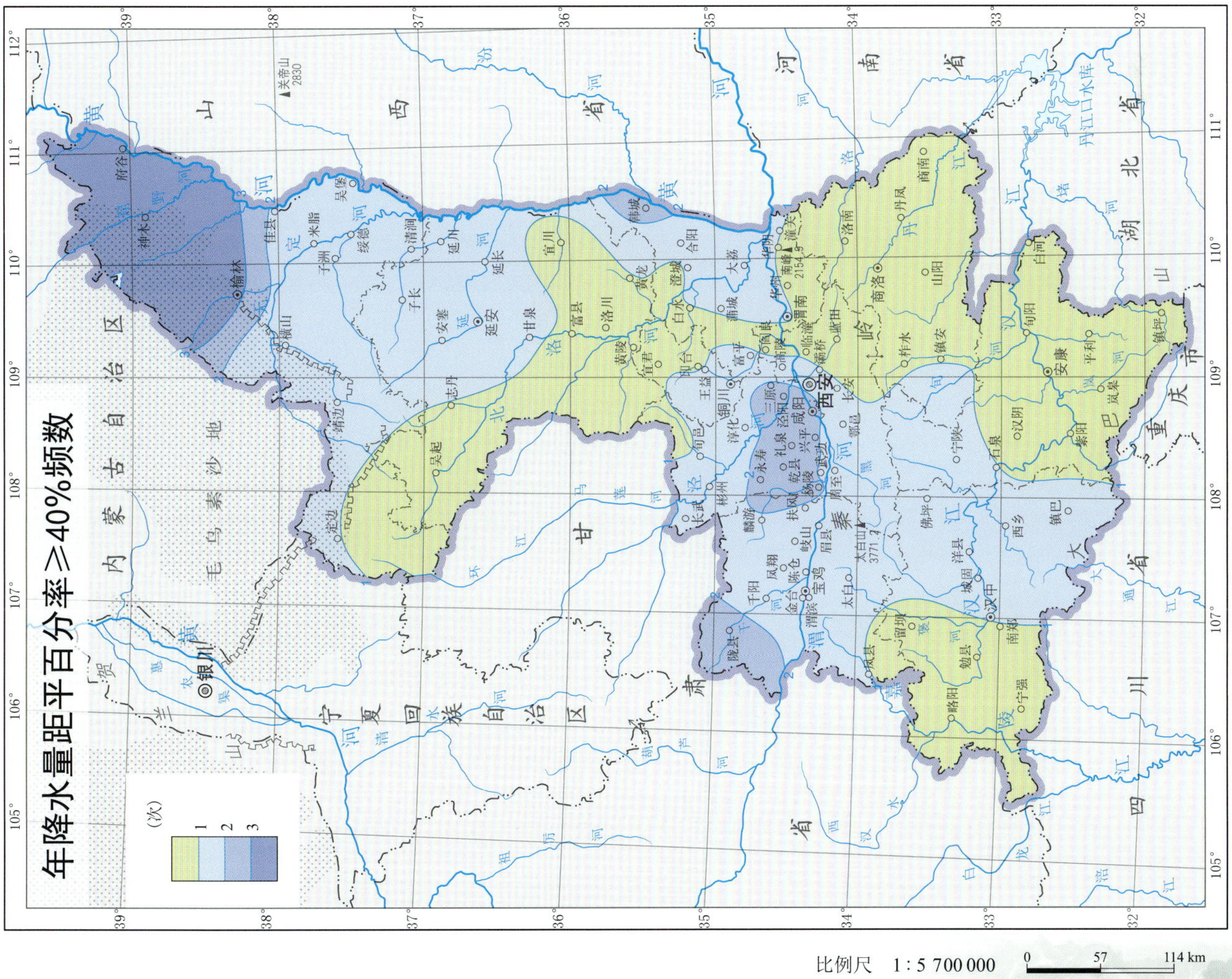

年降水量距平百分率≥40%频数

比例尺 1∶5 700 000　0　57　114 km

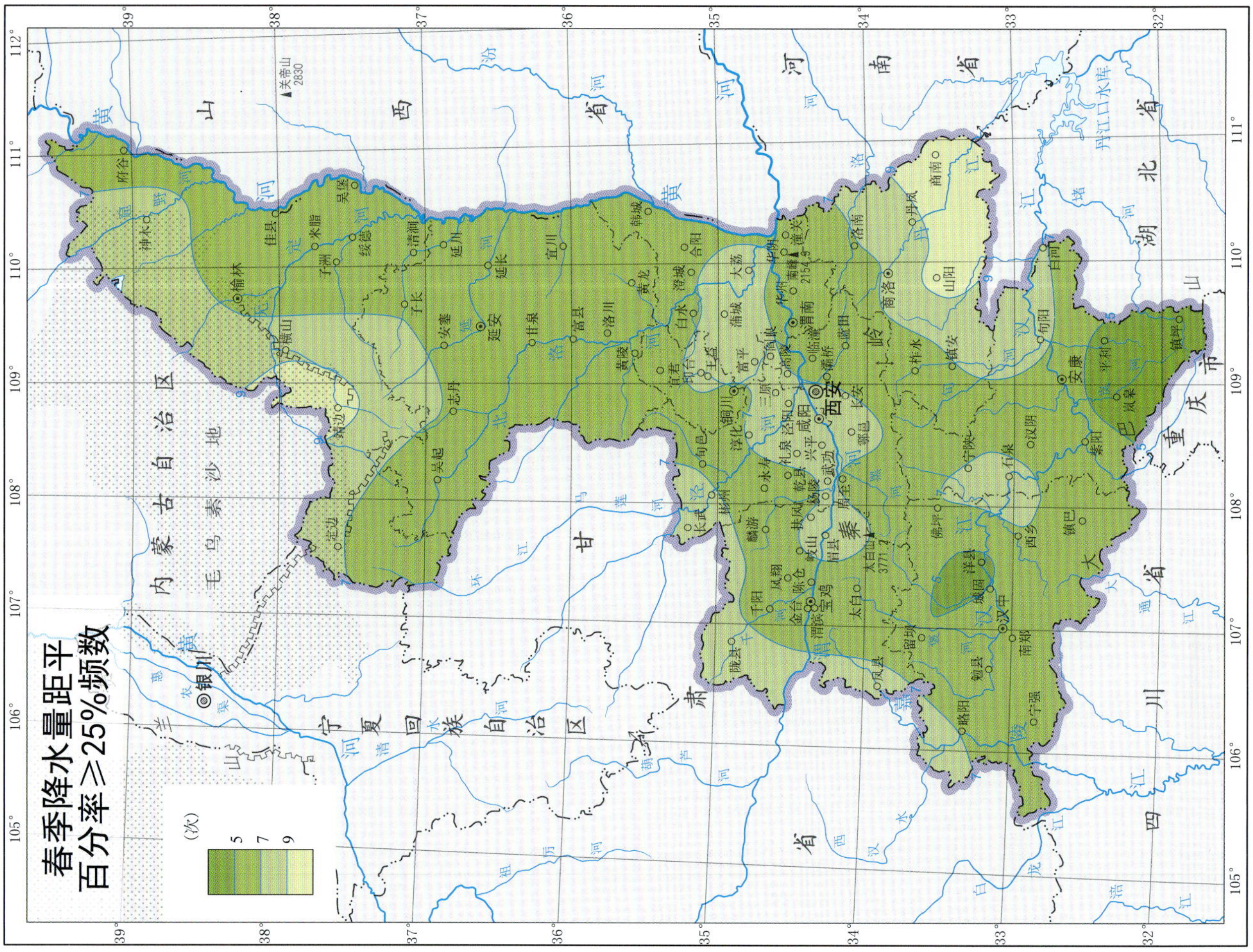

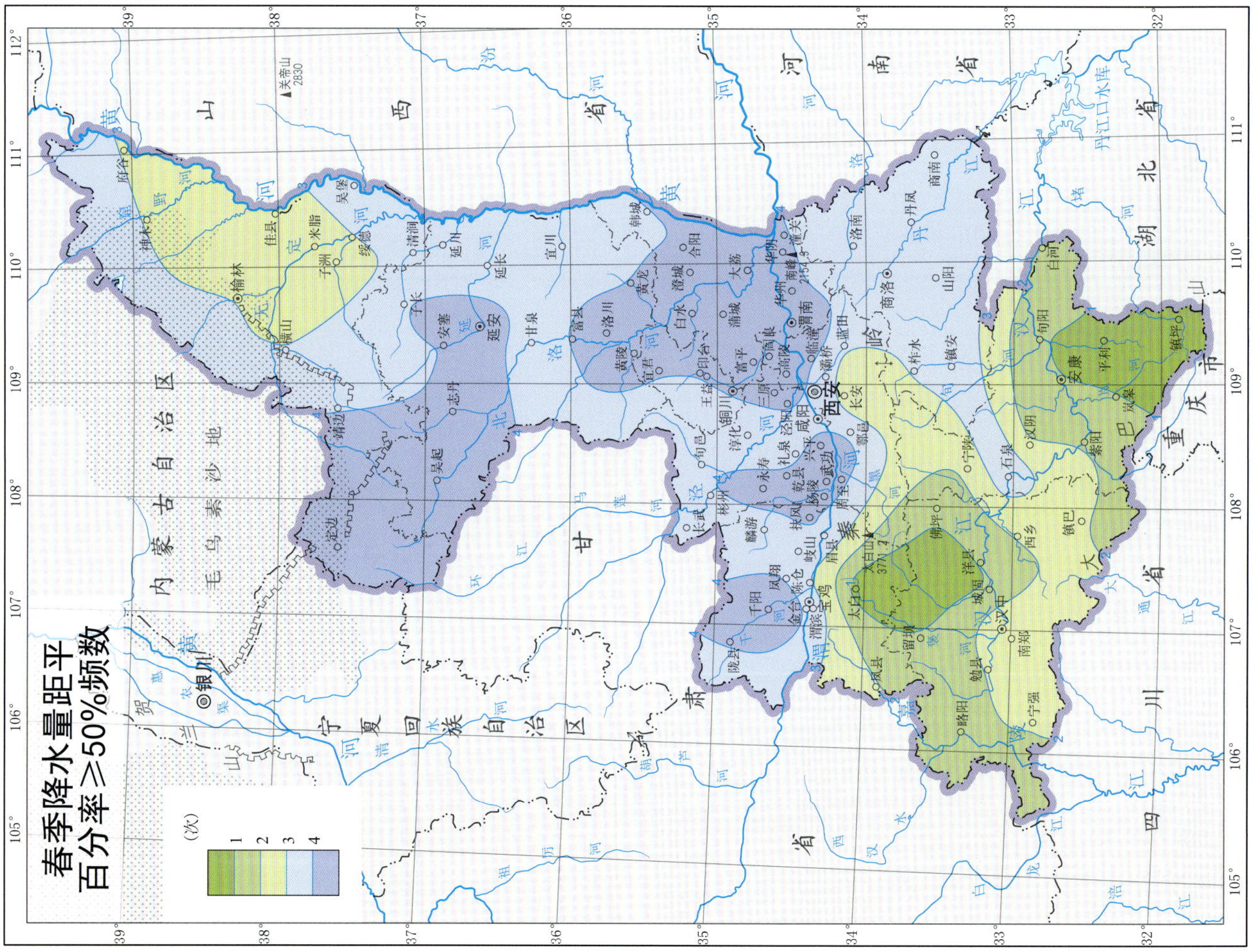

比例尺 1 : 5 700 000 0 57 114 km

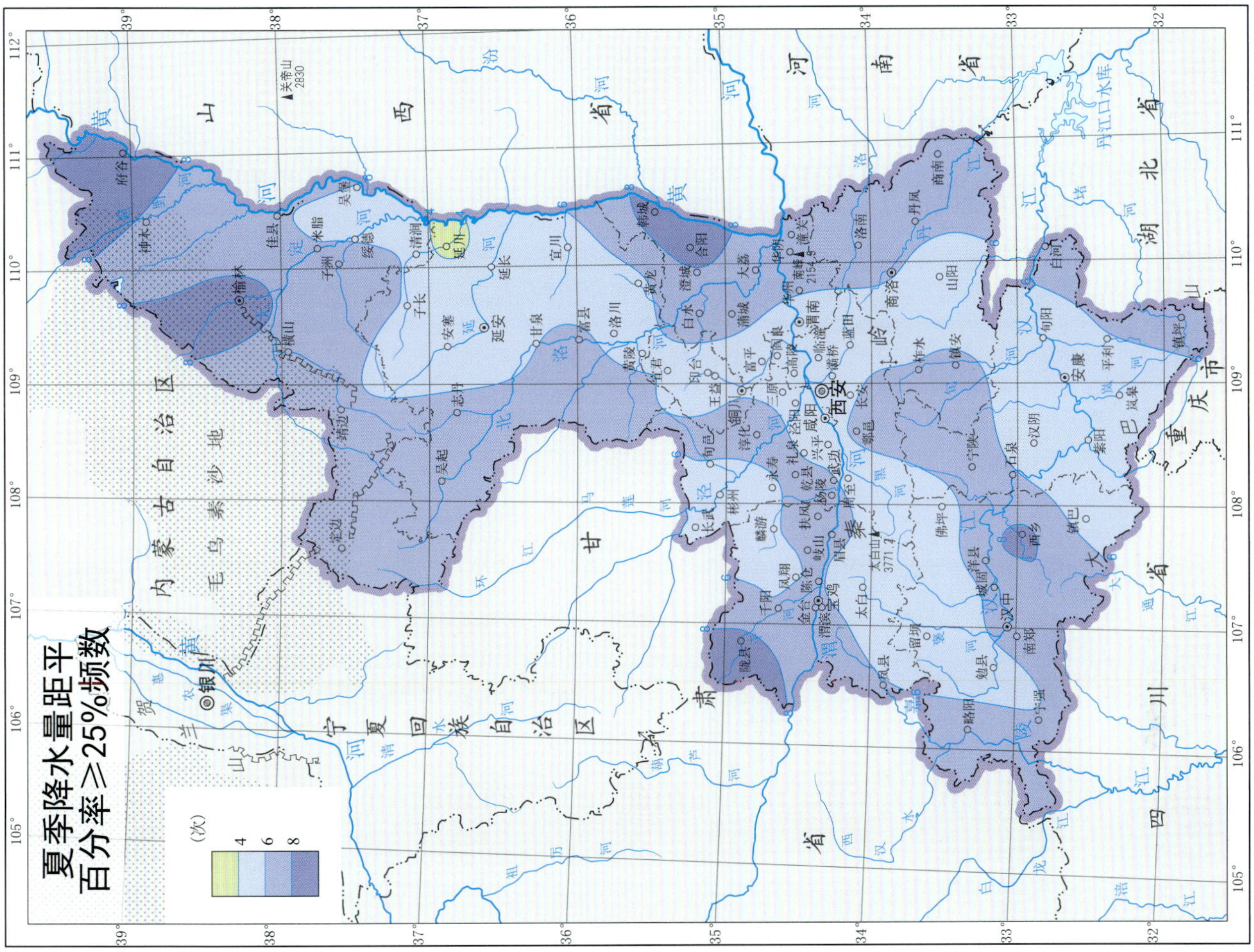

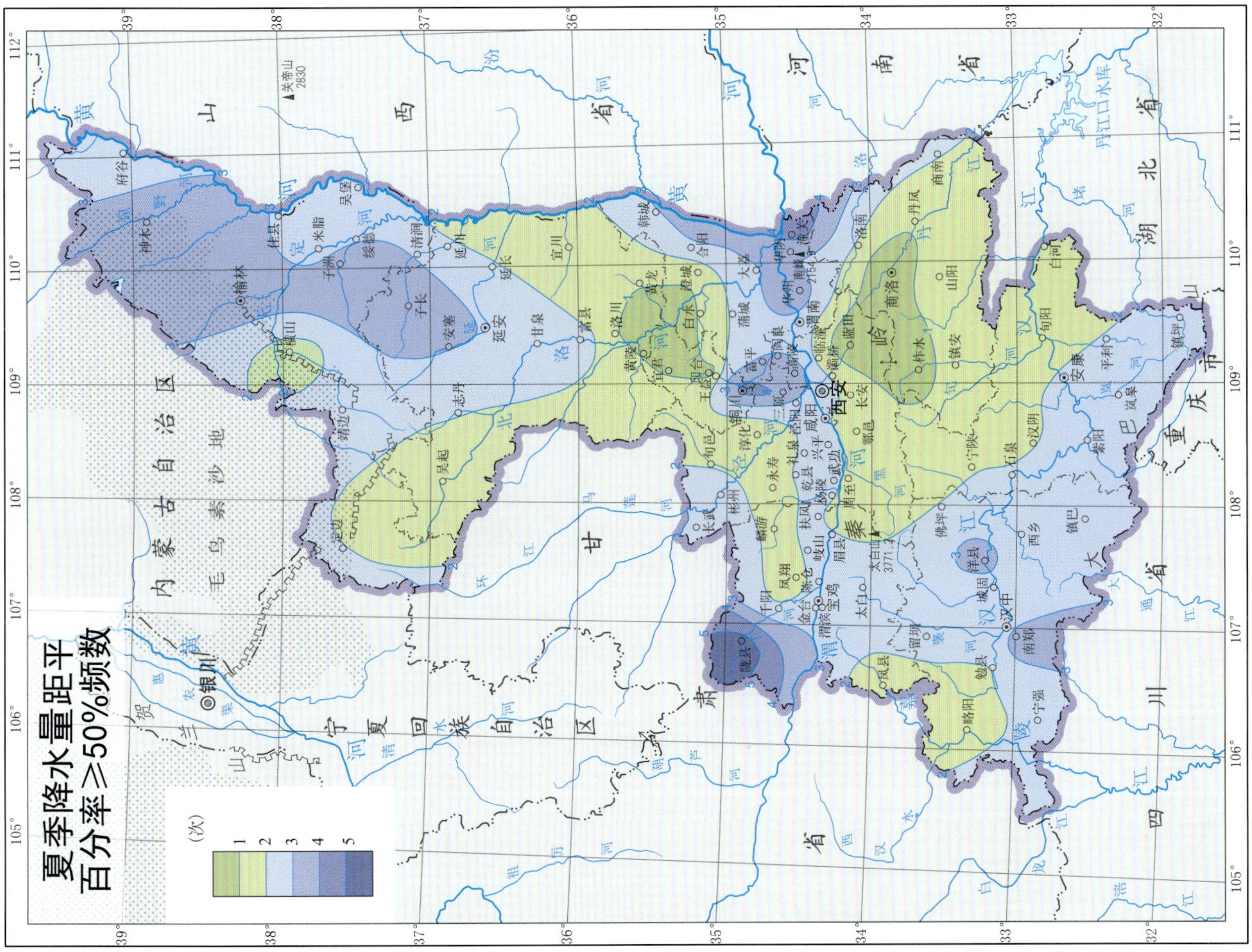

比例尺 1:5 700 000 0 57 114 km

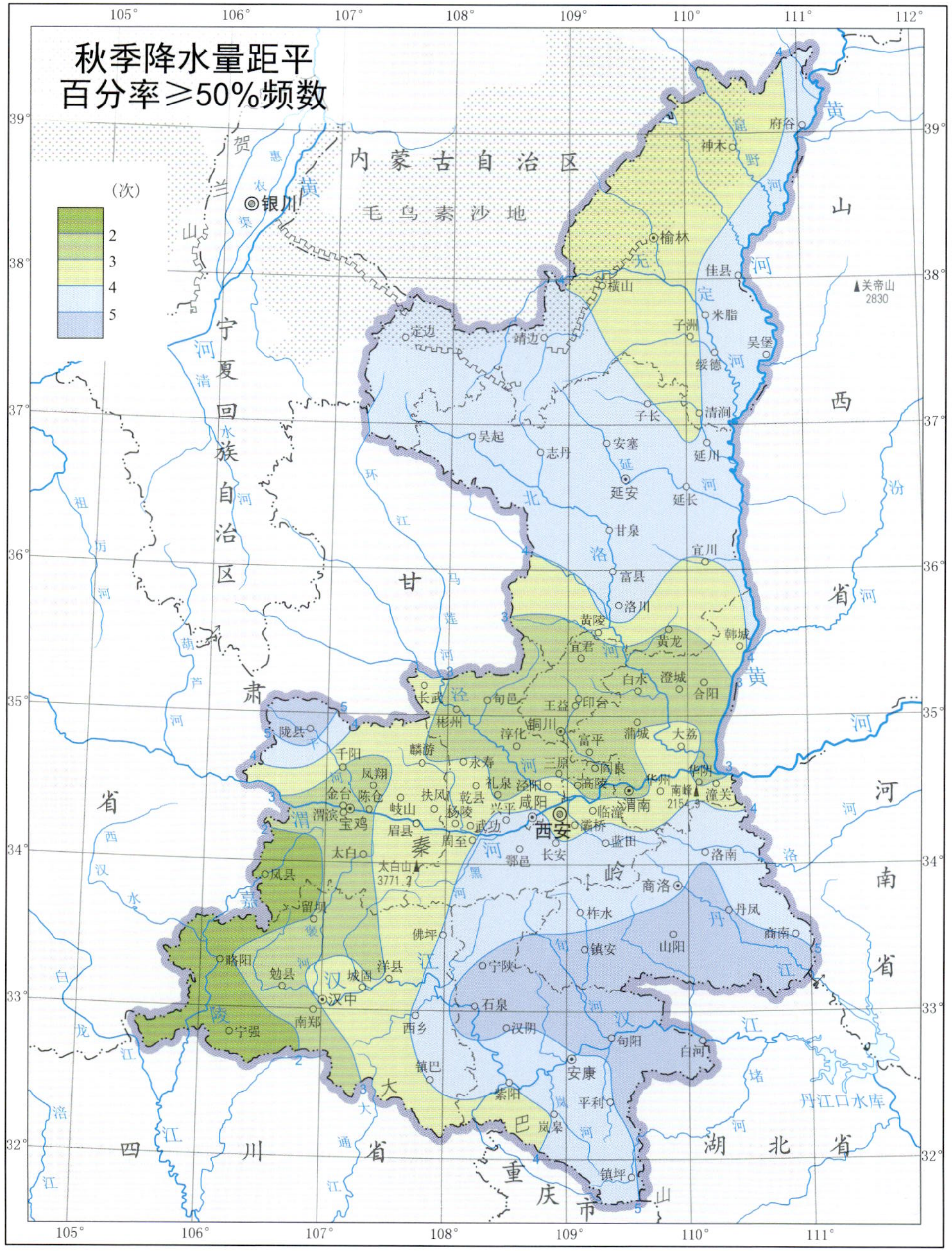

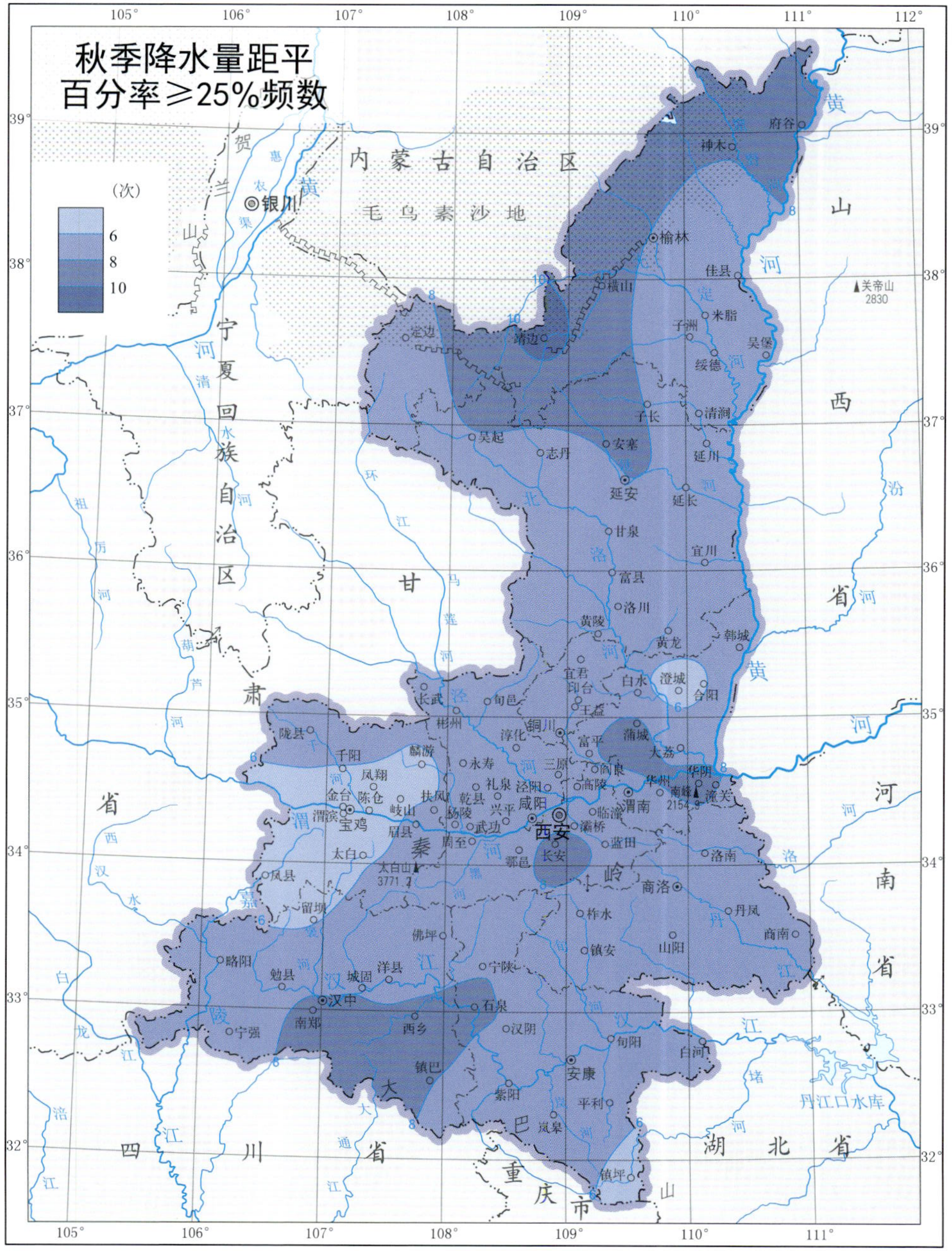

比例尺 1 : 5 700 000 0 57 114 km

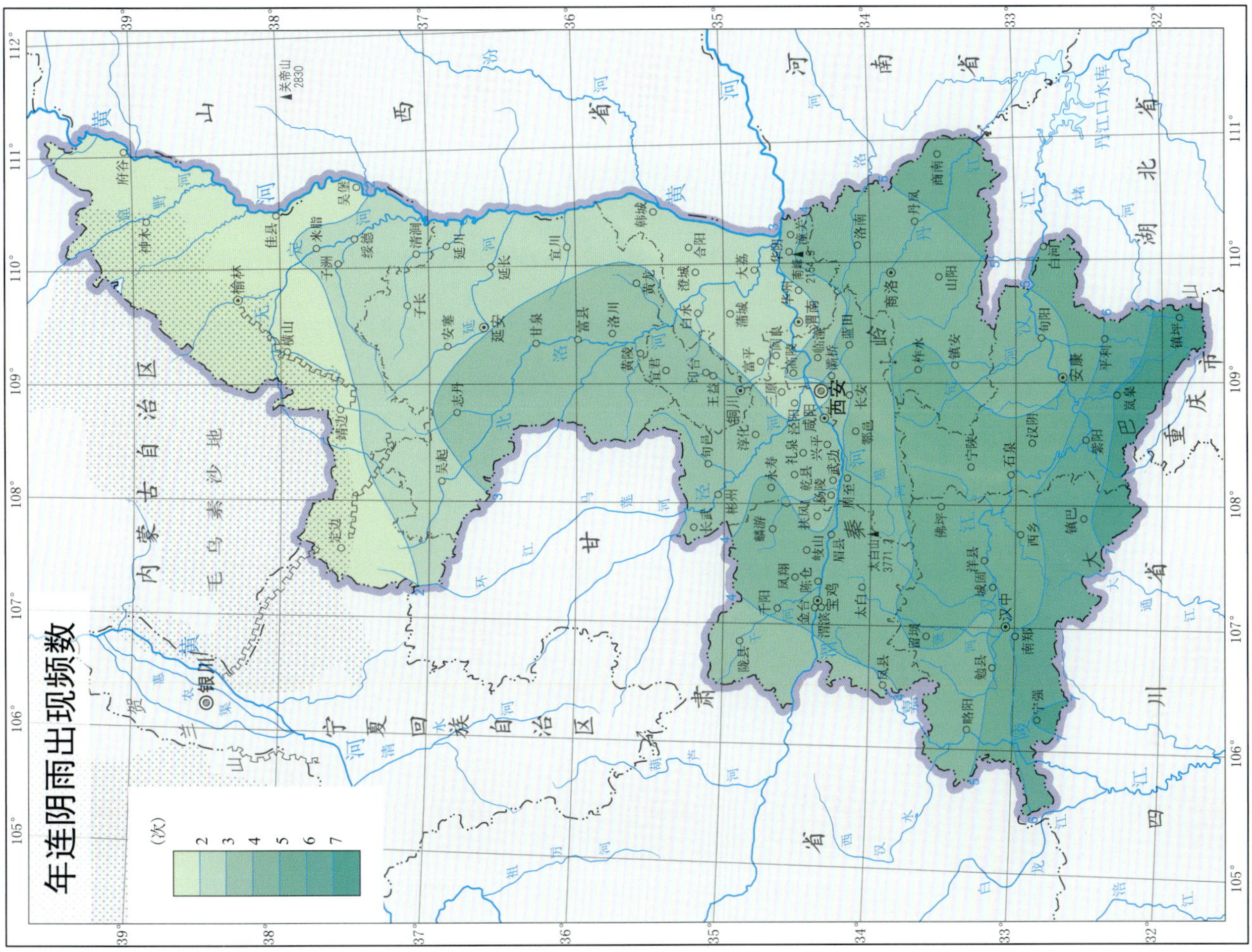

年连阴雨出现频数

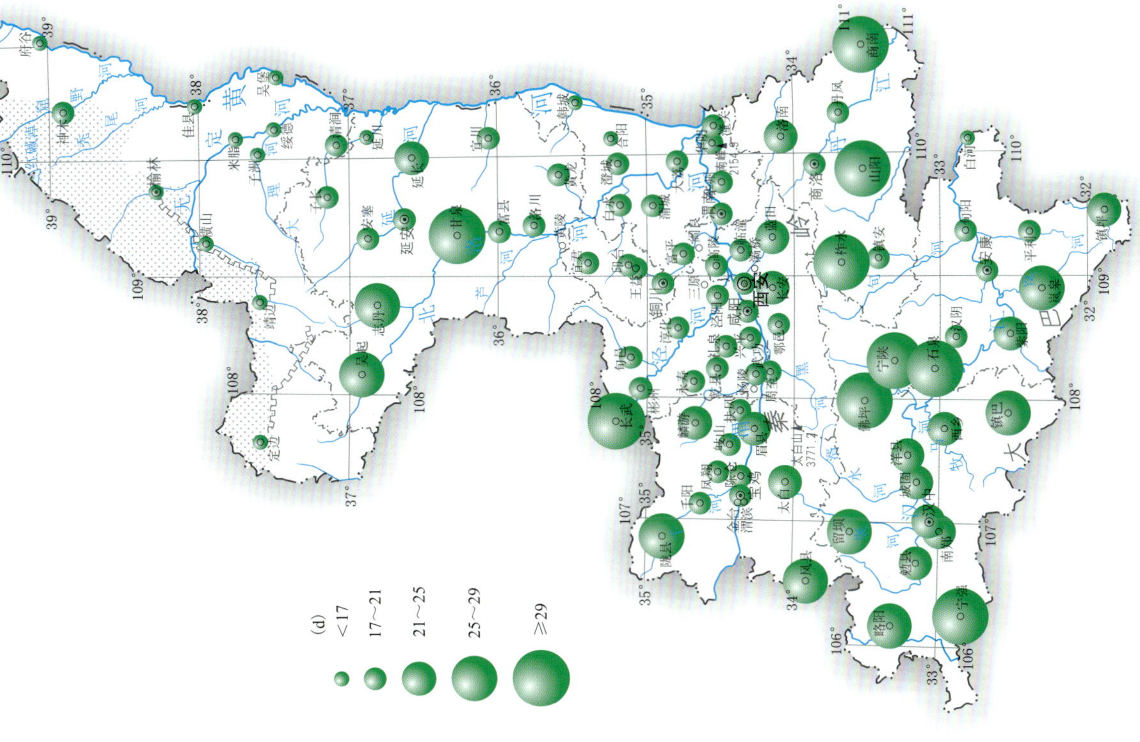

最长连阴雨持续天数

比例尺 1:5 700 000 0 57 114 km

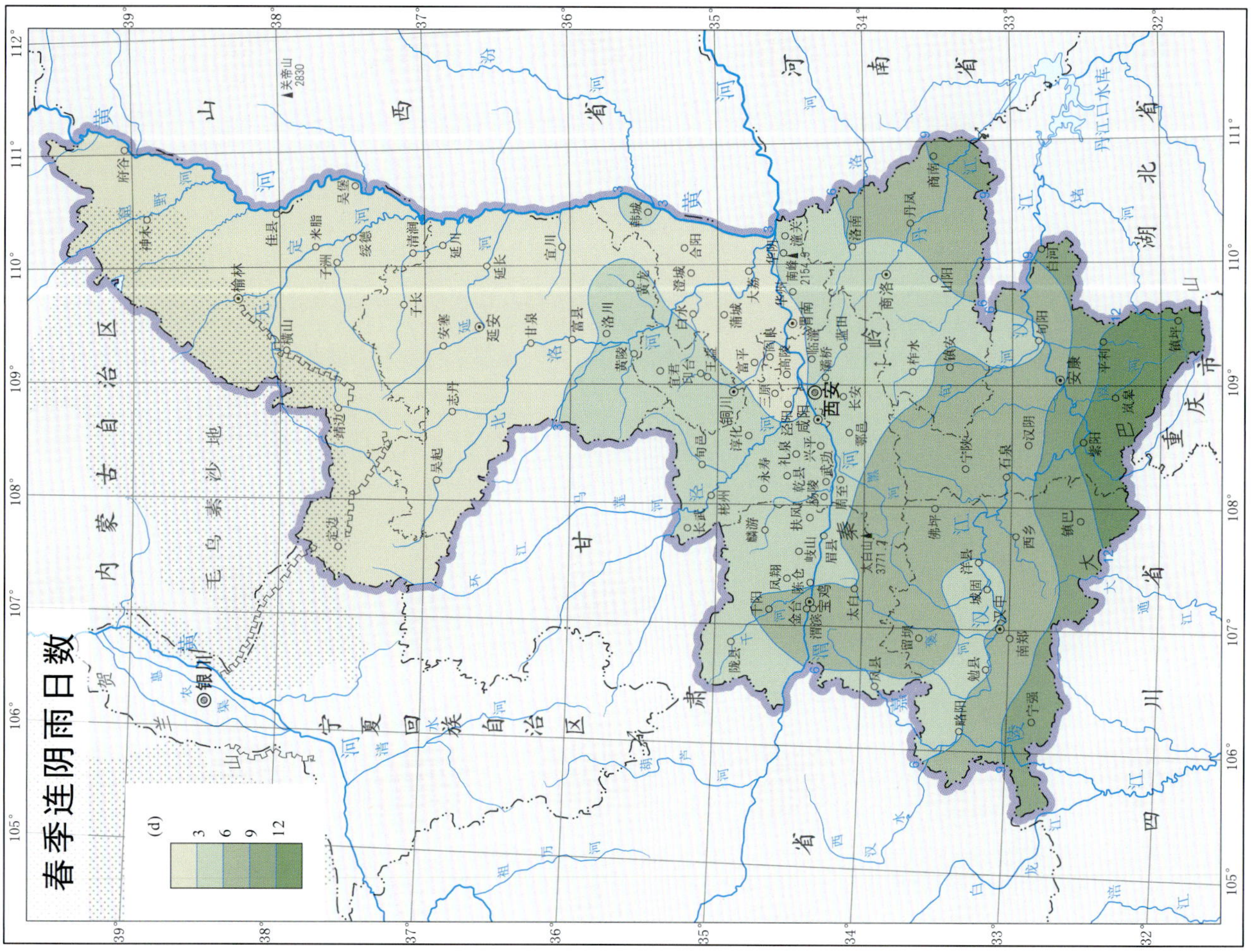

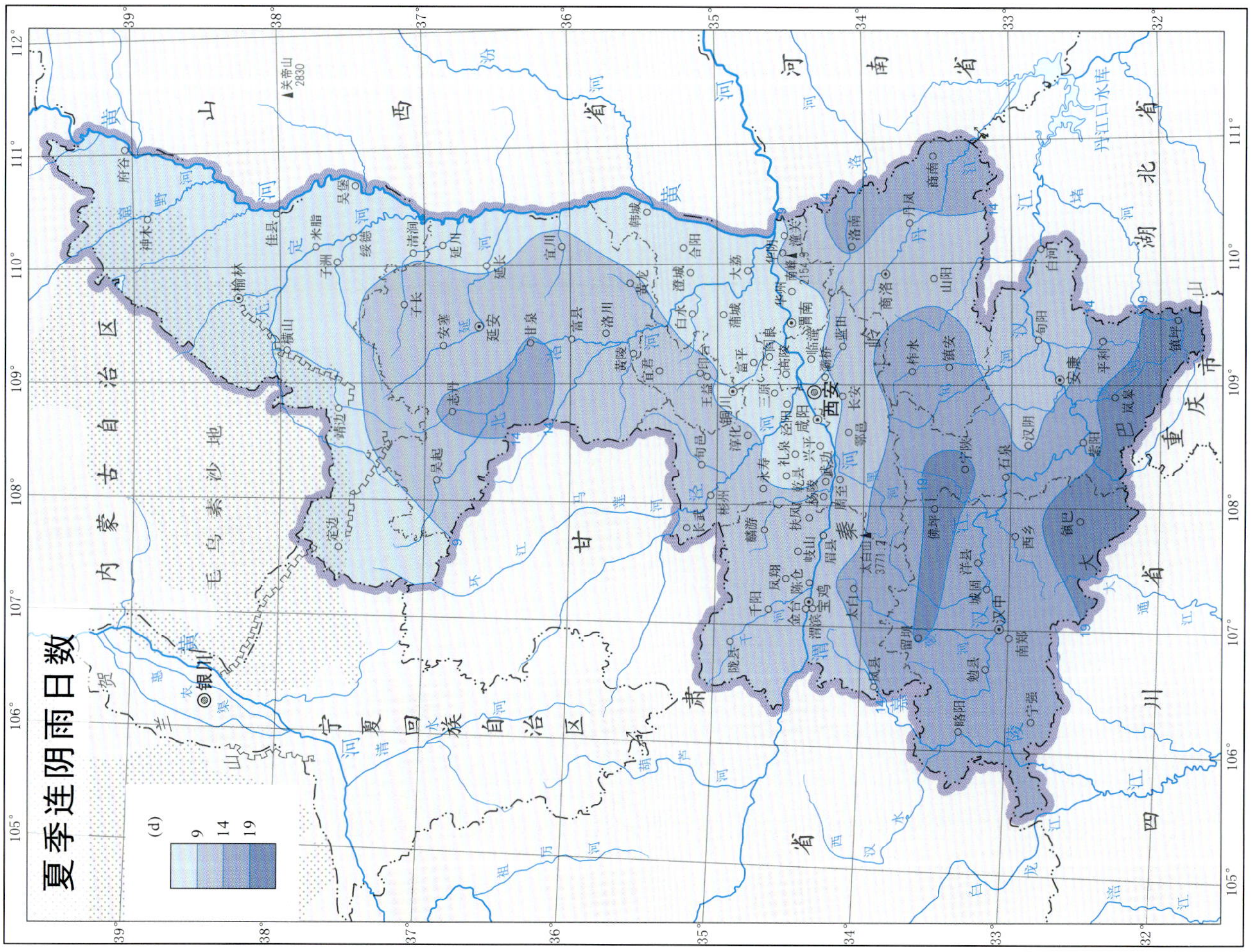

比例尺　1 : 5 700 000　0　57　114 km

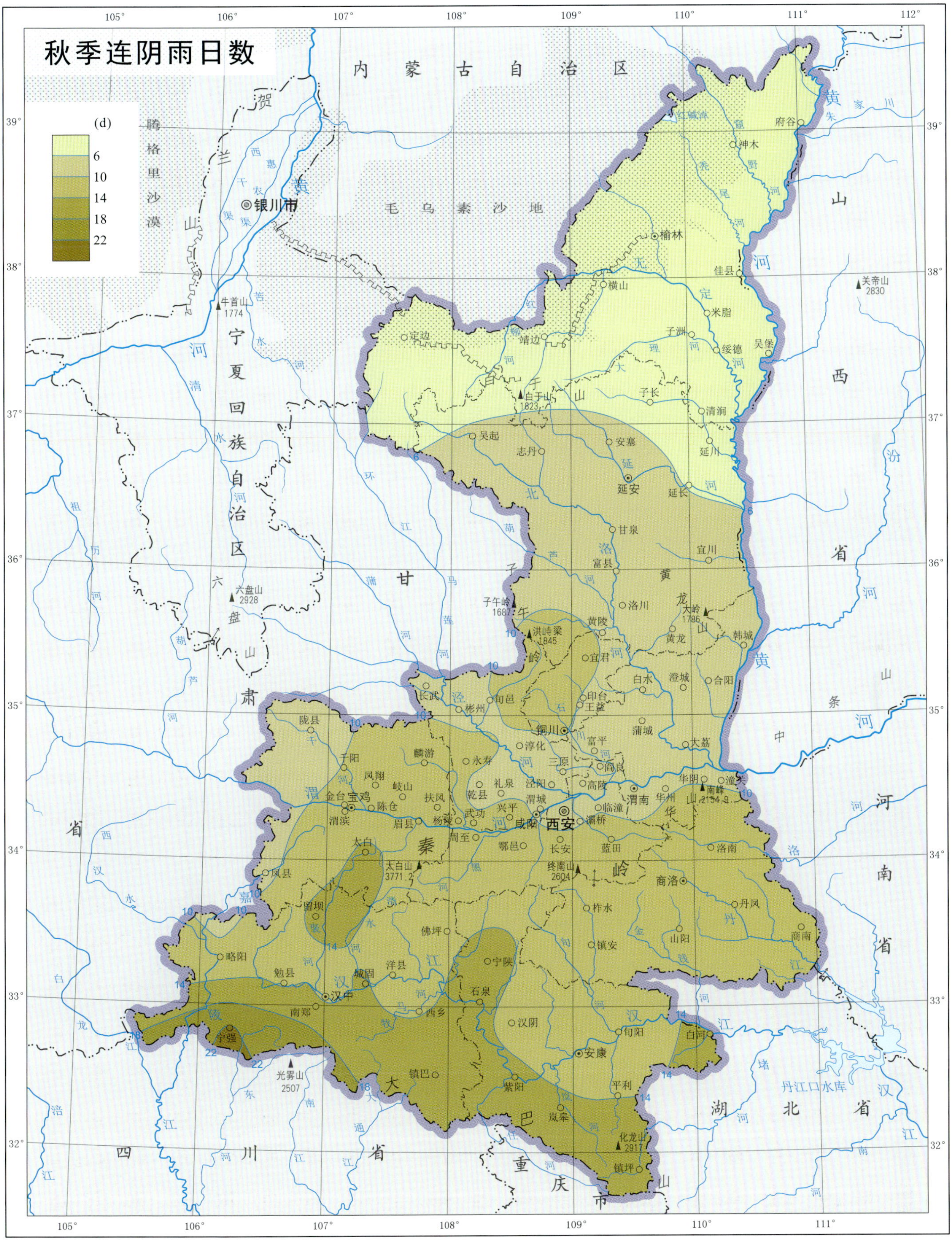

比例尺 1:4 000 000 0 40 80 km

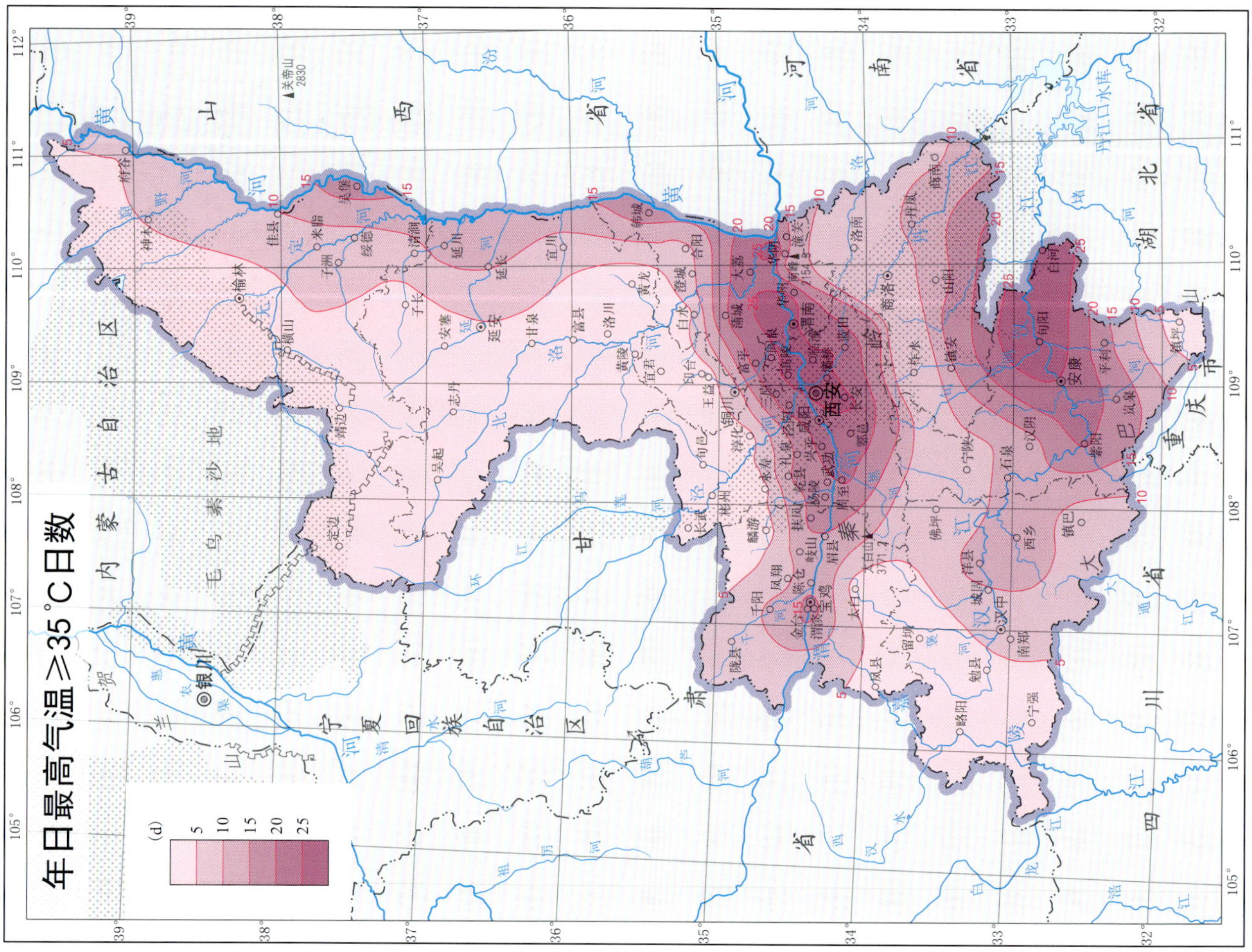

年日最高气温≥35 °C日数

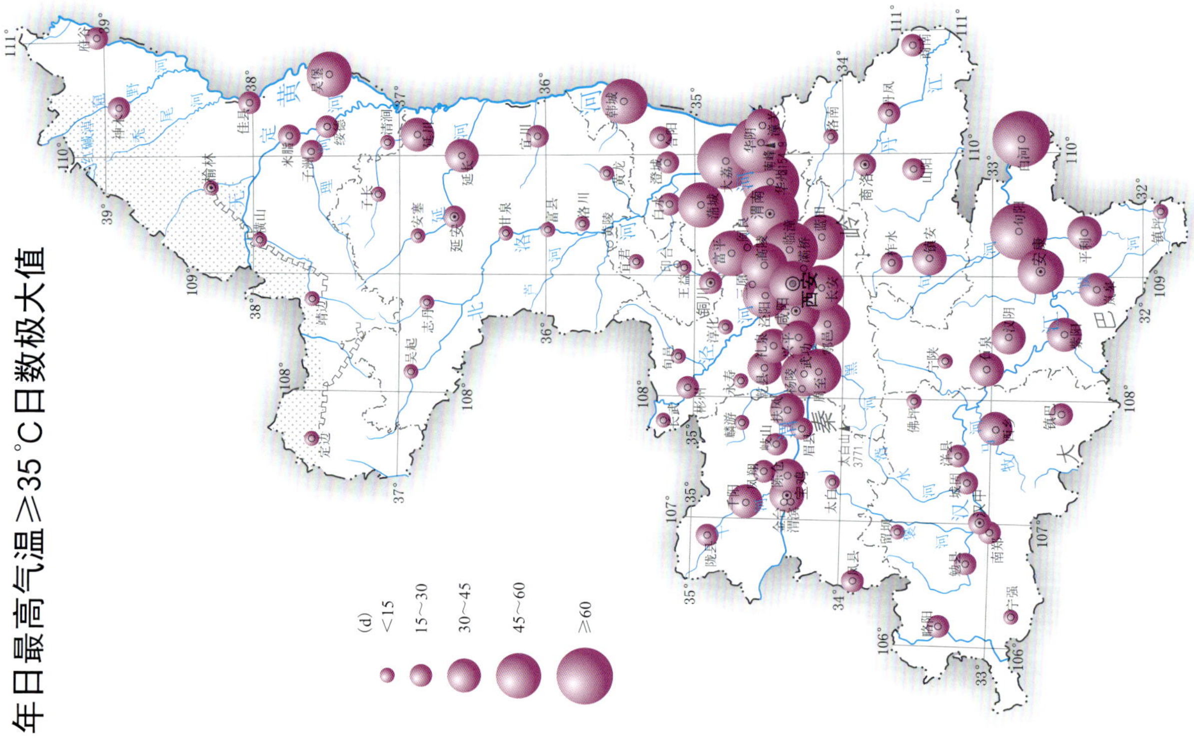

年日最高气温≥35 °C日数极大值

比例尺 1 : 5 700 000　0　57　114 km

最长连续高温日数

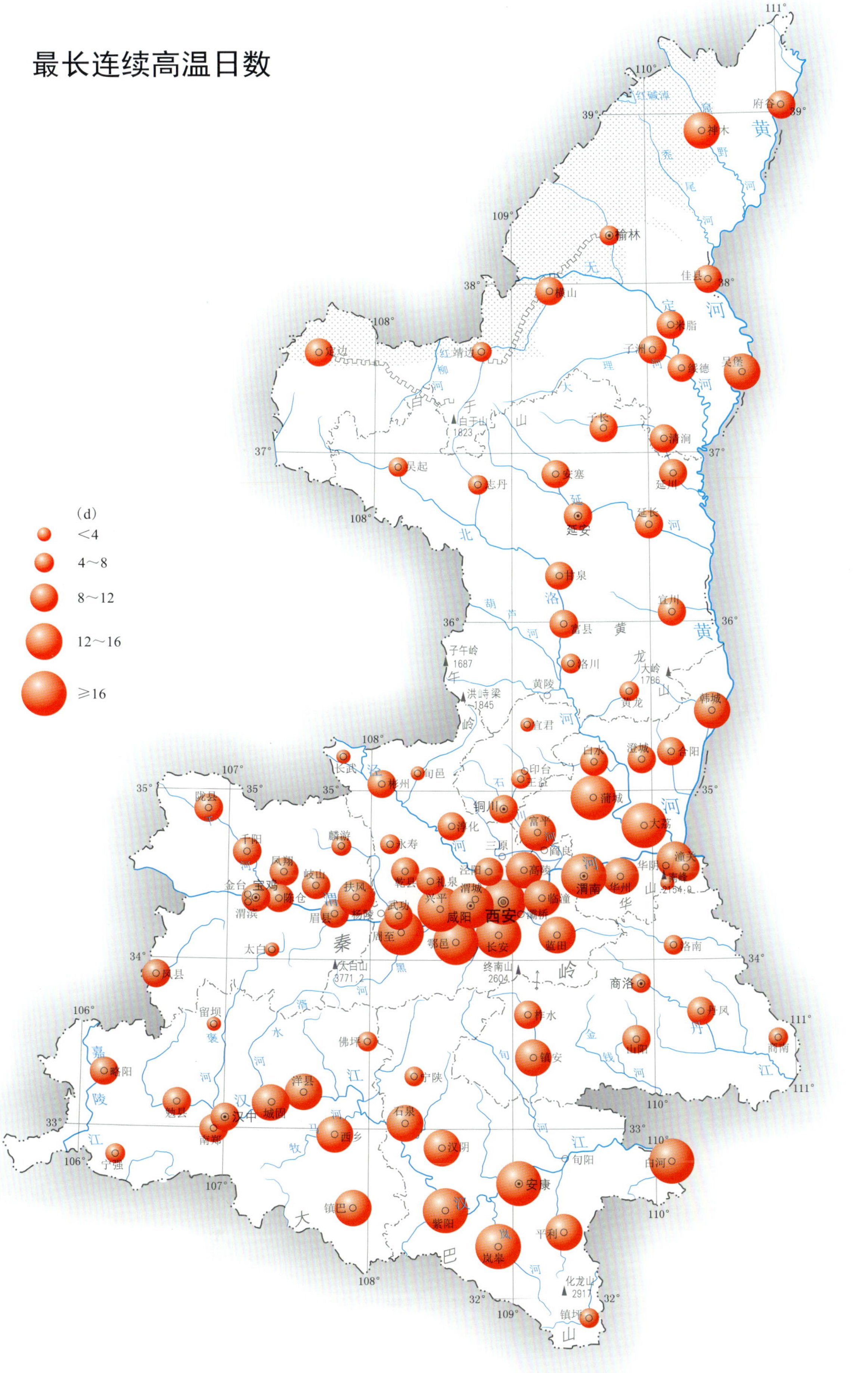

比例尺　1：3 700 000　0　37　74 km

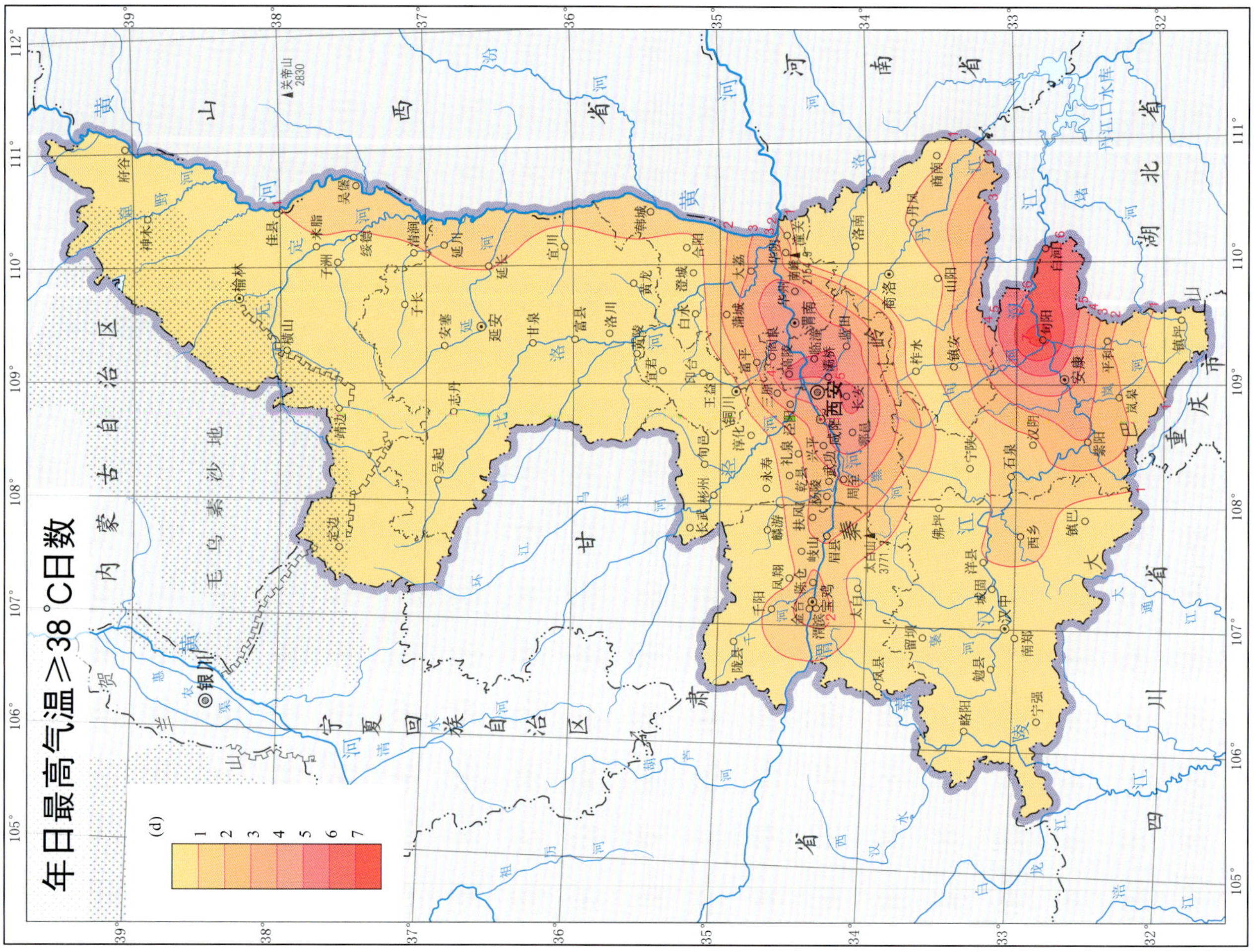

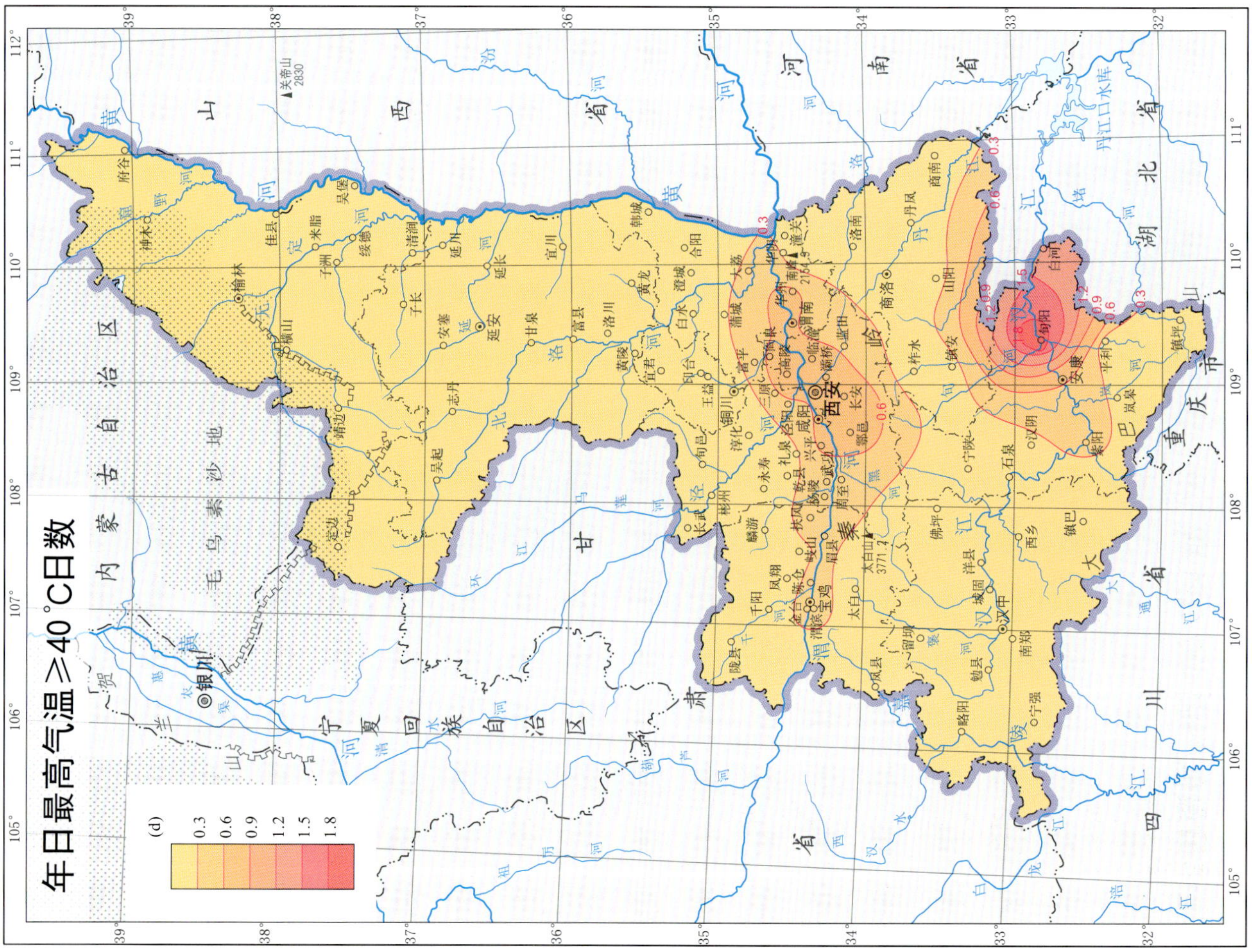

比例尺 1:5 700 000 0 57 114 km

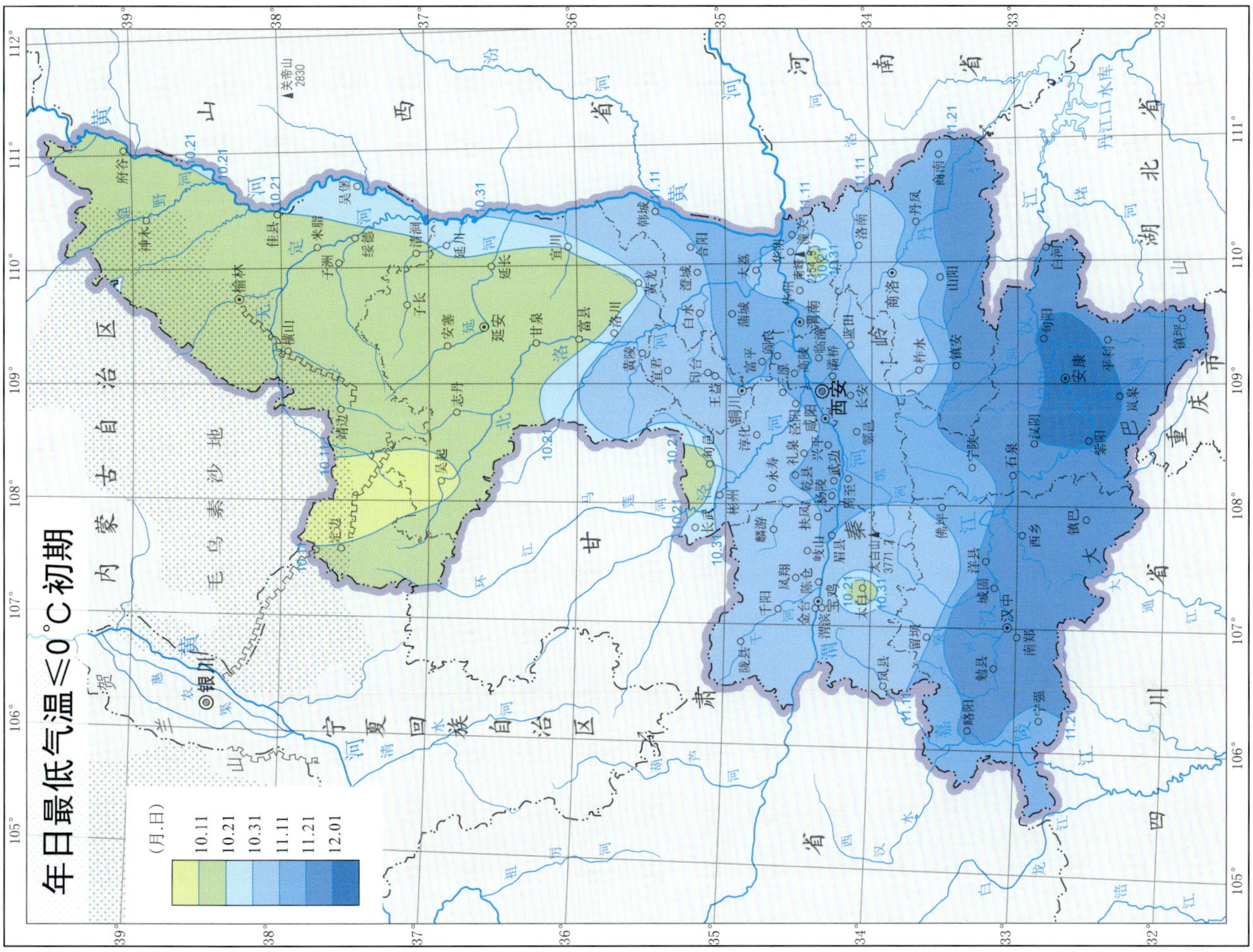

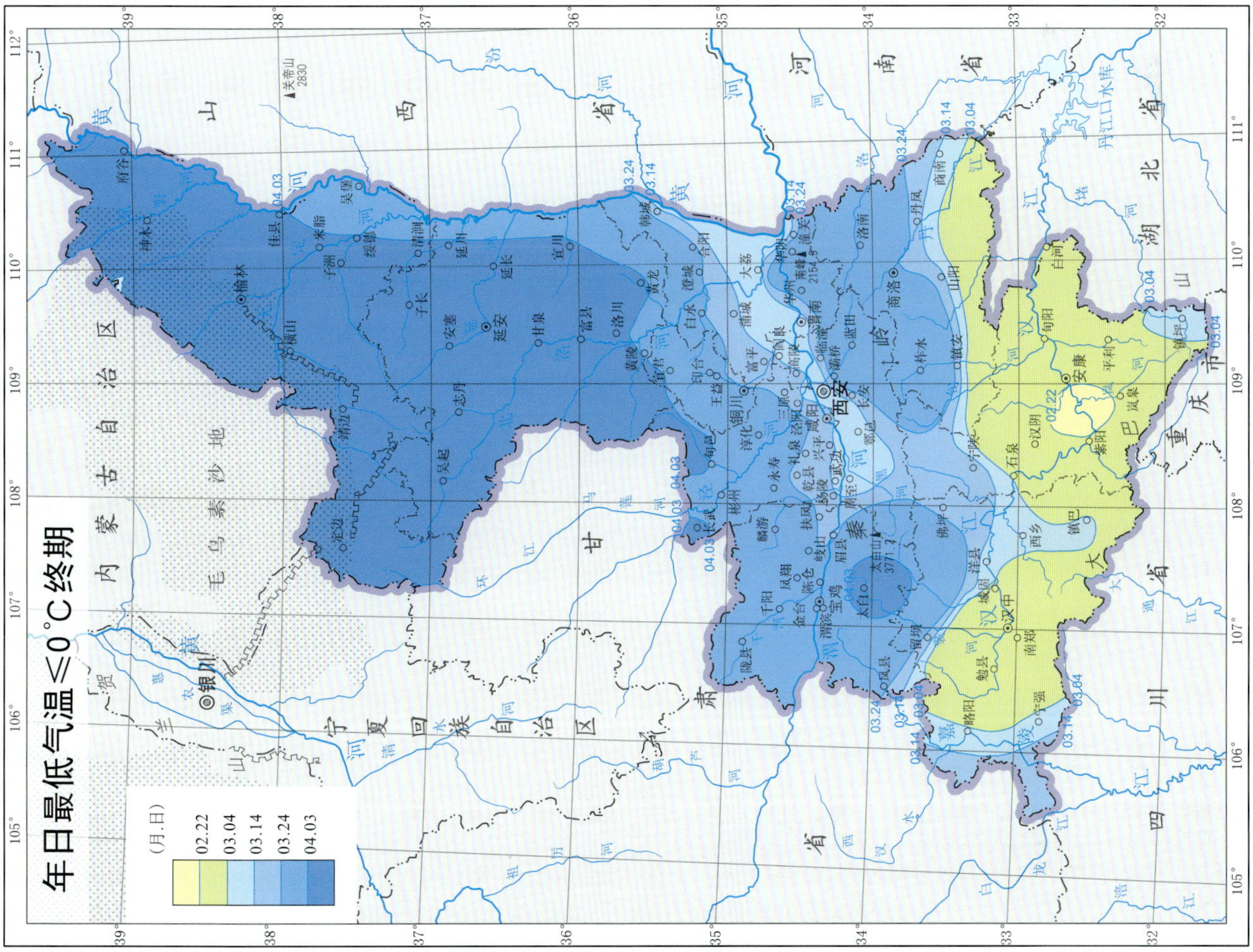

比例尺 1:5 700 000 0 57 114 km

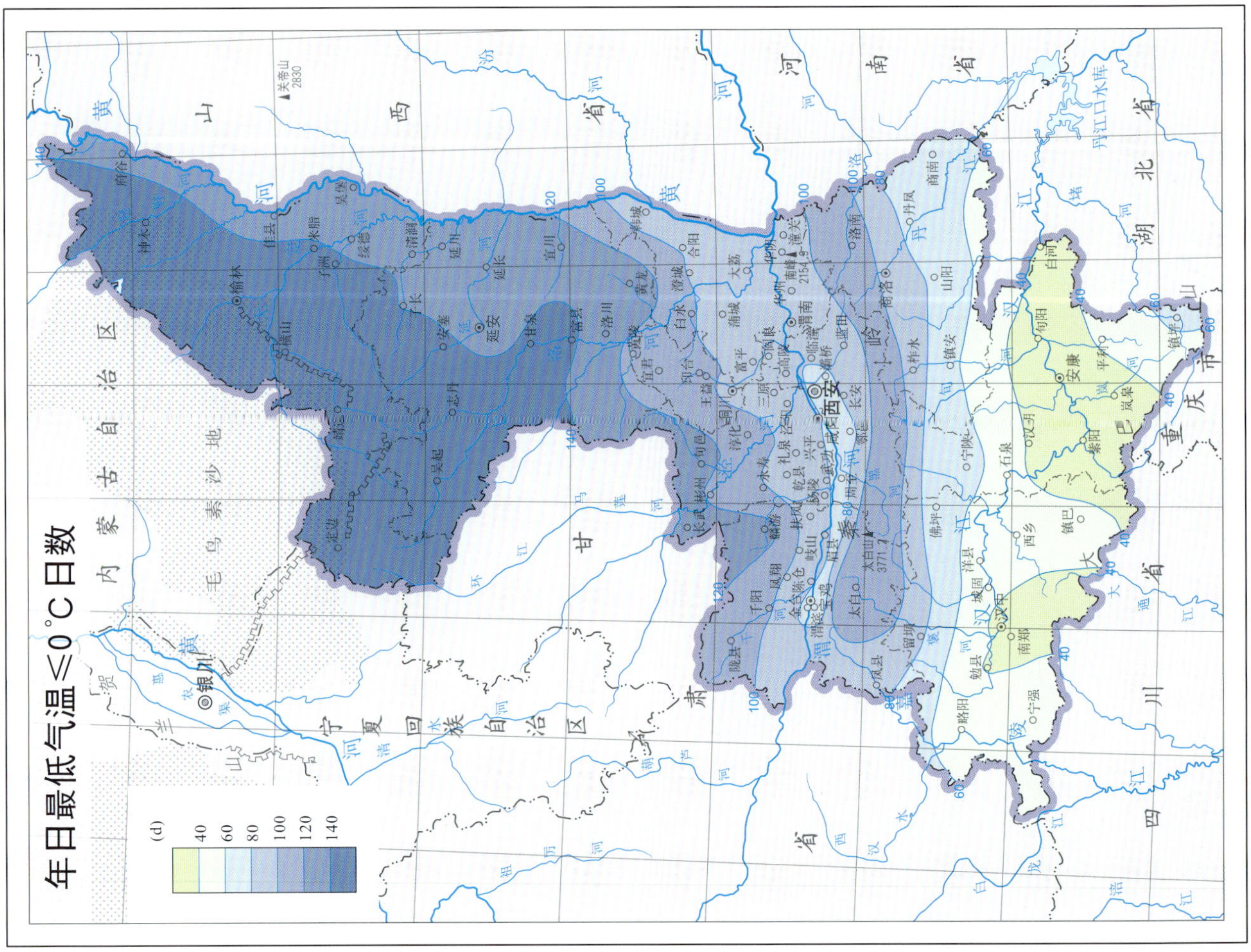

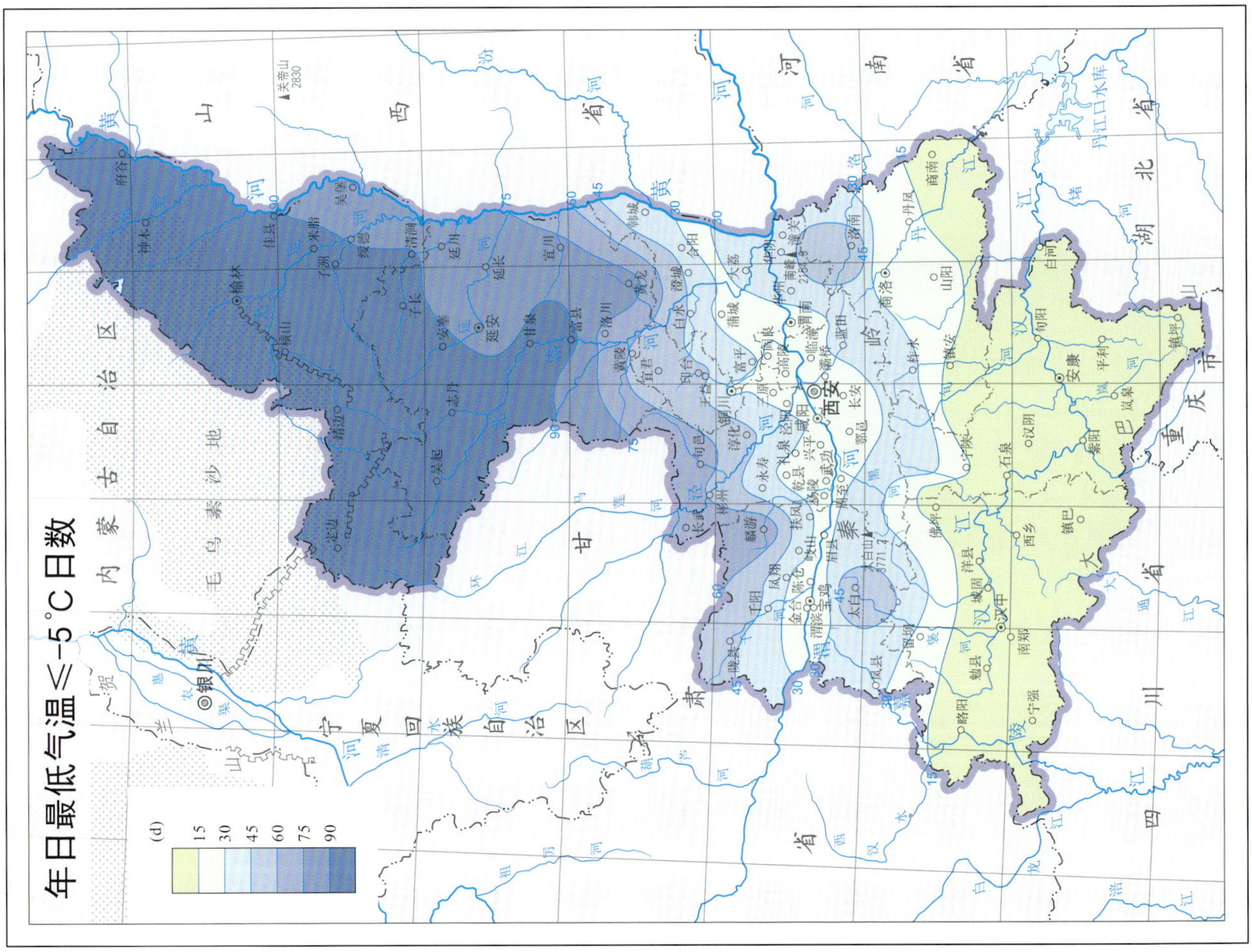

比例尺 1:5 700 000 0 57 114 km

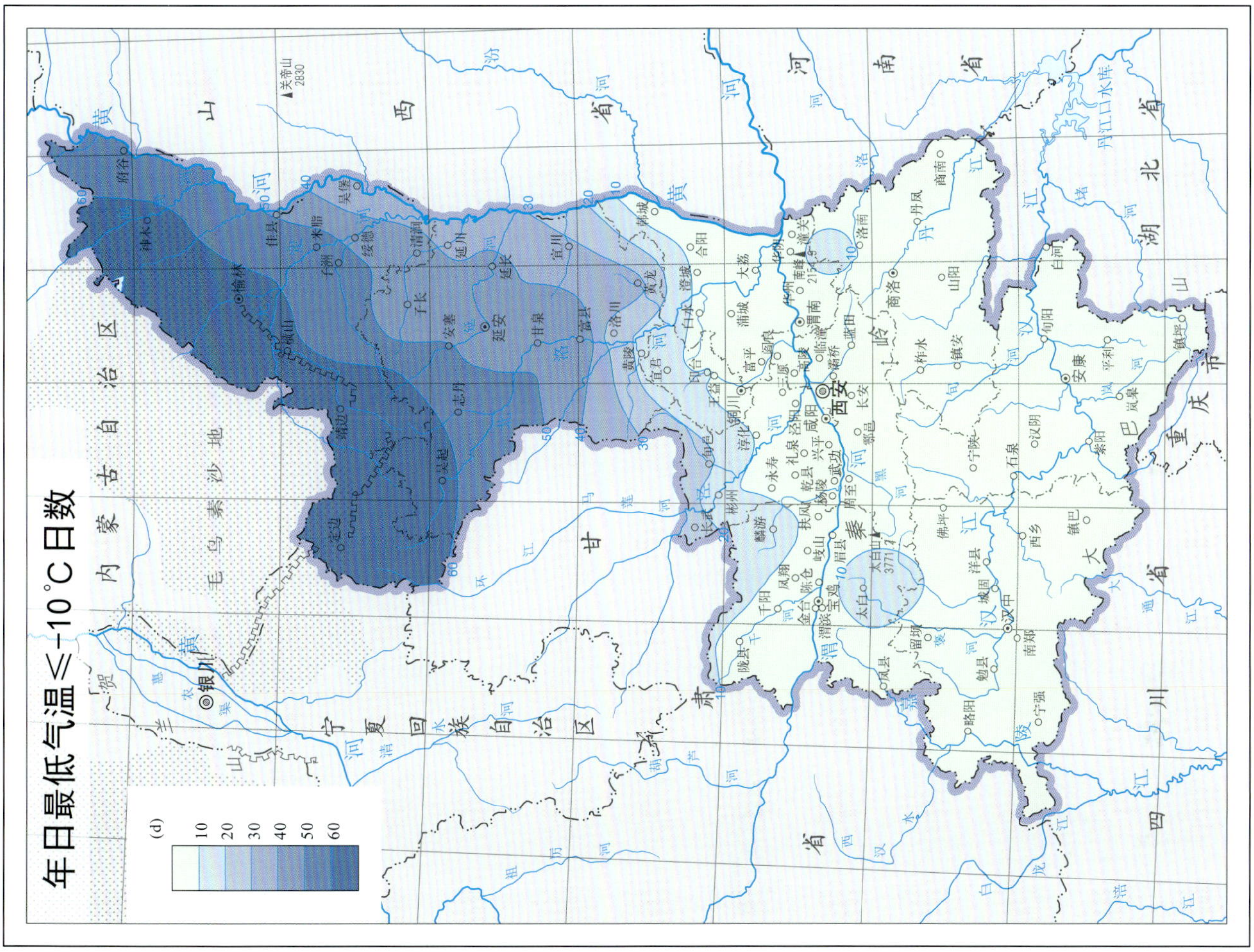

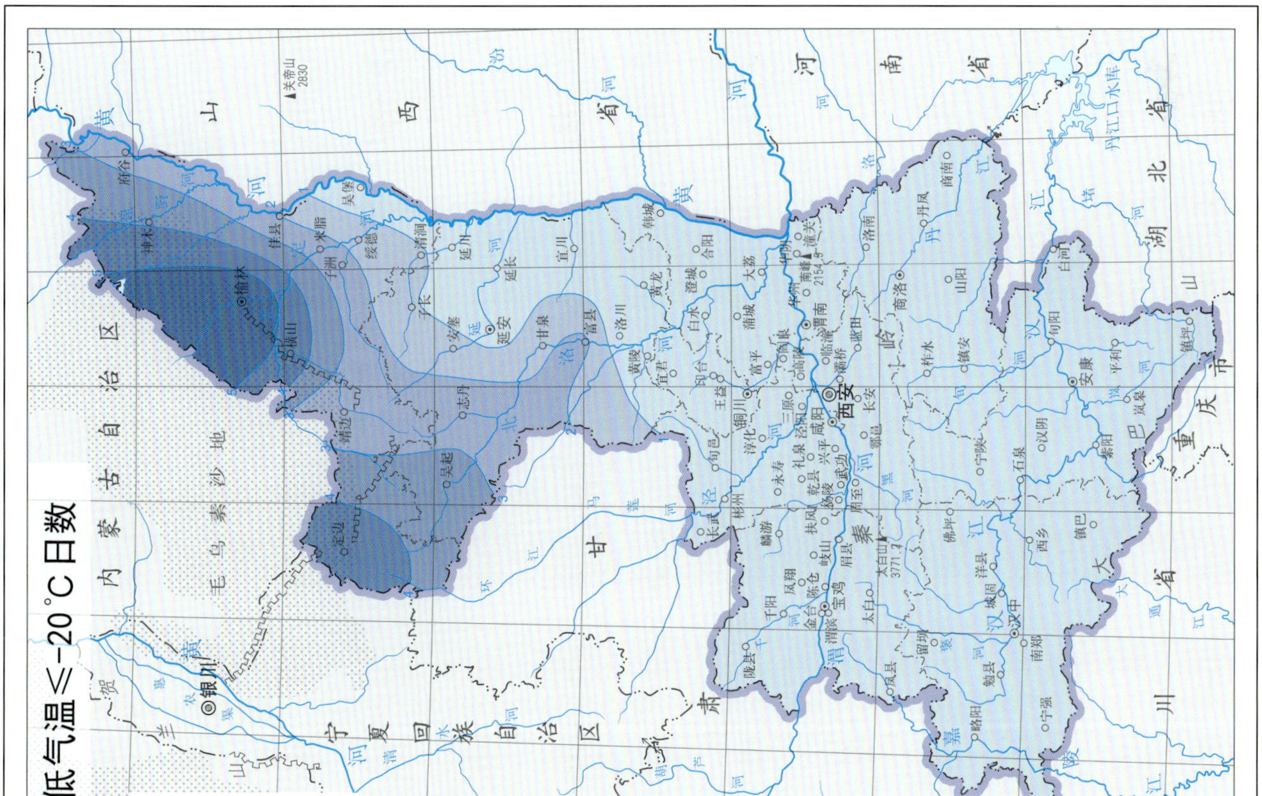

比例尺 1：5 700 000　0　57　114 km

年日平均气温≤0℃累计日数

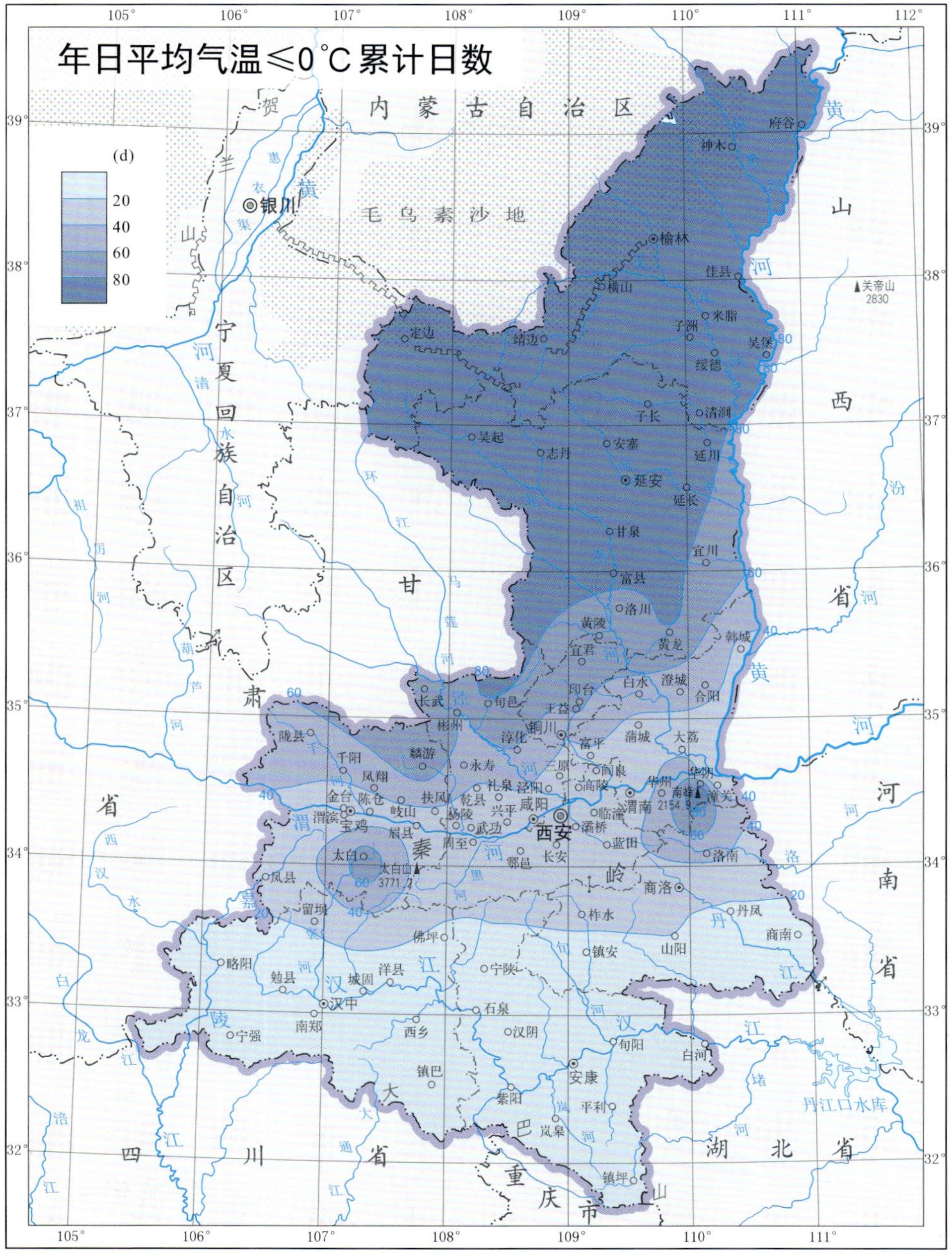

比例尺　1：5 700 000　0　57　114 km

年日最低气温≤0℃累计日数极大值

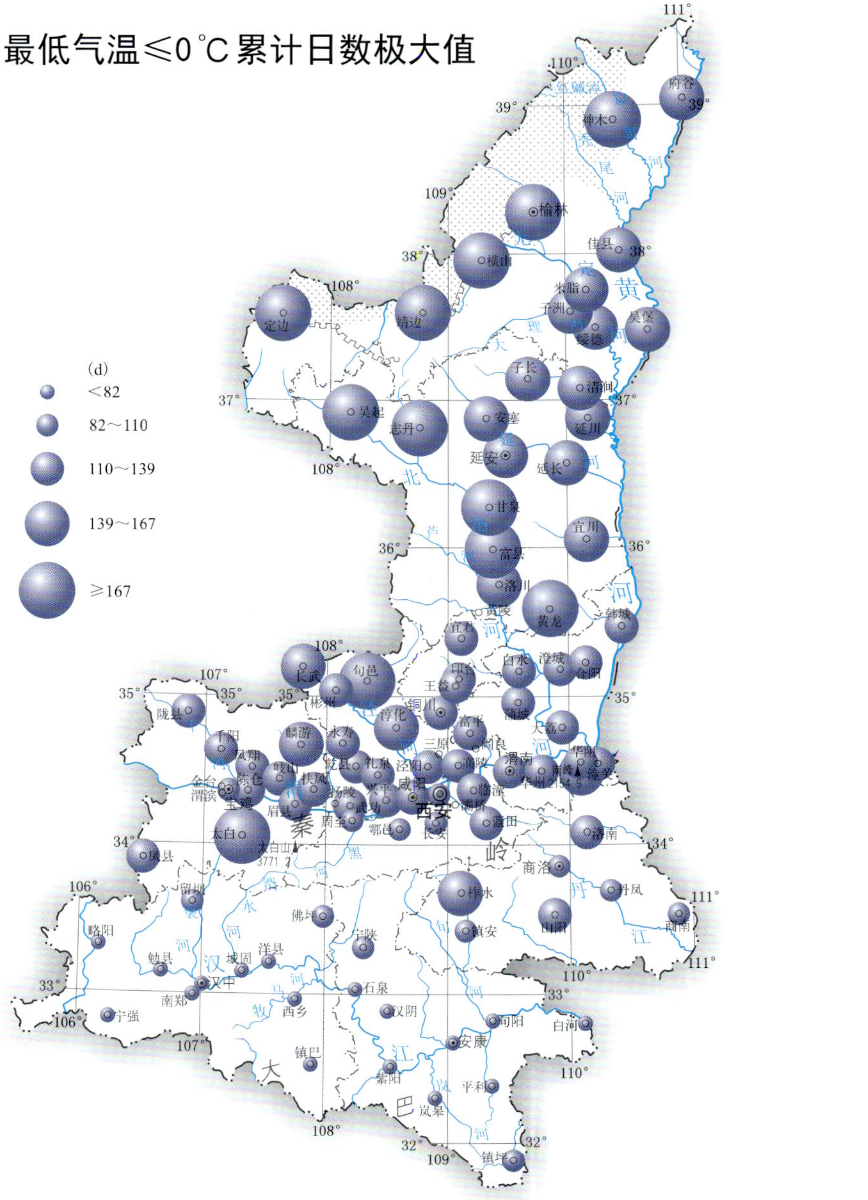

年结冰日数

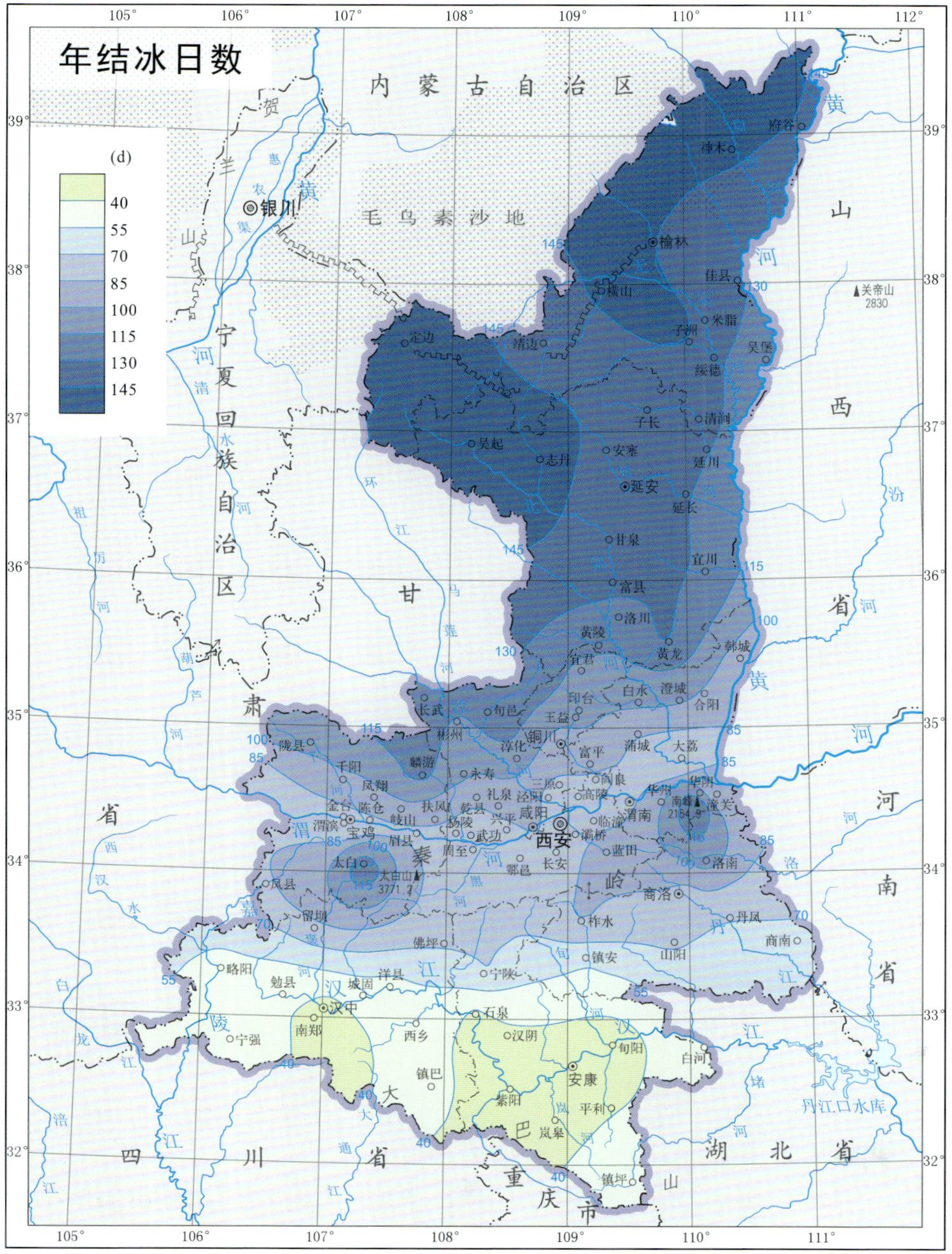

年日平均气温≤0°C累计日数极大值

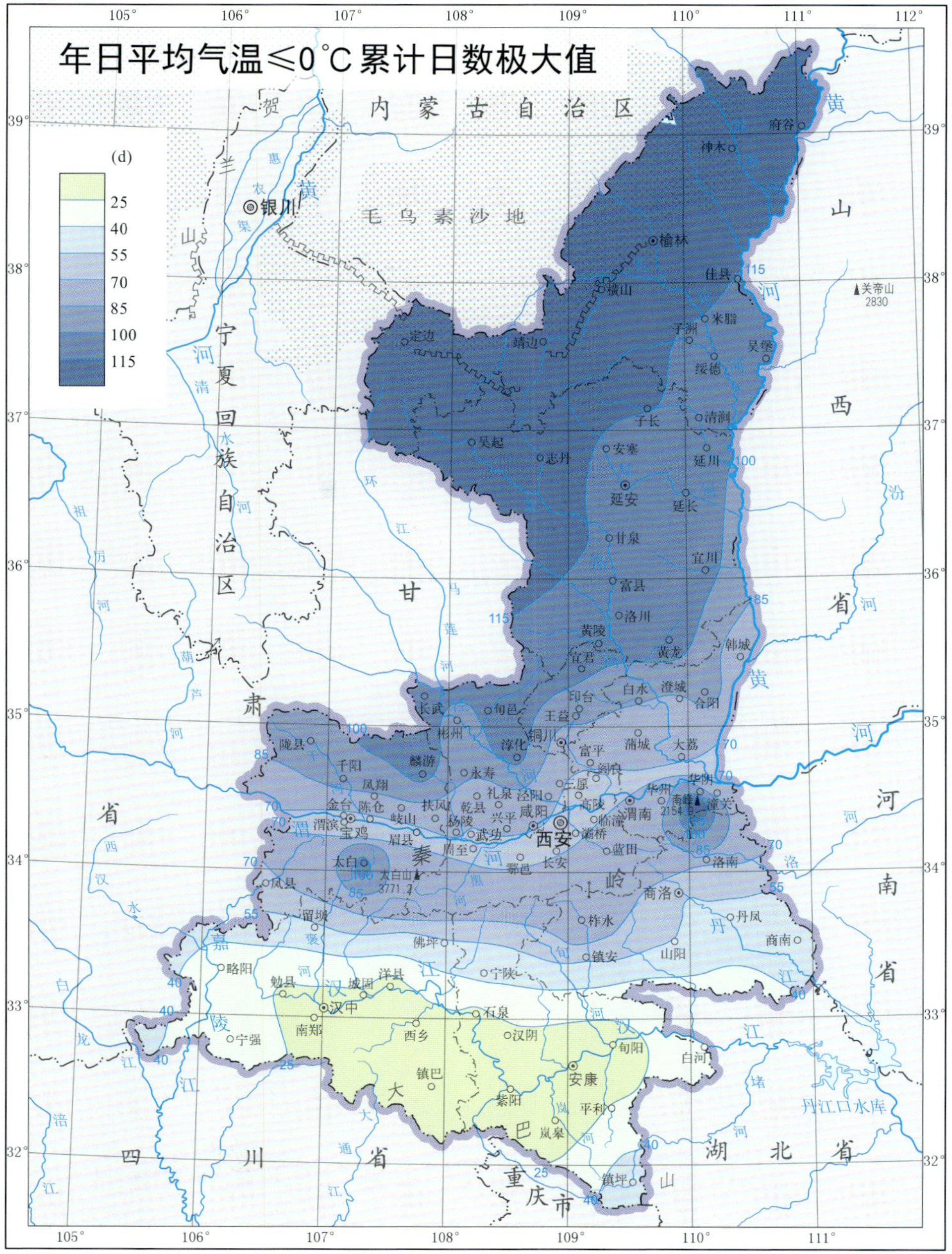

比例尺 1：5 700 000 0 57 114 km

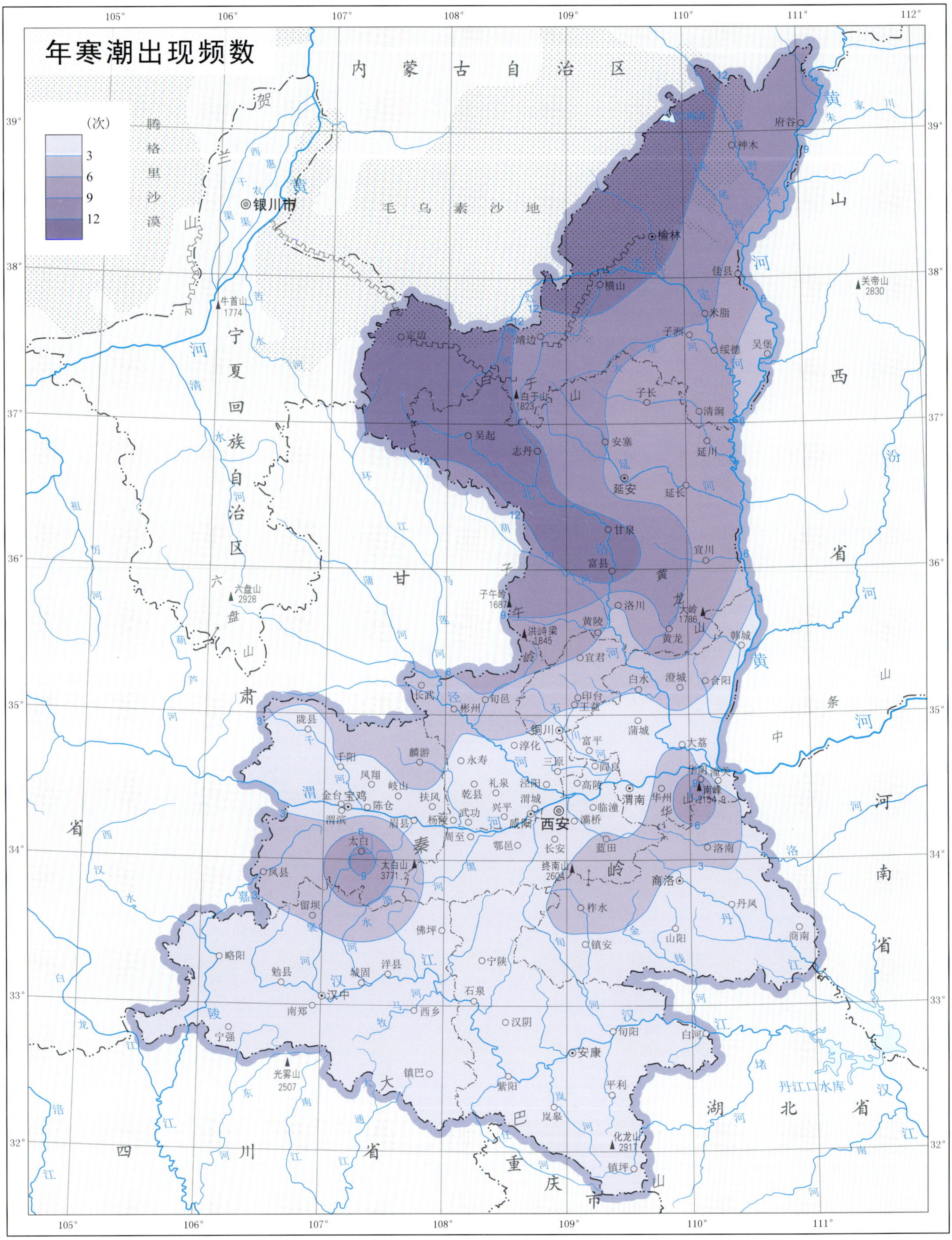

比例尺 1:4 000 000 0 40 80 km

寒潮最强24小时降温幅度

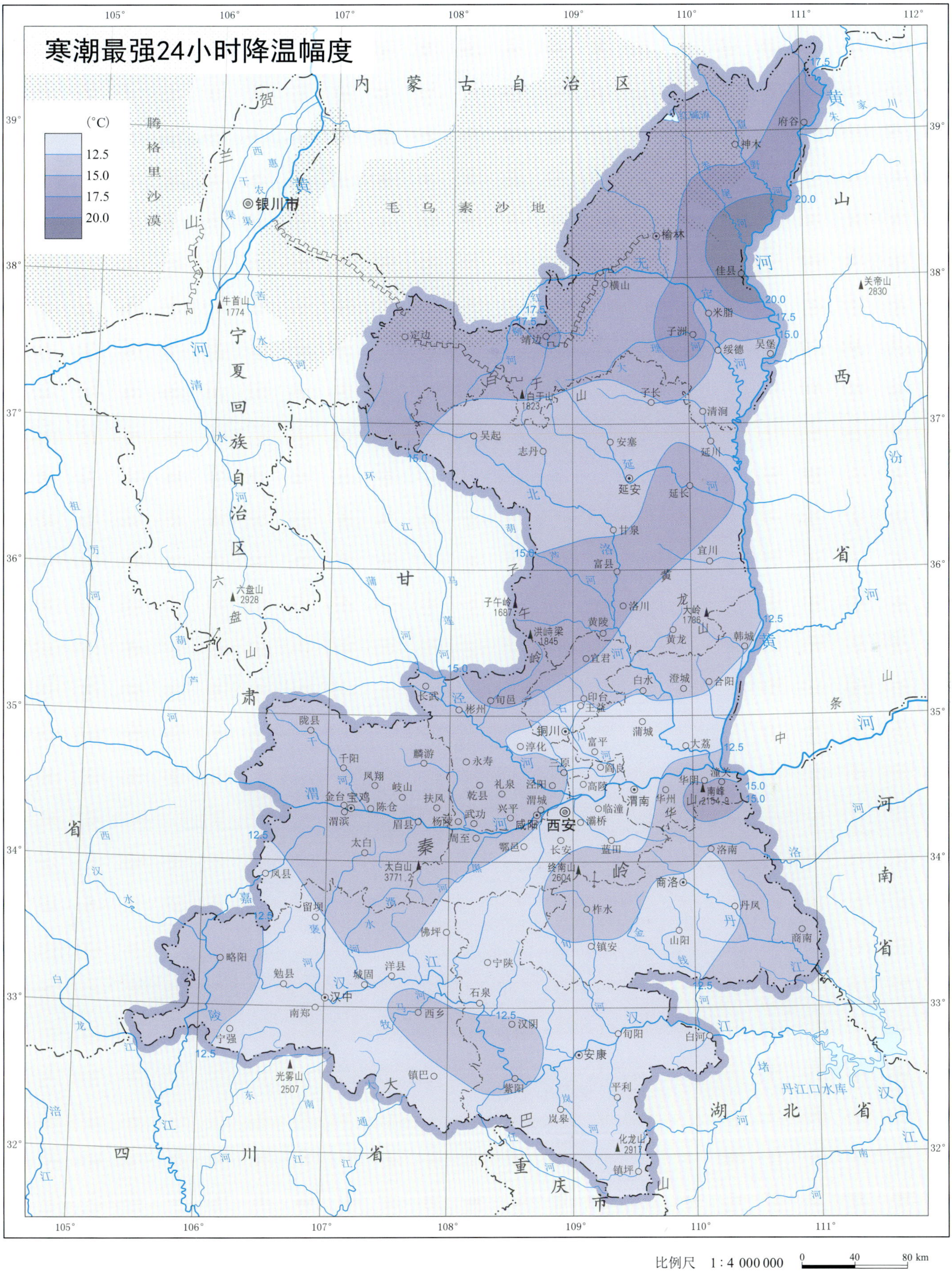

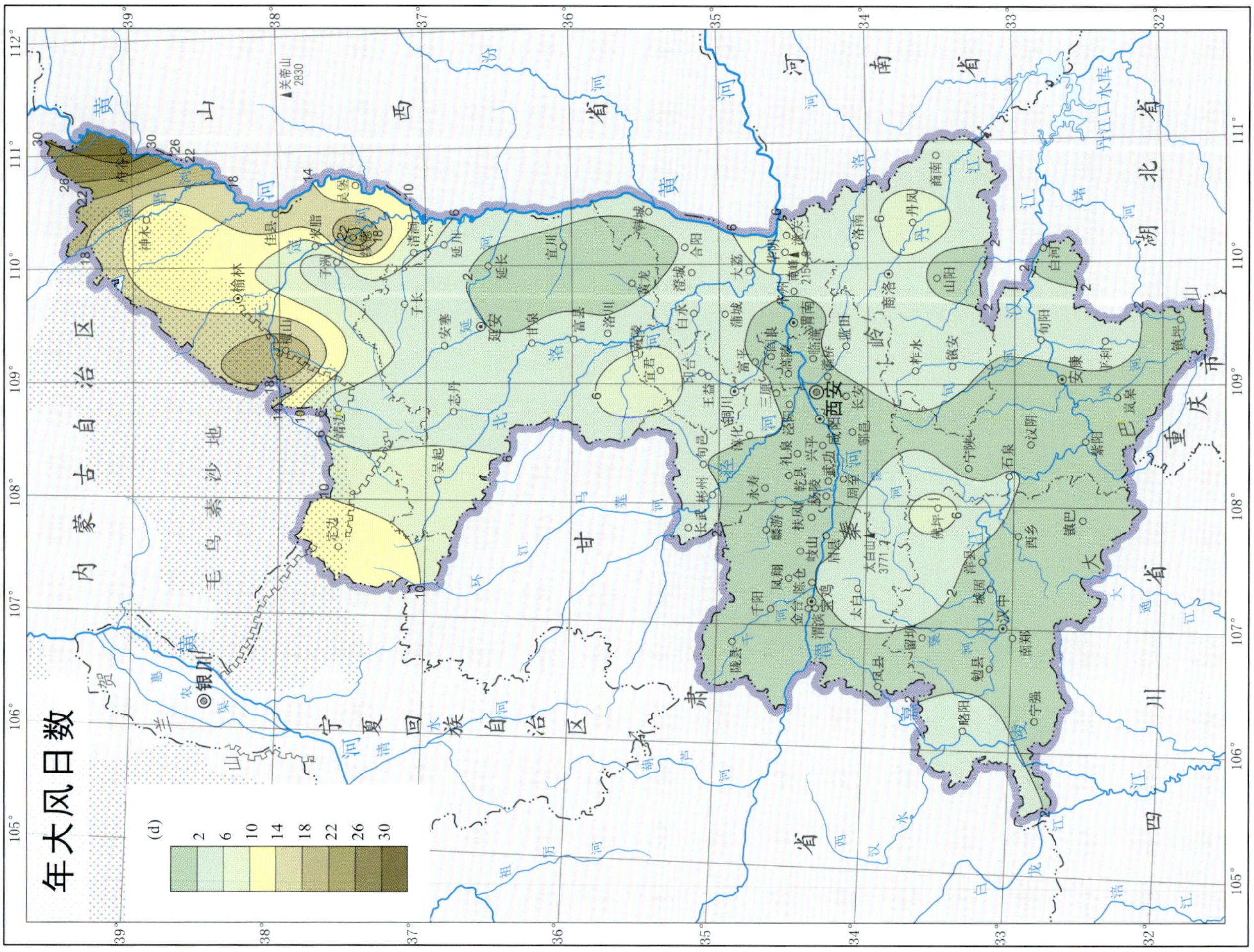

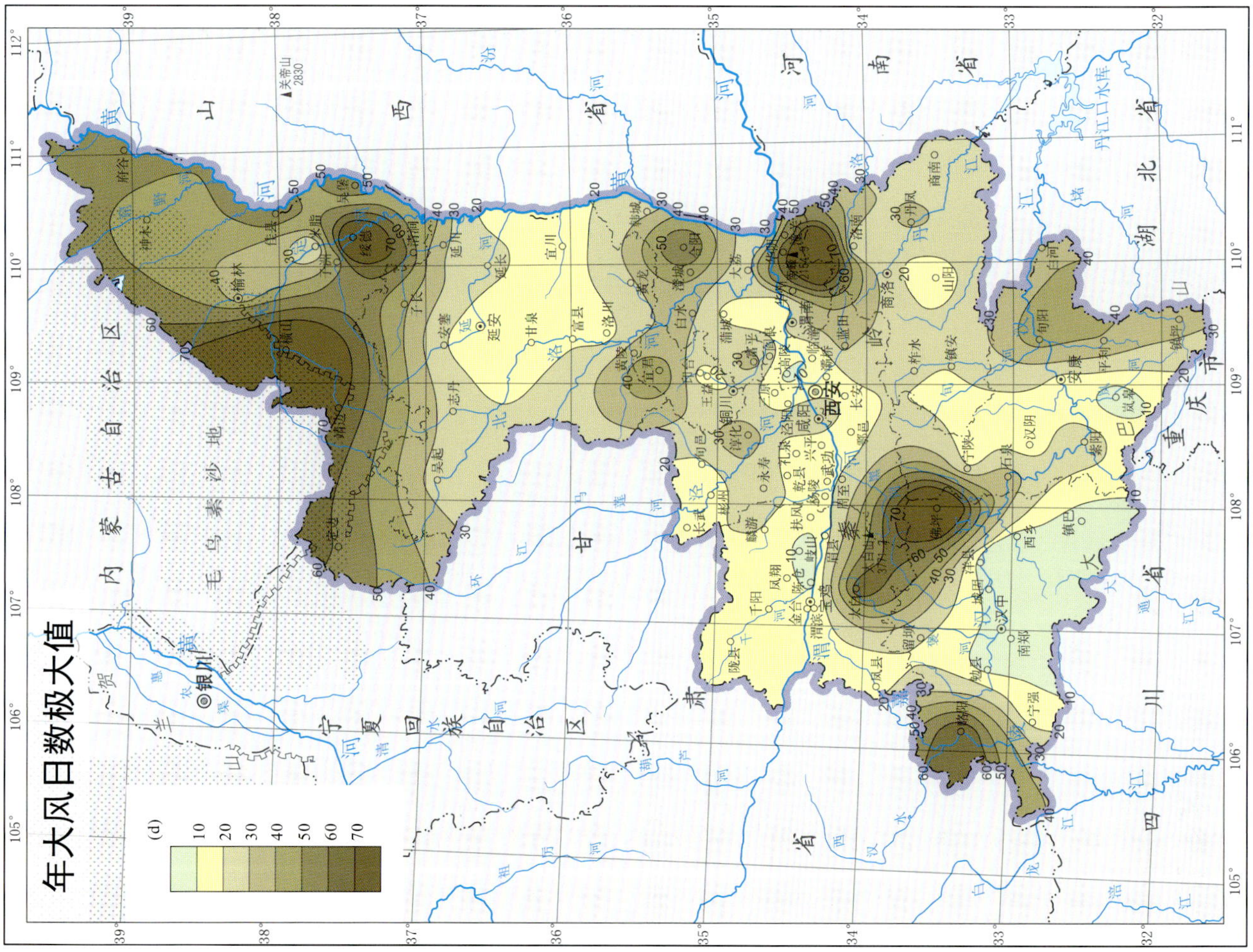

比例尺 1 : 5 700 000　0　57　114 km

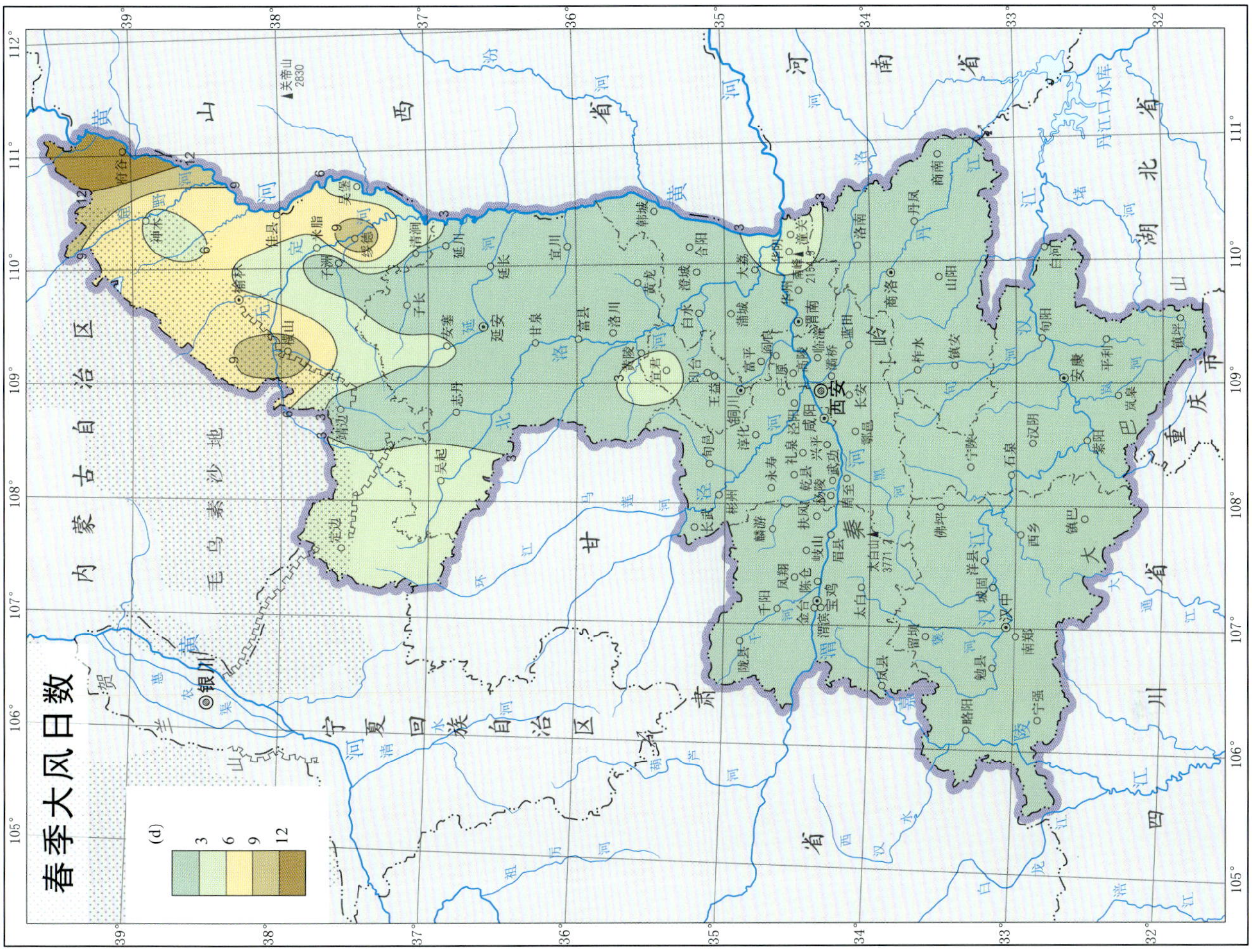

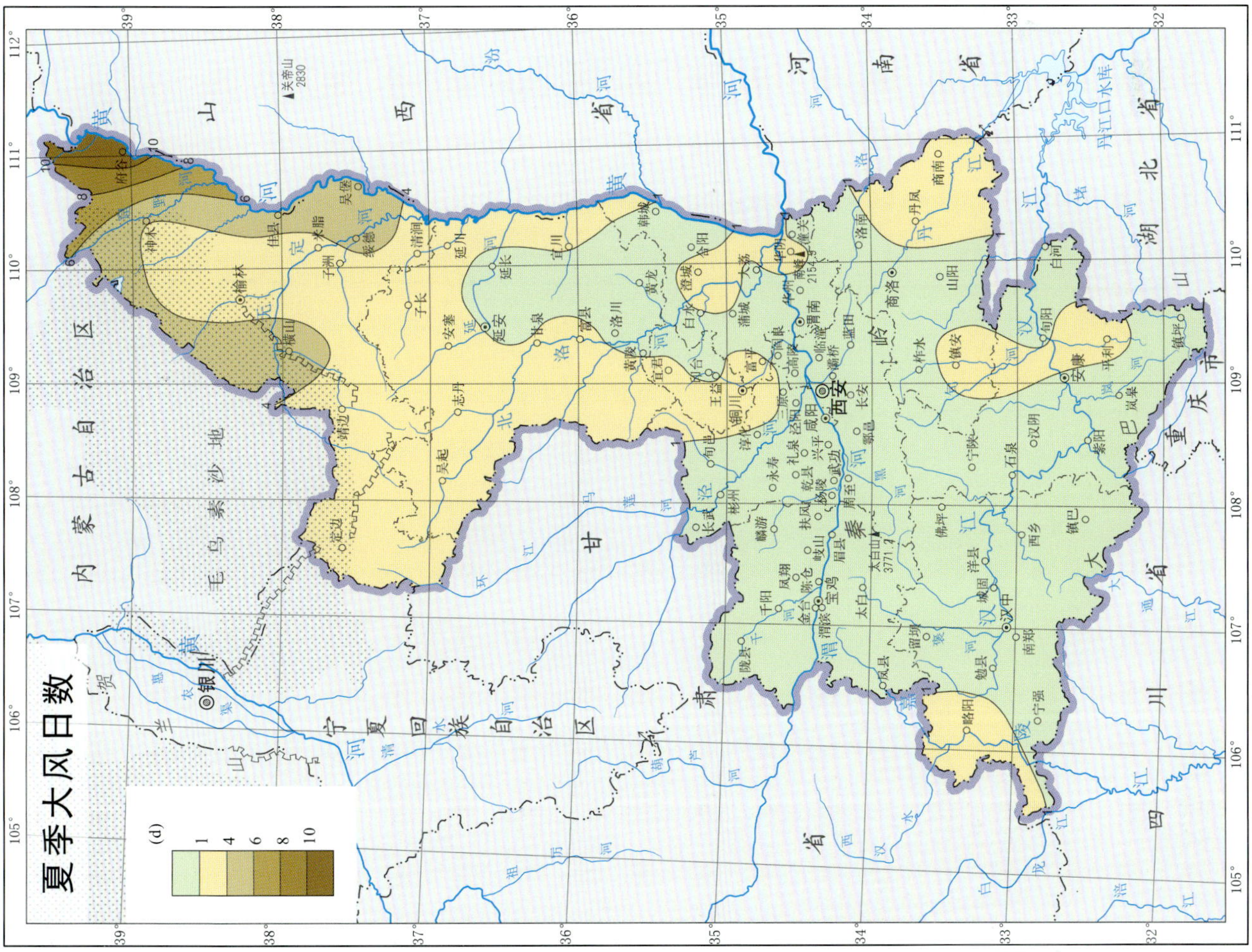

比例尺 1∶5 700 000 0 57 114 km

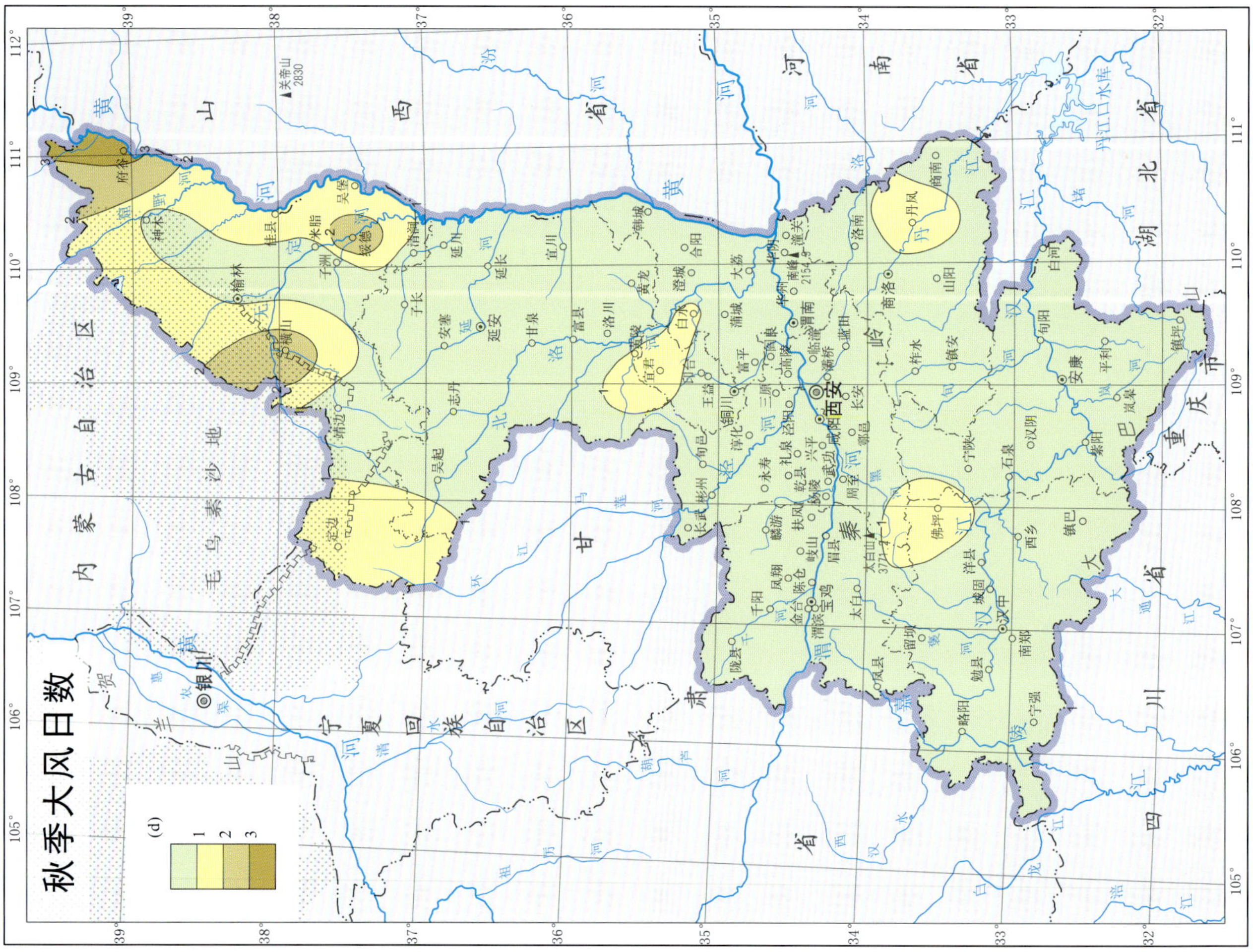

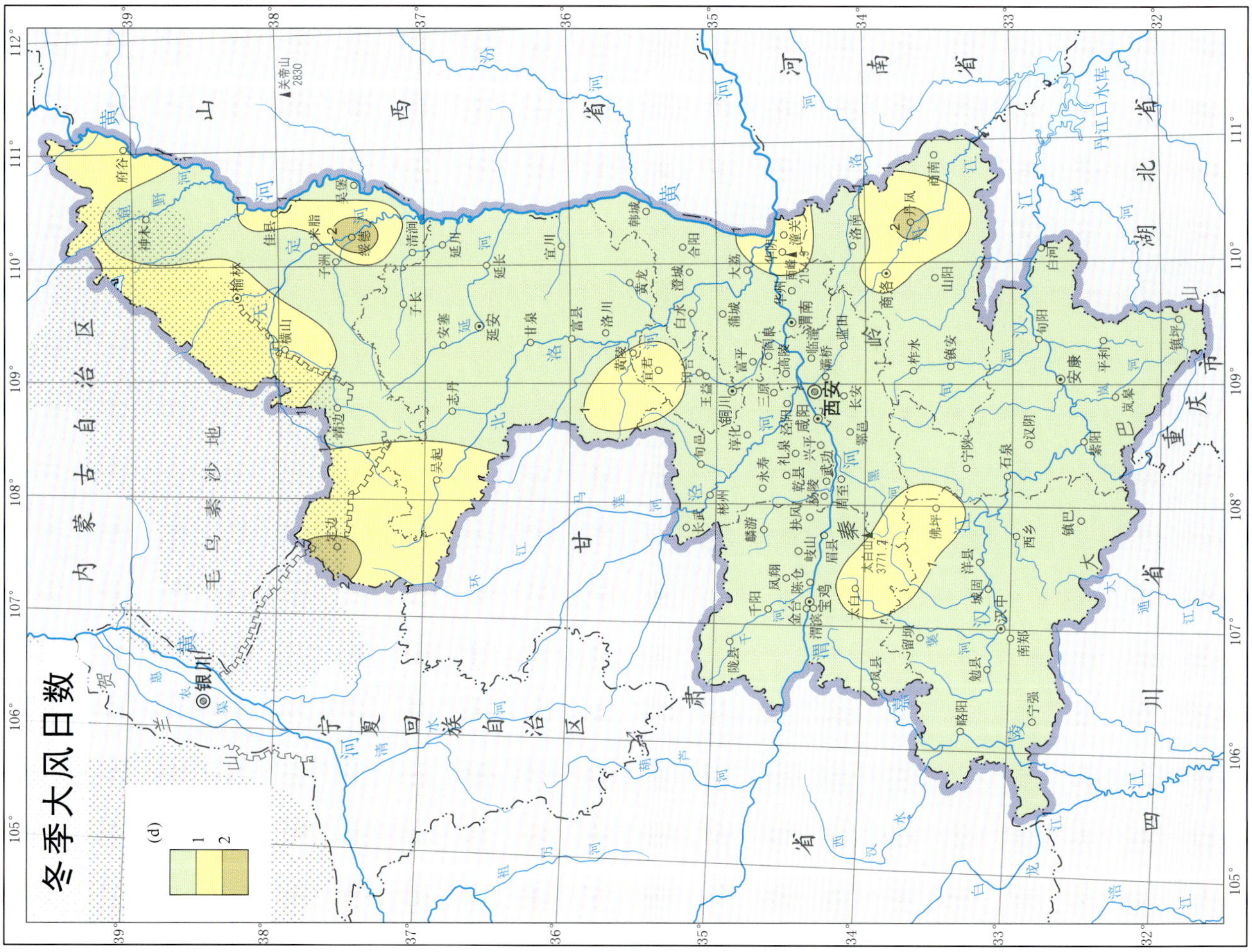

比例尺 1：5 700 000 0 57 114 km

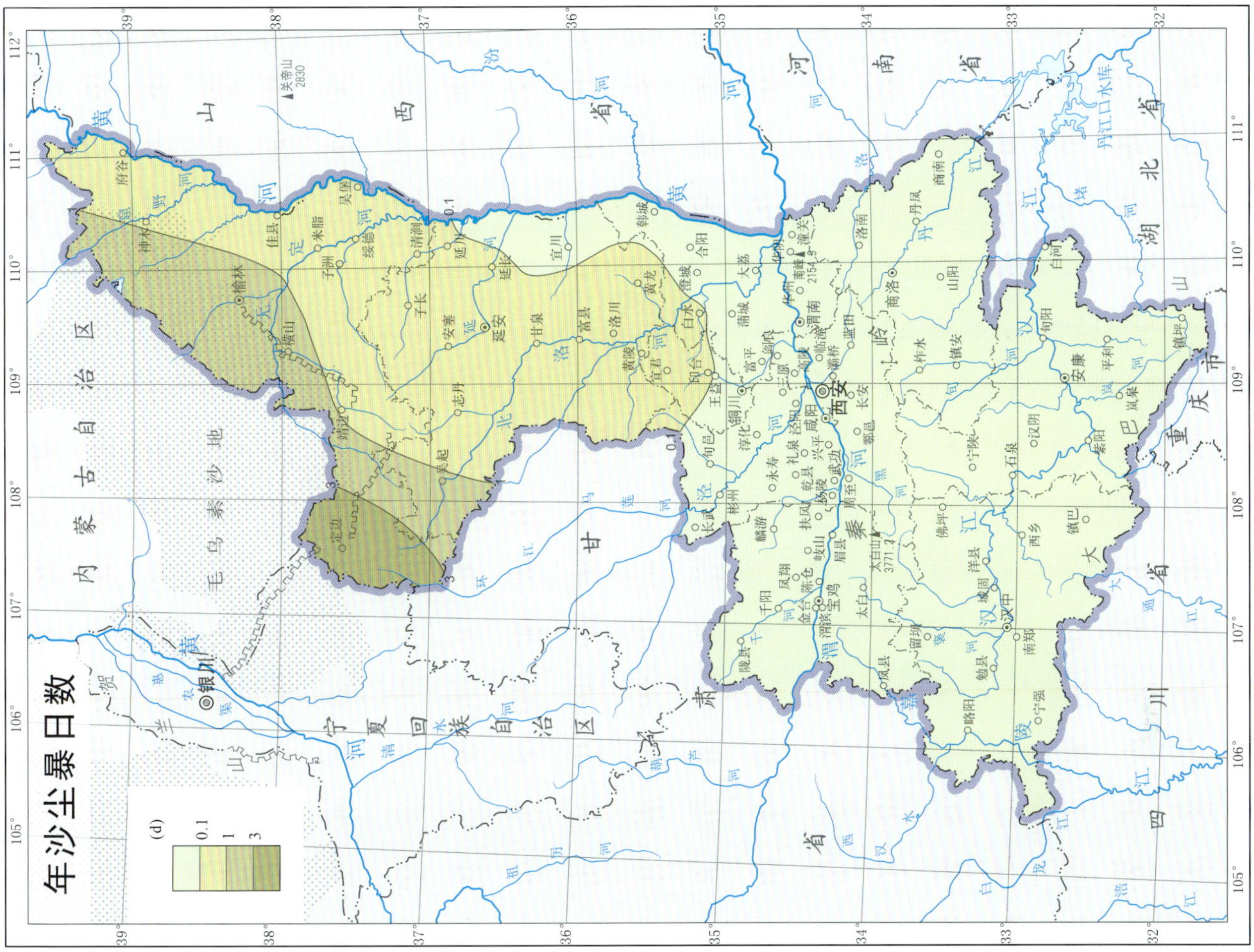

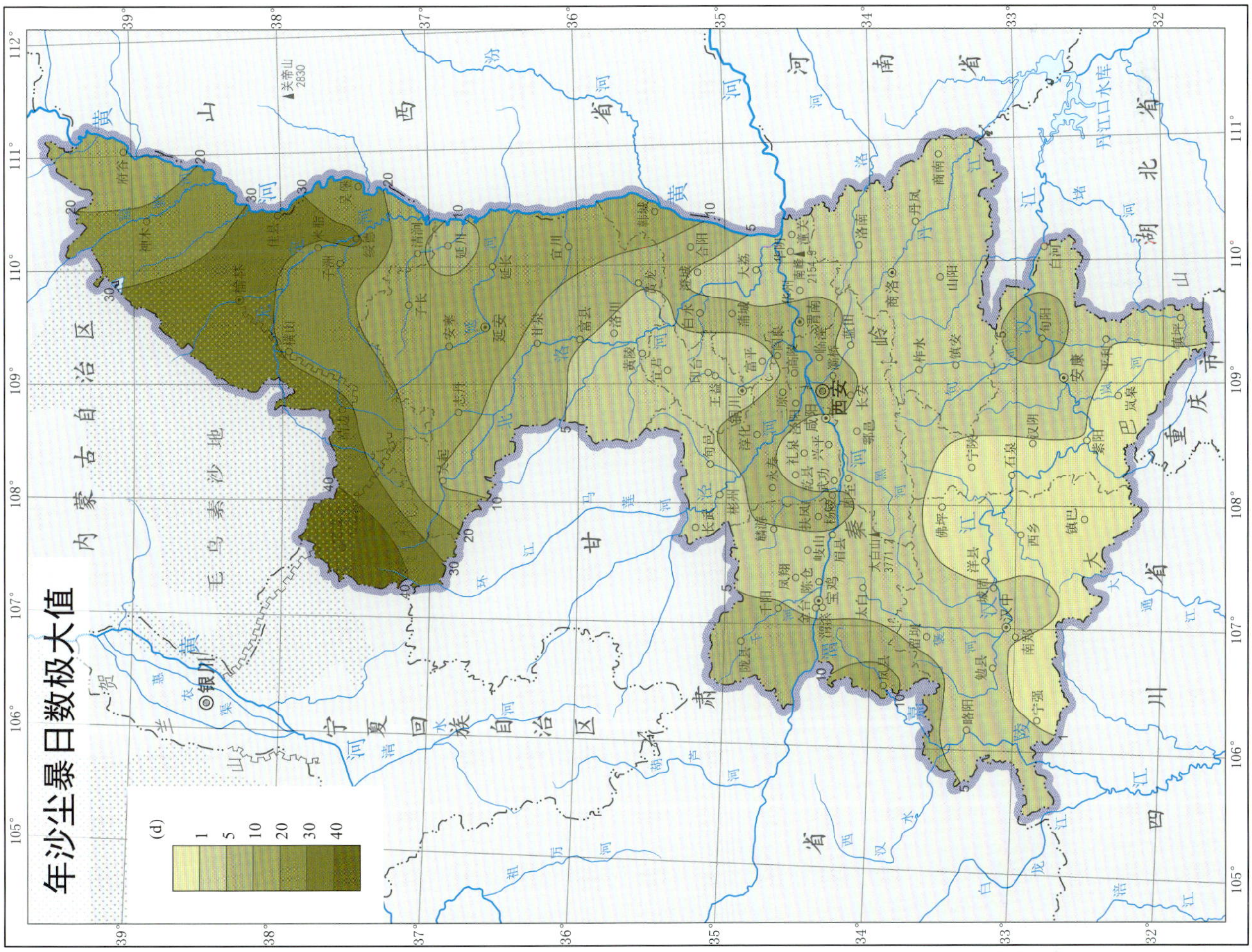

比例尺 1∶5 700 000 0 57 114 km

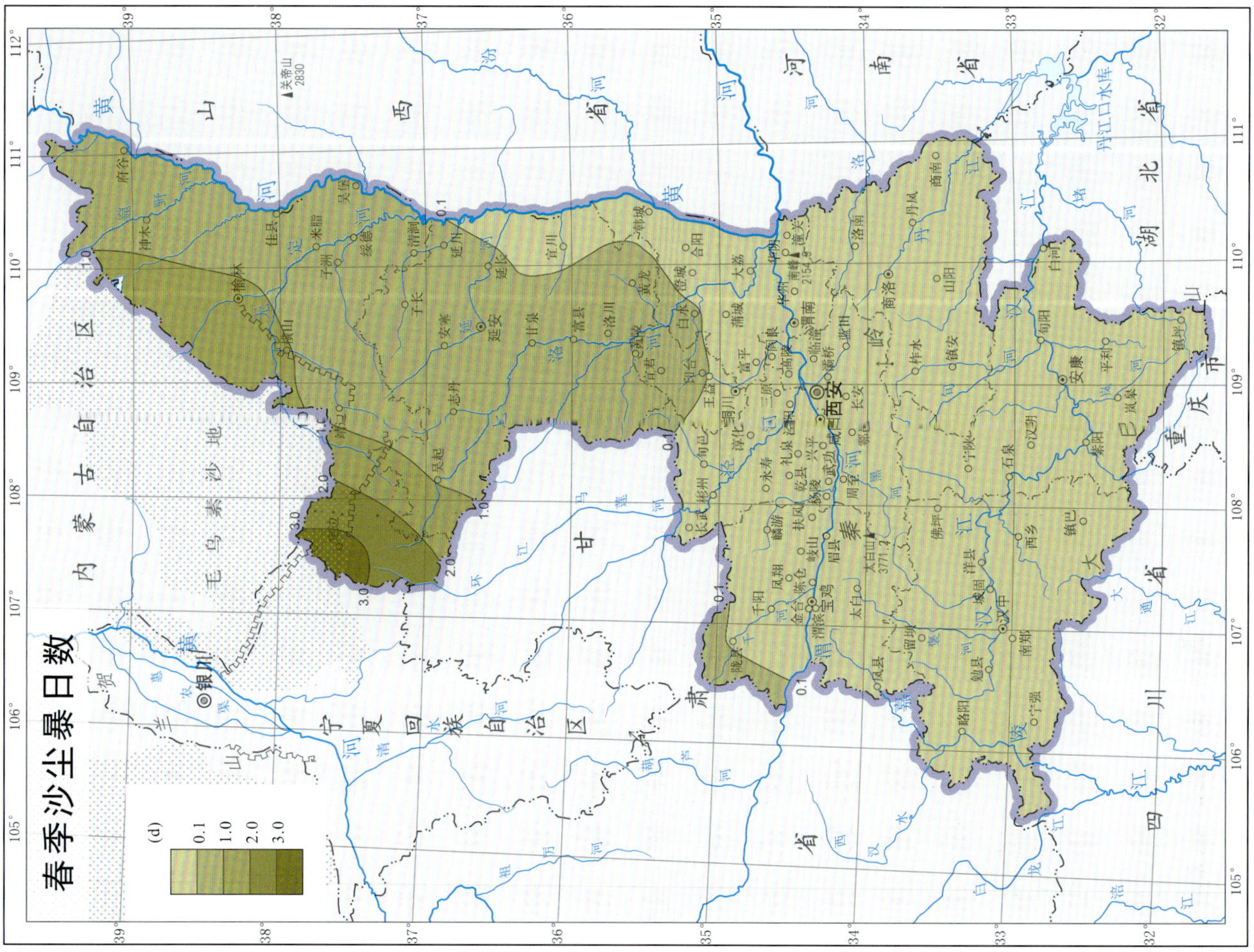

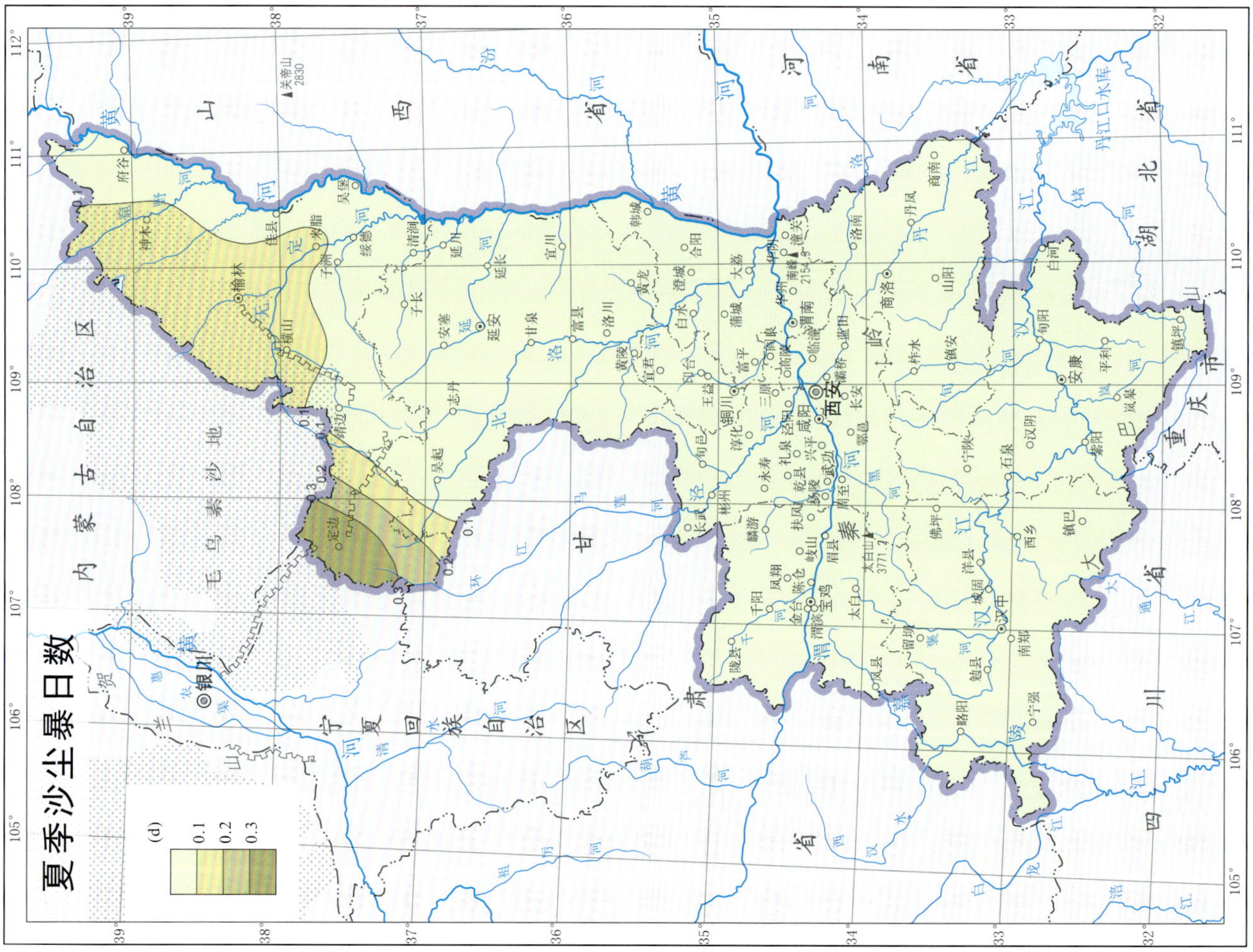

比例尺 1 : 5 700 000 0 57 114 km

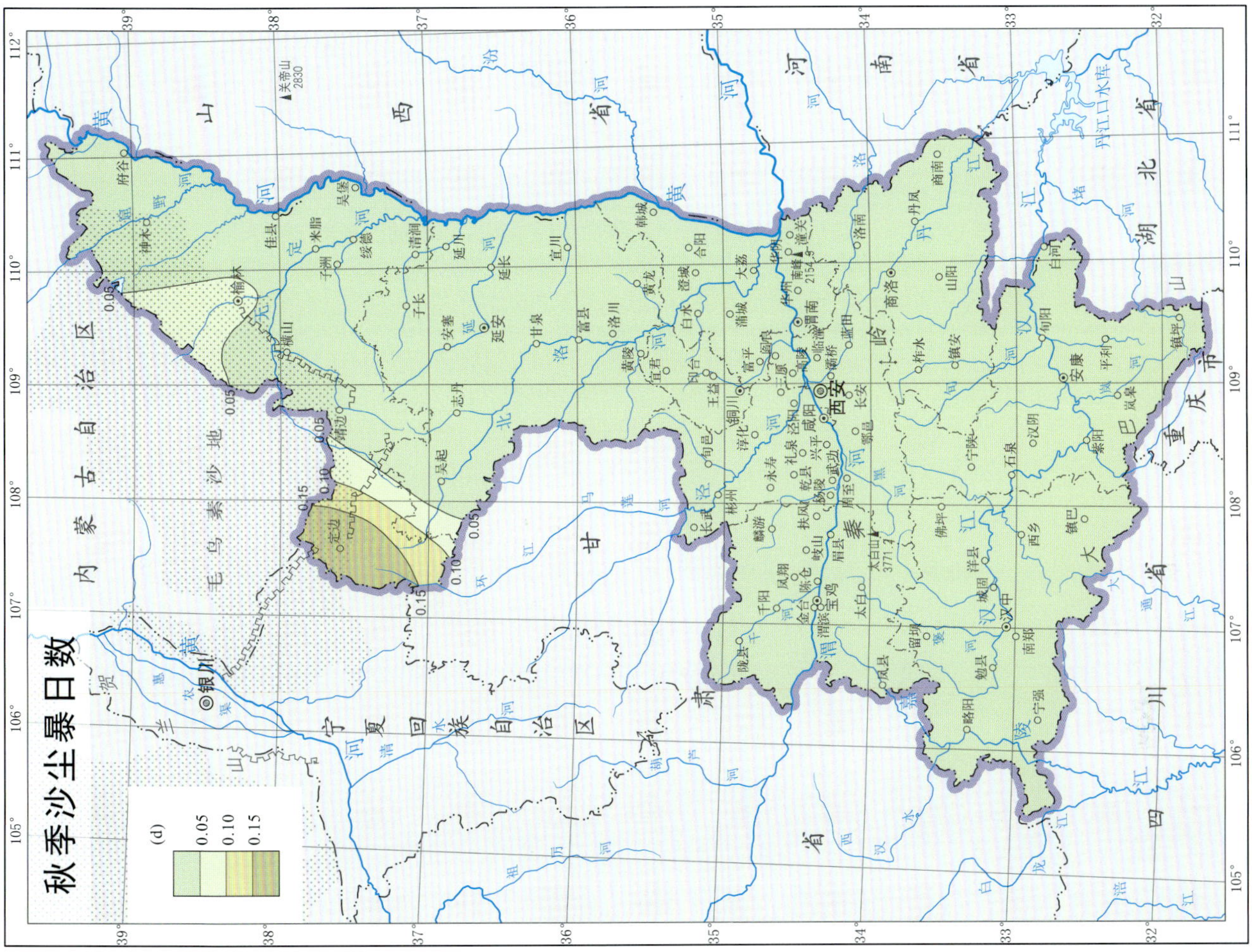

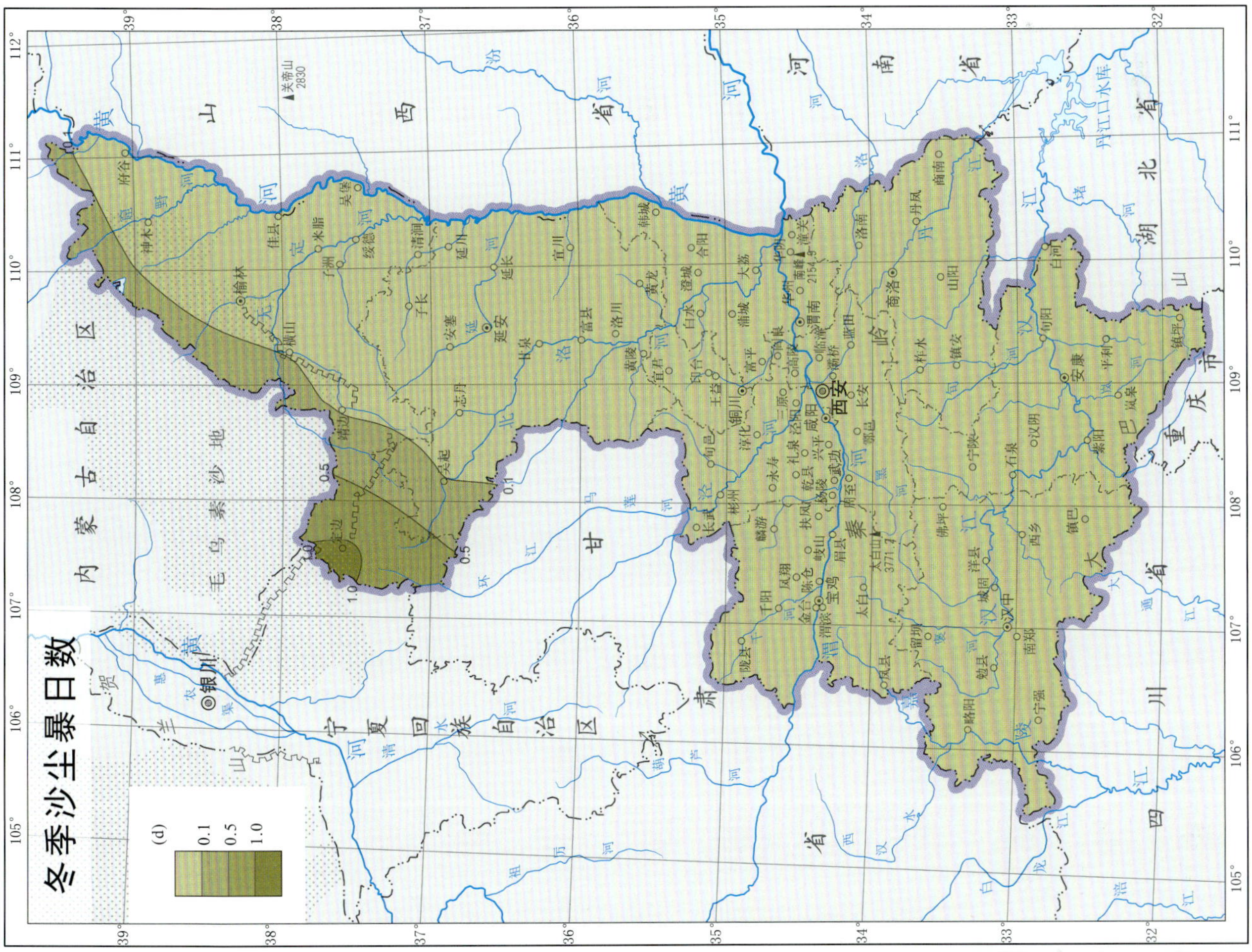

比例尺 1∶5 700 000 0 57 114 km

年雷暴日数

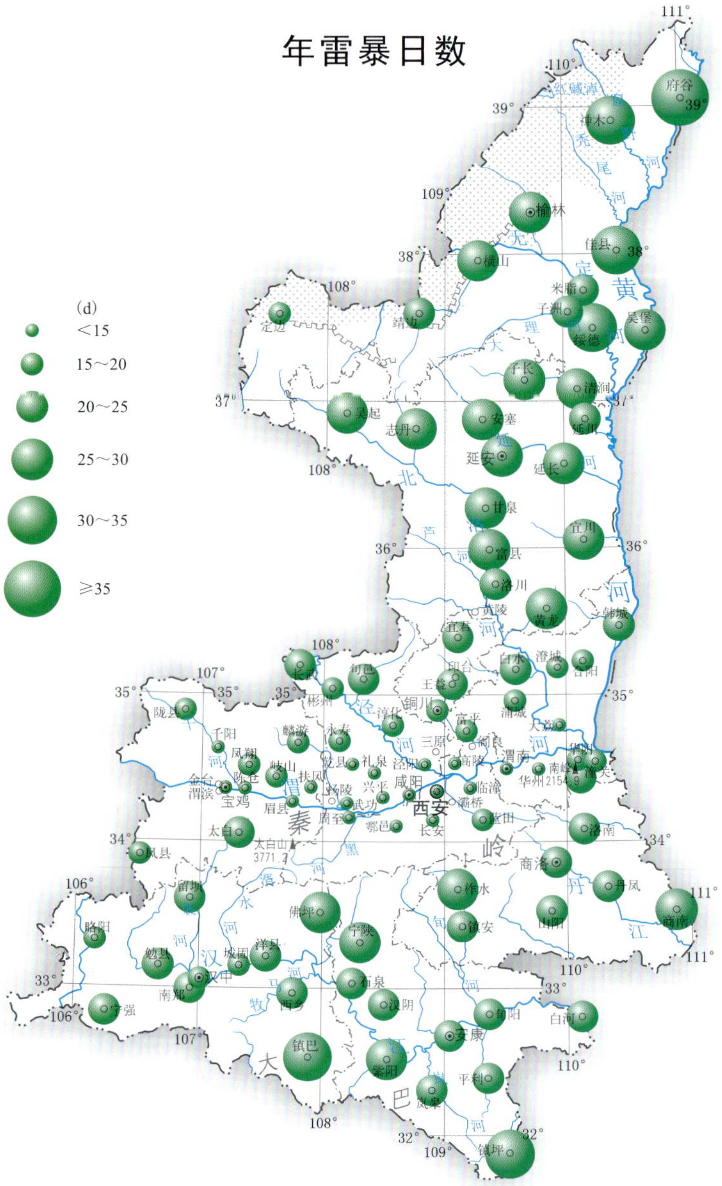

年雷暴日数极大值

比例尺 1∶5 700 000 0 57 114 km

春季雷暴日数

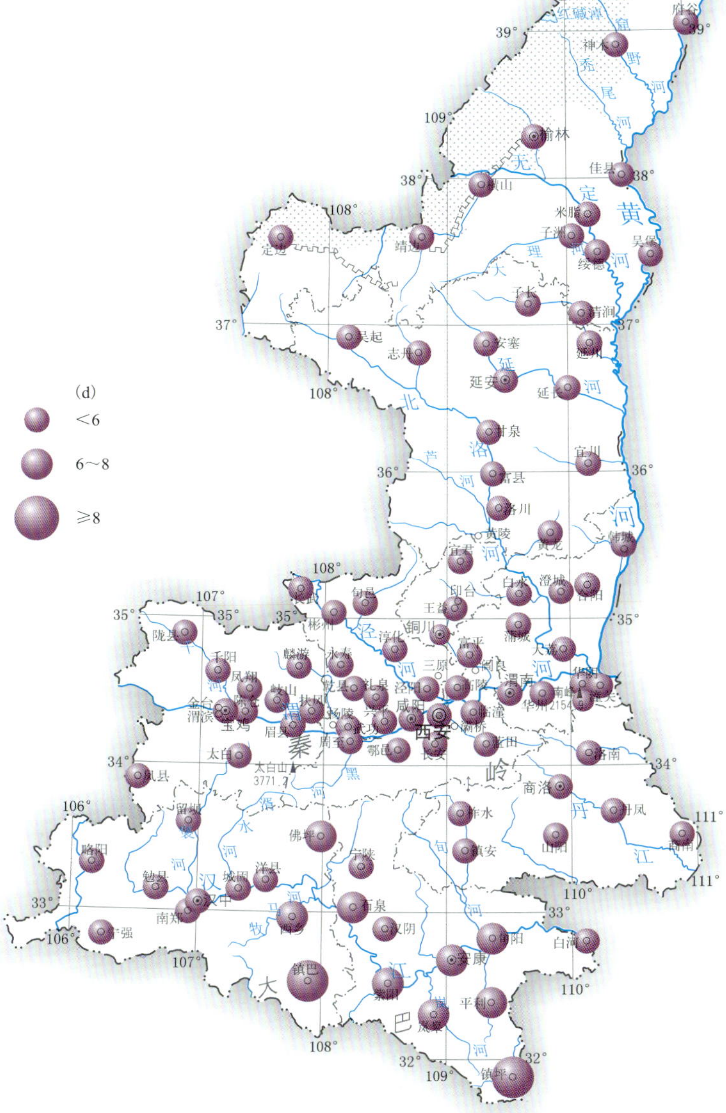

夏季雷暴日数

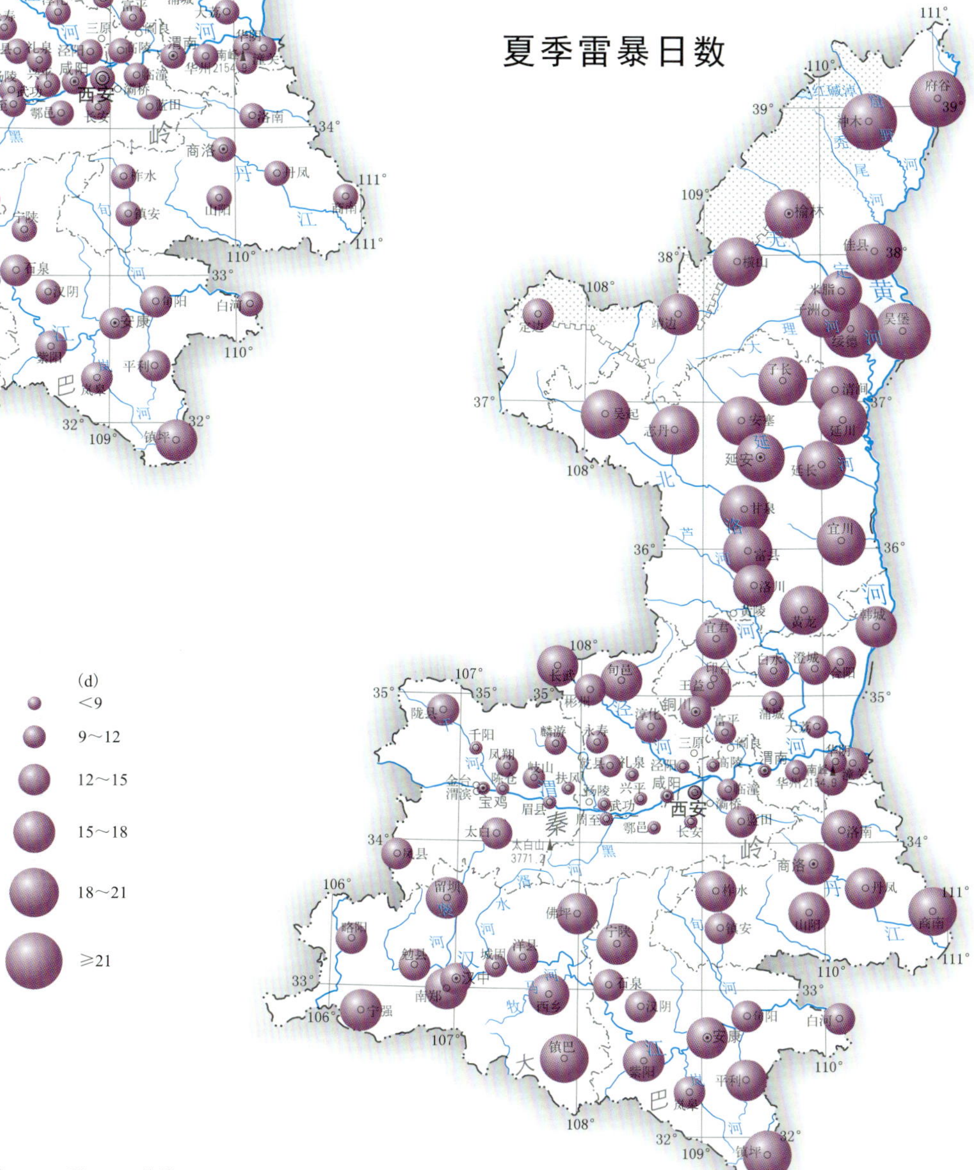

比例尺 1 : 5 700 000 0 57 114 km

秋季雷暴日数

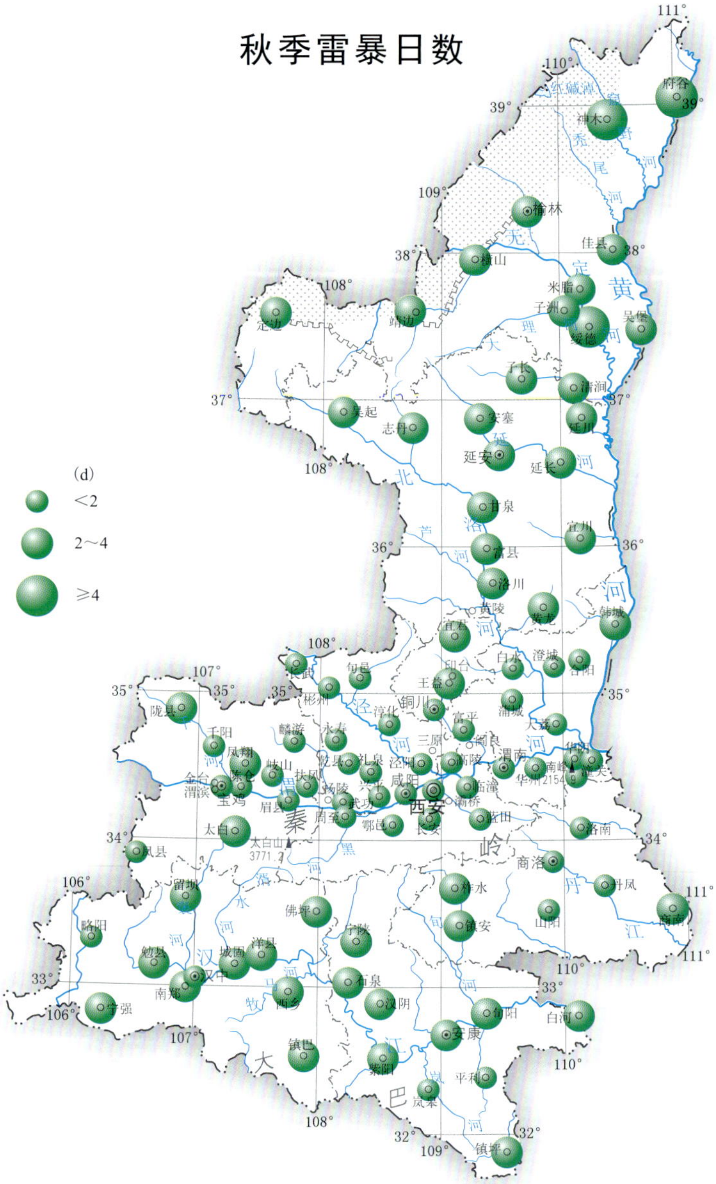

冬季雷暴日数

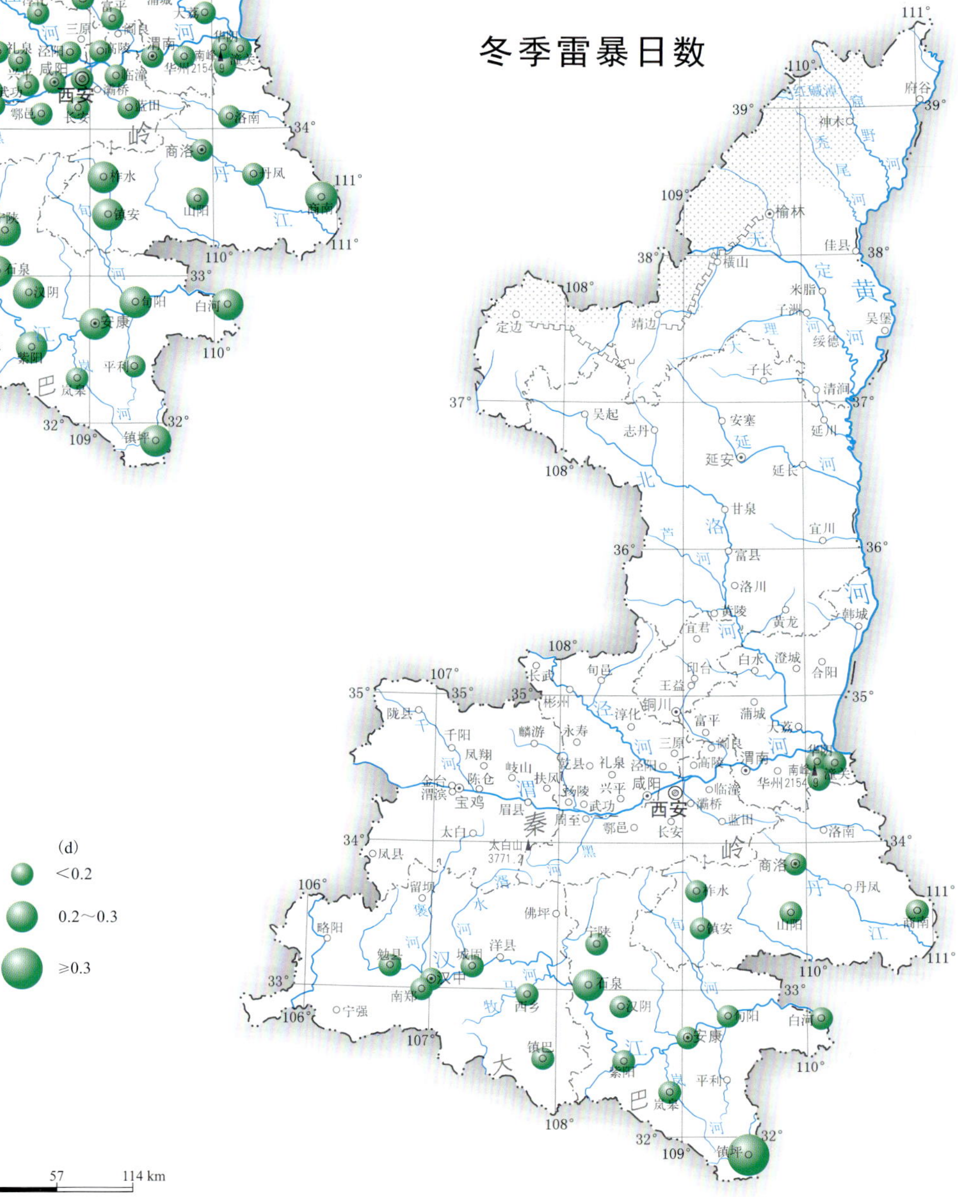

比例尺　1 : 5 700 000　0　57　114 km

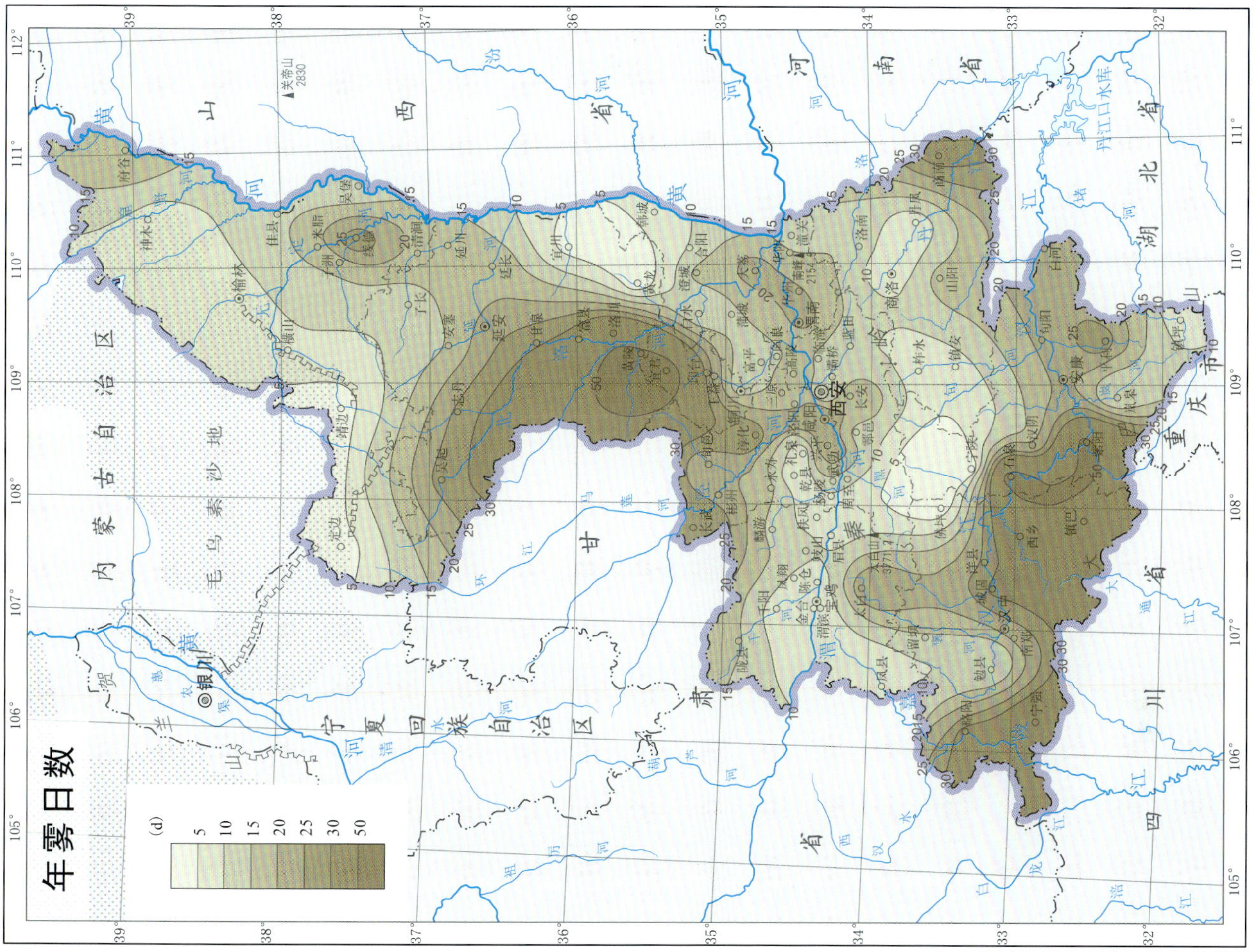

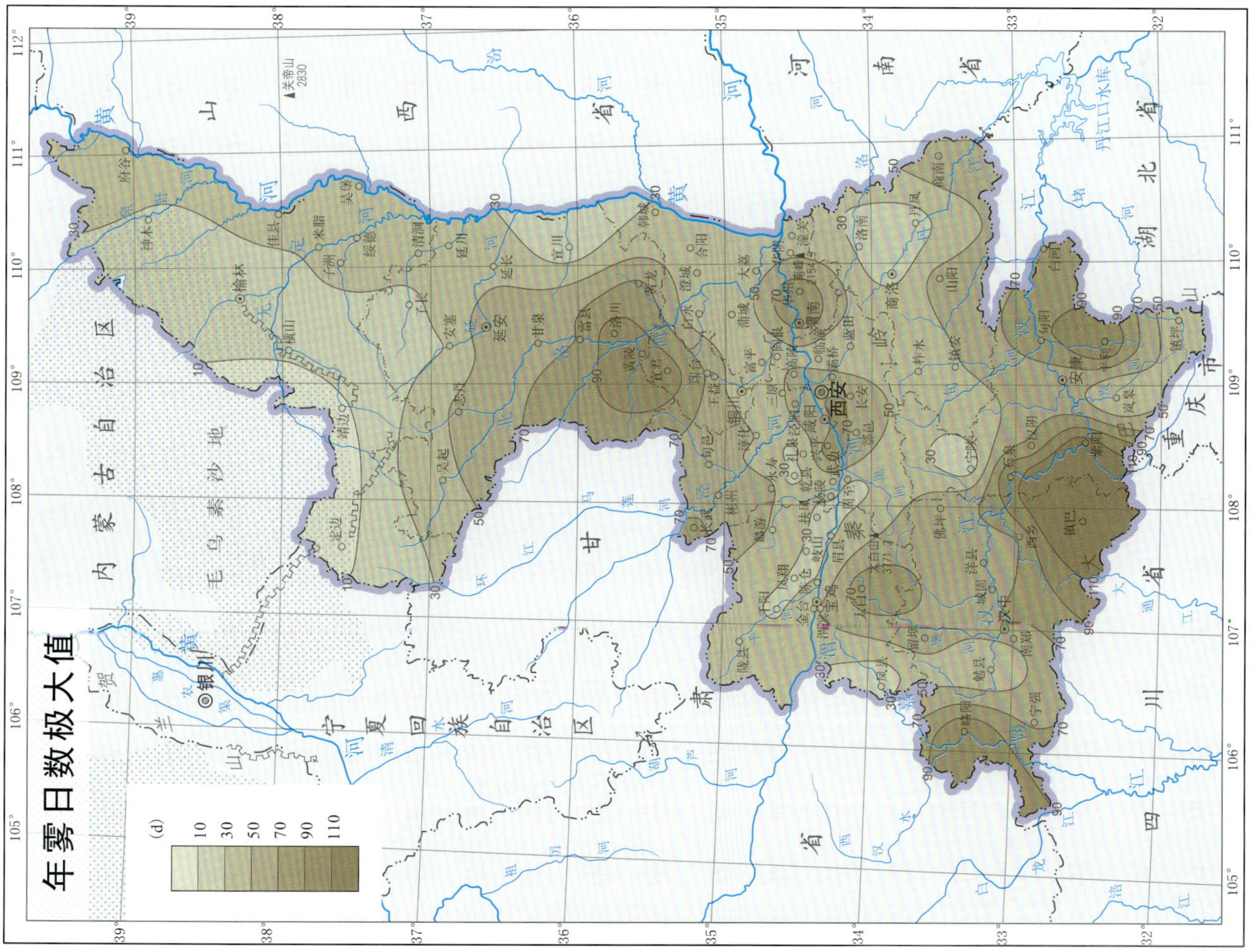

比例尺 1∶5 700 000 0 57 114 km

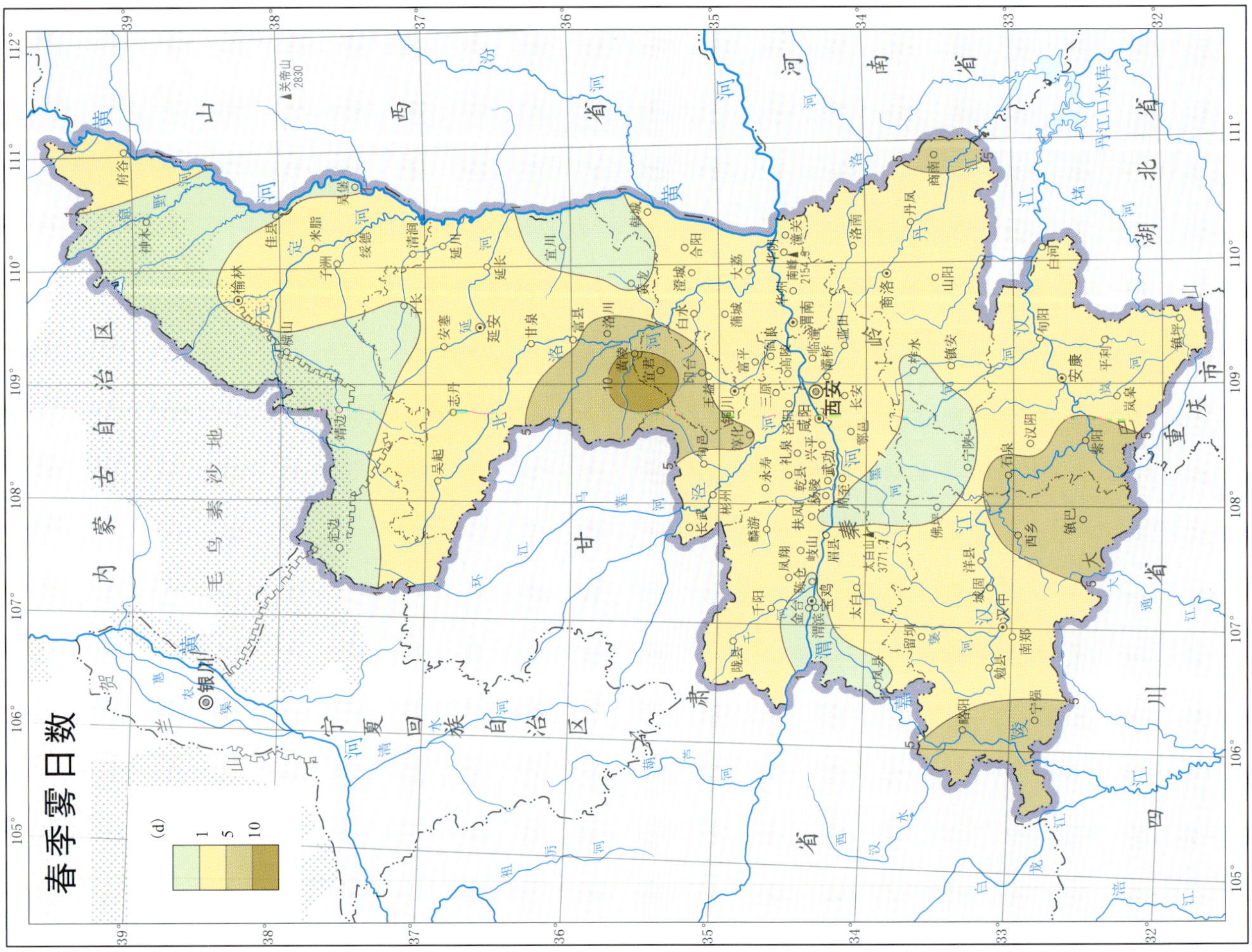

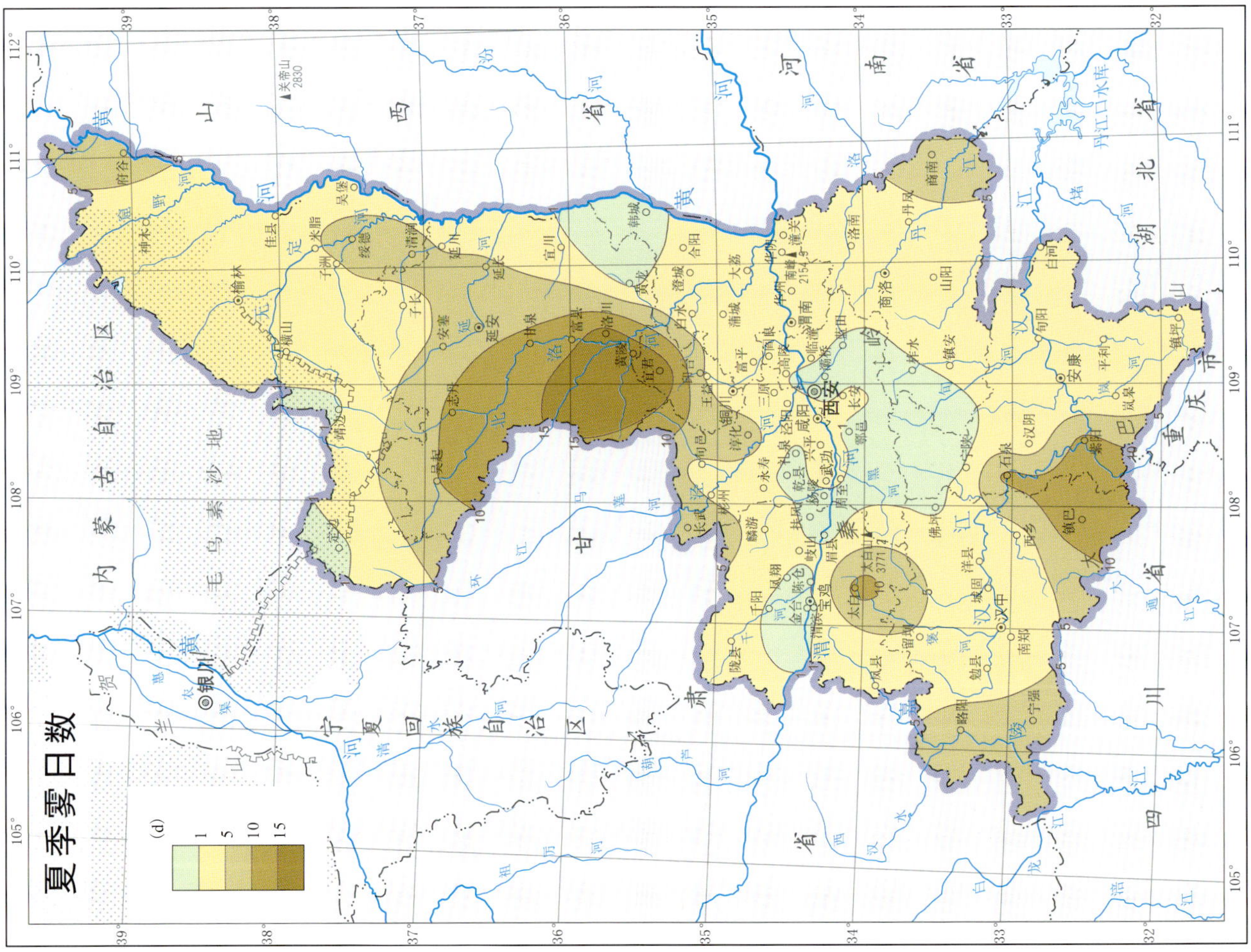

比例尺 1:5 700 000 0 57 114 km

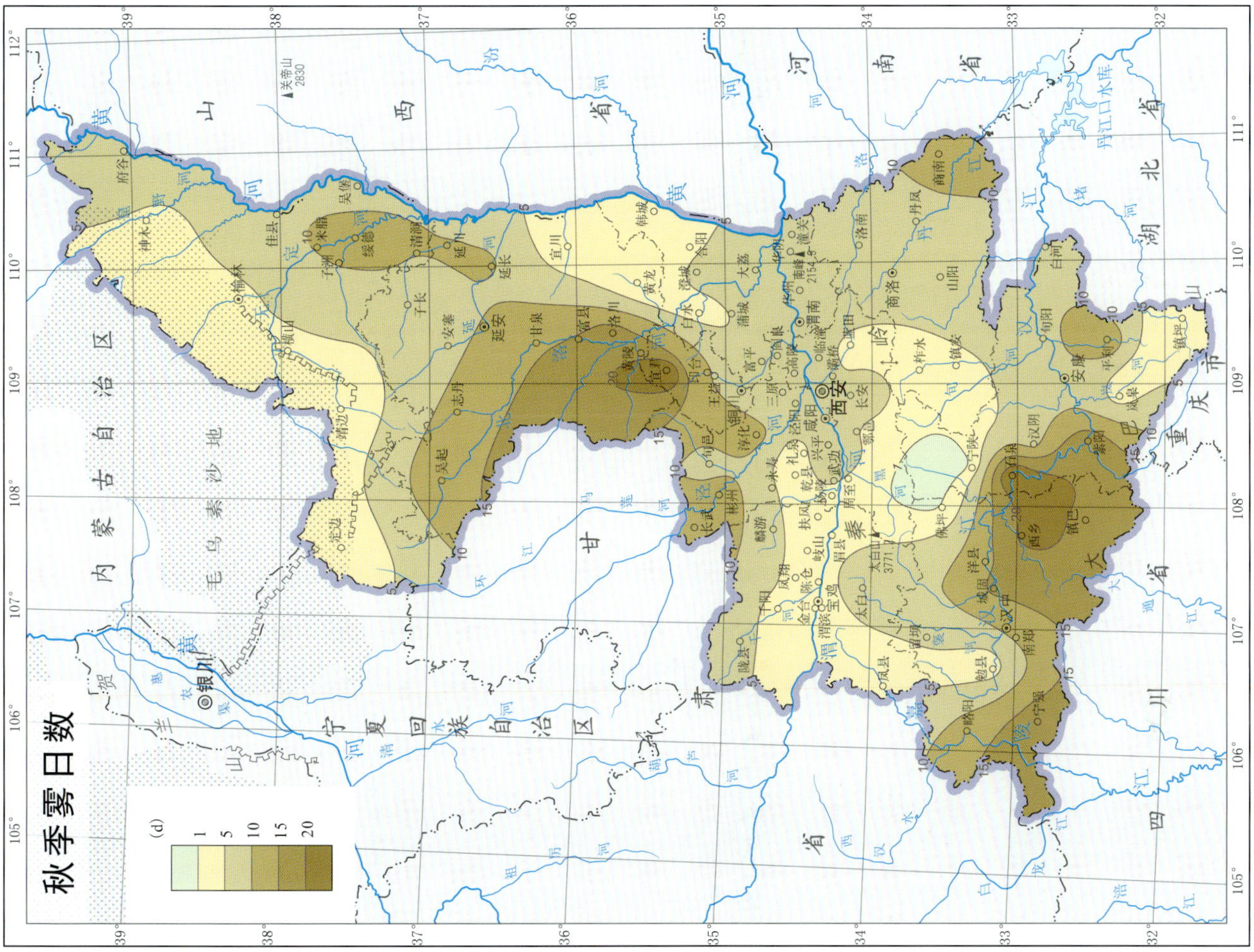

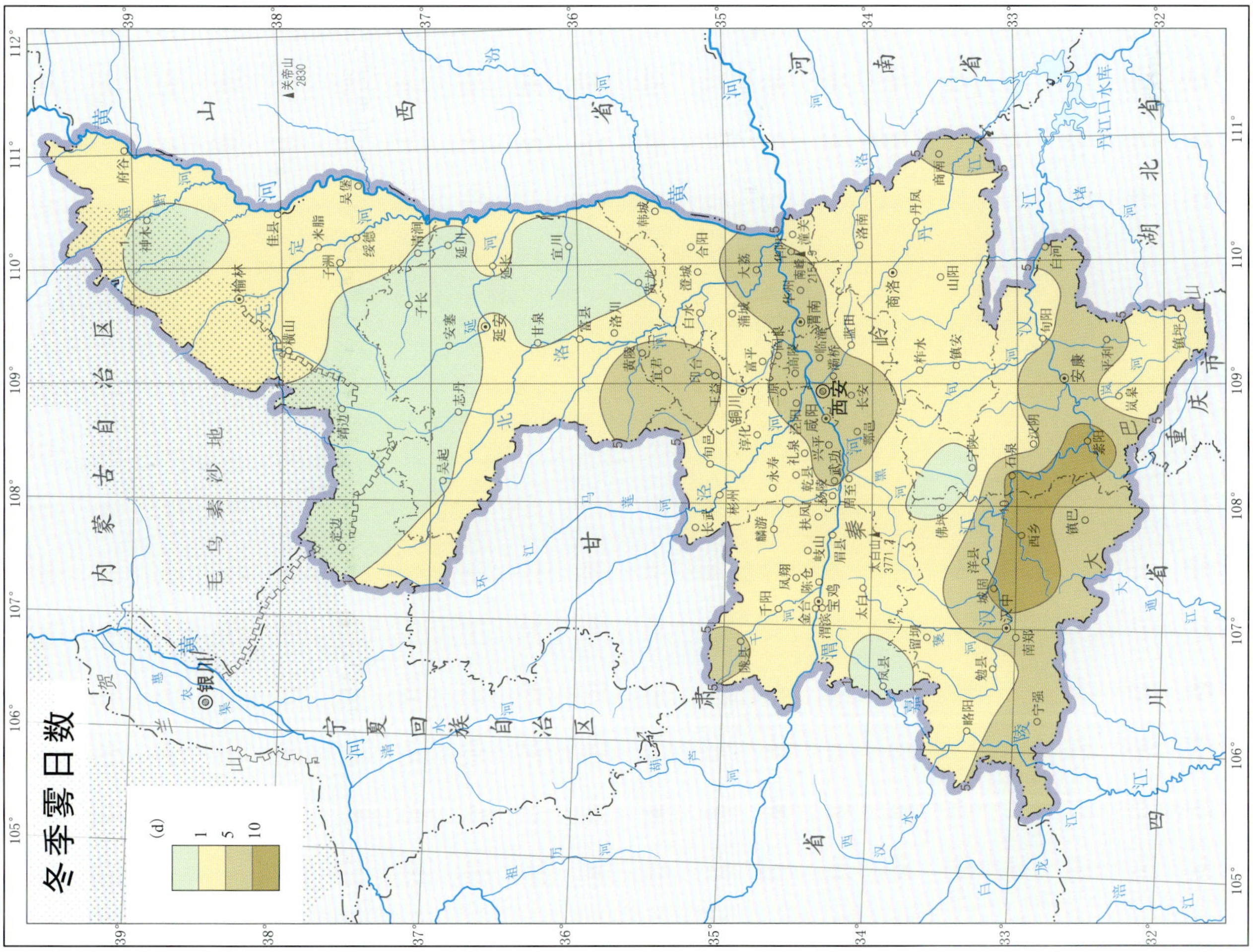

比例尺 1∶5 700 000

0 57 114 km

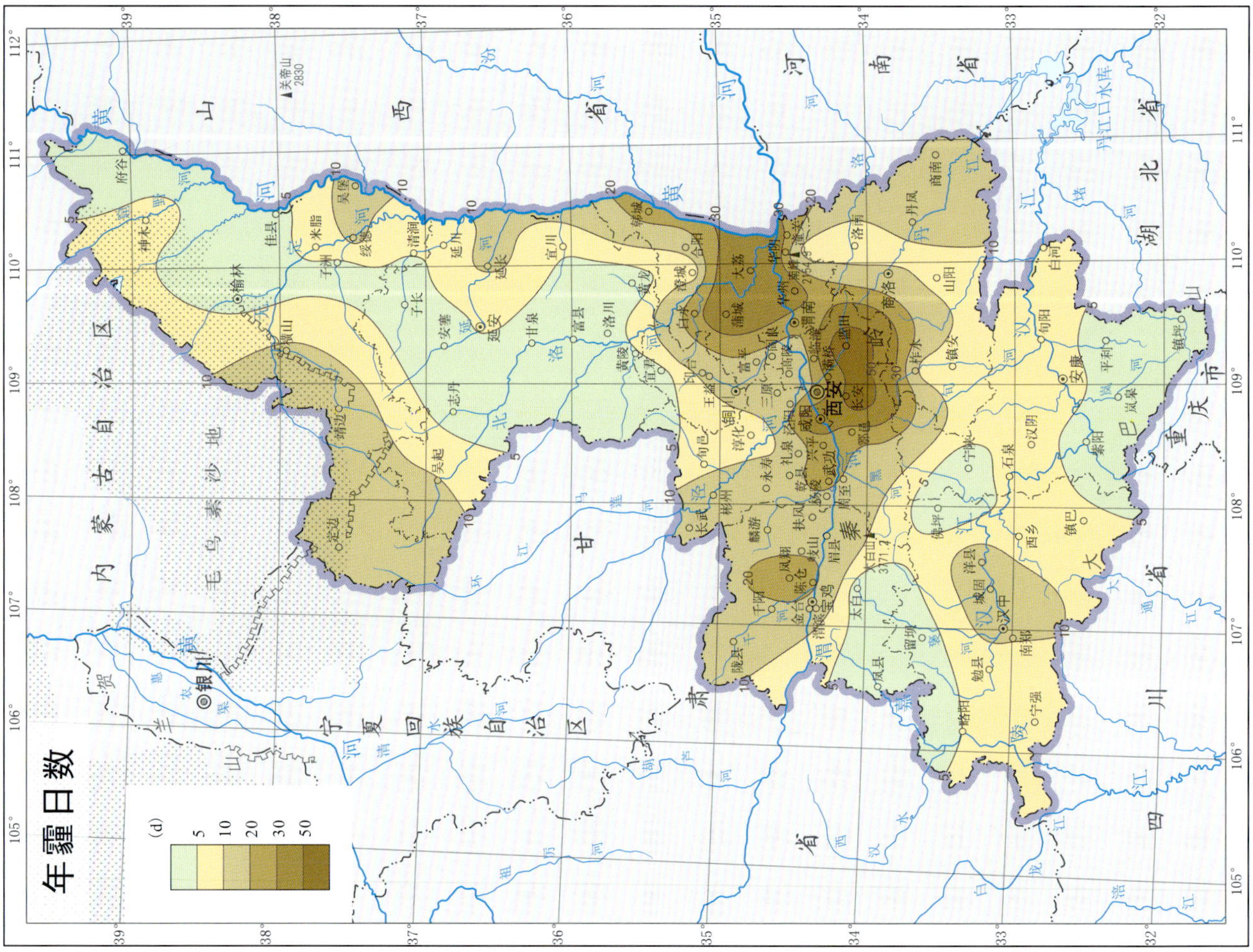

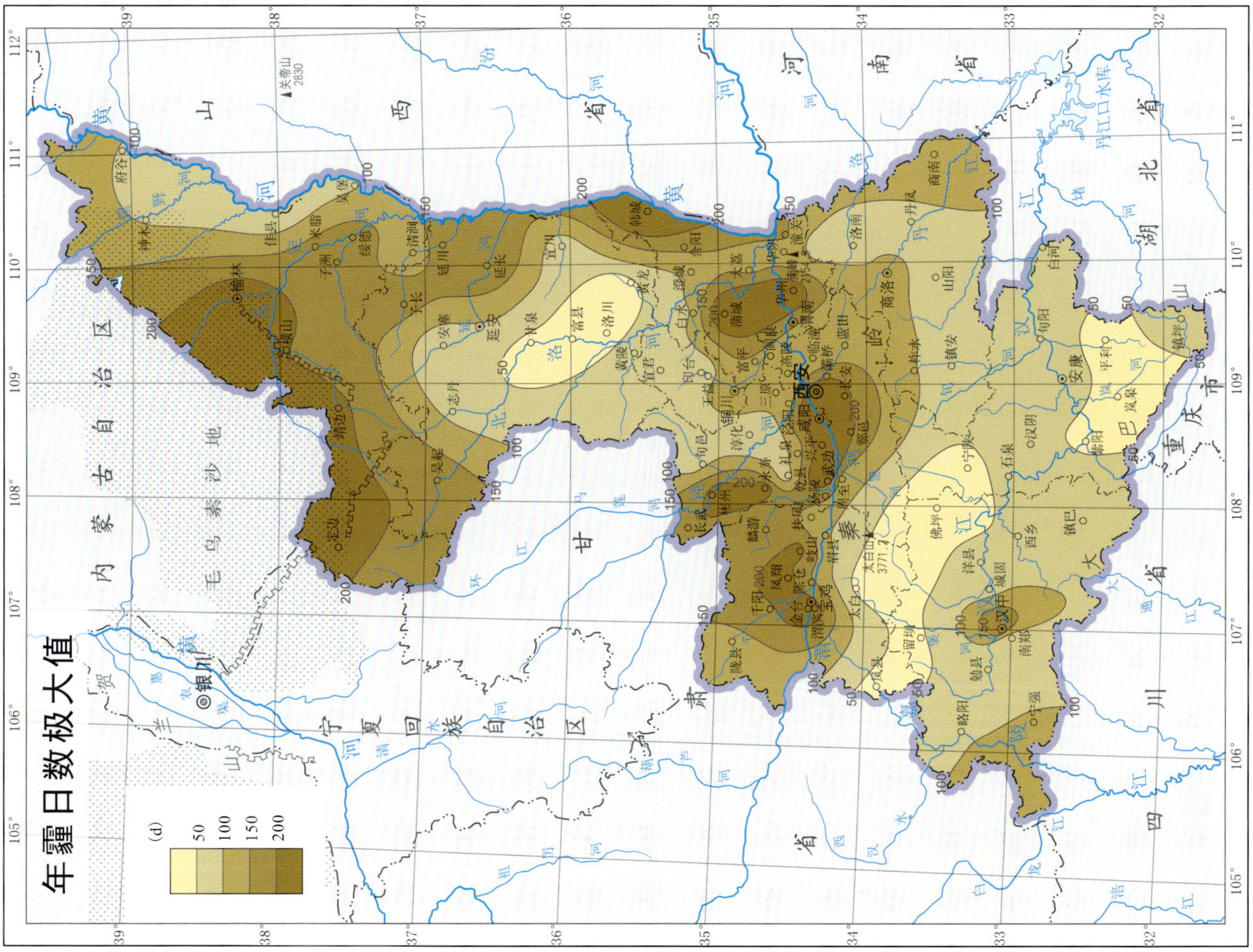

比例尺　1 : 5 700 000　0　57　114 km

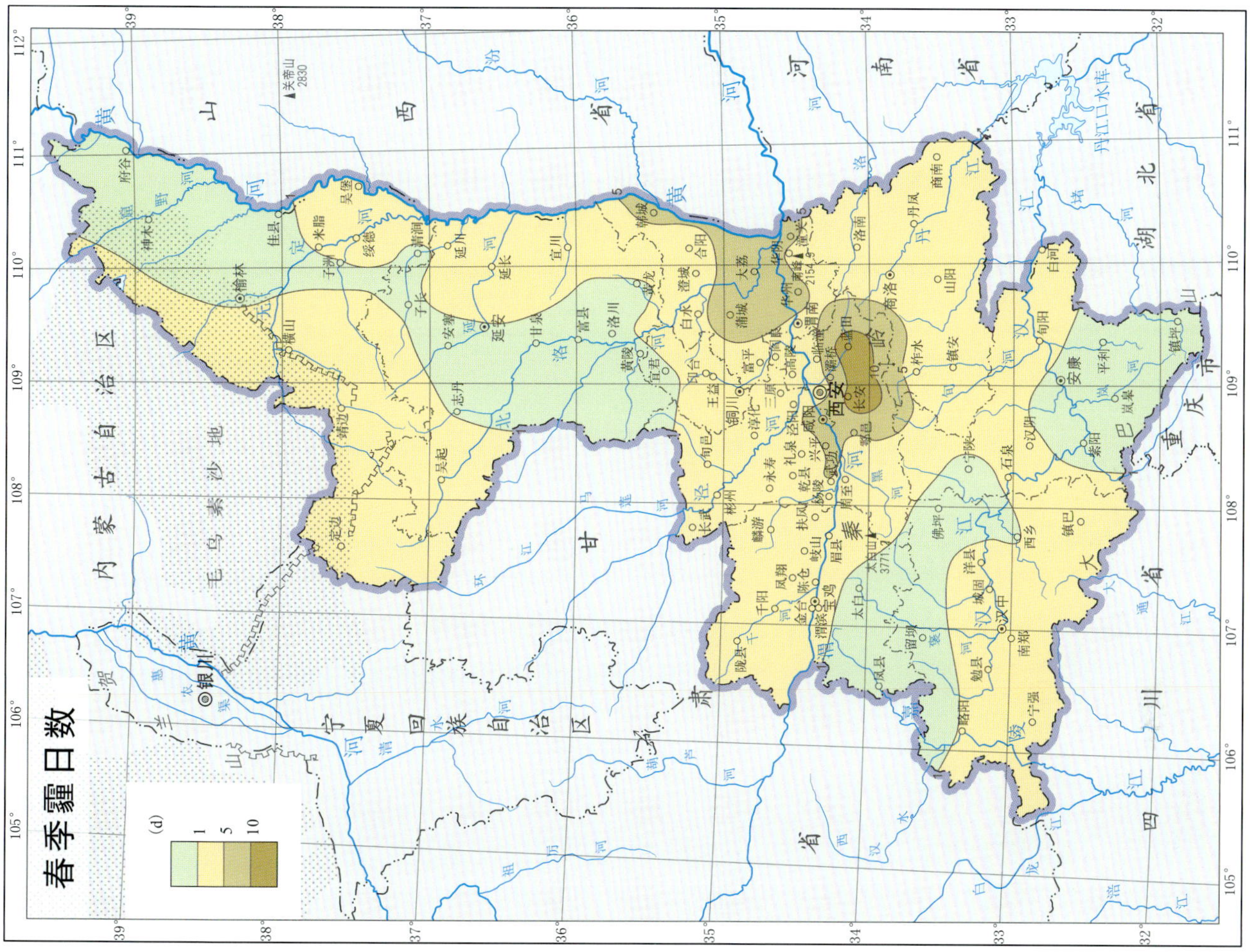

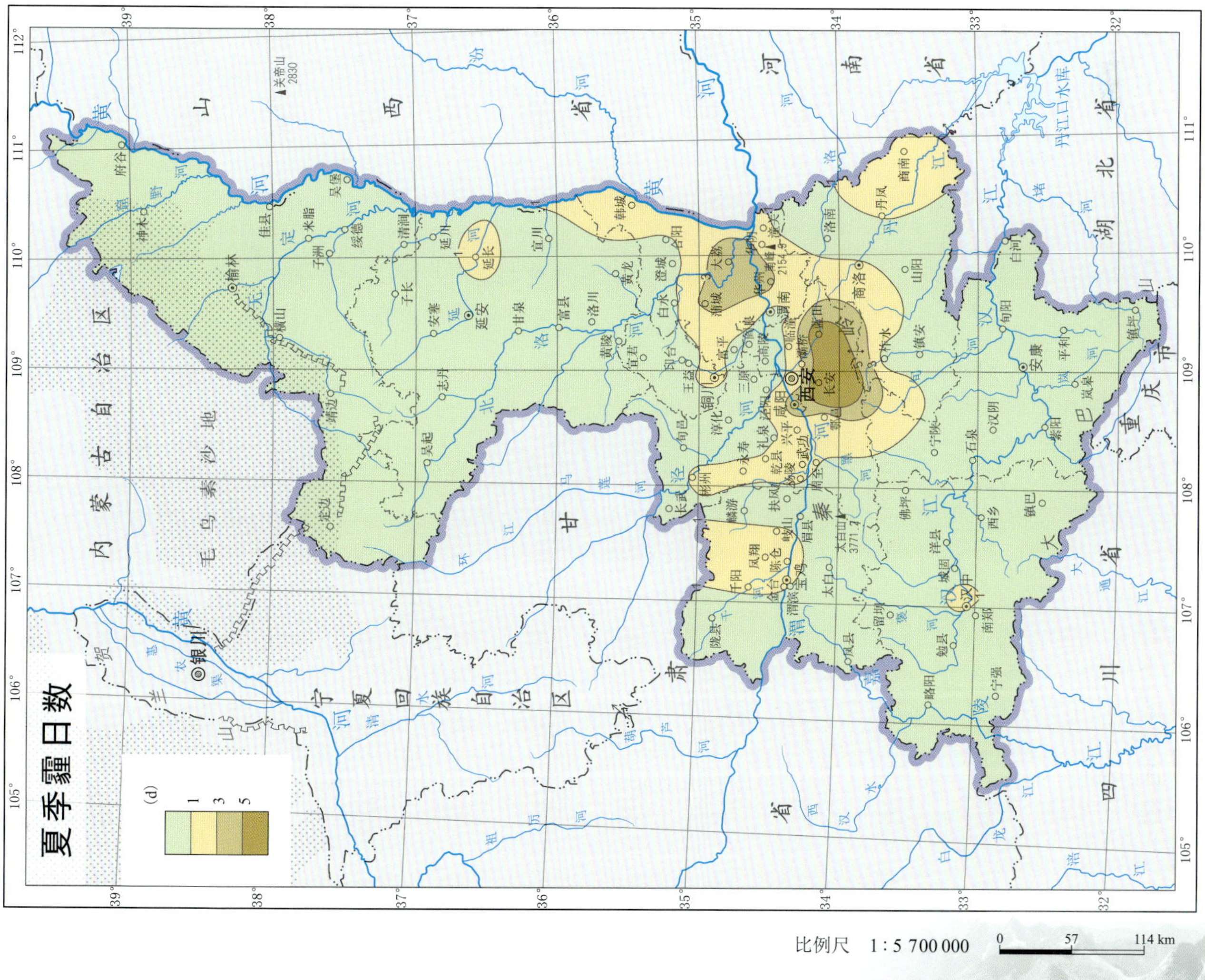

比例尺 1:5 700 000 0 57 114 km

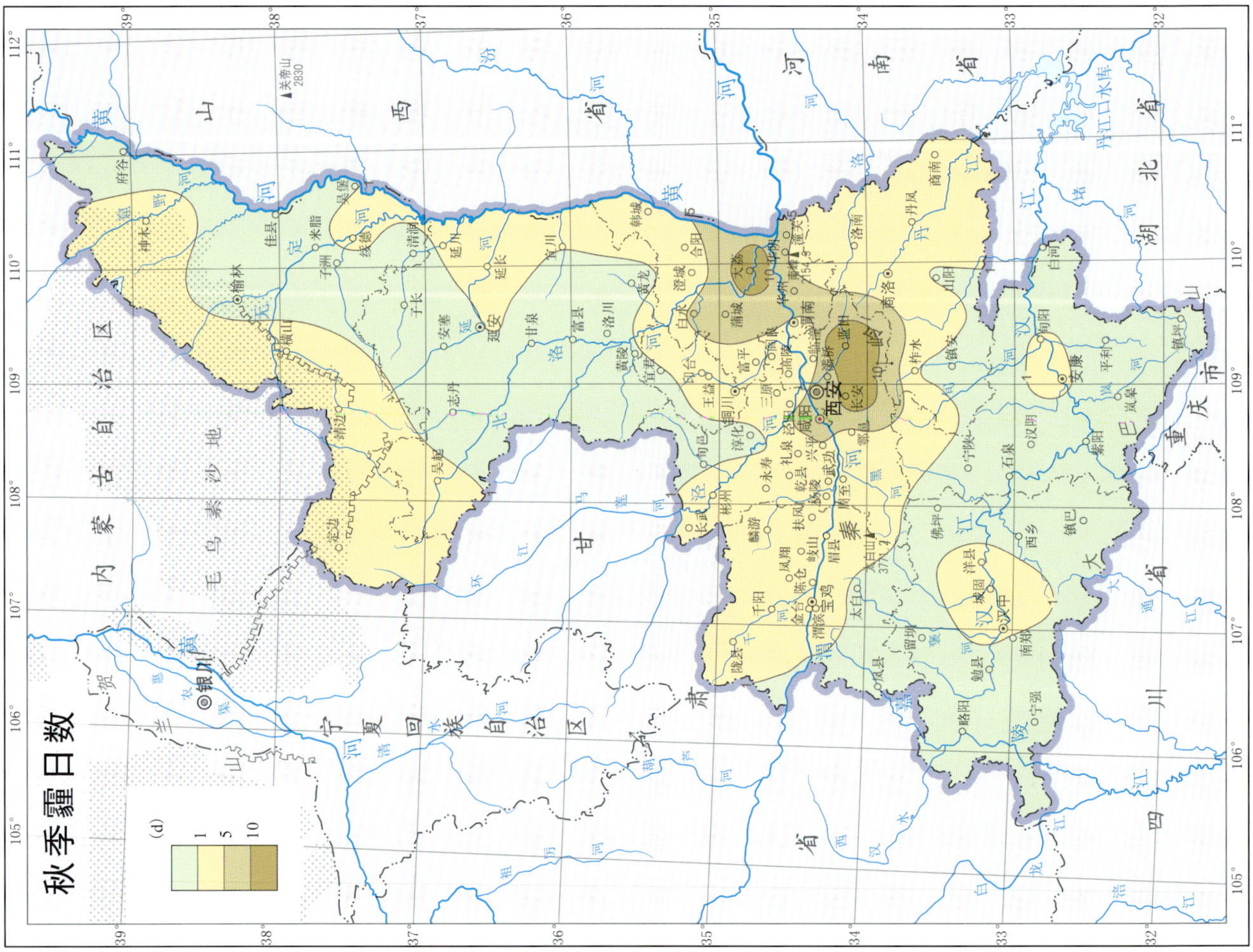

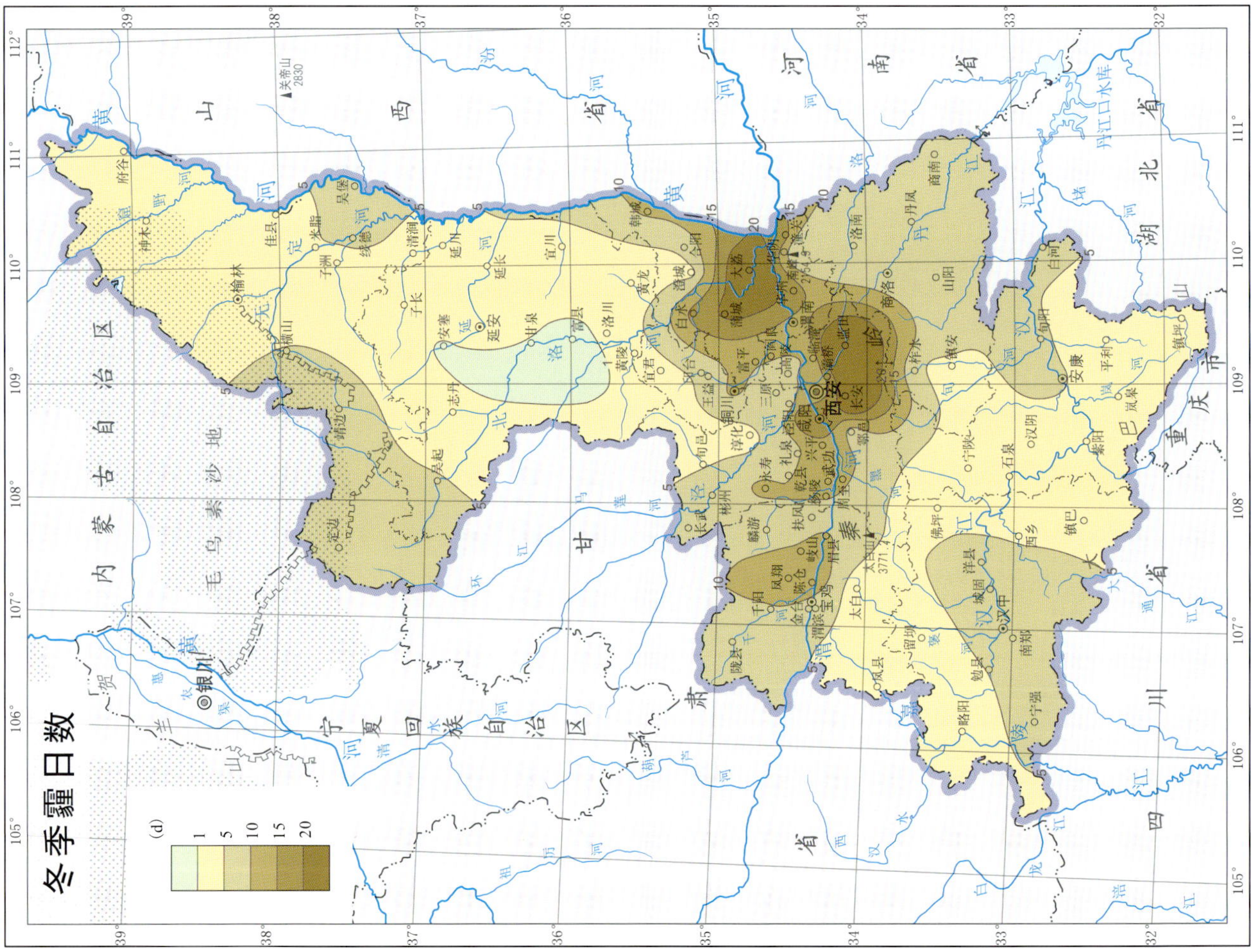

比例尺 1∶5 700 000 0 57 114 km

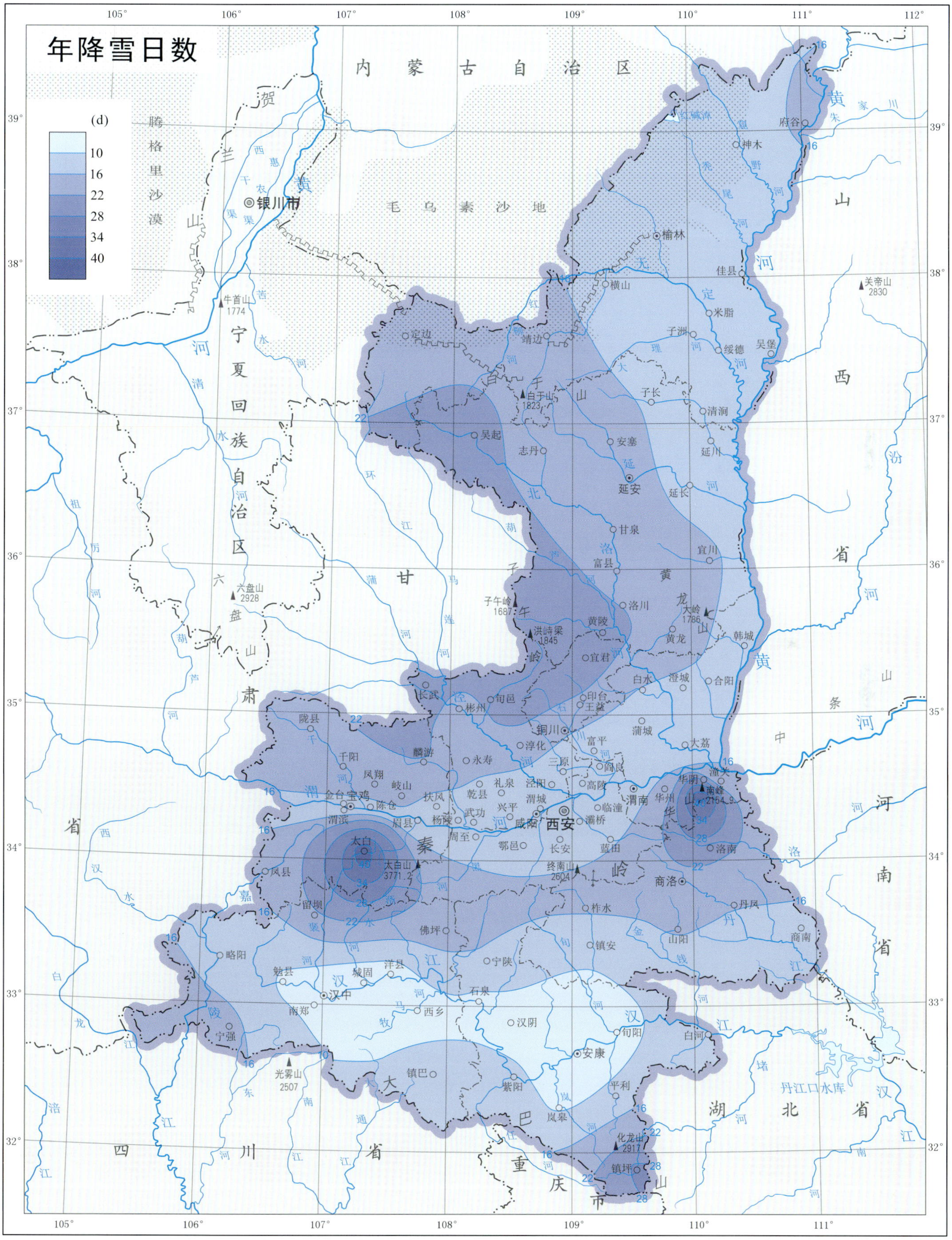

比例尺 1∶4 000 000 0 40 80 km

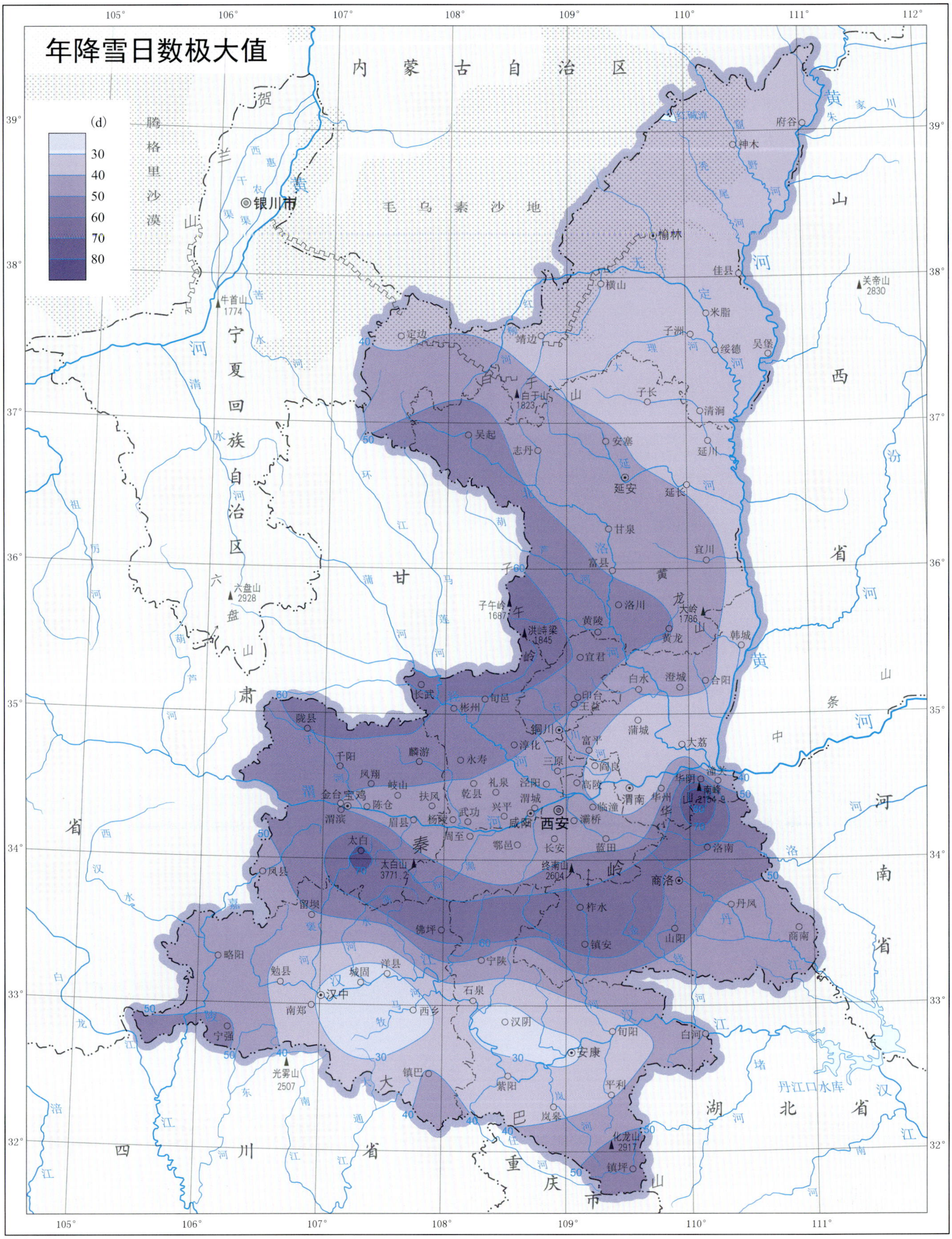

比例尺 1∶4 000 000 0 40 80 km

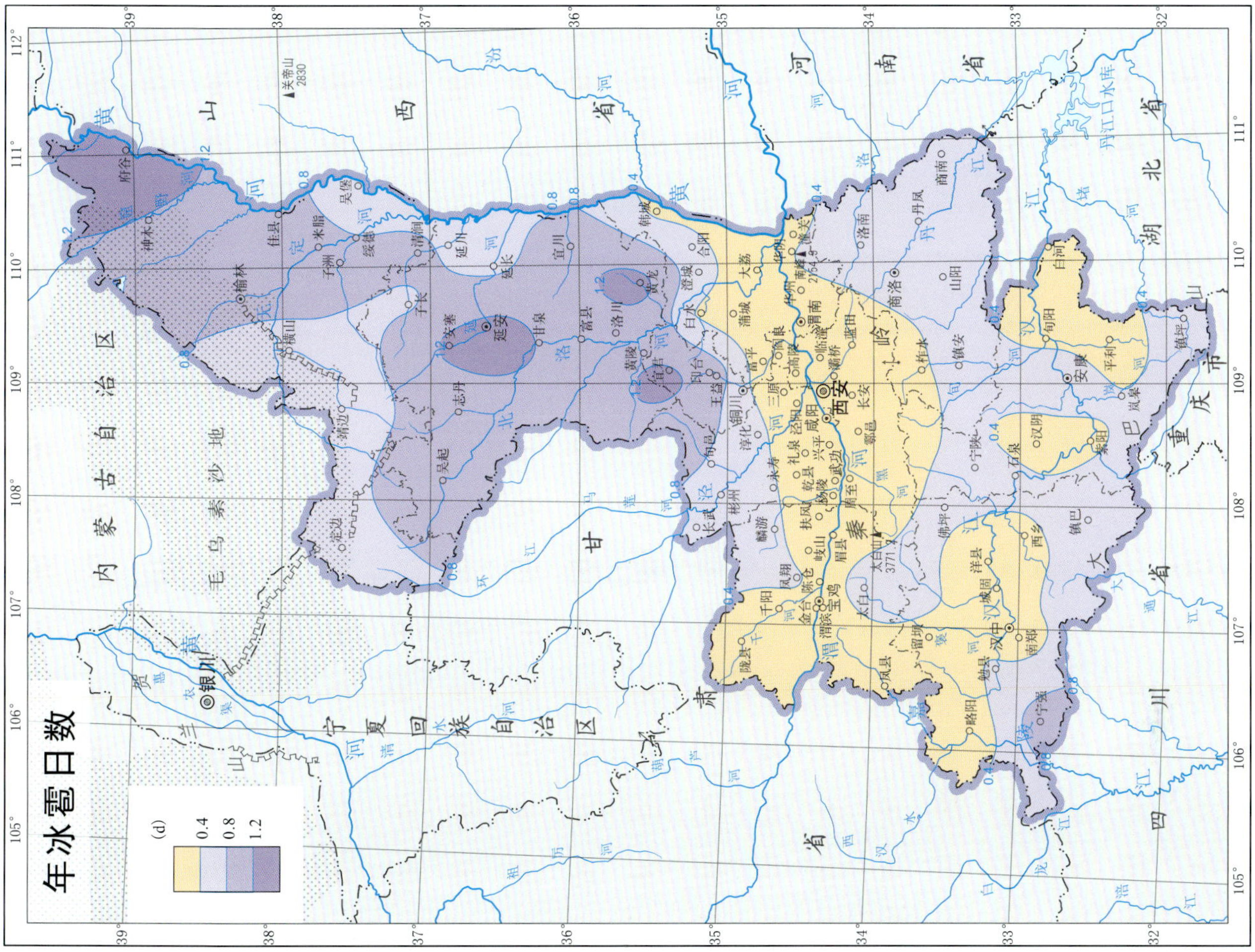
年冰雹日数
(d)
0.4
0.8
1.2

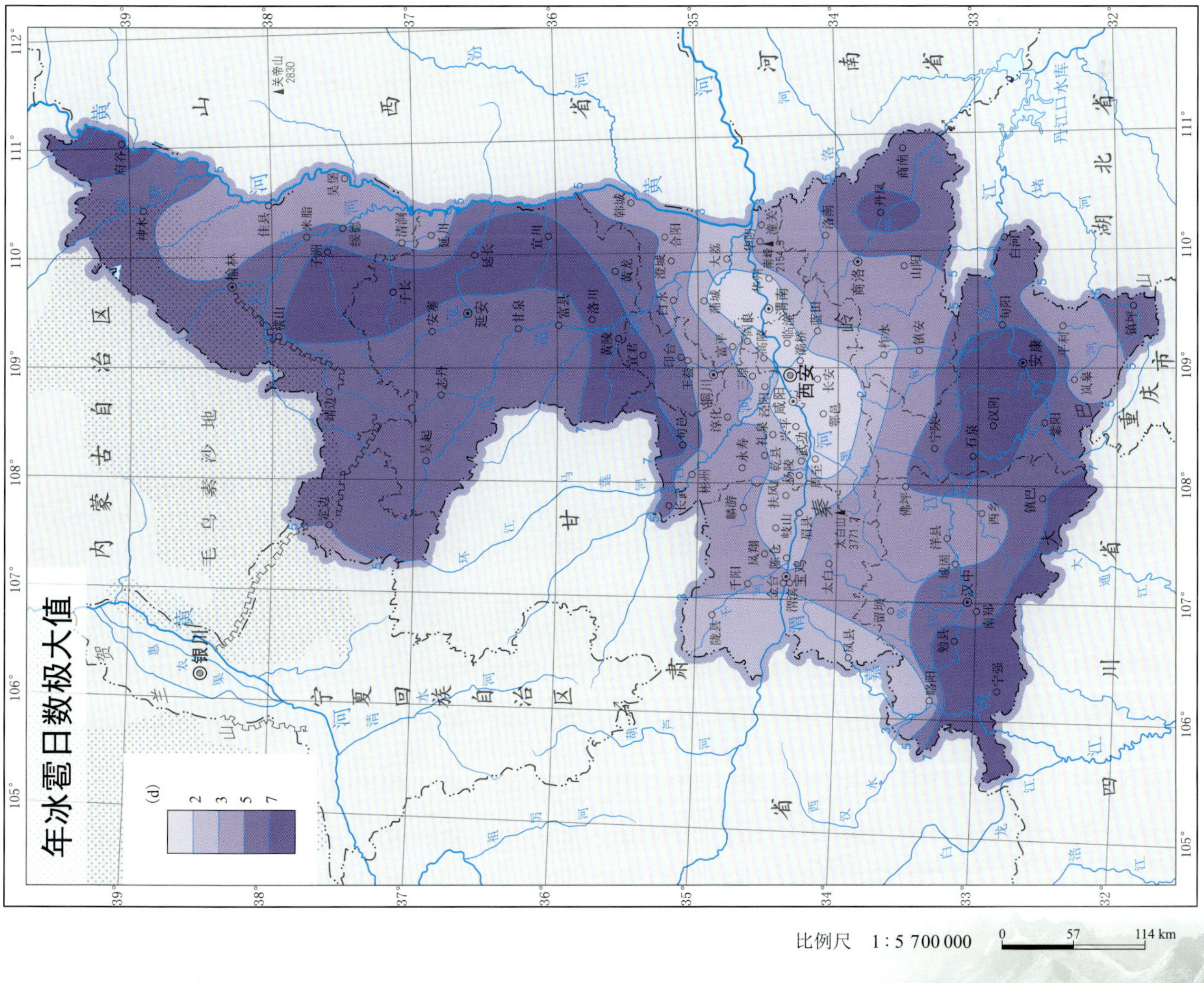
年冰雹日数极大值
(d)
2
3
5
7

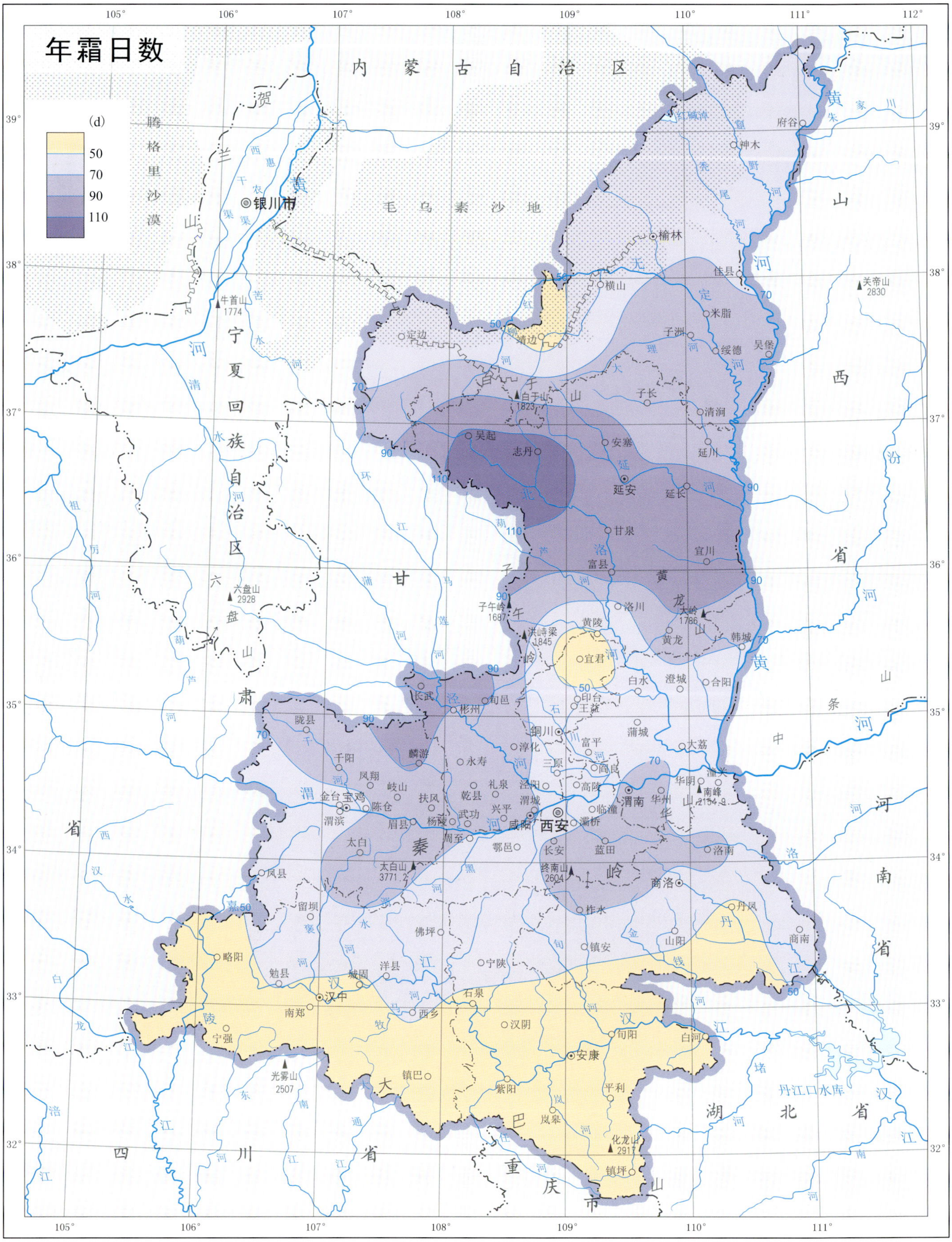

比例尺 1∶4 000 000　0　40　80 km

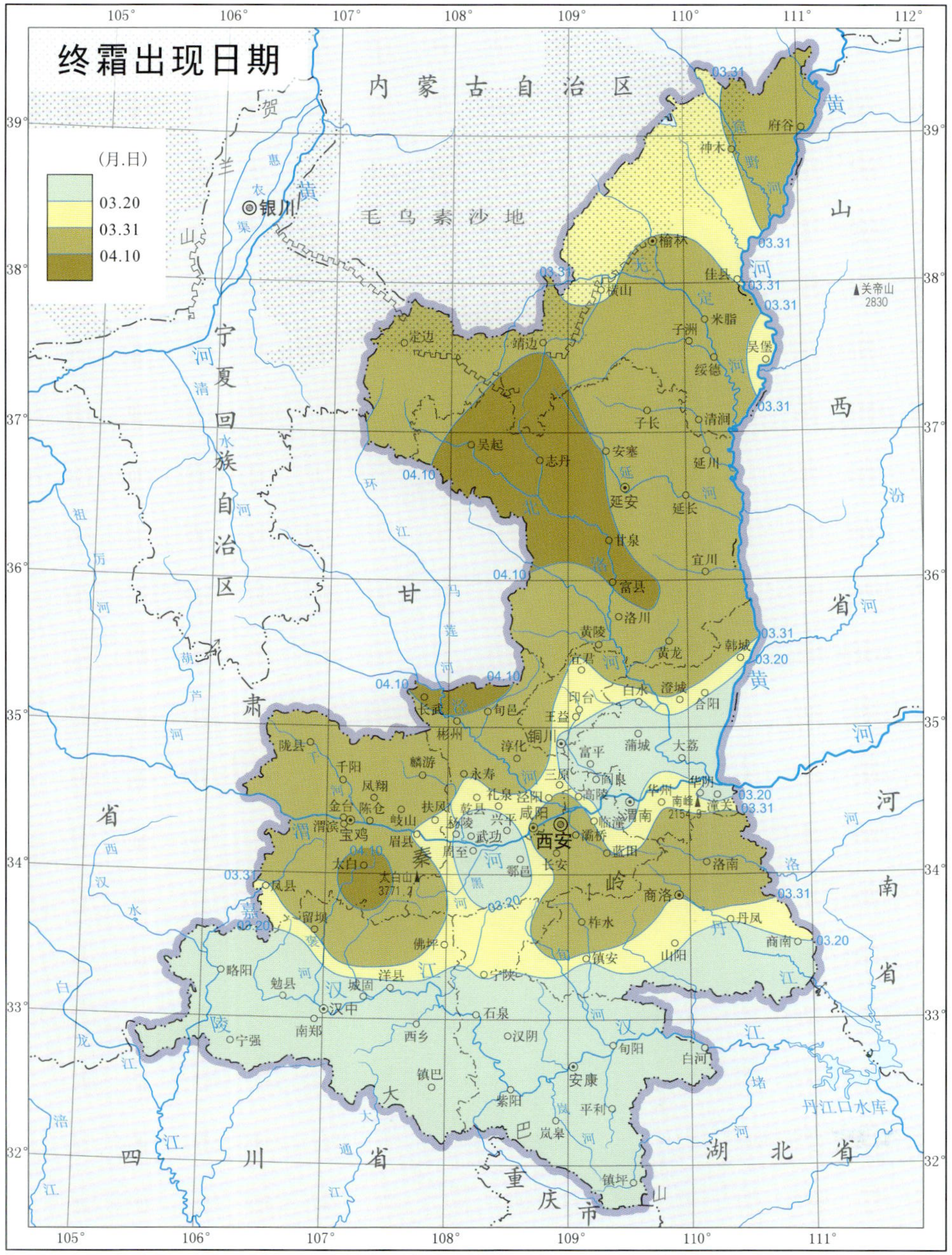

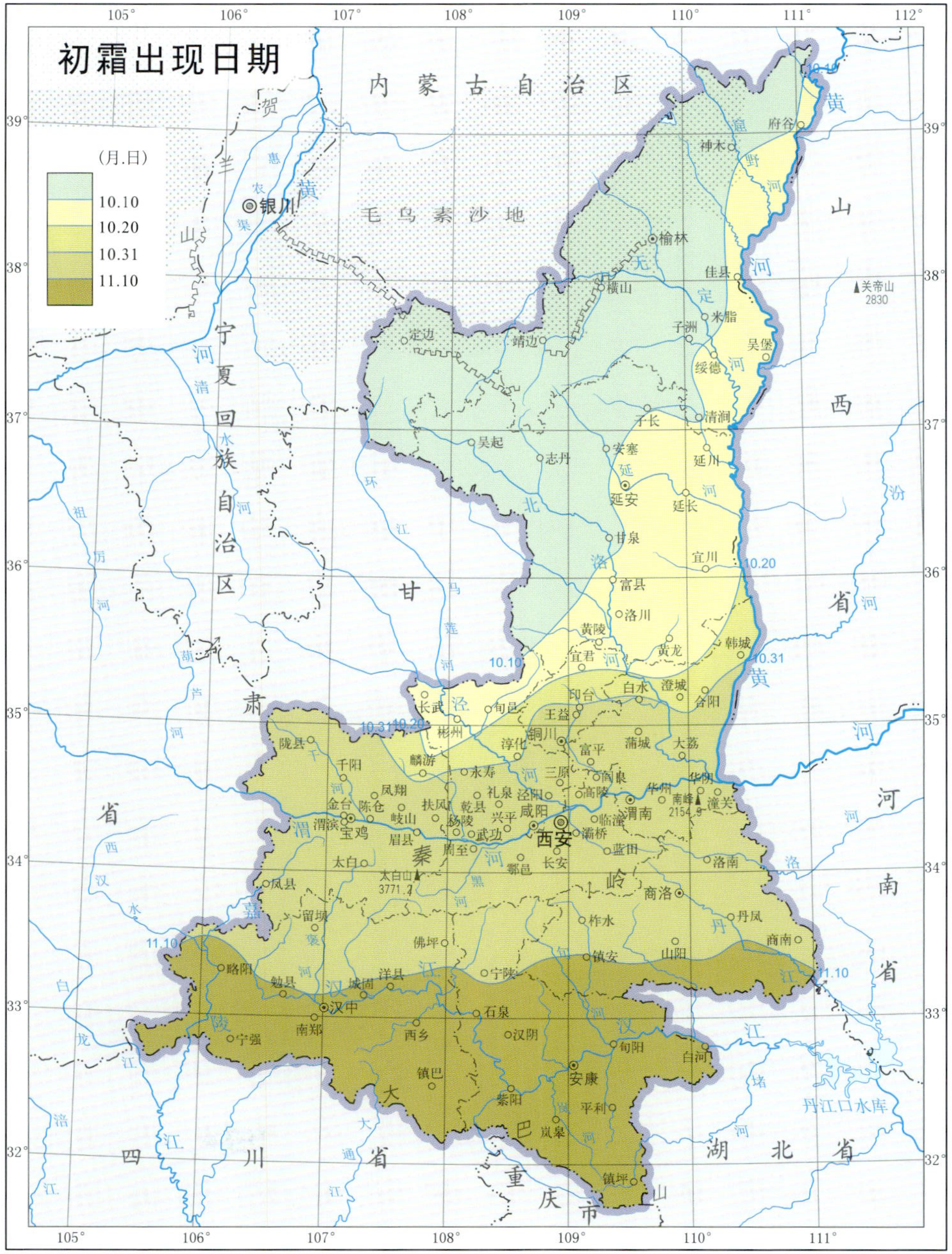

比例尺 1：5 700 000

0 57 114 km

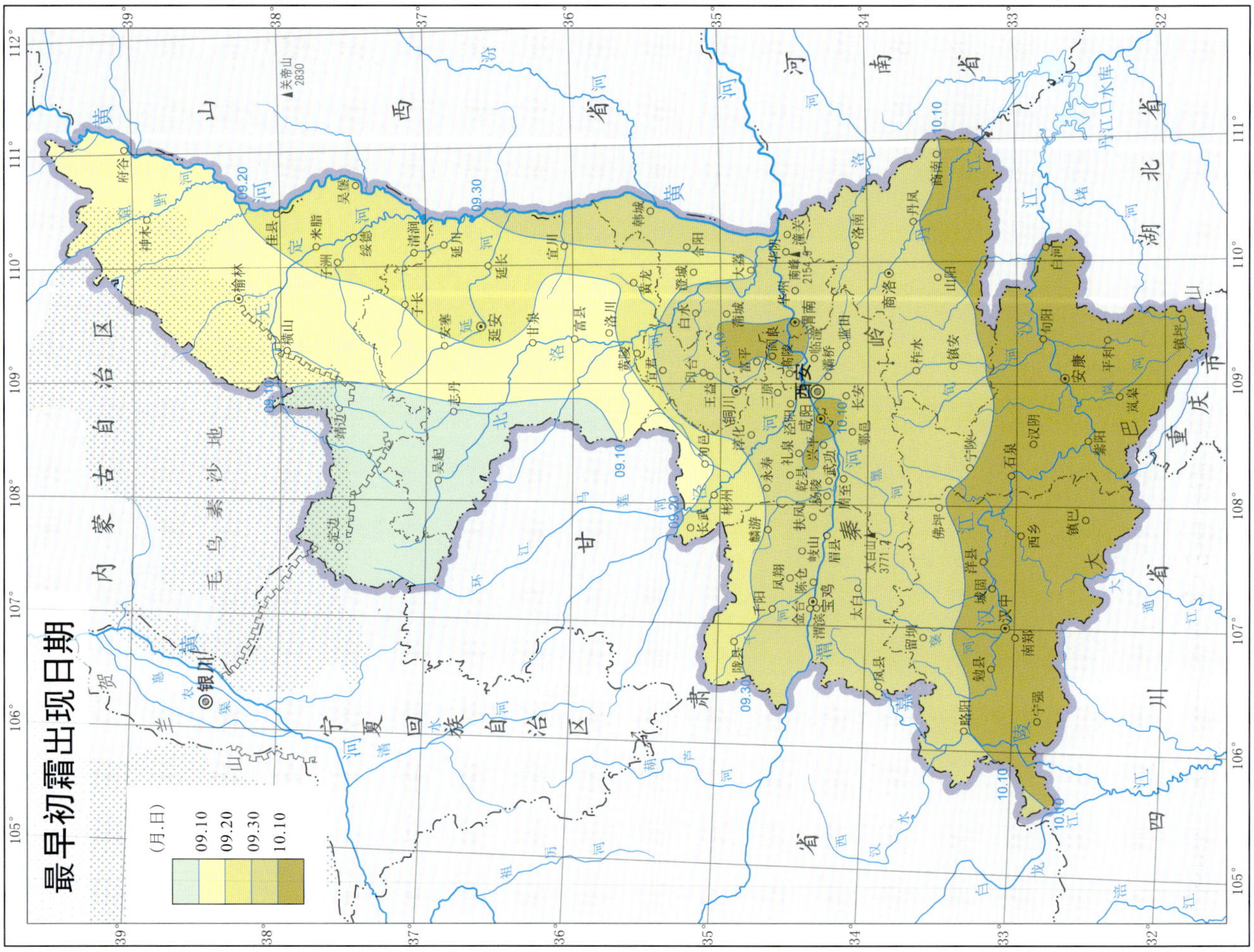

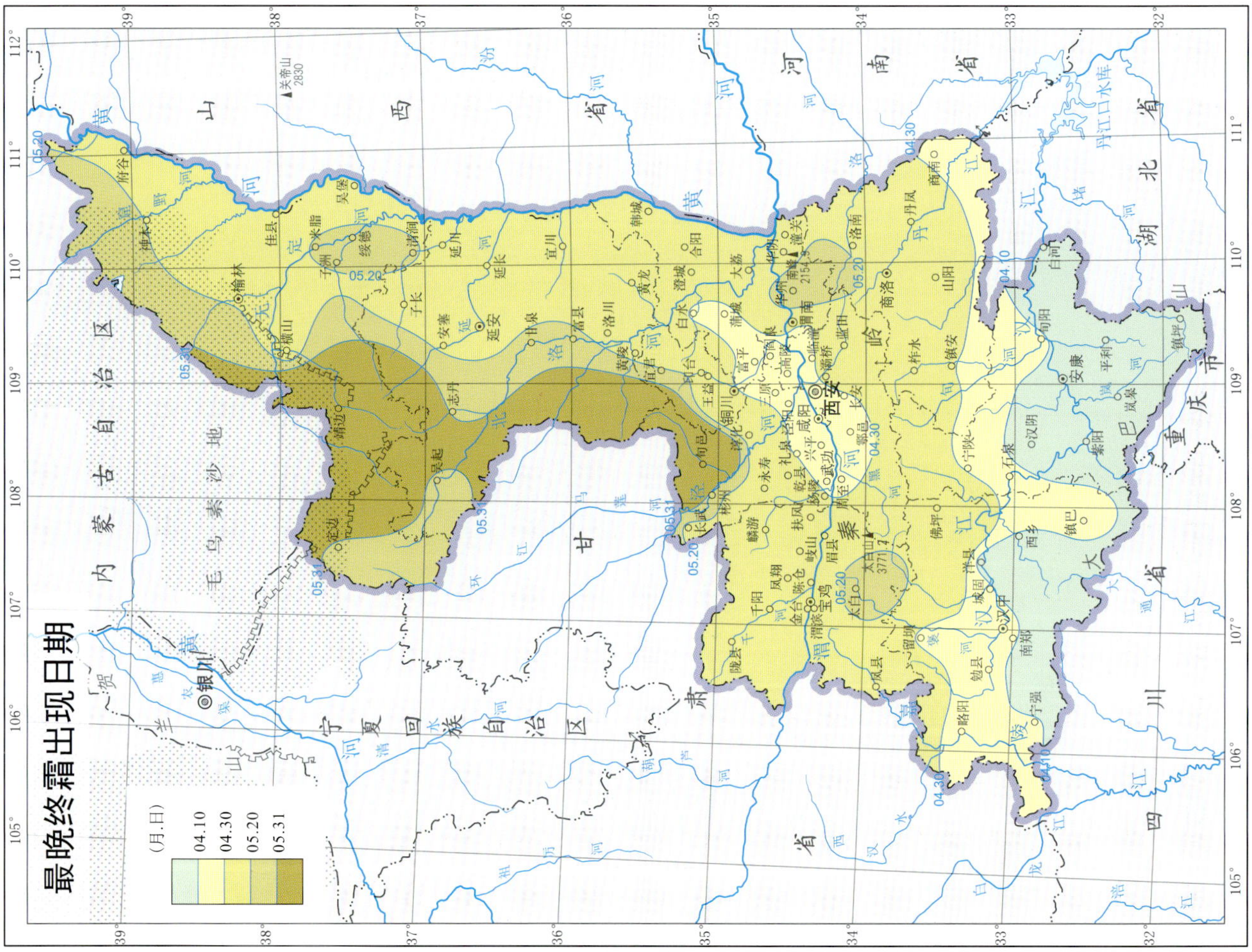

比例尺 1:5 700 000 0 57 114 km

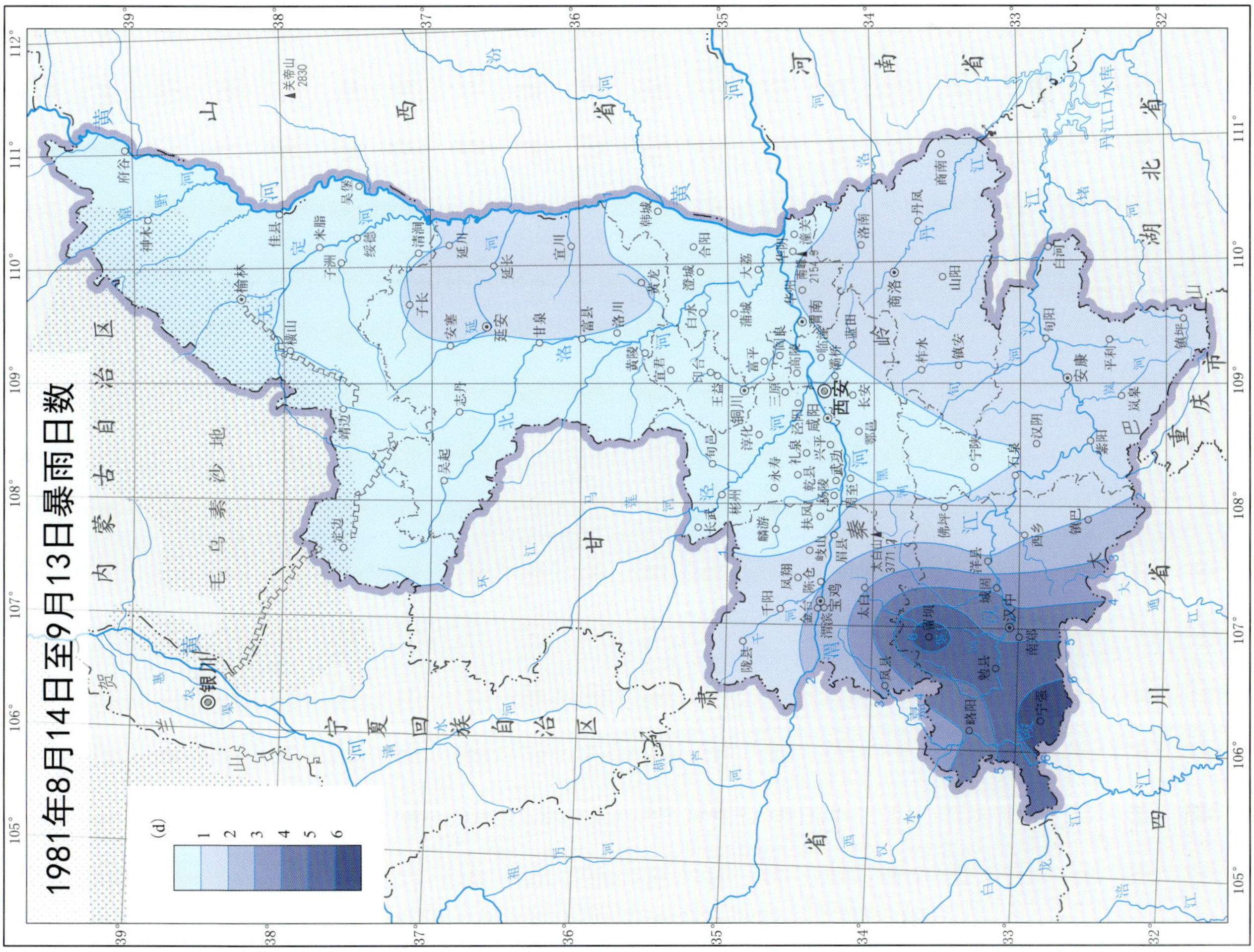

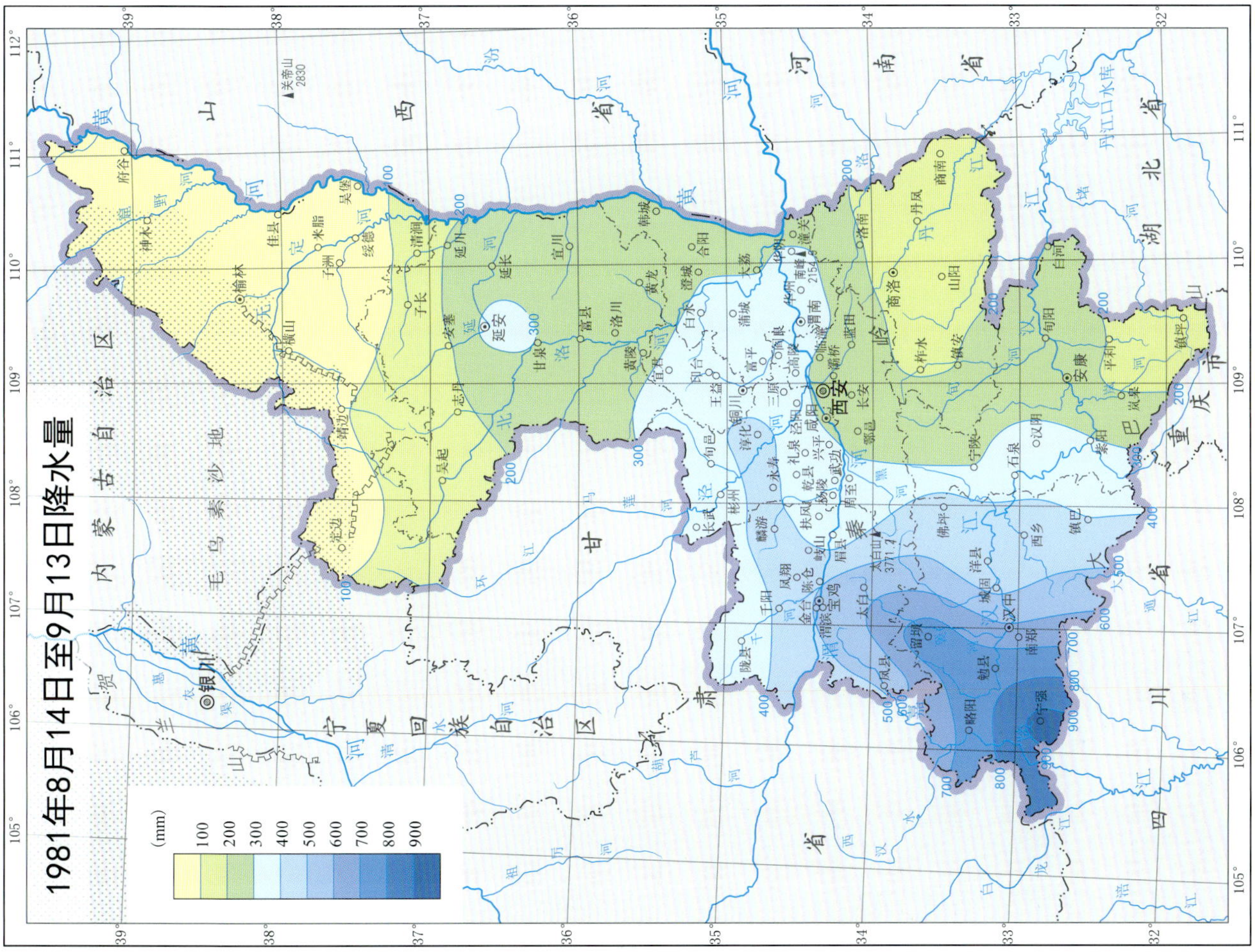

比例尺 1：5 700 000 0 57 114 km

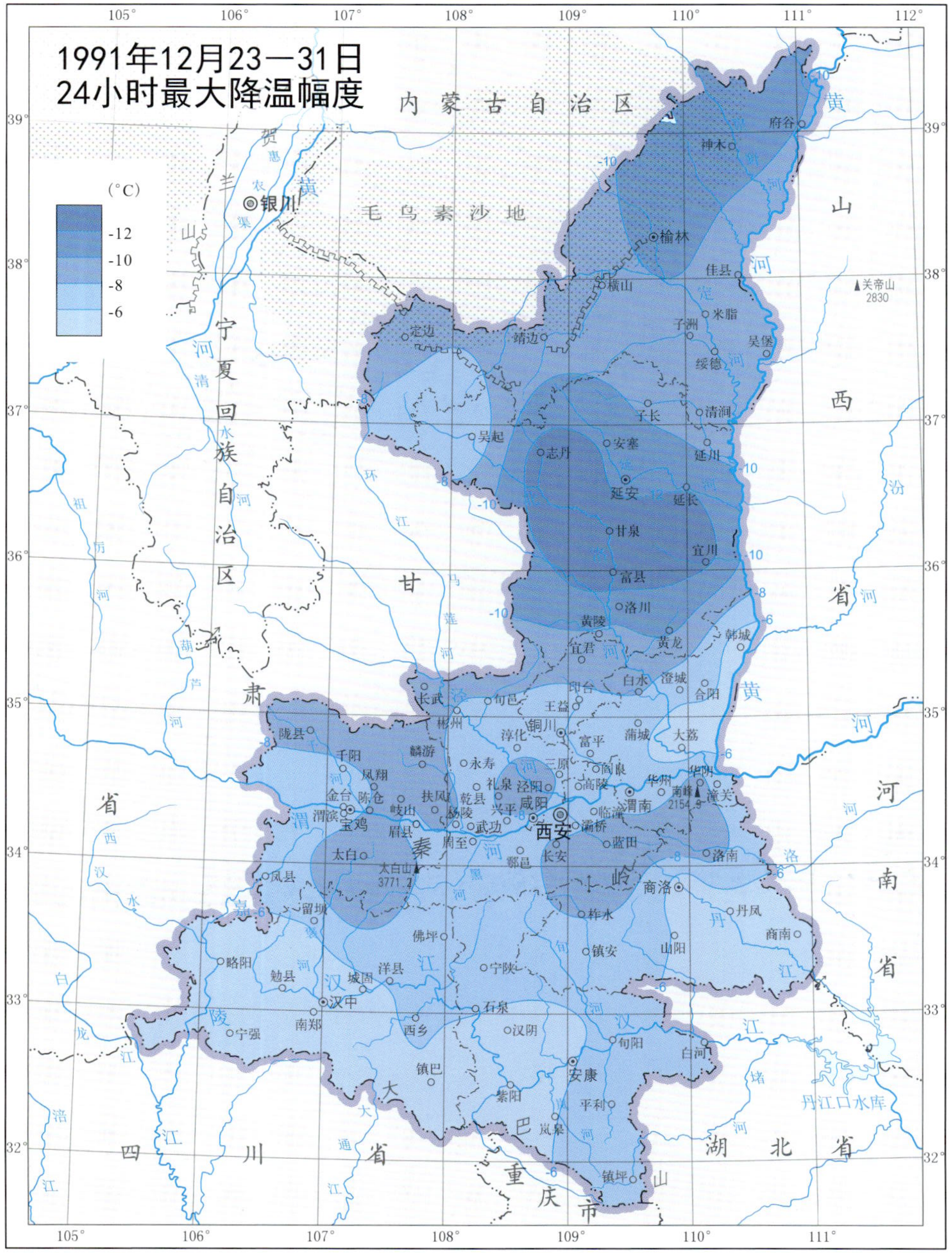

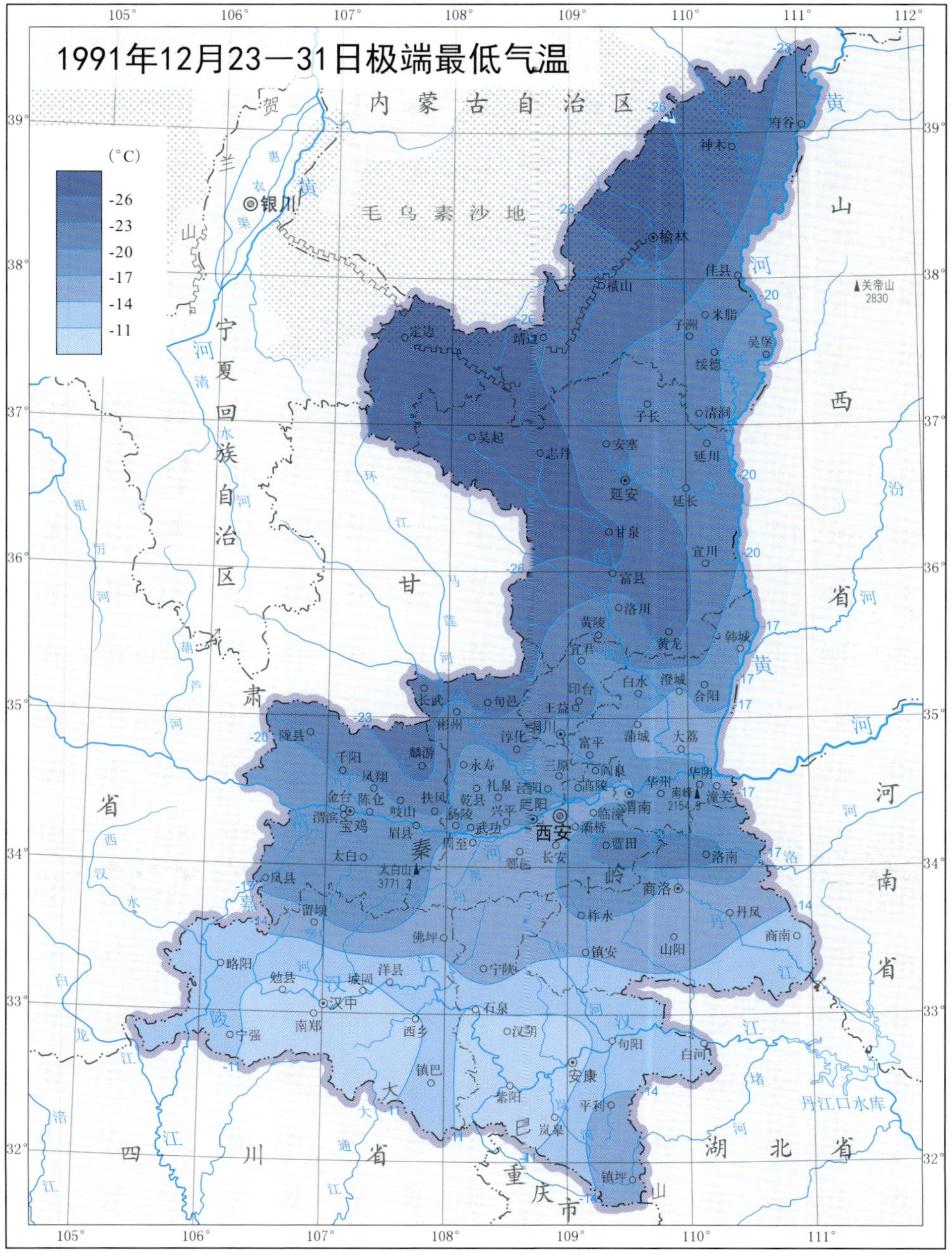

比例尺 1∶5 700 000 0 57 114 km

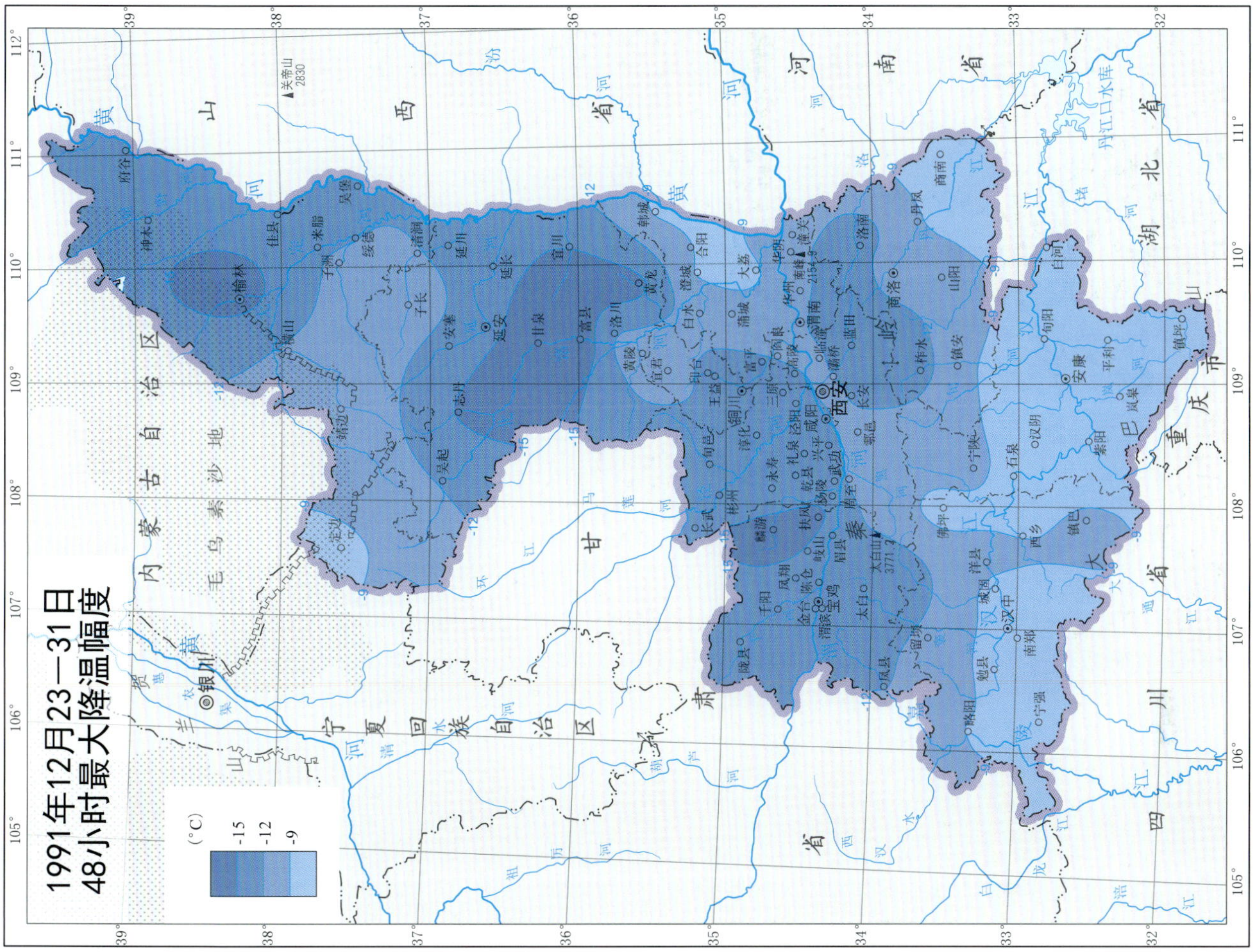

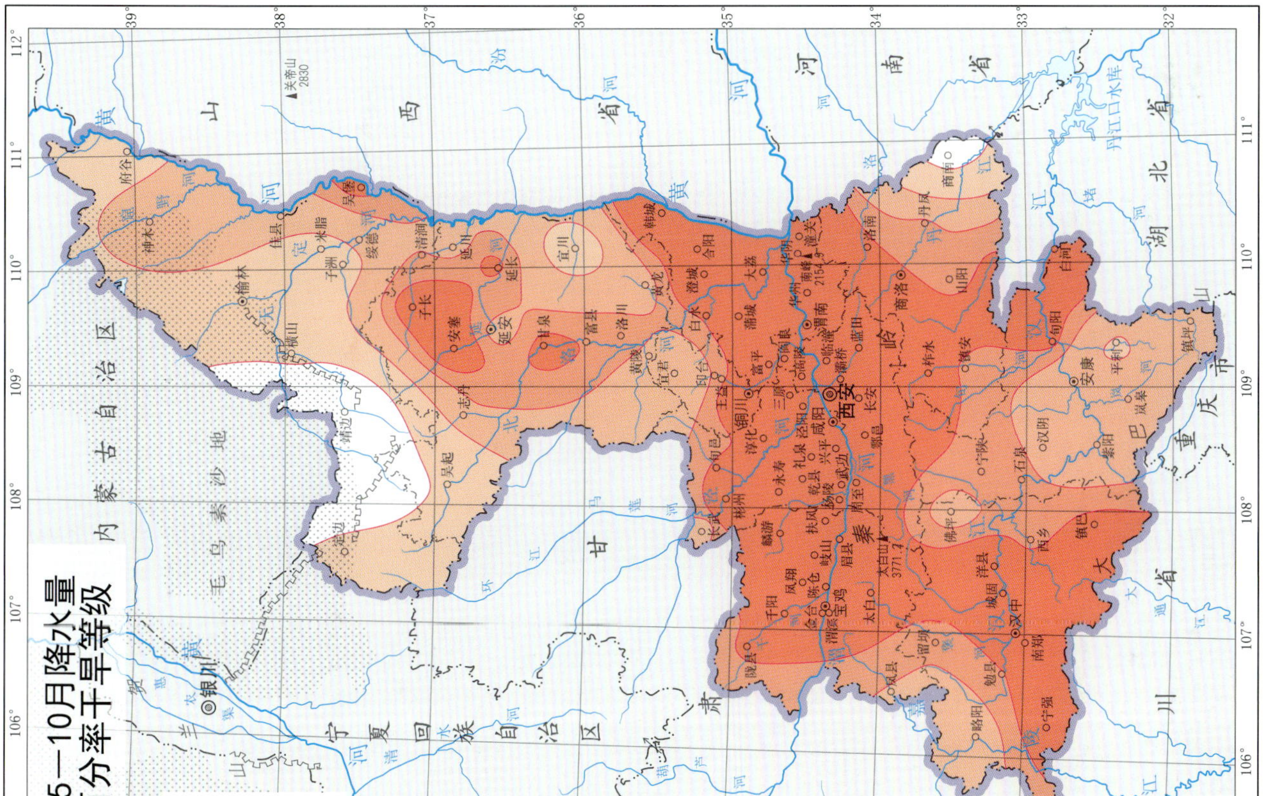

比例尺 1∶5 700 000　0　57　114 km

2003年8月24日至10月13日降雨日数

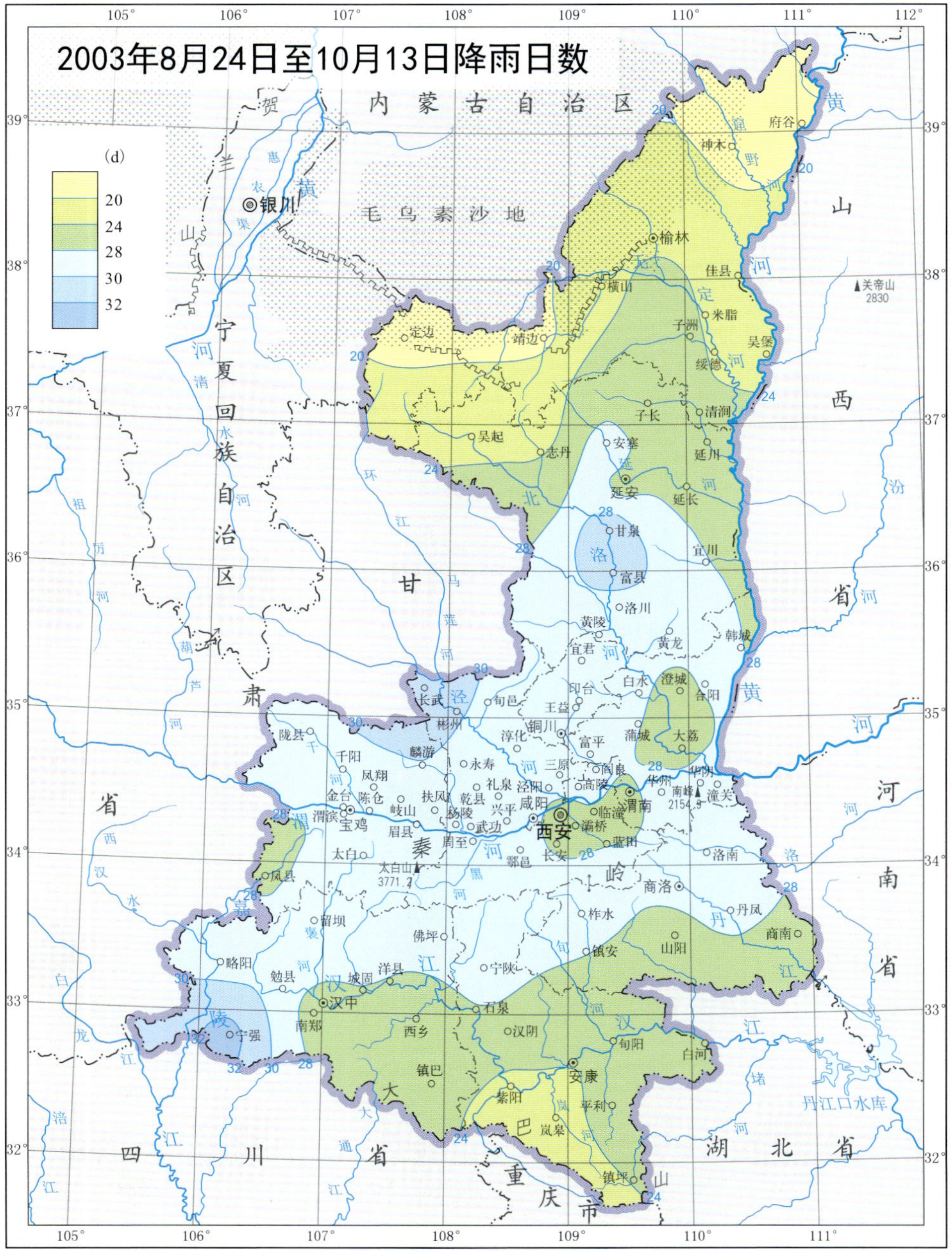

2003年8月24日至10月13日降水量

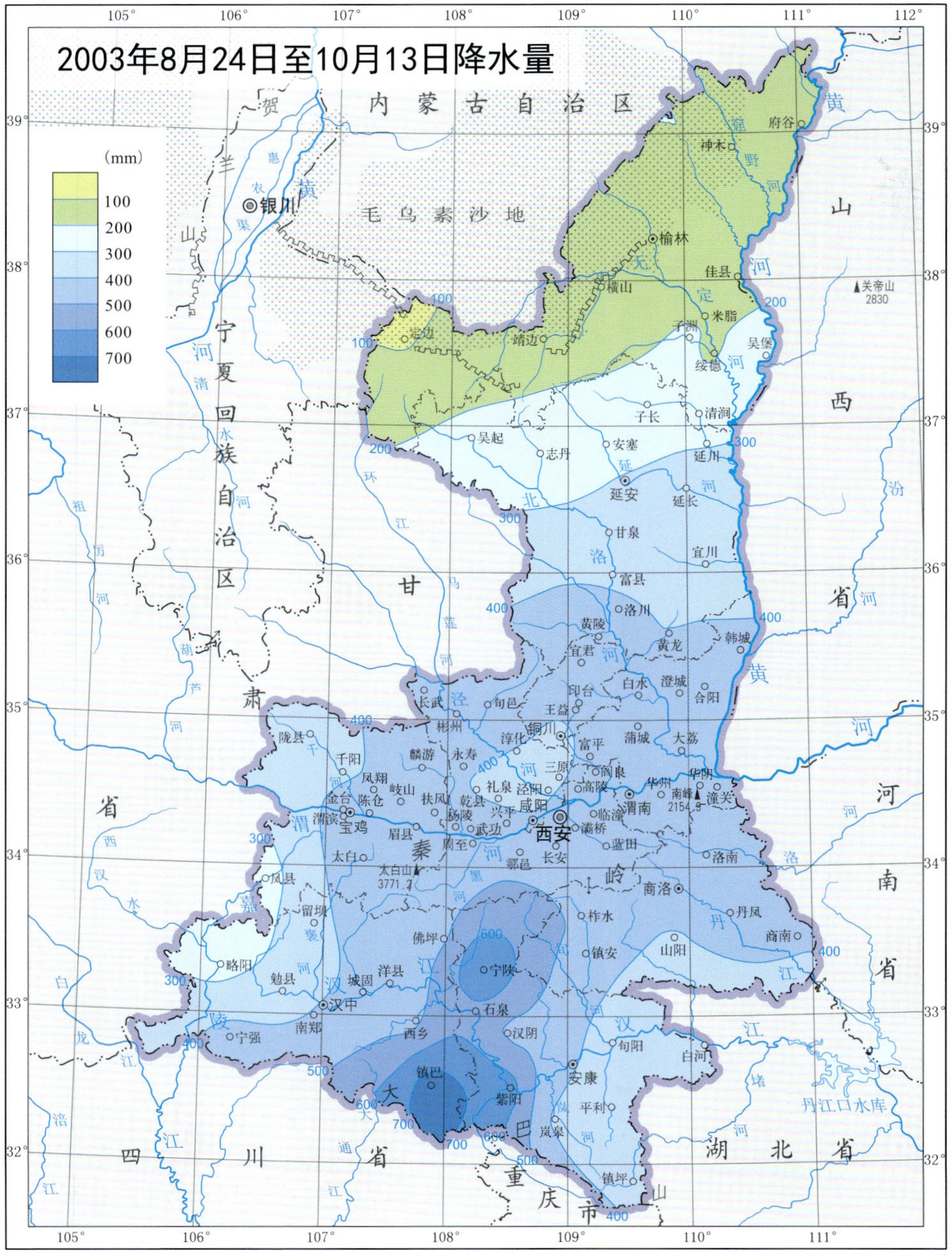

比例尺 1：5 700 000 0 57 114 km

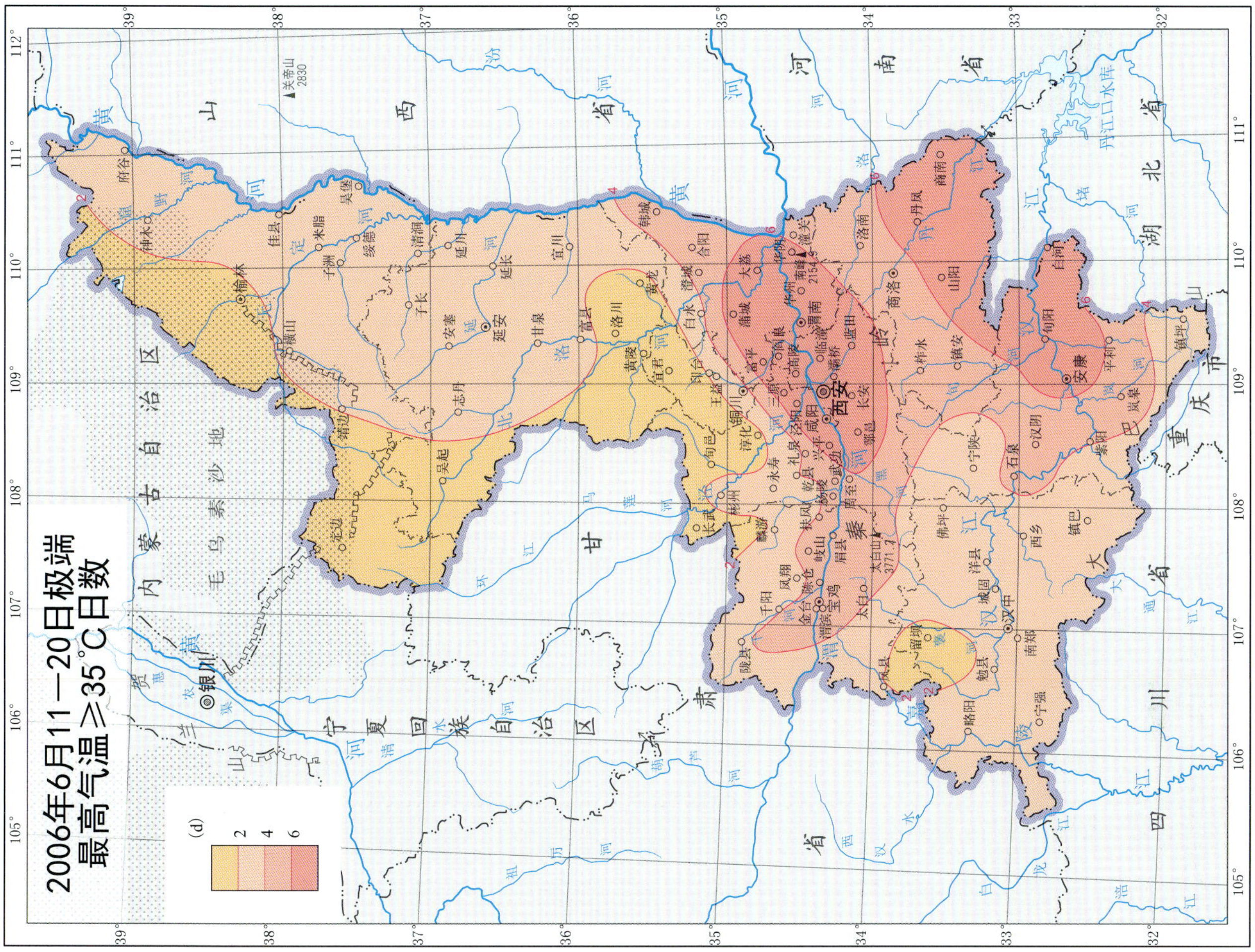
2006年6月11—20日极端
最高气温≥35℃日数
(d)
2
4
6

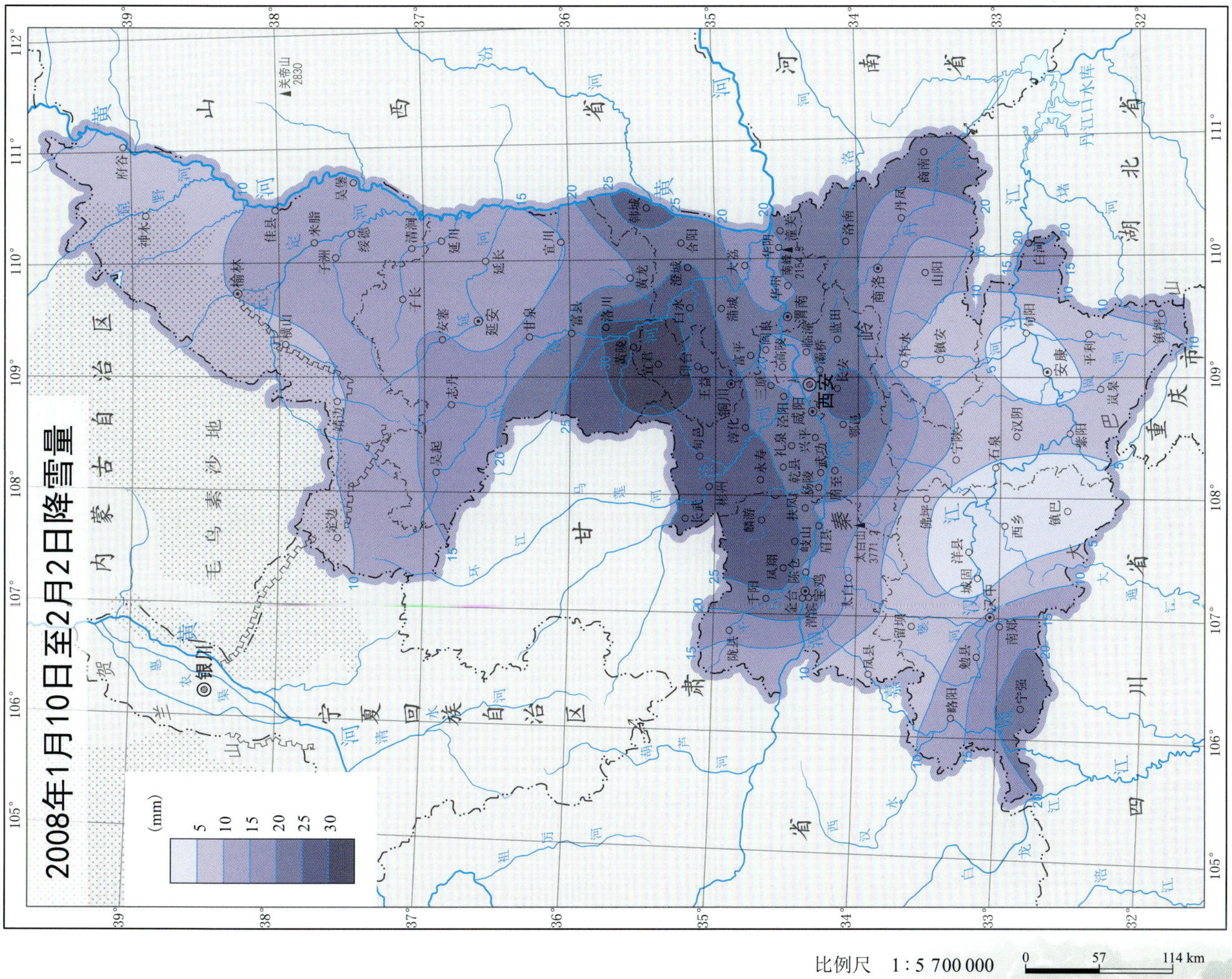
2008年1月10日至2月2日降雪量
(mm)
5
10
15
20
25
30

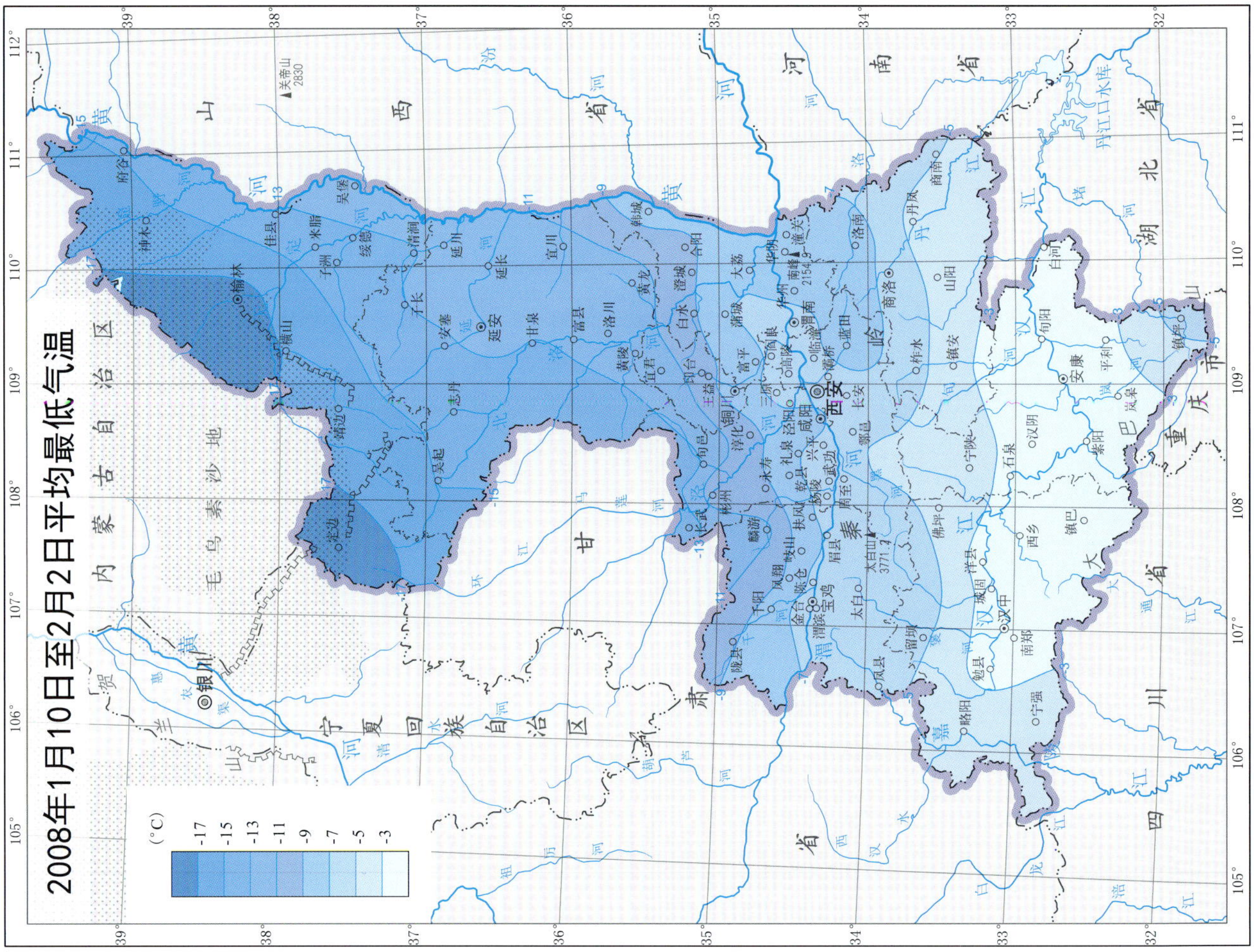

2008年1月10日至2月2日平均最低气温

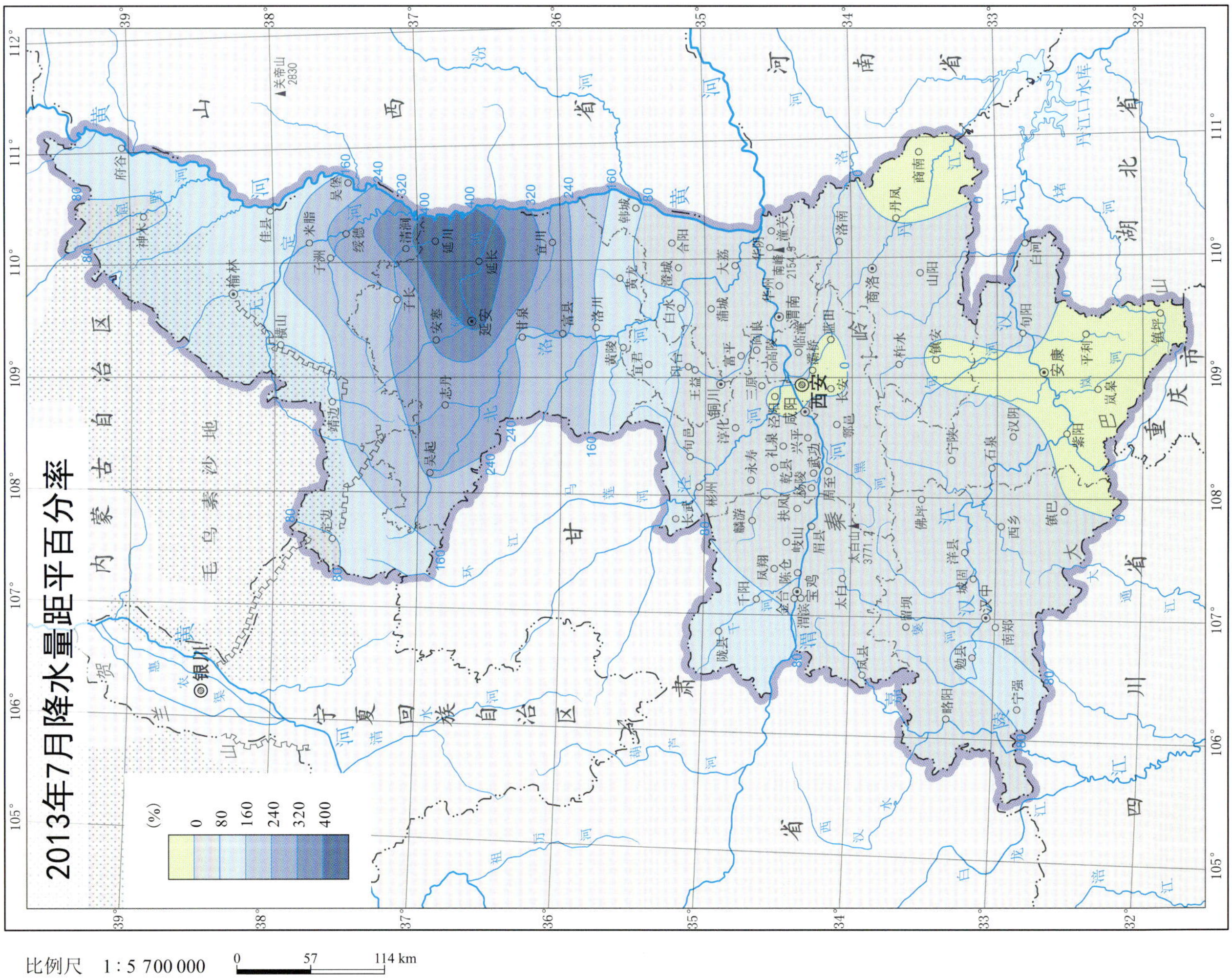

2013年7月降水量距平百分率

比例尺 1：5 700 000 0 57 114 km

应用气候图

· 农业气候

· 工程气候

日平均气温稳定通过0 ℃的终日

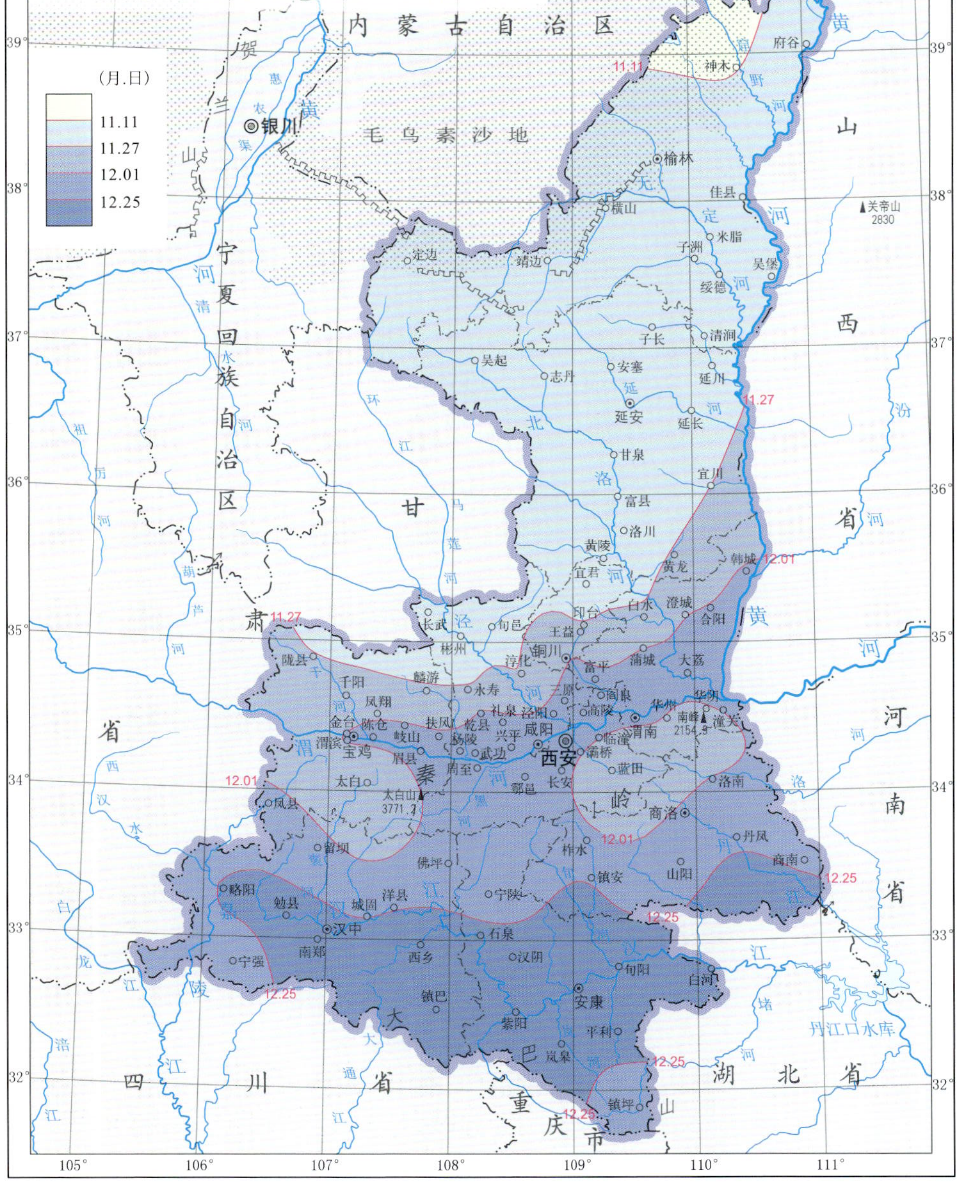

日平均气温稳定通过0 ℃的初日

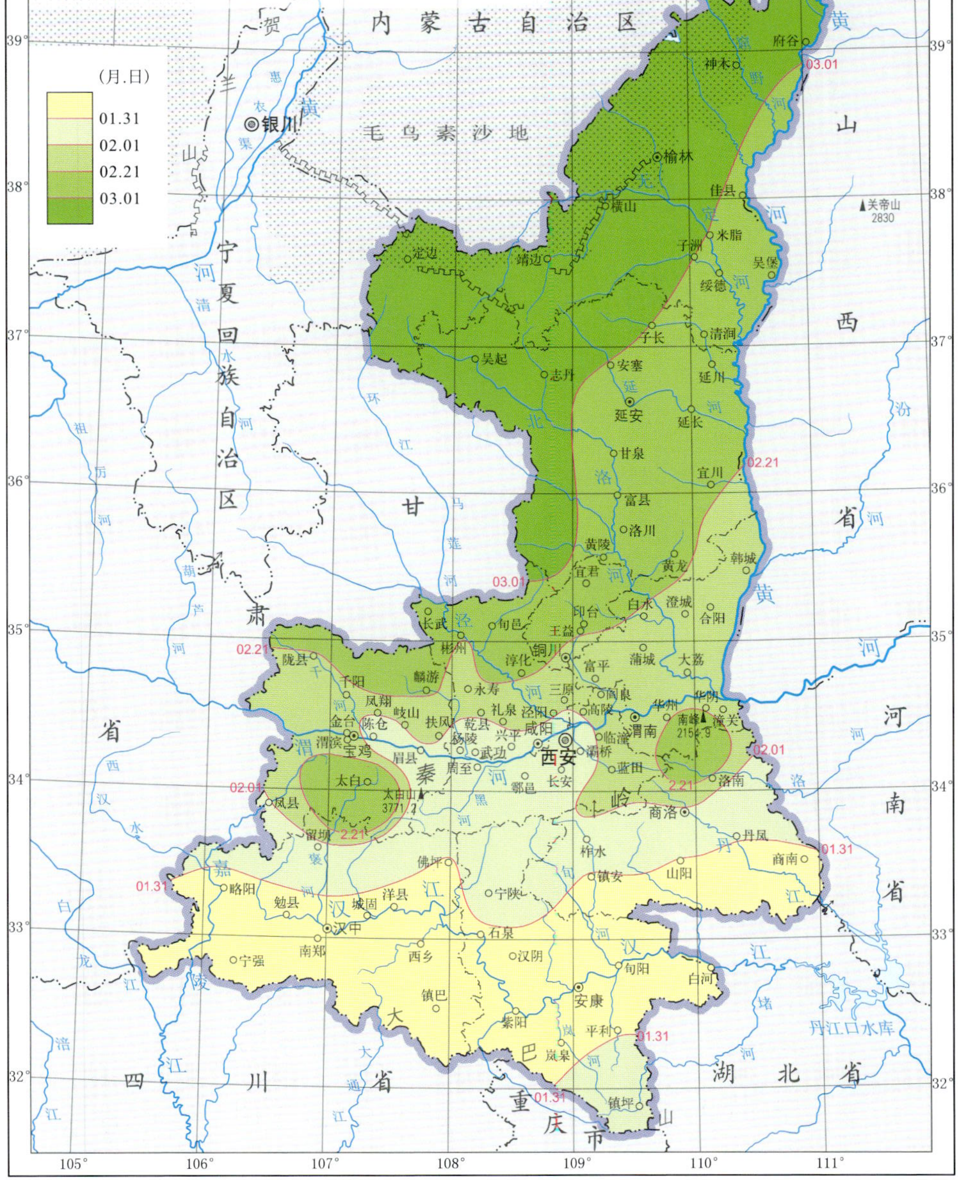

比例尺 1 : 5 700 000 0 57 114 km

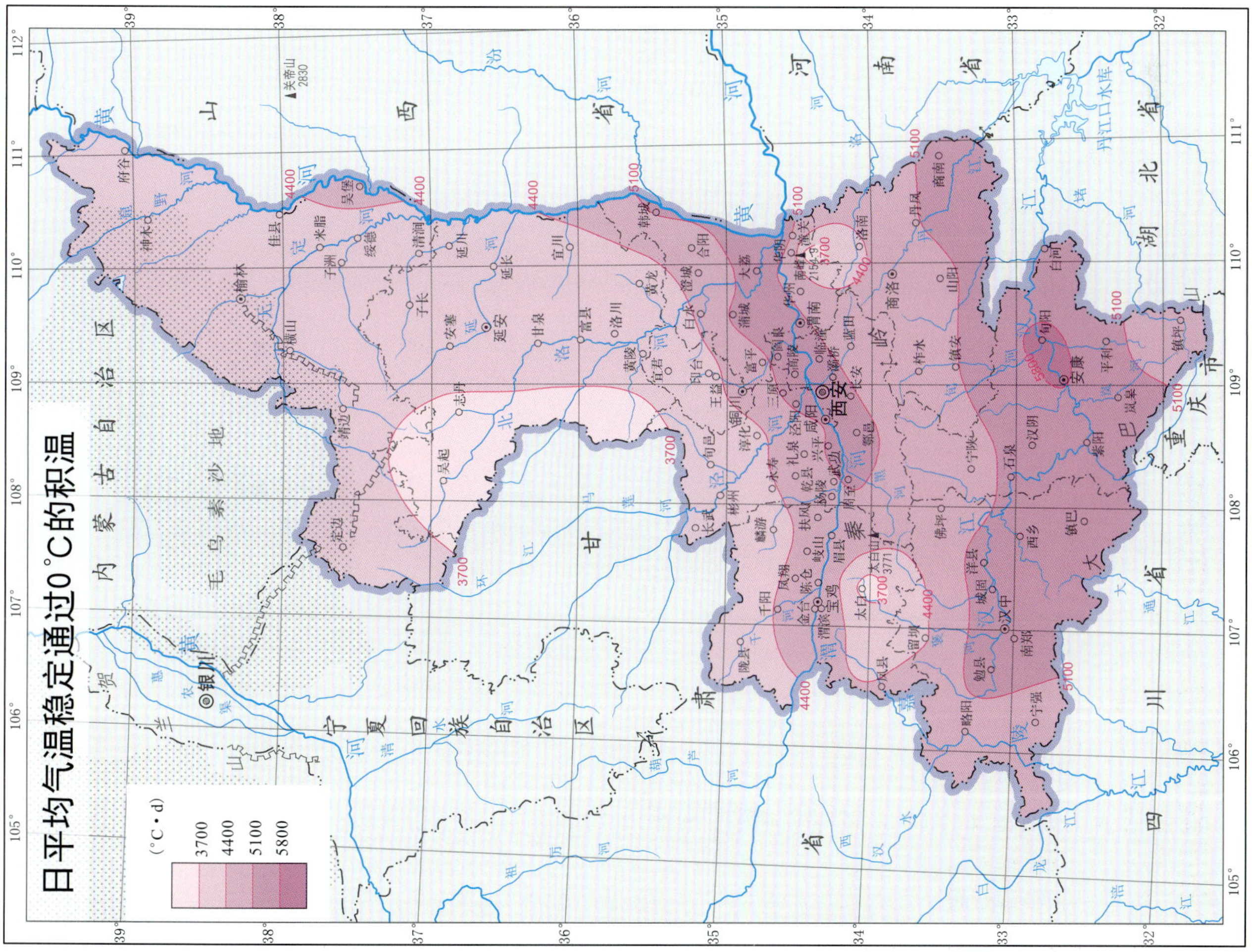
日平均气温稳定通过0°C的积温
(°C·d)
3700
4400
5100
5800

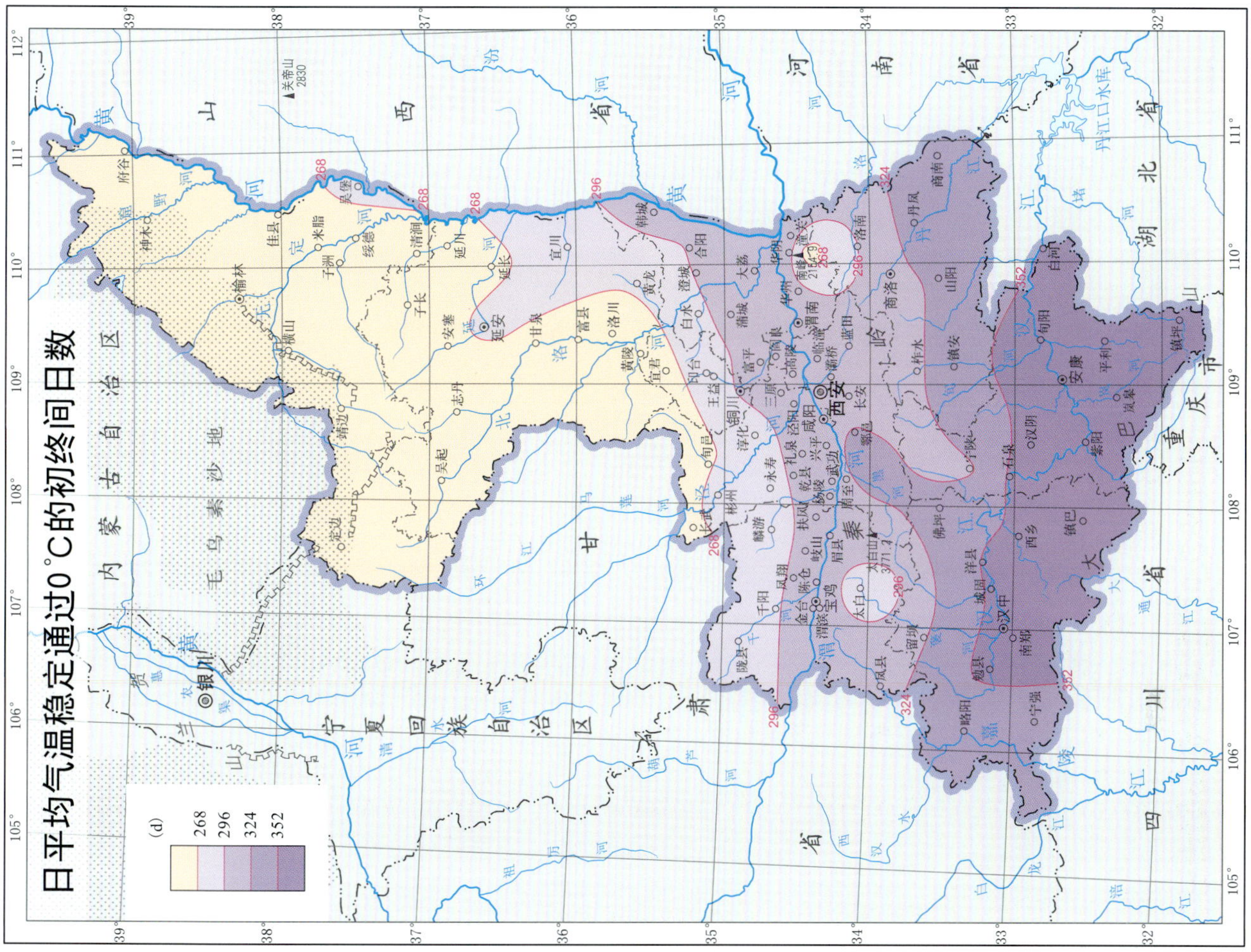
日平均气温稳定通过0°C的初终间日数
(d)
268
296
324
352

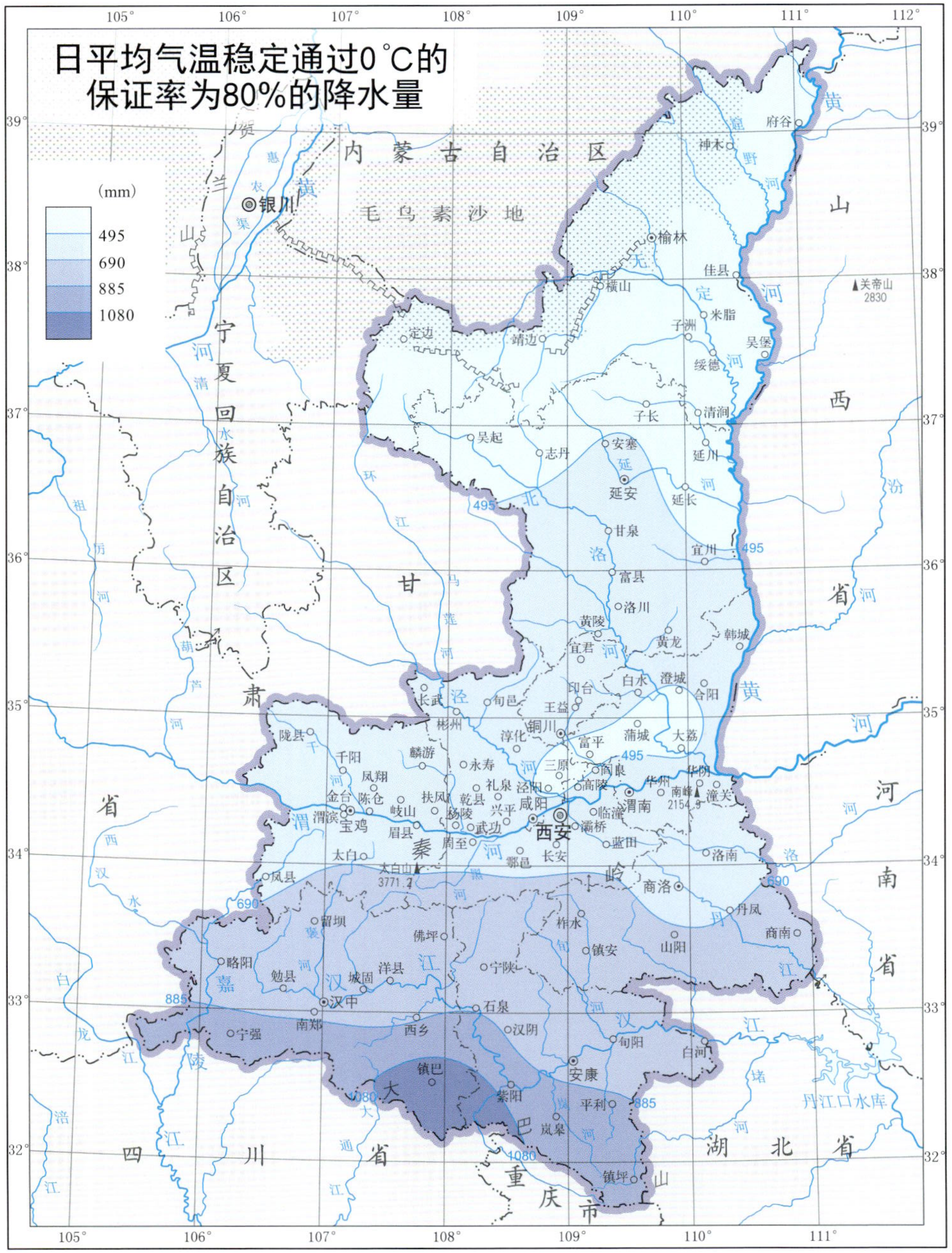

日平均气温稳定通过0°C的保证率为80%的降水量

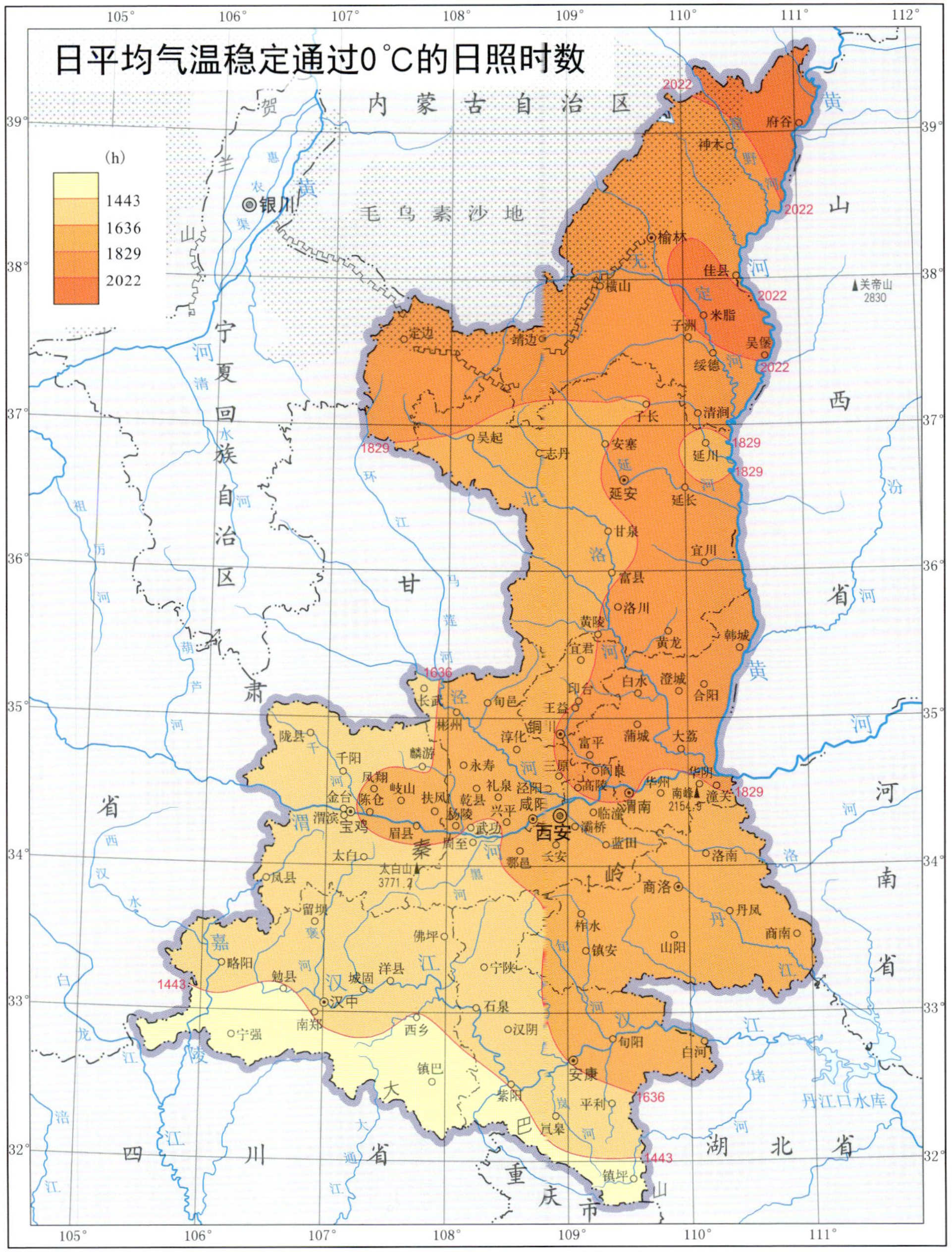

日平均气温稳定通过0°C的日照时数

比例尺 1 : 5 700 000　0　57　114 km

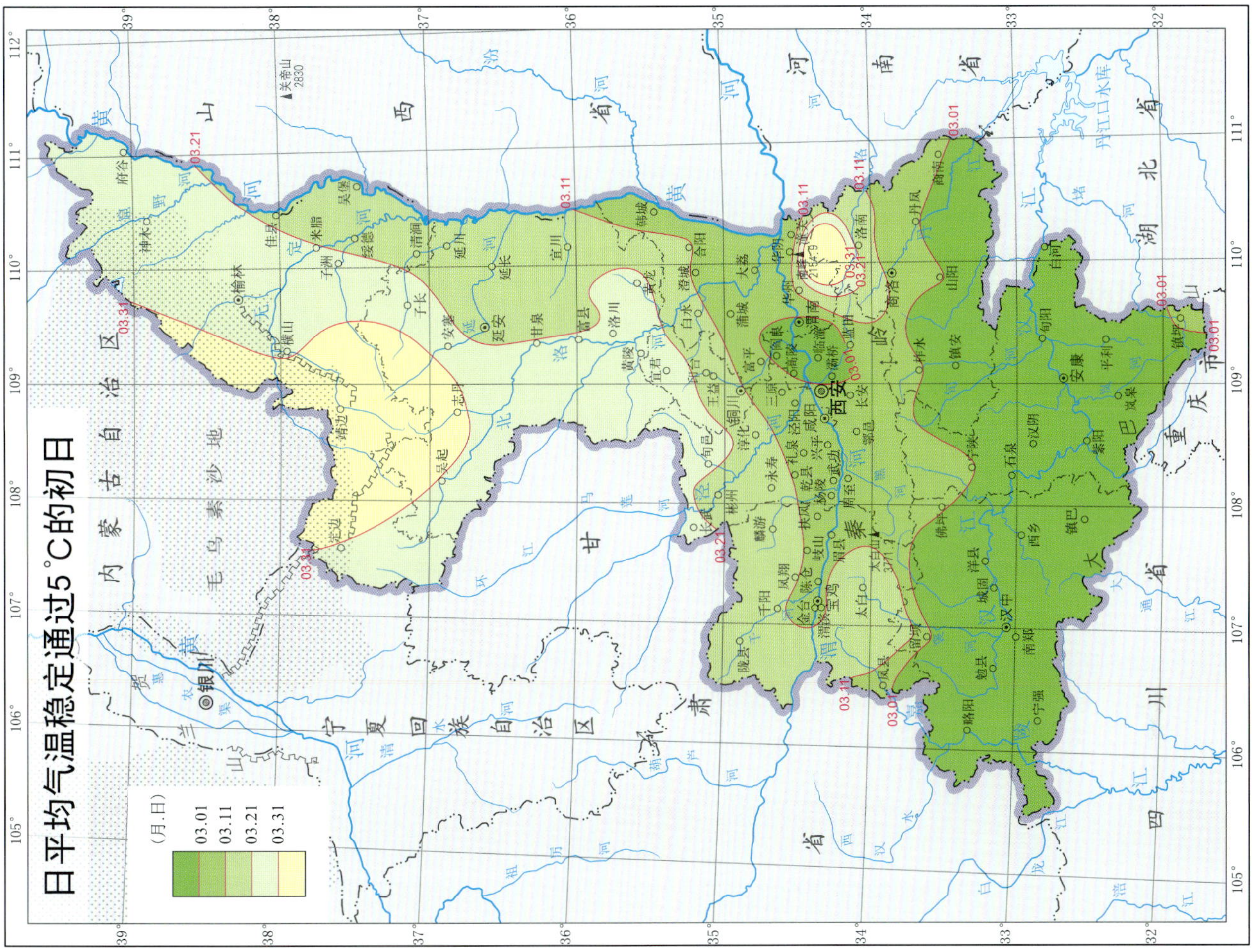

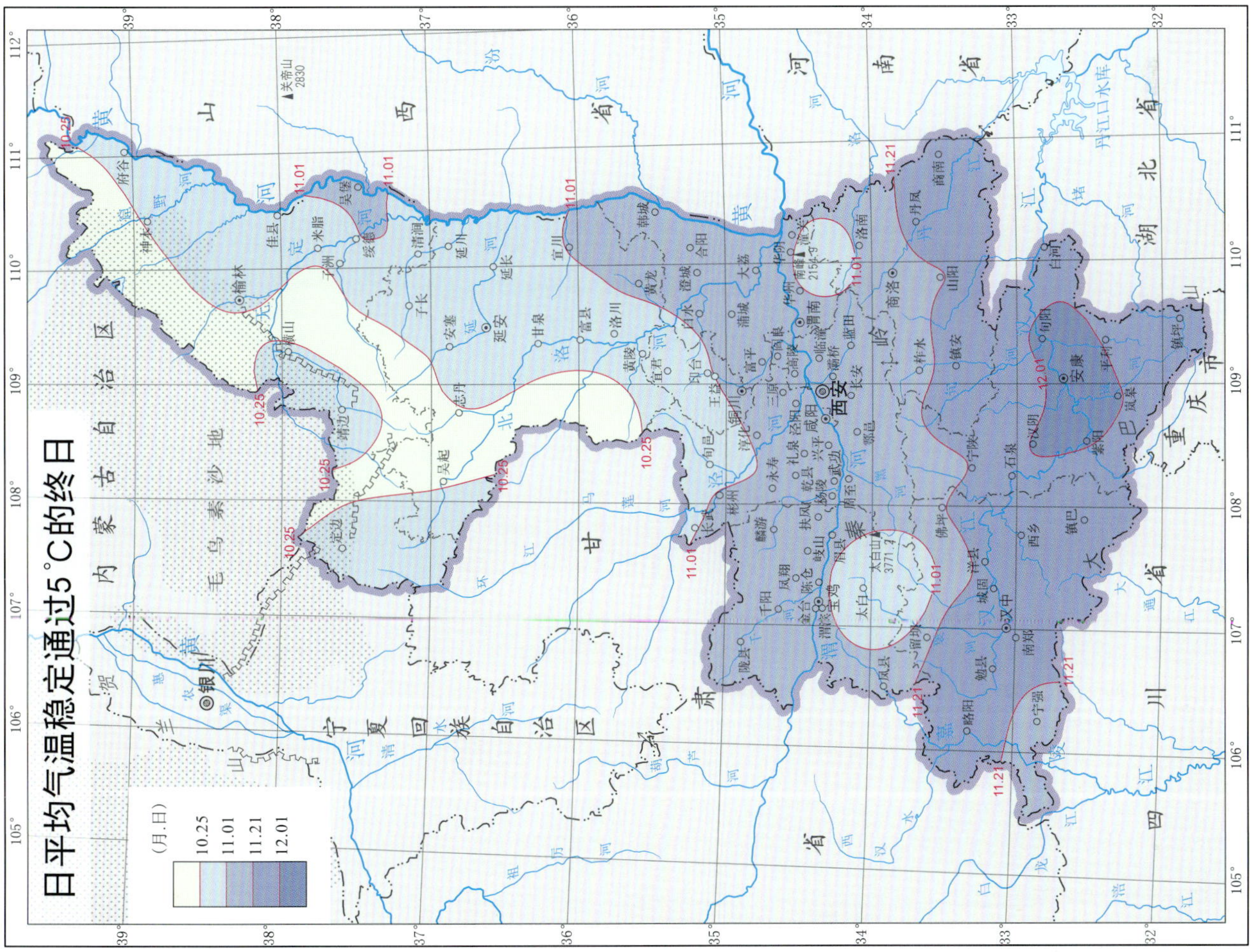

比例尺 1∶5 700 000 0 57 114 km

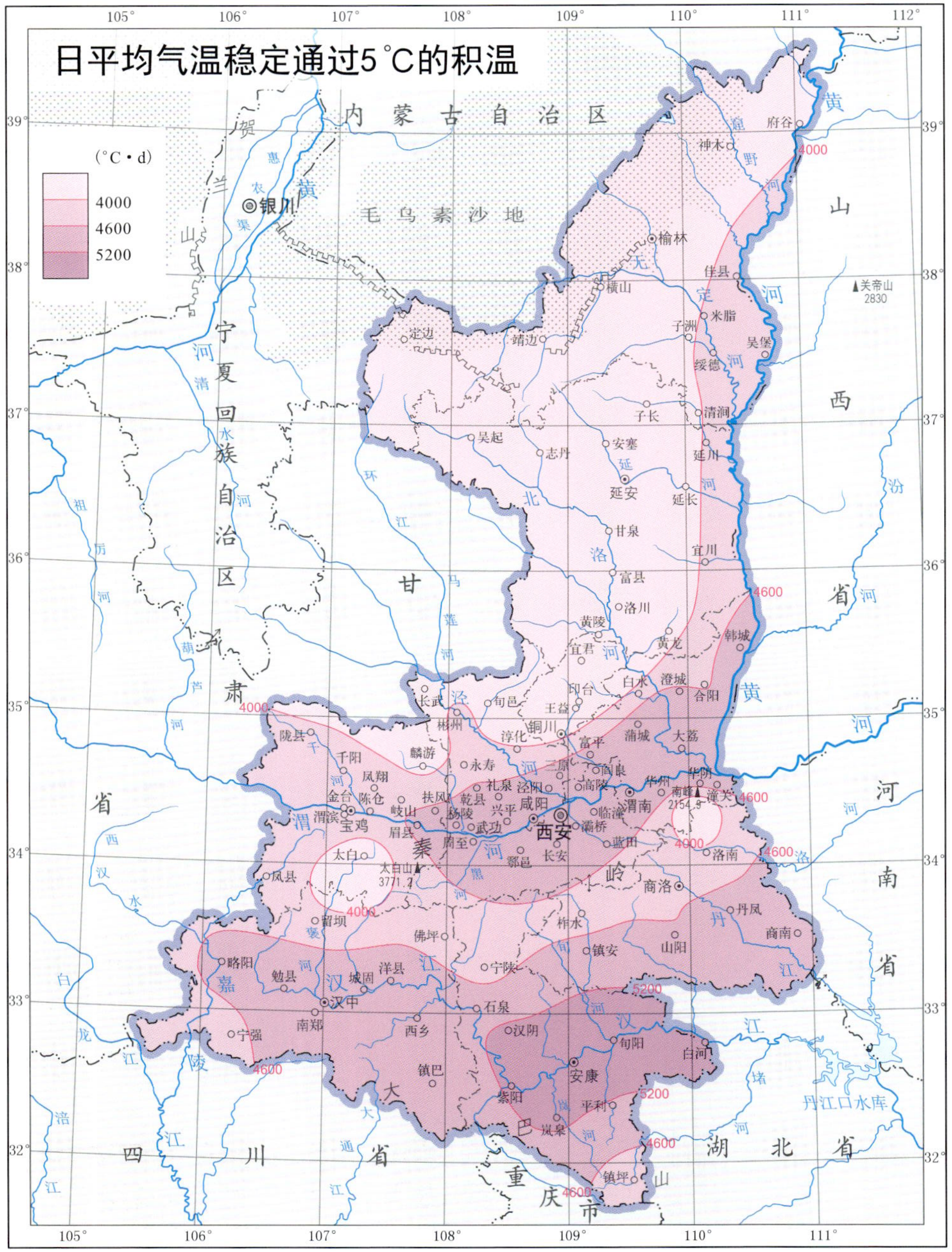

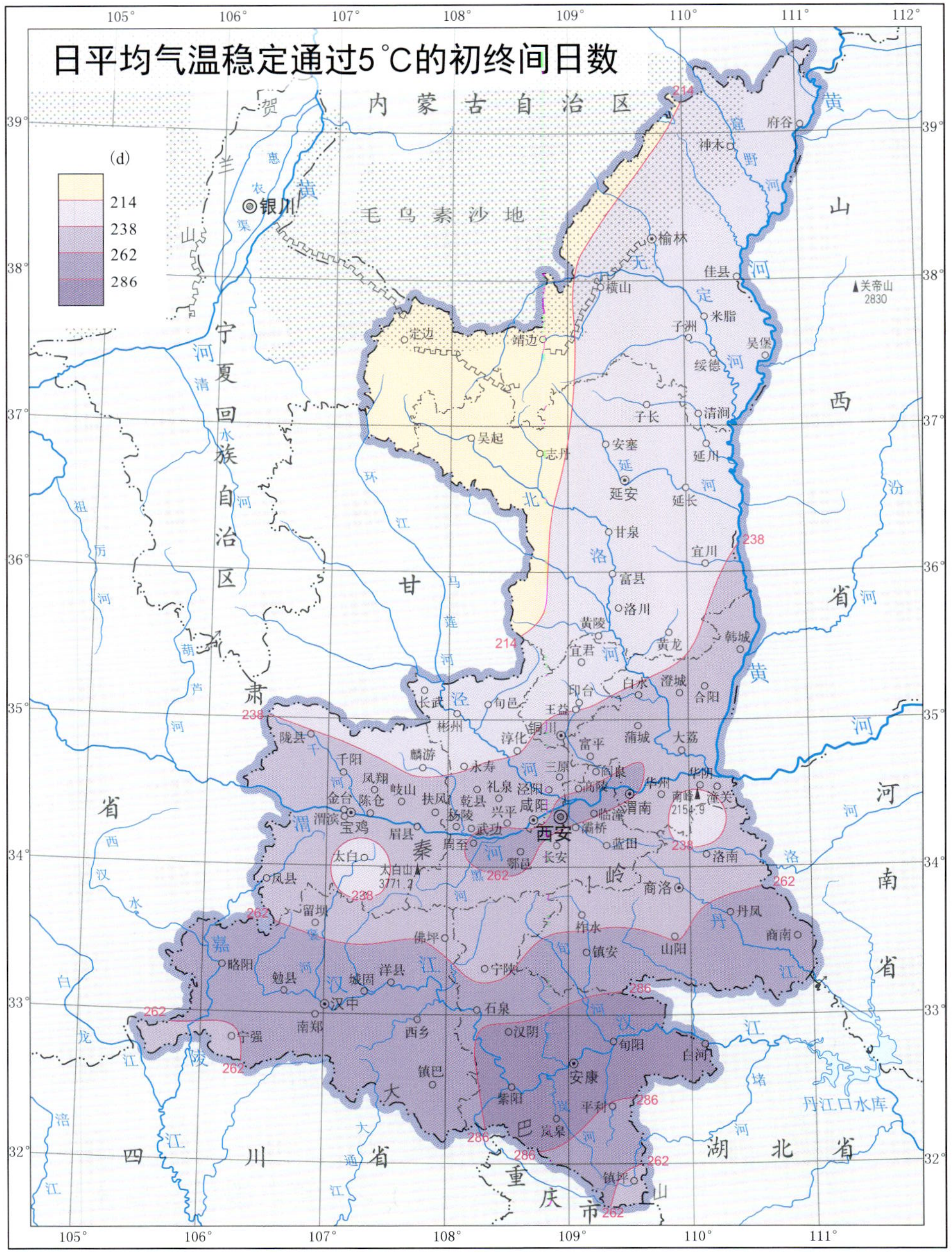

比例尺 1 : 5 700 000 0 57 114 km

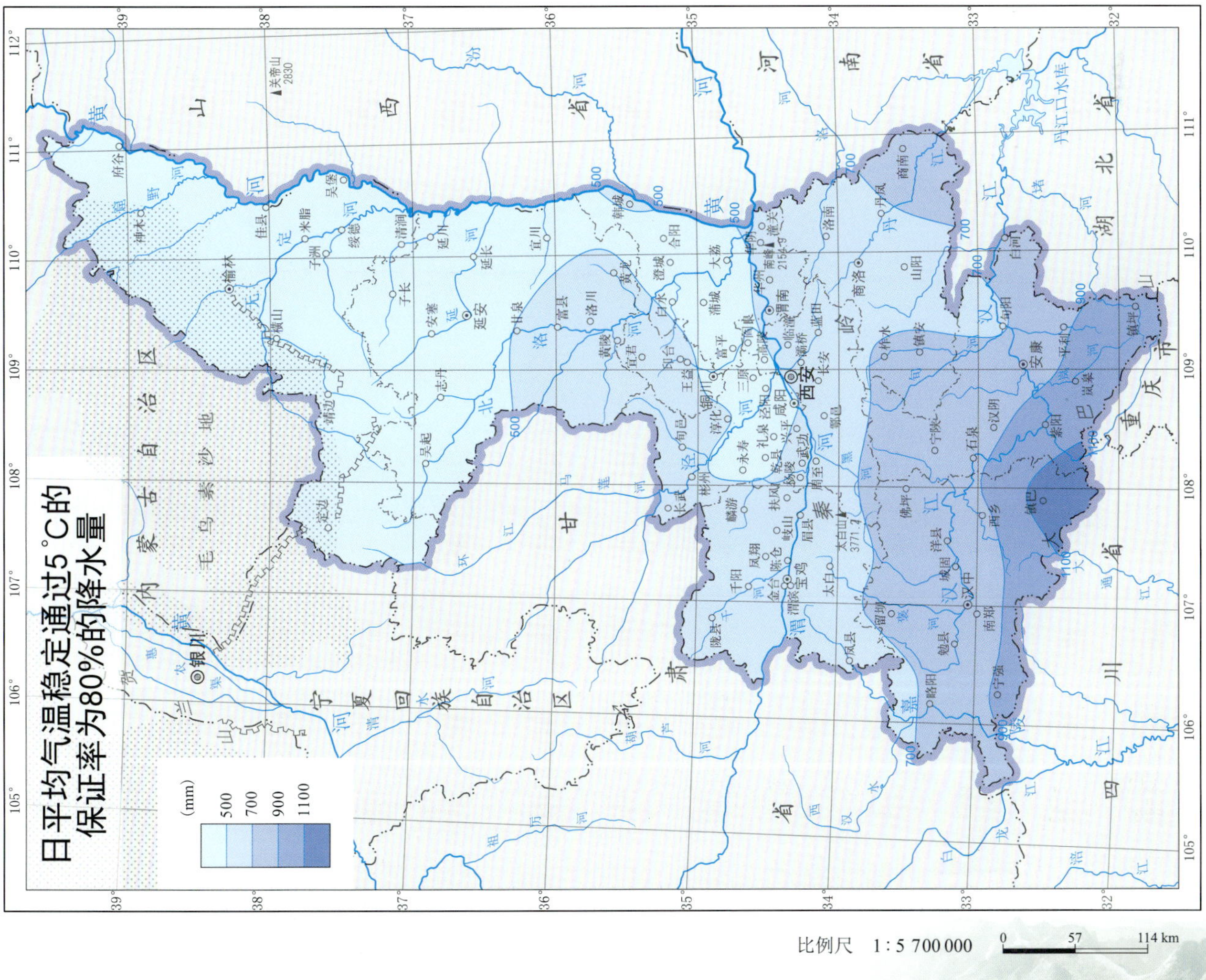

日平均气温稳定通过5°C的保证率为80%的降水量

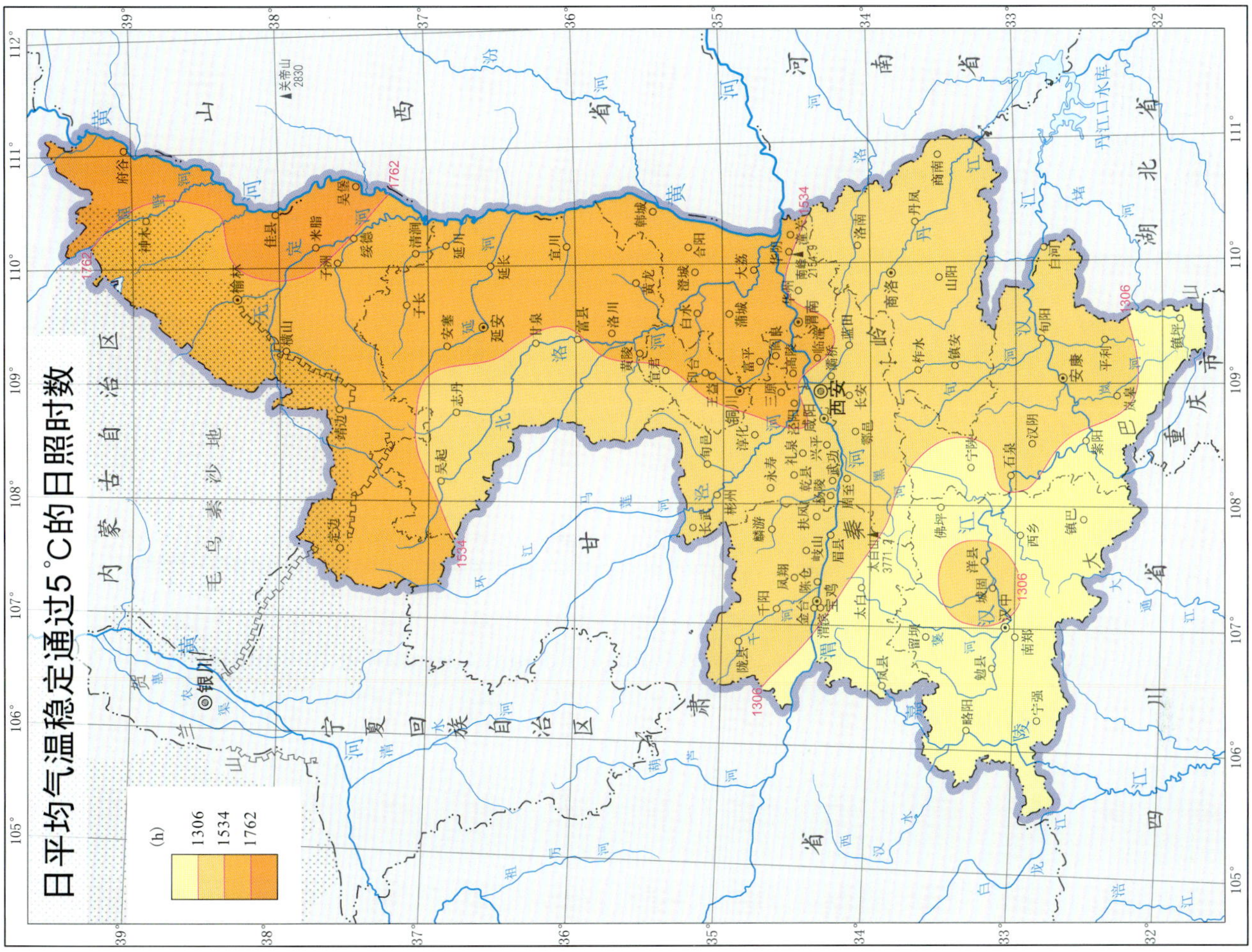

日平均气温稳定通过5°C的日照时数

比例尺 1:5 700 000

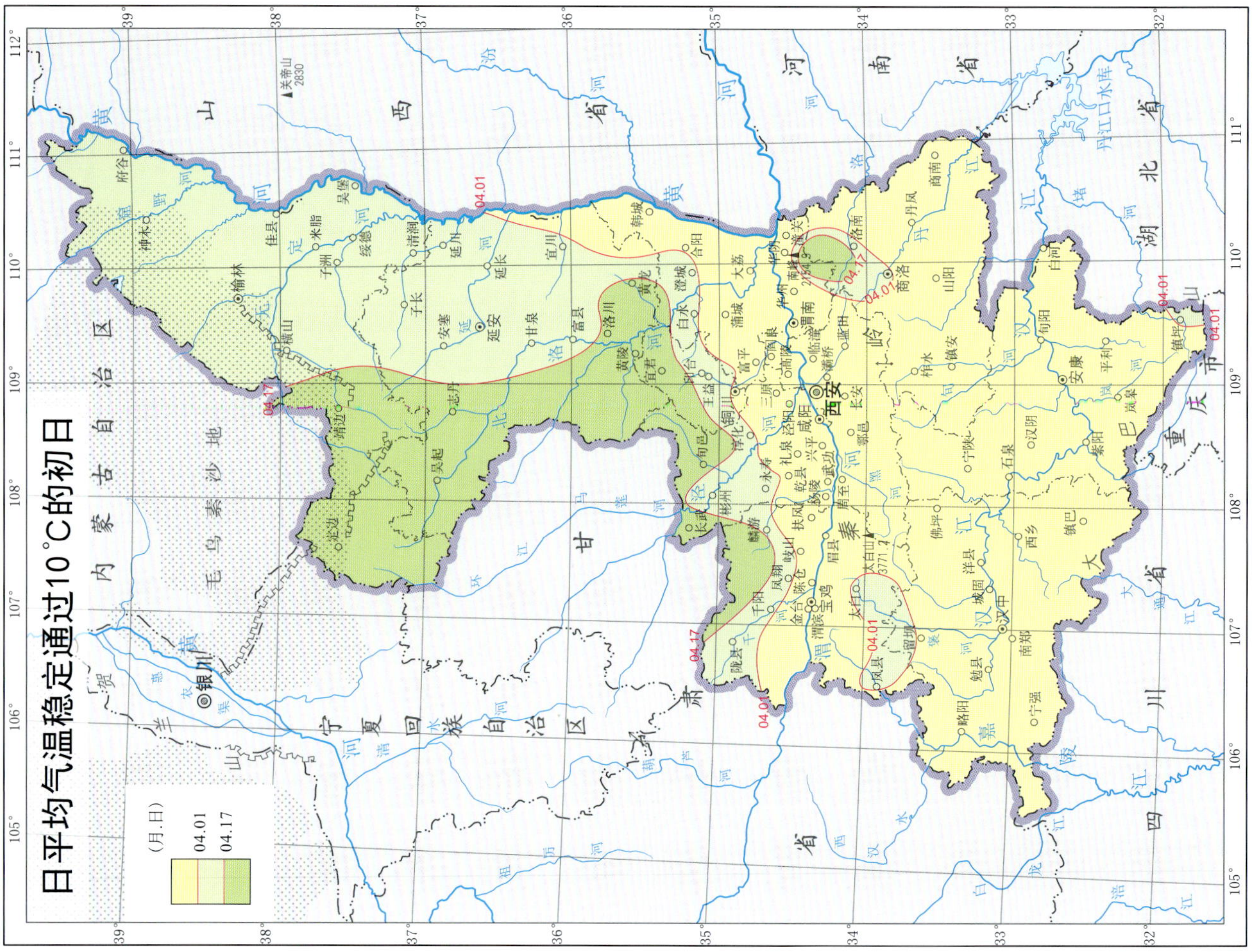

日平均气温稳定通过10℃的初日

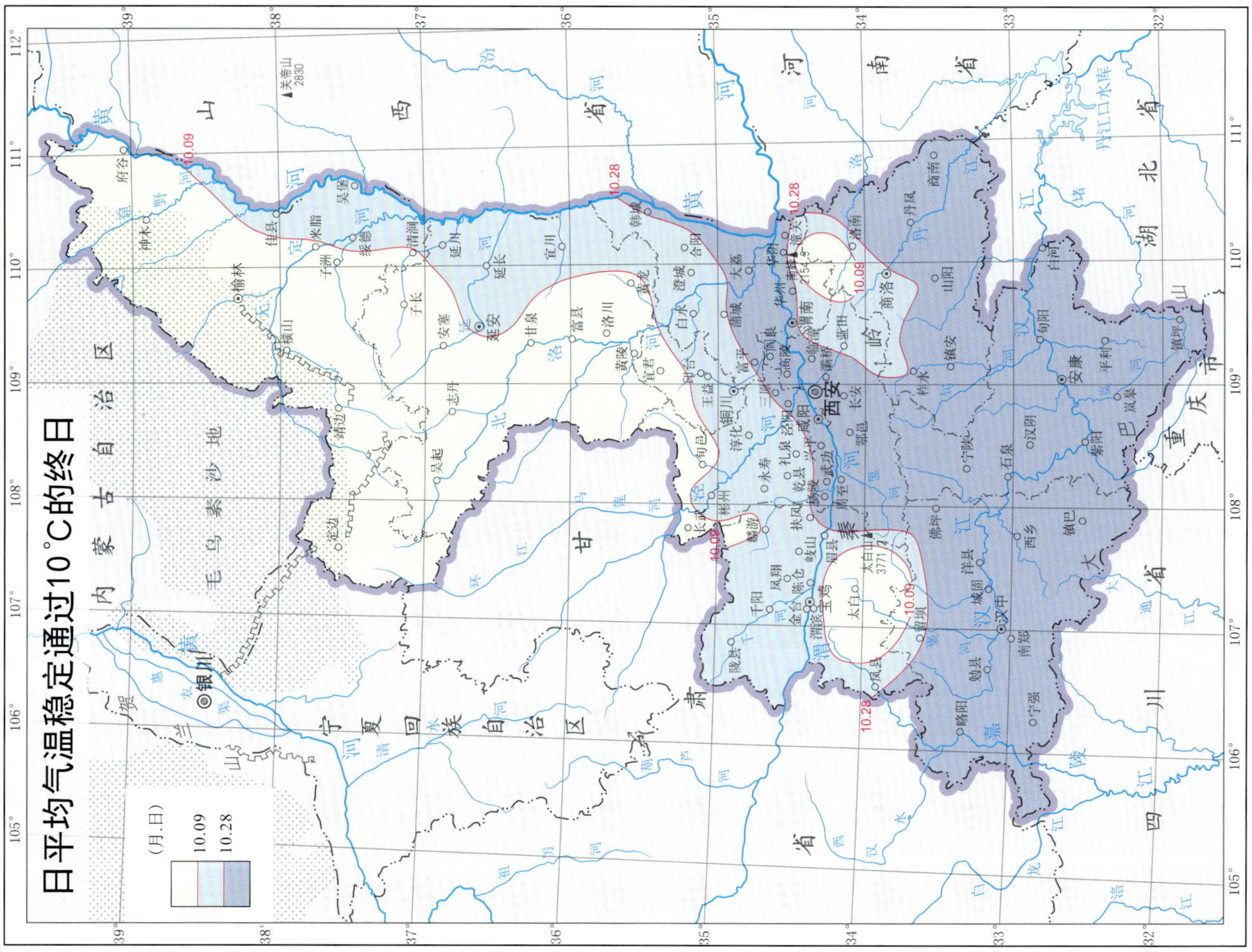

日平均气温稳定通过10℃的终日

比例尺 1：5 700 000　0　57　114 km

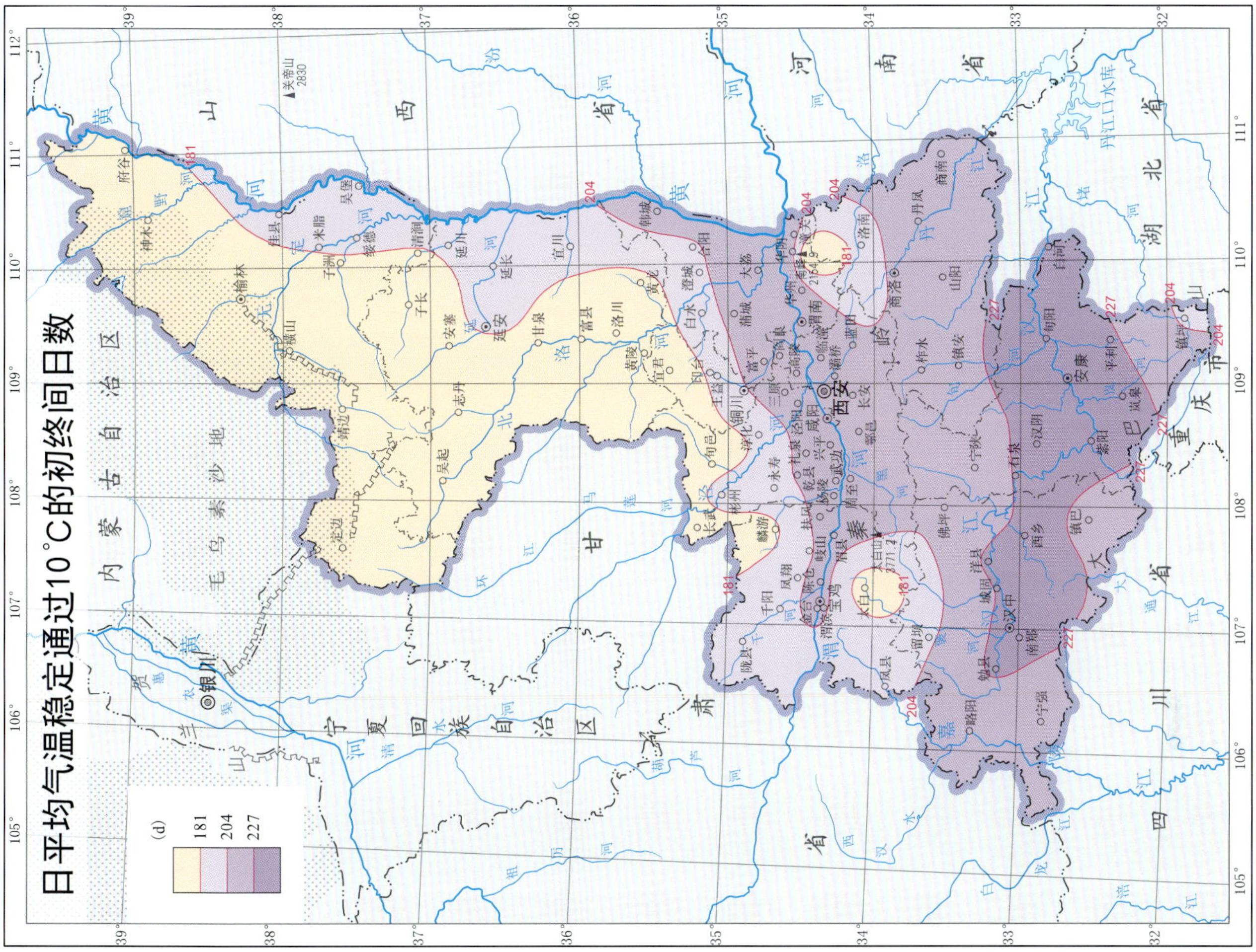

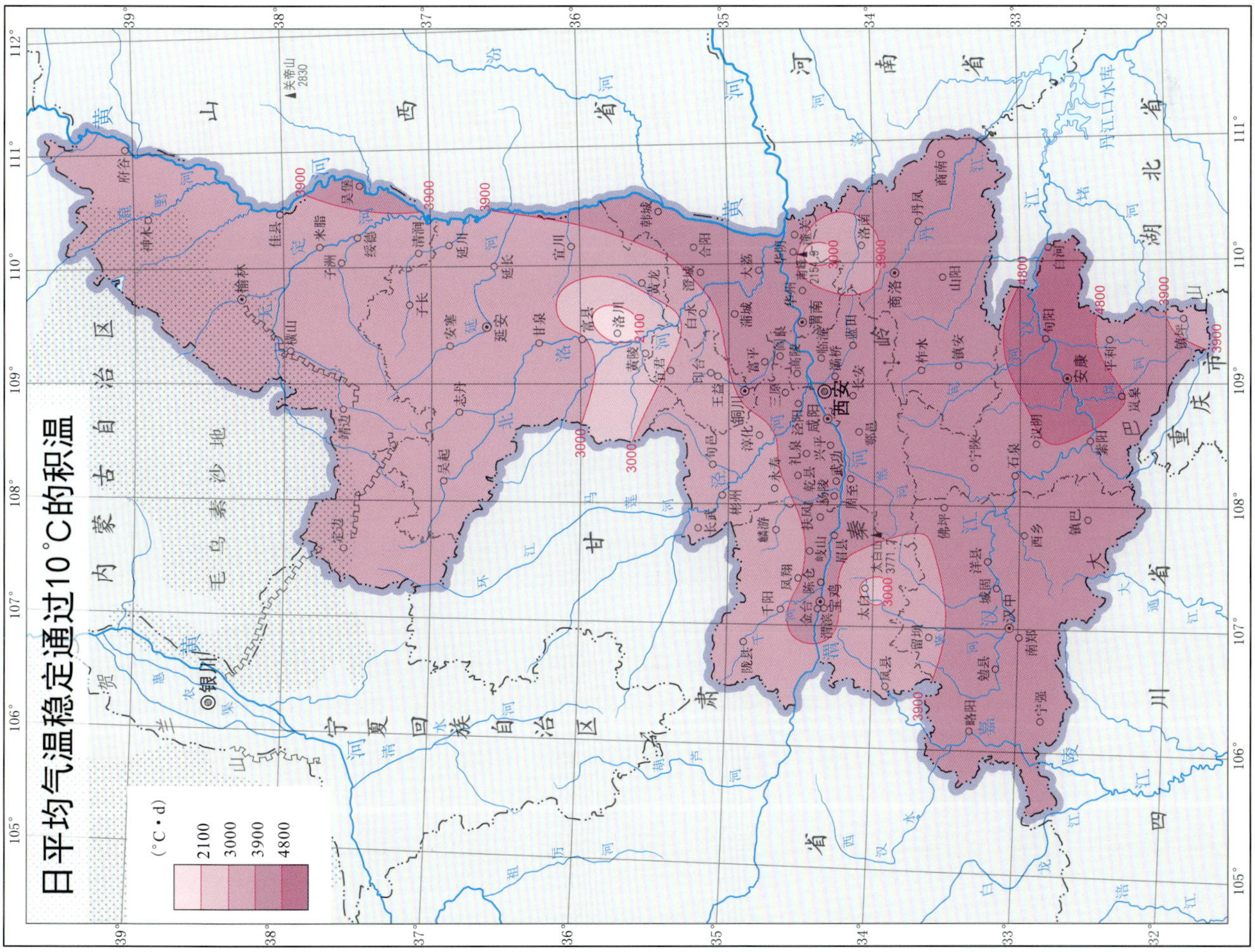

比例尺 1∶5 700 000　0　57　114 km

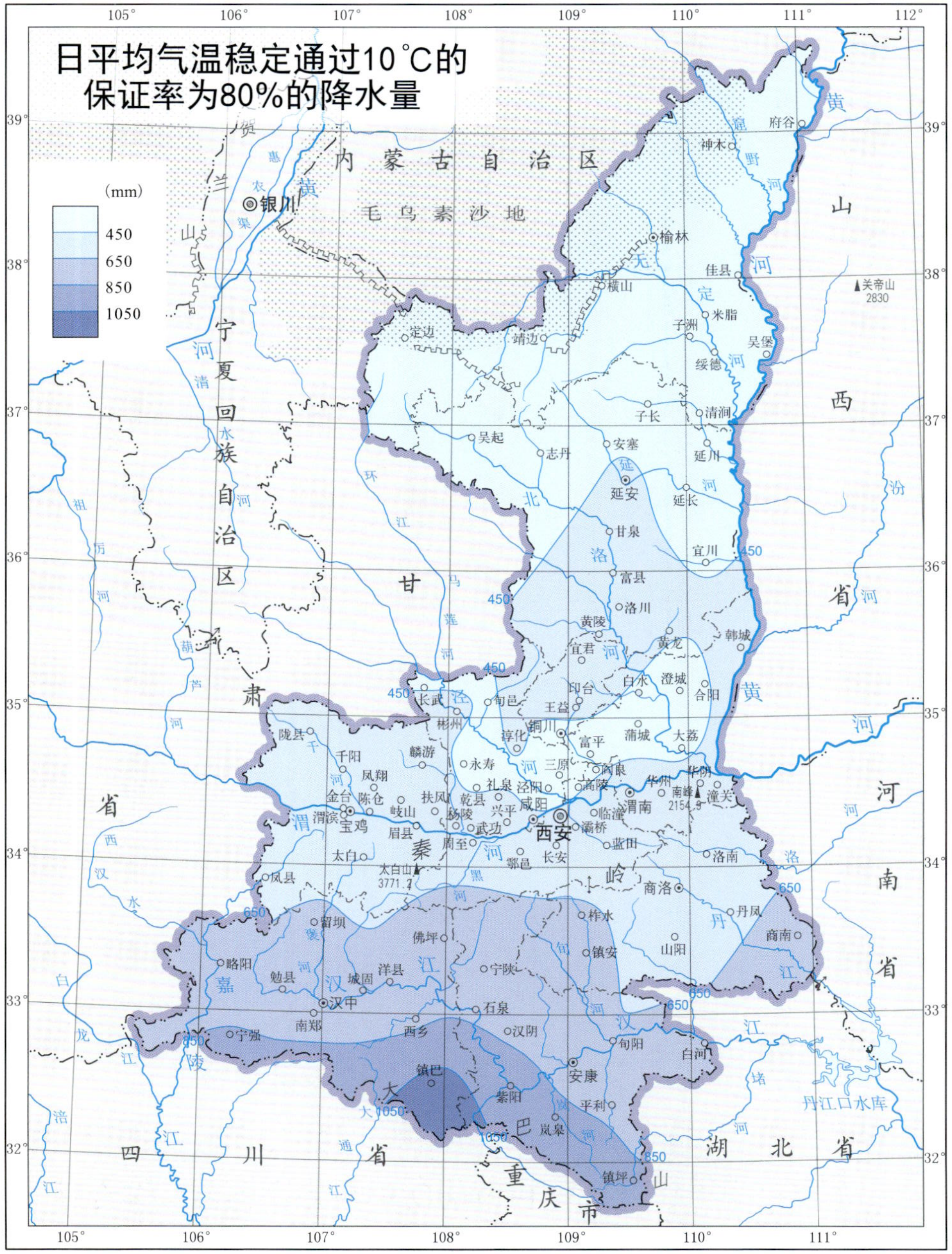

日平均气温稳定通过10 ℃的保证率为80%的降水量

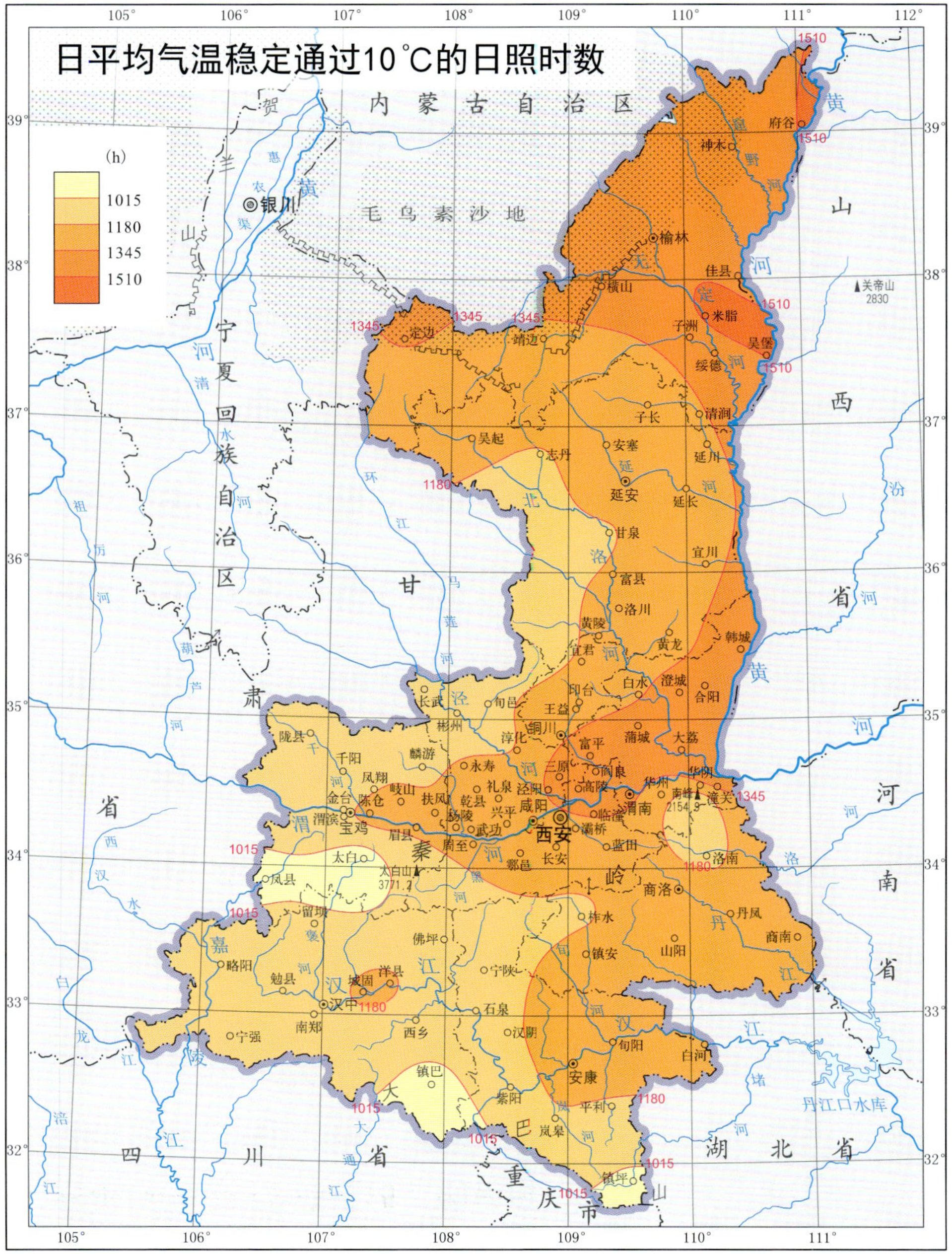

日平均气温稳定通过10 ℃的日照时数

比例尺 1 : 5 700 000 0 57 114 km

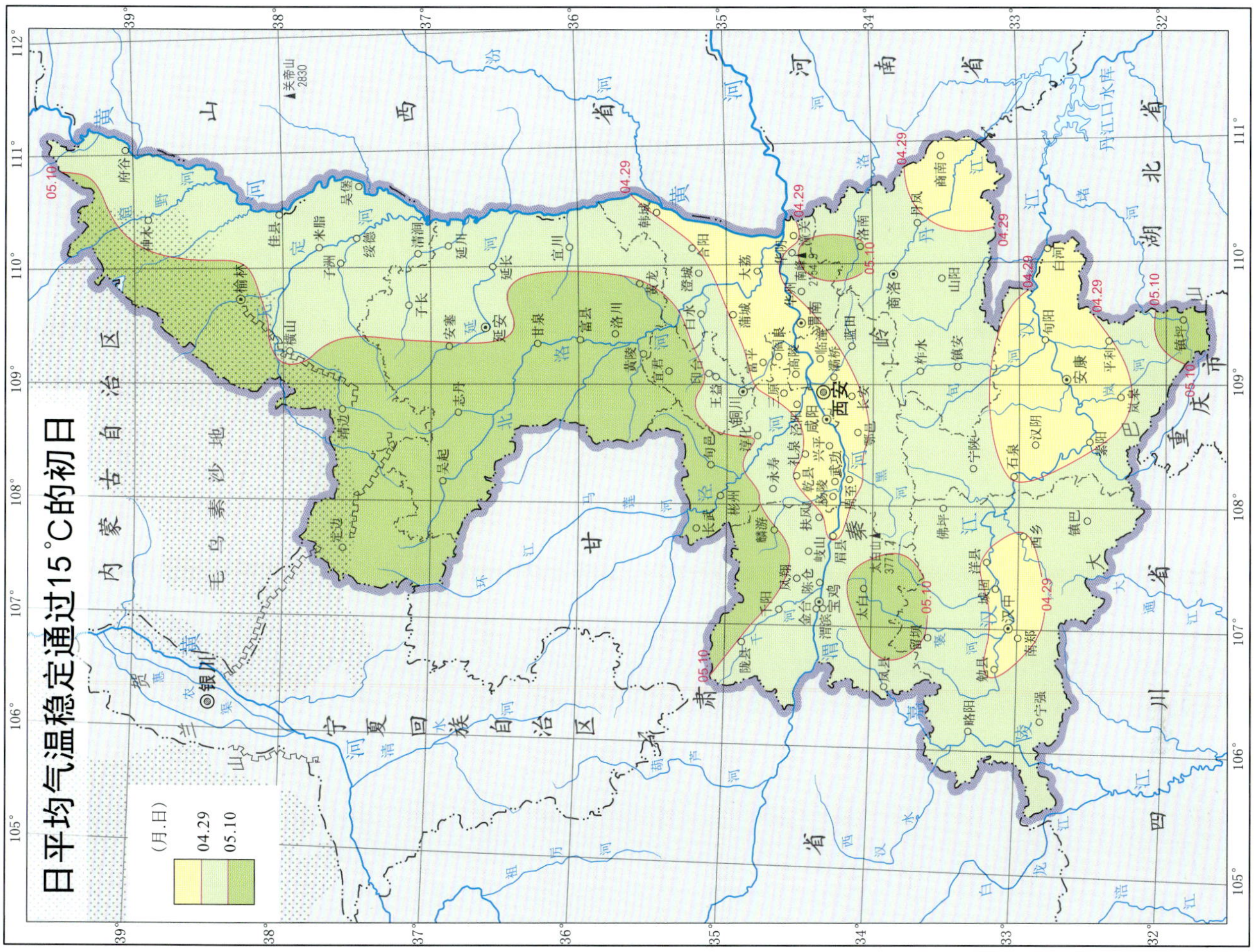

日平均气温稳定通过15°C的初日

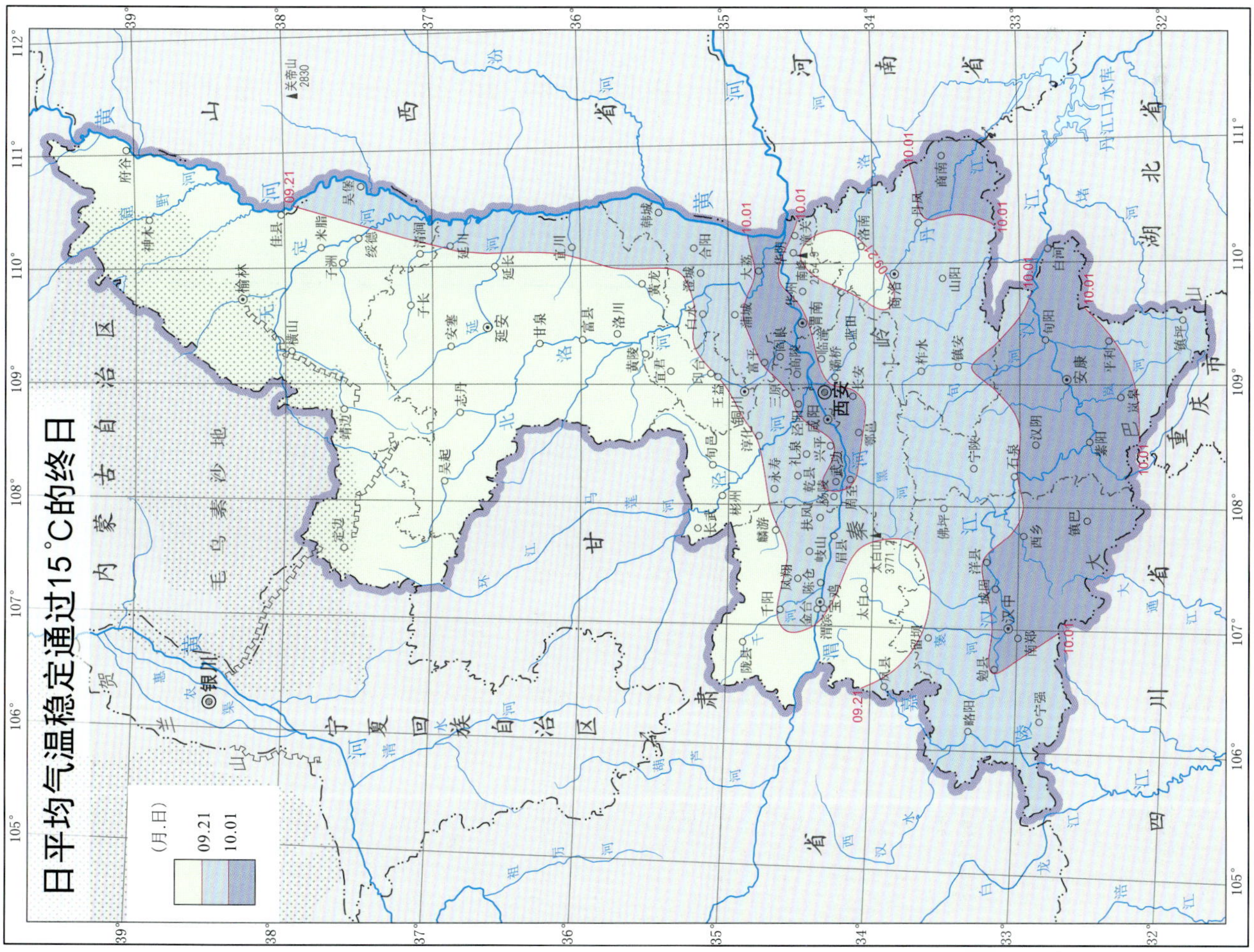

日平均气温稳定通过15°C的终日

比例尺 1:5 700 000　0 57 114 km

日平均气温稳定通过15°C的积温

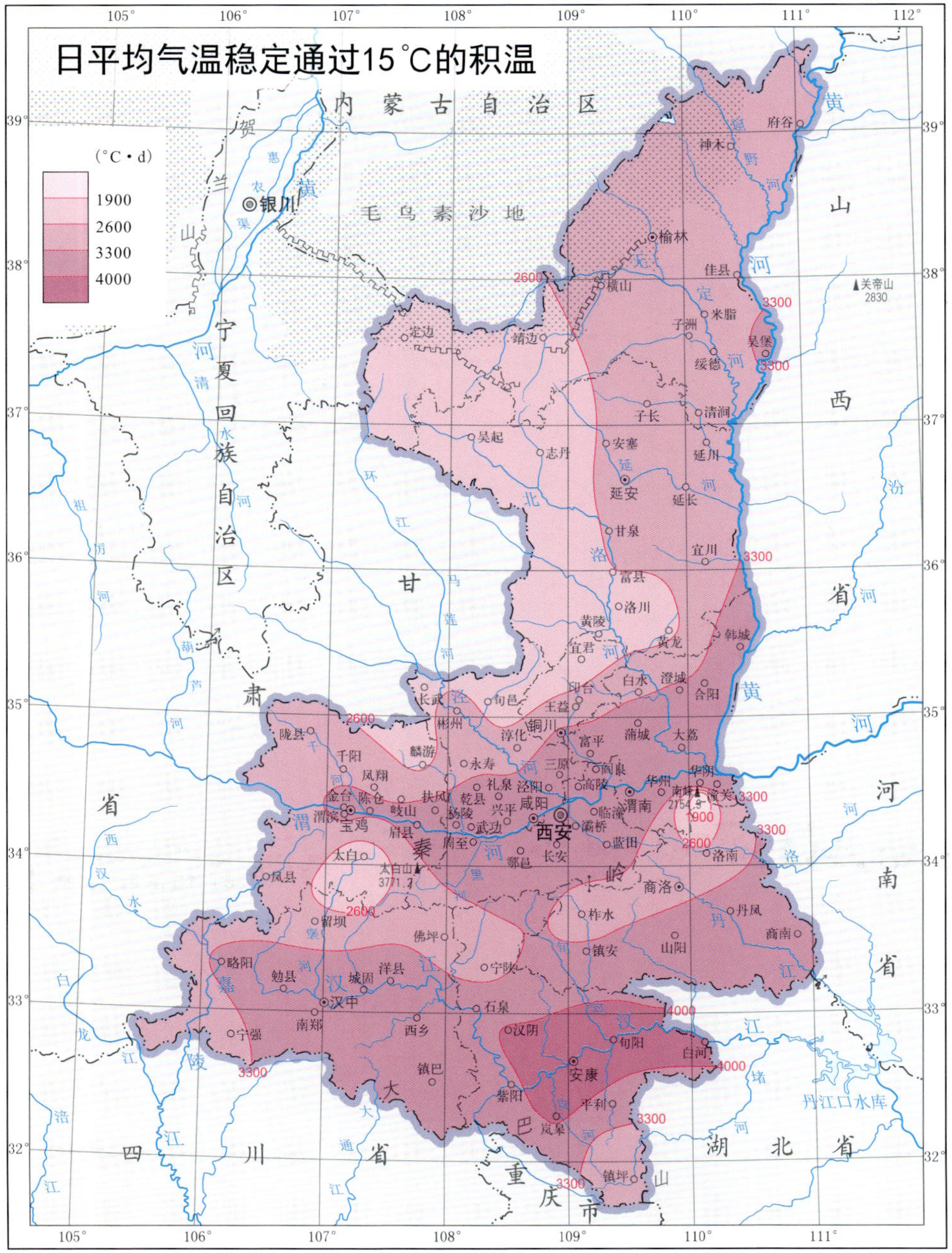

日平均气温稳定通过15°C的初终间日数

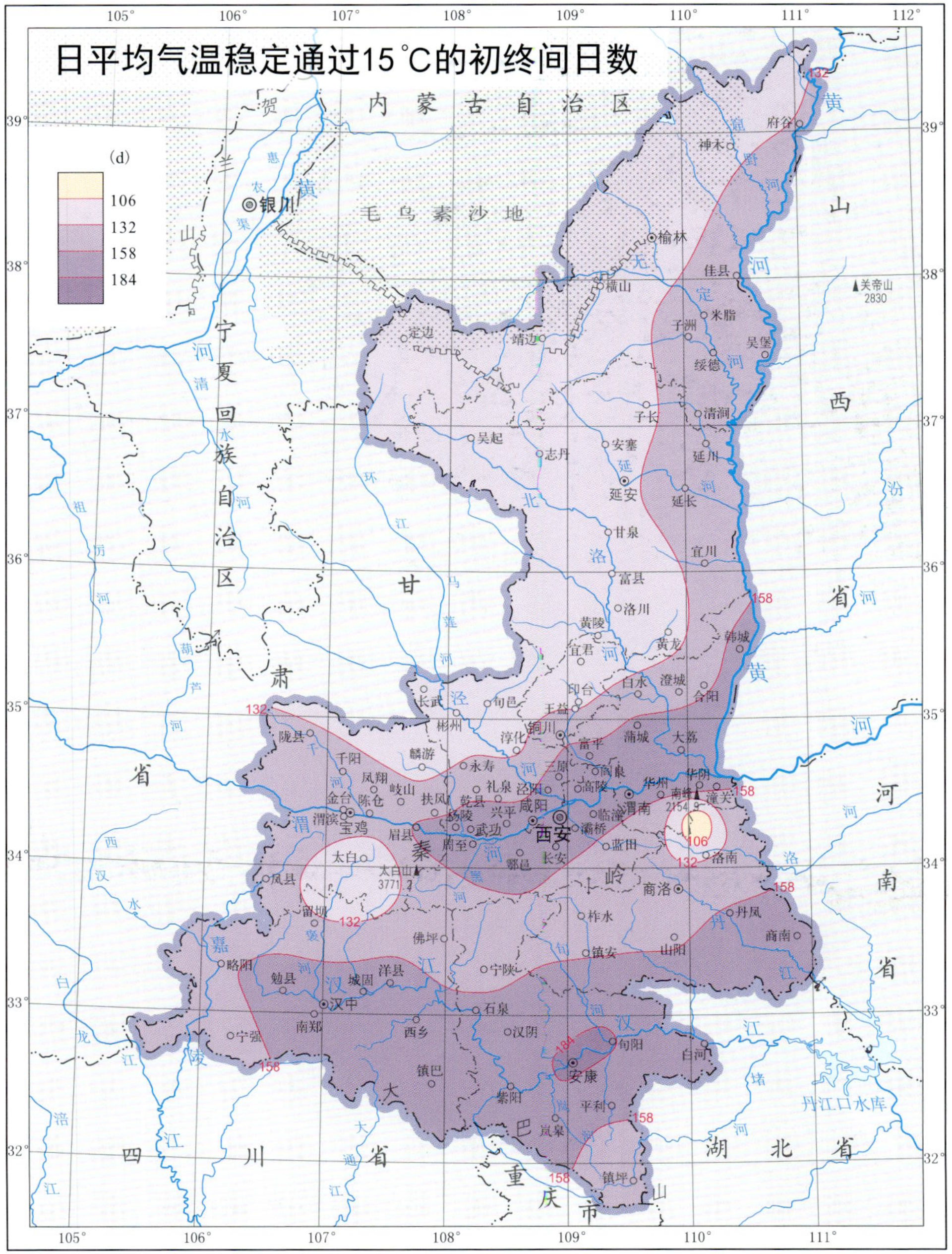

比例尺 1：5 700 000 0 57 114 km

日平均气温稳定通过15℃的保证率为80%的降水量

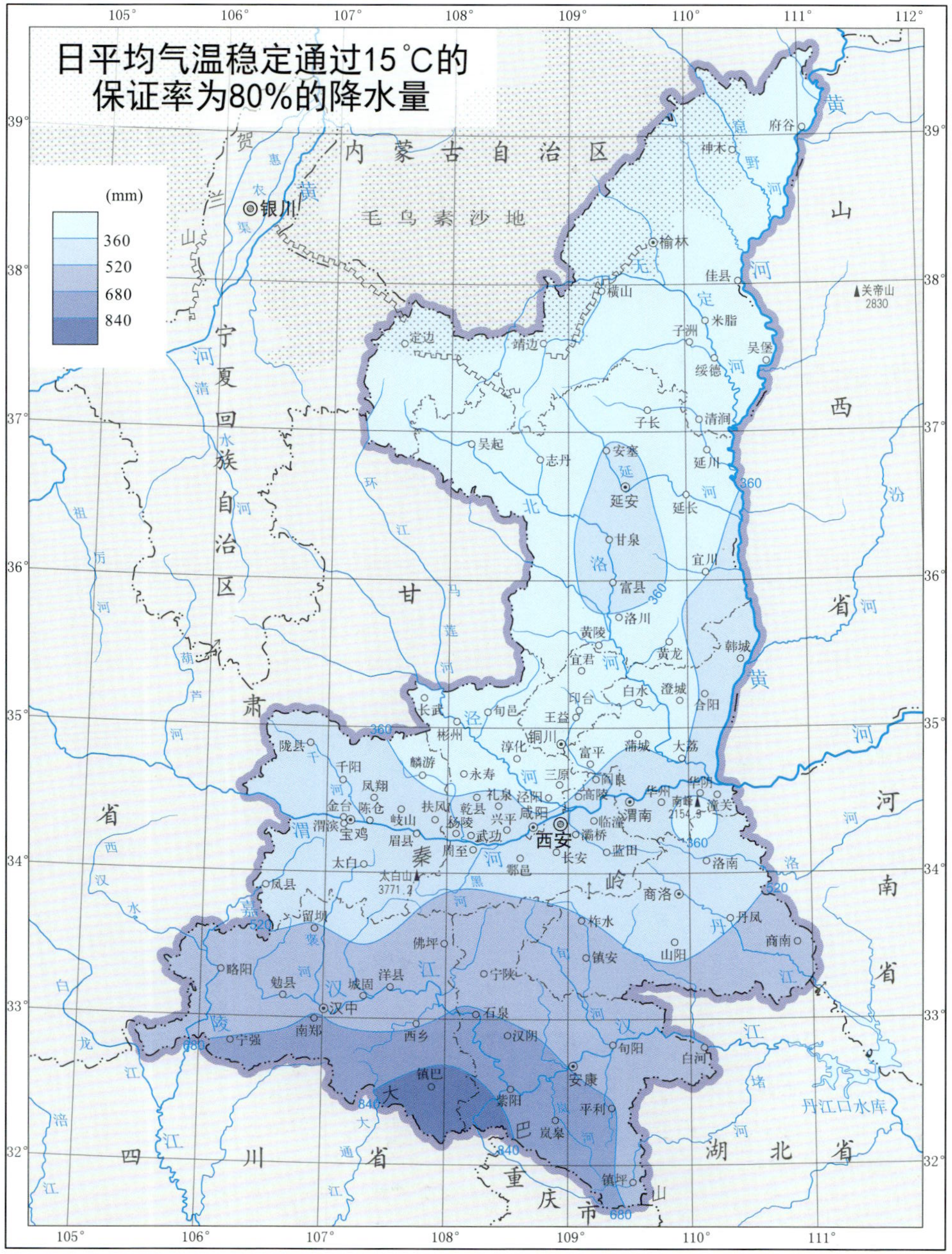

日平均气温稳定通过15℃的日照时数

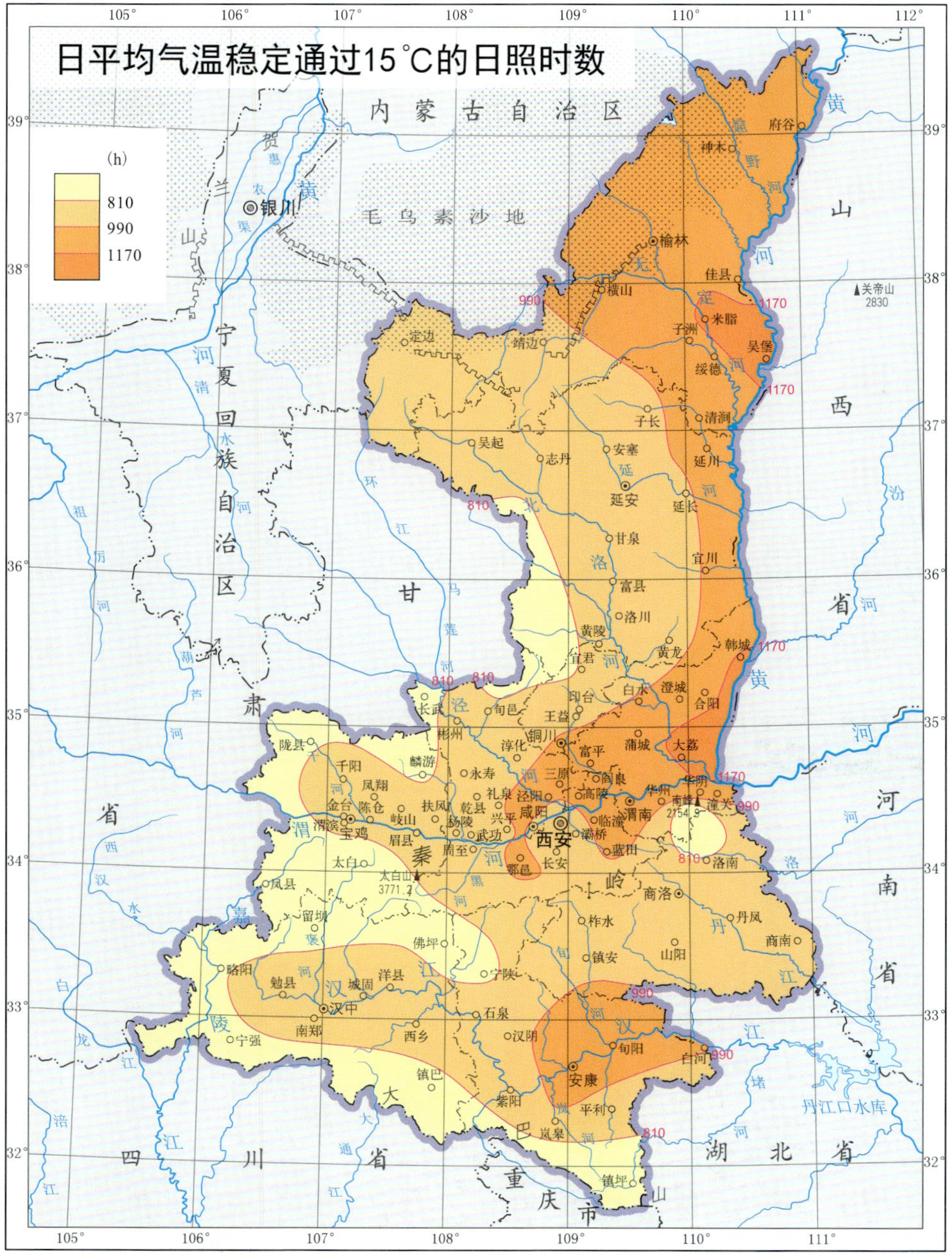

比例尺 1:5 700 000 0 57 114 km

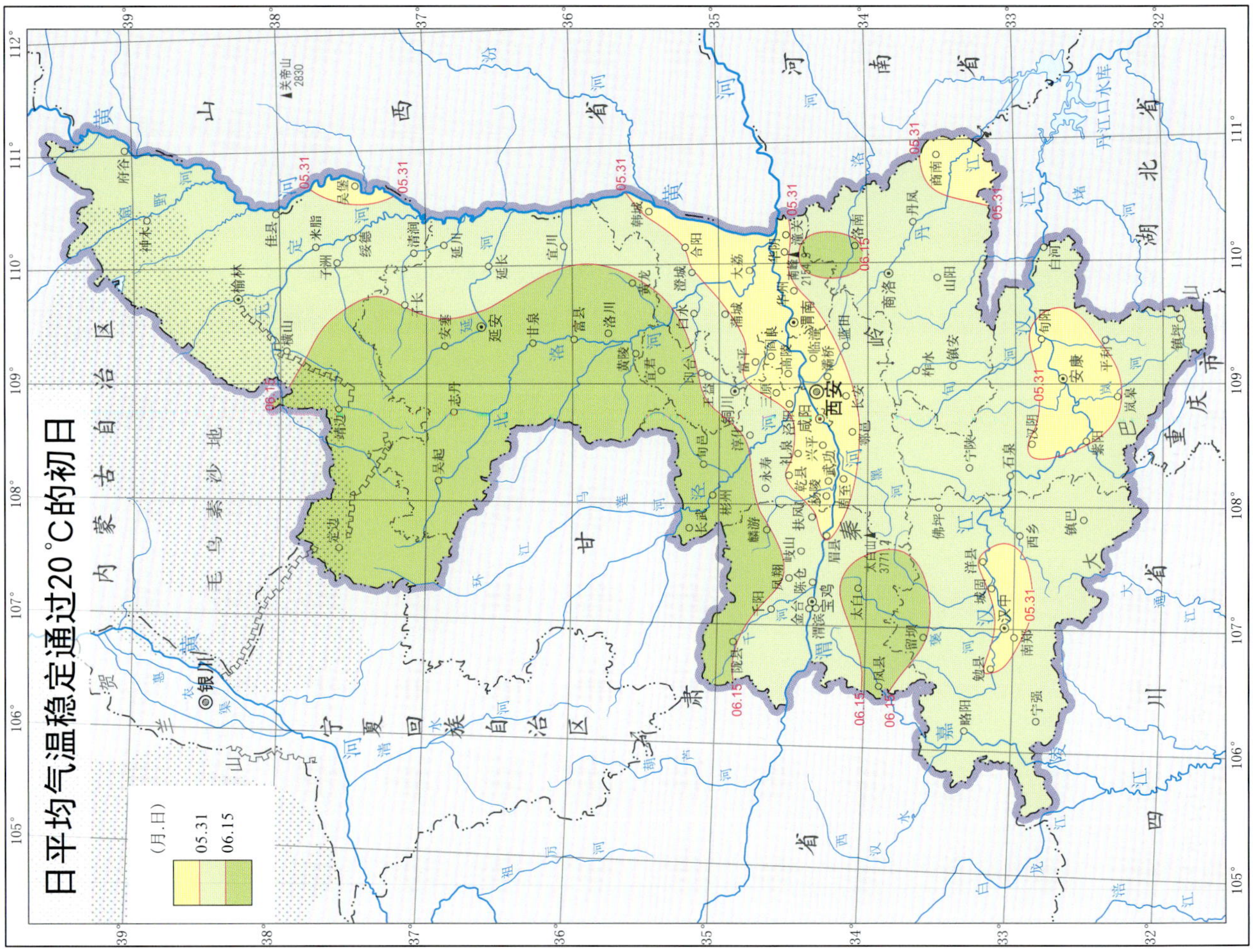

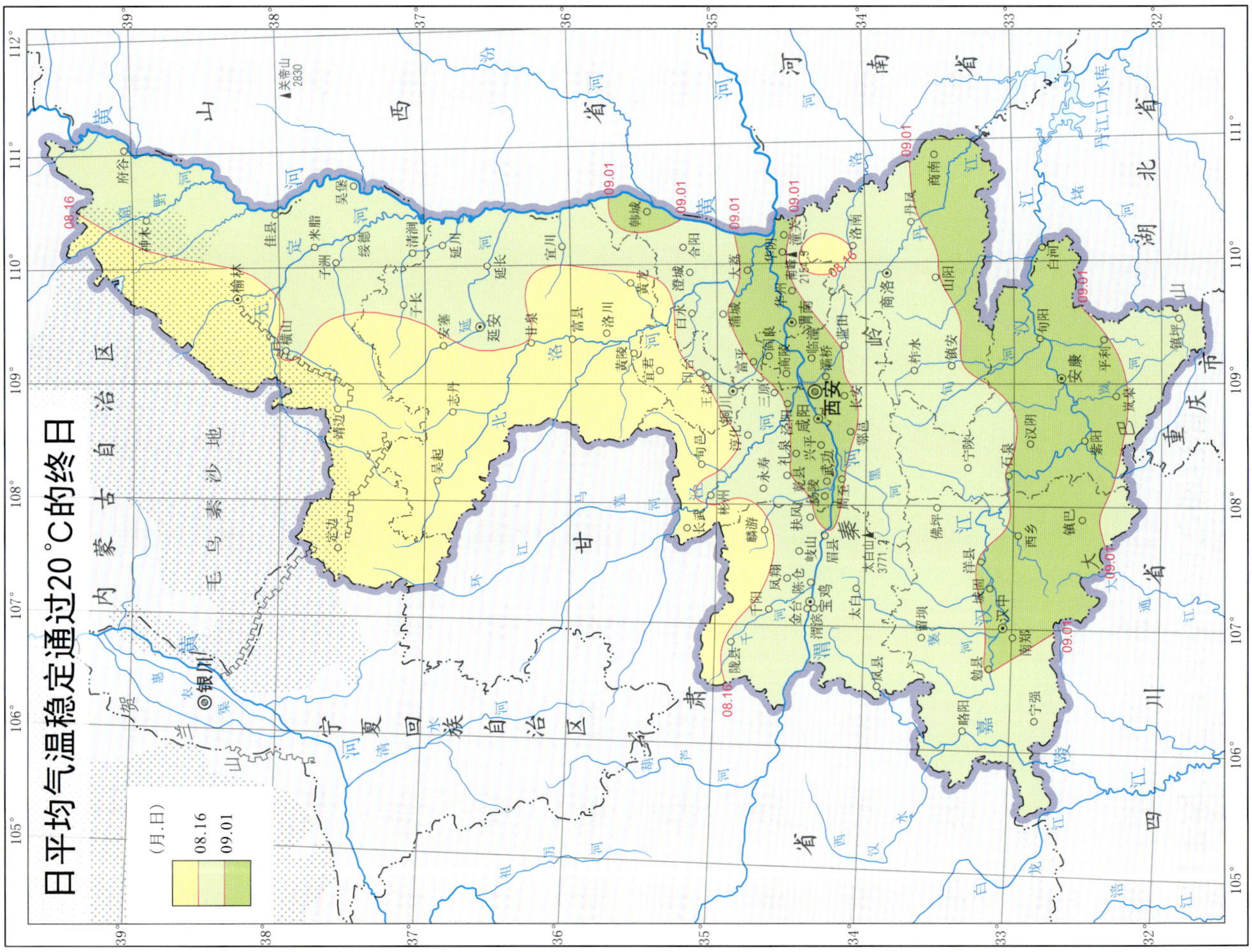

比例尺 1∶5 700 000 0 57 114 km

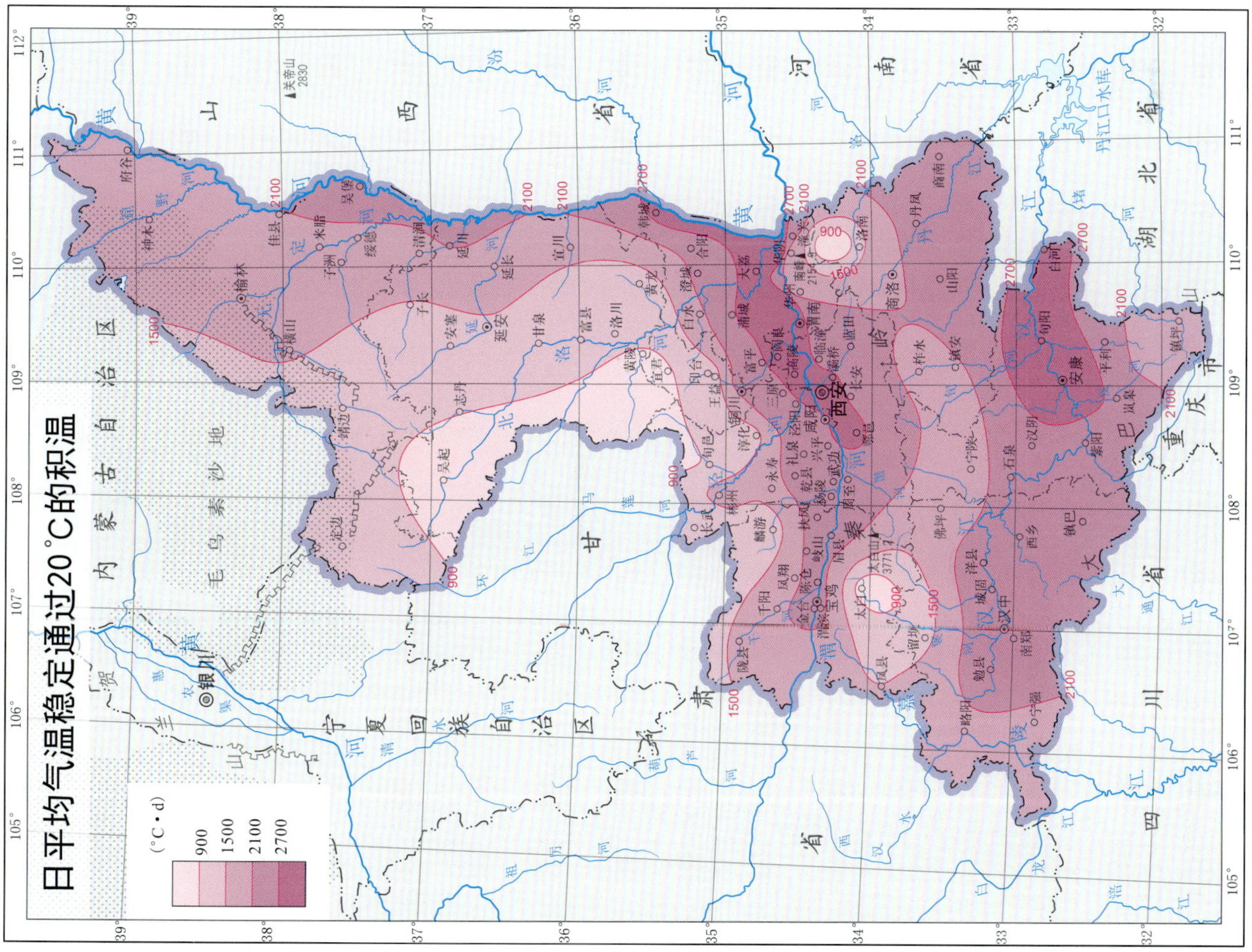

日平均气温稳定通过20 °C的积温

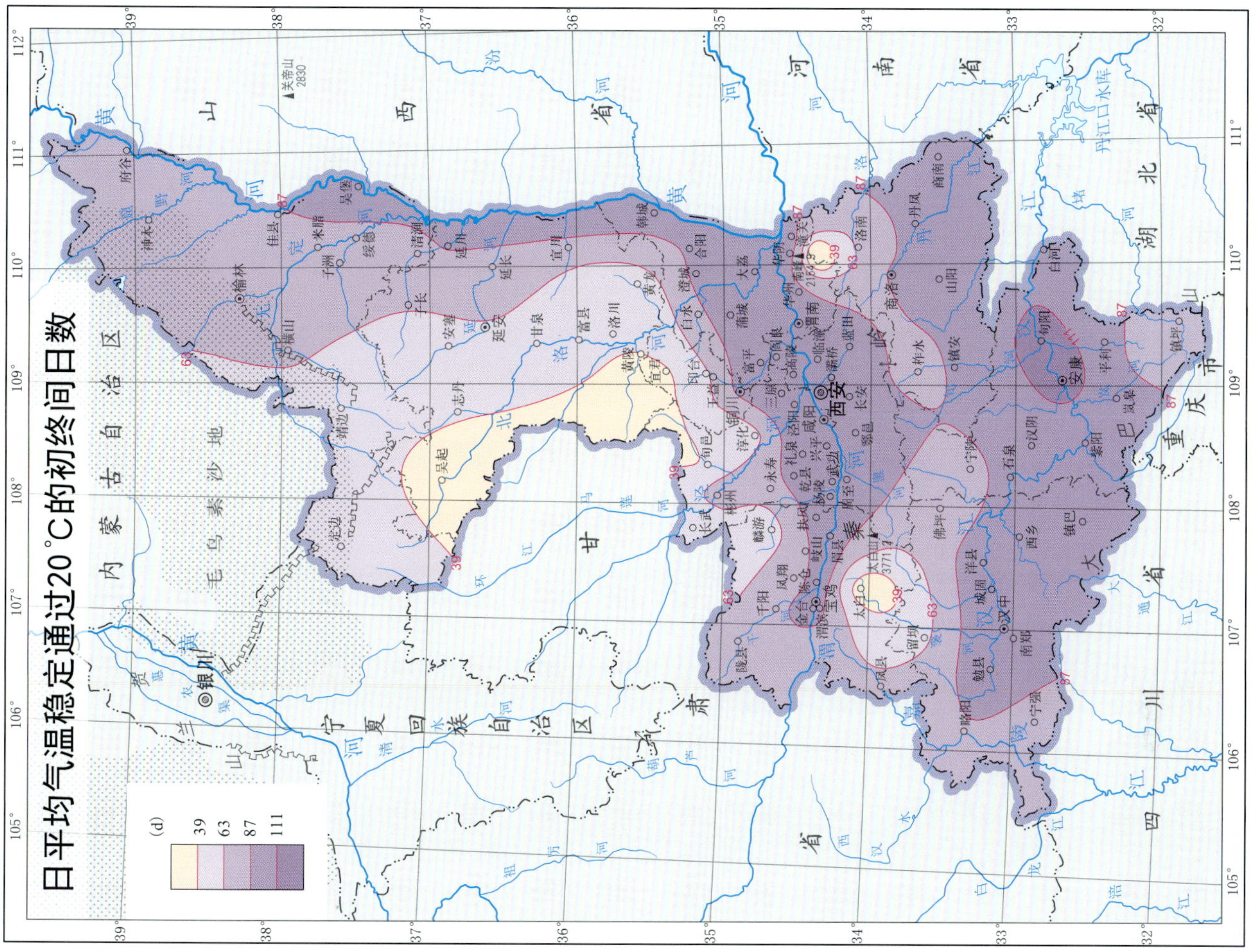

日平均气温稳定通过20 °C的初终间日数

比例尺　1∶5 700 000　0　57　114 km

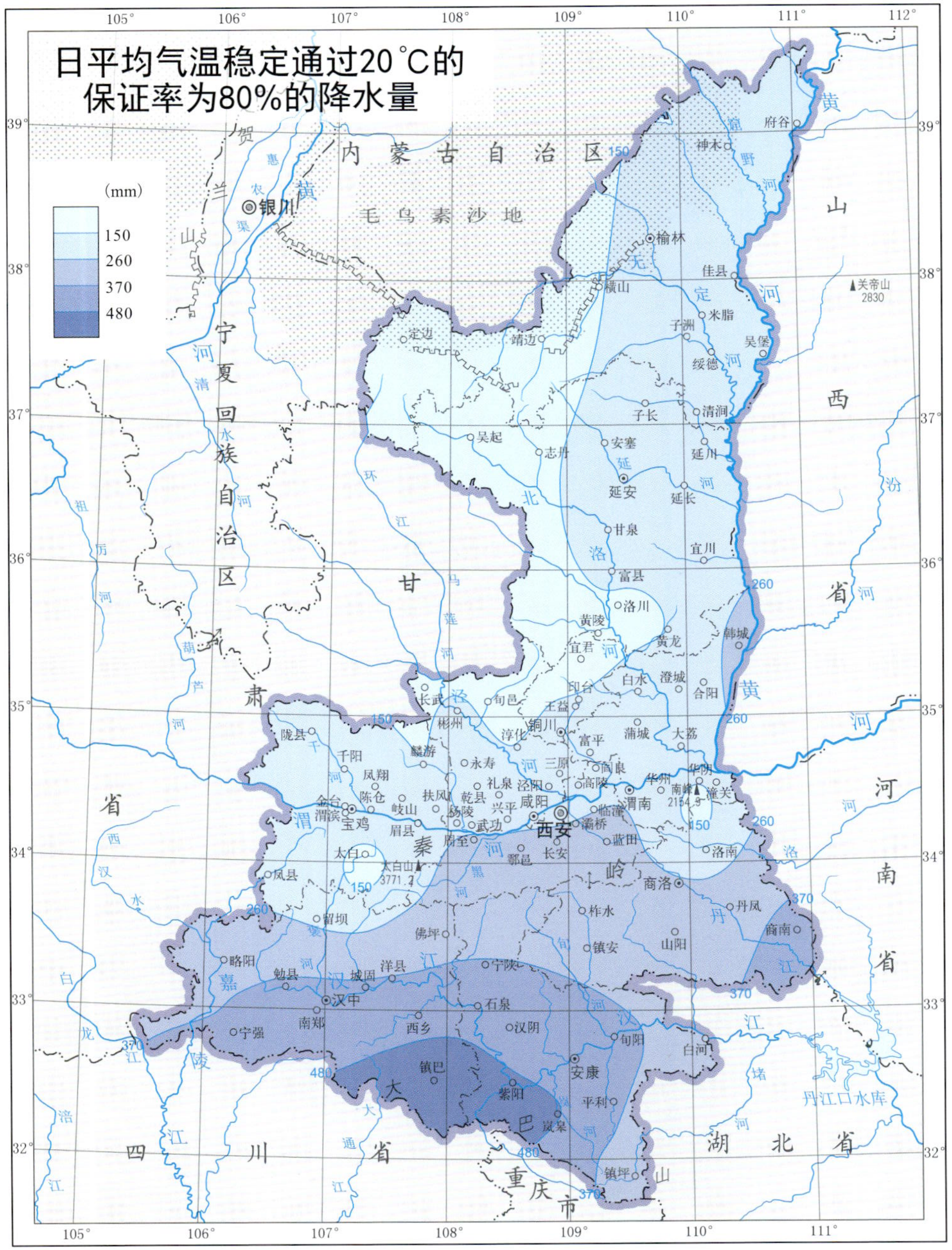

日平均气温稳定通过20℃的保证率为80%的降水量

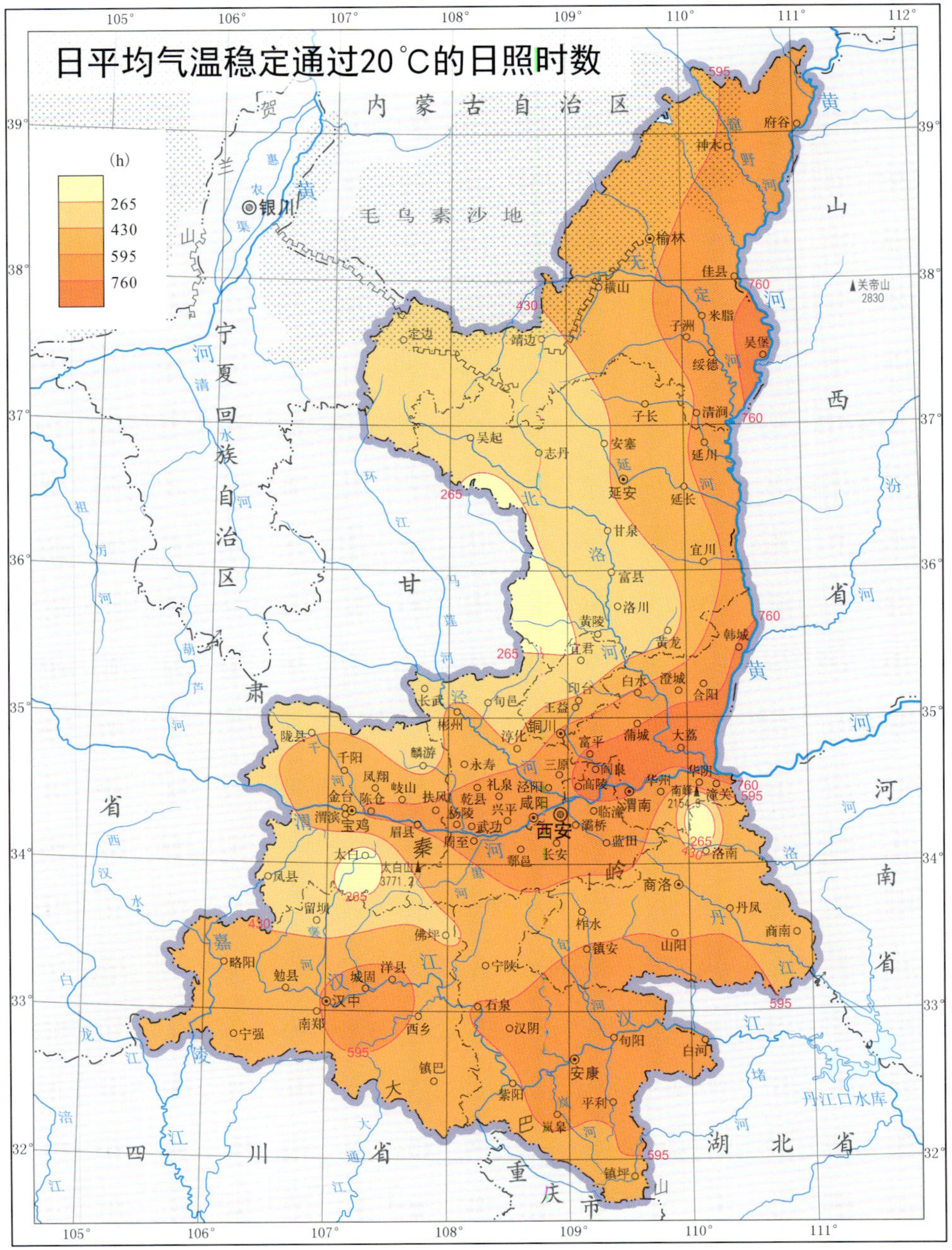

日平均气温稳定通过20℃的日照时数

比例尺 1:5 700 000 0 57 114 km

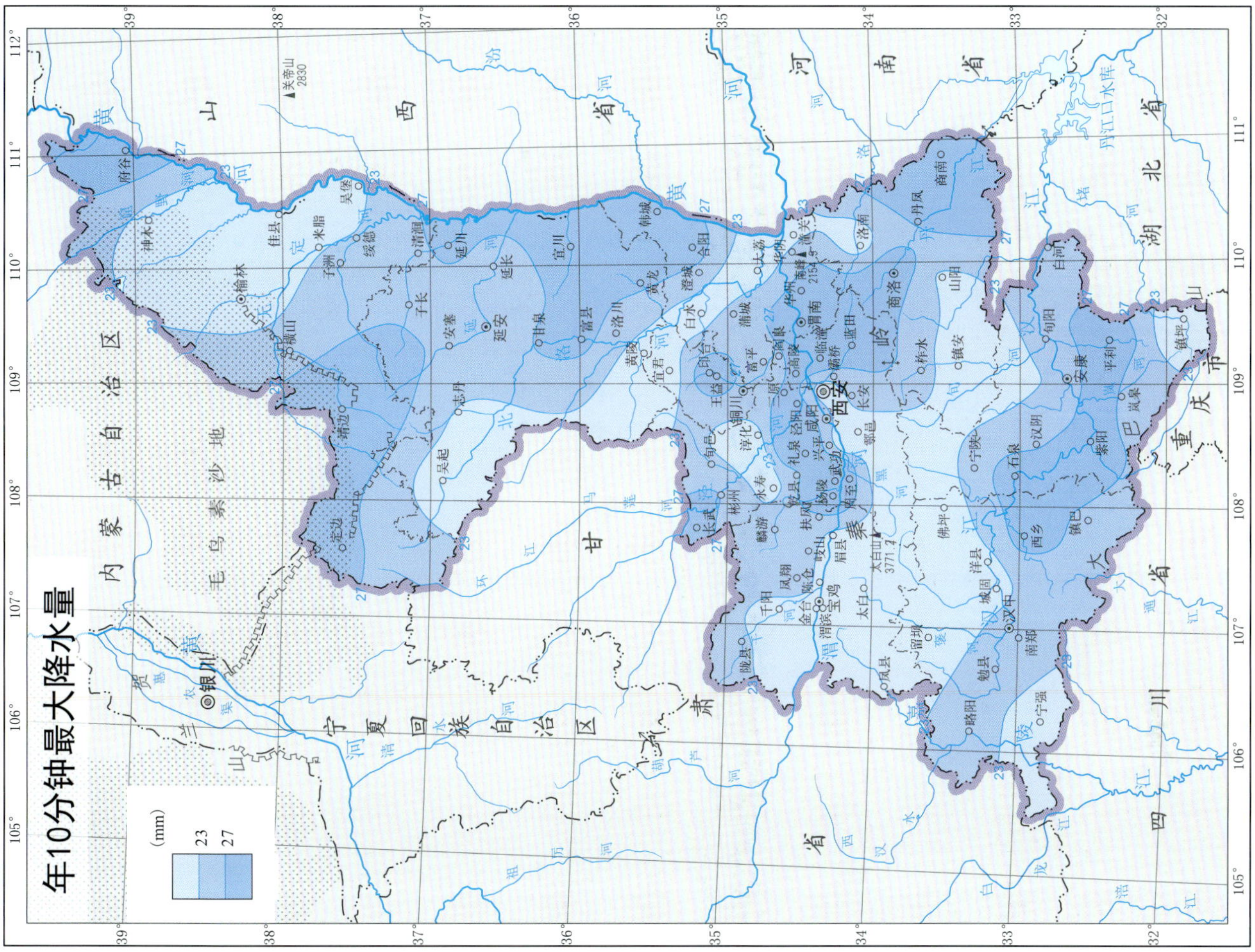

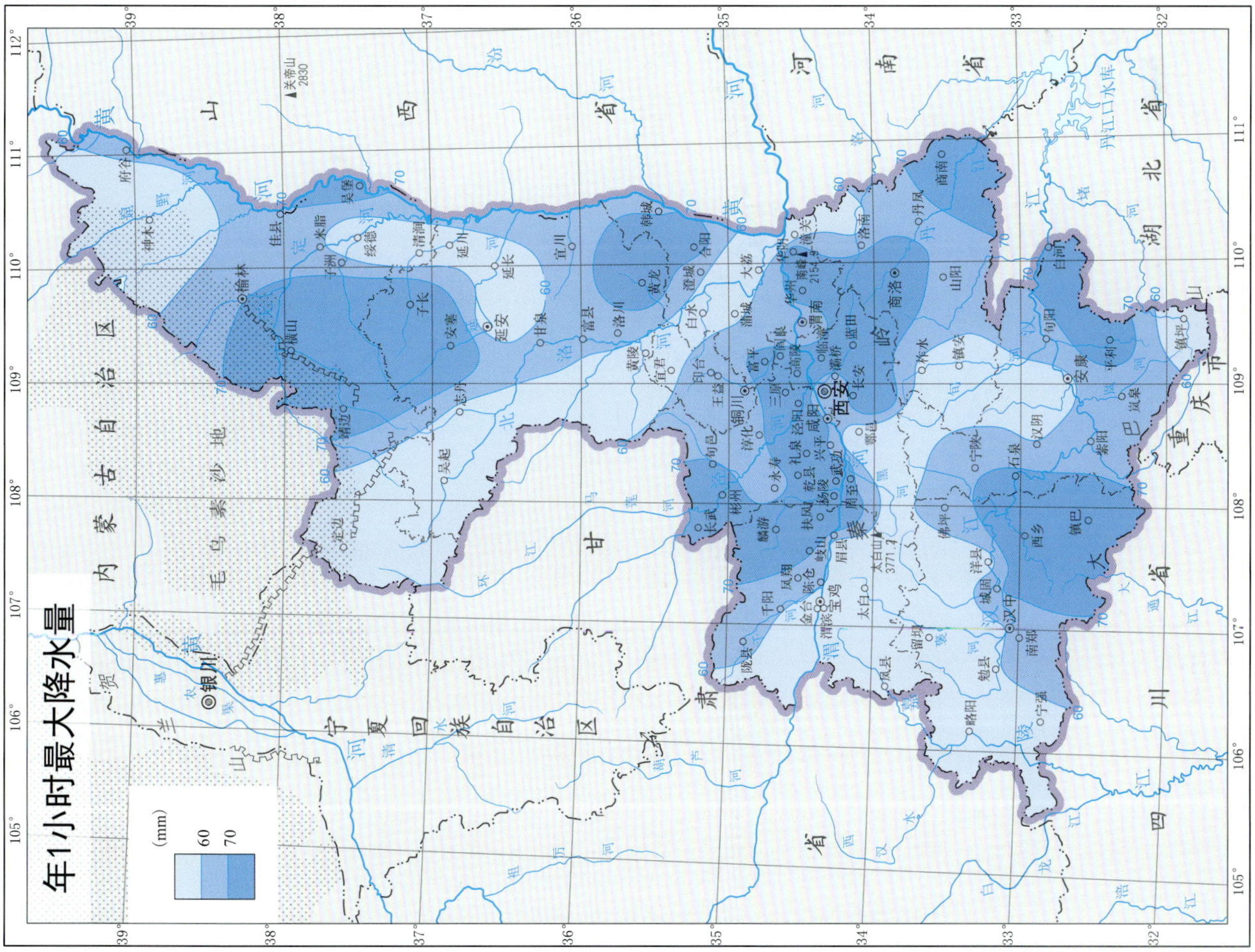

比例尺 1∶5 700 000　　0　57　114 km

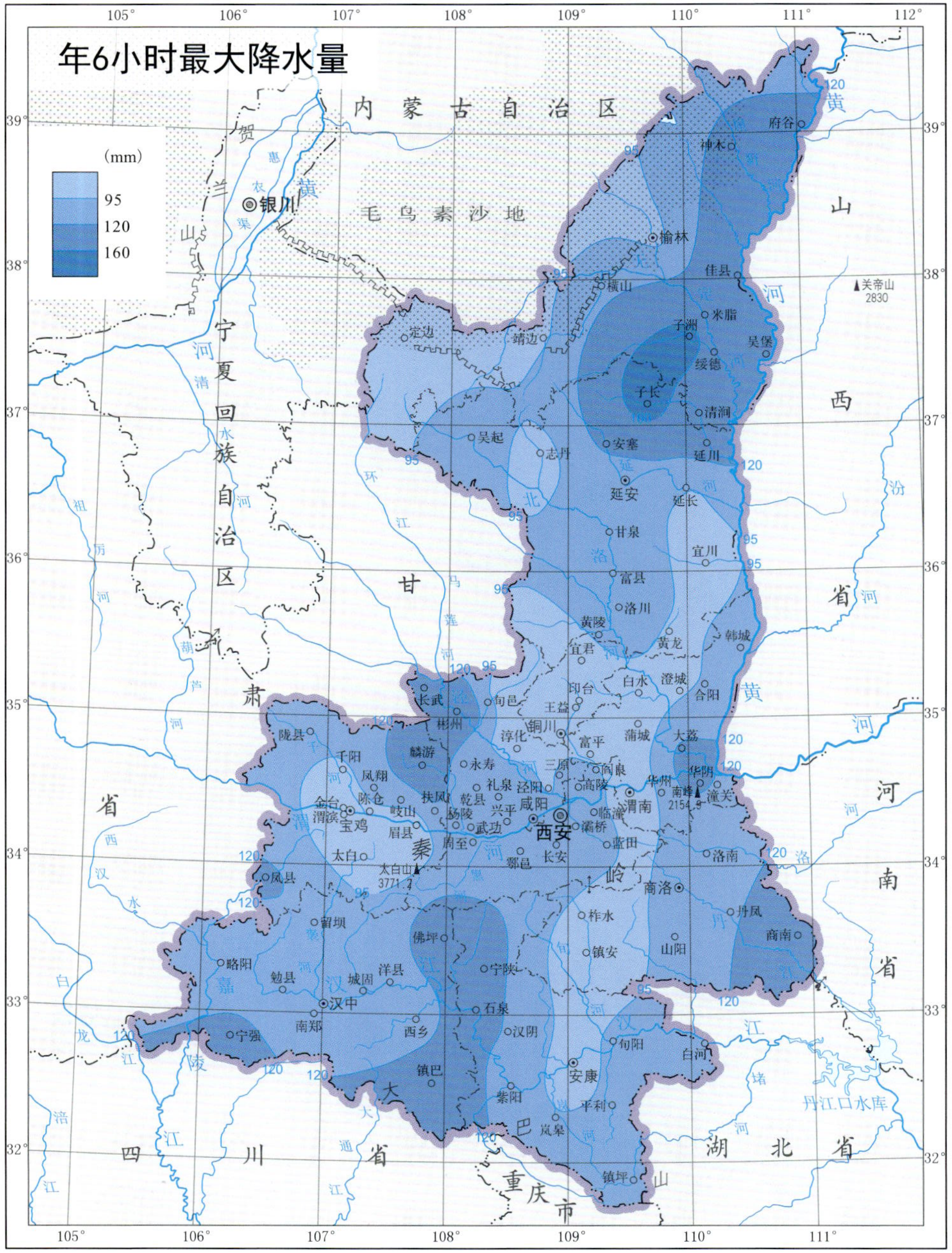

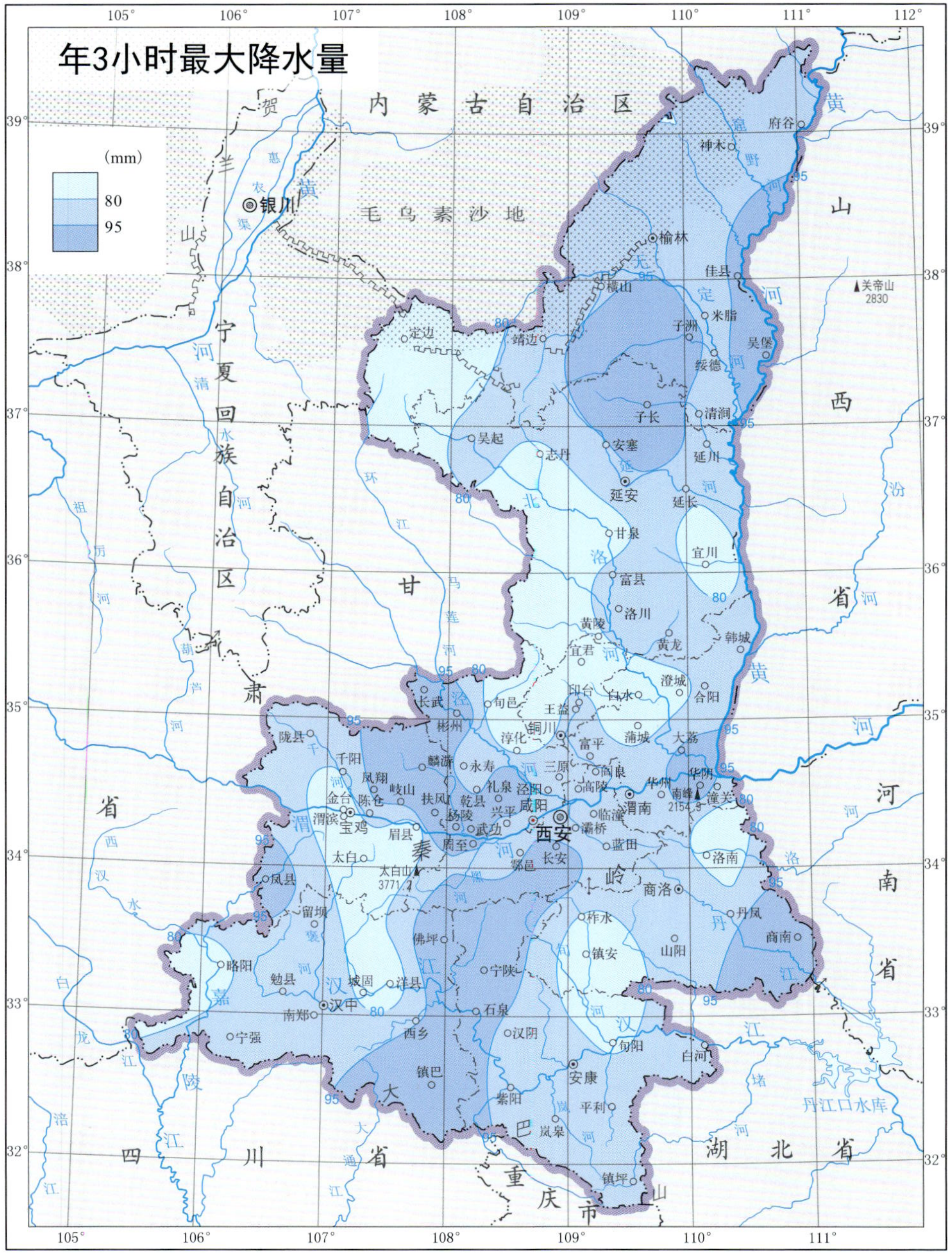

比例尺 1 : 5 700 000

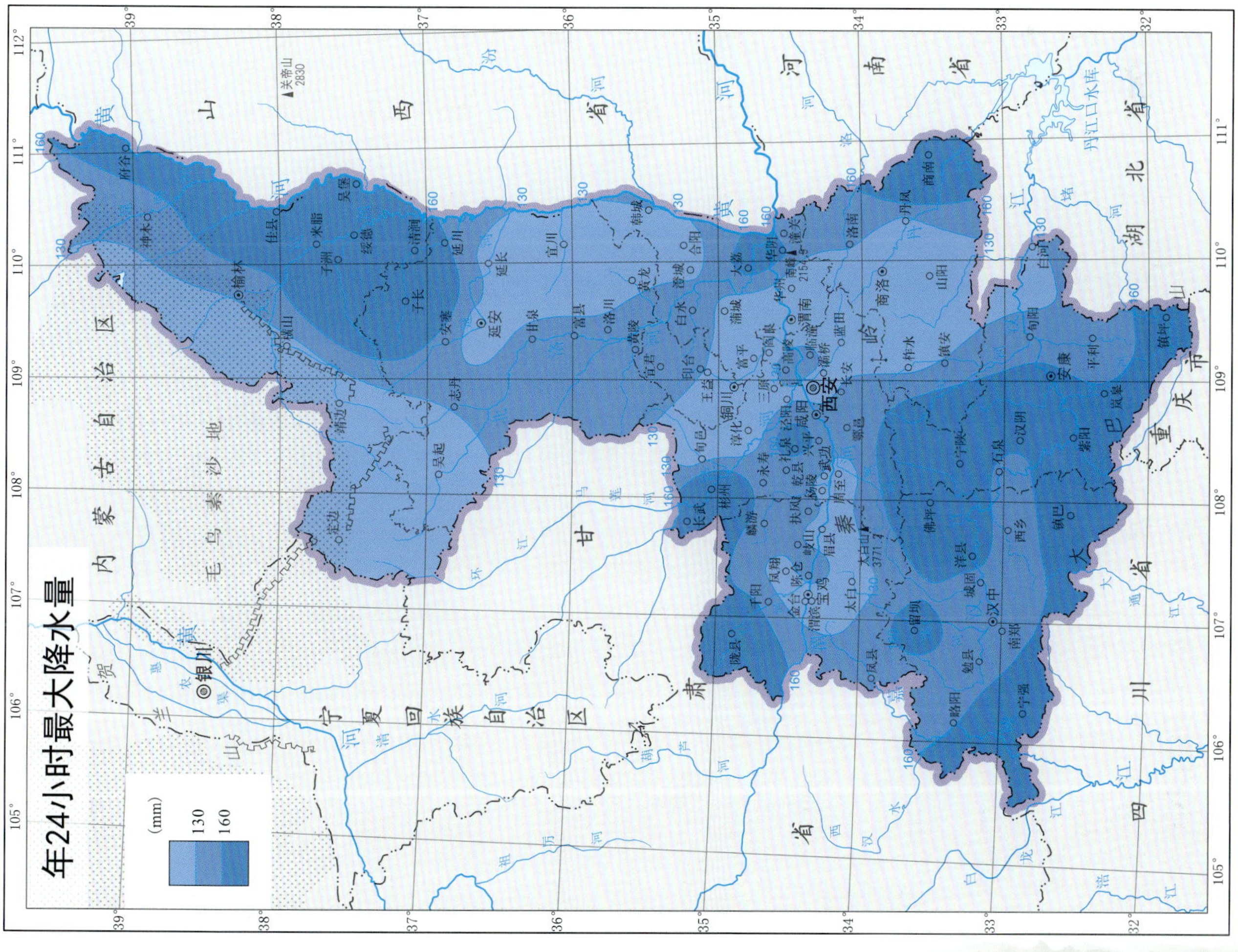

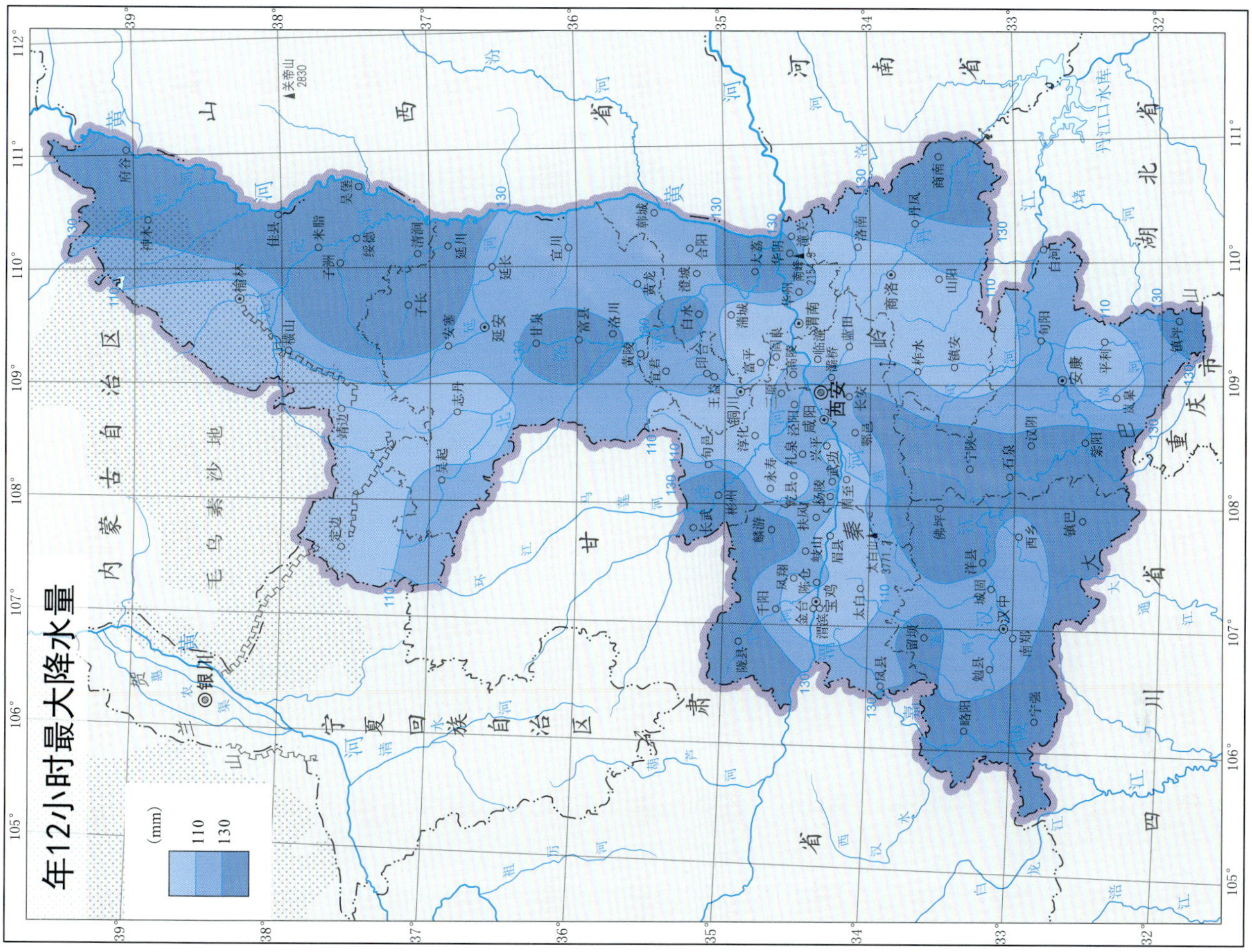

比例尺 1:5 700 000 0 57 114 km

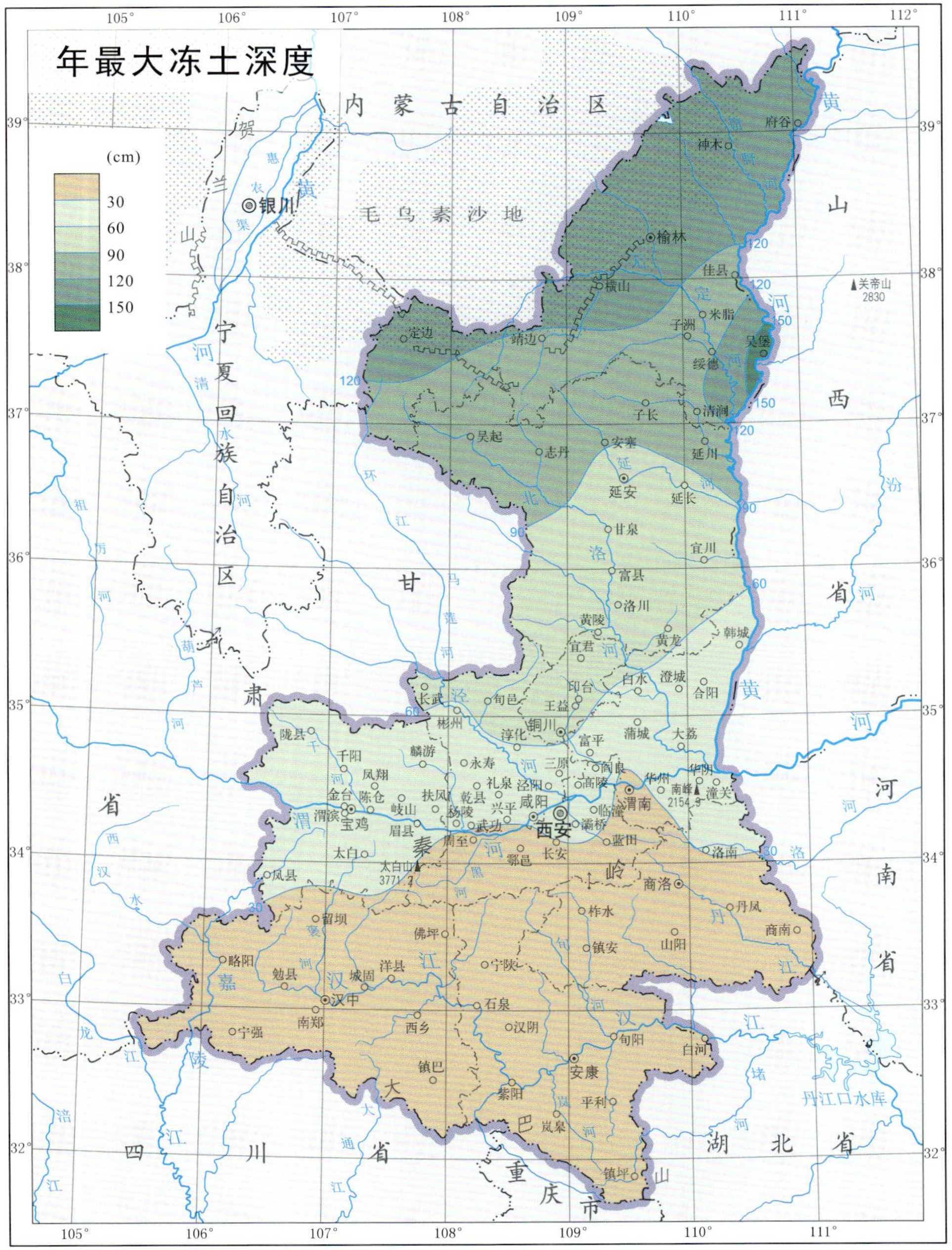

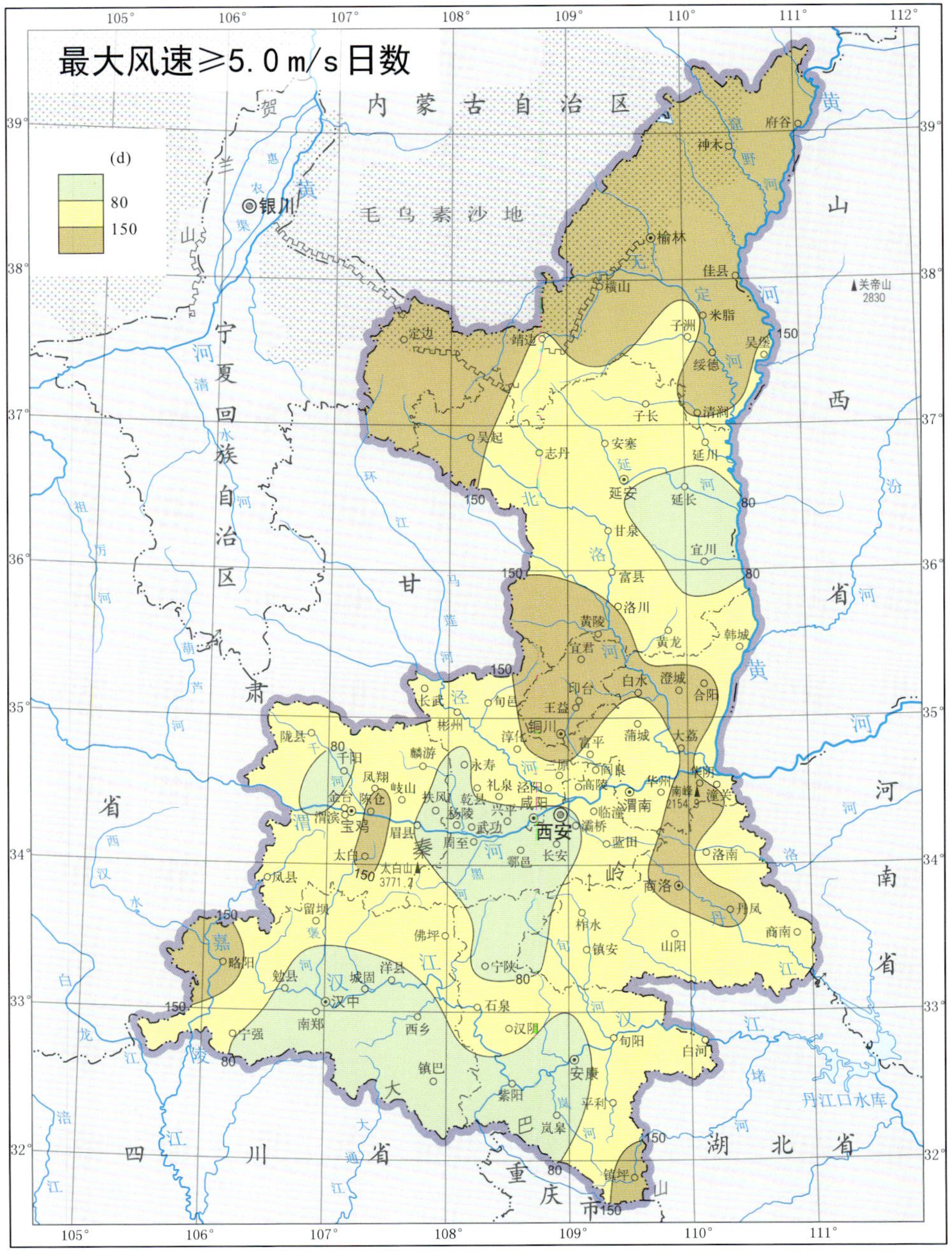

比例尺 1:5 700 000　0　57　114 km

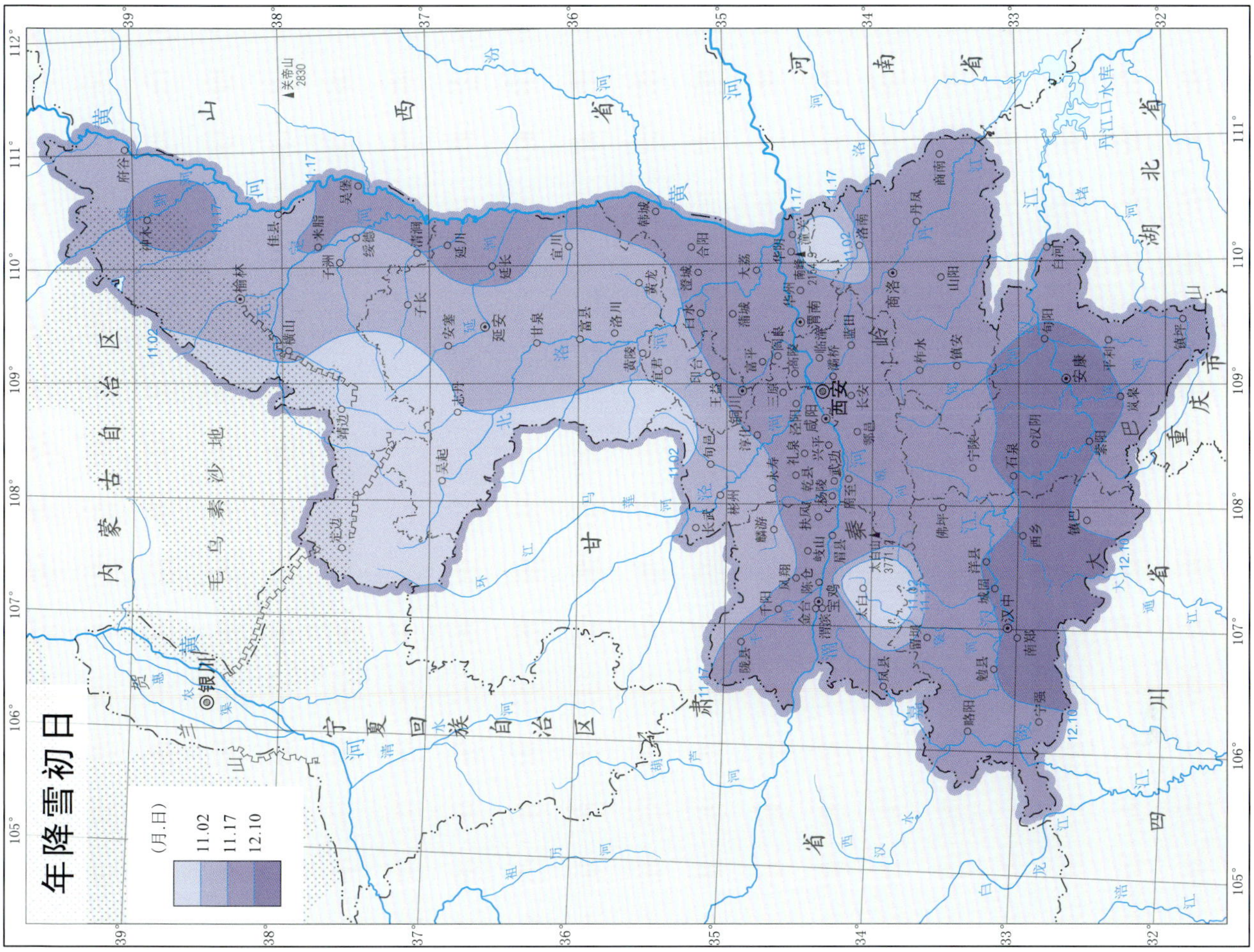

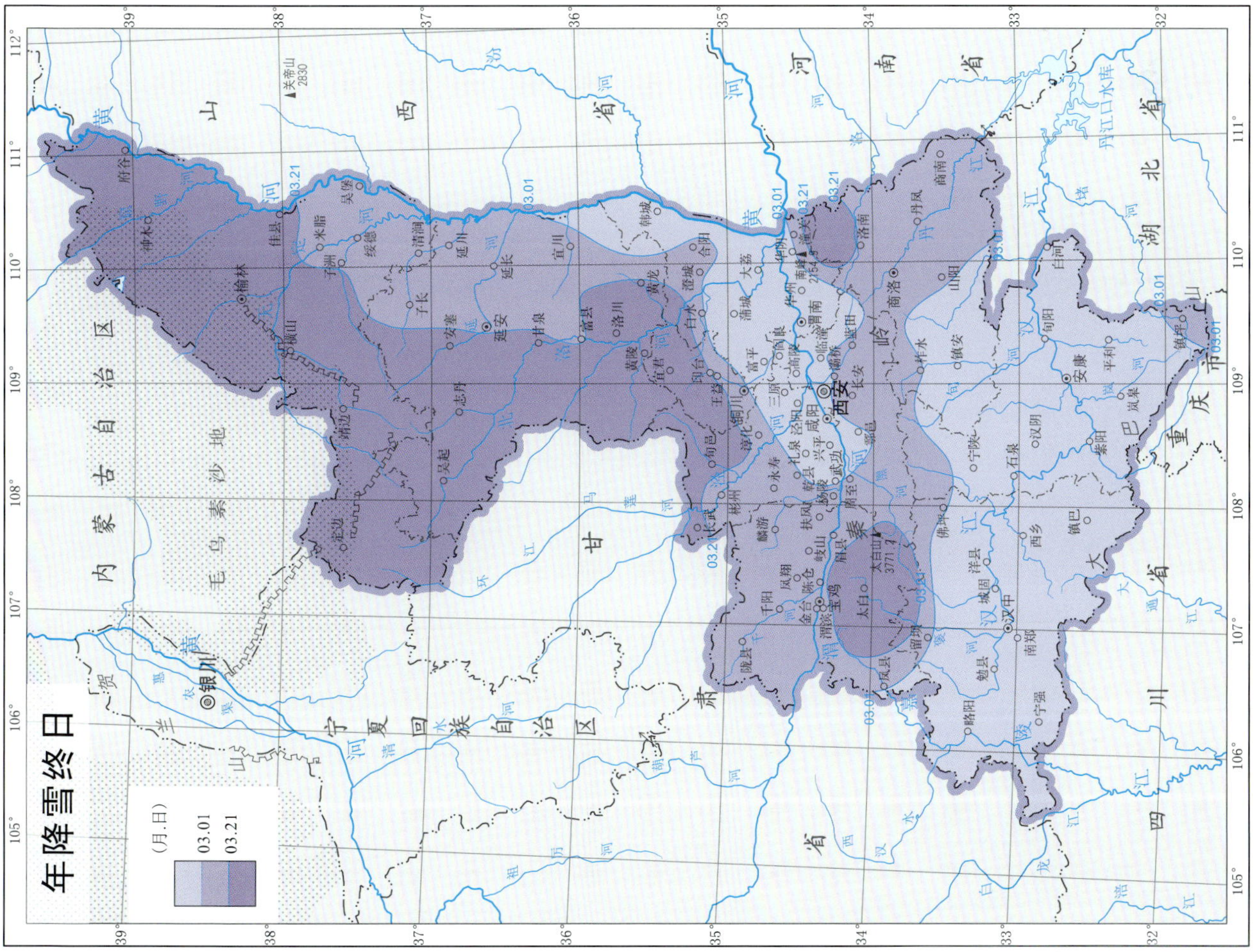

比例尺　1∶5 700 000　0　57　114 km

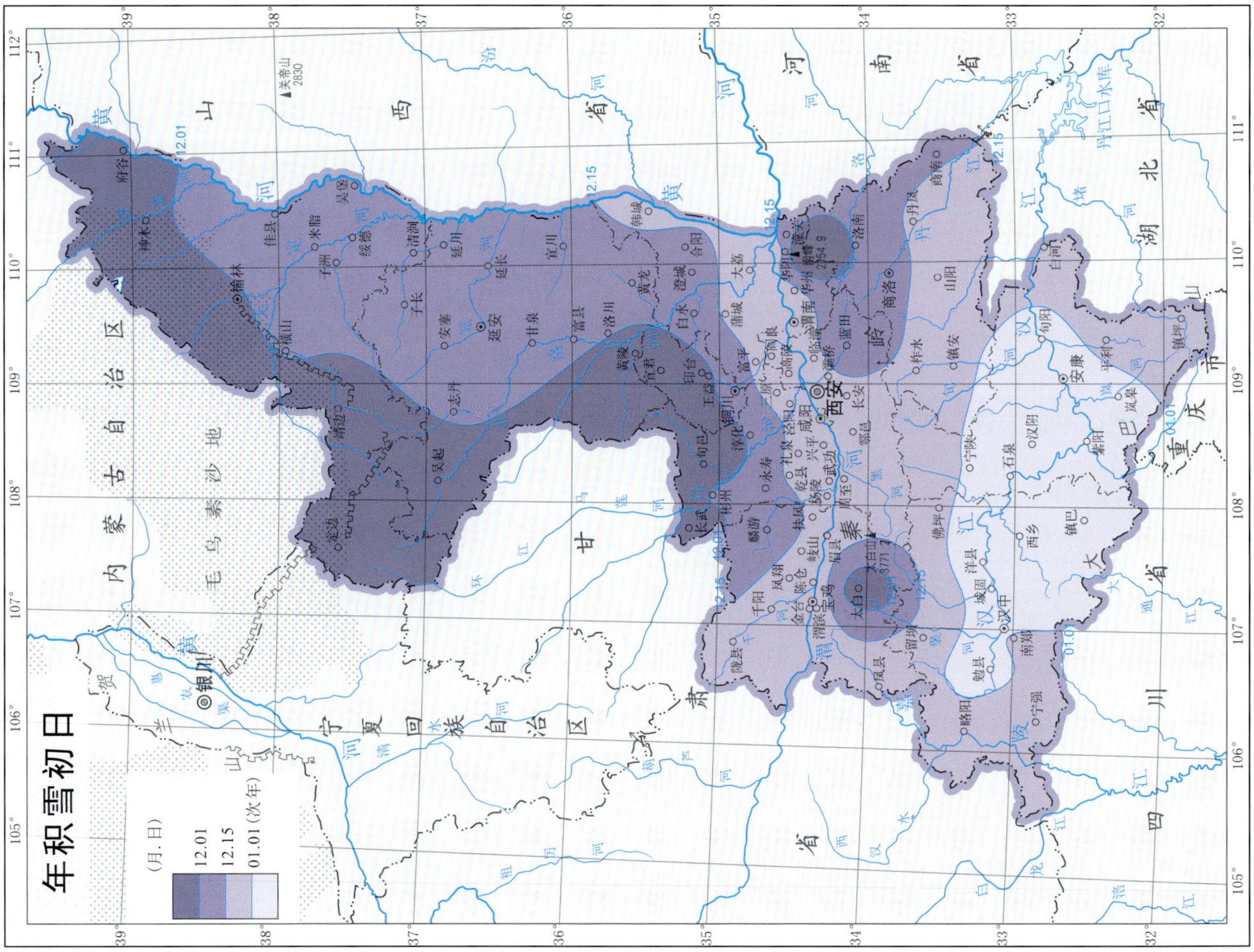

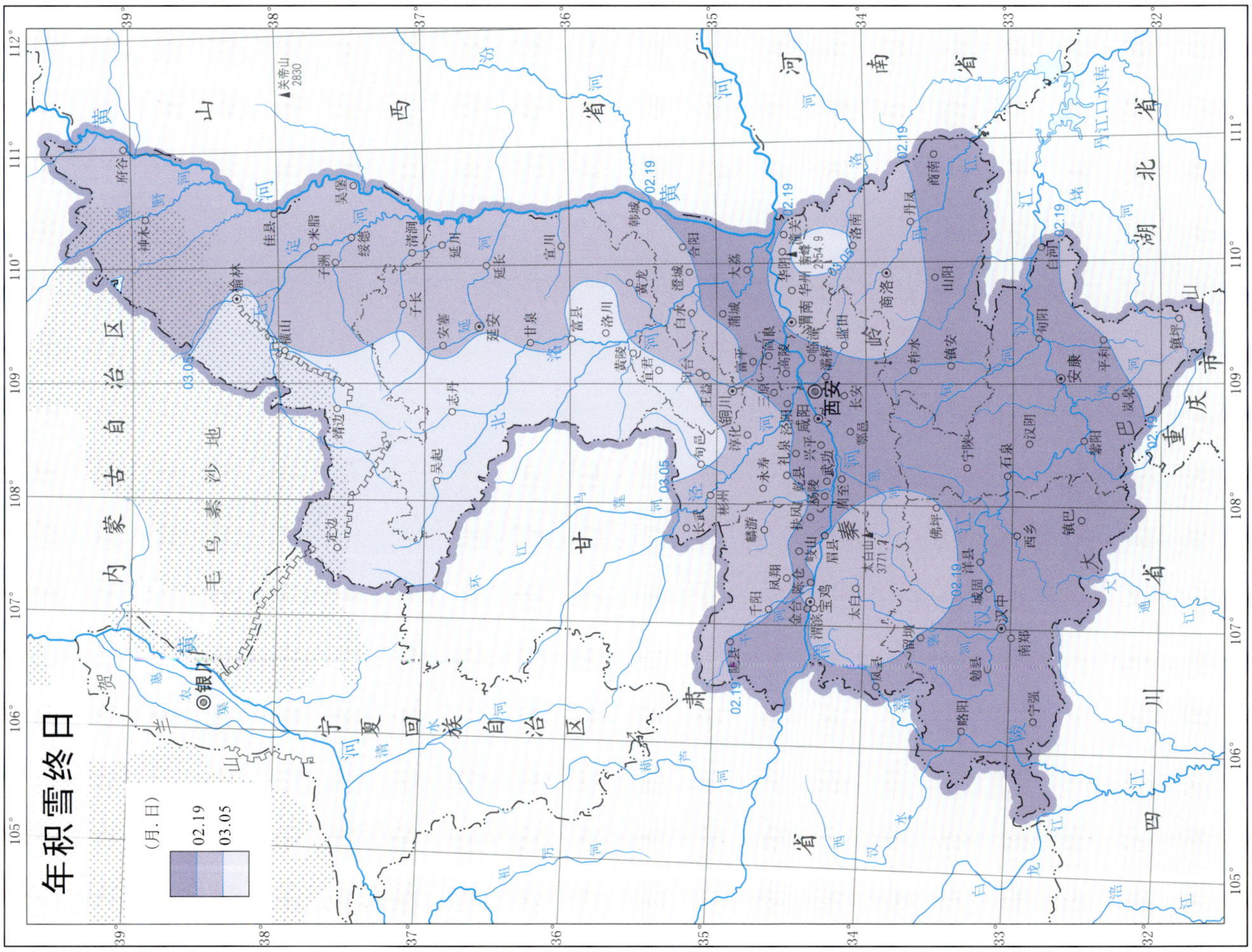

比例尺 1 : 5 700 000　0　57　114 km

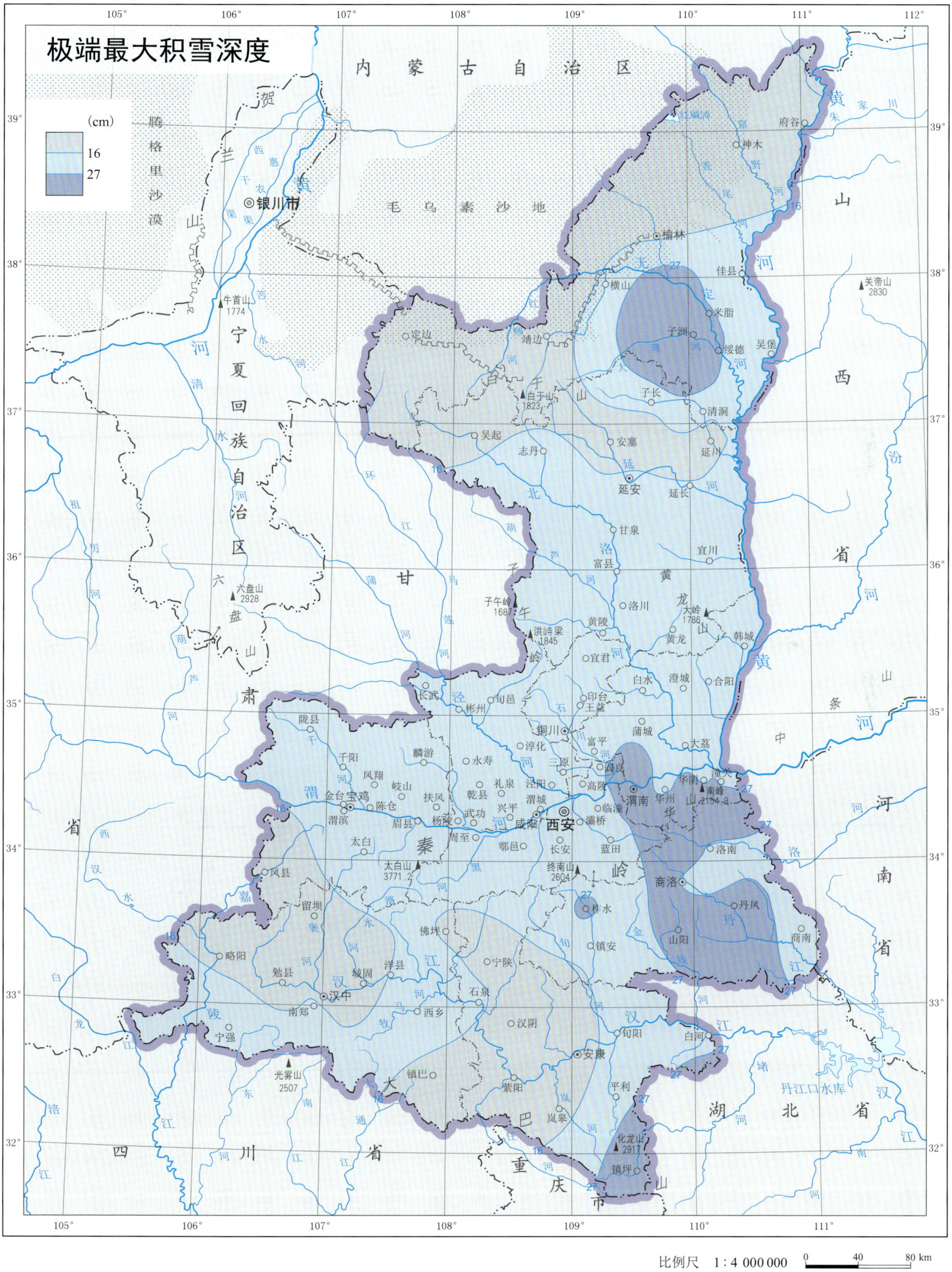
极端最大积雪深度
(cm)
16
27
内蒙古自治区
毛乌素沙地
腾格里沙漠
银川市
宁夏回族自治区
甘肃
山西省
河南省
湖北省
四川省
重庆市
榆林
延安
西安
宝鸡
咸阳
渭南
铜川
商洛
汉中
安康
太白山 3771.2
华山 2154.9
化龙山 2917
光雾山 2507
六盘山 2928
关帝山 2830
比例尺 1 : 4 000 000
0 40 80 km

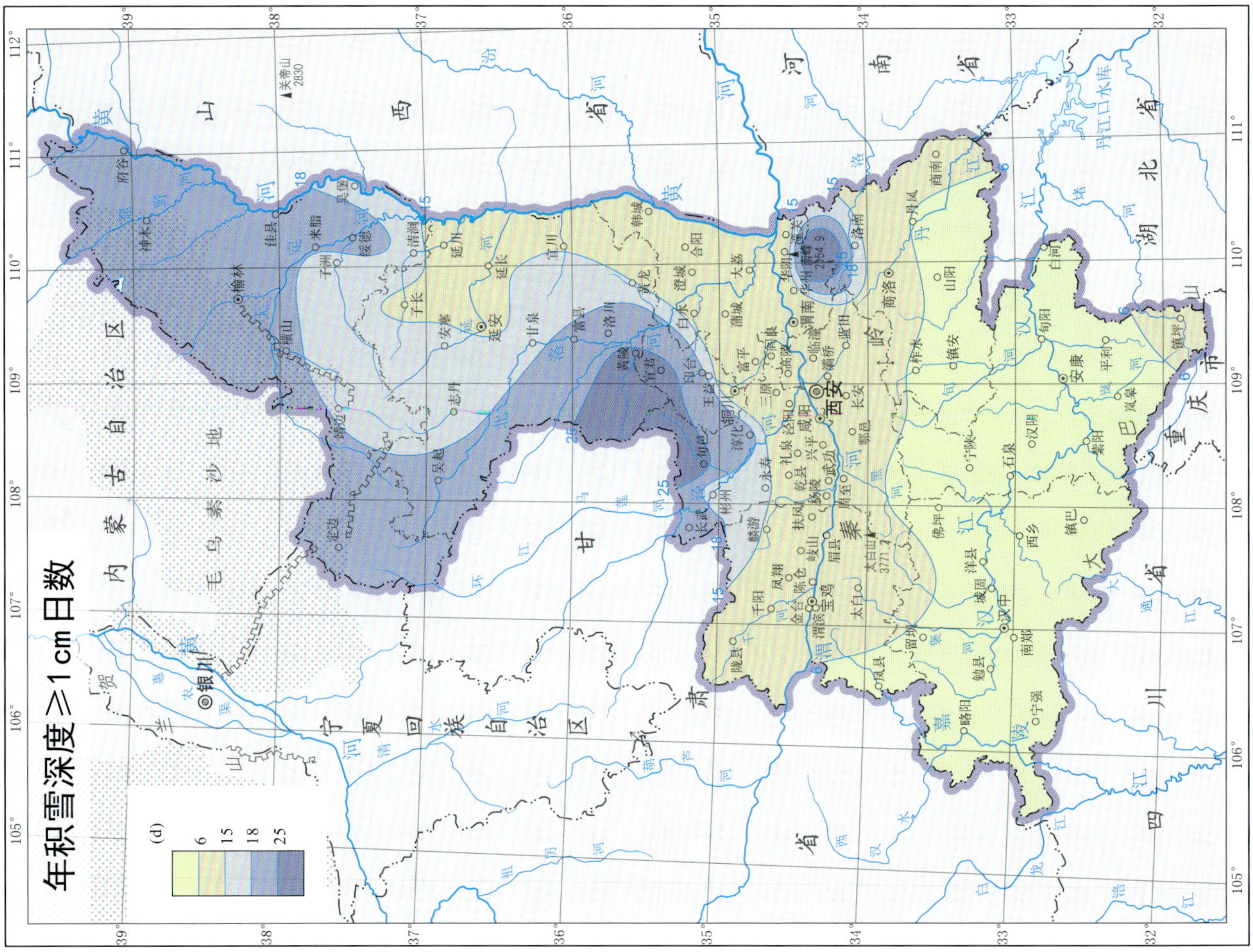

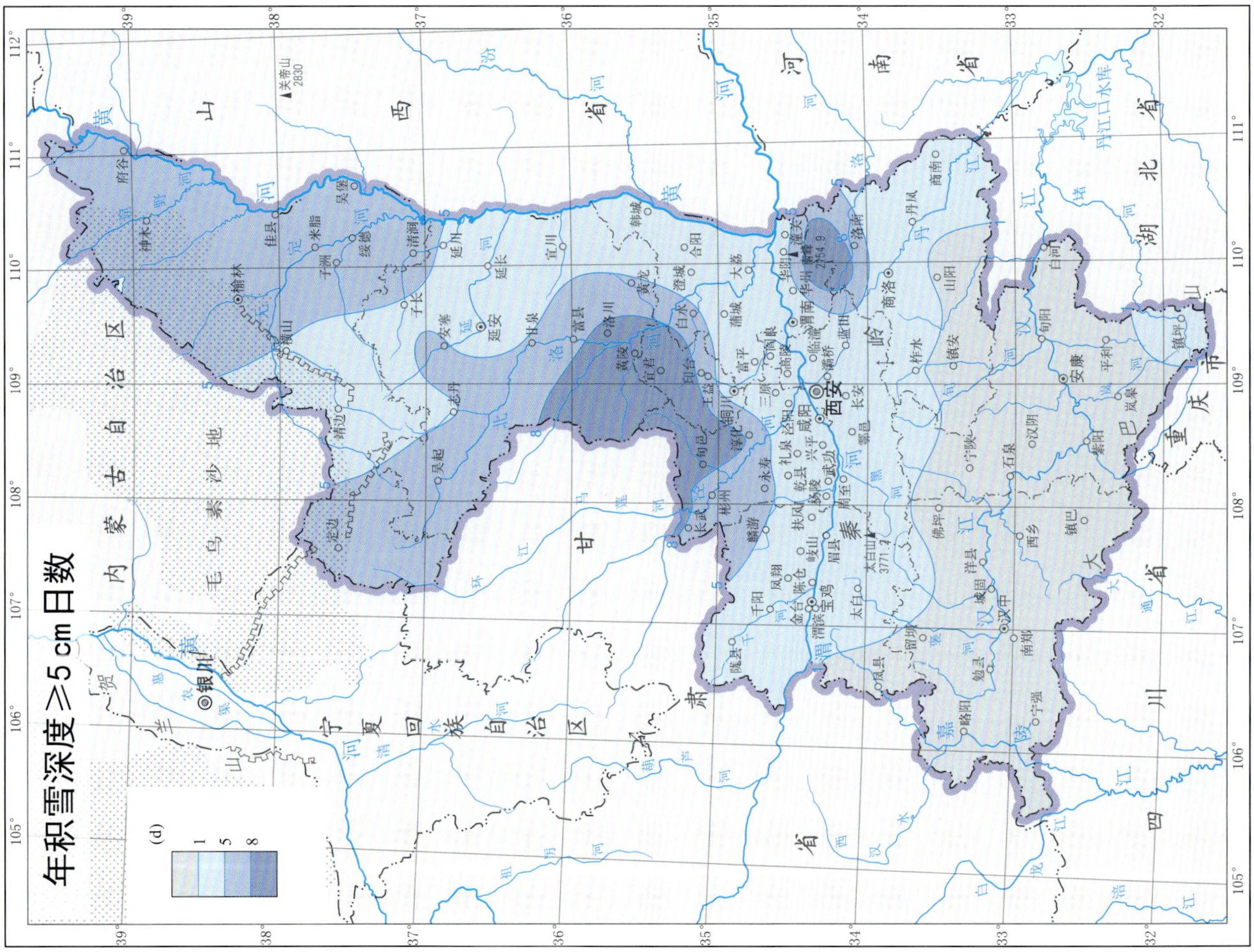

比例尺　1 : 5 700 000　0　57　114 km

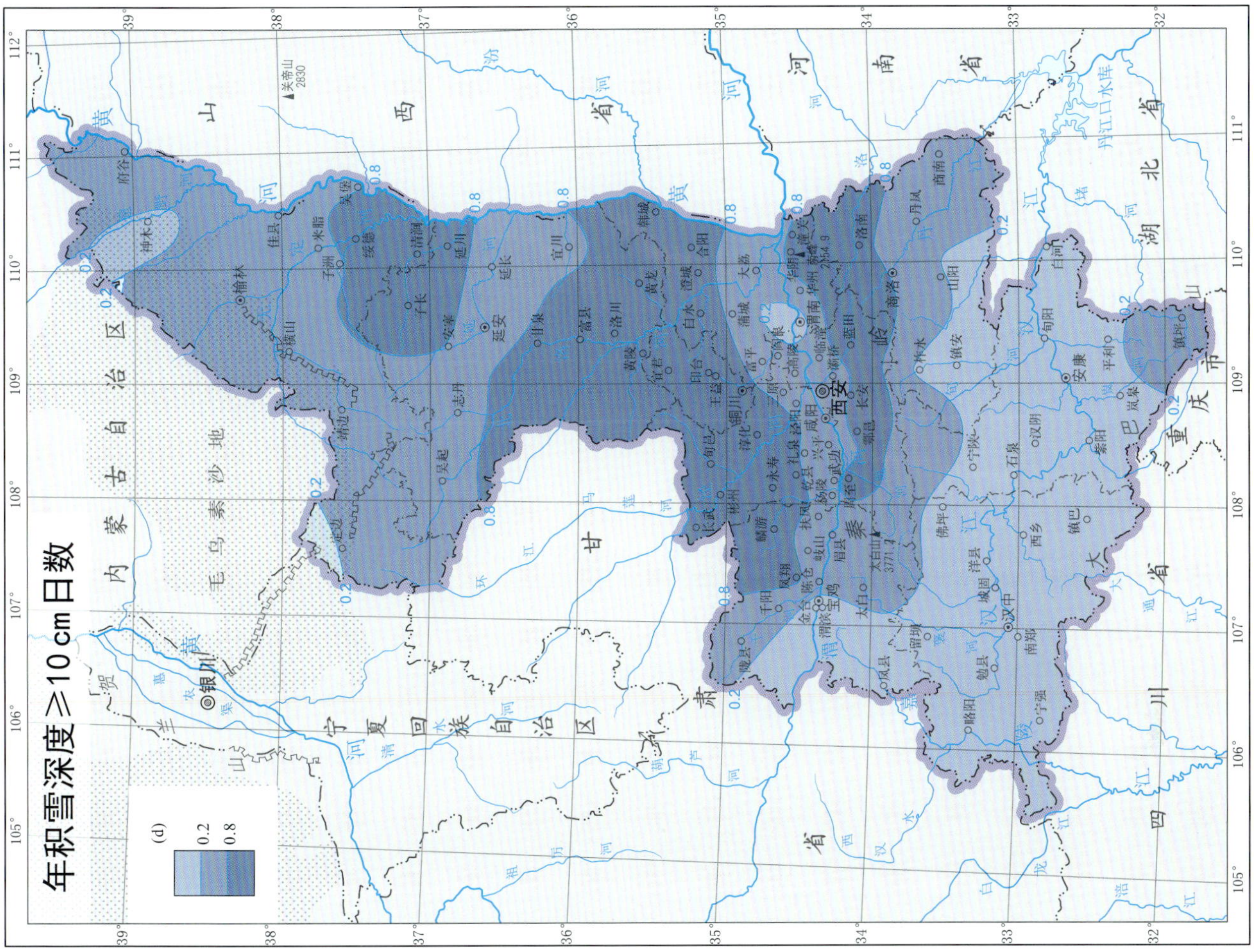

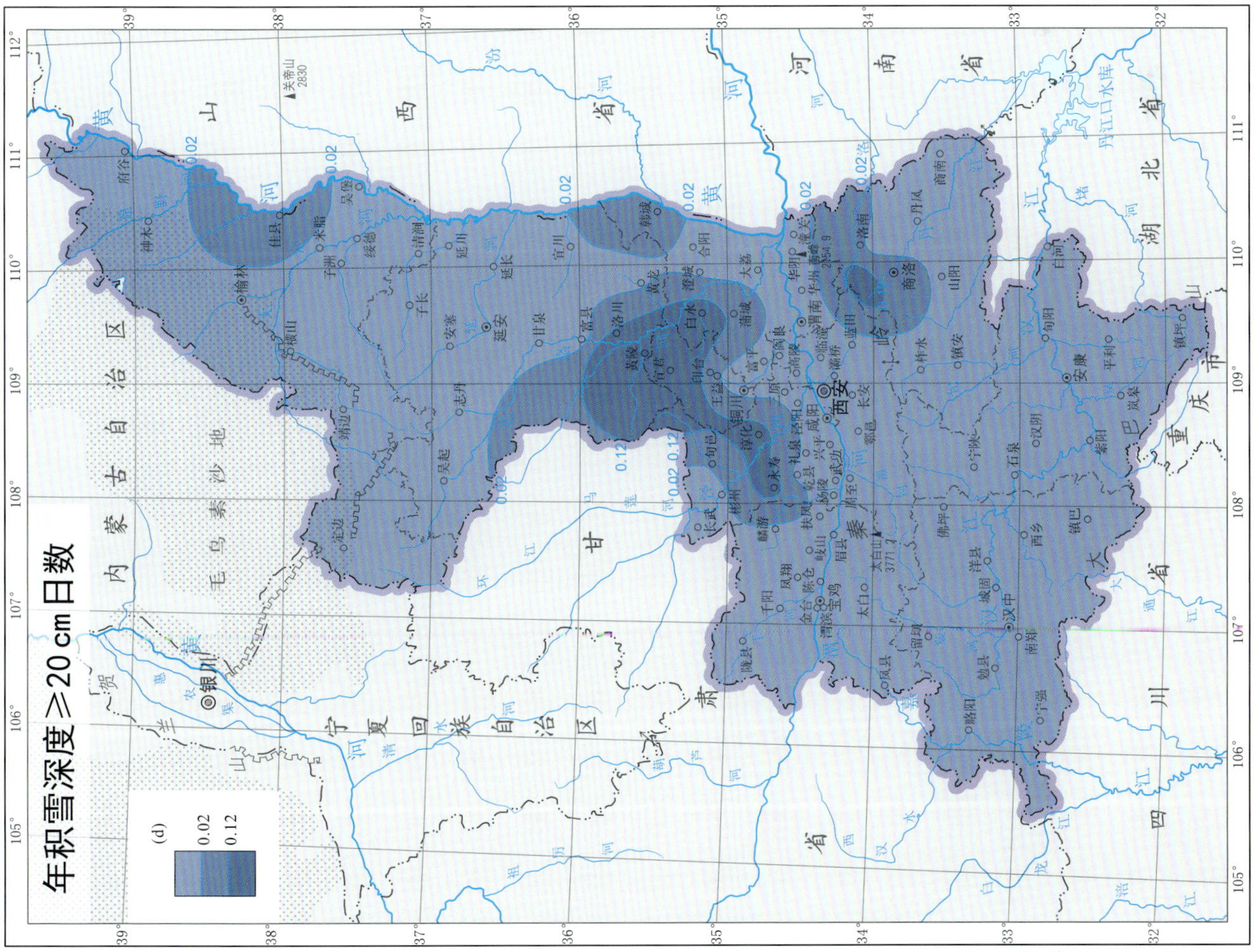

比例尺 1:5 700 000 0 57 114 km

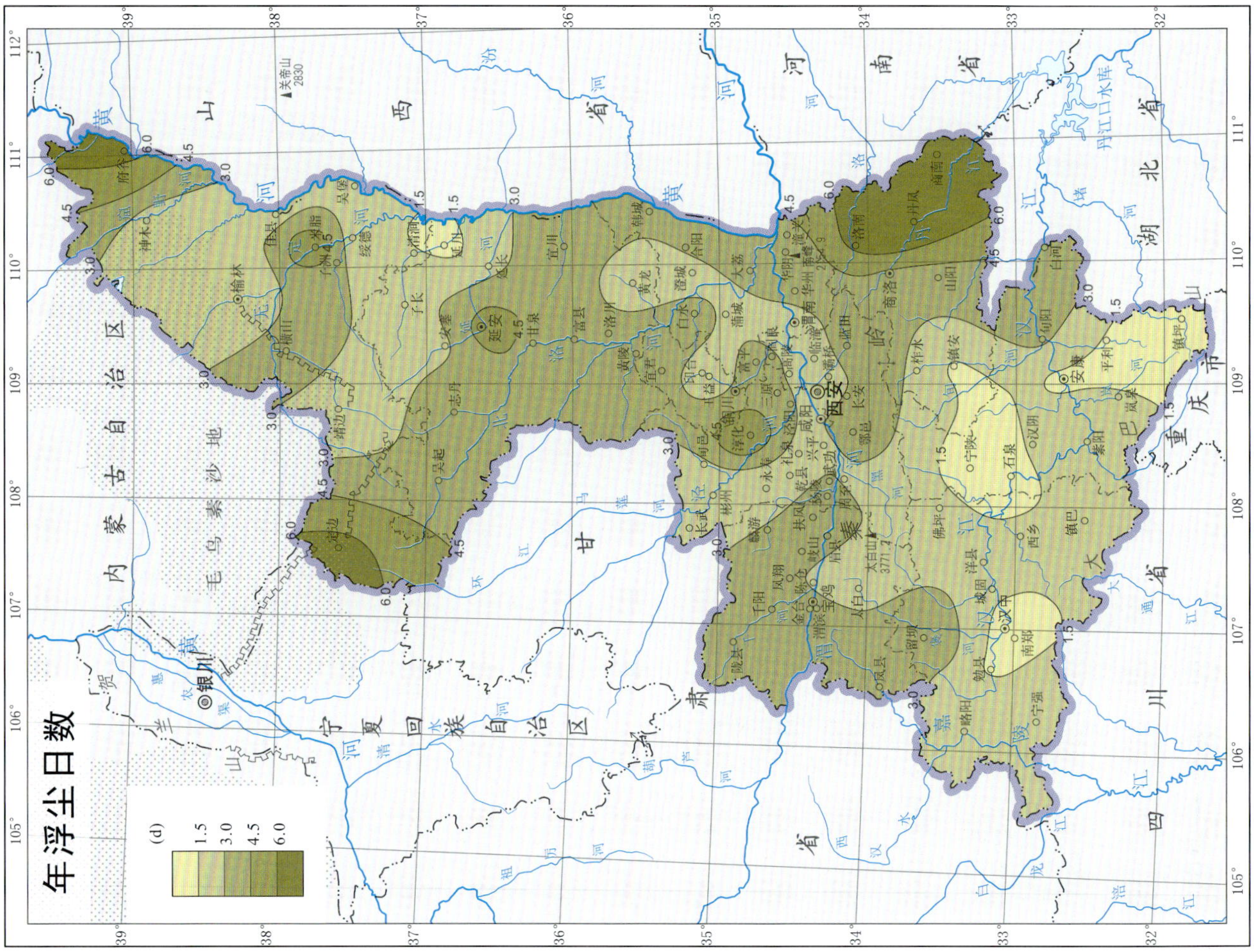

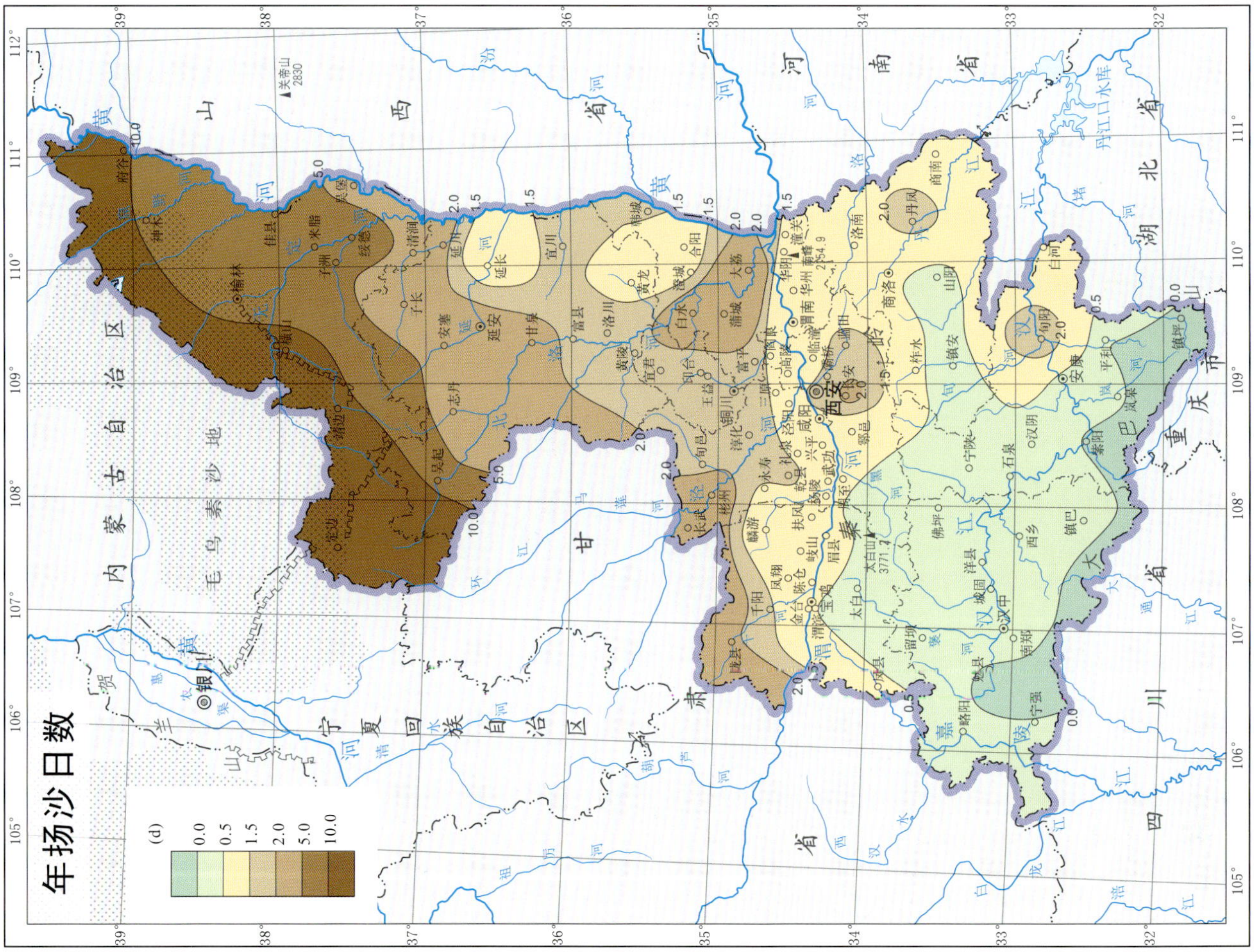

比例尺 1:5 700 000 0 57 114 km

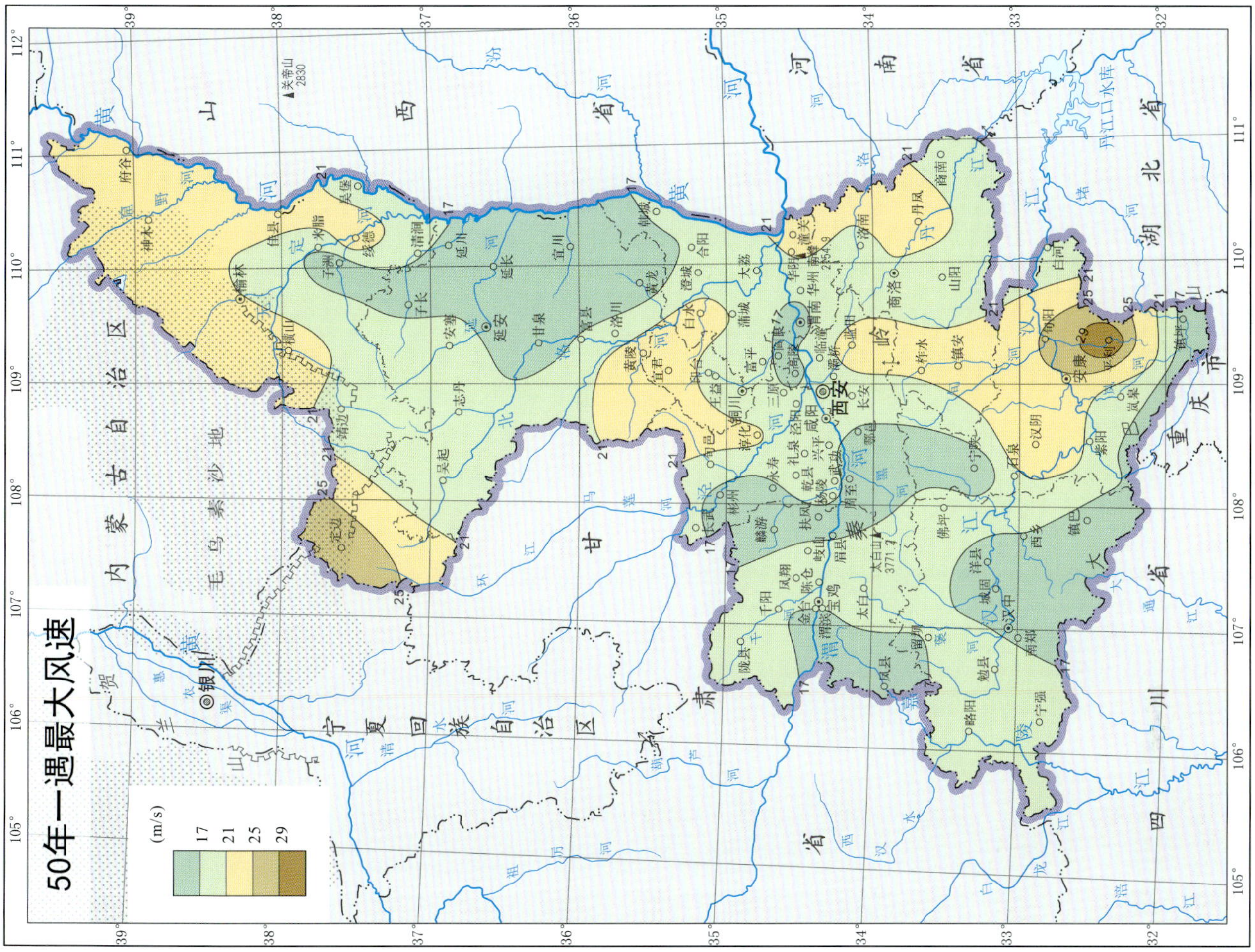

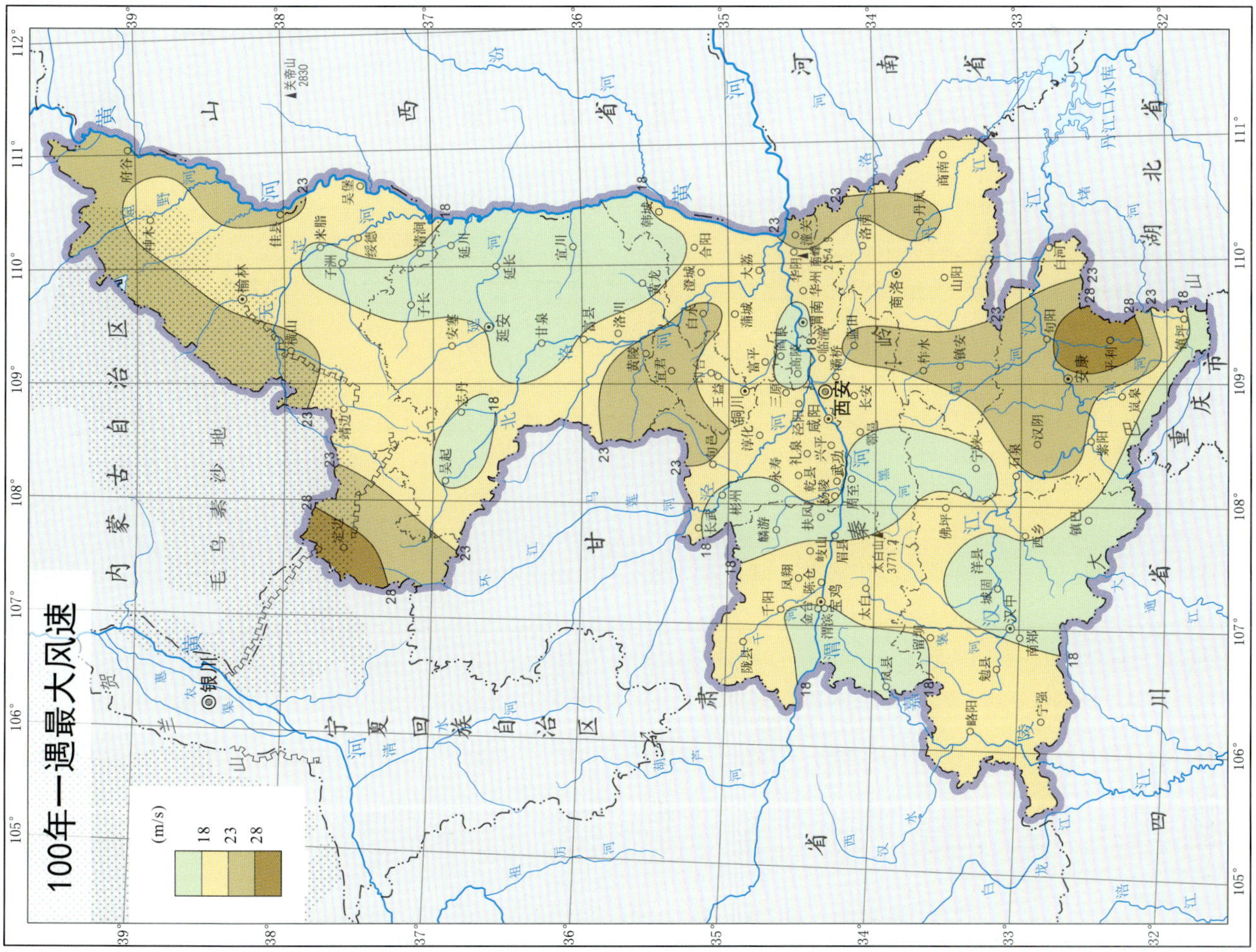

比例尺 1:5 700 000 0 57 114 km

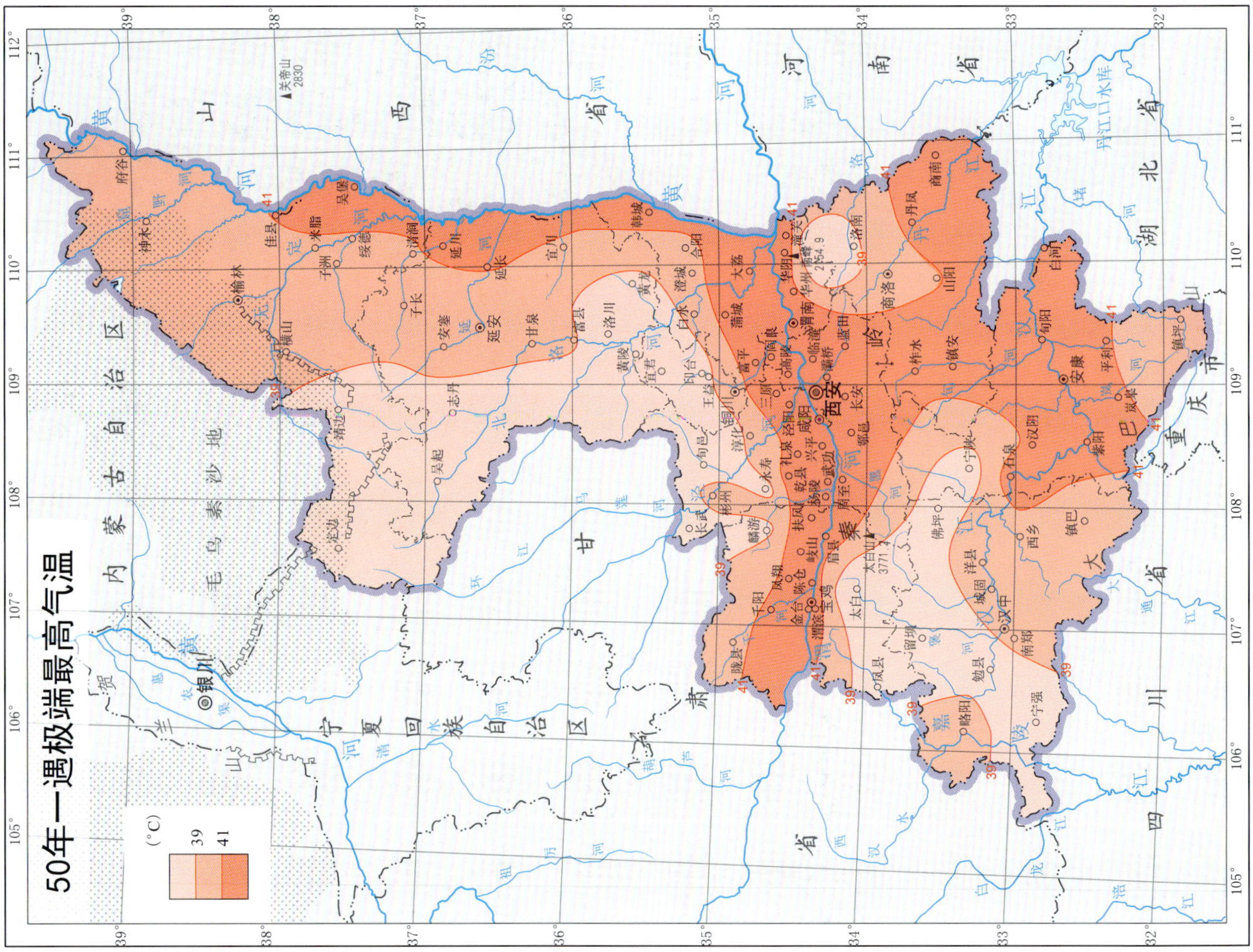

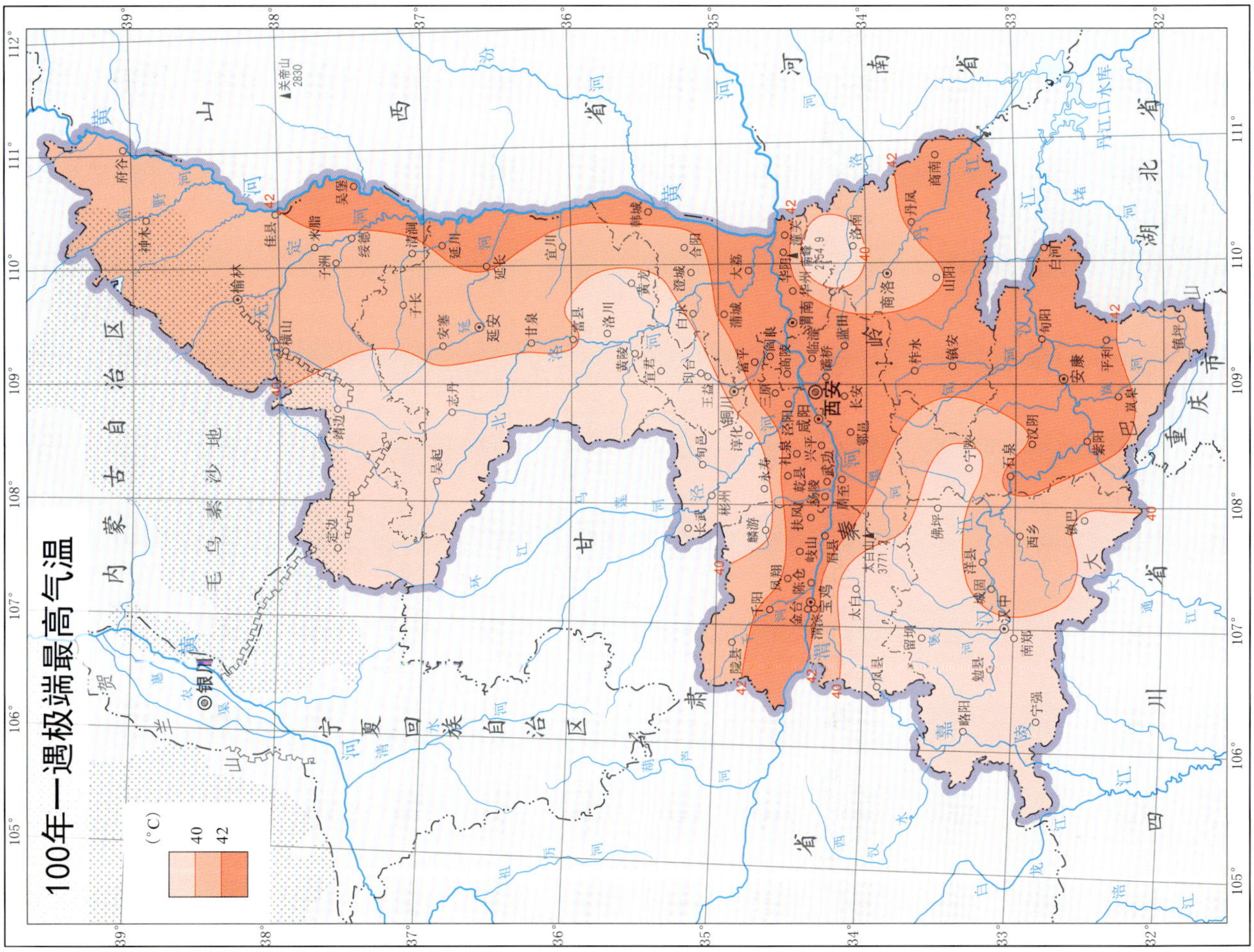

比例尺 1 : 5 700 000　0　57　114 km

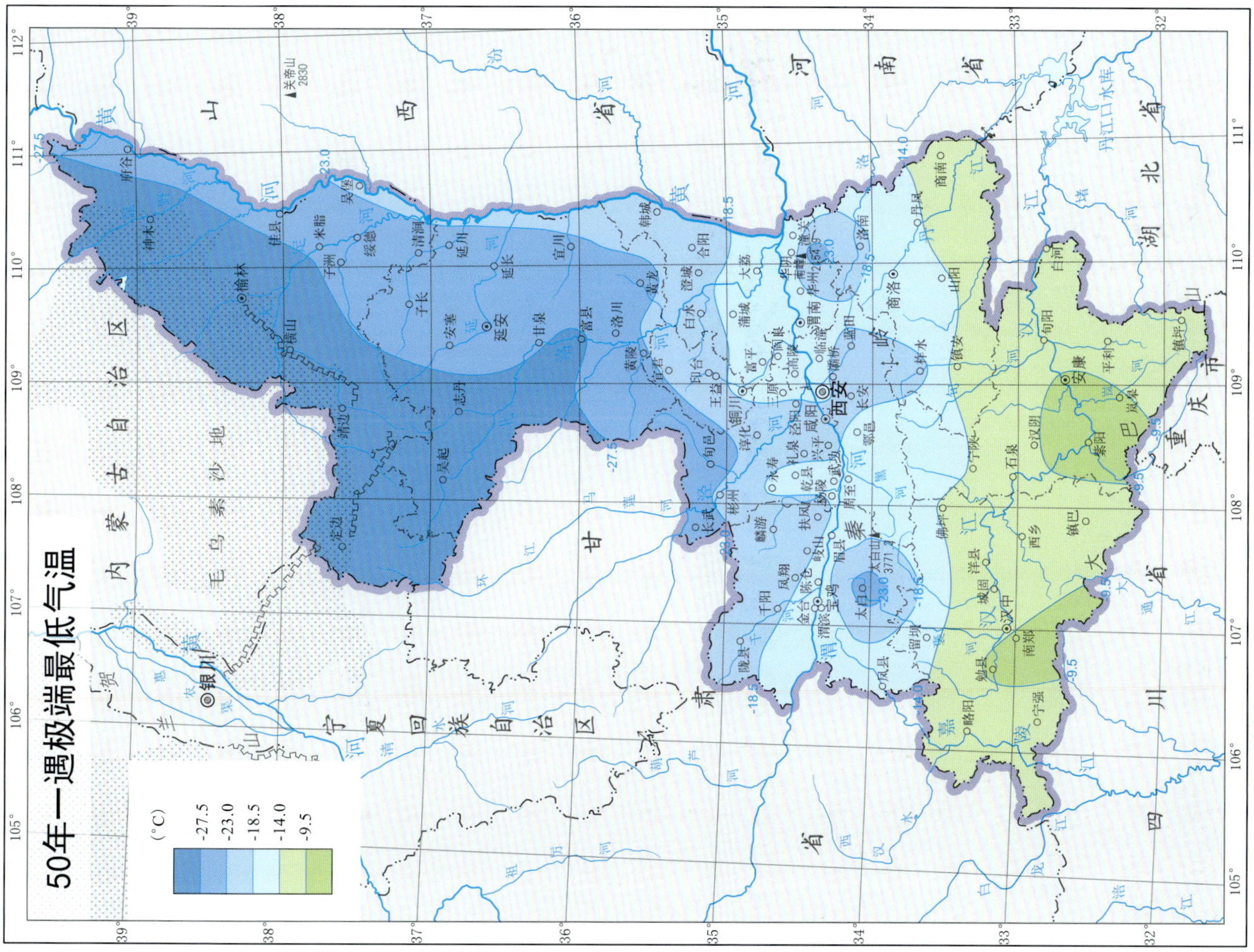

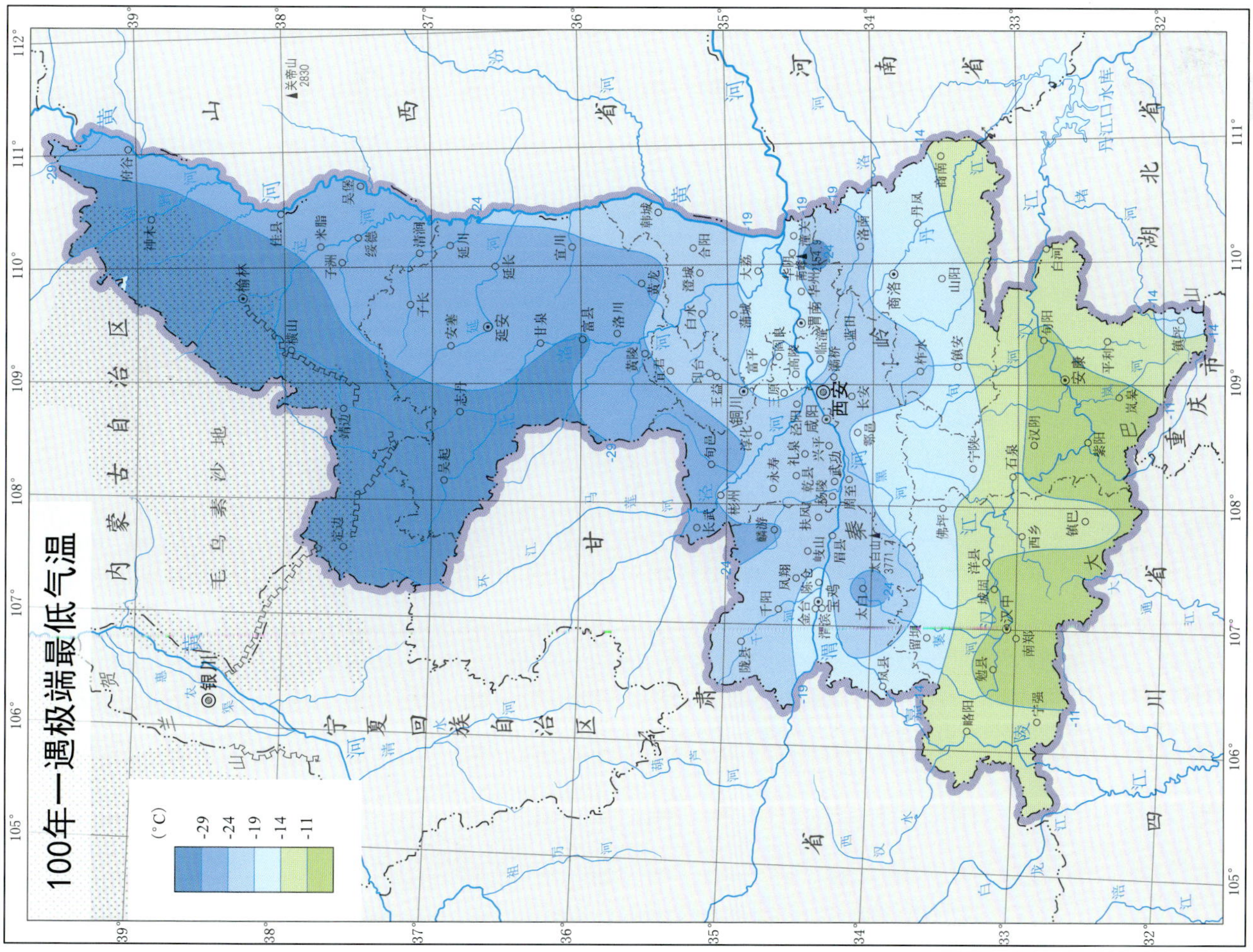

比例尺 1:5 700 000 0 57 114 km

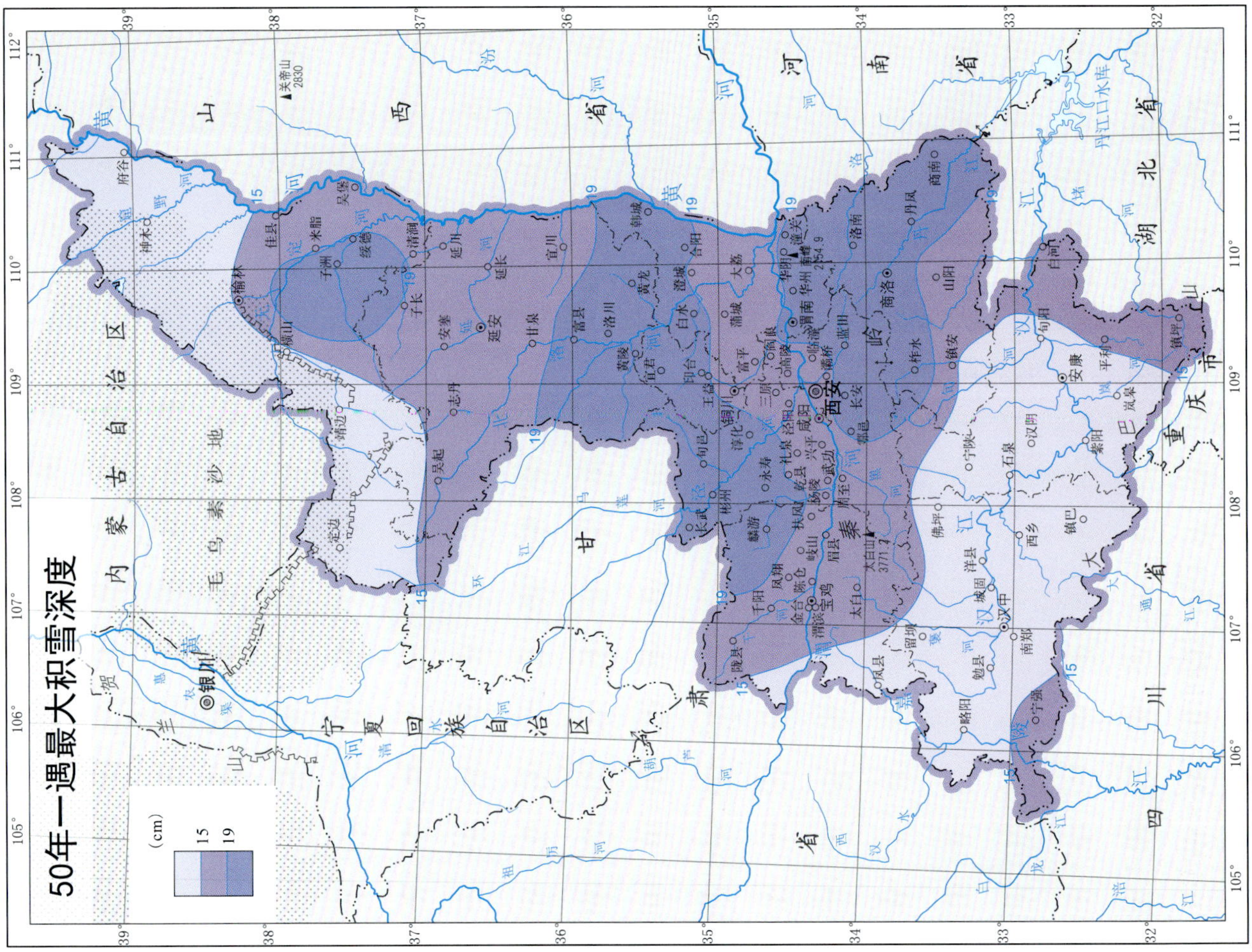

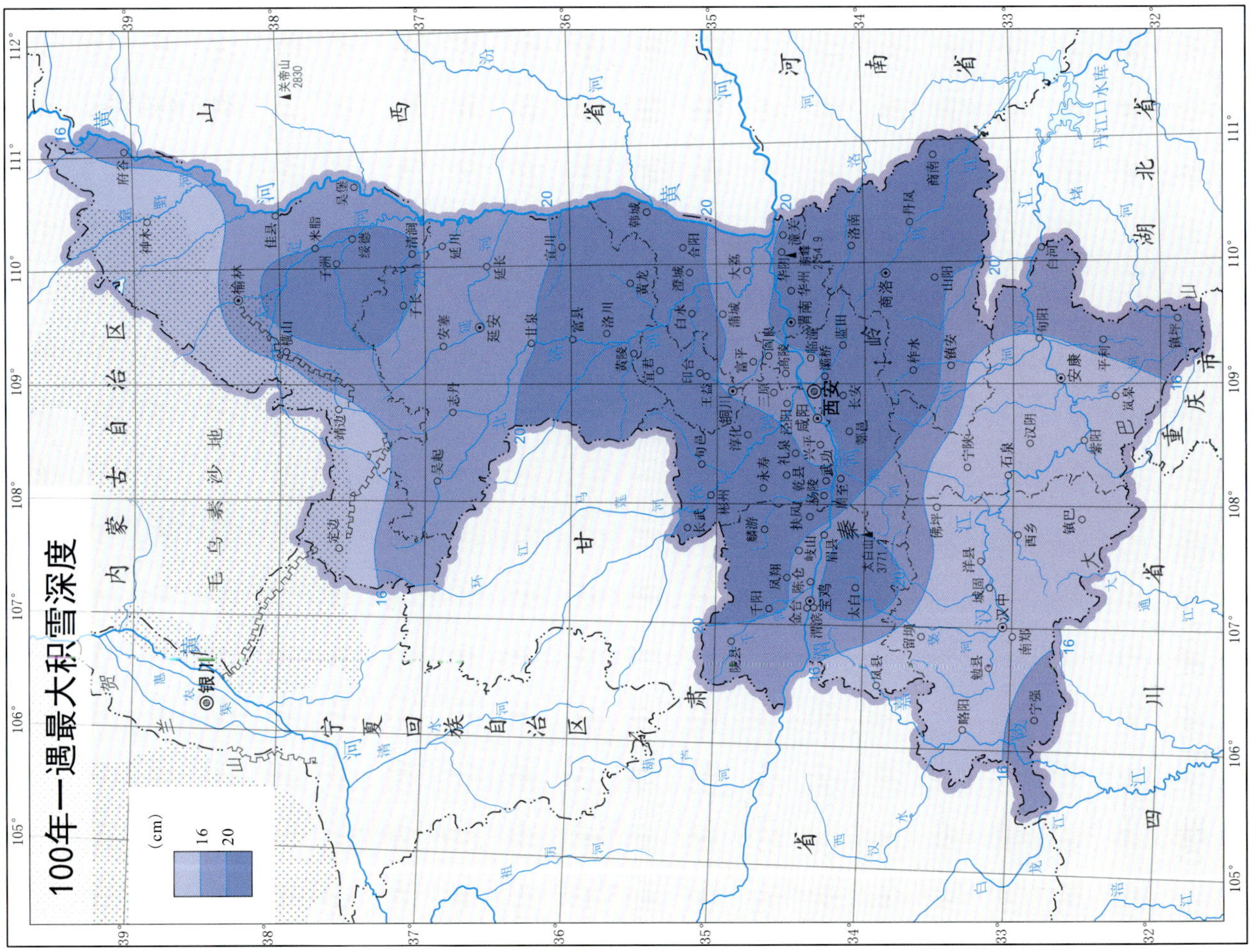

比例尺 1:5 700 000 0 57 114 km

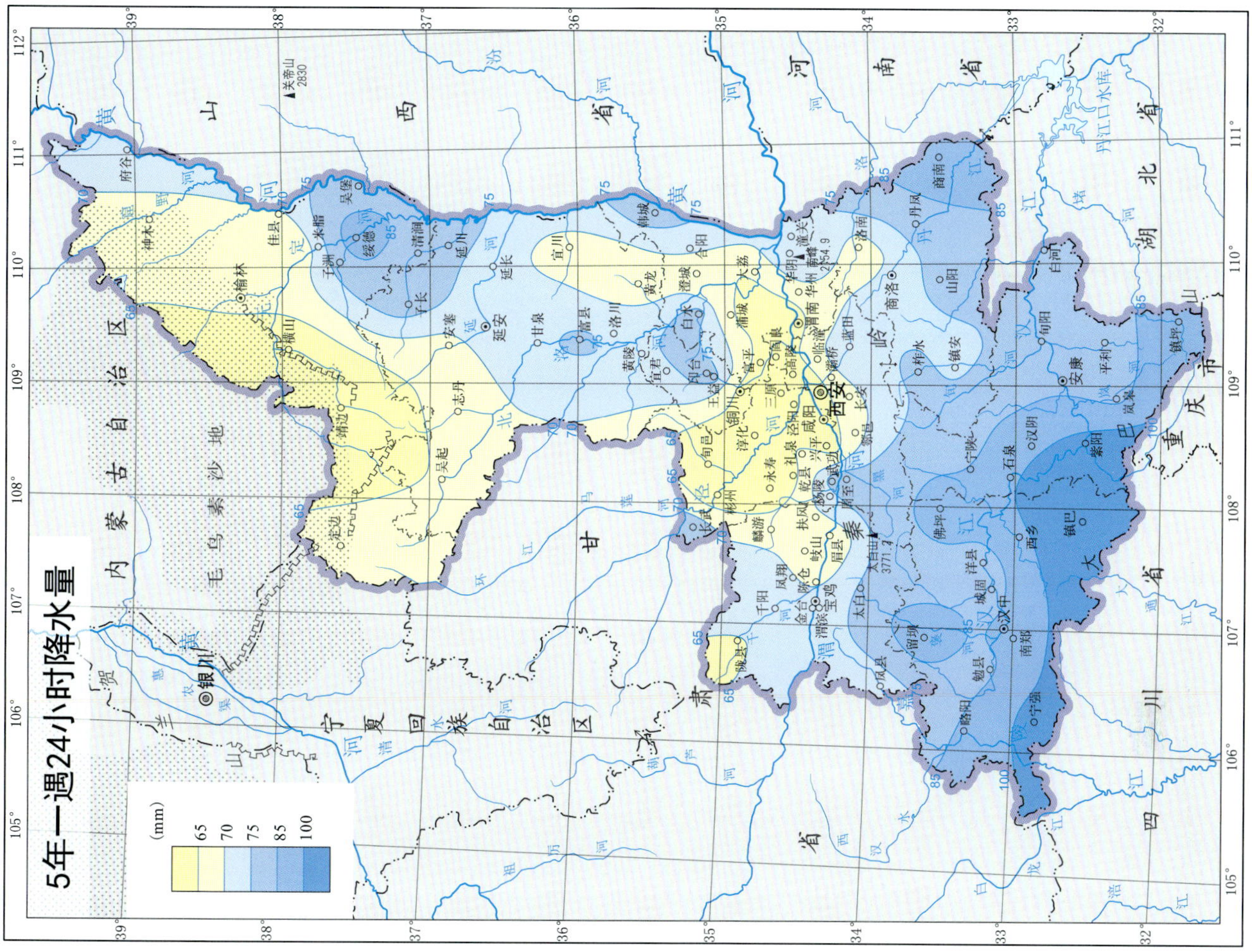

5年一遇24小时降水量

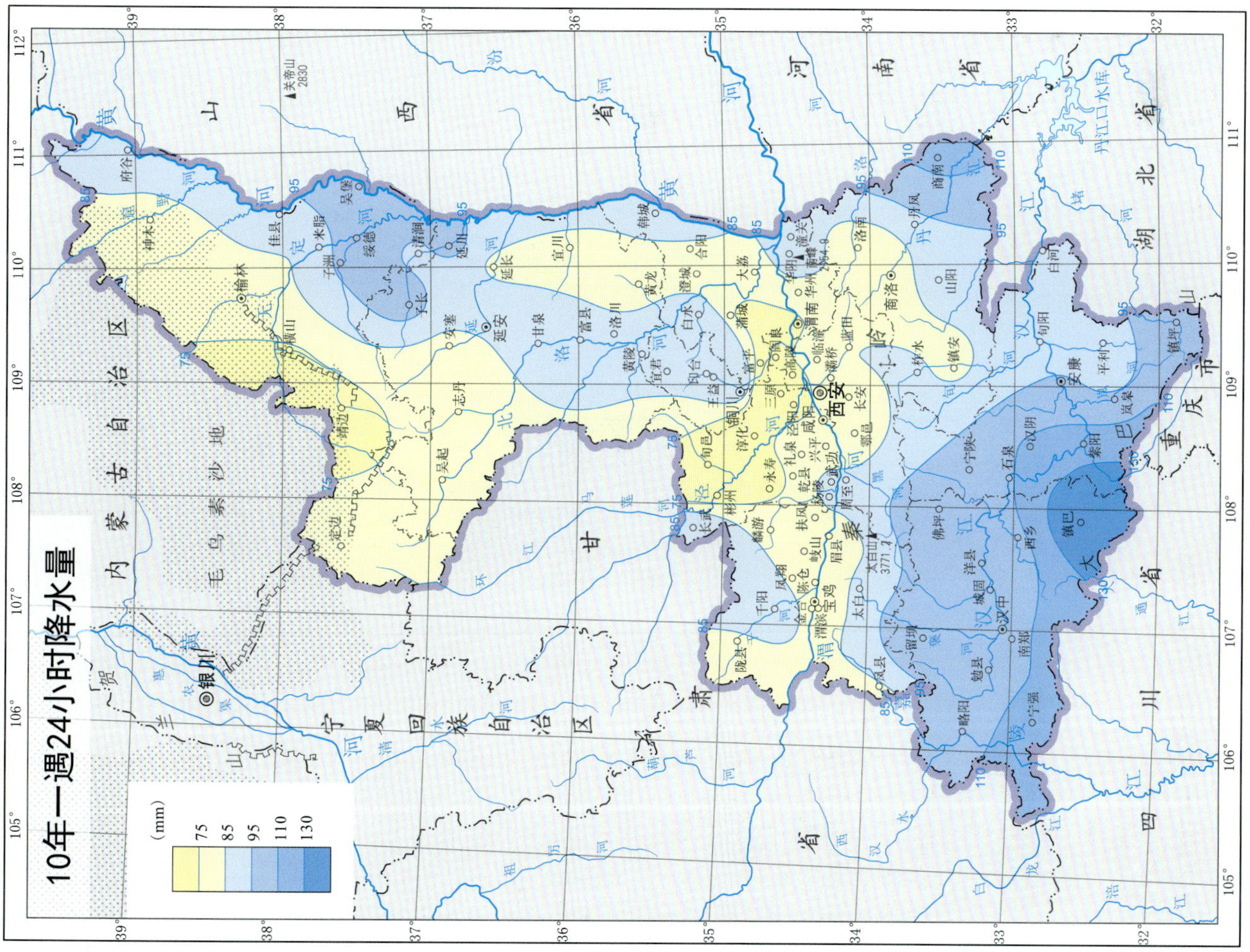

10年一遇24小时降水量

比例尺 1∶5 700 000

0 57 114 km

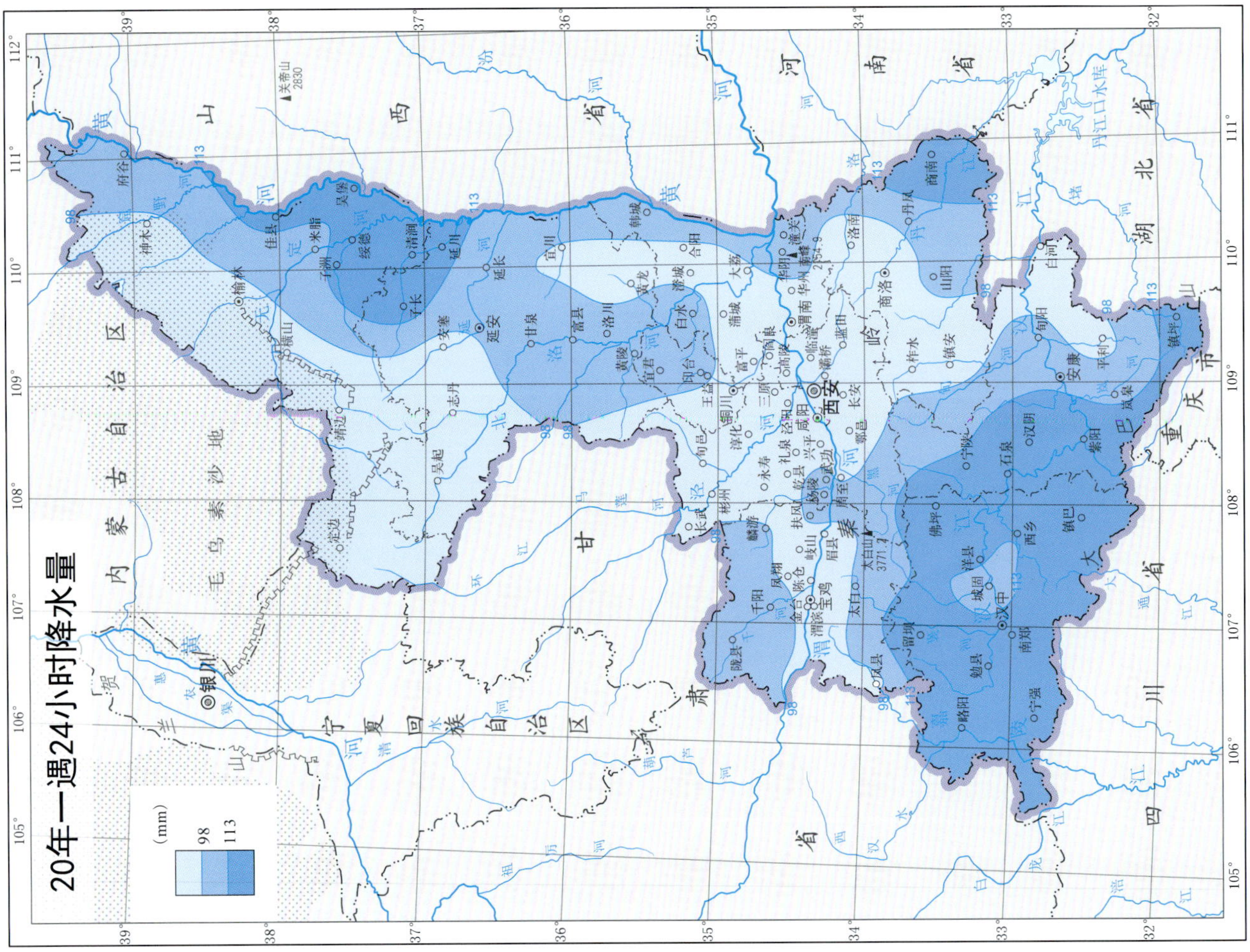

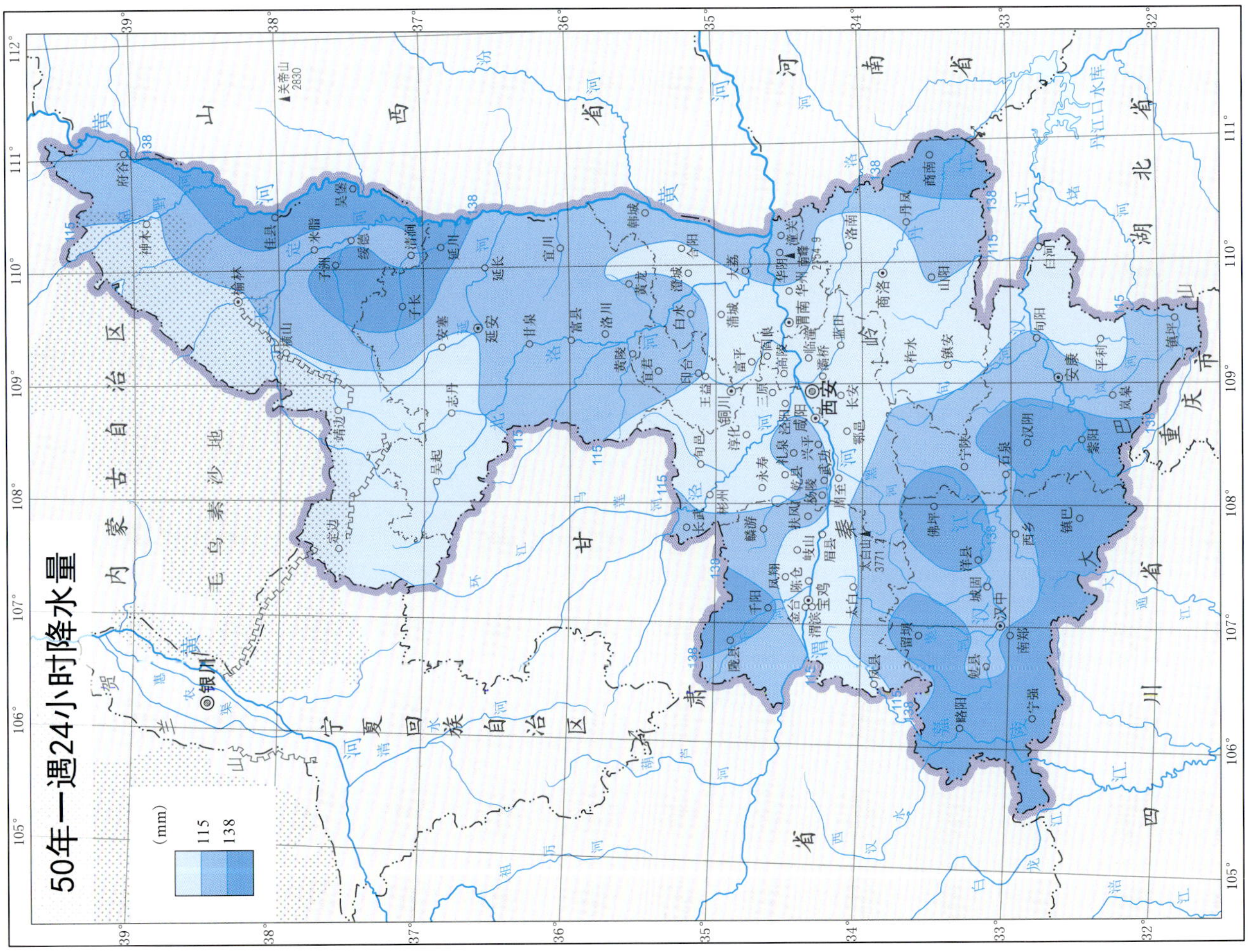

比例尺 1 : 5 700 000 0 57 114 km

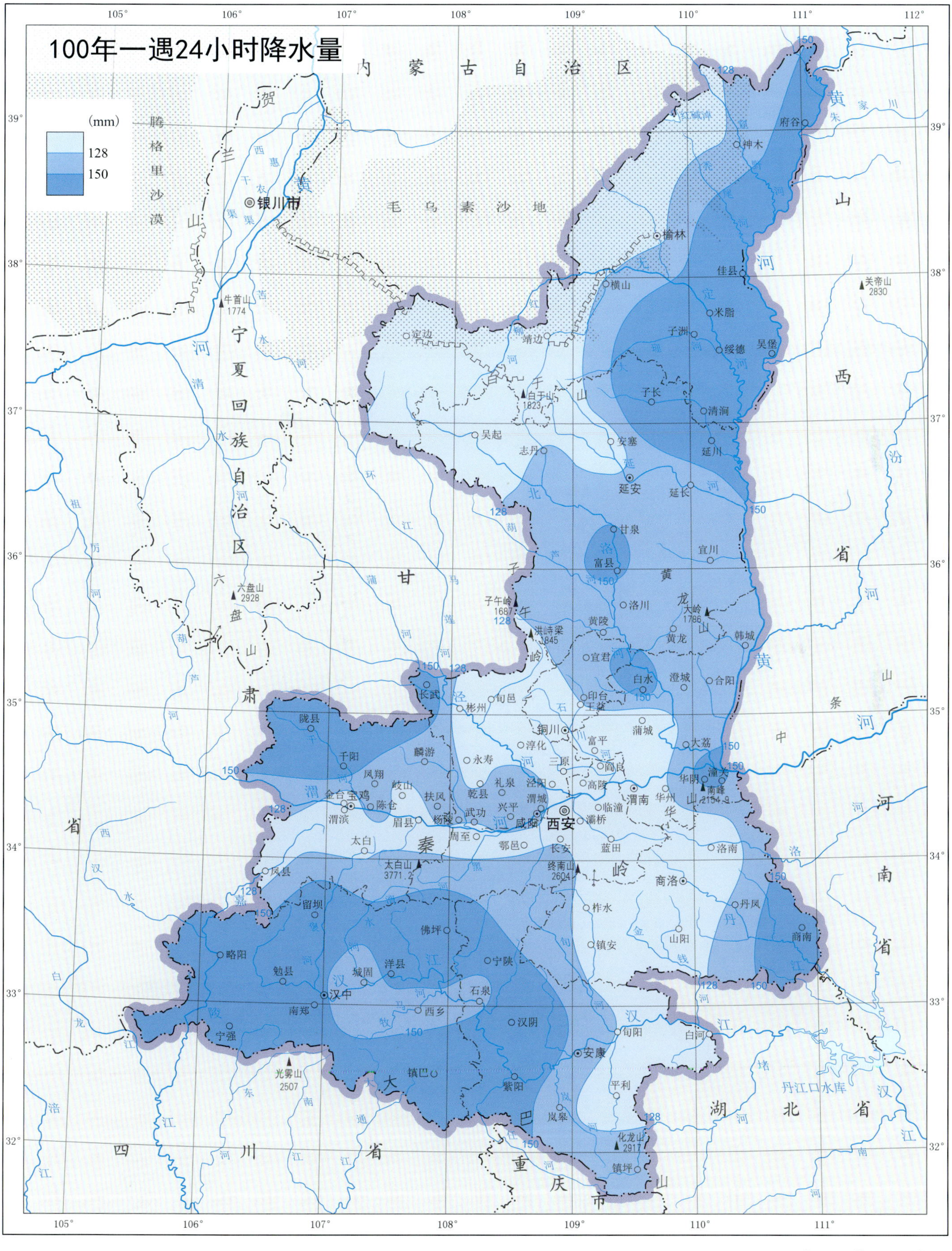

比例尺 1:4 000 000　0　40　80 km

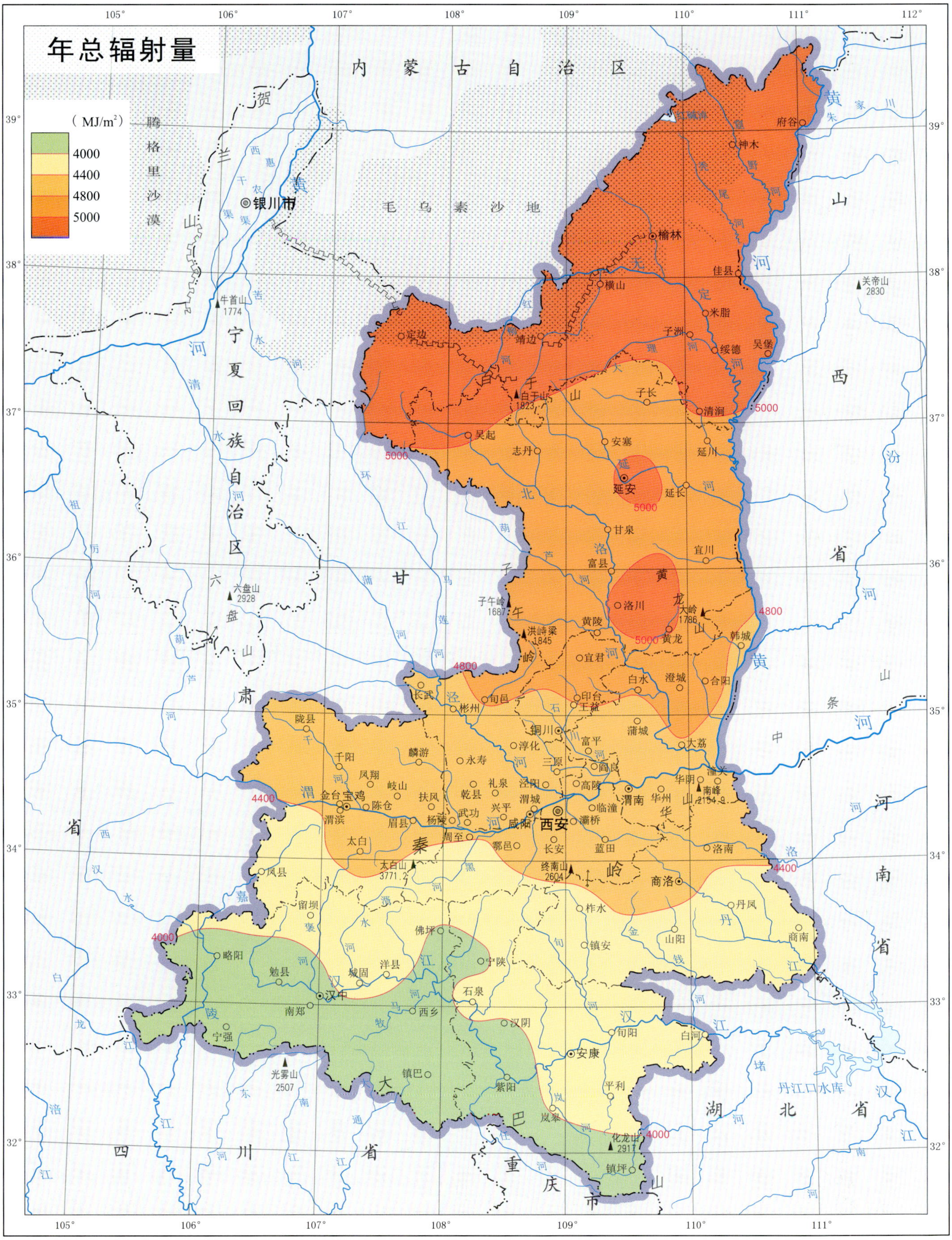

比例尺 1 : 4 000 000 0 40 80 km

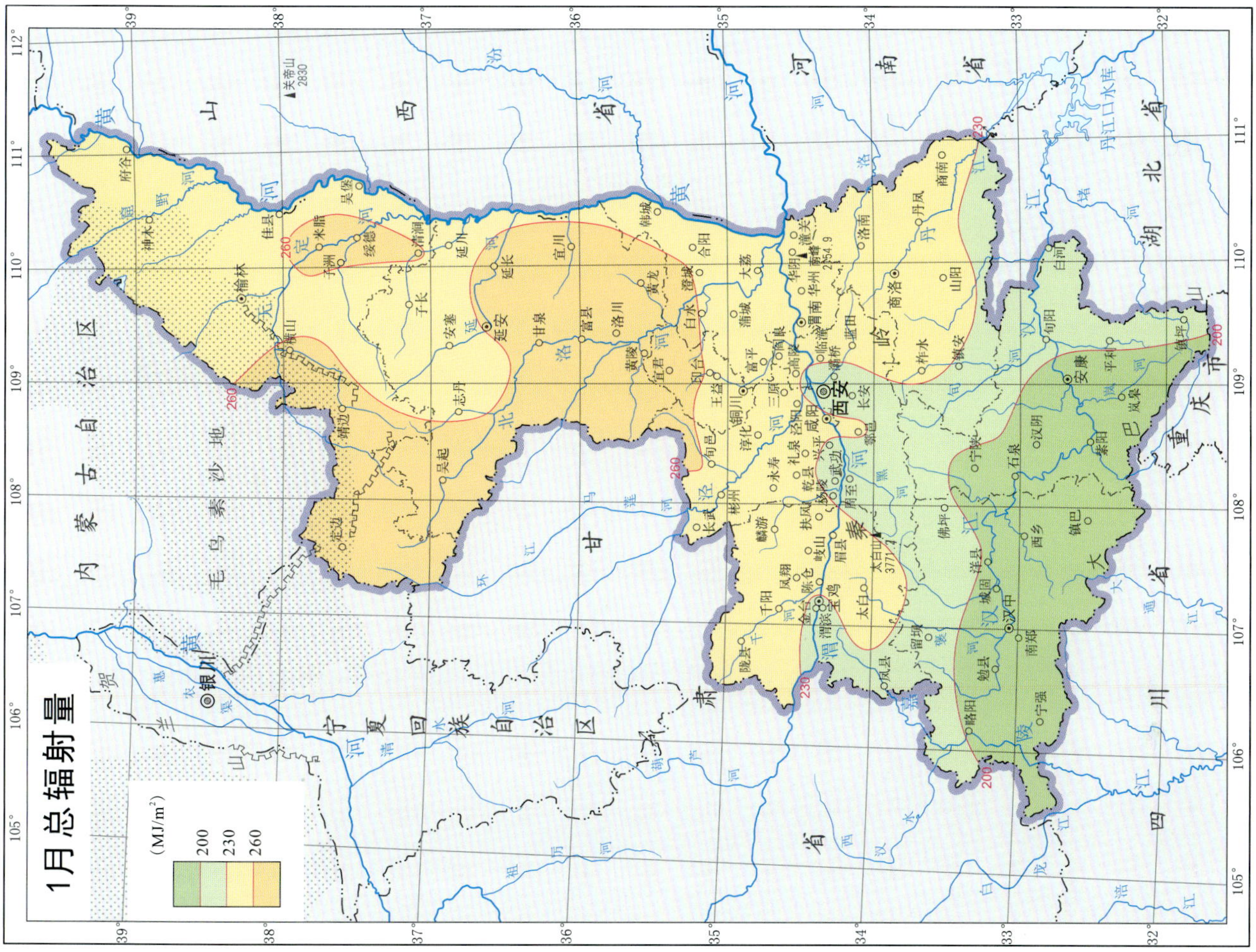

1月总辐射量

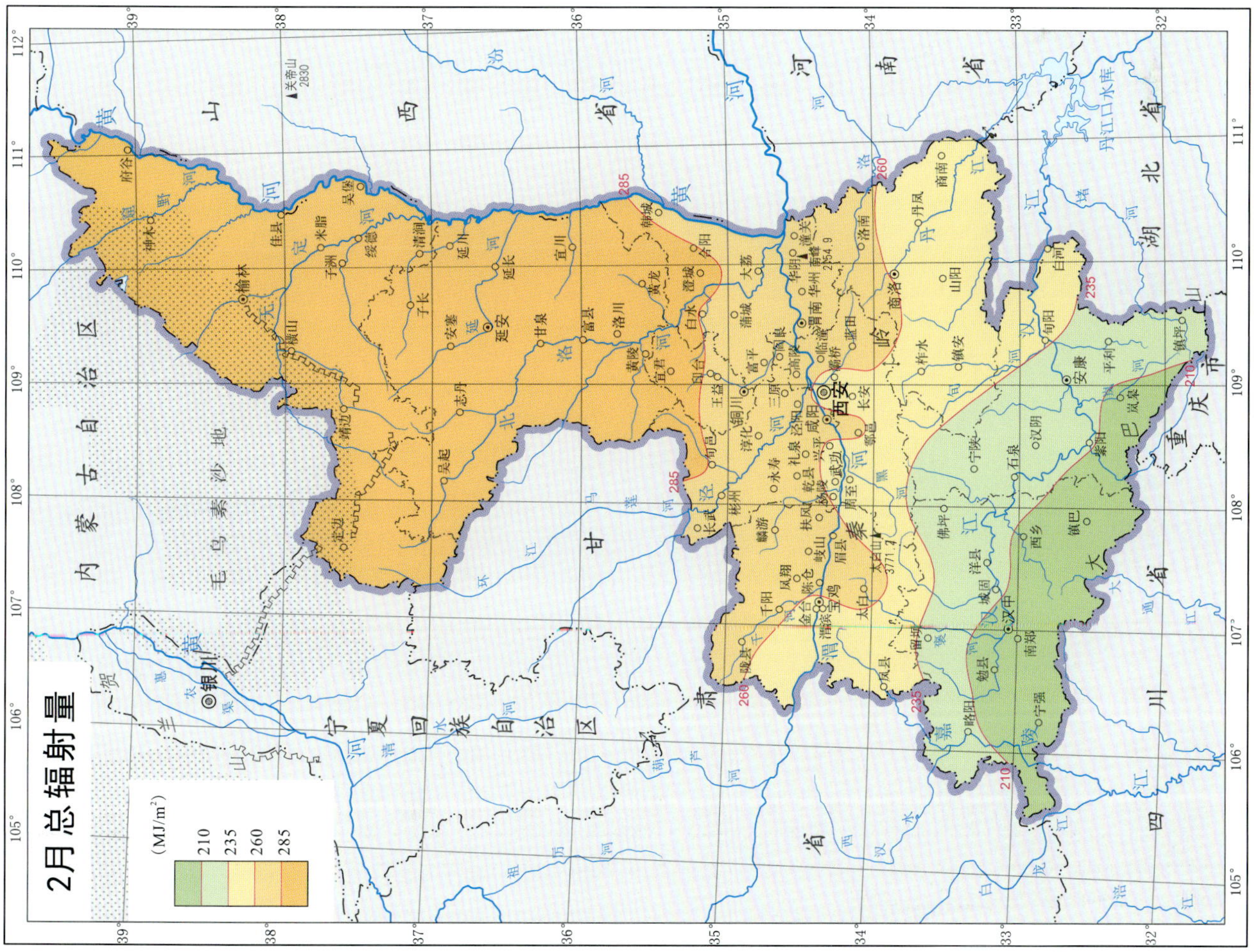

2月总辐射量

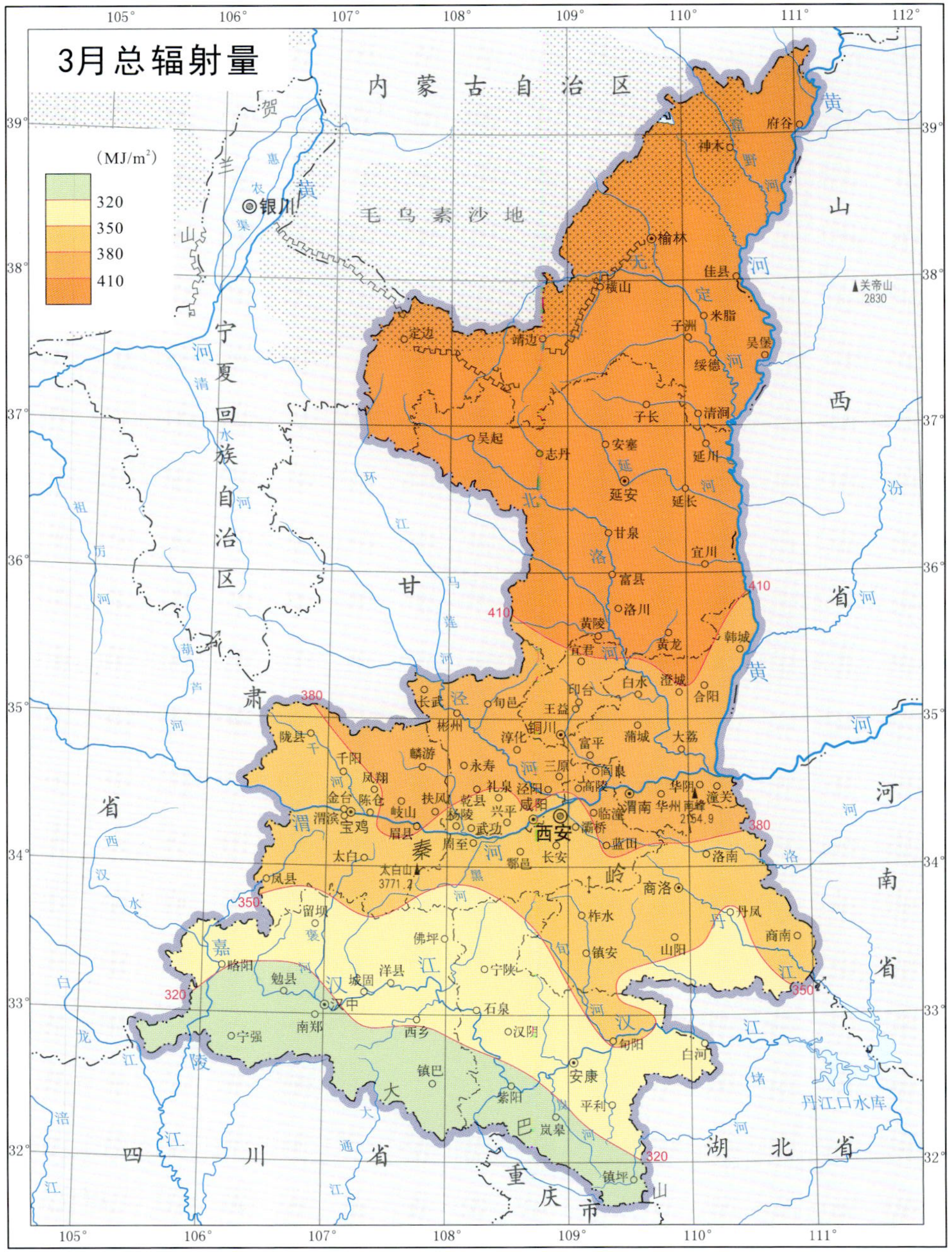

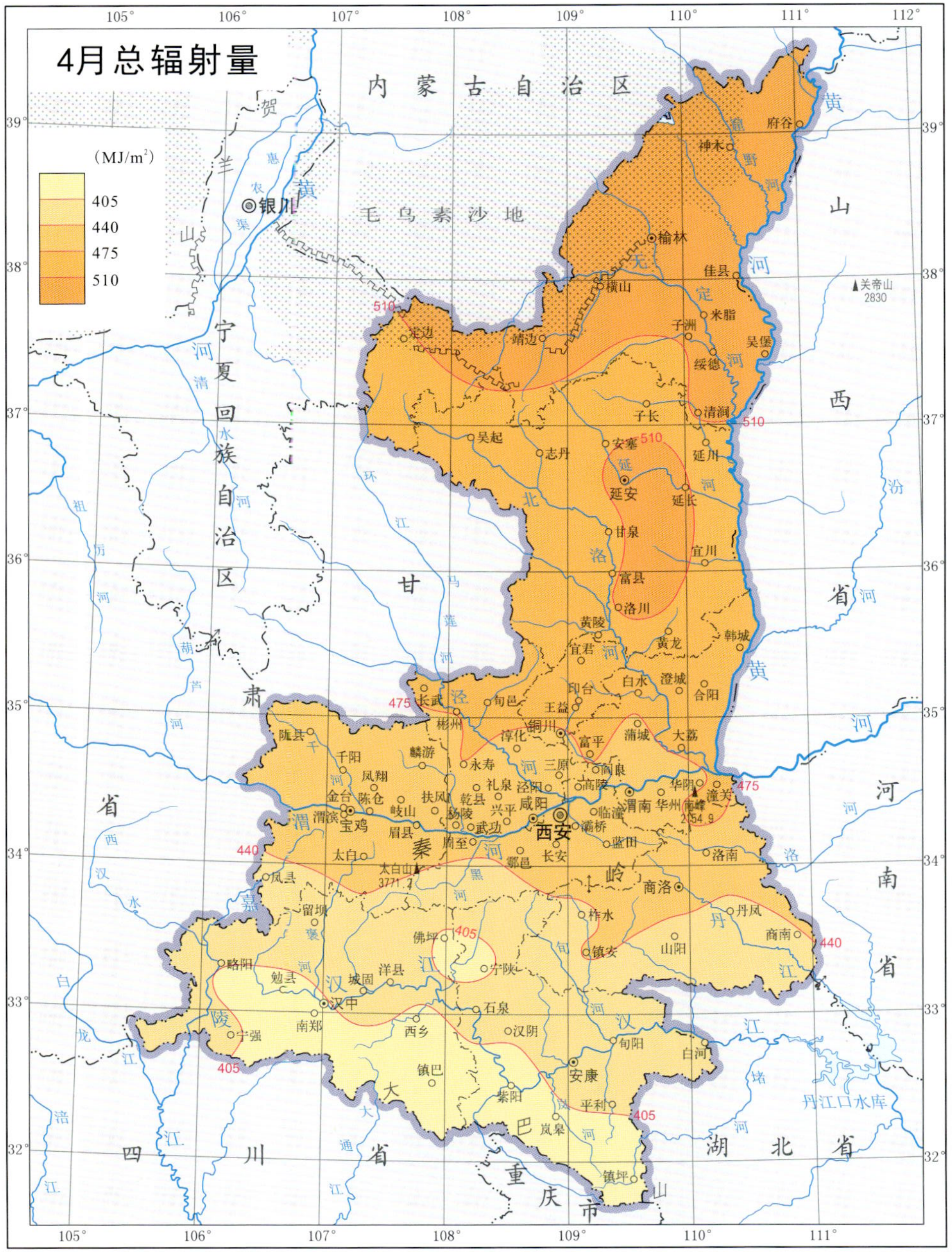

比例尺 1:5 700 000 0 57 114 km

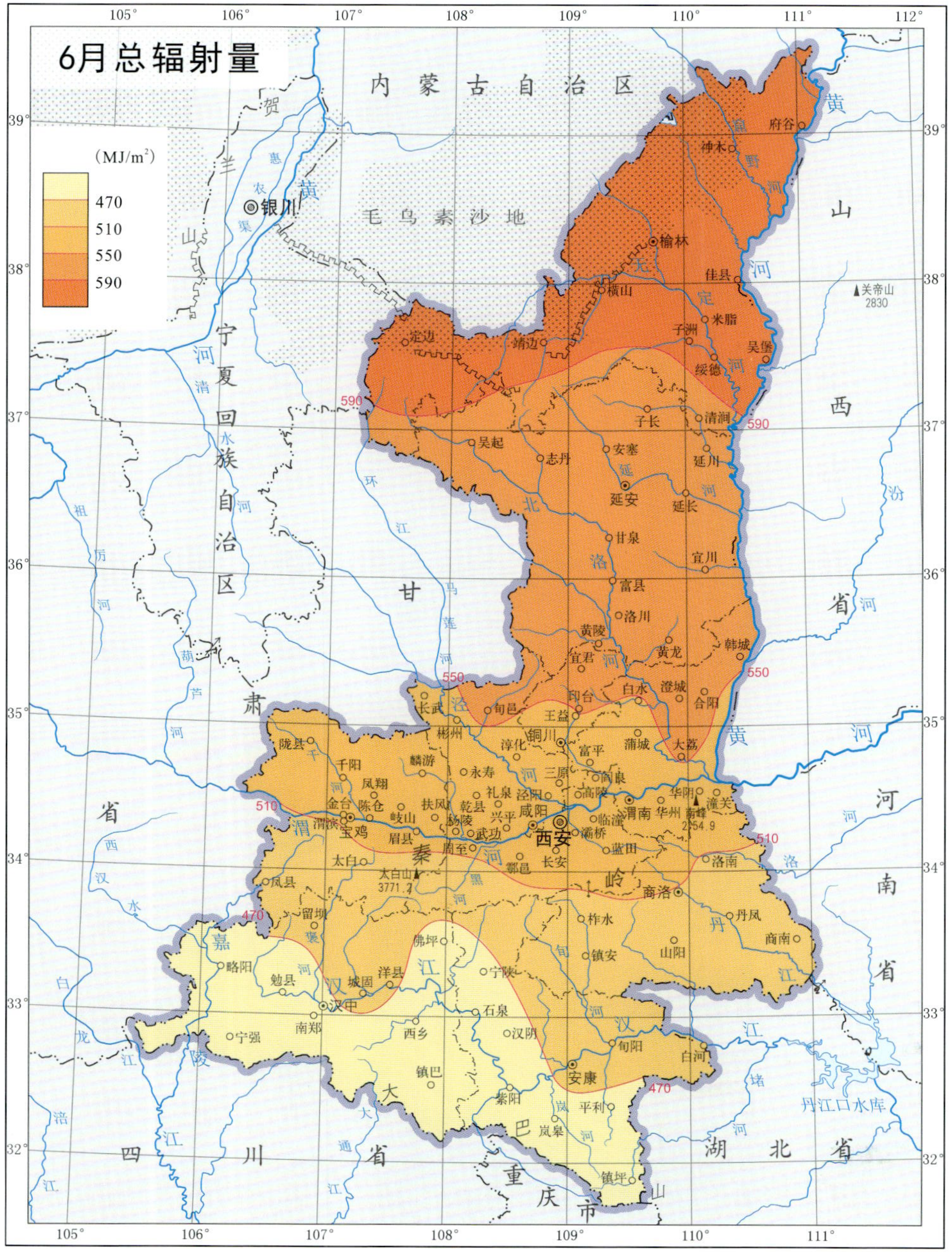
6月总辐射量
(MJ/m²)
470
510
550
590
内蒙古自治区
毛乌素沙地
宁夏回族自治区
甘肃省
山西省
河南省
湖北省
四川省
重庆市
银川
榆林
延安
西安
宝鸡
汉中
安康
商洛
秦岭
关帝山 2830
太白山 3771.2
华山 2154.9
丹江口水库

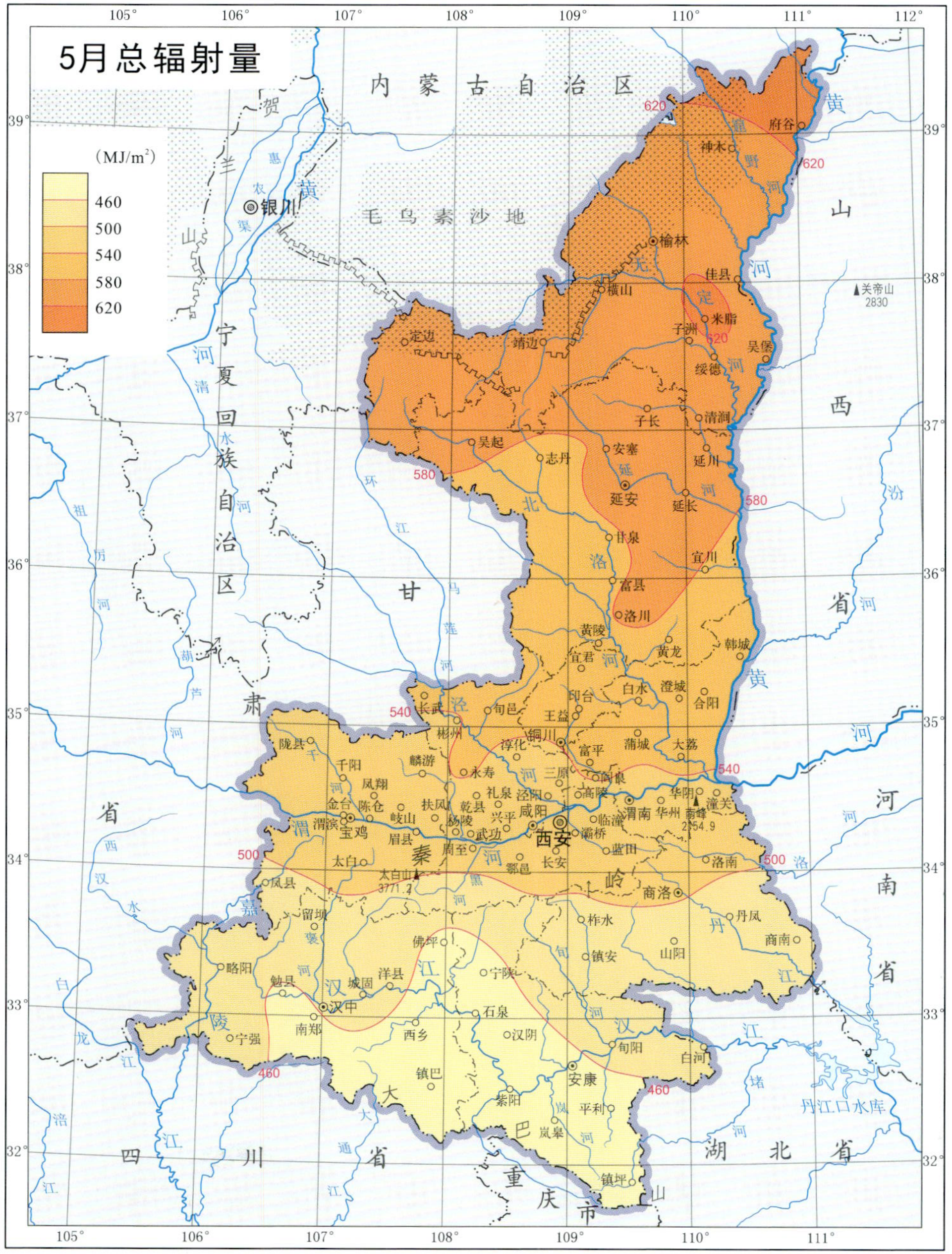
5月总辐射量
(MJ/m²)
460
500
540
580
620
内蒙古自治区
毛乌素沙地
宁夏回族自治区
甘肃省
山西省
河南省
湖北省
四川省
重庆市
银川
榆林
延安
西安
宝鸡
汉中
安康
商洛
秦岭
关帝山 2830
太白山 3771.2
华山 2154.9
丹江口水库

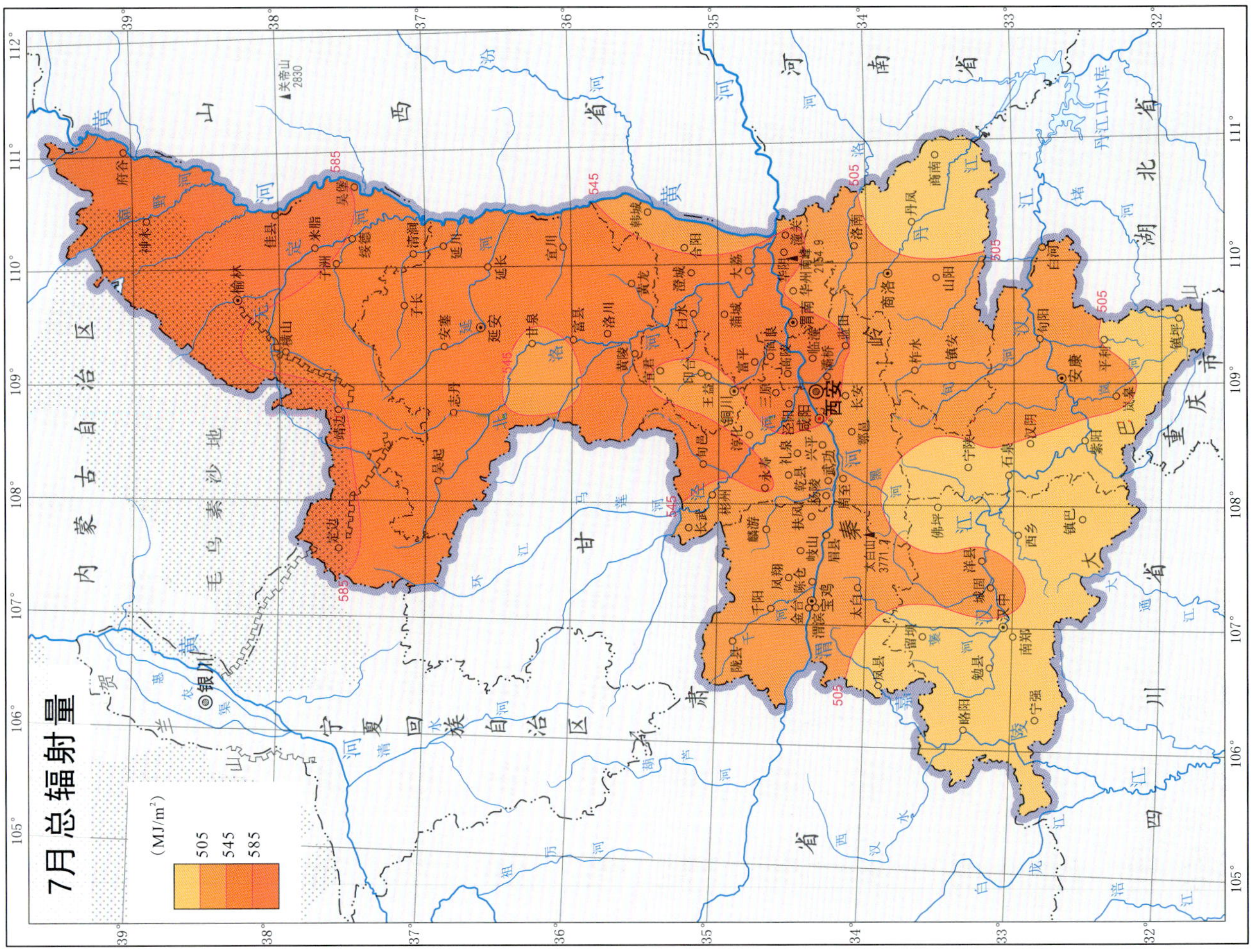

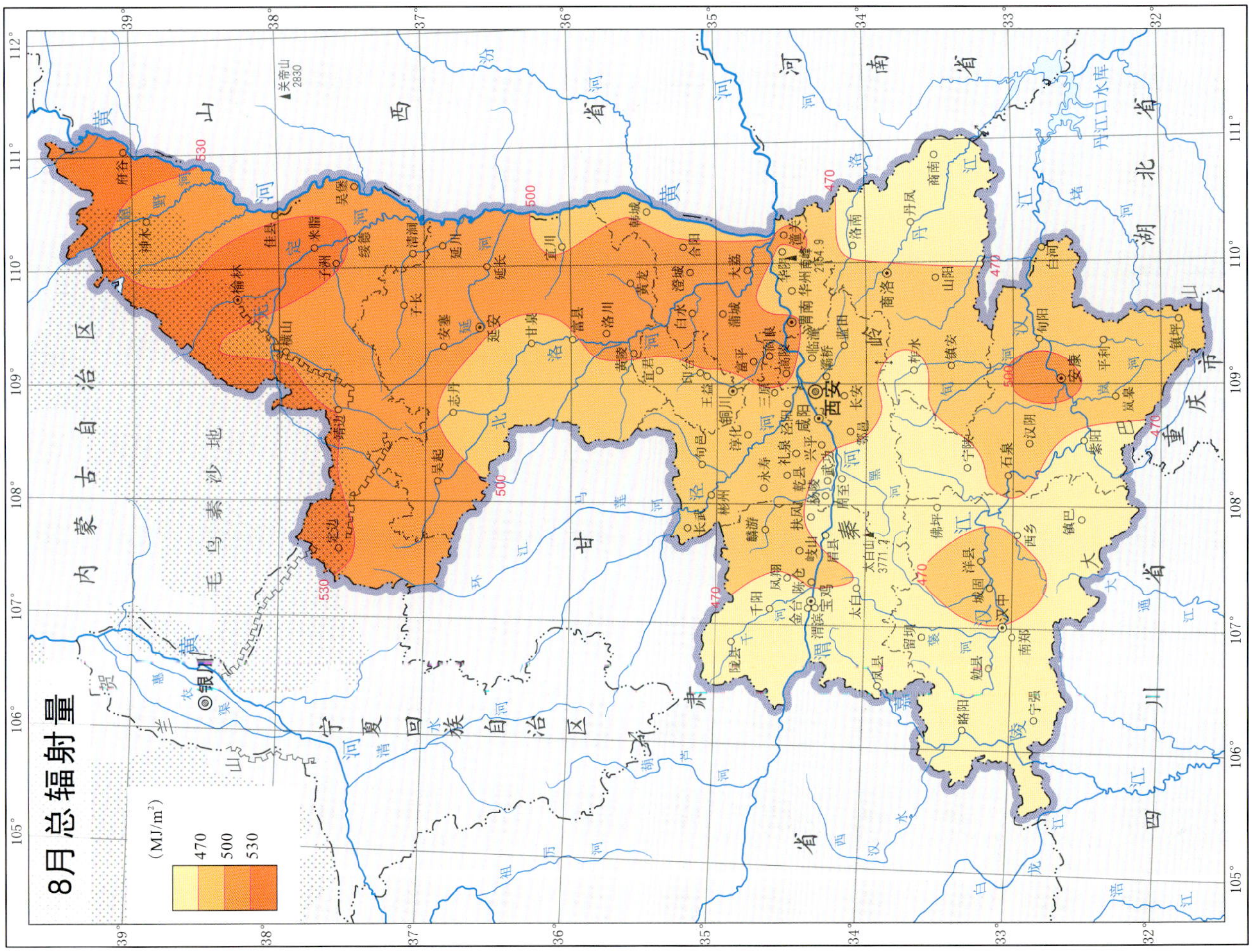

比例尺 1 : 5 700 000 0 57 114 km

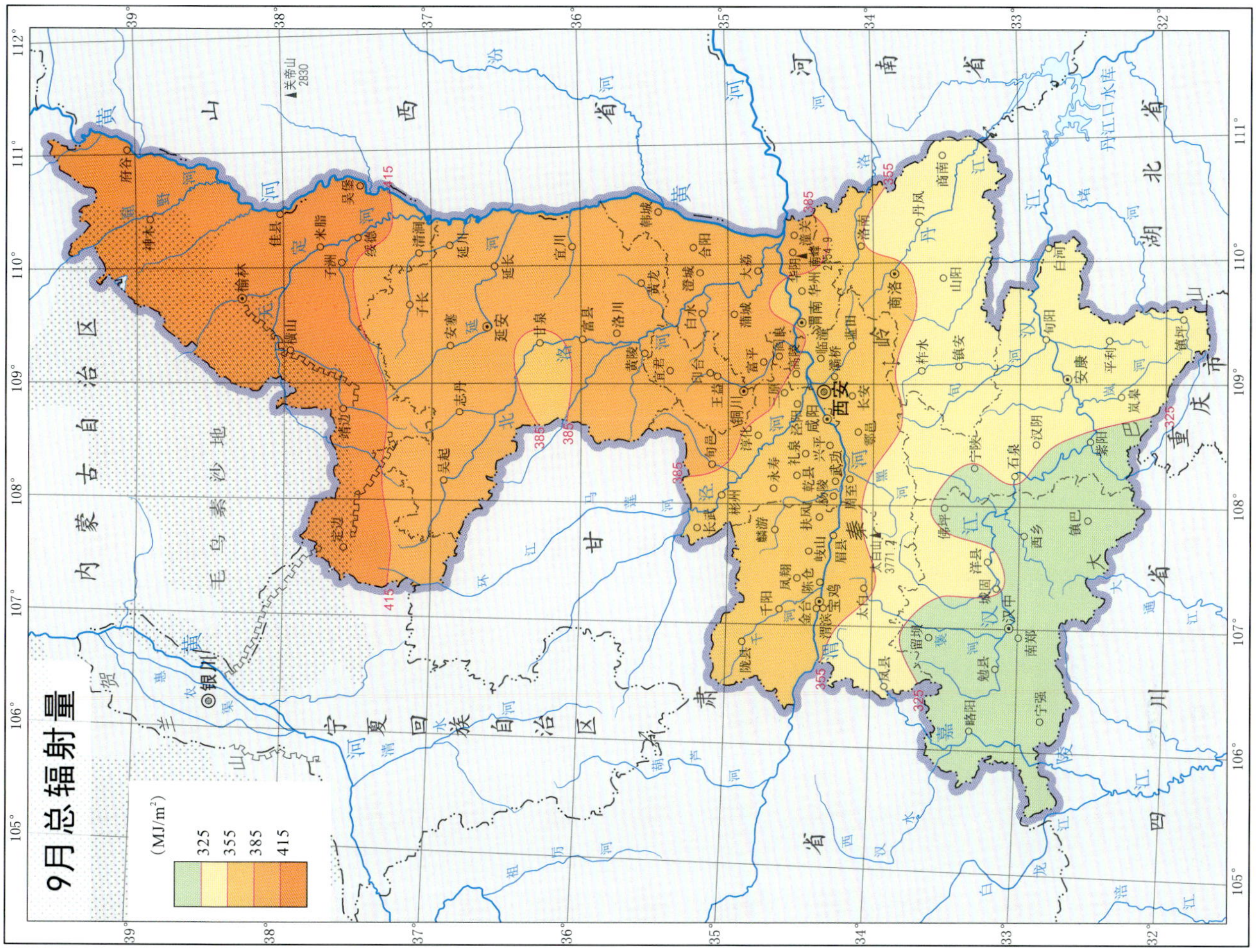

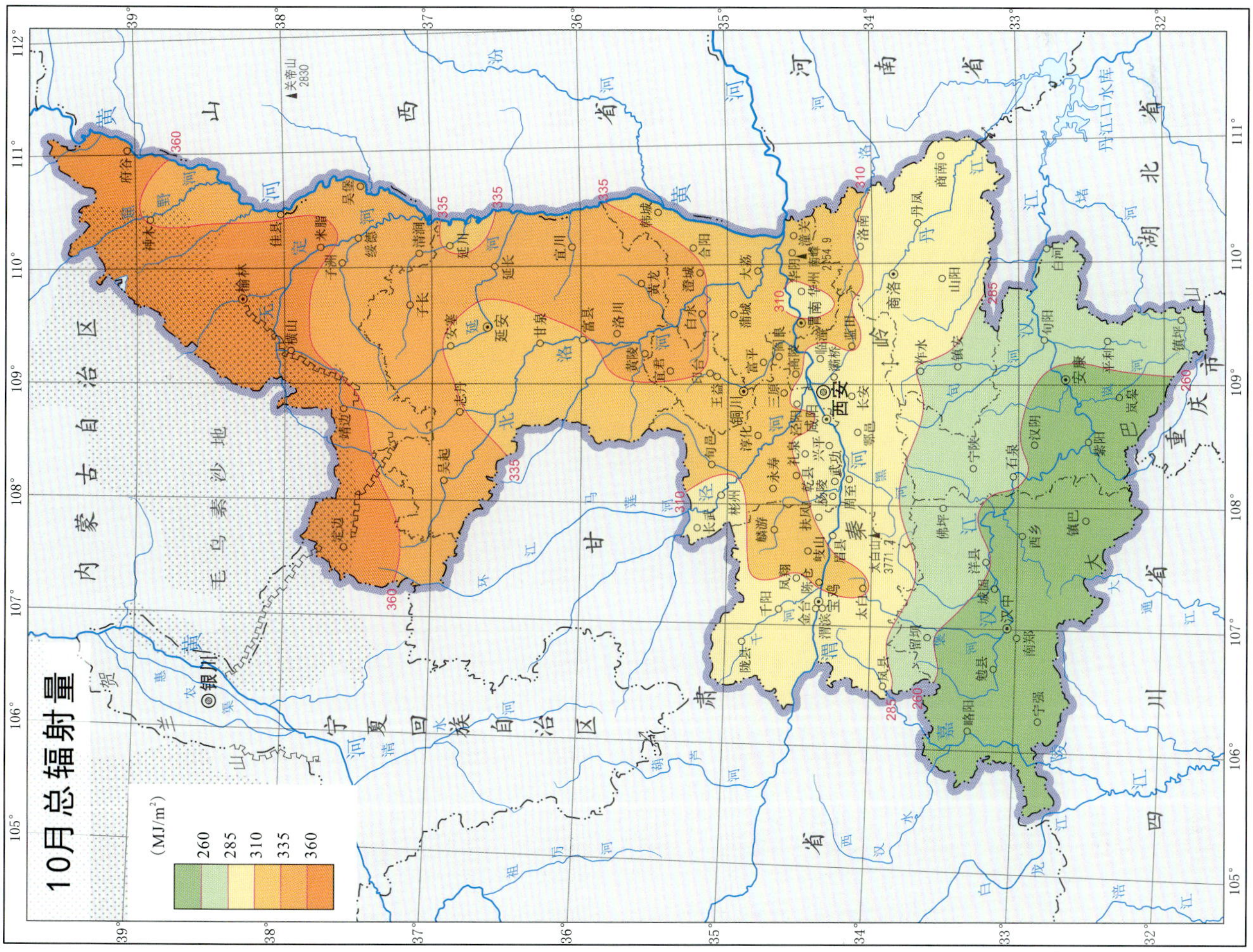

比例尺 1∶5 700 000 0 57 114 km

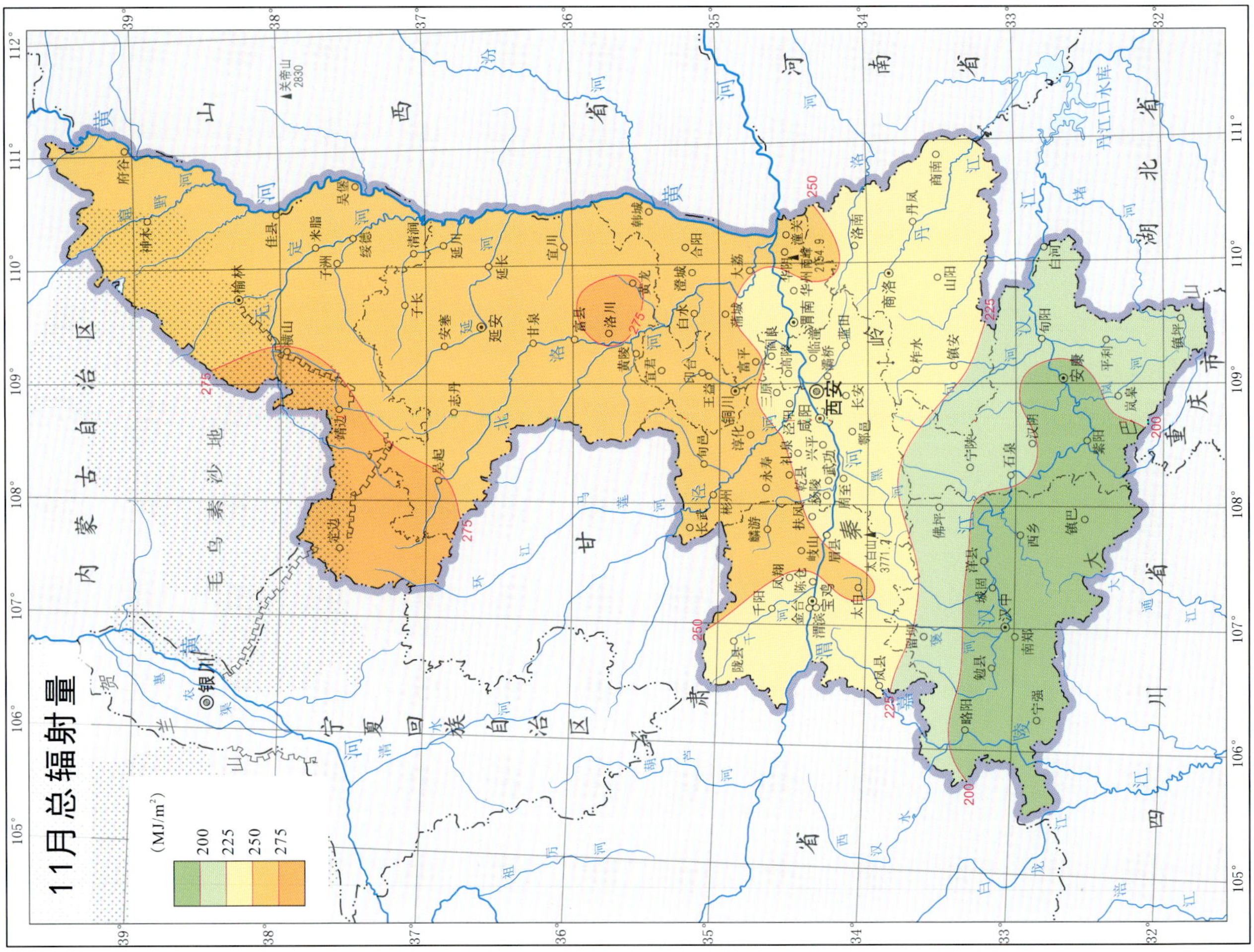

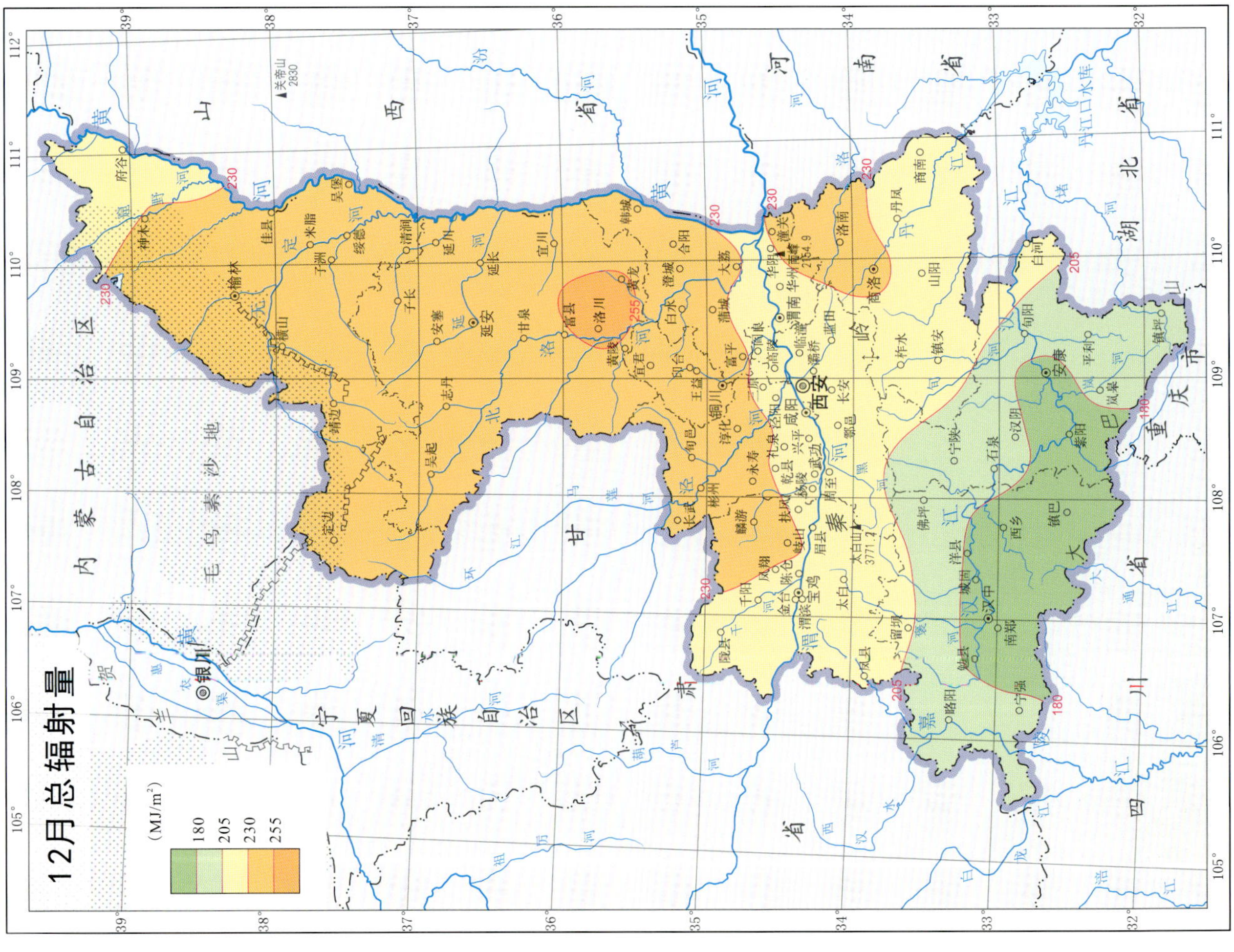

 比例尺 1：5 700 000 0 57 114 km

气候变化图

- 气温变化
- 日照变化
- 四季变化
- 代表站要素历年变化
- 降水变化
- 灾害性天气变化
- 西安近百年气象要素变化
- 极端气候事件变化

平均气温历年变化

全 年

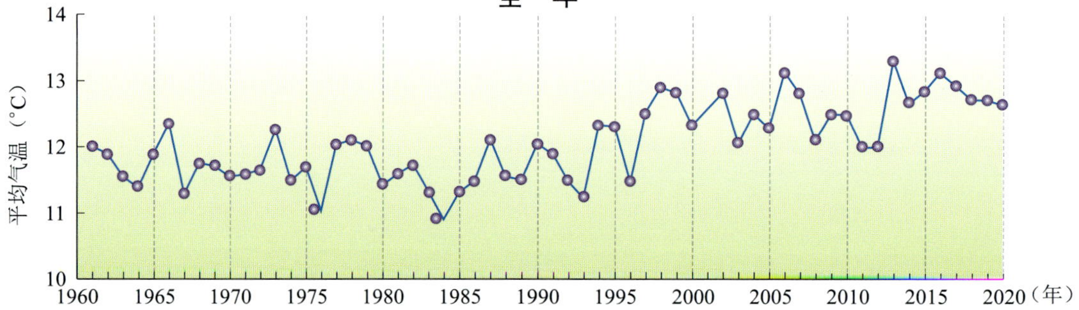

春 季

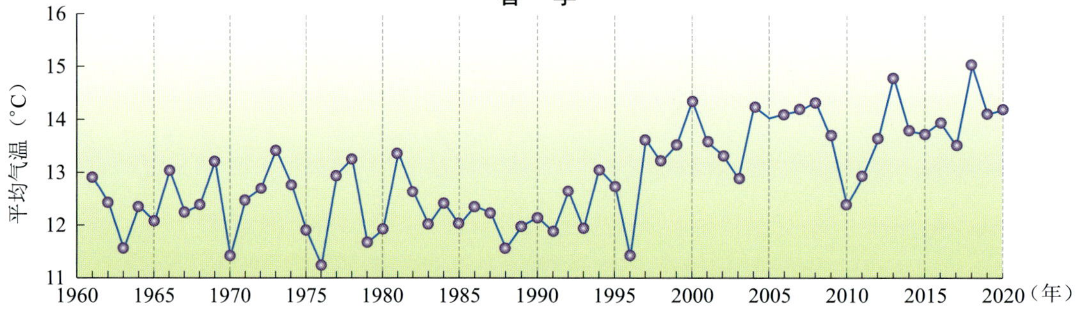

夏 季

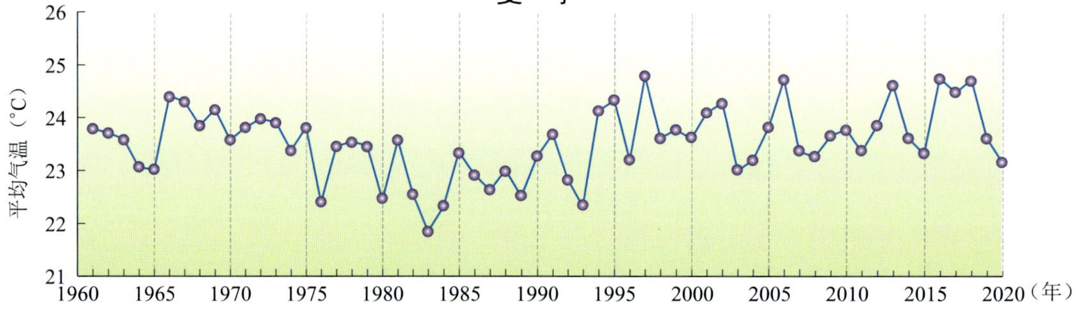

秋 季

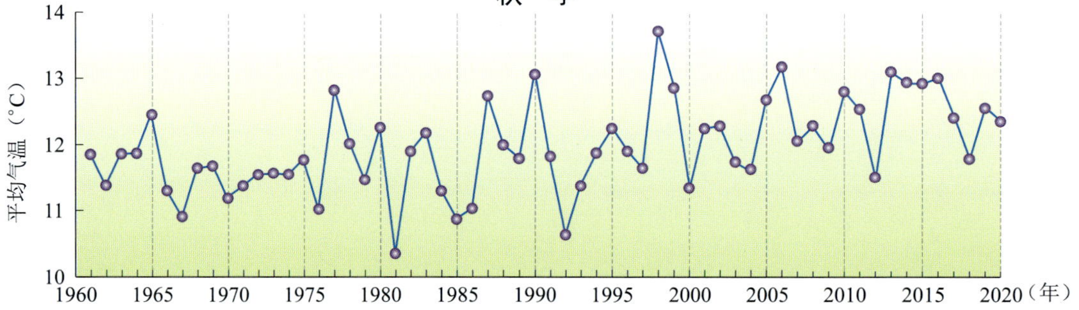

冬 季

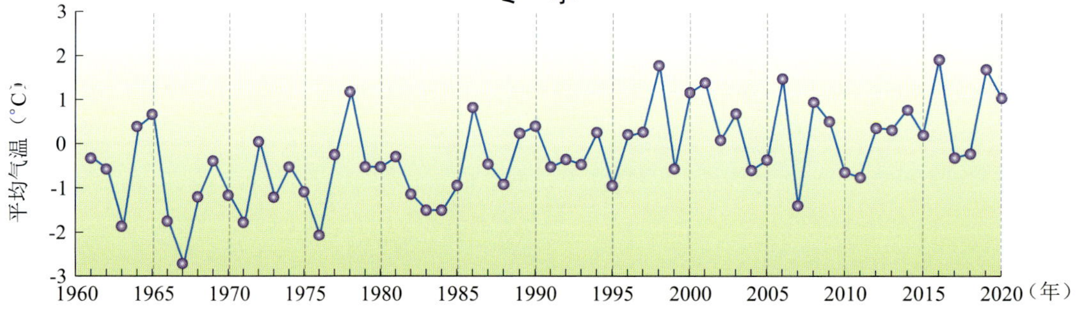

年平均气温变率

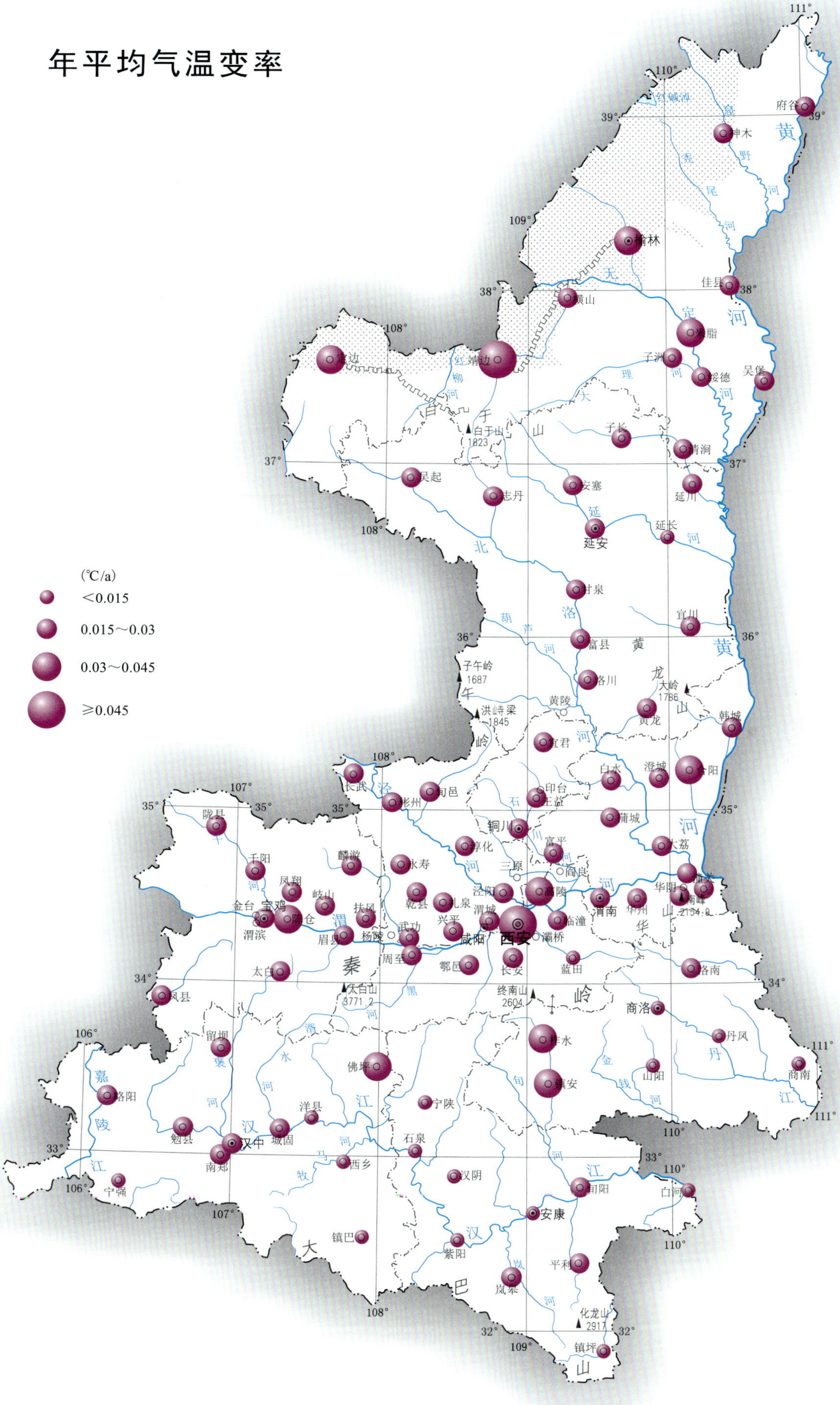

比例尺 1 : 3 700 000 0 37 74 km

1月平均气温变率

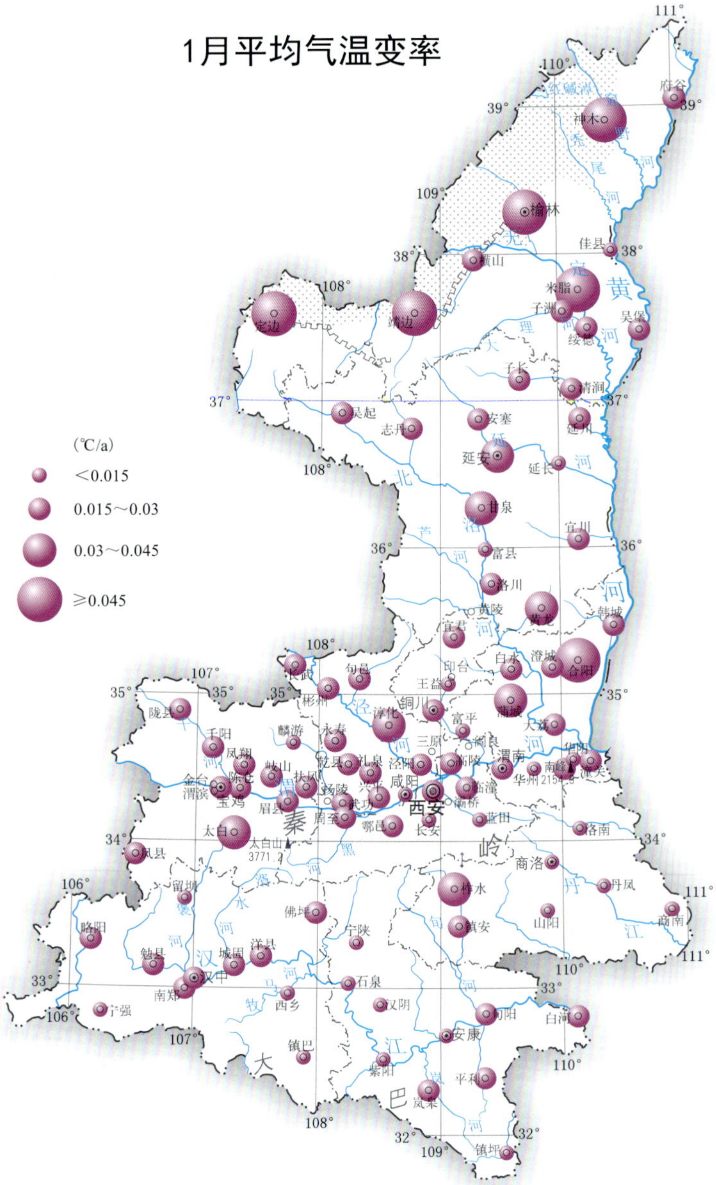

4月平均气温变率

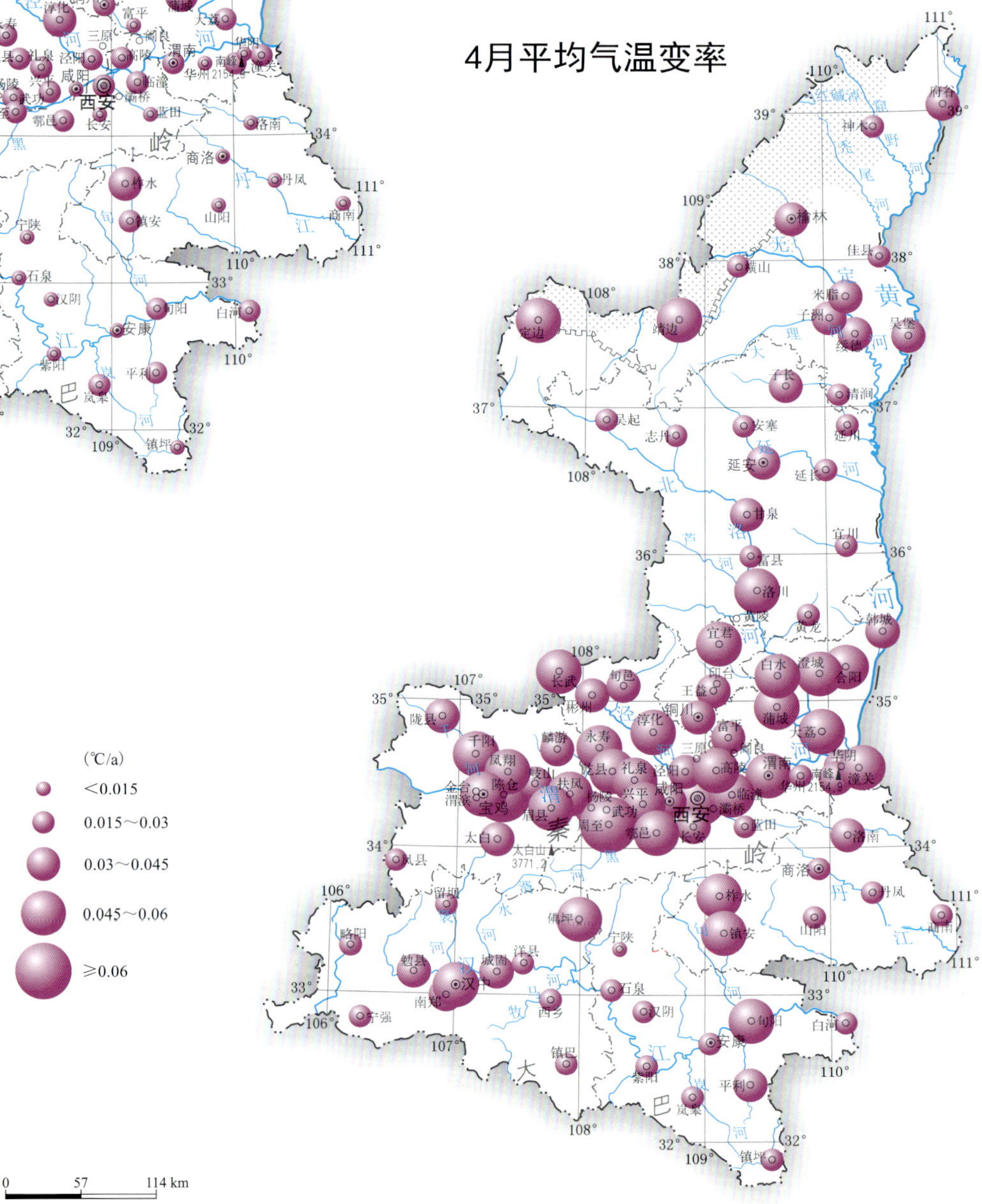

比例尺　1：5 700 000　0　57　114 km

7月平均气温变率

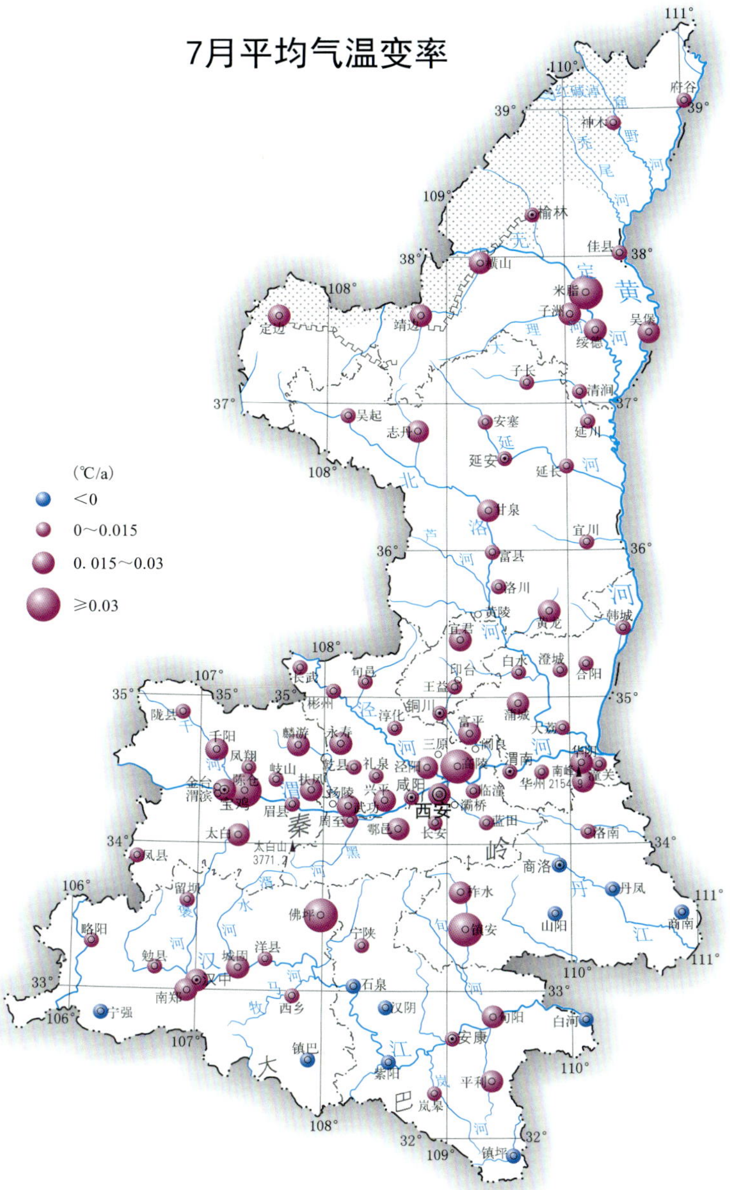

10月平均气温变率

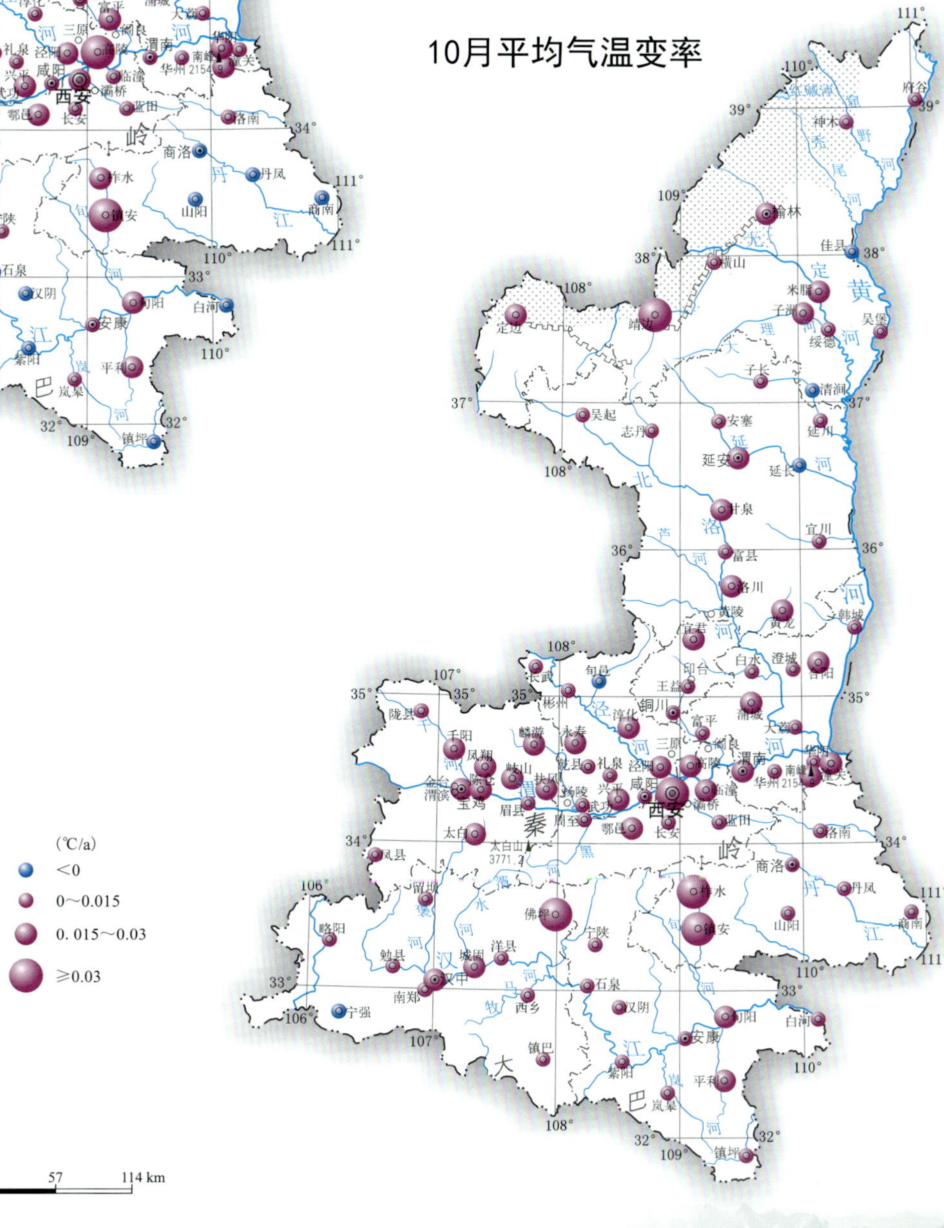

比例尺　1 : 5 700 000　0　57　114 km

降水量历年变化

全 年

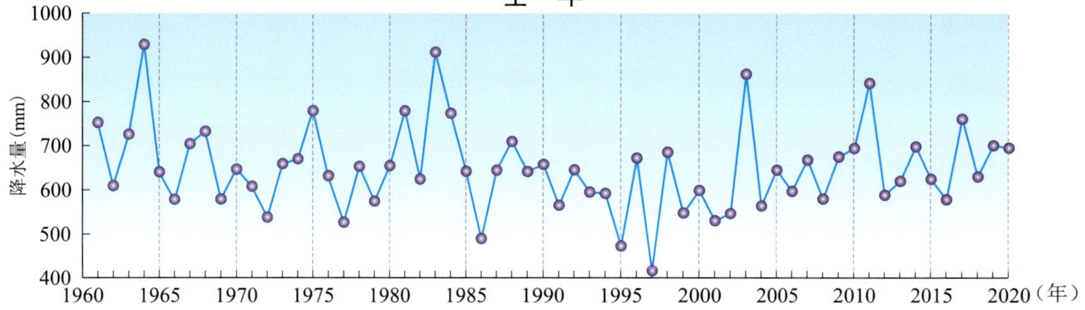

春 季

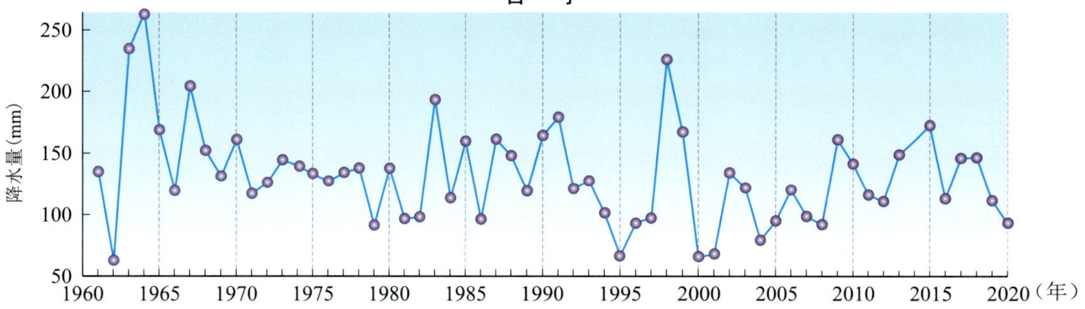

夏 季

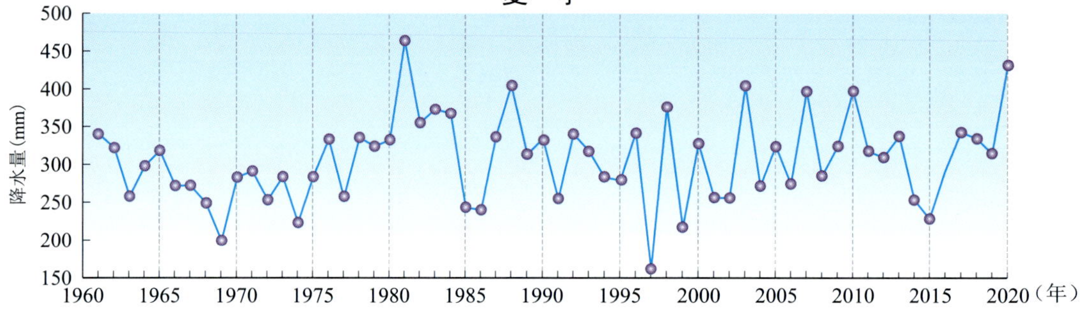

秋 季

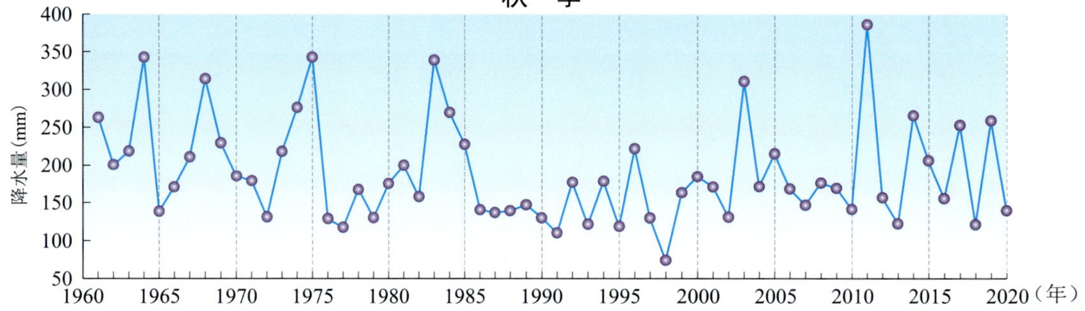

冬 季

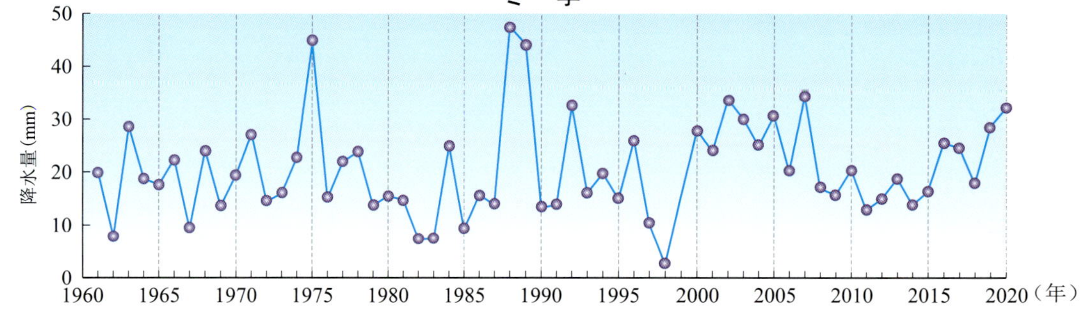

年降水量相对变率

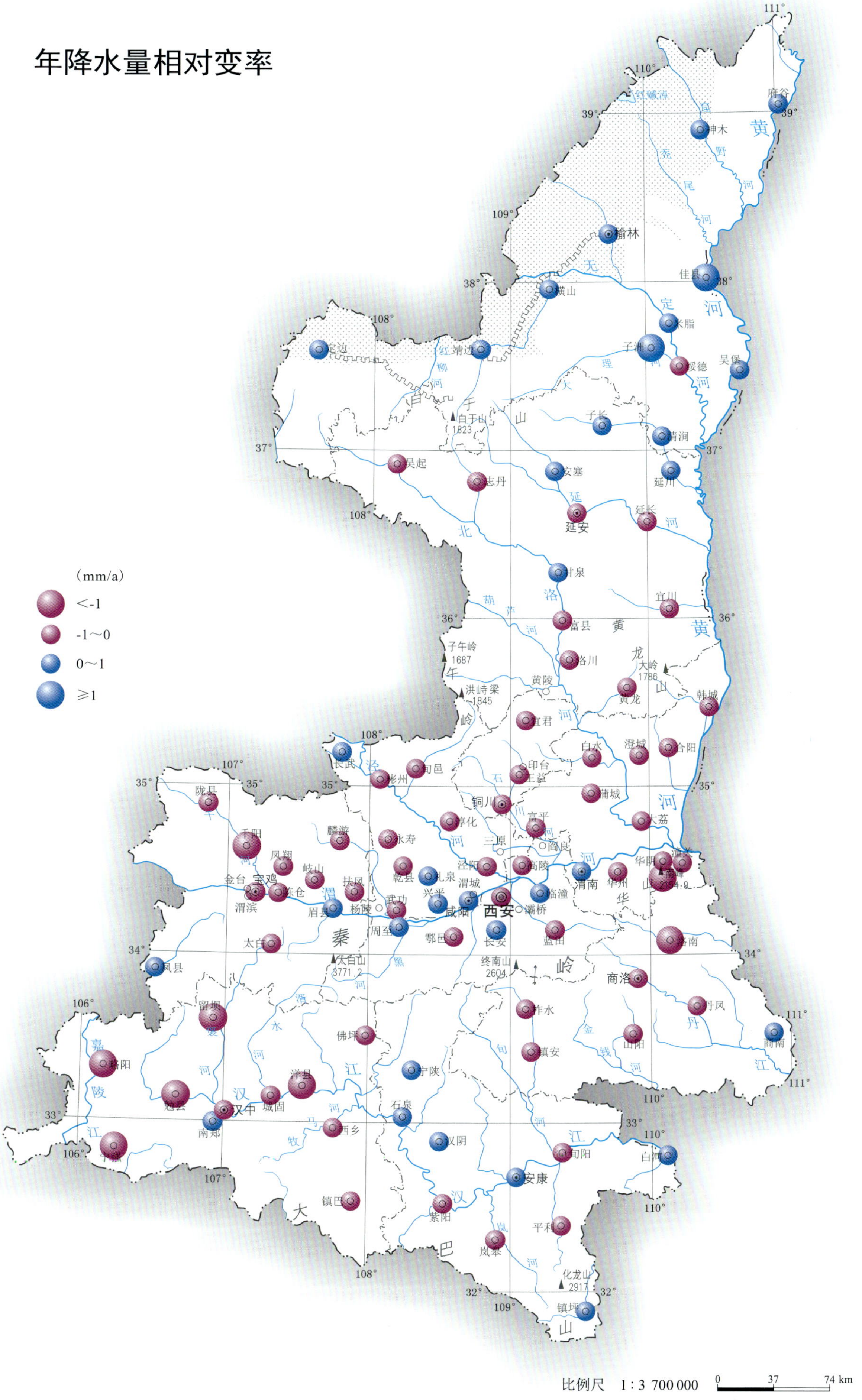
(mm/a)
<-1
-1～0
0～1
≥1
府谷
神木
榆林
佳县
横山
米脂
定边
靖边
子洲
绥德
吴堡
白于山
1823
子长
清涧
吴起
志丹
安塞
延川
延安
延长
甘泉
宜川
富县
子午岭
1687
洛川
大岭
1786
黄陵
洪峙梁
1845
黄龙
韩城
宜君
白水
澄城
合阳
长武
旬邑
彬州
印台
王益
蒲城
陇县
铜川
淳化
大荔
富平
千阳
麟游
永寿
三原
阎良
凤翔
岐山
泾阳
高陵
渭南
华阴
潼关
金台
宝鸡
扶风
乾县
礼泉
华州
华山
2154.9
渭滨
陈仓
眉县
杨陵
武功
兴平
渭城
咸阳
西安
临潼
灞桥
周至
鄠邑
长安
蓝田
洛南
太白
太白山
3771.2
终南山
2604
凤县
商洛
留坝
柞水
丹凤
佛坪
山阳
商南
略阳
宁陕
镇安
勉县
洋县
汉中
城固
南郑
石泉
西乡
汉阴
旬阳
白河
宁强
安康
镇巴
紫阳
平利
岚皋
化龙山
2917
镇坪
黄河
红碱淖
窟野河
秃尾河
无定河
大理河
延河
北洛河
葫芦河
泾河
石川河
渭河
黑河
湑水河
汉江
嘉陵江
旬河
金钱河
丹江
牧马河
岚河
白于山
子午岭
黄龙山
秦岭
大巴山
比例尺 1:3 700 000
0 37 74 km

1月降水量相对变率

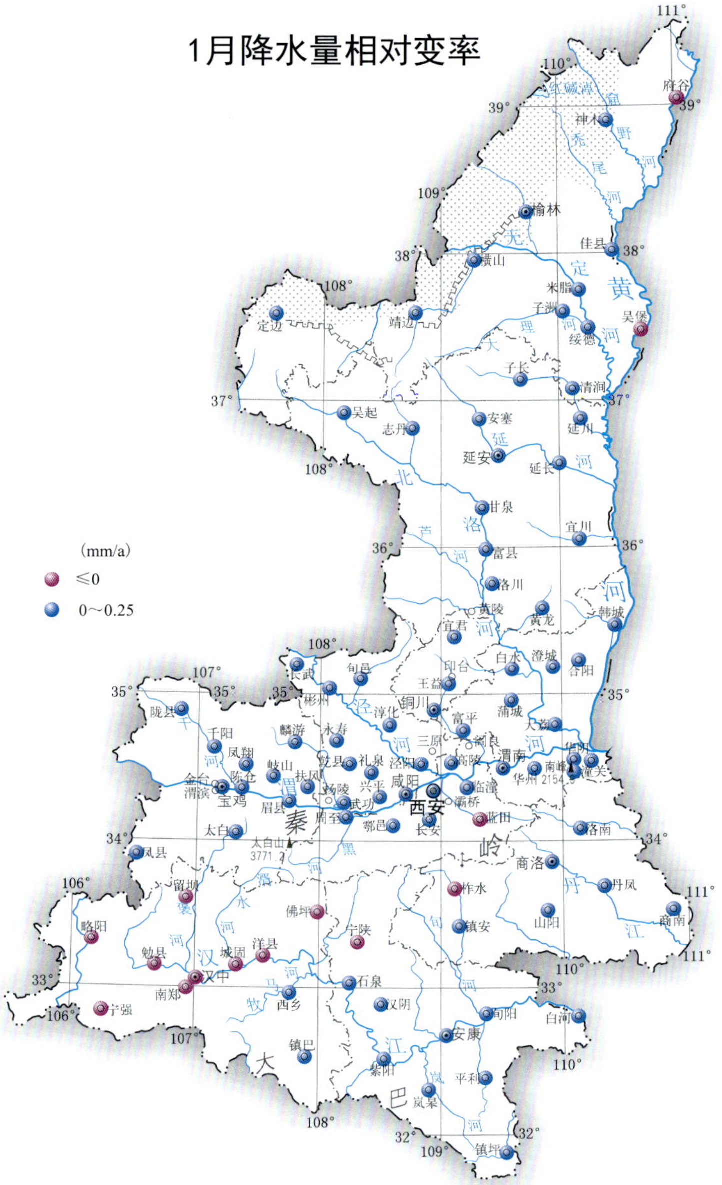

4月降水量相对变率

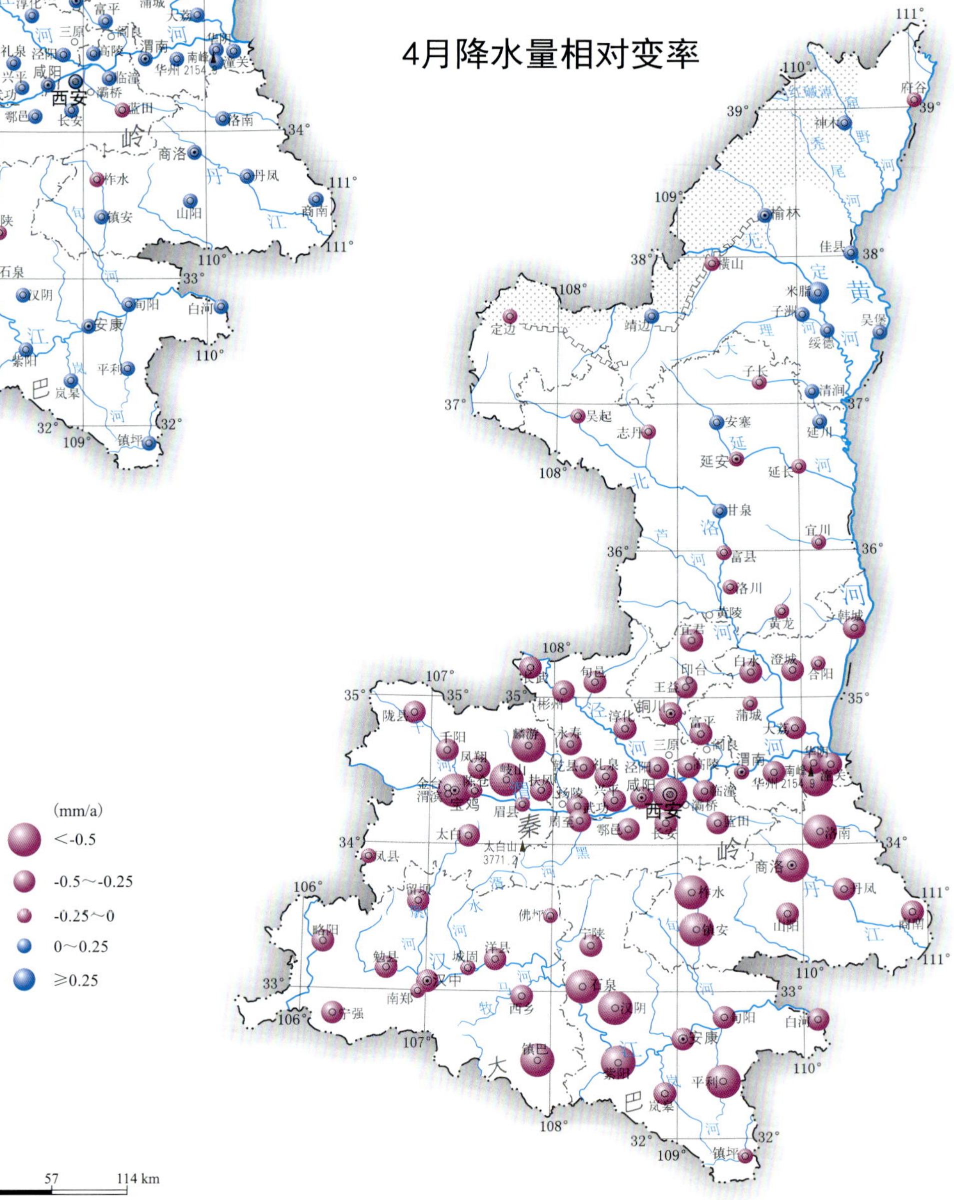

比例尺 1 : 5 700 000 0 57 114 km

7月降水量相对变率

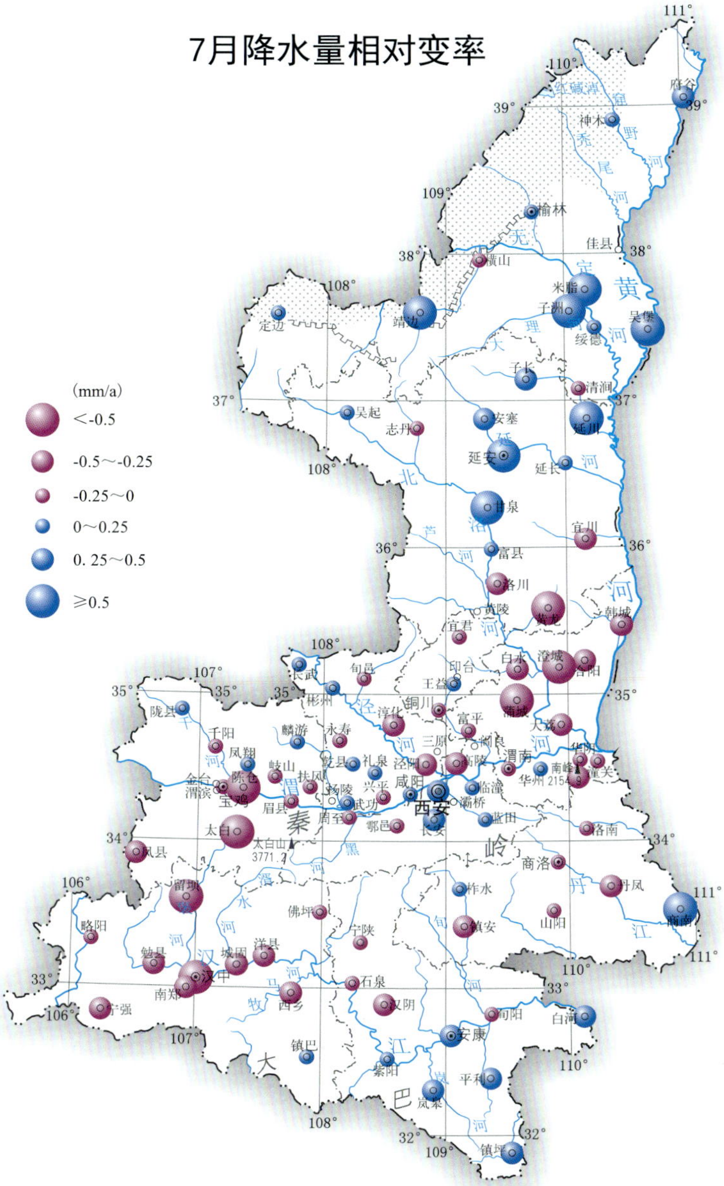

10月降水量相对变率

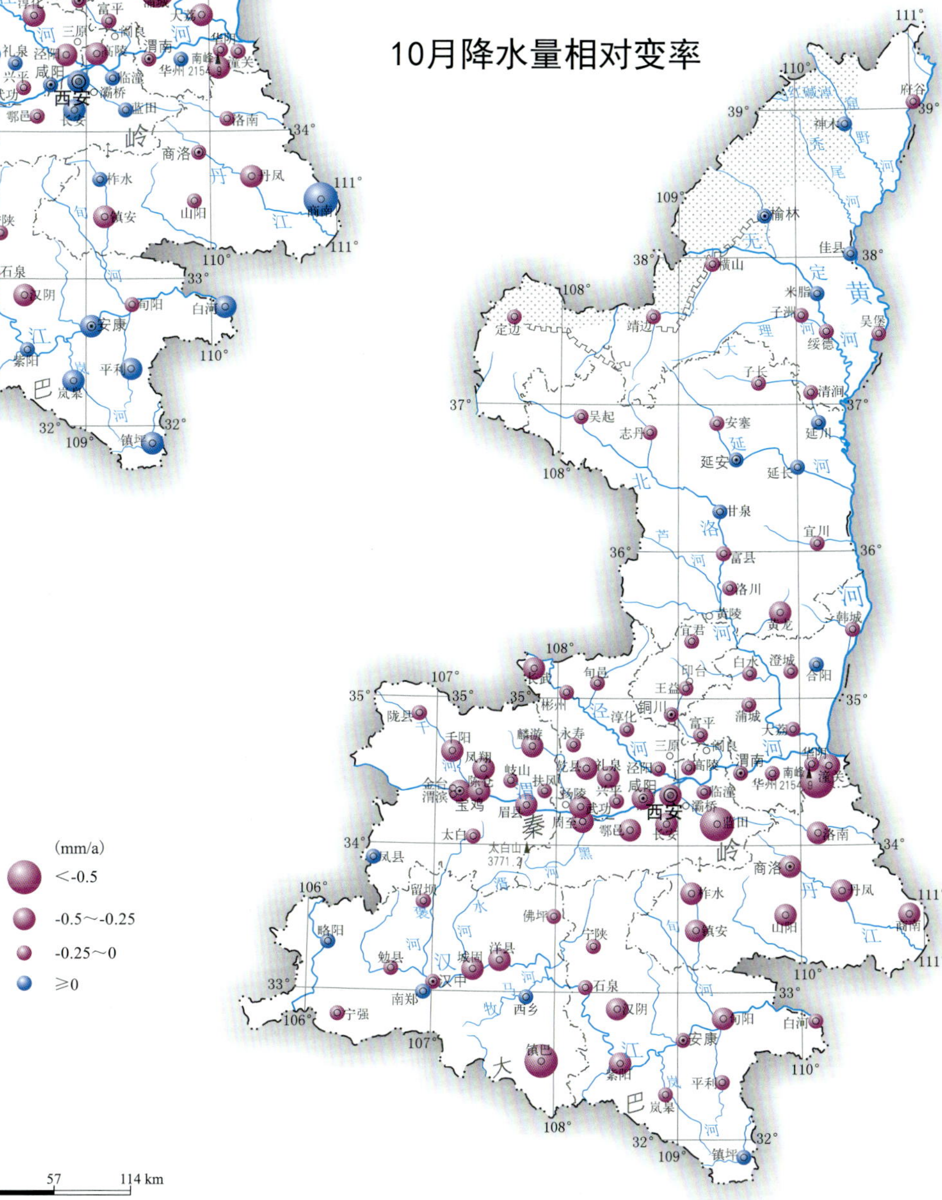

比例尺 1:5 700 000 0 57 114 km

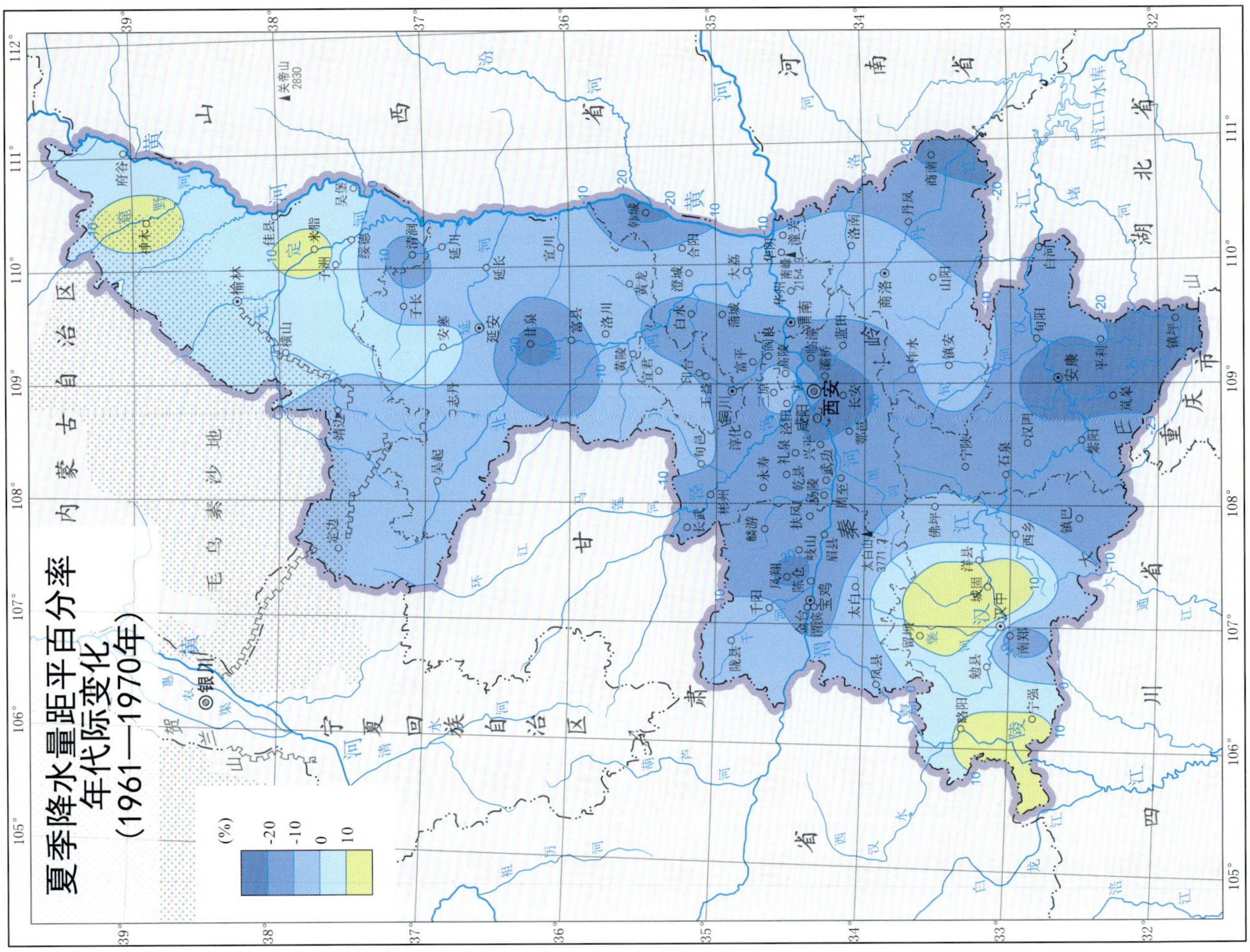

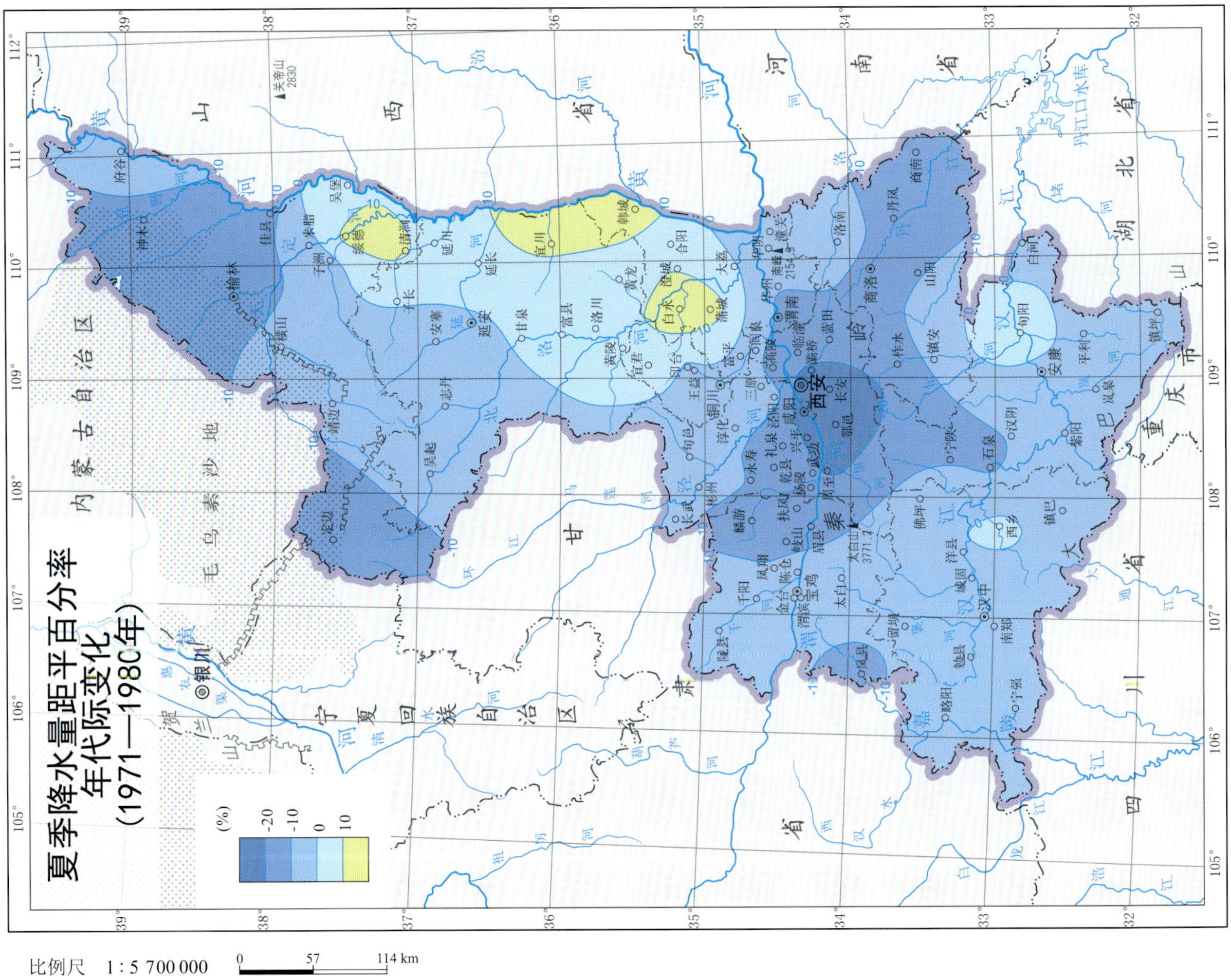

比例尺 1∶5 700 000 0 57 114 km

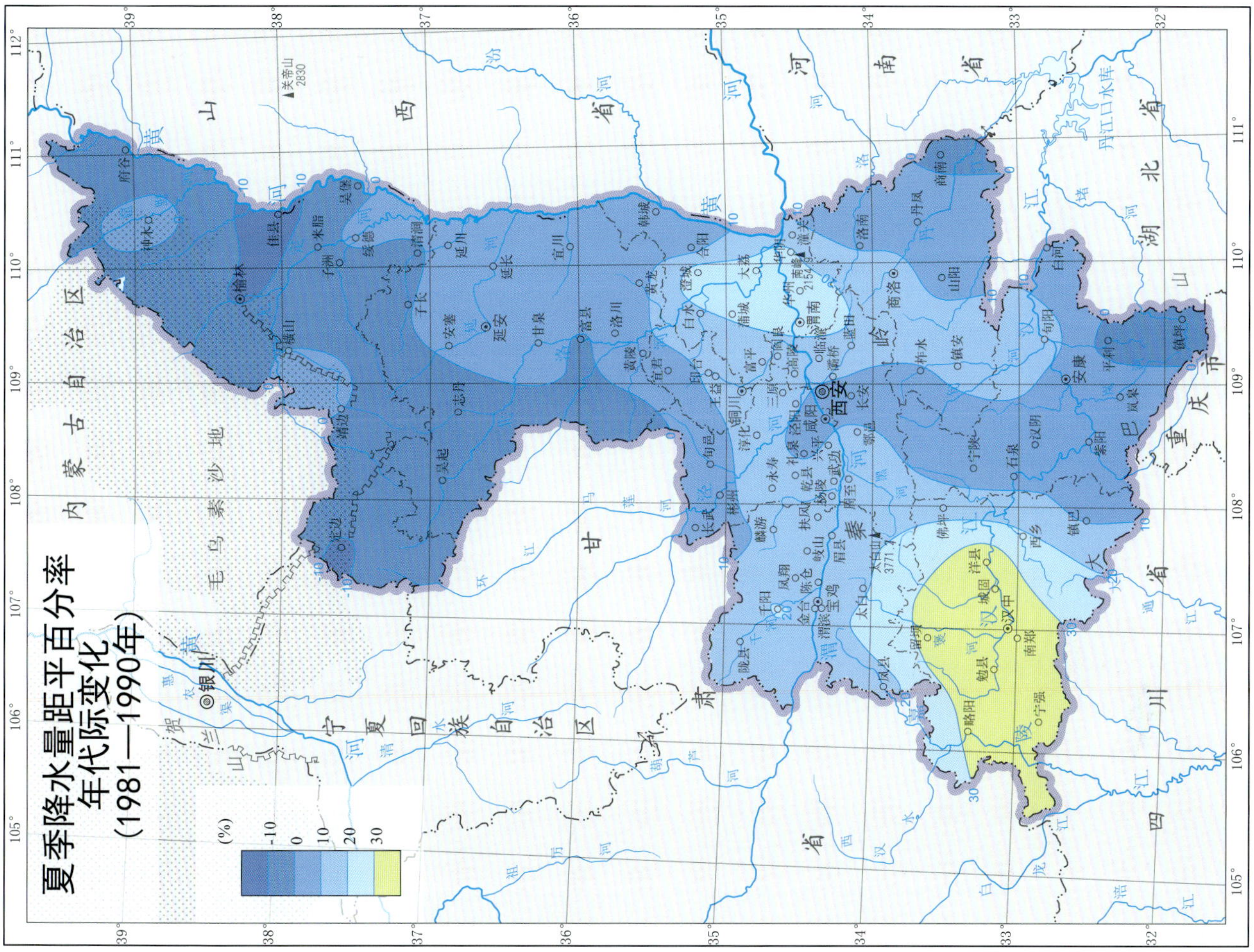

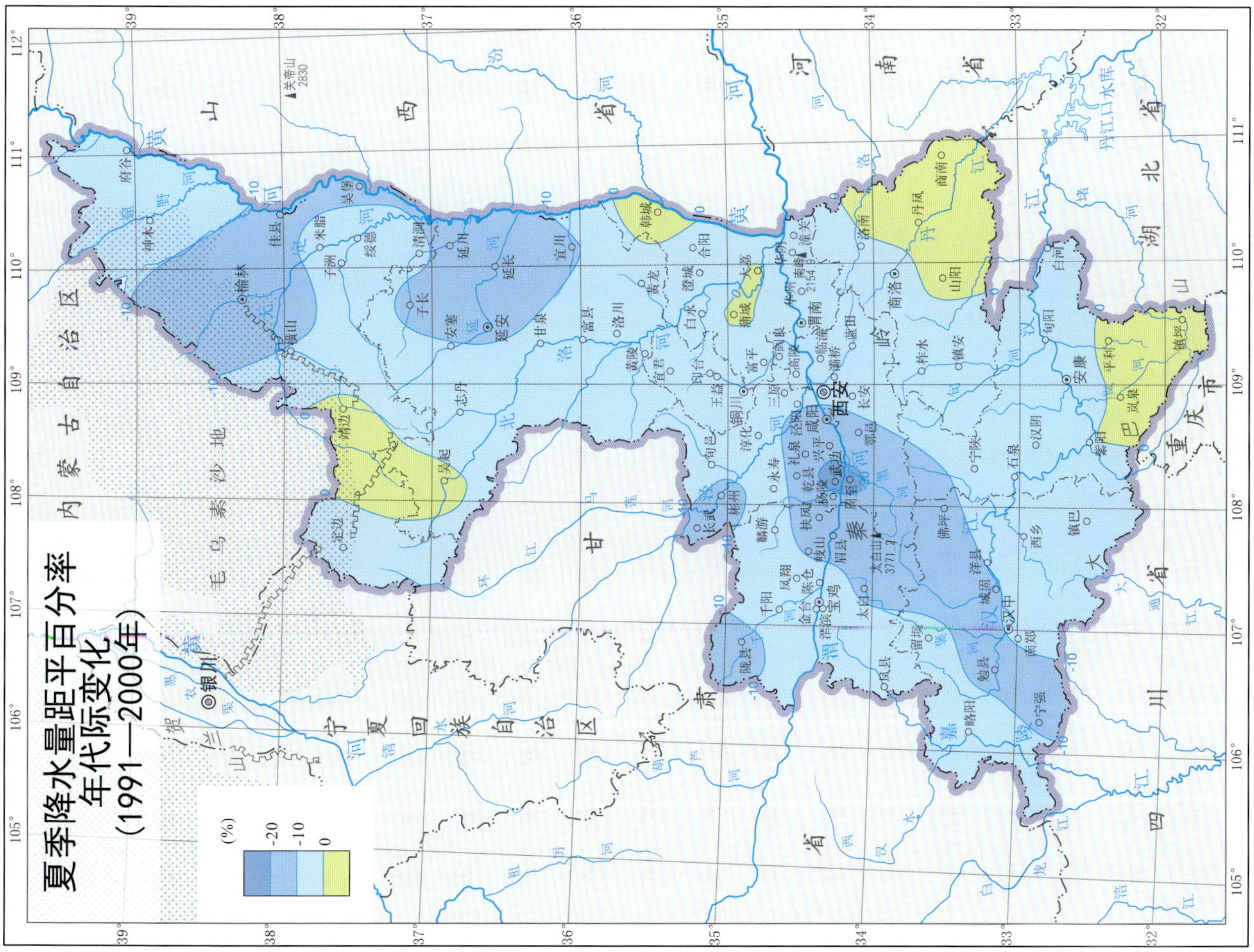

比例尺 1∶5 700 000　0　57　114 km

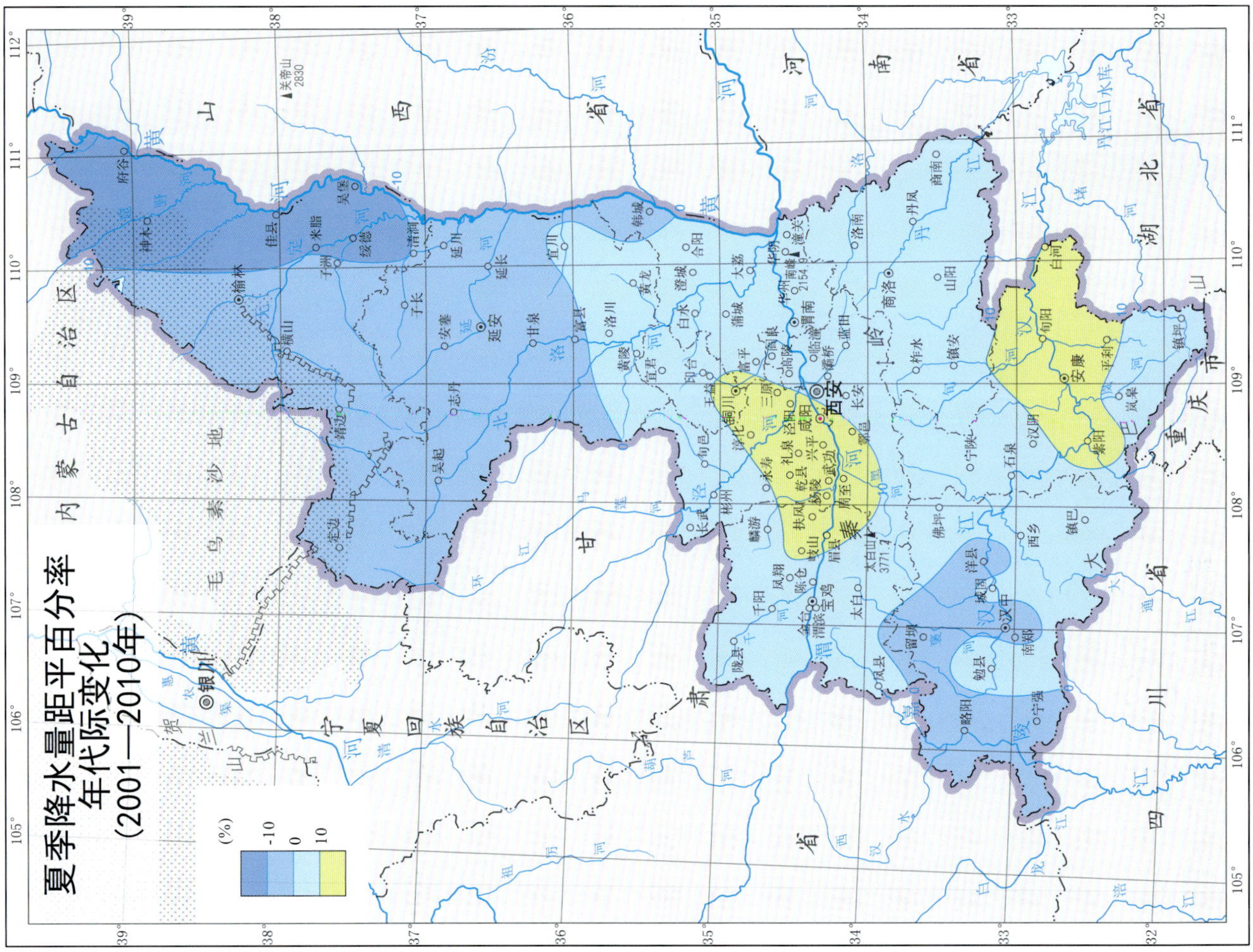

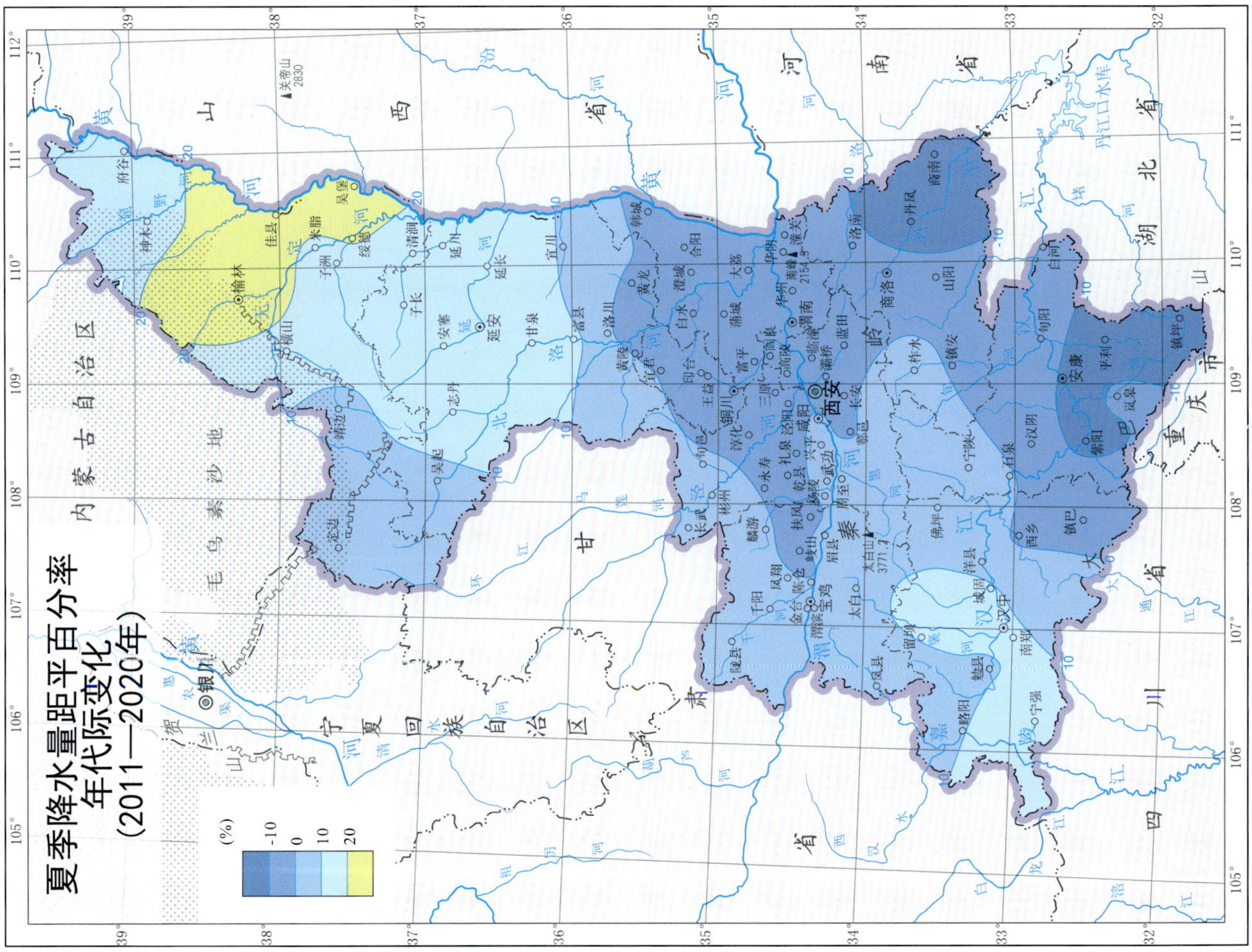

比例尺 1∶5 700 000 0 57 114 km

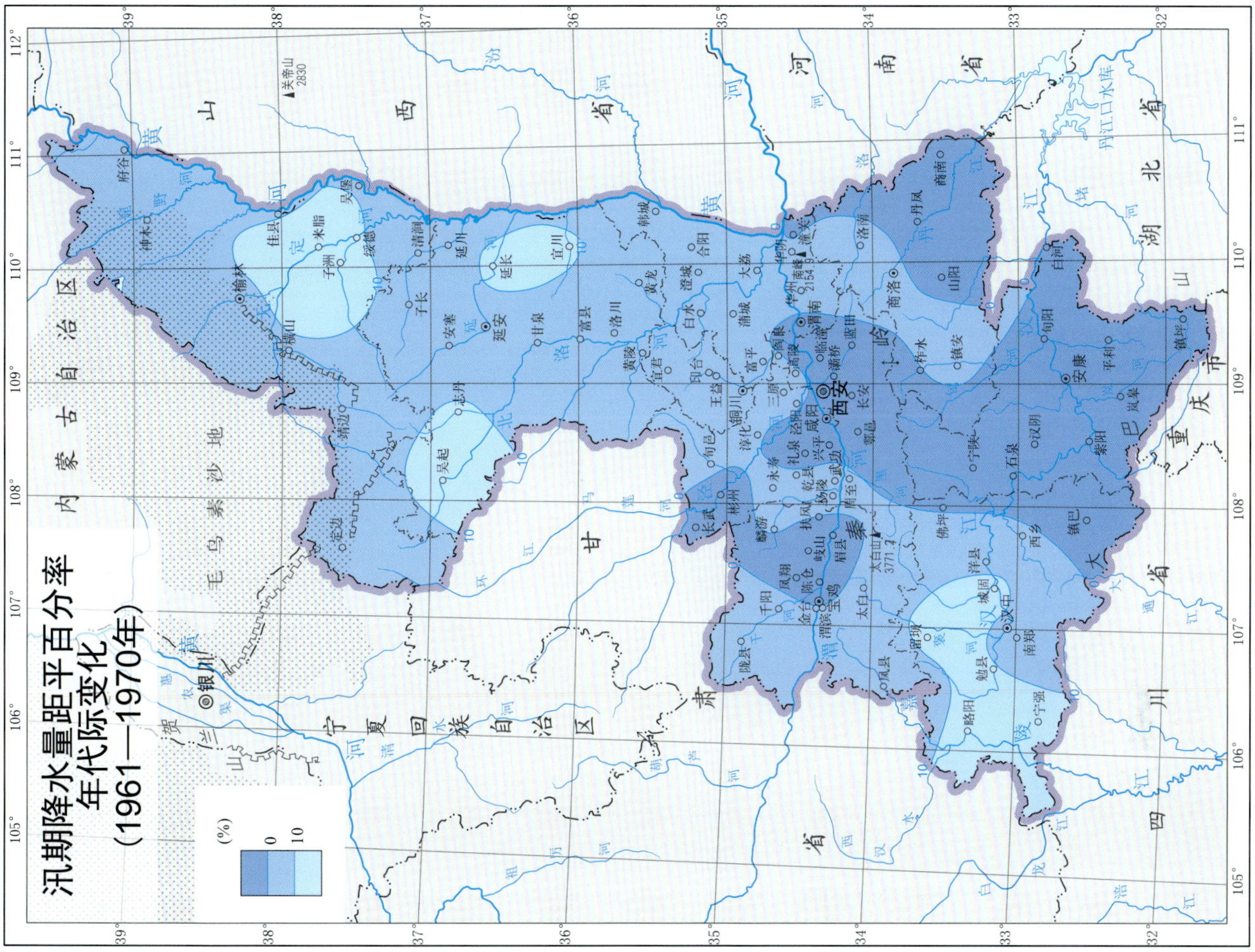

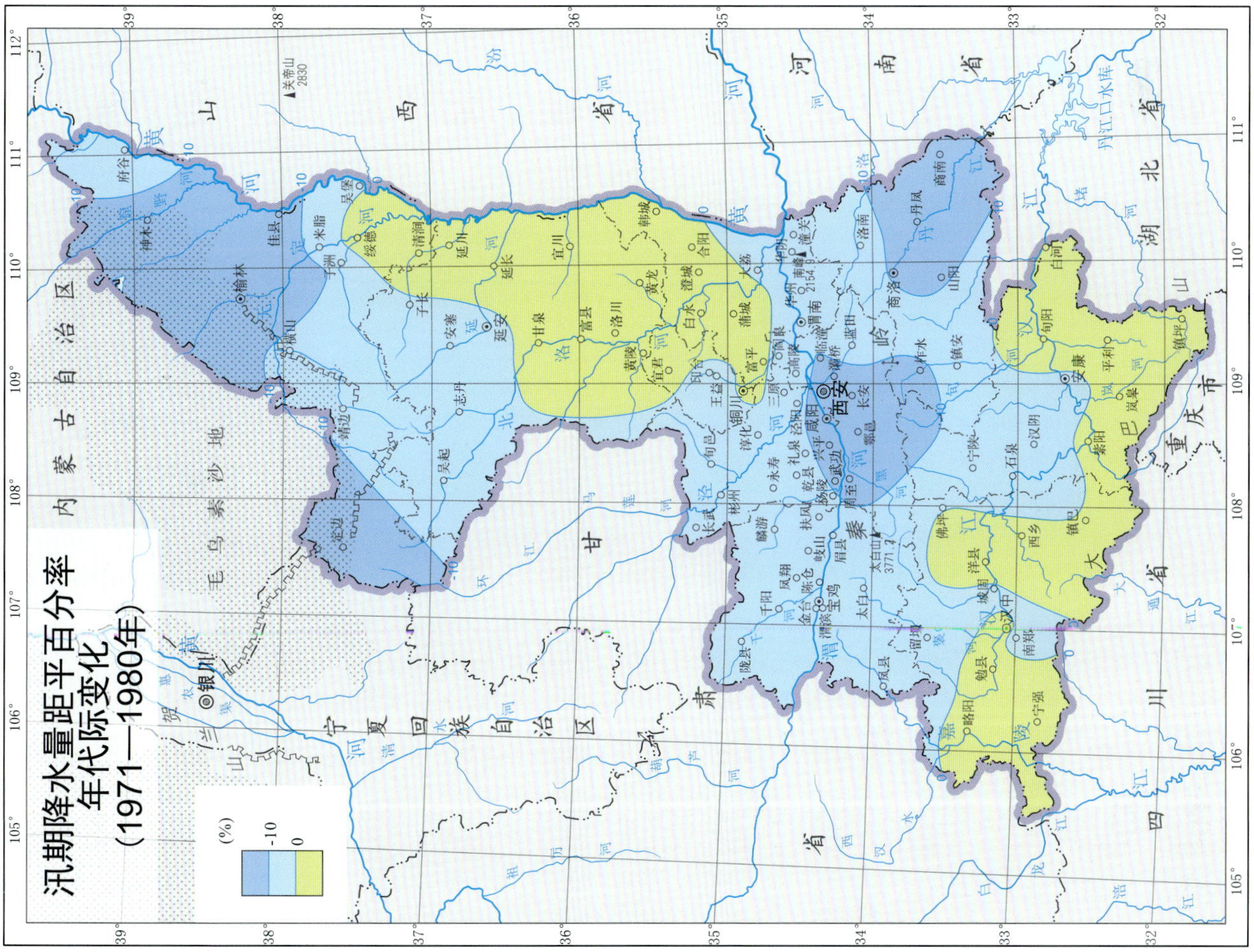

比例尺 1∶5 700 000 0 57 114 km

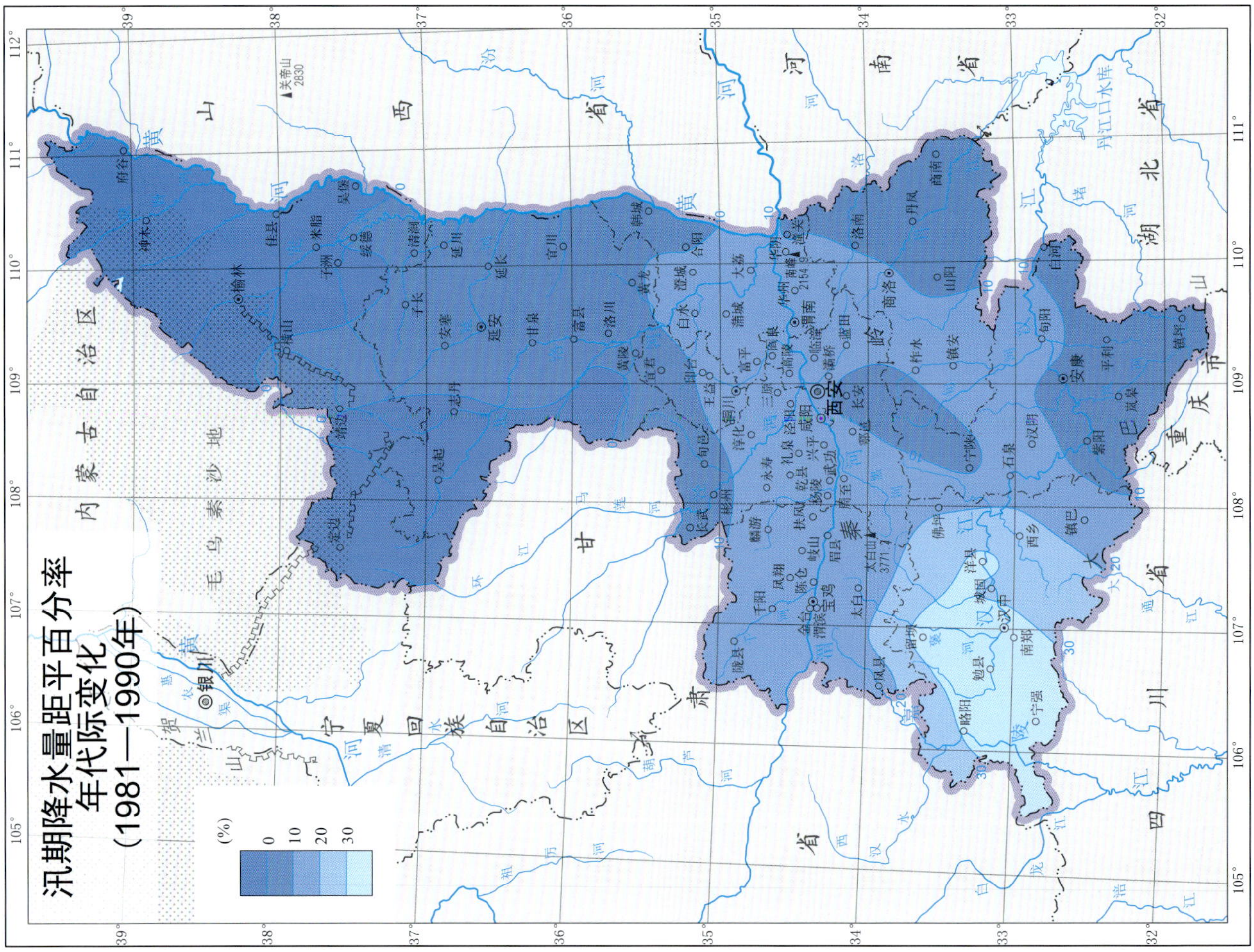

汛期降水量距平百分率年代际变化（1981—1990年）

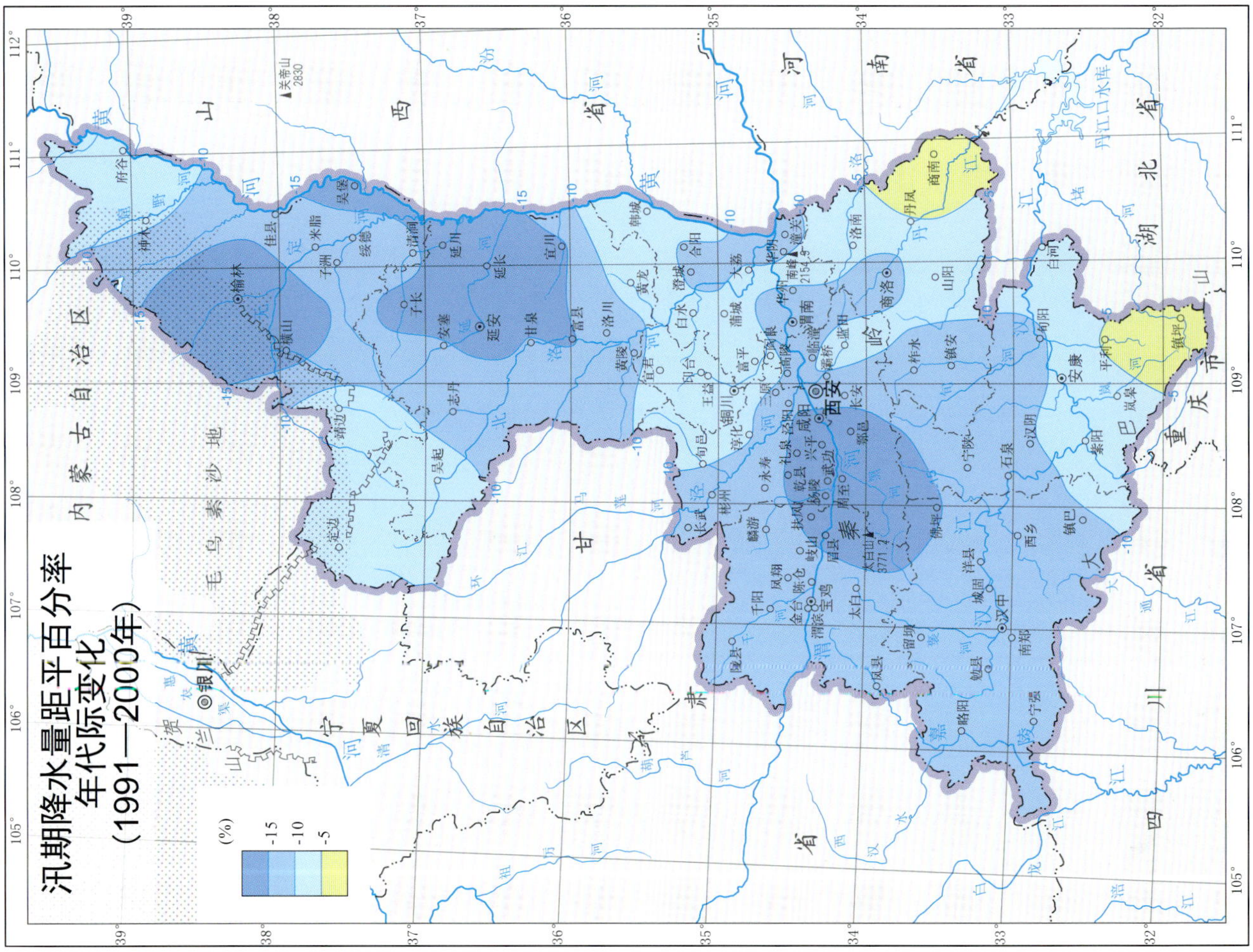

汛期降水量距平百分率年代际变化（1991—2000年）

比例尺 1：5 700 000 0 57 114 km

汛期降水量距平百分率年代际变化（2011—2020年）

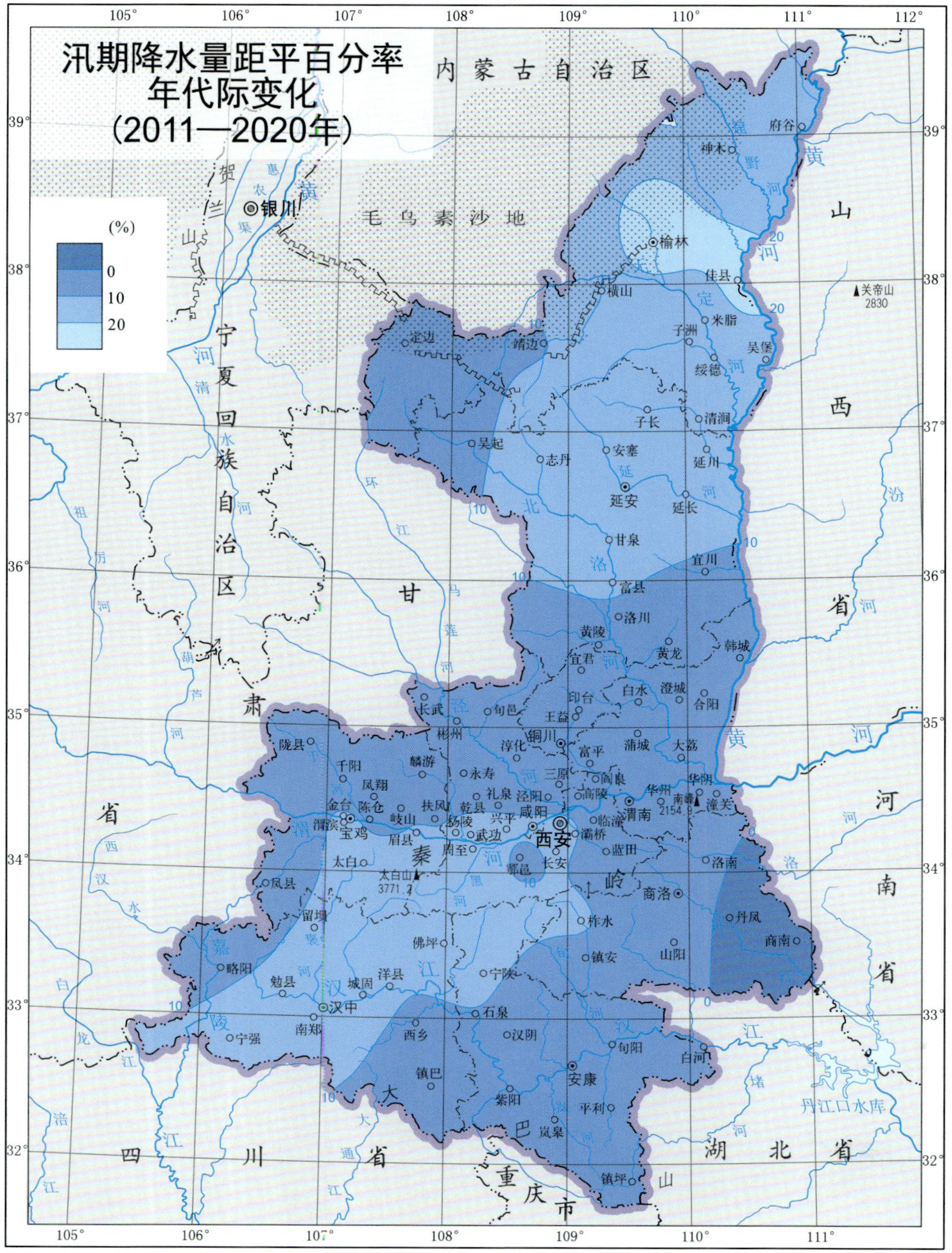

汛期降水量距平百分率年代际变化（2001—2010年）

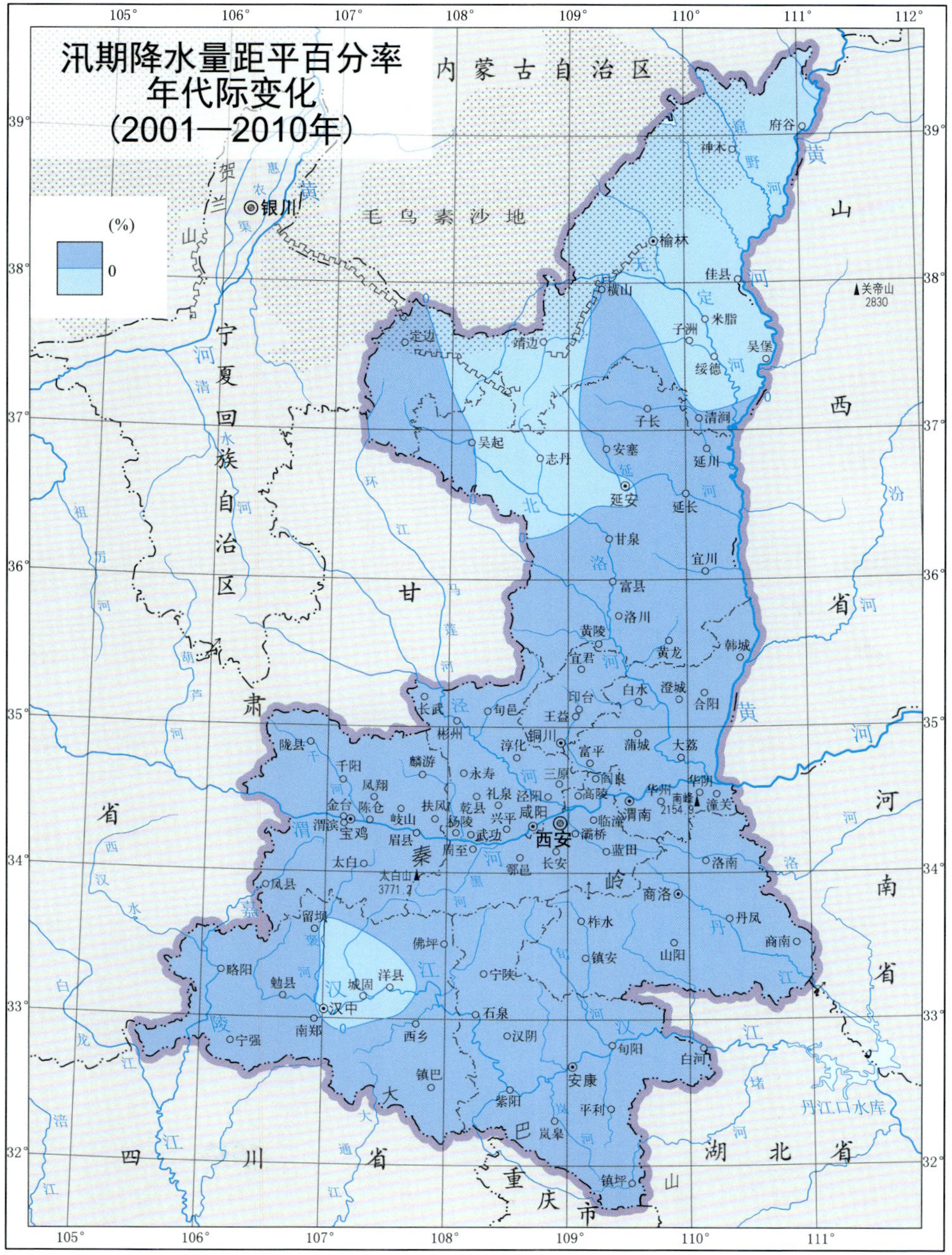

日照时数历年变化

全　年

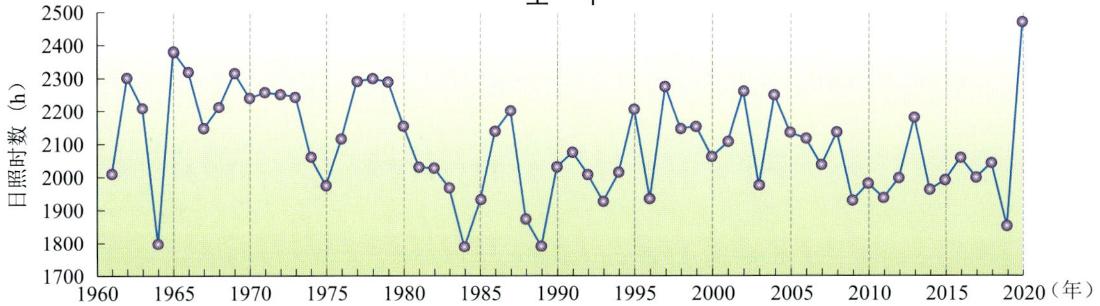

春　季

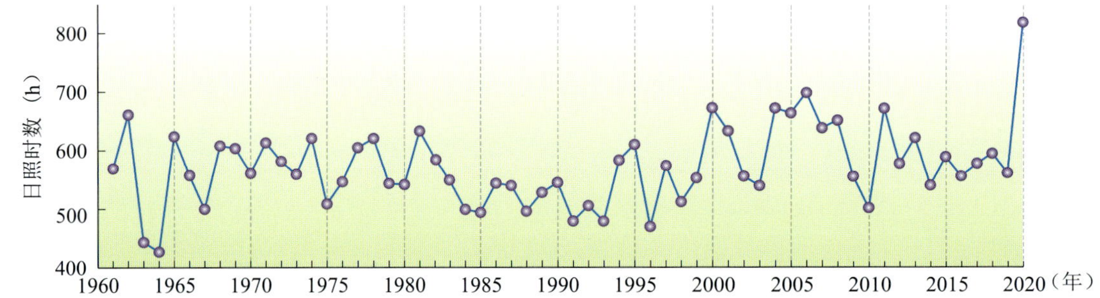

夏　季

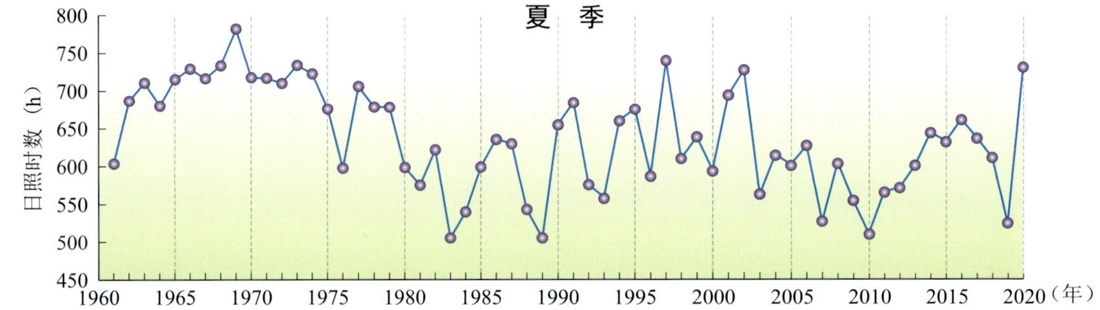

秋　季

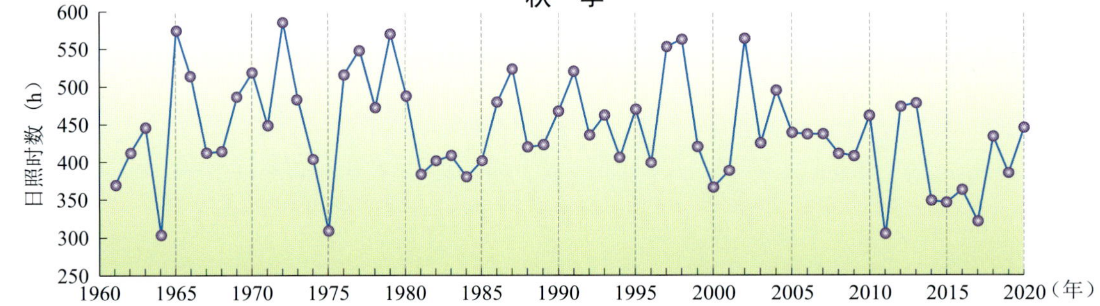

冬　季

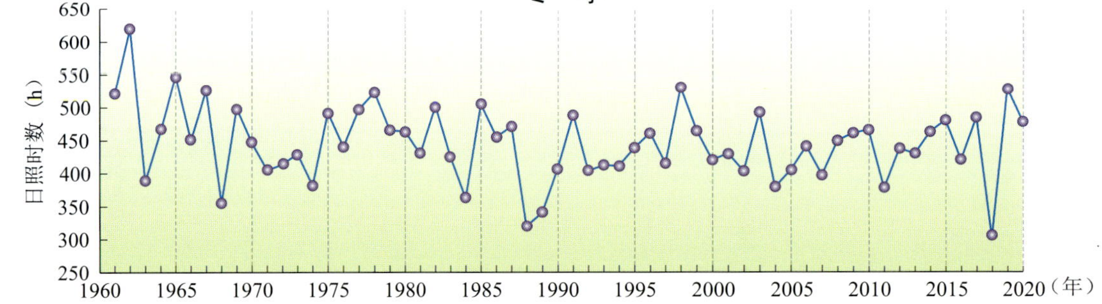

灾害性天气历年变化

暴雨日数

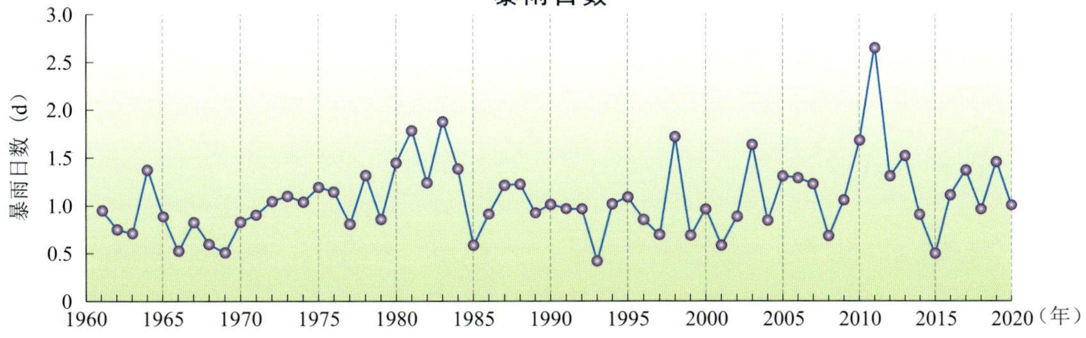

连阴雨次数

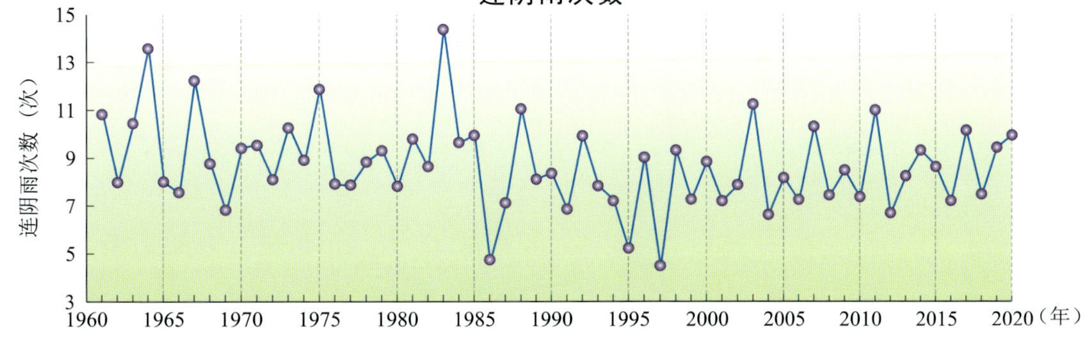

降雪日数

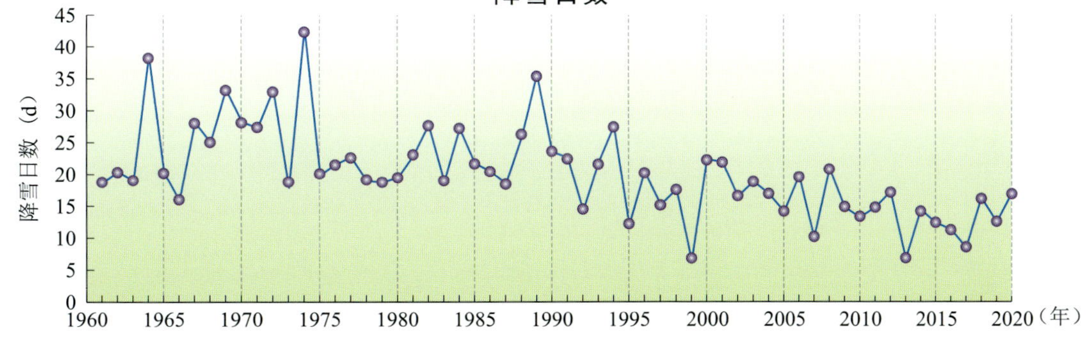

干旱日数

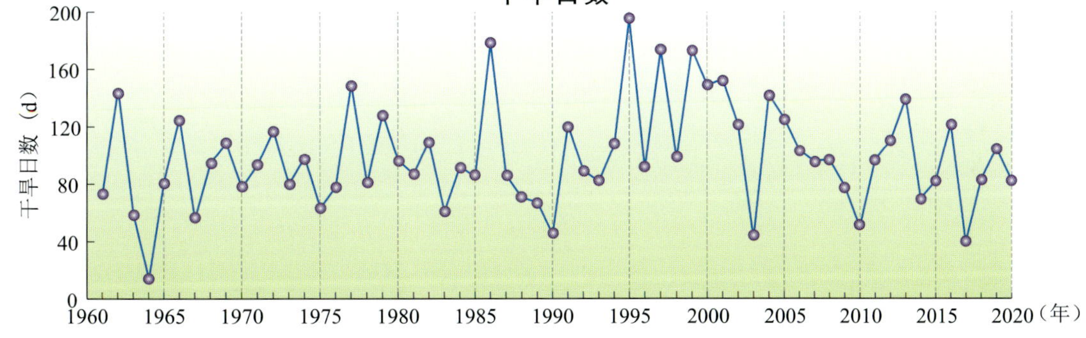

高温日数

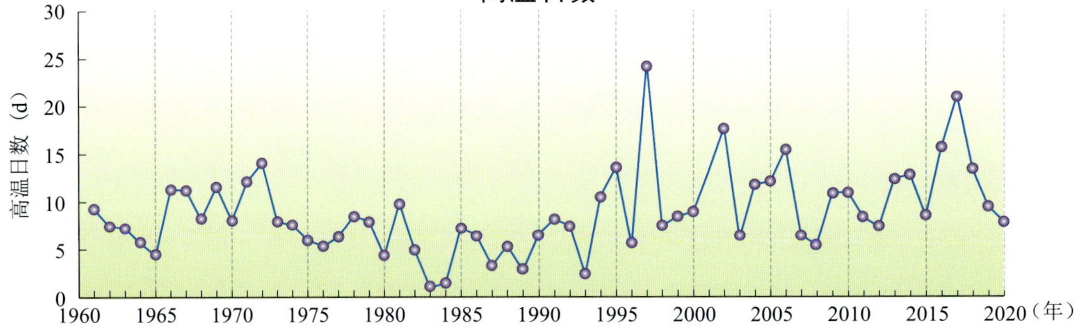

低温日数

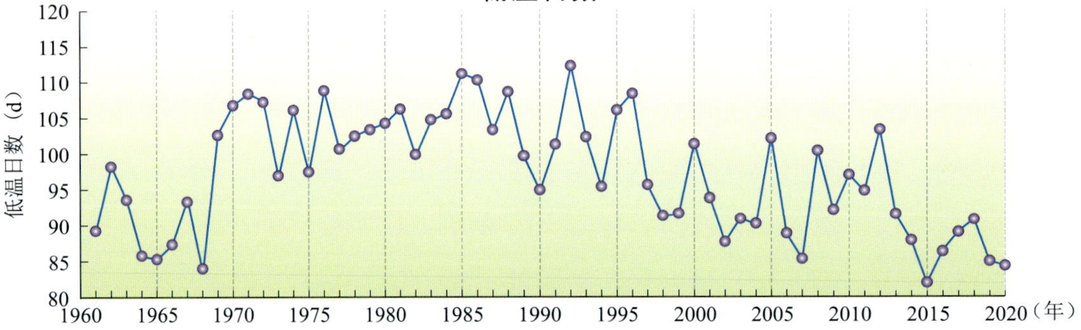

寒潮次数

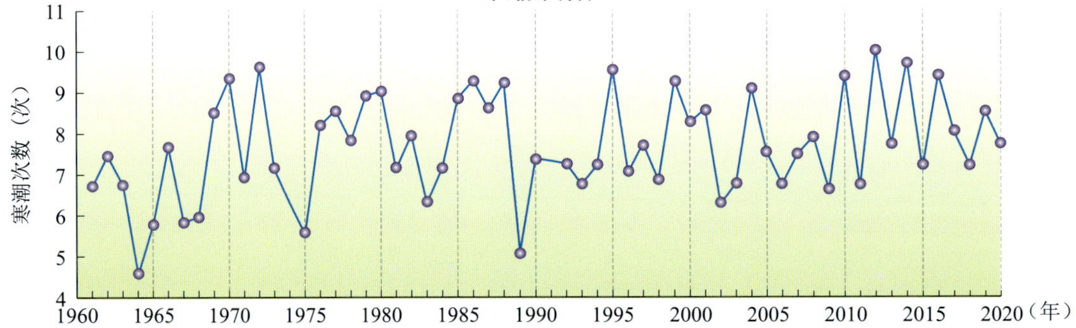

冰雹日数

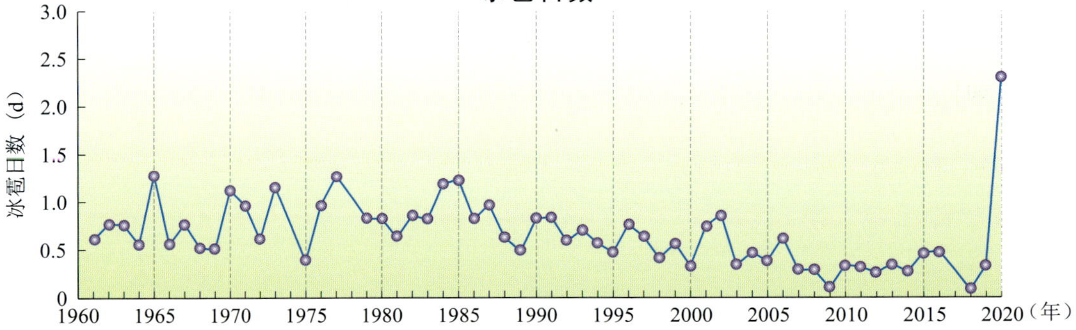

大风日数

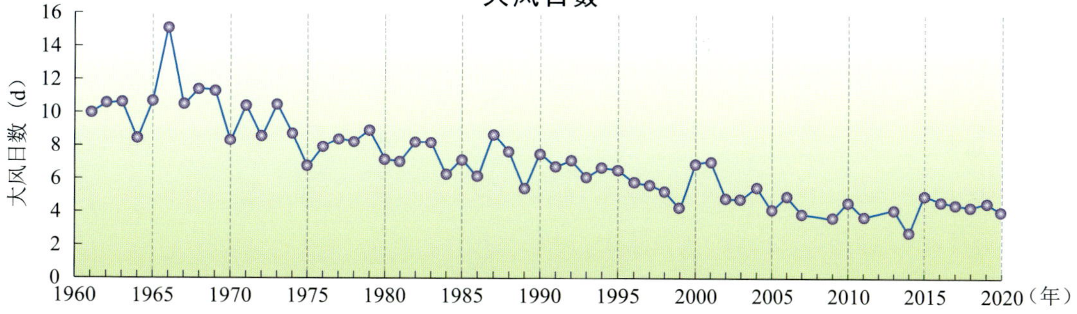

沙尘暴日数

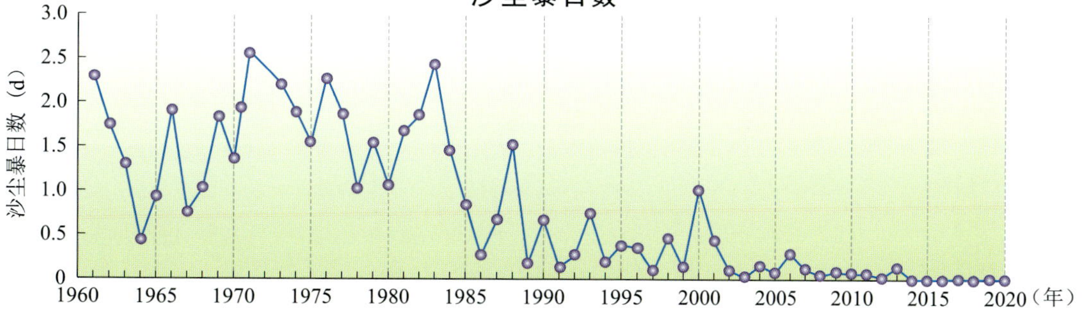

雷暴日数

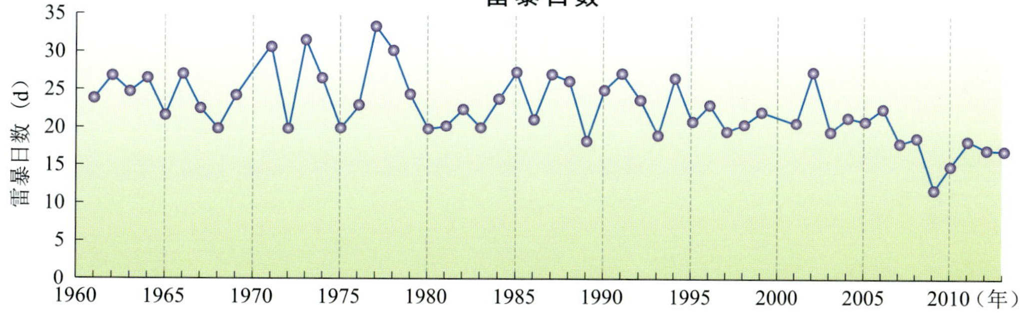

雾日数

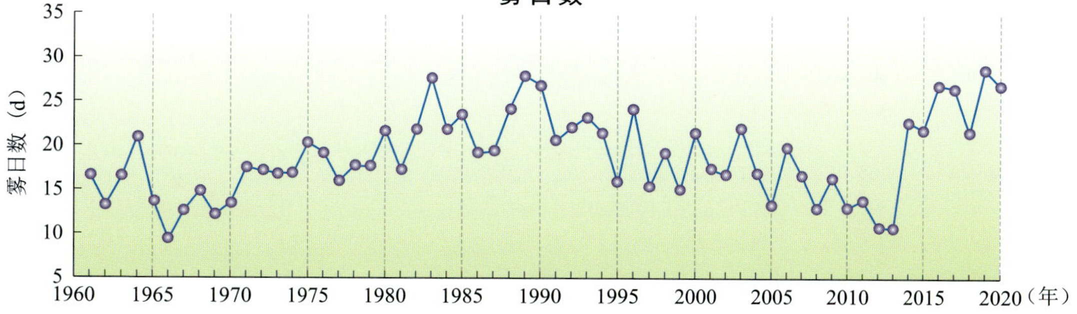

霾日数

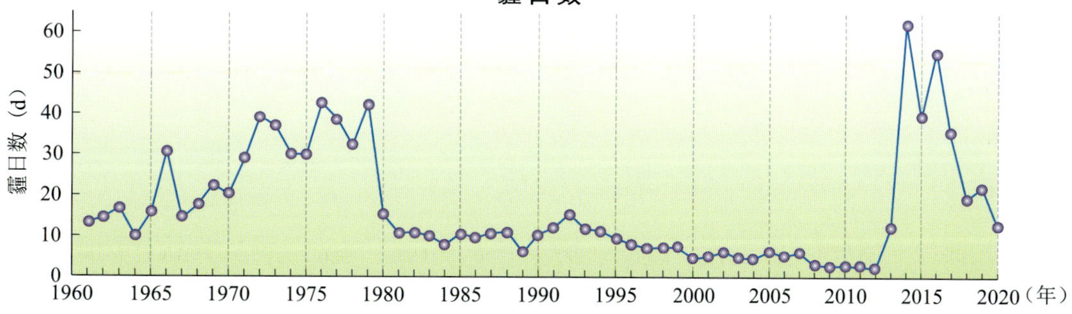

榆林四季起止日期及长度的年代际变化

春　季

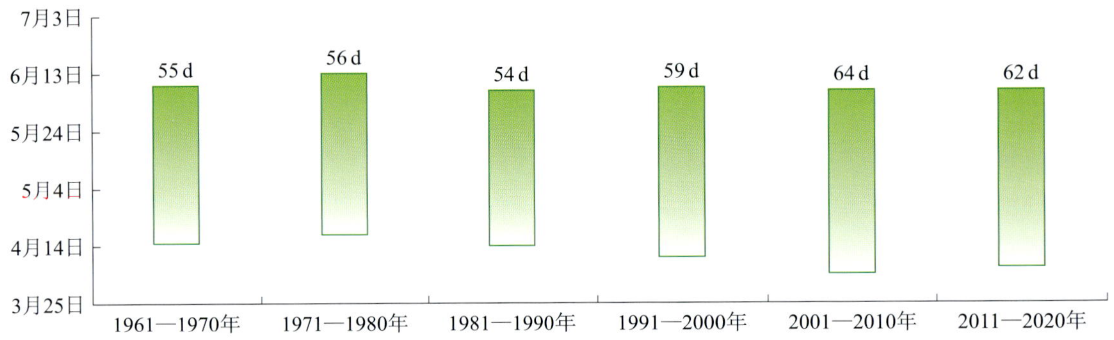

夏　季

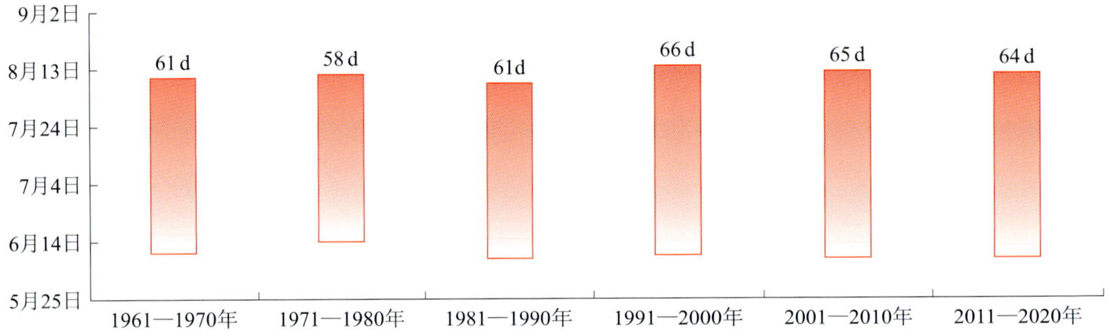

秋　季

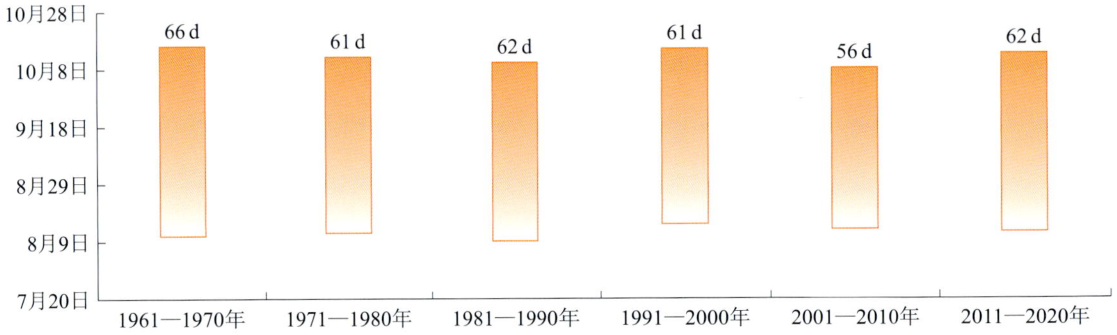

冬　季

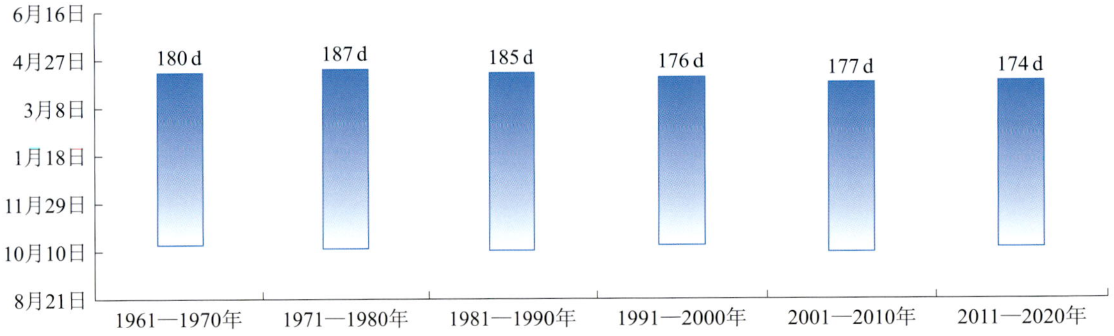

延安四季起止日期及长度的年代际变化

春　季

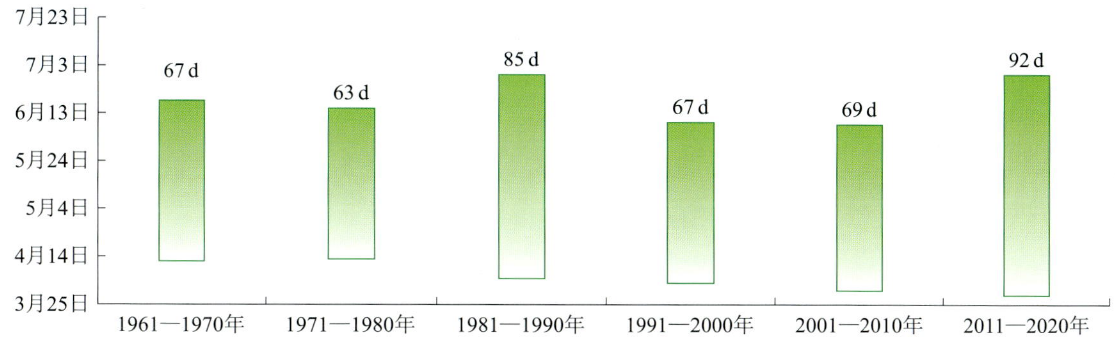

夏　季

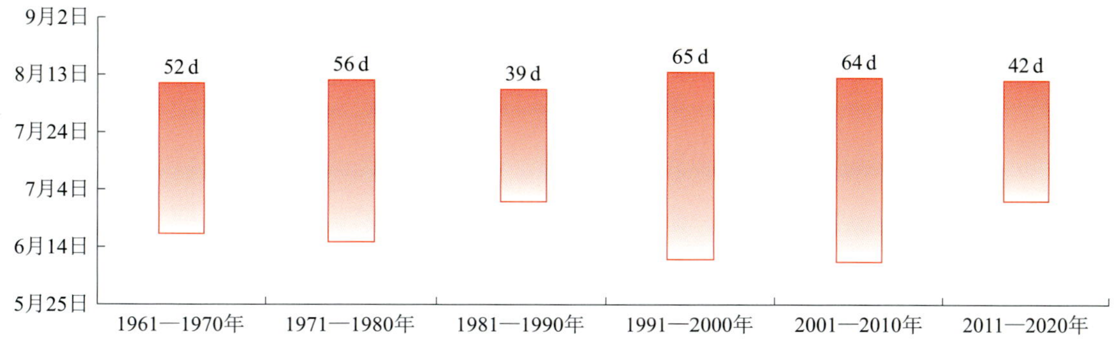

秋　季

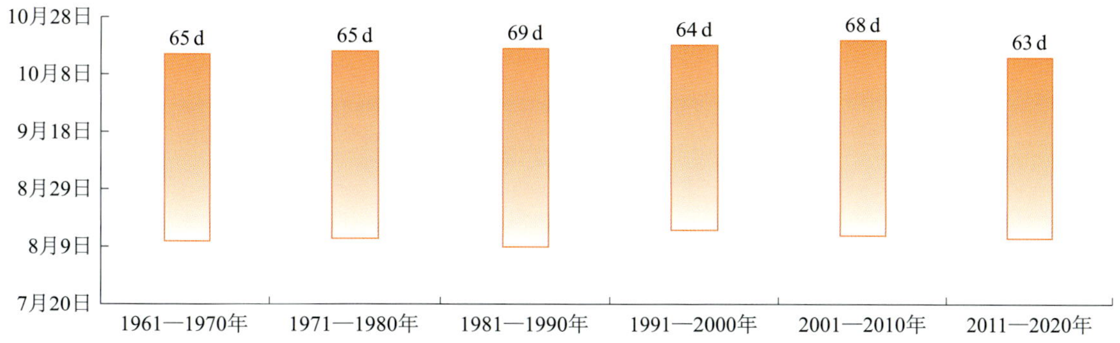

冬　季

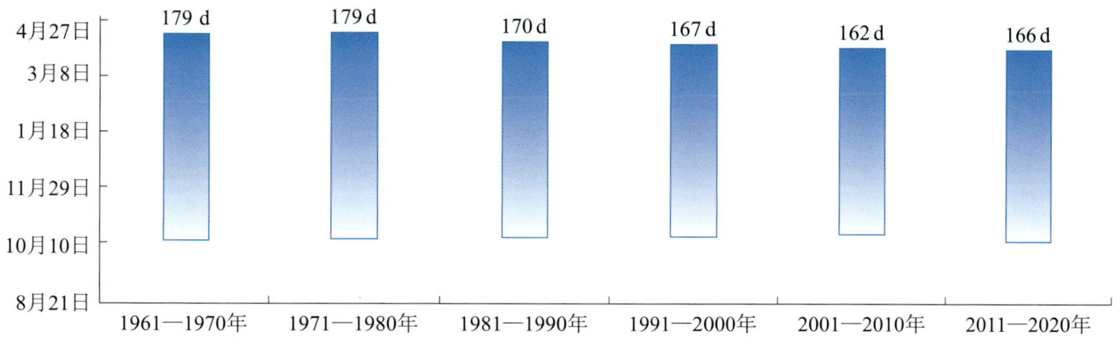

西安四季起止日期及长度的年代际变化

春　季

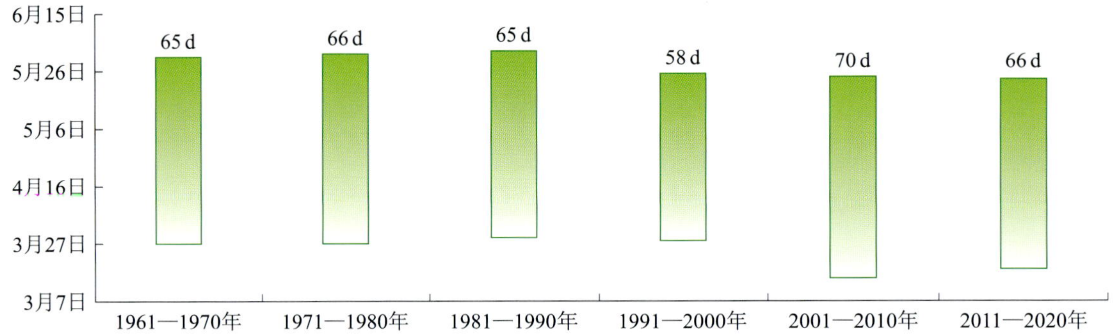

夏　季

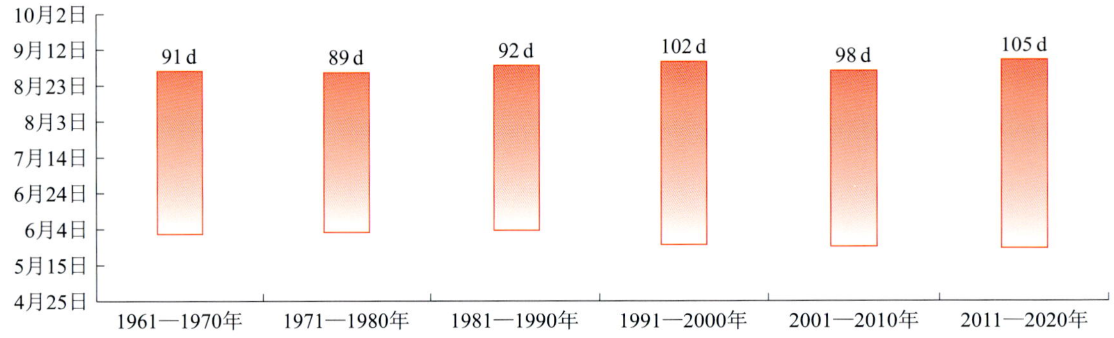

秋　季

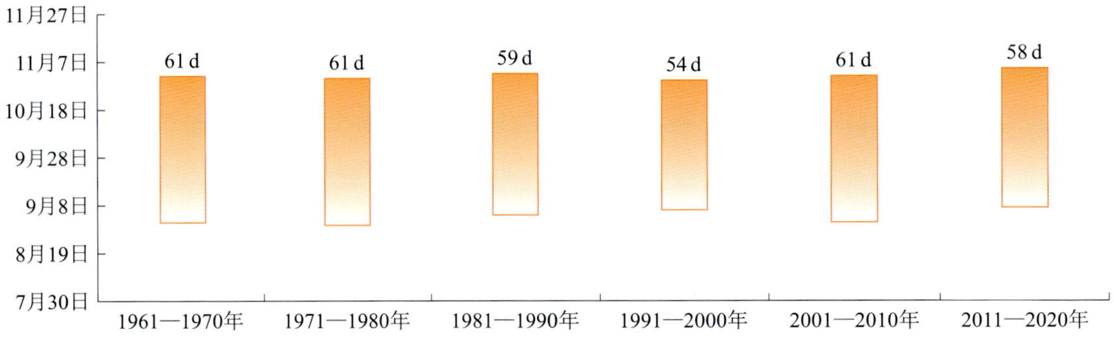

冬　季

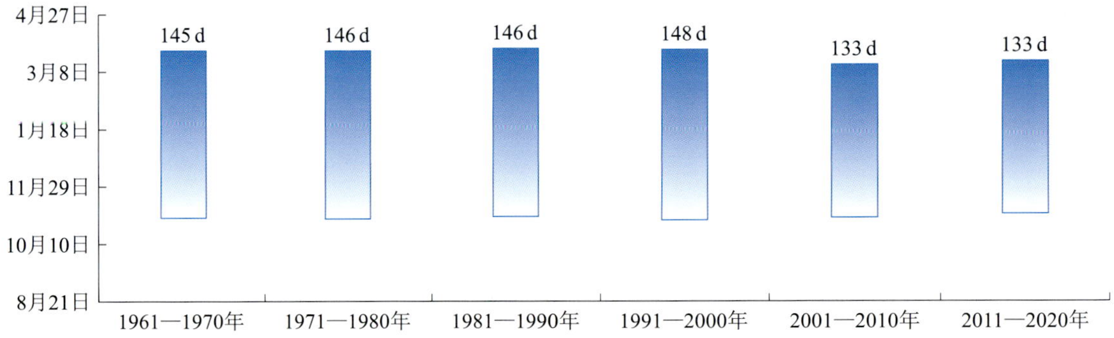

安康四季起止日期及长度的年代际变化

春　季

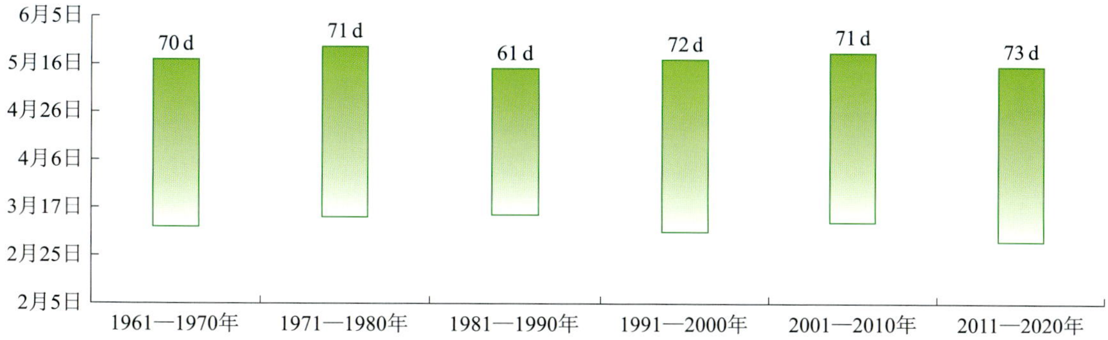

夏　季

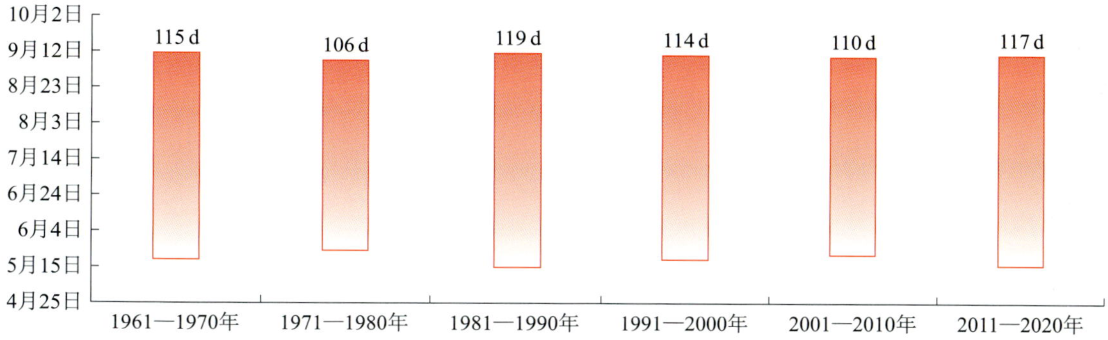

秋　季

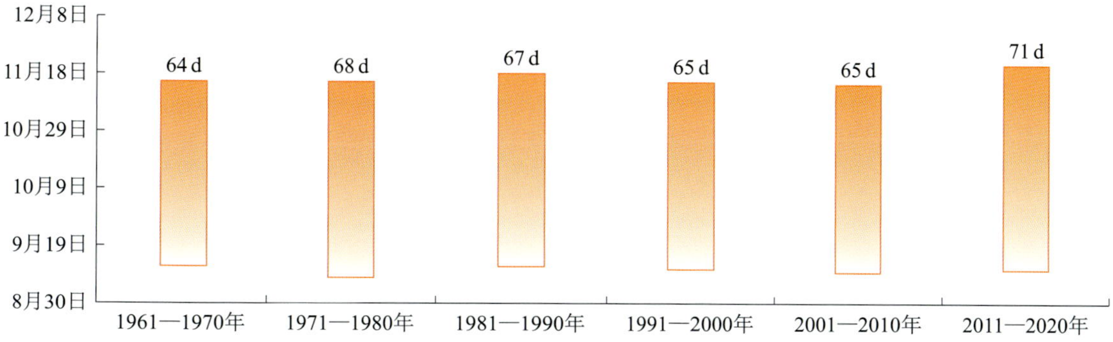

冬　季

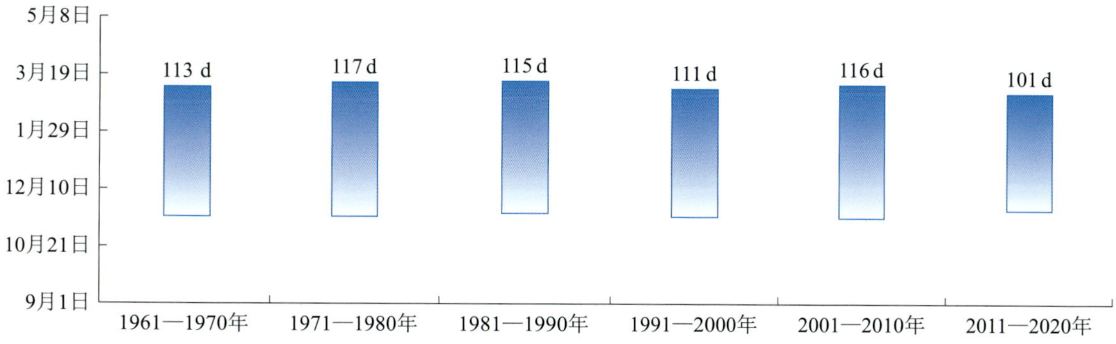

西安近百年气象要素历年变化

年降水量

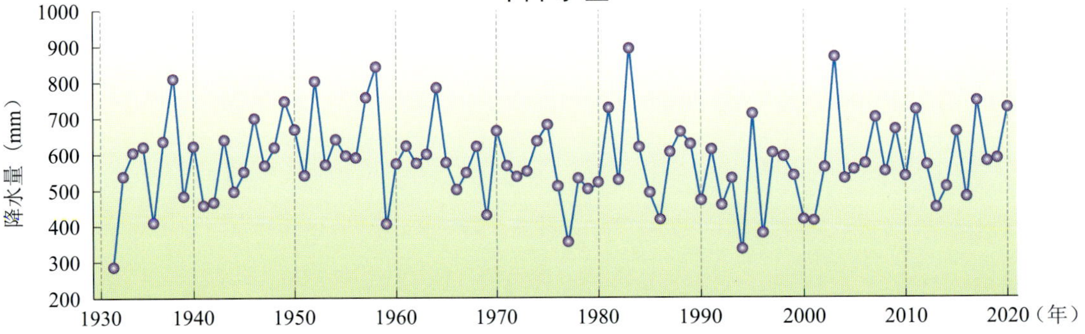

年平均气温

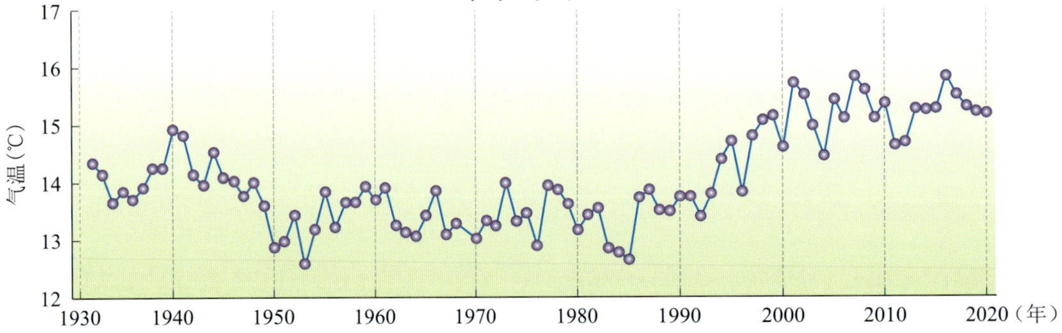

年平均最高气温

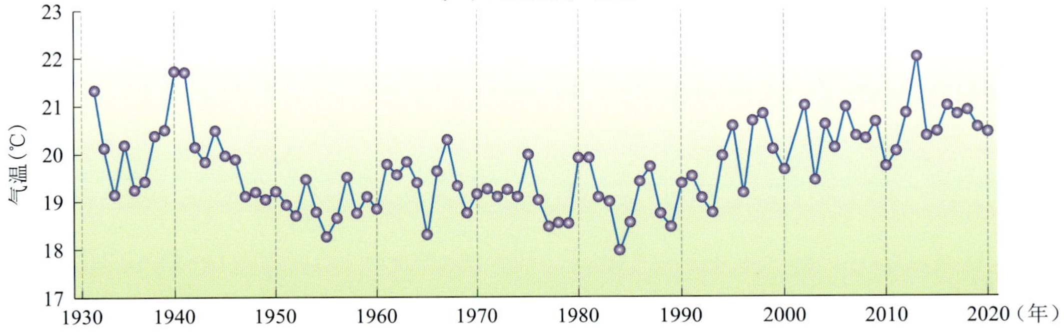

年平均最低气温

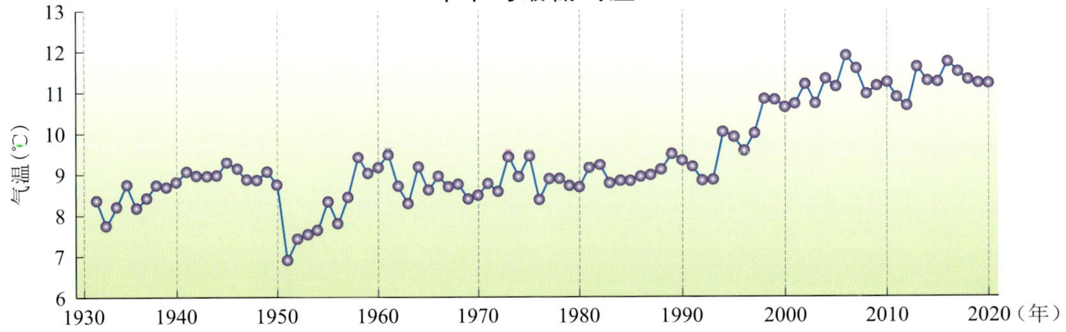

年降水量、年平均气温、年平均最高气温、年平均最低气温、年日照时数历年变化

榆　林

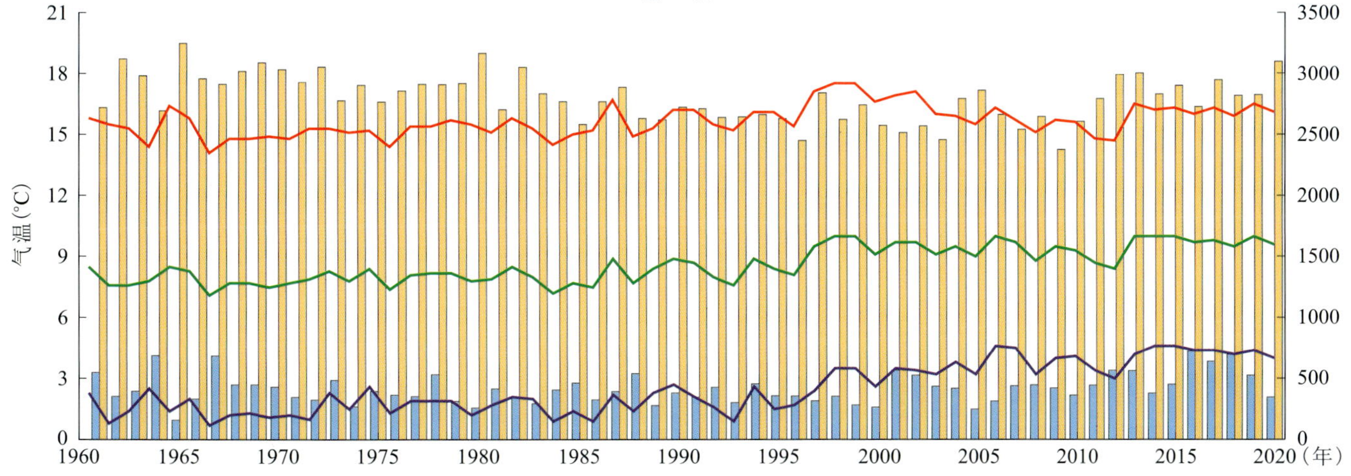

延　安

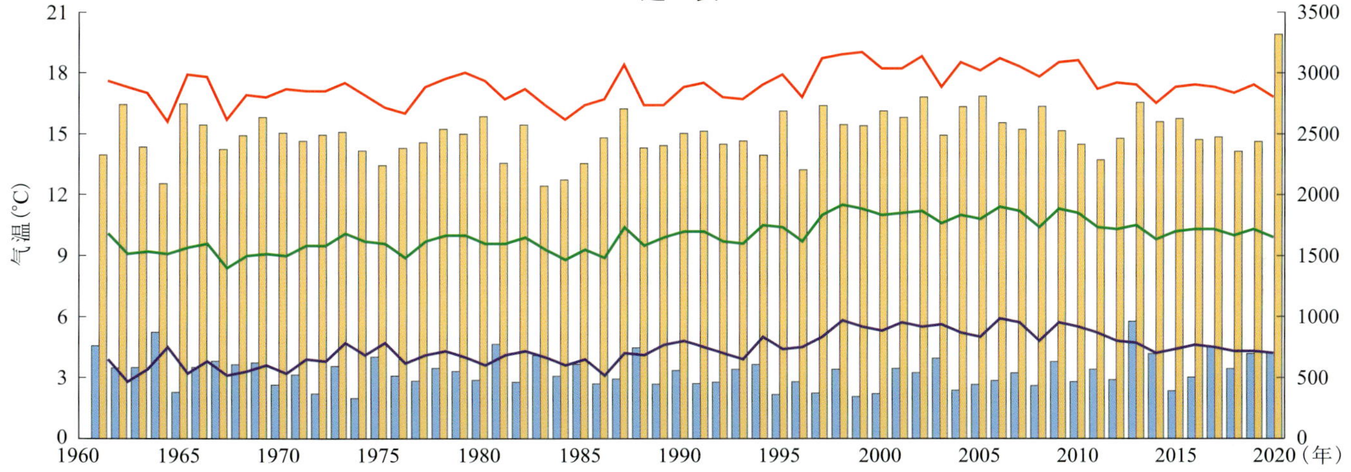

宝　鸡

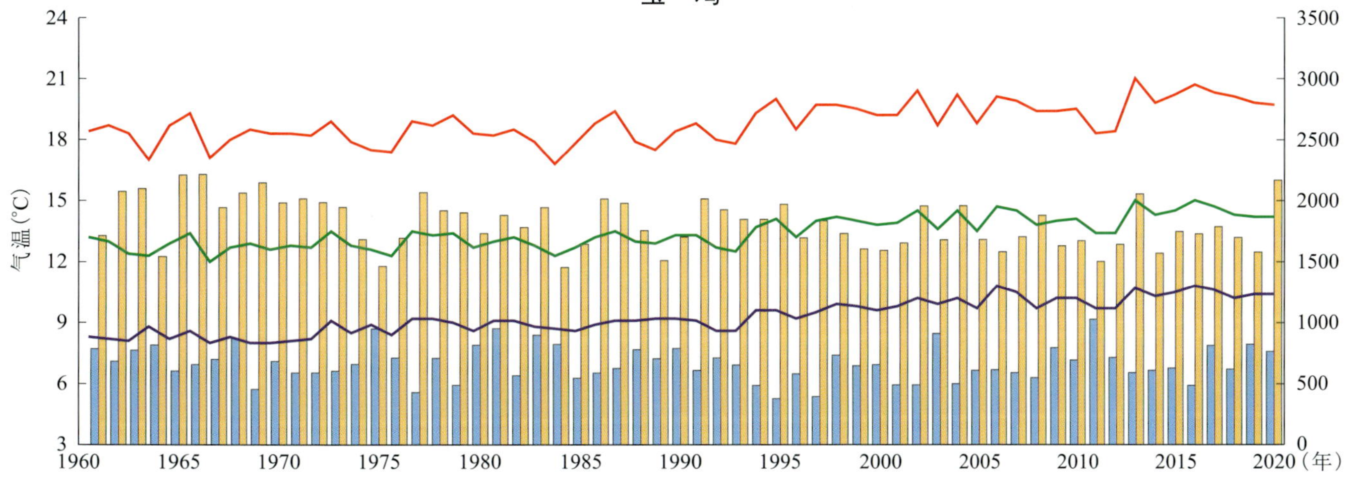

年平均气温　年平均最高气温　年平均最低气温　年降水量　年日照时数

年降水量、年平均气温、年平均最高气温、年平均最低气温、年日照时数历年变化

渭　南

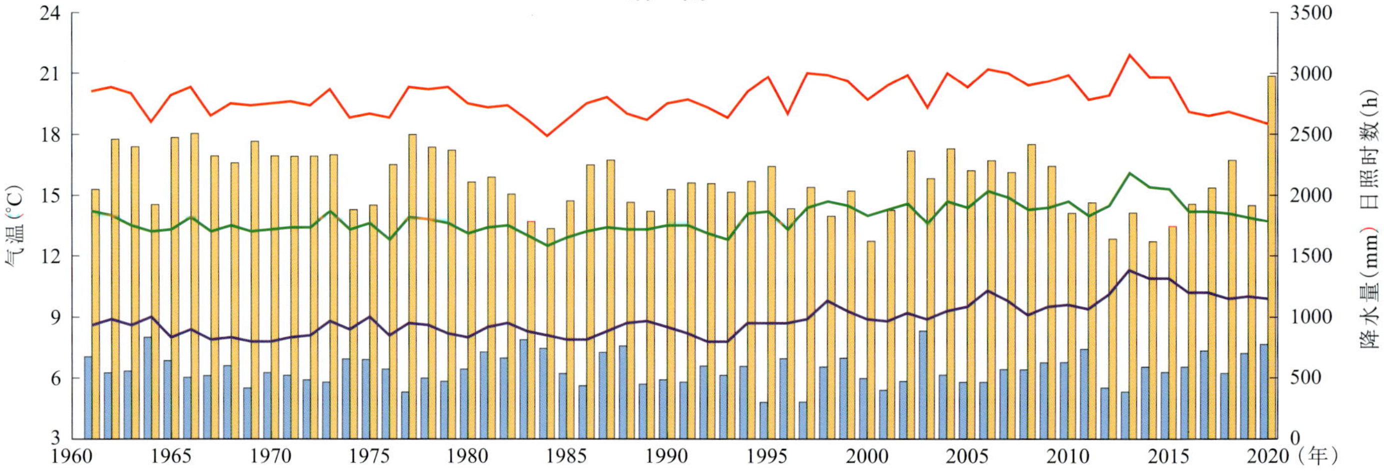

汉　中

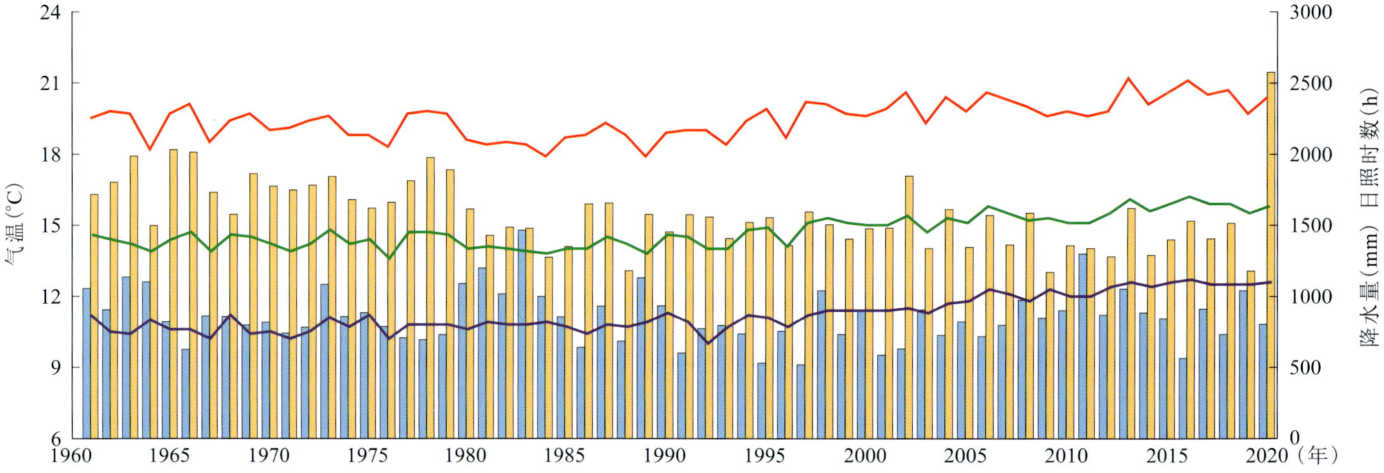

安　康

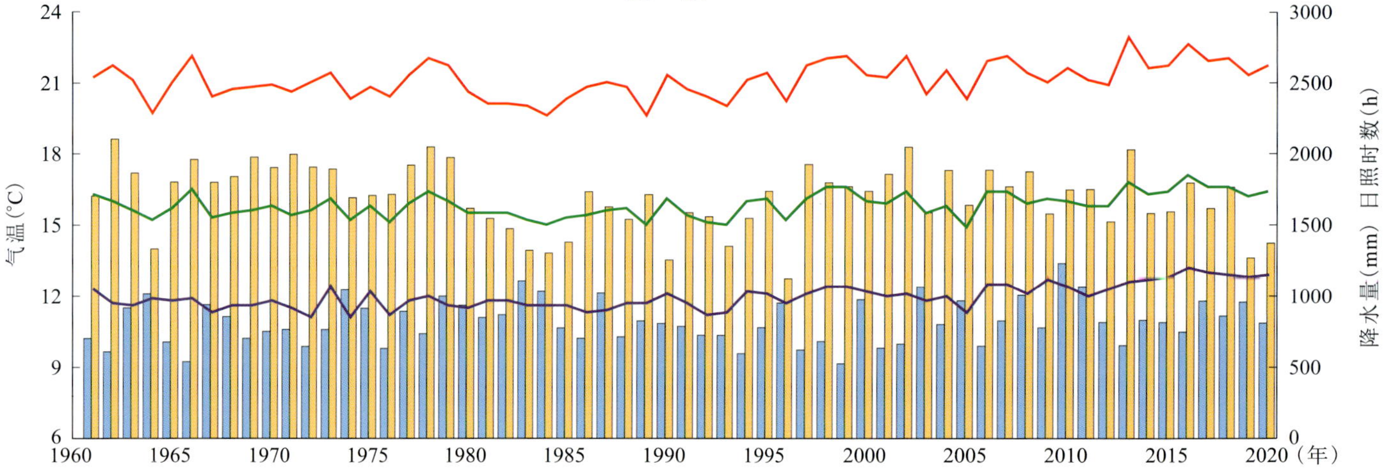

年平均气温　年平均最高气温　年平均最低气温　年降水量　年日照时数

年极端最高气温历年变化

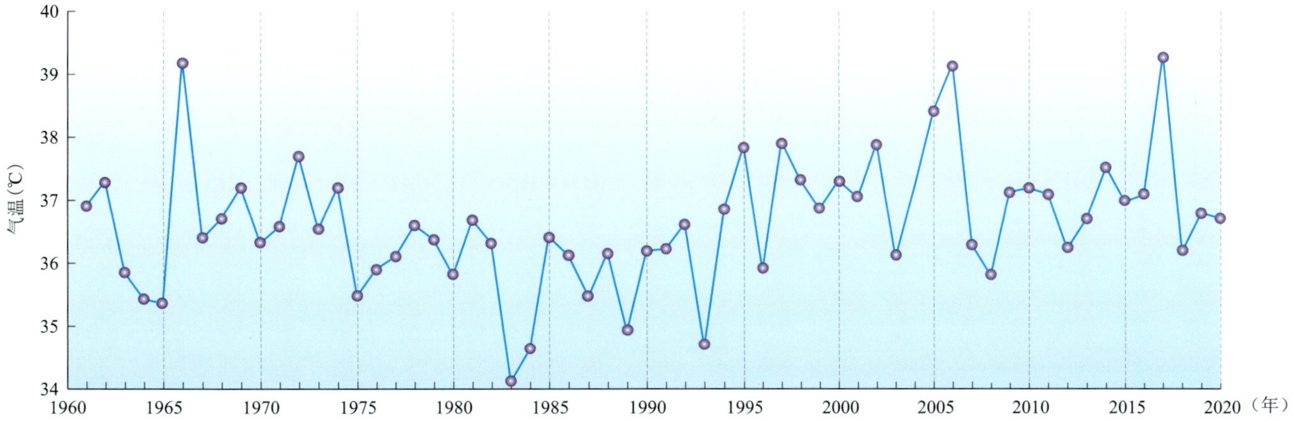

年极端最高气温倾向率

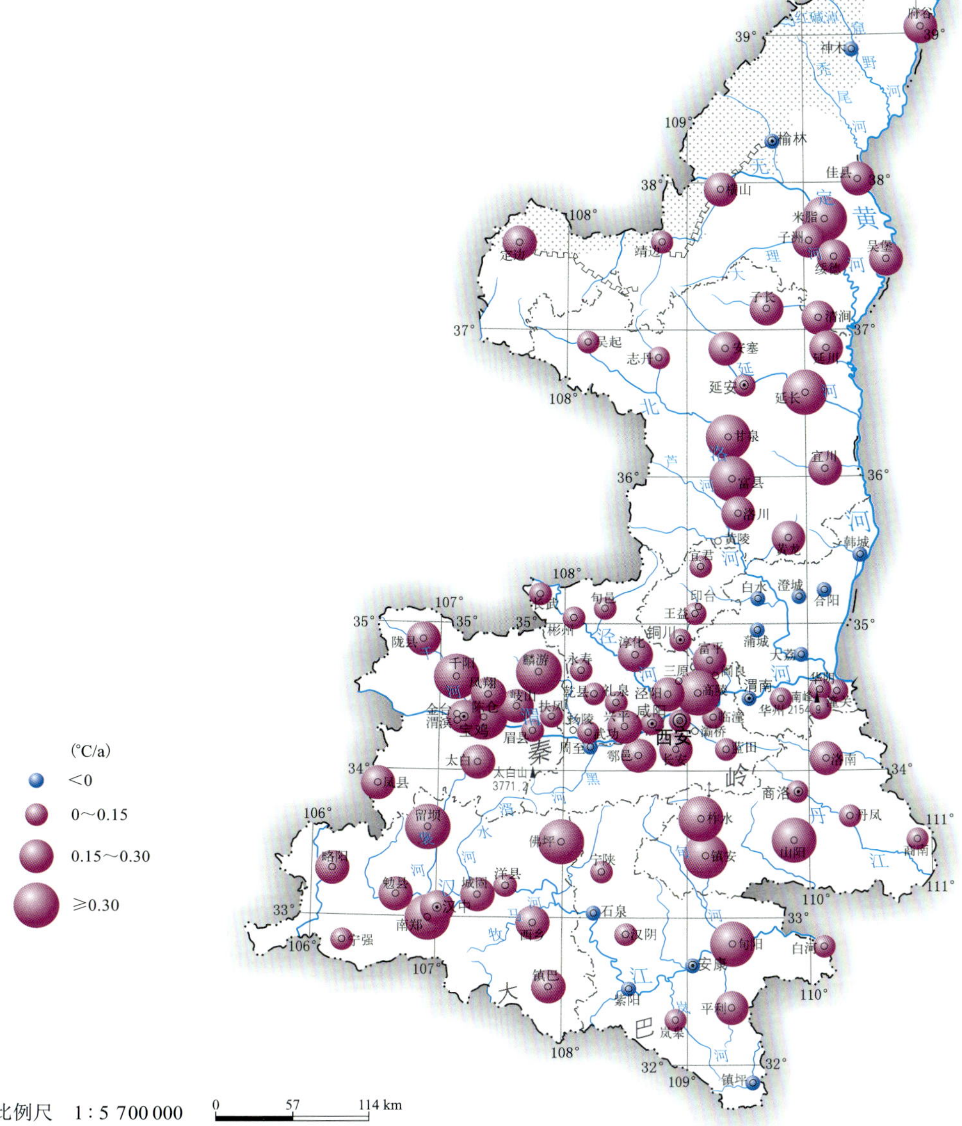

年极端最低气温历年变化

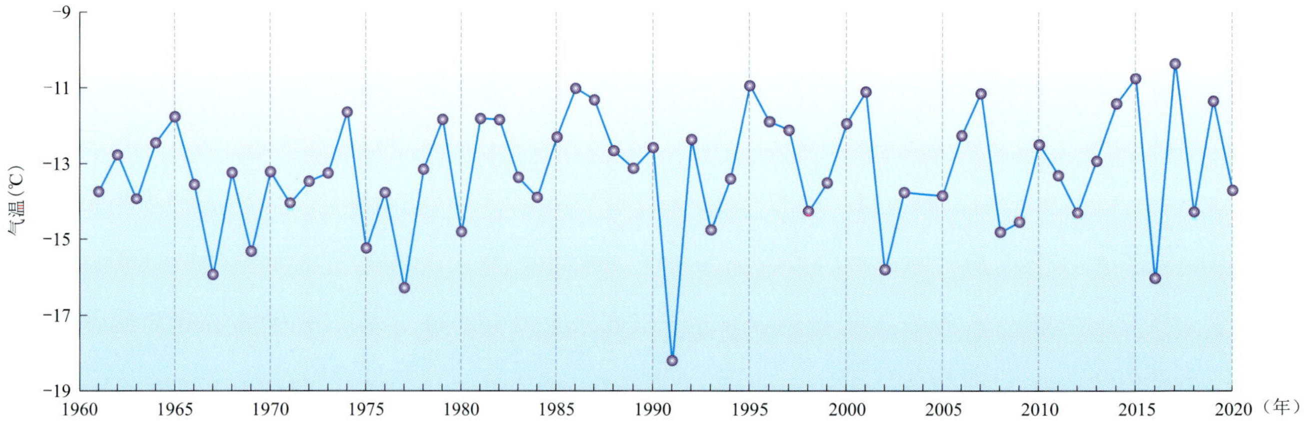

年极端最低气温倾向率

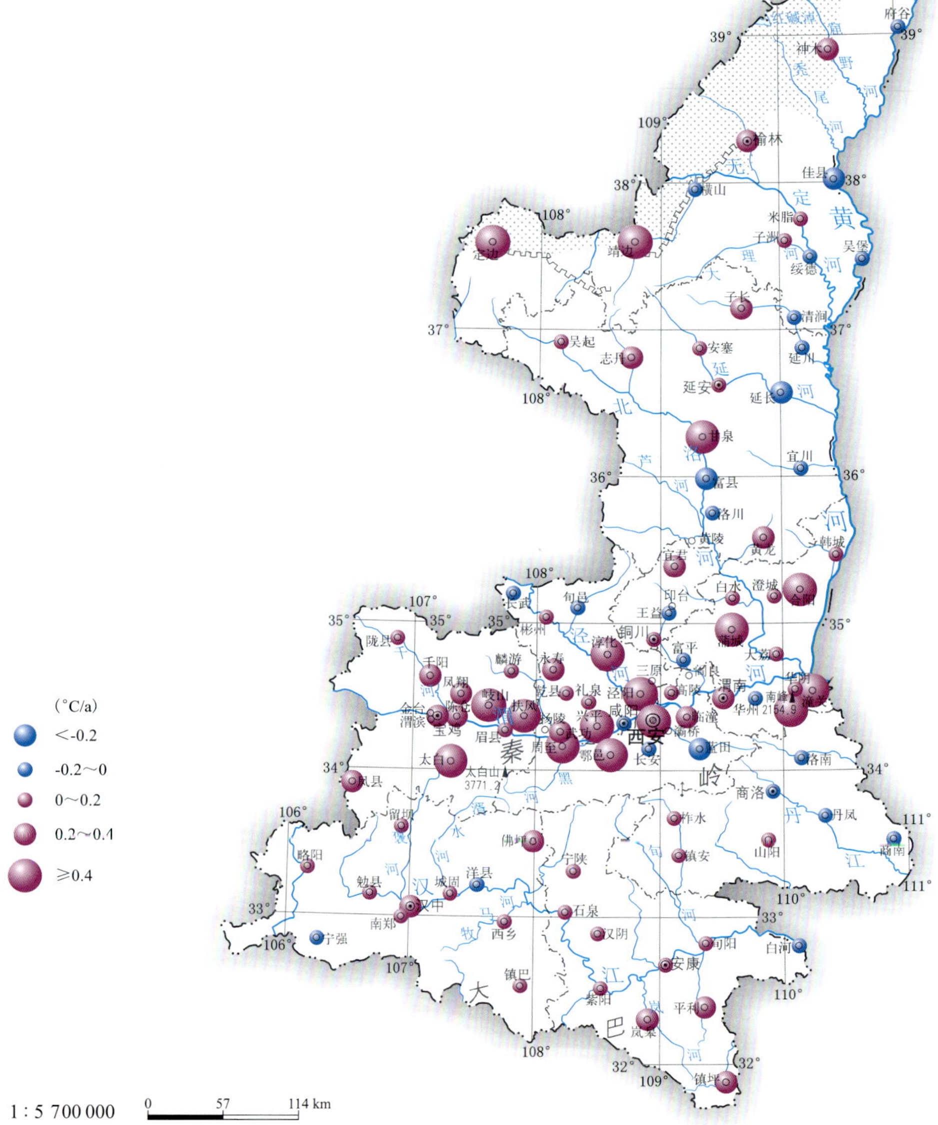

年日最大降水量历年变化

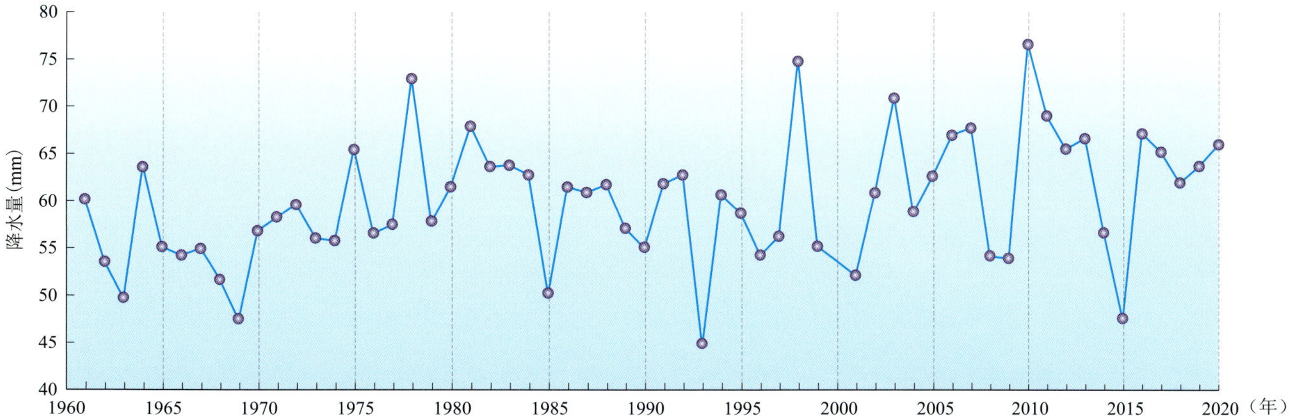

年日最大降水量倾向率

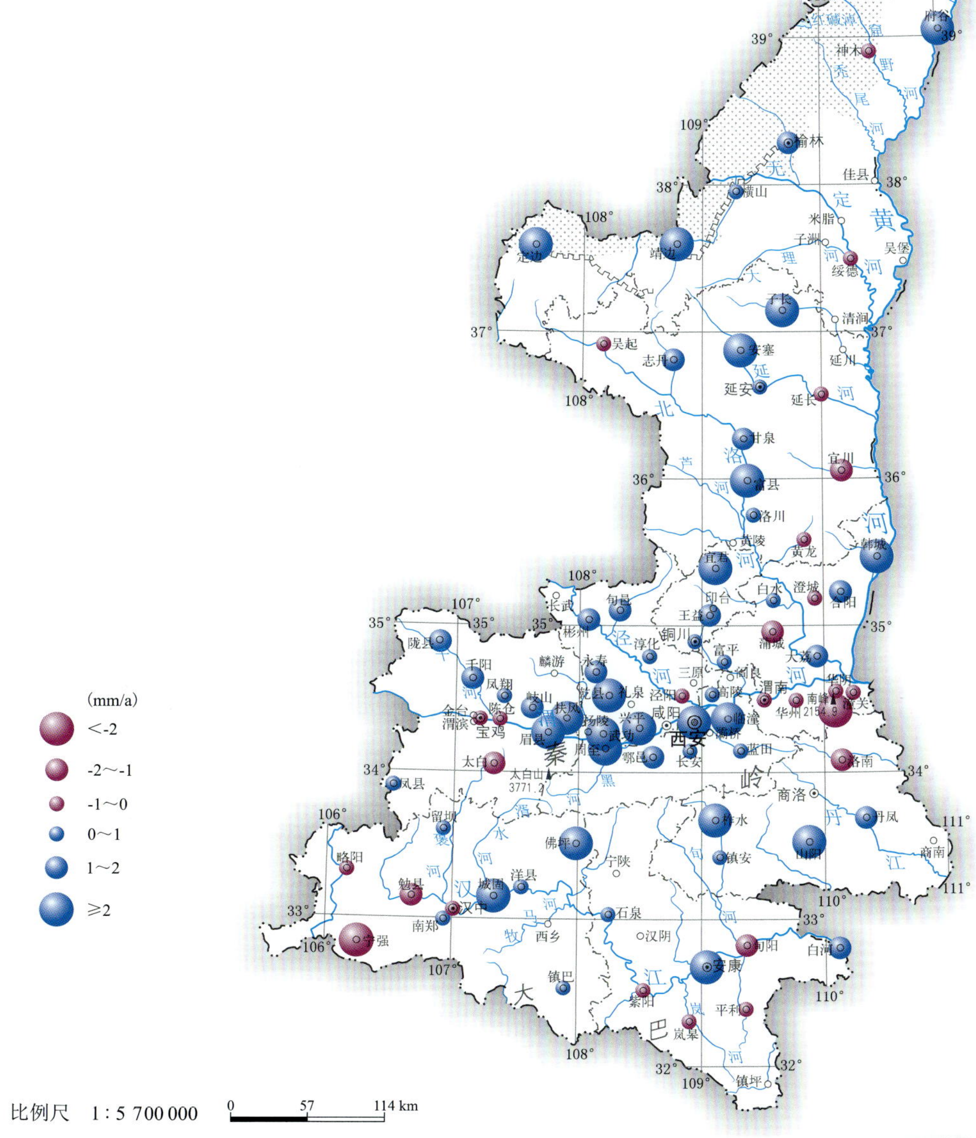

年最长连续无降水日数(<0.1 mm)历年变化

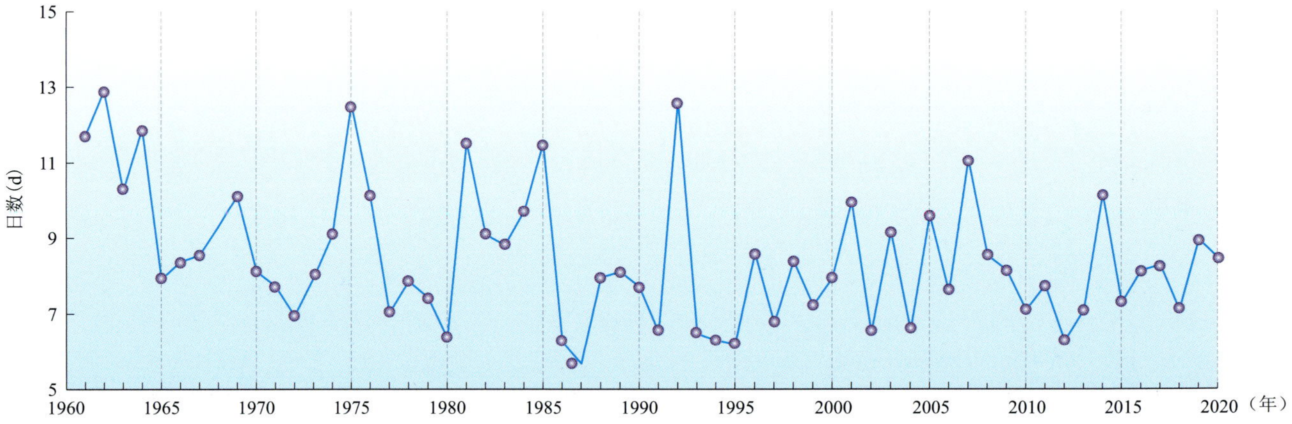

年最长连续无降水日数(<0.1 mm)倾向率

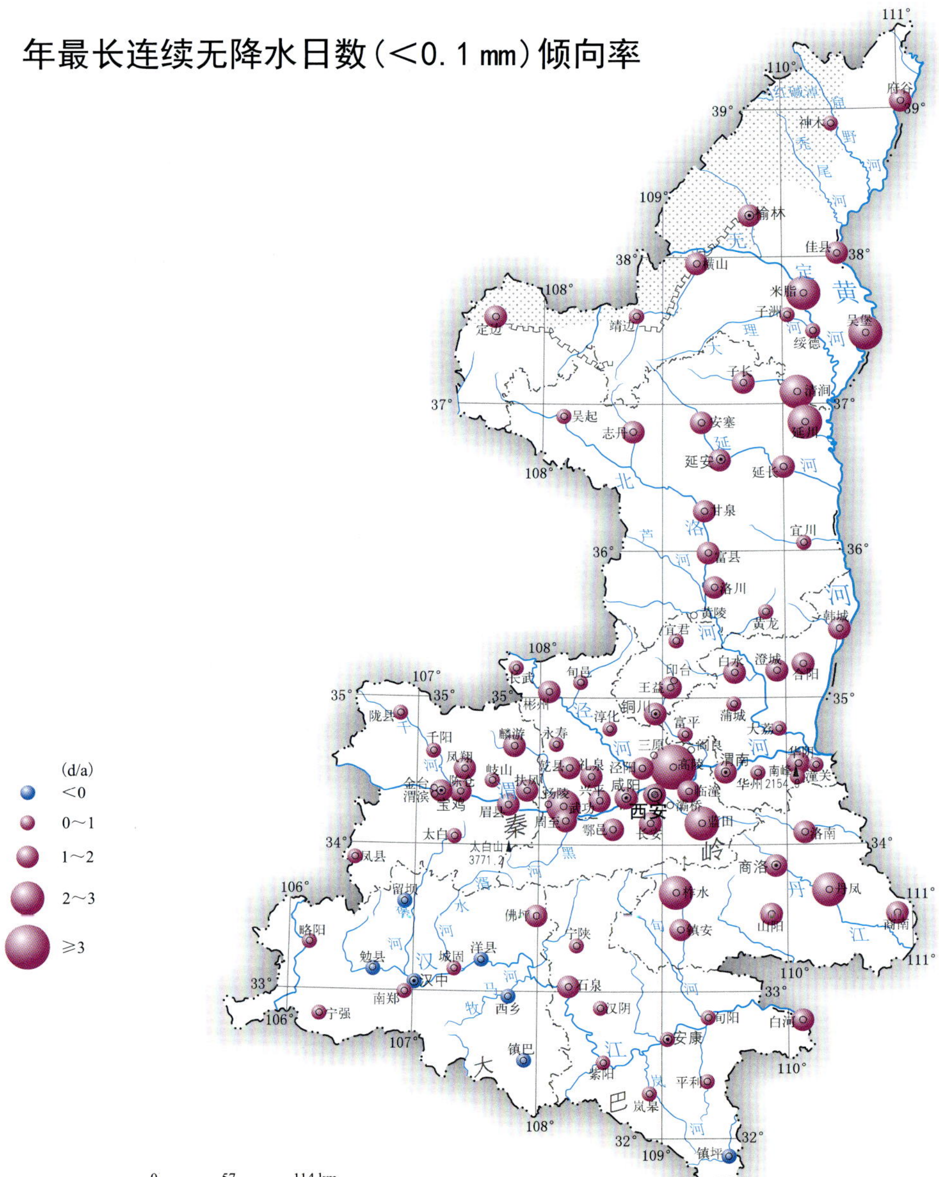

比例尺 1：5 700 000 0 57 114 km

年最长连续降水日数(≥0.1 mm)历年变化

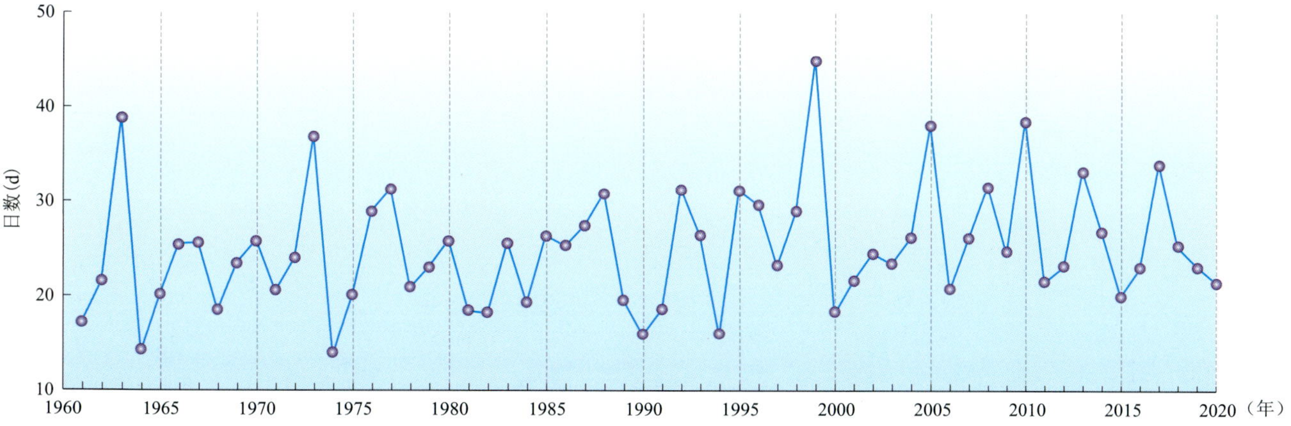

年最长连续降水日数(≥0.1 mm)倾向率

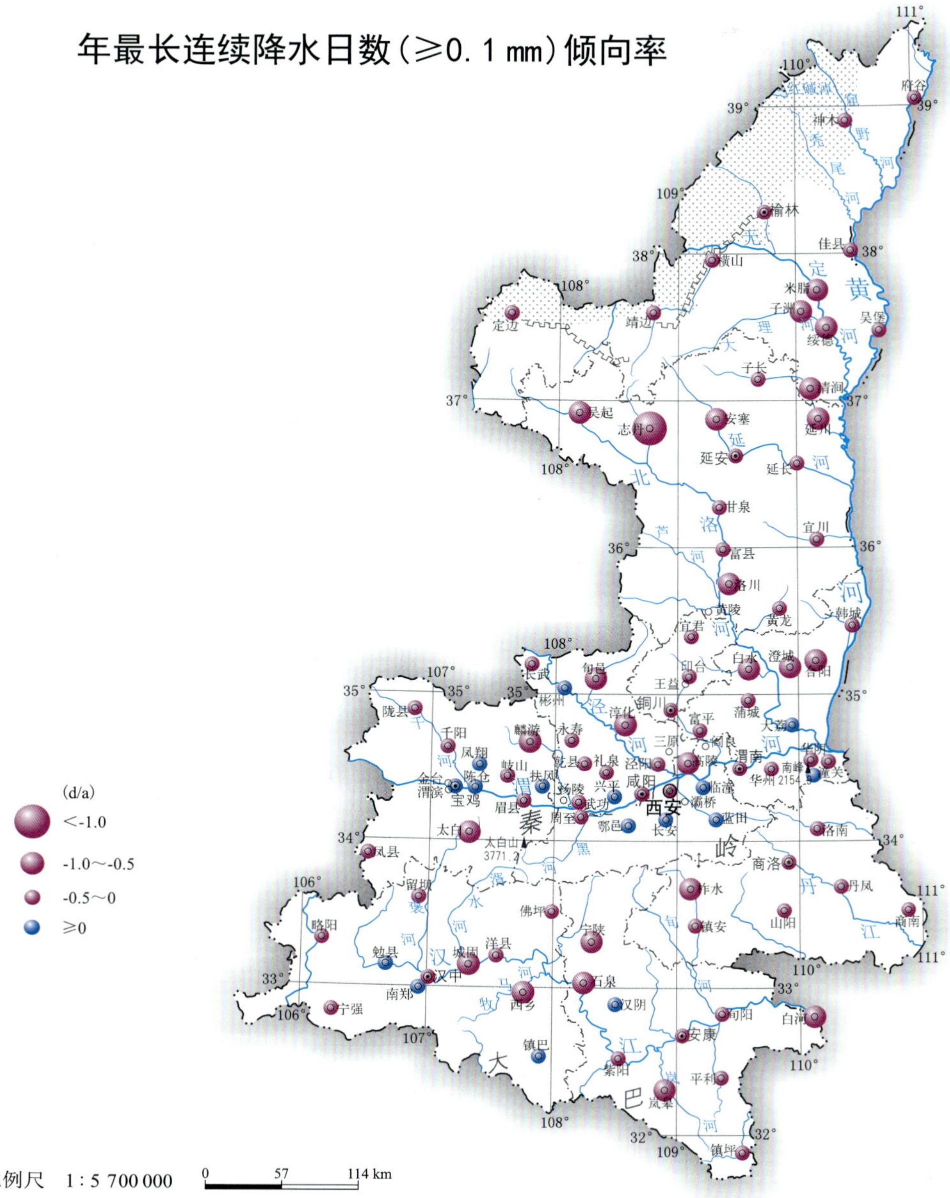